普通高等教育农业农村部"十三五"规划教材
全国高等农林院校"十三五"规划教材

高 等 数 学

董继学　朱桂英　主编

中国农业出版社
北京

内 容 提 要

本教材是普通高等教育农业农村部"十三五"规划教材、全国高等农林院校"十三五"规划教材．该教材根据编者多年的教学实践，在汲取众多高等数学教材经验后，按照《国家中长期人才发展规划纲要（2010—2020年）》的指导，以服务人才培养为目标，结合农学类、管理类高等数学教学基本要求及考研大纲编写而成．

本教材共分为十章，主要内容有：函数、极限与连续、导数与微分、中值定理与导数的应用、不定积分、定积分及其应用、空间解析几何、多元函数微积分、二重积分、微分方程与差分方程、无穷级数．本教材内容由浅入深，叙述详细，例题较多，便于自学．教材中还增加了许多和实际生活相关的例题和习题，每一章最后都附有A、B层次的复习题，A层次是基本题，B层次是考研题，突出应用数学能力与基本素质的培养，体现数学建模思想，服务后续课程，衔接考研思路，增强了本教材的实用性，有助于学生综合能力的提高．

本教材可作为高等院校经管、财会等专业的教材，也可作为各类专业技术人员的参考书目．

编 审 人 员

主　编　董继学　朱桂英

副主编　范慧玲　宋千红　代冬岩

编　者（按姓氏拼音排序）

　　　　董继学　邓廷勇　代冬岩　范慧玲

　　　　范雪飞　李维屿　宋千红　徐　艳

　　　　朱桂英　张彩霞

主　审　刘振忠

前言
FOREWORD

  为了响应国家中长期教育改革和发展纲要，全面提高高等教育质量，提高人才培养质量，推动教育事业科学发展，提高教育现代化水平，我们组织编写了这部高等数学教材．

  数学是研究客观世界数量关系和空间形式的科学，它被人们公认为是科学的基础．尤其是信息化、数字化的 21 世纪，数学越来越显示出它的重要性，这不仅因为数学为各个科学领域提供了工具，更重要的是它为各个科学领域提供了思想方法．高等数学是学生进入大学后学习的第一门数学课程，是一门重要通识必修课，是学生学习有关专业知识的重要基础，它在培养学生的数学思维模式、拓展学生的思维空间、提高学生的数学技能和创新意识等方面起着十分重要的作用．

  本教材具有以下几个方面的特点：

  1. 在适应性上，本教材针对我国高等教育实行大众化教育和应用型人才培养的实际，考虑了普通农业院校学生的实际水平，本着起点适当、难度分散处理，注重理论与生产、生活实际紧密联系的原则，编写了本教材，适合于作为普通农林院校特别是农林院校的管理类、农科类等专业的高等数学教材．

  2. 在内容上，我们首先注意保持数学学科的科学性、系统性，但在引入一些概念时尽可能采用学生易于接受的方式叙述，把个别冗长，繁琐的推理略去，而更突出有关理论、方法的应用和经济数学模型的介绍；其次注意了专业后继课程的需要，并考虑学生继续深造的需要，在每章总复习题适当增加了管理类、农科类近十年考研题，满足对数学基础要求较高的学生需求．

  3. 在实践上，教材中注意到数学知识的实际应用，给出了数学应用的经典例子和在社会生活、农林科学和经济方面实际应用的实例．这样使学生在学完基本的数学知识后，不但知道所学的数学知识有什么用，而且还知道怎样用．在培养学生数学能力的同时，也激发学生的创造潜能．

  本教材的编写分工如下：黑龙江八一农垦大学董继学教授、朱桂英副教授负责提出全书编写的总体思路,并担任主编.具体参加编写工作的有黑龙江八一农垦大学的徐艳讲师负责第一章,黑龙江八一农垦大学的范雪飞讲师负责第二章,黑龙江八一农垦大学的邓廷勇讲师负责第三章,黑龙江八一农垦大学的张彩霞讲师负责第四章,黑龙江八一农垦大学的范慧玲讲师负责第五章,黑龙江八一农垦大学的李维屿讲师负责第六章,黑龙江八一农垦大学的朱桂英副教授负责第七章和习题参考答案,黑龙江八一农垦大学的董继学教授负责第八章,黑龙江八一农垦大学的代冬岩讲师负责第九章,黑龙江八一农垦大学的宋千红讲师负责第十章.本教材由东北农业大学理学院的刘振忠教授担任主审.最后,由朱桂英副教授对全书进行了统稿工作.

  本教材在编写过程中得到了黑龙江八一农垦大学公共数学教学部全体教师的热心帮助,同时也得到了黑龙江八一农垦大学教材科和学院领导的大力支持,在此表示感谢.

编 者

2016.6

目录 CONTENTS

前言

第一章 函数、极限与连续 ... 1

第一节 函数 ... 1
一、集合、区间和邻域 ... 1
二、函数的概念及表示法 ... 2
三、函数的几种特性 ... 4
四、复合函数与反函数 ... 5
五、初等函数 ... 7
六、经济学中的常用函数 ... 10
习题 1-1 ... 13

第二节 极限的概念及性质 ... 14
一、数列的极限 ... 14
二、函数的极限 ... 18
习题 1-2 ... 22

第三节 无穷小与无穷大 ... 22
一、无穷小 ... 22
二、无穷大 ... 24
三、无穷小和无穷大的关系 ... 25
习题 1-3 ... 25

第四节 极限的运算法则 ... 25
一、极限的运算法则 ... 26
二、极限求法举例 ... 26
习题 1-4 ... 29

第五节 极限存在准则 两个重要极限 ... 29
一、极限存在准则 ... 29
二、两个重要极限 ... 30
习题 1-5 ... 33

第六节 无穷小的比较 ... 33
习题 1-6 ... 35

第七节 函数的连续与间断 ... 36

  一、函数的连续性 ··· 36
  二、函数的间断点 ··· 37
 习题 1-7 ··· 39
 第八节 初等函数的连续性 ··· 40
  一、连续函数的运算法则及复合函数的连续性 ·································· 40
  二、闭区间上连续函数的性质 ·· 41
 习题 1-8 ··· 43
 总复习题 1 ··· 43

第二章 导数与微分 46

 第一节 导数的概念 ··· 46
  一、问题的提出 ·· 46
  二、导数的概念 ·· 47
  三、基本初等函数的导数 ··· 48
  四、单侧导数 ··· 50
  五、导数的几何意义 ·· 51
  六、函数的可导性与连续性的关系 ·· 51
 习题 2-1 ··· 52
 第二节 四则运算和反函数的求导法则 ··· 53
  一、四则运算的求导法则 ··· 53
  二、反函数的求导法则 ·· 55
 习题 2-2 ··· 56
 第三节 复合函数的求导法则及初等函数的求导 ····························· 57
  一、复合函数的求导法则 ··· 57
  二、求导公式与初等函数的导数 ··· 59
 习题 2-3 ··· 61
 第四节 隐函数及参数方程所确定的函数的导数 ····························· 62
  一、隐函数的导数 ··· 62
  二、对数求导法 ·· 63
  三、由参数方程所确定的函数的导数 ··· 64
 习题 2-4 ··· 65
 第五节 高阶导数 ·· 66
  一、函数高阶导数的求法 ··· 66
  二、隐函数的高阶导数求法 ·· 67
  三、参数方程确定的函数的高阶导数 ··· 67
 习题 2-5 ··· 68
 第六节 函数的微分及应用 ··· 69
  一、微分的定义 ·· 69
  二、微分的几何意义 ·· 70

    三、微分公式与微分运算法则 ·· 71
    四、微分在近似计算中的应用 ·· 72
    习题 2-6 ·· 73
  第七节　导数在经济中的应用 ·· 74
    一、边际概念 ·· 74
    二、经济学中常见的边际函数 ·· 74
    三、弹性概念 ·· 77
    四、经济学中常见的弹性函数 ·· 79
    习题 2-7 ·· 80
  总复习题 2 ·· 81

第三章　中值定理与导数的应用 ·· 84
  第一节　微分中值定理 ·· 84
    一、罗尔定理 ·· 84
    二、拉格朗日中值定理 ··· 86
    三、柯西中值定理 ·· 89
    习题 3-1 ·· 90
  第二节　洛必达(L'Hospital)法则 ··· 90
    一、$\frac{0}{0}$ 型未定式 ··· 91
    二、$\frac{\infty}{\infty}$ 型未定式 ·· 93
    三、其他形式未定式 ·· 94
    习题 3-2 ·· 96
  第三节　泰勒(Taylor)公式 ··· 97
    一、泰勒公式 ·· 97
    二、麦克劳林公式 ·· 98
    习题 3-3 ·· 99
  第四节　函数单调性与曲线的凹凸性 ··· 100
    一、函数的单调性 ·· 100
    二、曲线的凹凸性 ·· 102
    三、拐点 ··· 103
    习题 3-4 ·· 104
  第五节　函数的极值及最值 ·· 104
    一、函数的极值 ·· 104
    二、最值 ··· 108
    习题 3-5 ·· 110
  第六节　函数图形描绘 ·· 111
    一、渐近线 ·· 111

二、函数图形描绘 ··· 112
　　习题 3-6 ··· 114
　总复习题 3 ··· 114

第四章　不定积分 ··· 116

第一节　不定积分的基本概念与性质 ··· 116
　　一、原函数与不定积分的概念 ··· 116
　　二、不定积分的性质 ··· 118
　　三、基本积分表 ··· 118
　　四、直接积分法 ··· 119
　　习题 4-1 ··· 120

第二节　换元积分法 ··· 121
　　一、第一换元积分法 ··· 121
　　二、第二换元积分法 ··· 126
　　习题 4-2 ··· 130

第三节　分部积分法 ··· 132
　　习题 4-3 ··· 136

第四节　几种特殊函数的不定积分 ··· 136
　　一、有理函数的积分法 ··· 136
　　二、三角有理函数的积分法 ··· 139
　　三、简单无理函数的积分法 ··· 140
　　习题 4-4 ··· 141
　总复习题 4 ··· 142

第五章　定积分及其应用 ··· 145

第一节　定积分的概念与性质 ··· 145
　　一、定积分问题举例 ··· 145
　　二、定积分的定义 ··· 147
　　三、定积分的几何意义 ··· 148
　　四、定积分的性质 ··· 150
　　习题 5-1 ··· 152

第二节　微积分基本定理 ··· 153
　　一、变速直线运动中位置函数与速度函数之间的关系 ··· 153
　　二、积分上限的函数及其导数 ··· 153
　　三、牛顿—莱布尼茨公式 ··· 155
　　习题 5-2 ··· 156

第三节　定积分的计算 ··· 157
　　一、定积分的换元积分法 ··· 157
　　二、定积分的分部积分法 ··· 160

习题 5-3 162

第四节　定积分的近似计算 163
　　一、矩形法 163
　　二、梯形法 164
　　习题 5-4 165

第五节　定积分的应用 166
　　一、定积分的微元法 166
　　二、平面图形的面积 167
　　三、体积 170
　　四、平面曲线的弧长 172
　　五、在经济学中的应用 174
　　六、变力做功 175
　　习题 5-5 175

第六节　广义积分 177
　　一、无穷区间上的广义积分 177
　　二、无界函数的广义积分 179
　　习题 5-6 180

　总复习题 5 180

第六章　空间解析几何 184

第一节　向量 184
　　一、向量的基本概念 184
　　二、向量的线性运算 184
　　习题 6-1 186

第二节　空间直角坐标系 186
　　一、空间直角坐标系 186
　　二、向量的坐标表示 187
　　习题 6-2 190

第三节　向量的数量积与向量积 190
　　一、两向量的数量积 190
　　二、向量的向量积 192
　　习题 6-3 195

第四节　平面方程 195
　　一、点的轨迹 195
　　二、平面的点法式方程 196
　　三、平面的一般式方程 197
　　四、两个平面的夹角、平行与垂直 198
　　习题 6-4 198

第五节　空间直线及其方程 199

一、空间直线的一般式方程 ······ 199
二、空间直线的点向式方程和参数方程 ······ 199
三、两直线的夹角 ······ 201
四、直线与平面的位置关系 ······ 202
五、杂例 ······ 202
习题 6-5 ······ 204

第六节 曲面及其方程 ······ 204
一、曲面 ······ 204
二、空间曲线的投影 ······ 209
习题 6-6 ······ 210

总复习题 6 ······ 210

第七章 多元函数微分学 ······ 213

第一节 多元函数的概念 ······ 213
一、平面区域 ······ 213
二、多元函数的概念 ······ 214
三、多元函数的极限 ······ 215
四、多元函数的连续性 ······ 217
习题 7-1 ······ 218

第二节 偏导数 ······ 218
一、偏导数的定义及其计算方法 ······ 218
二、高阶偏导数 ······ 221
习题 7-2 ······ 222

第三节 全微分及其应用 ······ 222
一、全微分的定义 ······ 222
二、全微分在近似计算中的应用 ······ 224
习题 7-3 ······ 225

第四节 多元复合函数的求导法则 ······ 225
一、复合函数为一元函数的情形 ······ 225
二、复合函数为二元函数的情形 ······ 226
三、一种特殊的情形 ······ 227
习题 7-4 ······ 228

第五节 隐函数的求导公式 ······ 228
习题 7-5 ······ 230

第六节 多元函数的极值 ······ 230
一、二元函数的极值 ······ 231
二、最大值与最小值 ······ 233
三、条件极值 拉格朗日乘数法 ······ 233
习题 7-6 ······ 235

第七节　多元函数在经济学中的应用 ……………………………………… 235
　　一、边际分析 …………………………………………………………… 235
　　二、弹性分析 …………………………………………………………… 237
　　三、经济问题的最优化 ………………………………………………… 240
　　习题 7-7 ………………………………………………………………… 242
总复习题 7 …………………………………………………………………… 243

第八章　二重积分 …………………………………………………………… 247

第一节　二重积分的概念与性质 …………………………………………… 247
　　一、二重积分的概念 …………………………………………………… 247
　　二、二重积分的性质 …………………………………………………… 249
　　习题 8-1 ………………………………………………………………… 251

第二节　二重积分的计算 …………………………………………………… 251
　　一、直角坐标系下二重积分的计算 …………………………………… 252
　　二、极坐标下二重积分的计算 ………………………………………… 257
　　习题 8-2 ………………………………………………………………… 260

第三节　二重积分的应用 …………………………………………………… 262
　　一、空间几何体的体积 ………………………………………………… 262
　　二、曲面的面积 ………………………………………………………… 263
　　三、平面薄片的质量 …………………………………………………… 265
　　四、平面薄片质心 ……………………………………………………… 265
　　习题 8-3 ………………………………………………………………… 266

总复习题 8 …………………………………………………………………… 267

第九章　微分方程与差分方程 ……………………………………………… 270

第一节　微分方程的基本概念 ……………………………………………… 270
　　习题 9-1 ………………………………………………………………… 272

第二节　可分离变量的微分方程 …………………………………………… 273
　　习题 9-2 ………………………………………………………………… 275

第三节　齐次方程 …………………………………………………………… 275
　　一、齐次方程 …………………………………………………………… 275
　　二、可化为齐次方程的方程 …………………………………………… 277
　　习题 9-3 ………………………………………………………………… 279

第四节　一阶线性微分方程 ………………………………………………… 279
　　一、一阶线性微分方程 ………………………………………………… 279
　　二、伯努利方程 ………………………………………………………… 282
　　习题 9-4 ………………………………………………………………… 283

第五节　可降阶的高阶微分方程 …………………………………………… 283
　　一、$y''=f(x)$ 型的微分方程 …………………………………………… 284

二、$y''=f(x,y')$ 型的微分方程 ·································· 284
　　三、$y''=f(y,y')$ 型的微分方程 ·································· 285
　习题 9-5 ··· 286

第六节　二阶线性微分方程 ·· 287
　　一、二阶常系数齐次线性微分方程 ·································· 287
　　二、二阶常系数非齐次线性微分方程 ································ 290
　习题 9-6 ··· 293

第七节　差分与差分方程的基本概念 ····································· 294
　　一、差分概念 ··· 294
　　二、差分方程 ··· 296
　　三、差分方程的解 ··· 296
　习题 9-7 ··· 297

第八节　一阶常系数线性差分方程 ······································· 298
　　一、一阶常系数齐次线性差分方程 ·································· 298
　　二、一阶常系数非齐次线性差分方程 ································ 299
　习题 9-8 ··· 300

第九节　二阶常系数线性差分方程 ······································· 301
　　一、二阶常系数齐次线性差分方程 ·································· 301
　　二、二阶常系数非齐次线性差分方程 ································ 302
　习题 9-9 ··· 303

第十节　微分方程与差分方程在经济学中的应用 ··························· 303
　　一、微分方程的经济学应用 ··· 303
　　二、差分方程的经济学应用 ··· 307
　习题 9-10 ·· 309

总复习题 9 ·· 310

第十章　无穷级数 ·· 313

第一节　常数项无穷级数的概念与性质 ··································· 313
　　一、常数项无穷级数的概念 ··· 313
　　二、收敛级数的基本性质 ··· 316
　习题 10-1 ·· 317

第二节　常数项级数的审敛法 ·· 318
　　一、正项级数及其审敛法 ··· 318
　　二、交错级数及其审敛法 ··· 323
　　三、绝对收敛与条件收敛 ··· 323
　习题 10-2 ·· 325

第三节　幂级数 ·· 326
　　一、函数项级数 ·· 326
　　二、幂级数及其敛散性 ··· 327

三、幂级数的基本性质 …………………………………………………………… 330
　　习题 10－3 …………………………………………………………………………… 332
第四节　函数的幂级数展开 …………………………………………………………… 333
　　一、泰勒级数的概念 ………………………………………………………………… 333
　　二、函数展开成幂级数 ……………………………………………………………… 334
　　习题 10－4 …………………………………………………………………………… 339
第五节　函数的幂级数展开式的应用 ………………………………………………… 339
　　一、近似计算 ………………………………………………………………………… 339
　　二、欧拉公式 ………………………………………………………………………… 342
　　习题 10－5 …………………………………………………………………………… 342
第六节　无穷级数在经济学中的应用 ………………………………………………… 342
　　一、银行复利问题 …………………………………………………………………… 342
　　二、银行通过存款和放款"创造"货币问题 ……………………………………… 343
　　三、投资费用问题 …………………………………………………………………… 344
　　四、乘数效应问题 …………………………………………………………………… 345
　　习题 10－6 …………………………………………………………………………… 346
　总复习题 10 …………………………………………………………………………… 346

习题答案与提示 ………………………………………………………………………… 348
参考文献 ………………………………………………………………………………… 379

第一章

函数、极限与连续

函数是高等数学研究的主要对象，极限概念是高等数学最基本的概念，而极限方法则是高等数学研究问题的重要工具．本章简要介绍函数概念及其简单性质、数列和函数的极限定义，极限的性质和计算方法，并在此基础上讨论函数的连续性问题．

第一节 函　　数

一、集合、区间和邻域

1. 集合

集合概念是数学中一个基本概念，下面我们先通过例子说明概念的含义．如，一个书柜中的书构成了一个集合，一个教室里的学生也构成了一个集合，全体自然数也构成了一个集合．一般地说，所谓集合是指具有某种特定性质的事物总称．构成这个集合的事物称为该集合的元素．通常用大写英文字母表示集合，用小写英文字母表示集合的元素．

若事物 a 是集合 M 的元素，记作 $a \in M$(读作 a 属于 M)；若事物 a 不是集合 M 的元素，记作 $a \notin M$(读作 a 不属于 M)．

由有限个元素组成的集合称为有限集．有限集通常用列举法表示，如由元素 $b_1, b_2, \cdots, b_n$ 组成的集合 B，可记作 $B = \{b_1, b_2, \cdots, b_n\}$．由无穷多个元素组成的集合称为无限集．无限集通常用描述法表示，如平面上的坐标满足方程 $x^2 + y^2 = 1$ 的点 (x, y) 所组成的集合 M，可记作 $M = \{(x, y) | x^2 + y^2 = 1\}$．

不含任何元素的集合称为空集，记作 $\varnothing$．如在实数范围内，集合 $M = \{x | x^2 + 1 = 0\}$ 就是空集，因为满足条件 $x^2 + 1 = 0$ 的实数是不存在的．

本书用到的集合主要是数集，即元素均是数的集合．如果没有特别声明，各章节中提到的数均为实数．在中学里读者已经学习过，实数与数轴上的点之间可以建立一一对应的关系．所以有时为了突出几何直观，就把数 x 称为点 x，数集也可称为数轴上的点集．有时还可以根据点集的几何特点来对数集命名，如区间就是这样的例子．

2. 区间

区间是表达变量变化范围的一个概念．

定义 1　设 a, b 都是实数，且 $a < b$，集合 $\{x | a < x < b\}$ 称为开区间，记为 (a, b)．$\{x | a \leqslant x \leqslant b\}$ 称为闭区间，记为 $[a, b]$．

类似地，可以得到半开区间 $(a, b]$ 和 $[a, b)$，它们分别由集合 $(a, b] = \{x | a < x \leqslant b\}$ 和 $[a, b) = \{x | a \leqslant x < b\}$ 表示．

3. 邻域

当在某点附近的点所构成的集合里讨论问题时，我们常用到邻域的概念.

定义 2 设 δ 是任一正数，a 为某一实数，称满足不等式 $|x-a|<\delta$ 的实数 x 的全体为 a 的 δ 邻域，记作 $U(a,\delta)$，即

$$U(a,\delta)=\{x\,|\,|x-a|<\delta\},$$

a 称为邻域中心，δ 称为邻域半径. 称满足不等式 $0<|x-a|<\delta$ 的实数 x 的全体为 a 的去心 δ 邻域，记作 $\overset{\circ}{U}(a,\delta)$.

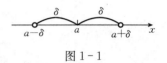

图 1-1

事实上，$U(a,\delta)$ 由开区间 $(a-\delta,a+\delta)$ 内的所有点构成，或者是说邻域就是一个以 a 为中心的、左右长度都相等的开区间（图 1-1）.

二、函数的概念及表示法

函数是描述变量间相互依赖关系的一种数学模型. 在某一自然现象或技术过程中，往往会遇到各种不同的量. 其中有的量在研究过程中不发生变化，这些量称为常量；还有一些量在研究的过程中不断发生变化，这些量称为变量. 变量往往不是孤立变化的，而是相互联系并遵循一定的规律. 函数就是描述这种联系的法则. 本节我们先就两个变量的情形讨论，多于两个变量的情形将在第六章多元函数中讨论.

例 1（销售总收益） 某商品的单价为 10 元，该商品的销售总收益 y 取决于销售量 x，它们的关系由公式 $y=10x$ 确定. 这里单价是常量，销售总收益 y 和销售量 x 为变量. 当 x 取某个值时，按变量间的依赖关系，就有一个确定的 y 与之对应.

例 2（自由落体运动） 在初速度为 0 的自由落体运动中，设物体下落的时间为 t，落下的距离为 s，那么 s 与 t 之间存在以下函数关系 $s=\dfrac{1}{2}gt^2$，其中 g 是重力加速度. 假定物体着地的时刻为 $t=T$，那么当时间 t 在闭区间 $[0,T]$ 上任意取定一个数值时，由上式就可以确定 s 的相应数值.

撇开这两个例子所涉及变量的实际意义不谈，我们就会发现，它们都反映了两个变量之间的相互依赖关系，这正是函数概念的客观背景.

定义 3 设 x 和 y 是两个变量，D 是一个给定的非空数集. 如果对于每个数 $x\in D$，变量 y 按照一定法则总有确定的数值和它对应，则称 y 是 x 的函数，记作 $y=f(x)$. 数集 D 叫作这个函数的定义域，x 叫作自变量，y 叫作因变量.

这里，f 是表示变量 y 和 x 间对应法则的符号. f 也可改用其他字母，例如，"g" "h" 等，这时函数就记作 $y=g(x)$，$y=h(x)$ 等.

使得函数解析式 $y=f(x)$ 有意义的自变量构成的集合，称为函数的定义域，记为 D，即

$$D=\{x\,|\,f(x)\text{有意义}\}.$$

当 x 取数值 $x_0\in D$ 时，与 x_0 对应的 y 的数值称为函数 $y=f(x)$ 在点 x_0 处的函数值，记作 $f(x_0)$，当 x_0 遍取 D 的各个数值时，对应的函数值全体组成的数集 W 称为函数的值域，即

$$W=\{y\,|\,y=f(x),\,x\in D\}.$$

对于不考虑实际意义的、用解析式表达的函数，它的定义域就是自变量能够取到的使解

析式子有意义的一切实数值. 对于在实际问题中抽象出来的函数关系,它的定义域要根据问题的实际意义来确定. 如例 1 中,函数的定义域 $D=(0,+\infty)$;例 2 中,函数的定义域为 $D=[0,T]$.

例 3 求函数 $y=\ln(4-x^2)+\arcsin(2x-1)$ 的定义域.

解 要使所给的解析式子有意义,必须满足
$$4-x^2>0 \text{ 且 } |2x-1|\leqslant 1,$$
即
$$-2<x<2 \text{ 且 } 0\leqslant x\leqslant 1,$$
这两个集合的交集为 $[0,1]$,因此该函数的定义域为 $[0,1]$.

对应法则和定义域是函数概念的两个基本要素. 两个函数相等的充分必要条件是它们的对应法则和定义域均相同.

例如,$f(x)=|x|$ 与 $g(x)=\sqrt{x^2}$ 这两个函数的定义域都是 $(-\infty,+\infty)$,而且对应法则也相同,因此这两个函数是相同的. 函数 $f(x)=\dfrac{x}{x}$ 与 $g(x)=1$ 是不相同的,因为 $f(x)$ 的定义域是 $(-\infty,0)\cup(0,+\infty)$,而 $g(x)$ 的定义域是 $(-\infty,+\infty)$. 同理可知,函数 $f(x)=x^2$ 与 $g(t)=t^2$ 是同一个函数.

如果自变量在定义域内任取一个数值时,对应的函数值有且只有一个,则称这种函数为单值函数,否则称之为多值函数,本书的函数若没有特殊说明,都是指单值函数.

函数常用的表示方法有以下三种:

1. 解析法:即用一个解析式子表示两个变量之间关系的方法,也叫公式法.
2. 表格法:用表格表示变量之间关系的方法.
3. 图像法:用几何图形表示变量之间关系的方法.

下面我们给出几个特殊函数的例子.

例 4 函数
$$y=\operatorname{sgn}x=\begin{cases}1, & x>0,\\ 0, & x=0,\\ -1, & x<0,\end{cases}$$

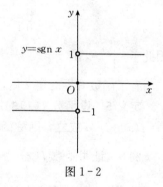

图 1-2

称为符号函数,其定义域 $D=(-\infty,+\infty)$,值域 $W=\{-1,0,1\}$,其图形如图 1-2 所示. 对于任何实数 x,有:$x=\operatorname{sgn}x\cdot|x|$.

在定义域的不同范围内用不同的解析式表示的一个函数,称为分段函数.

例 5 设 x 为任一实数,不超过 x 的最大整数称为 x 的整数部分,记作 $[x]$,即
$$f(x)=[x]=\{\text{不超过 } x \text{ 的最大整数}\}.$$

例如,$\left[\dfrac{4}{9}\right]=0$,$[\sqrt{2}]=1$,$[\pi]=3$,$[-1]=-1$,$[-3.6]=-4$.

函数 $y=[x]$ 的定义域 $D=(-\infty,+\infty)$,值域 $W=\mathbf{Z}$,其图形为阶梯形曲线,在 x 为整数值处发生跳跃,跃度为 1,此函数称为取整函数.

例 6 某工厂生产某种产品,年产量为 x,每台售价 250 元. 当年产量为 600 台以内时,可以全部售出,当年产量超过 600 台时,经广告宣传又可以再多售出 200 台,每台平均广告费 20 元,生产再多,本年就售不出去了. 建立本年的销售总收入 R 与年产量 x 的函数关系.

解 依题意可列出函数关系为

$$R=\begin{cases} 250x, & 0\leqslant x\leqslant 600, \\ 250\times 600+(250-20)\times(x-600), & 600<x\leqslant 800, \\ 250\times 600+(250-20)\times 200, & x>800, \end{cases}$$

即

$$R=\begin{cases} 250x, & 0\leqslant x\leqslant 600, \\ 12000+230x, & 600<x\leqslant 800, \\ 196000, & x>800. \end{cases}$$

这里销售总收入 R 与年产量 x 的函数关系用分段函数表示,定义域为 $[0,+\infty)$. 大家可以自己试着画出函数的图形.

三、函数的几种特性

1. 有界性

定义 4 设函数 $f(x)$ 的定义域为 D,区间 $I\subset D$,如果存在正数 M,使得对于一切 $x\in I$,有

$$|f(x)|\leqslant M,$$

则称函数 $f(x)$ 在 I 上有界,如果这样的 M 不存在,则称函数 $f(x)$ 在 I 上是无界的.

例如,函数 $f(x)=\sin x$、$f(x)=\cos x$ 在 $(-\infty,+\infty)$ 内都是有界的,这是因为对于任何的 x,都有 $|\sin x|\leqslant 1$、$|\cos x|\leqslant 1$ 成立.

例 7 证明函数 $y=\dfrac{x^2}{1+x^2}$ 为 $(-\infty,+\infty)$ 上的有界函数.

证 因为

$$\left|\frac{x^2}{1+x^2}\right|=\frac{x^2}{1+x^2}=\frac{1+x^2-1}{1+x^2}=1-\frac{1}{1+x^2}<1,$$

因此 $y=\dfrac{x^2}{1+x^2}$ 在 $(-\infty,+\infty)$ 上有界.

有了函数有界的定义后,我们可以得到函数无界的定义.

定义 5 设函数 $f(x)$ 的定义域为 D,$I\subset D$,若对不论多么大的正数 M,总有 $x\in I$,使得 $|f(x)|>M$ 成立,则称函数在 I 上是无界的.

例 8 证明函数 $f(x)=\dfrac{1}{x}$ 在开区间 $(0,1)$ 内无界.

证 对于不论多么大的正数 $M>1$,取 $x_0=\dfrac{1}{2M}$,则 $x_0\in(0,1)$,且

$$f(x_0)=\left|\frac{1}{x_0}\right|=\left|\frac{1}{1/(2M)}\right|=2M>M,$$

即不论 M 多么大,总可以找到一个 $x_0=\dfrac{1}{2M}\in(0,1)$,使得函数值 $|f(x_0)|>M$,按照定义,函数 $f(x)=\dfrac{1}{x}$ 在区间 $(0,1)$ 内是无界的.

此外,我们还可以给出函数的上界和下界的定义. 如果存在数 M 和 m,使得对于函数 $f(x)$ 的定义域 D 内任意一点,都有

$$f(x)\leqslant M,$$

称函数 $f(x)$ 在 D 上有上界，上界为 M；若总有 $f(x)\geqslant m$，称函数 $f(x)$ 在 D 上有下界，其下界为 m.

从几何上看，若函数 $y=f(x)$ 有界，即存在 $M>0$，使得对于一切的 $x\in D$，函数的图像介于直线 $y=M$ 和直线 $y=-M$ 之间.

2. 单调性

定义 6 设函数 $f(x)$ 的定义域为 D，区间 $I\subset D$，如果对于区间 I 上任意两点 x_1 及 x_2，当 $x_1<x_2$ 时，恒有 $f(x_1)<f(x_2)$，则称函数 $f(x)$ 在区间 I 上是单调增加的，I 称为函数 $f(x)$ 的单调增区间. 如果恒有 $f(x_1)>f(x_2)$，则称函数 $f(x)$ 在区间 I 上是单调减少的，区间 I 称为函数 $f(x)$ 的单调减区间.

函数的单调增区间和单调减区间统称为函数的单调区间. 相应地，单调增加和单调减少的函数统称为单调函数.

例如，函数 $y=x^3$ 在区间 $(-\infty,+\infty)$ 内是单调增加的；$y=x^2$ 在区间 $(-\infty,0)$ 内单调减少，在区间 $[0,+\infty)$ 内单调增加. 因此函数 $y=x^2$ 的单调区间为 $(-\infty,0)$ 和 $(0,+\infty)$. 但 $y=x^2$ 在 $(-\infty,+\infty)$ 内并不是单调的.

3. 函数的奇偶性

定义 7 设函数 $f(x)$ 的定义域 D 关于坐标原点对称（即若 $x\in D$，则有 $-x\in D$），
(1) 如果对于任何的 $x\in D$，恒有
$$f(-x)=-f(x)$$
成立，则称 $f(x)$ 为奇函数.
(2) 如果对于任何的 $x\in D$，恒有
$$f(-x)=f(x)$$
成立，则称 $f(x)$ 为偶函数.

例如，$f(x)=\sin x$ 是奇函数，$f(x)=\cos x$ 是偶函数，$f(x)=\sin x+\cos x$ 既非奇函数，也非偶函数.

偶函数的图形关于 y 轴对称，奇函数的图形关于坐标原点对称.

4. 周期性

定义 8 设函数 $f(x)$ 的定义域为 D，如果存在不为零的数 l，使得对于任一 $x\in D$，$x+l\in D$，且
$$f(x+l)=f(x)$$
恒成立，则称函数 $f(x)$ 为周期函数，l 称为函数 $f(x)$ 的周期. 通常我们所说的周期函数的周期都是指使得上式成立的最小正数 l，因此 l 也称为最小正周期.

例如，函数 $\sin x$、$\cos x$ 都是以 2π 为周期的周期函数；$\tan x$、$\cot x$ 都是以 π 为周期的周期函数.

以 l 为周期的函数的图形有以下特点，那就是每经过周期 l，函数的图形都重复出现.

四、复合函数与反函数

1. 复合函数

我们知道，通过基本初等函数的四则运算可以产生出新的函数，例如，$\sin x$ 和 $\cos x$ 相加可以得到函数 $f(x)=\sin x+\cos x$，相乘可以得到 $f(x)=\sin x\cos x$ 等. 那么除了函数的四

则运算以外,还有没有获得新的函数的方法呢,我们来看一个简单的例子.

例 9 从点 L 垂直发射一枚火箭,火箭 R 在时刻 t 与发射点的距离为 h,且 $h=g(t)$,观察站 O 设在距发射点 1km 处,试将火箭与观察站的距离 d 表示成为时间 t 的函数.

解 由图 1-3 可知,d 可以表示成为 h 的函数(单位:km)
$$d=\sqrt{1+h^2}.$$
又因为 $h=g(t)$,所以在时刻 t,火箭到观察站的距离是
$$d(t)=\sqrt{1+[g(t)]^2}.$$
上述 $d(t)$ 是由两个函数构造而成的,这个构造的过程称为函数的复合.

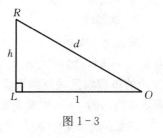

图 1-3

复合函数的一般定义是:

定义 9 设函数 $y=f(u)$ 的定义域为 D_1,函数 $u=\varphi(x)$ 的定义域为 D_2,值域为 W. 若 $W \cap D_1 \neq \varnothing$,那么对于任意的 $u \in W \cap D_1$,有 $x \in D_2$,由 $u=\varphi(x)$ 取得 u 的值,使函数 $y=f(u)$ 有意义,于是变量 y 通过 u 构成 x 的函数,这个函数叫作 x 的复合函数,记为
$$y=f[\varphi(x)],$$
其中 u 叫作中间变量.

这说明,除了函数的四则运算以外,通过函数的复合运算也可以产生新的函数.

按照定义,例 9 中的函数就是变量 d 通过 h 构成 t 的复合函数.

例 10 设 $f(x)=x^2$,$g(x)=2^x$,求复合函数 $f[g(x)]$ 和 $g[f(x)]$.

解 $f[g(x)]=[g(x)]^2=(2^x)^2=4^x$,$g[f(x)]=2^{f(x)}=2^{x^2}$.

例 11 设 $y=\sqrt{u}$,则定义域为 $D=[0,+\infty)$,而 $u=1-x^2$ 的值域 $W=(-\infty,1]$,由于 $D \cap W$ 非空,故函数 $y=\sqrt{u}$ 和 $u=1-x^2$ 可构成复合函数 $y=\sqrt{1-x^2}$. 或者说,函数 $y=\sqrt{1-x^2}$ 是由 $y=\sqrt{u}$ 及 $u=1-x^2$ 复合而成的复合函数,这个函数的定义域是 $[-1,1]$.

由定义,当函数 $y=f(u)$ 的定义域与函数 $u=\varphi(x)$ 的值域的交为空集时,这两个函数是不能构成复合函数的. 例如,$y=\arcsin u$ 和 $u=2+x^2$ 就不能复合成一个复合函数,因为 $y=\arcsin u$ 的定义域与 $u=2+x^2$ 的值域没有共同的元素.

一个复合函数也可以由两个以上的函数复合而成. 显然,参加复合运算的函数越多,复合而成的函数就越复杂. 因此对于较为复杂的复合函数来说,准确地判断出它是由哪些函数复合而成的对于研究这个函数、对于这个函数的某些运算都是非常必要的.

我们来看下面的例子.

例 12 函数 $y=e^{\sqrt{x^3+1}}$ 由哪些函数复合而成.

解 所给的函数是由若干个基本初等函数复合而成的复合函数,显然这些函数分别是指数函数和幂函数,即所给函数是由 $y=e^u$,$u=\sqrt{v}$,$v=x^3+1$ 复合而成的(这里 u 及 v 都是中间变量).

一般地,函数复合过程中的每个函数都是基本初等函数,或者是由常数及基本初等函数经过四则运算(加、减、乘、除)得到的表达式. 也就是对复合函数的拆分必须拆分"到底",在对一个复合函数的复合过程进行分解时,必须遵循这一原则.

例 13 指出下列函数的复合过程.

(1) $y=(\cos 3x)^2$; (2) $y=2^{(x-1)^2}$; (3) $y=\ln\{\ln[\ln(x^2+1)]\}$.

解 （1）函数由 $y=u^2$，$u=\cos v$，$v=3x$ 复合而成，其中 u，v 为中间变量．如果将其拆分成为 $y=u^2$，$u=\cos 3x$ 是不合适的，因为函数 $u=\cos 3x$ 仍是复合函数．

（2）$y=2^u$，$u=v^2$，$v=x-1$，u，v 为中间变量．

（3）$y=\ln u$，$u=\ln v$，$v=\ln w$，$w=x^2+1$，u，v，w 为中间变量．

上面我们指出，在拆分出来的函数里，不能再有复合函数出现．但这里拆分有 $w=x^2+1$ 是允许的，因为这是幂函数和常数的和，而不是复合函数．

2. 反函数

如果两个变量之间存在着确定的函数关系，则这两个变量哪一个作自变量，哪一个作因变量有时并不是固定不变的．对于定义域为 D，值域为 W 的函数 $y=f(x)$ 来说，一方面，对于任意的 $x_0\in D$，有确定的函数值 $f(x_0)$ 与之对应．另一方面，对于任意的 $y_0\in W$，也必有 $x_0\in D$，使得 $f(x_0)=y_0$．按照函数的定义，这时 x 就叫作 y 的函数，这样变量之间的关系就可以记为 $x=\varphi(y)$．显然这个函数的定义域就是 W，值域为 D，由于它是由函数 $y=f(x)$ 而来，故称 $x=\varphi(y)$ 为函数 $y=f(x)$ 的反函数．

一般地，对于函数 $y=f(x)$，如果能从 $y=f(x)$ 中解出 x，即有 $x=\varphi(y)$，并称函数 $x=\varphi(y)$ 为 $y=f(x)$ 的反函数．此时我们将函数 $y=f(x)$ 叫作直接函数．显然，这里的 $y=f(x)$ 和 $x=\varphi(y)$ 互为反函数．由于这两个函数之间的关系，我们常把函数 $y=f(x)$ 的反函数 $x=\varphi(y)$ 记为 $x=f^{-1}(y)$．按照习惯，我们再将自变量和因变量分别用 x 和 y 表示，这样函数 $y=f(x)$ 的反函数 $x=\varphi(y)$ 最终被表示成为 $y=f^{-1}(x)$．

在同一个坐标平面上，函数 $y=f(x)$ 和其反函数 $y=f^{-1}(x)$ 的图形关于直线 $y=x$ 是对称的（图 1-4）．

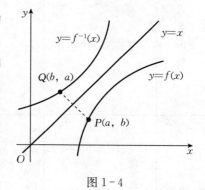

图 1-4

例 14 求函数 $y=3x+5$ 的反函数．

解 由 $y=3x+5$，解得

$$x=\frac{y-5}{3},$$

将原题中的因变量和自变量分别换为 x 和 y，有

$$y=\frac{x-5}{3},$$

所以 $y=3x+5$ 的反函数为 $y=\dfrac{x-5}{3}$．

应该指出的是，虽然 $y=f(x)$ 是单值函数，但其反函数并不一定是单值的，例如，函数 $y=x^2$．这是因为直接函数 $y=f(x)$ 的定义中并没有限定 $x_1\neq x_2$ 时，$y_1\neq y_2$，那么对同一个 y，可能有不同的 x 与之对应．但如果 $y=f(x)$ 是单值单调函数，那么就能保证反函数 $y=f^{-1}(x)$ 一定存在，并且也为单值单调函数．

五、初等函数

1. 基本初等函数

初等数学中我们熟知的幂函数、指数函数、对数函数、三角函数及反三角函数统称为基

本初等函数. 对于这些函数的定义和性质在初等数学里已有较详细的介绍, 此处不再赘述. 为便于查阅, 择其要点列于表 1-1.

表 1-1 基本初等函数的定义与性质

名称		解析式	定义域	特性	图形
幂函数		$y=x^\mu$ (μ 为实常数)	随 μ 而定, 但不论 μ 为何值, 在 $(0, +\infty)$ 内总有意义	在 $(0, +\infty)$ 内单调; 奇偶性与 μ 有关, 图形过点 $(1, 1)$	
指数函数		$y=a^x$ ($a>0, a\neq1$)	$(-\infty, +\infty)$	单调, 图形在 x 轴上方, 过点 $(0, 1)$	
对数函数		$y=\log_a x$ ($a>0, a\neq1$)	$(0, +\infty)$	单调, 图形在 y 轴右方, 过点 $(1, 0)$	
三角函数	正弦函数	$y=\sin x$	$(-\infty, +\infty)$	有界 ($|\sin x|\leqslant 1$), 以 2π 为周期的奇函数	
	余弦函数	$y=\cos x$	$(-\infty, +\infty)$	有界 ($|\cos x|\leqslant 1$), 以 2π 为周期的偶函数	

(续)

名 称		解析式	定义域	特 性	图 形
三角函数	正切函数	$y=\tan x$	$x\neq(2k+1)\dfrac{\pi}{2}$, $k\in\mathbf{Z}$	以 π 为周期的奇函数；在 $\left(-\dfrac{\pi}{2},\dfrac{\pi}{2}\right)$ 内单调增加	
	余切函数	$y=\cot x$	$x\neq k\pi$, $k\in\mathbf{Z}$	以 π 为周期的奇函数；在 $(0,\pi)$ 内单调减少	
反三角函数	反正弦函数	$y=\arcsin x$	$[-1,1]$	有界 $\left(\|\arcsin x\|\leqslant\dfrac{\pi}{2}\right)$，单调增加的奇函数	
	反余弦函数	$y=\arccos x$	$[-1,1]$	有界 $(0\leqslant\arccos x\leqslant\pi)$，单调减函数	

(续)

名称		解析式	定义域	特性	图形
反三角函数	反正切函数	$y=\arctan x$	$(-\infty, +\infty)$	有界$\left(\lvert\arctan x\rvert<\dfrac{\pi}{2}\right)$，单调增加的奇函数	
	反余切函数	$y=\operatorname{arccot} x$	$(-\infty, +\infty)$	有界$(0<\operatorname{arccot} x<\pi)$，单调减函数	

此外，在高等数学中，正割函数 $\sec x=\dfrac{1}{\cos x}$ 和余割函数 $\csc x=\dfrac{1}{\sin x}$ 也经常出现，我们应该熟悉它们．

2. 初等函数

函数可以进行加、减、乘、除四则运算，其运算结果仍然是函数．除此之外，我们还可以通过复合运算，得到新的函数．这样，从五种基本初等函数出发，我们就可以得到各式各样的函数类型，这构成了高等数学主要的研究对象．

定义 10　由常数和基本初等函数经过有限次的四则运算或有限次的复合运算所构成的，并可用一个式子表示的函数，称为初等函数．

例如，$y=\sin 5x$，$y=\ln x+\mathrm{e}^x$ 等都是初等函数．

六、经济学中的常用函数

1. 总成本函数

总成本函数是指在一定时期内，生产产品时所消耗的生产费用之总和．常用 C 表示，可以看作产量 x 的函数，记作

$$C=C(x).$$

总成本包括固定成本和可变成本两部分，其中固定成本 F 指在一定时期内不随产量变动而支出的费用，如厂房、设备的固定费用和管理费用等；可变成本 V 是指随产品产量变动而变动的支出费用，如税收、原材料、电力燃料等．

固定成本和可变成本是相对于某一过程而言的. 在短期生产中,固定成本是不变的,可变成本是产量 x 的函数,所以 $C(x)=F+V(x)$,在长期生产中,支出都是可变成本,此时 $F=0$. 实际应用中,产量 x 为正数,所以总成本函数是产量 x 的单调增加函数,常用以下初等函数来表示:

(1) 线性函数:$C=a+bx$,其中 $b>0$ 为常数.

(2) 二次函数:$C=a+bx+cx^2$,其中 $c>0$,$b<0$ 为常数.

(3) 指数函数:$C=be^{ax}$,其中 a,$b>0$ 为常数.

平均成本:每个单位产品的成本,即 $\overline{C}=\dfrac{C(x)}{x}$.

2. 总收益函数

总收益函数是指生产者出售一定产品数量 x 所得到的全部收入,常用 R 表示,即其中 x 为销售量. 显然,$R|_{Q=0}=R(0)=0$,即未出售商品时,总收益为 0. 若已知需求函数 $Q=Q(p)$,则总收益函数为 $R=R(Q)=p\cdot Q=Q^{-1}(Q)\cdot Q$.

平均收益:$\overline{R}=\dfrac{R(x)}{x}$,若单位产品的销售价格为 p,则 $R=p\cdot x$,且 $\overline{R}=p$.

3. 总利润函数

总利润函数是指生产中获得的纯收入,为总收益与总成本之差,常用 L 表示,即
$$L(x)=R(x)-C(x).$$

例 15 某工厂生产某产品,每日最多生产 100 个单位. 日固定成本为 130 元,生产每一个单位产品的可变成本为 6 元,求该厂每日的总成本函数及平均单位成本函数.

解 设每日的总成本函数为 C 及平均单位成本函数为 $\overline{C}$,因为总成本为固定成本与可变成本之和,据题意有
$$C=C(x)=130+6x \quad (0\leqslant x\leqslant 100),$$
$$\overline{C}=\overline{C}(x)=\dfrac{130}{x}+6 \quad (0<x\leqslant 100).$$

例 16 设某商店以每件 a 元的价格出售商品,若顾客一次购买 50 件以上,则超出部分每件优惠 10%,试将一次成交的销售收入 R 表示为销售量 x 的函数.

解 由题意,一次售出 50 件以内的收入为 $R=ax$ 元,而售出 50 件以上时,收入为
$$R=50a+(x-50)\cdot a\cdot 10\%,$$
所以一次成交的销售收入 R 是销售量 x 的分段函数
$$R=\begin{cases} ax, & 0\leqslant x\leqslant 50, \\ 50a+0.9a(x-50), & x>50. \end{cases}$$

4. 需求函数

需求量指的是在一定时间内,消费者对某商品愿意而且有支付能力购买的商品数量.

经济活动的主要目的是满足人们的需求,经济理论的主要任务之一就是分析消费及由此产生的需求. 但需求量不等于实际购买量,消费者对商品的需求受多种因素影响,例如,季节、收入、人口分布、价格等. 其中影响的主要因素是商品的价格,所以,我们经常将需求量 Q_d 看作价格 p 的函数,记为
$$Q_d=Q_d(p),$$
通常假设需求函数是单调减少的,需求函数的反函数

$$p = Q^{-1}(p), \quad Q \geq 0.$$

在经济学中也称为需求函数，有时称为价格函数．一般说来，降价使需求量增加，价格上涨需求量反而会减少，即需求函数是价格 p 的单调减少函数．常用以下简单的初等函数来表示：

(1) 线性函数：$Q_d = -ap + b$，其中 $a, b > 0$ 为常数．

(2) 指数函数：$Q_d = ae^{-bp}$，其中 $a, b > 0$ 为常数．

(3) 幂函数：$Q_d = bp^{-a}$，其中 $a, b > 0$ 为常数．

例 17 设某商品的需求函数为线性函数 $Q = -ap + b$，其中 $a, b > 0$ 为常数，求 $p = 0$ 时的需求量和 $Q = 0$ 时的价格．

解 当 $p = 0$ 时，$Q = b$，表示价格为零时，消费者对某商品的需求量为 b，这也是市场对该商品的饱和需求量．当 $Q = 0$ 时，$p = \dfrac{b}{a}$ 为最大销售价格，表示价格上涨到 $\dfrac{b}{a}$ 时，无人愿意购买该产品．

5. 供给函数

供给量是指在一定时期内生产者愿意生产并可向市场提供出售的商品量，供给价格是指生产者为提供一定量商品愿意接受的价格，将供给量 Q_s 也看作价格 p 的函数，记为

$$Q_s = Q_s(p).$$

一般说来，价格上涨刺激生产者向市场提供更多的商品，使供给量增加，价格下跌使供给量减少，即供给函数是价格 p 的单调增加函数．常用以下简单的初等函数来表示：

(1) 线性函数：$Q_s = ap + b$，其中 $a > 0$ 为常数．

(2) 指数函数：$Q_s = ae^{bp}$，其中 $a, b > 0$ 为常数．

(3) 幂函数：$Q_s = bp^a$，其中 $a, b > 0$ 为常数．

当市场上需求量 Q_d 与供给量 Q_s 一致时，即 $Q_d = Q_s$，商品的数量称为均衡数量，记为 Q_e，商品的价格称为均衡价格，记为 p_e．例如，由线性需求和供给函数构成的市场均衡模型可以写成

$$\begin{cases} Q_d = a - bp \, (a > 0, b > 0), \\ Q_s = -c + dp \, (c > 0, d > 0), \\ Q_d = Q_s, \end{cases}$$

解方程，可得均衡价格 p_e 和均衡数量 Q_e：

$$p_e = \frac{a+c}{b+d}, \quad Q_e = \frac{ad - bc}{b + d}.$$

由于 $Q_e > 0$，$b + d > 0$，因此有 $ad > bc$．

当市场价格高于 p_e 时，需求量减少而供给量增加，反之，当市场价格低于 p_e 时，需求量增加而供给量减少．市场价格的调节就是利用供需均衡来实现的．

经济学中常见的还有生产函数（生产中的投入与产出关系）、消费函数（国民消费总额与国民生产总值即国民收入之间的关系）、投资函数（投资与银行利率之间的关系）等．

例 18 已知某商品的需求函数和供给函数分别为

$$Q_d = 14 - 1.5p, \quad Q_s = -5 + 4p,$$

求该商品的均衡价格．

解 由均衡条件 $Q_d = Q_s$ 可知
$$14 - 1.5p = -5 + 4p,$$
$$19 = 5.5p,$$
所以均衡价格为
$$p_e = 3.45.$$

例 19 已知某产品的价格为 p 元，需求函数为 $Q = 50 - 5p$，成本函数为 $C = 50 + 2Q$，求产量 Q 为多少时利润 L 最大？最大利润是多少？

解 因为需求函数为 $Q = 50 - 5p$，$p = 10 - \dfrac{Q}{5}$，所以收益函数为
$$R = p \cdot Q = 10Q - \dfrac{Q^2}{5}.$$

利润函数
$$L = R - C = 8Q - \dfrac{Q^2}{5} - 50 = -\dfrac{1}{5}(Q - 20)^2 + 30,$$

因此，$Q = 20$ 时利润最大，且最大利润是 30 元.

习 题 1-1

1. 求下列函数的定义域：

(1) $y = \dfrac{1}{1-x^2} + \sqrt{2+x}$；

(2) $y = \arcsin\dfrac{x-3}{2}$；

(3) $y = \ln(x+1)$；

(4) $y = e^{\frac{1}{x}} + \dfrac{1}{\sqrt{(3-x)(x-2)}}$.

2. 下列各题中，函数 $f(x)$ 和 $g(x)$ 是否相同？为什么？

(1) $f(x) = x$，$g(x) = \sqrt{x^2}$；

(2) $f(x) = \ln x^3$，$g(x) = 3\ln x$；

(3) $f(x) = 1$，$g(x) = \sin^2 x + \cos^2 x$；

(4) $f(x) = \sqrt[3]{x^3 + x^7}$，$g(x) = x\sqrt[3]{x^4 + 1}$.

3. 求下列函数值：

(1) 设 $f(x) = \dfrac{|x-2|}{x+1}$，求 $f(2)$，$f(-2)$，$f(0)$，$f(a)$，$f(a+b)$；

(2) 设 $f(x) = \begin{cases} x^2, & 0 \leqslant x < 3, \\ x^3, & 3 \leqslant x < 6, \end{cases}$ 求 $f(\sqrt{2})$，$f(\pi)$.

4. 设 $f(x)$ 的定义域为 $[0, 1)$，求 $f\left(\dfrac{\sqrt{x}}{x}\right)$ 的定义域.

5. 设 $f(x) = \dfrac{1}{1-x}$，$g(x) = 1 - x^2$，求 $f[g(x)]$，$g[f(x)]$.

6. 下列函数中哪些是偶函数，哪些是奇函数，哪些既非奇函数又非偶函数？

(1) $y = x^2(1 - x^2)$；

(2) $y = x^3 + 1$；

(3) $y = \dfrac{1-x^2}{1+x^2}$；

(4) $y = \lg(x + \sqrt{x^2 + 1})$；

(5) $y = \sin x - \cos x + 1$；

(6) $y = \dfrac{a^x + a^{-x}}{2}$.

7. 试指明下列函数在指定区间内的单调性：

(1) $f(x)=x^2$, $(-1, 0)$; (2) $f(x)=\lg x$, $(0, +\infty)$;

(3) $f(x)=\sin x$, $\left(-\dfrac{\pi}{2}, \dfrac{\pi}{2}\right)$.

8. 求下列函数的反函数:

(1) $y=\sqrt[3]{x+1}$; (2) $y=\cos 4x$; (3) $y=\dfrac{2^x}{2^x+1}$.

9. 指出下列函数由哪些函数复合而成.

(1) $y=(1-x)^4$; (2) $y=2^{\tan x}$; (3) $y=e^{x^2}$;

(4) $y=\lg\tan x$; (5) $y=\cos\sqrt{1+e^{2x}}$;

(6) $y=\sin^3(1+2x)$.

10. 设函数 $f(x)$ 在数集 X 上有定义,试证:函数 $f(x)$ 在 X 上有界的充分必要条件是它在 X 上既有上界又有下界.

11. 某化肥厂日产量最多为 mt,已知固定成本为 a 元,每多生产 1t 化肥,成本增加 k 元. 若每吨化肥的售价为 p 元,试写出利润与产量的函数关系式.

12. 生产某种产品,固定成本为 2 万元,每多生产 100 台,成本增加 1 万元,已知需求函数为 $Q=20-4p$(其中 p 表示产品价格,Q 表示需求量),假设产销平衡,试写出:(1)成本函数;(2)收益函数;(3)利润函数.

13. 火车站收取行李费的规定如下:当行李不超过 50kg 时,按基本费计算. 如从上海到某地每千克收 0.15 元;当超过 50kg 时,超重部分按每千克 0.25 元收费,试求上海到某地的行李费 y(元)与重量 x(kg)之间的函数关系式,并画出这个函数的图形.

第二节 极限的概念及性质

极限是高等数学中最基本的概念,是本课程研究的基础和工具. 高等数学里许多重要的概念都是由极限给出的. 本节我们学习两种形式的极限.

一、数列的极限

数列的概念以及相关知识我们已经在初等数学中学习过,极限的概念在初等数学阶段也有过接触,这里将给出数列极限的精确定义,并给出利用极限定义证明数列的极限为某个确定值的方法.

1. 数列的概念

按照一定的规则,依次由自然数 $1, 2, \cdots, n, \cdots$ 编号排成的一列数

$$x_1, x_2, x_3, \cdots, x_n, \cdots,$$

叫作数列,记为 $\{x_n\}$. 数列中的每一个数叫作数列的一项,第 n 项 x_n 叫作数列的一般项或通项. 例如:

(1) $1, \dfrac{1}{2}, \dfrac{1}{3}, \cdots, \dfrac{1}{n}, \cdots$; (2) $2, \dfrac{3}{2}, \dfrac{4}{3}, \cdots, \dfrac{n+1}{n}, \cdots$;

(3) $1, -1, 1, \cdots, (-1)^{n+1}, \cdots$

等都是数列的例子.

在几何上,数列$\{x_n\}$可看作数轴上的动点,它依次取点x_1,x_2,x_3,…,x_n,…(图1-5).

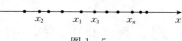

图1-5

数列$\{x_n\}$也可看作自变量为正整数n的函数$x_n=f(n)$,它的定义域是全体正整数,当自变量n依次取1,2,3,…等一切正整数时,对应的函数值就排列成数列$\{x_n\}$.

如果数列$\{x_n\}$满足条件:
$$x_1 \leqslant x_2 \leqslant \cdots \leqslant x_n \leqslant \cdots,$$
就称数列是单调增加的;如果满足条件:
$$x_1 \geqslant x_2 \geqslant \cdots \geqslant x_n \geqslant \cdots,$$
就称数列是单调减少的.单调增加和单调减少的数列统称为单调数列.

例如,$\left\{\dfrac{1}{n}\right\}$是一个单调减少的数列,$\{3^n\}$是一个单调增加的数列,单调数列的点在数轴上只能单方向移动.

对于数列$\{x_n\}$,如果存在着正数M,使得对任何自然数n,都有
$$|x_n| \leqslant M$$
成立,则称数列$\{x_n\}$是有界的;如果这样的正数M不存在,就说数列$\{x_n\}$无界.

例如,数列(1)、(2)、(3)都是有界数列,有界数列的点在数轴上都落在某个闭区间$[-M, M]$($M>0$)上.

在本课程里,对于数列$\{x_n\}$,我们关心的问题是:当n无限增大(即$n\to\infty$)时,对应的一般项x_n的变化情况,它是否能够无限趋于某一个确定的数值,如果能够的话,这个数值是多少?这就是数列的极限问题.

2. 早期数列极限应用的例子

我国古代数学家刘徽利用圆内接正多边形来推算圆面积的方法,是极限思想在几何学上的较早应用.

设有一个圆,要求出它的面积,他给出的方法是,首先作圆内接正六边形,把它的面积记为A_1;再作圆内接正十二边形,其面积记为A_2;再作圆内接正二十四边形,其面积记为A_3;如此一直作下去,每次边数加倍,将圆内接正$6\times 2^{n-1}$边形的面积记为A_n($n=1$,2,3,…).这样得到的一系列圆内接正多边形的面积可以排成以下数列:
$$A_1, A_2, A_3, \cdots, A_n, \cdots,$$
很显然,n越大,圆内接正多边形与圆的差别就越小,从而圆内接正多边形的面积与圆的面积差别就越小.以A_n作为圆面积的近似值也就越精确.自然我们就设想当n无限增大时,就将A_n最终接近的那个值确定为圆的面积,这个确定的数值在数学上被称为这个数列当$n\to\infty$时的极限.在求圆面积的问题中我们看到,正是这个数列的极限才精确地表达了圆的面积.

3. 数列极限的定义

极限的概念是很深奥的,也是初学者不容易完全弄懂的,为了便于对极限概念的理解,我们先给出极限的描述性的定义.

定义1 对于给定的数列$\{x_n\}$,如果当n无限增大时,数列的一般项x_n无限靠近某一个确定的常数a,则称a为数列$\{x_n\}$的极限,记作

$$\lim_{n\to\infty} x_n = a \text{ 或 } x_n \to a(n\to\infty).$$

例如,数列 $2, \frac{3}{2}, \frac{4}{3}, \cdots, \frac{n+1}{n}, \cdots$ 的一般项 $x_n = 1 + \frac{1}{n}$,由于 n 无限增大时,$\frac{1}{n}$ 无限靠近零,因而 x_n 无限接近 1,也就是说,1 是数列 $\left\{1 + \frac{1}{n}\right\}$ 的极限.

上述极限的描述性定义比较简单,也易于理解,但它不够准确和严谨.例如,对于定义中的"无限增大"和"无限靠近"两个说法,我们只能从字面上去理解."无限增大"和"无限靠近"的确切含义是什么?数学上的表现形式是怎样的?这些概念如果搞不清楚,极限的概念就难以令人信服,也难以使用.为了揭示数列极限的实质,必须用精确的数学语言来描述这一概念.

下面我们通过对数列 $\left\{1 + \frac{1}{n}\right\}$ 一般项的变化情况的分析,给出数列极限定义的思路.

由极限的描述性定义知,数列 $\left\{1 + \frac{1}{n}\right\}$ 的极限为 1,用定义 1 来说,就是当 n 无限增大时,x_n 无限靠近 1,而 x_n 靠近 1 的程度可以用 x_n 与 1 的距离 $|x_n - 1|$ 来表示,如果要求 $|x_n - 1|$ 小于某一个事先给定的正数,只要一般项的序号足够大就可以了.换句话说,只要 n 充分大,$|x_n - 1|$ 就可以小于预先给定的任意小的正数 ε,表 1-2 对于不同的正数 ε,给出了相应的 n 值.

表 1-2

ε	$\cdots$	0.1	0.01	0.001	0.0001	0.00001	$\cdots$
$n>$	$\cdots$	10	10^2	10^3	10^4	10^5	$\cdots$
$|x_n-1|<$	$\cdots$	0.1	0.01	0.001	0.0001	0.00001	$\cdots$

从表中可看出,对于任意给定的正数 ε(不论它多么小),总可以找到正整数,不妨记作 N,当 $n>N$ 时,即数列 $\left\{1 + \frac{1}{n}\right\}$ 从第 $N+1$ 项开始,后面的一切项:$x_{N+1}, x_{N+2}, \cdots$ 都能使不等式

$$|x_n - 1| < \varepsilon$$

成立,这就是当 $n\to\infty$ 时,$x_n \to 1$ 的实质.由此我们给出数列极限的精确定义.

定义 2 设有数列 $\{x_n\}$,a 为一常数,如果对于任意给定的正数 ε(不论它多么小),总存在着正整数 N,使得对于 $n>N$ 时的一切 x_n,不等式

$$|x_n - a| < \varepsilon$$

都成立,则称常数 a 是数列 $\{x_n\}$ 的极限,或称数列 $\{x_n\}$ 收敛于 a,记作 $\lim_{n\to\infty} x_n = a$ 或 $x_n \to a$ $(n\to\infty)$.

如果数列 $\{x_n\}$ 没有极限,则称数列是发散的.

上面定义中正数 ε 可以任意给定是很重要的,因为只有这样,不等式 $|x_n - a| < \varepsilon$ 才能表达出 x_n 与 a 无限接近的意思,此外还应注意到:定义中的正整数 N 与正数 ε 有关,它随着 ε 的给定而确定.

下面的论述有助于读者对数列极限定义 2 的理解.

x_n 无限靠近常数 a 可以用 x_n 与 a 的距离要多小就有多小来描述，这很容易理解. x_n 与 a 的距离可以用它们差的绝对值 $|x_n-a|$ 来刻画，这是毫无疑义的. 而 $|x_n-a|$ 可以小于任意小的正数 ε，就表示了 x_n 与 a 的距离要多小就有多小这样一个事实，即 $|x_n-a|<\varepsilon$ 就表示了 x_n 无限靠近 a，这也就是 $\{x_n\}$ 以 a 为极限的刻画. 则 N 就是与所给正数 ε 相对应的数列的项数.

在几何上，常数 a 和数列 $\{x_n\}$ 的各项都可以用数轴上的点来表示. 因为 $|x_n-a|<\varepsilon$ 相当于 $a-\varepsilon<x_n<a+\varepsilon$，所以数列 $\{x_n\}$ 以 a 为极限的几何意义就是：对于任意给定的正数 ε，总能找到正整数 N，使得从第 $N+1$ 项开始，后面的所有项 $x_{N+1}, x_{N+2}, \cdots$ 的对应点都落在以 a 为中心，长度为 2ε 的开区间 $(a-\varepsilon, a+\varepsilon)$ 内，数列 $\{x_n\}$ 只有有限多个点在此区间之外（图 1-6）.

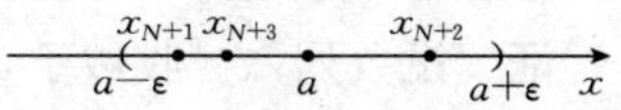

图 1-6

上述几何解释也可以说成：数列 $\{x_n\}$ 收敛于 a，就是对于任意给定的正数 ε，总存在正整数 N，从 x_{N+1} 这一项开始，后面所有的点都落在 a 的 ε 邻域内.

数列的极限定义 2 虽然没有给出求数列极限的方法，但却提供了证明数列以某个数值为极限的途径. 让我们来看下面的例子.

例 1 证明数列 $\lim\limits_{n\to\infty}\left(1+\dfrac{1}{n}\right)=1$.

证 由于 $|x_n-a|=\left|1+\dfrac{1}{n}-1\right|=\dfrac{1}{n}$，故对于任意给定的正数 ε，要使 $\left|1+\dfrac{1}{n}-1\right|=\dfrac{1}{n}<\varepsilon$，只要 $\dfrac{1}{n}<\varepsilon$，这只要 $n>\dfrac{1}{\varepsilon}$. 故取正整数 $N=\left[\dfrac{1}{\varepsilon}\right]$，则当 $n>N$ 时，就有 $\left|1+\dfrac{1}{n}-1\right|<\varepsilon$，即 $\lim\limits_{n\to\infty}\left(1+\dfrac{1}{n}\right)=1$.

例 2 用定义证明 $\lim\limits_{n\to\infty}\dfrac{\sqrt{n^2+n}}{n}=1$.

证 由于 $|x_n-a|=\left|\dfrac{\sqrt{n^2+n}}{n}-1\right|=\dfrac{1}{\sqrt{n^2+n}+n}$，故对于任意给定的正数 ε，要使 $\left|\dfrac{\sqrt{n^2+n}}{n}-1\right|<\varepsilon$，就是要使 $\dfrac{1}{\sqrt{n^2+n}+n}<\varepsilon$，这只要 $n>\dfrac{1}{2\varepsilon}$. 故取正整数 $N=\left[\dfrac{1}{2\varepsilon}\right]$，则当 $n>N$ 时，就有 $\left|\dfrac{\sqrt{n^2+n}}{n}-1\right|<\varepsilon$，即 $\lim\limits_{n\to\infty}\dfrac{\sqrt{n^2+n}}{n}=1$.

例 3 证明 $\lim\limits_{n\to\infty}\dfrac{1}{3^n}=0$.

证 由于 $|x_n-a|=\left|\dfrac{1}{3^n}-0\right|=\dfrac{1}{3^n}$，故对于任意给定的正数 ε，要使 $|x_n-a|<\varepsilon$，即 $\dfrac{1}{3^n}<\varepsilon$，$3^n>\dfrac{1}{\varepsilon}$，只要 $n>\log_3\dfrac{1}{\varepsilon}$，故取正整数 $N=\left[\log_3\dfrac{1}{\varepsilon}\right]$，则当 $n>N$ 时，就有 $\left|\dfrac{1}{3^n}-0\right|<\varepsilon$，即 $\lim\limits_{x\to\infty}\dfrac{1}{3^n}=0$.

通过以上几个例子，可总结出利用定义证明极限的一般步骤如下：

(1) 给定 $\varepsilon>0$，假设 $|x_n-a|<\varepsilon$ 成立；

(2) 将不等式 $|x_n-a|<\varepsilon$ 整理成 $n>f(\varepsilon)$ 的形式(一般可采用加强不等式的方法);

(3) 取正整数 $N=[f(\varepsilon)]$ 即可.

注意：在证明极限的过程中，对于任意给定的正数 ε，只要能求出满足定义要求的正整数 N 即可，它可能不是唯一的，也没有必要是最小的.

4. 收敛数列的性质

性质 1(唯一性) 如果数列 $\{x_n\}$ 收敛，则极限是唯一的.

这个性质的证明我们略去.

性质 2(有界性) 收敛的数列是有界的.

证 设数列 $\{x_n\}$ 收敛于 a，即对于给定的某个正数 ε_0，必存在正整数 N，使得当 $n>N$ 时，$|x_n-a|<\varepsilon_0$ 成立，就是 $a-\varepsilon_0<x_n<a+\varepsilon_0$ 成立. 而数列 $\{x_n\}$ 不满足这个不等式的最多只有 N 项，设这 N 项中最大一项的绝对值为 M_1，记

$$M=\max\{|a-\varepsilon_0|, |a+\varepsilon_0|, M_1\},$$

则对于一切的 n，都有 $|x_n|\leqslant M$，即数列 $\{x_n\}$ 有界.

根据定理 2，如果数列 $\{x_n\}$ 无界，那么数列 $\{x_n\}$ 一定发散，但如果数列 $\{x_n\}$ 有界，却不能断定它一定收敛，例如，数列：

$$-1, 1, -1, \cdots, (-1)^n, \cdots$$

有界，但它却是发散的，所以数列有界是数列收敛的必要非充分条件.

二、函数的极限

下面我们来讨论一般函数的极限问题.

在上一段数列极限的讨论中，如果将数列看作是定义在自然数集上的函数 $x_n=f(n)$，那么我们相当于讨论了当自变量离散变化且趋于无穷时函数的极限问题. 而对于一般的函数 $y=f(x)$ 来讲，我们常常讨论自变量在以下两种变化趋势下的极限问题.

(1) 自变量的绝对值 $|x|$ 无限增大，即 x 无限远离坐标原点，常称这种情形为自变量 x 趋于无穷大(记作 $x\to\infty$);

(2) 自变量 x 无限靠近某个常数 x_0，或者说自变量趋于有限值 x_0(记作 $x\to x_0$).

1. 自变量趋于无穷大时函数的极限

和数列极限的描述性定义一样，函数 $y=f(x)$ 当自变量趋于无穷大时以 A 为极限的描述性定义，就是对于函数 $y=f(x)$ 和某个常数 A，如果自变量无限远离坐标原点时，函数值无限靠近这个常数 A，就称 A 是函数 $y=f(x)$ 当自变量趋于无穷大时的极限.

仿照数列极限的定义，我们有函数极限的定义如下：

定义 3 设函数 $f(x)$ 在 $|x|>M(M>0)$ 时有定义，A 为一常数. 如果对于任意给定的无论多么小的正数 ε，总存在正数 $X(X\geqslant M)$，使得对于适合 $|x|>X$ 的一切 x，所对应的函数值 $f(x)$ 都满足不等式

$$|f(x)-A|<\varepsilon,$$

则称常数 A 为函数 $f(x)$ 当 x 趋于无穷大时的极限，记作

$$\lim_{x\to\infty}f(x)=A \text{ 或 } f(x)\to A(x\to\infty).$$

仔细想来，自变量 x 无限远离坐标原点也还有以下三种不同的情况，即 x 沿 x 轴的正方向无限远离坐标原点，x 沿 x 轴的负方向无限远离坐标原点和 x 沿 x 轴的正、负两个方向

无限远离坐标原点等. 定义 3 只是对第三种情形下的函数极限给出了定义，对于其他两种情形，只要对定义稍加修改就可以了.

对于第一种情形（记作 $x \to +\infty$），只要把定义 3 中的 $|x|>X$ 改为 $x>X$，就得到了 $\lim\limits_{x \to +\infty} f(x) = A$ 的定义. 对于第二种情形（记作 $x \to -\infty$），只要把 $|x|<X$ 改为 $x<-X$，便得 $\lim\limits_{x \to -\infty} f(x) = A$ 的定义.

这样，自变量趋于无穷大时函数极限为 A 的三种可能的形式分别是

(1) $\lim\limits_{x \to +\infty} f(x) = A$；

(2) $\lim\limits_{x \to -\infty} f(x) = A$；

(3) $\lim\limits_{x \to \infty} f(x) = A$.

显然，当且仅当 $\lim\limits_{x \to +\infty} f(x) = \lim\limits_{x \to -\infty} f(x) = A$ 时，才有 $\lim\limits_{x \to \infty} f(x) = A$.

例如，$\lim\limits_{x \to +\infty} \arctan x = \dfrac{\pi}{2}$，$\lim\limits_{x \to -\infty} \arctan x = -\dfrac{\pi}{2}$，$\lim\limits_{x \to +\infty} \arctan x \neq \lim\limits_{x \to -\infty} \arctan x$，故 $\lim\limits_{x \to \infty} \arctan x$ 不存在.

$\lim\limits_{x \to \infty} f(x) = A$ 的几何意义是：对于任意给定的正数 ε，作直线 $y = A + \varepsilon$ 和 $y = A - \varepsilon$ 得一带形区域，不论这一带形区域多么窄，总存在正数 X，使得只要当 x 落入 $(-\infty, -X)$ 和 $(X, +\infty)$ 时，所对应的 $y = f(x)$ 的图形就都落在这两直线 $y = A + \varepsilon$ 和 $y = A - \varepsilon$ 之间（图 1-7）.

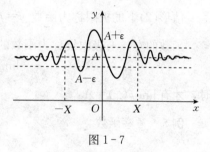

图 1-7

和数列极限的情形一样，利用函数极限的定义，我们也可以证明函数以某个确定的数值为极限的问题.

例 4 证明 $\lim\limits_{x \to \infty} \dfrac{1}{x} = 0$.

证 对于任意给定的正数 ε，要使得不等式 $\left| \dfrac{1}{x} - 0 \right| = \dfrac{1}{|x|} < \varepsilon$ 成立，只要 $|x| > \dfrac{1}{\varepsilon}$ 成立.

故取 $X = \dfrac{1}{\varepsilon}$，那么当 $|x| > X$ 时，就有 $\left| \dfrac{1}{x} - 0 \right| < \varepsilon$ 成立，即 $\lim\limits_{x \to \infty} \dfrac{1}{x} = 0$.

定义 4 如果 $\lim\limits_{x \to \infty} f(x) = c$，则直线 $y = c$ 称为函数 $y = f(x)$ 的图形的**水平渐近线**.

例 4 中，直线 $y = 0$ 是函数 $y = \dfrac{1}{x}$ 的图形的水平渐近线.

2. 自变量趋于有限值时函数的极限

在自变量 x 无限趋于 x_0 的过程中，如果对应的函数值 $f(x)$ 无限接近于常数 A，就说 A 是函数 $f(x)$ 在 x 无限趋于 x_0 时的极限. 与上面两个极限的定义相比，这时我们不仅需要刻画出 $f(x)$ 无限接近于常数 A，还要将 x 无限趋于 x_0 也刻画出来. 我们知道 $f(x)$ 无限接近于常数 A 可以用 $|f(x) - A| < \varepsilon$（ε 是任意给定的正数）来描述，而充分接近 x_0 的 x 可以用 x_0 的某个去心邻域，即 $0 < |x - x_0| < \delta$（$\delta > 0$）来表示. 邻域半径 δ 体现了 x 接近 x_0 的程度.

基于以上的分析，我们给出当 $x \to x_0$ 时函数极限的定义如下：

定义 5 设函数 $f(x)$ 在 x_0 的某邻域内有定义（x_0 可以除外），A 为一确定的常数. 如果对于任意给定的正数 ε（无论它多么小），总存在正数 δ，使得对于满足不等式 $0 < |x - x_0| < \delta$

的一切 x，都有

$$|f(x)-A|<\varepsilon$$

成立，则称 A 是函数 $f(x)$ 当 $x\to x_0$ 时的极限，记作

$$\lim_{x\to x_0}f(x)=A \text{ 或 } f(x)\to A(x\to x_0).$$

这个定义也常说成是用"$\varepsilon-\delta$"语言表述的极限定义.

由于上述极限定义是在 x_0 的去心邻域 $0<|x-x_0|<\delta$ 内给出的，这就表明，函数 $f(x)$ 在 $x\to x_0$ 时的极限是否存在，与函数 $f(x)$ 在点 x_0 处的情况没有关系.

和自变量趋于无穷大时的情形相类似，自变量趋于 x_0 也有下列三种不同的情况：

(1) x 大于 x_0 而趋于 x_0，也称 x 从 x_0 的右侧趋于 x_0，记为 $x\to x_0+0$；

(2) x 小于 x_0 而趋于 x_0，也称 x 从 x_0 的左侧趋于 x_0，记为 $x\to x_0-0$；

(3) x 从 x_0 的左右两侧趋于 x_0，记为 $x\to x_0$.

定义 3 是针对情形(3)给出的，对于情形(1)和(2)的极限定义，从定义 5 中很容易得到. 这些我们留给读者去完成.

情形(1)下的极限称为函数 $y=f(x)$ 的右极限，记作 $\lim\limits_{x\to x_0+0}f(x)$ 或 $f(x_0+0)$.

情形(2)下的极限称为函数 $y=f(x)$ 的左极限，记作 $\lim\limits_{x\to x_0-0}f(x)$ 或 $f(x_0-0)$.

函数的左、右极限统称为函数的单侧极限. 显然，当且仅当

$$\lim_{x\to x_0+0}f(x)=\lim_{x\to x_0-0}f(x)=A$$

时，才有 $\lim\limits_{x\to x_0}f(x)=A$.

例 5 考察函数

$$f(x)=\begin{cases} x-1, & x<0, \\ 0, & x=0, \\ x+1, & x>0 \end{cases}$$

当 $x\to 0$ 时，$f(x)$ 的极限是否存在.

解 因为当 $x\to 0$ 时，$f(x)$ 的左极限是 $\lim\limits_{x\to 0-0}f(x)=\lim\limits_{x\to 0-0}(x-1)=-1$，而右极限是 $\lim\limits_{x\to 0+0}f(x)=\lim\limits_{x\to 0+0}(x+1)=1$. 虽然左极限和右极限都存在，但是它们不相等，所以 $\lim\limits_{x\to 0}f(x)$ 不存在(图 1-8).

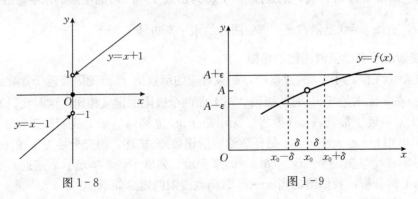

图 1-8　　　　　　　图 1-9

$\lim\limits_{x\to x_0}f(x)=A$ 的几何意义是：对于任意给定的正数 ε，作直线 $y=A+\varepsilon$ 和 $y=A-\varepsilon$ 得一

带形区域,不论这一带形区域多么窄,总存在着 x_0 的某去心 δ 邻域,使得只要当 x 落入该邻域内时,函数 $y=f(x)$ 的图形就都在两直线 $y=A+\varepsilon$ 和 $y=A-\varepsilon$ 之间(图 1-9).

利用定义 5,我们也可以证明函数的极限为某一确定的数值.

例 6 证明 $\lim\limits_{x\to x_0}c=c$,此处 c 为一常数.

证 对于任意给定的正数 ε,总有 $|f(x)-A|=|c-c|=0<\varepsilon$,即这个式子对于任何的 x 都是成立的. 因此可任取一正数作为 δ,当 $0<|x-x_0|<\delta$ 时,不等式 $|f(x)-A|=0<\varepsilon$ 恒成立,即 $\lim\limits_{x\to x_0}c=c$.

例 7 证明 $\lim\limits_{x\to x_0}x=x_0$.

证 对于任意给定的正数 ε,欲使 $|f(x)-A|=|x-x_0|<\varepsilon$,只要 $|x-x_0|<\varepsilon$,因此取 $\delta=\varepsilon$,则当 $0<|x-x_0|<\delta$ 时,就有不等式 $|x-x_0|<\varepsilon$ 成立,所以 $\lim\limits_{x\to x_0}x=x_0$.

例 8 证明 $\lim\limits_{x\to x_0}(ax+b)=ax_0+b$.

证 对于任意给定的正数 ε,要使 $|f(x)-A|=|(ax+b)-(ax_0+b)|=|a||x-x_0|<\varepsilon$ 成立,只要 $|x-x_0|<\dfrac{\varepsilon}{|a|}$,因此取 $\delta=\dfrac{\varepsilon}{|a|}(a\neq 0)$,则当 $0<|x-x_0|<\delta$ 时,就有不等式 $|(ax+b)-(ax_0+b)|<\varepsilon$ 成立,所以 $\lim\limits_{x\to x_0}(ax+b)=ax_0+b$.

这是一个很有用的结果.

例 9 证明 $\lim\limits_{x\to 1}\dfrac{2x^2-x-1}{x-1}=3$.

证 对于任意给定的正数 ε,要使 $\left|\dfrac{2x^2-x-1}{x-1}-3\right|<\varepsilon$,只要 $|2(x-1)|<\varepsilon$,于是 $|x-1|<\dfrac{\varepsilon}{2}$,因此取 $\delta=\dfrac{\varepsilon}{2}$,则当 $0<|x-1|<\delta$ 时,就有不等式 $\left|\dfrac{2x^2-x-1}{x-1}-3\right|<\varepsilon$ 成立,即 $\lim\limits_{x\to 1}\dfrac{2x^2-x-1}{x-1}=3$.

3. 函数极限的性质

函数极限有以下性质.

性质 1(唯一性) 函数的极限值唯一.

性质 2(局部保号性) 如果 $\lim\limits_{x\to x_0}f(x)=A$,且 $A>0$(或 $A<0$),则存在 x_0 的某一去心邻域,当 x 属于该邻域内时,有 $f(x)>0$(或 $f(x)<0$).

证 设 $\lim\limits_{x\to x_0}f(x)=A$,且 $A>0$,取正数 $\varepsilon\leqslant A$,根据 $\lim\limits_{x\to x_0}f(x)=A$ 的定义,对于这个取定的正数 ε,必存在一个正数 δ,当 $0<|x-x_0|<\delta$ 时,有 $|f(x)-A|<\varepsilon$,即 $A-\varepsilon<f(x)<A+\varepsilon$ 成立,因为 $A-\varepsilon\geqslant 0$,故 $f(x)>0$. 同理可证 $A<0$ 的情形.

性质 3(保号性) 如果在 x_0 的某一个去心邻域内有 $f(x)\geqslant 0$(或 $f(x)\leqslant 0$),且 $\lim\limits_{x\to x_0}f(x)=A$,那么有 $A\geqslant 0$(或 $A\leqslant 0$).

证 设 $f(x)\geqslant 0$,假设上述论断不成立,即设 $A<0$,那么由性质 2 可知,应有 x_0 的某一个去心邻域,在该邻域内 $f(x)<0$,这与 $f(x)\geqslant 0$ 的假设矛盾,所以 $A\geqslant 0$. 类似地,可证 $f(x)\leqslant 0$ 的情形.

习题 1-2

1. 下列数列哪些为有界数列、单调数列？通过分析数列的变化趋势，指出其中收敛数列的极限．

(1) $1, 3, 5, \cdots, 2n+1, \cdots$；

(2) $0, 1, 0, \dfrac{1}{2}, 0, \dfrac{1}{3}, \cdots, \dfrac{1+(-1)^n}{n}, \cdots$；

(3) $\dfrac{1}{2}, \dfrac{2}{3}, \dfrac{3}{4}, \cdots, \dfrac{n}{n+1}, \cdots$； (4) $x_n = 5 + \dfrac{1}{n^3}, \cdots$．

2. 根据数列极限的定义证明：

(1) $\lim\limits_{n\to\infty} \dfrac{1}{n^2} = 0$； (2) $\lim\limits_{n\to\infty} \dfrac{3n+1}{2n-1} = \dfrac{3}{2}$；

(3) $\lim\limits_{n\to+\infty} \dfrac{\sqrt{n^2+a^2}}{n} = 1$； (4) $\lim\limits_{n\to\infty} \underbrace{0.999\cdots 9}_{n\text{个}} = 1$．

3. 根据函数极限的定义证明：

(1) $\lim\limits_{x\to+\infty} \dfrac{\sin x}{\sqrt{x}} = 0$； (2) $\lim\limits_{x\to\infty} \dfrac{6x+5}{x} = 6$；

(3) $\lim\limits_{x\to 2}(5x+2) = 12$； (4) $\lim\limits_{x\to 2} \dfrac{x^2-4}{x-2} = 4$．

4. 讨论 $f(x) = \begin{cases} x+1, & -1<x<0, \\ 2x+3, & 0<x<1 \end{cases}$ 当 $x\to 0$ 时极限的存在性．

5. 作出函数 $f(x)$ 的图形，并讨论在点 $x=1$ 的左右极限，其中

$$f(x) = \begin{cases} x^2+1, & x<1, \\ 1, & x=1, \\ -1, & x>1. \end{cases}$$

6. 设 $|q|<1$，证明等比数列 $1, q, q^2, \cdots, q^{n-1}, \cdots$ 的极限是零．

7. 若 $\lim\limits_{n\to\infty} x_n = a$，求证 $\lim\limits_{n\to\infty} |x_n| = |a|$．并举例说明：若数列 $\{|x_n|\}$ 有极限，但数列 $\{x_n\}$ 未必有极限．

8. 设数列 $\{x_n\}$ 有界，又 $\lim\limits_{n\to\infty} y_n = 0$，证明：$\lim\limits_{n\to\infty} x_n y_n = 0$．

9. 当 $x\to 2$ 时，$y = x^2 \to 4$，问 δ 等于多少，使当 $|x-2|<\delta$ 时，$|y-4|<0.001$？

*10. 证明函数 $f(x) = |x|$ 当 $x\to 0$ 时的极限为零．

第三节　无穷小与无穷大

一、无穷小

如果函数 $f(x)$ 当 $x\to x_0$ (或 $x\to\infty$) 时的极限为零，那么函数 $f(x)$ 叫作 $x\to x_0$ (或 $x\to\infty$) 时的无穷小量，简称无穷小．简言之，我们可以说，以零为极限的函数是无穷小．因此在函数极限的定义 5 中，只要令常数 $A=0$ 就可以得到无穷小的精确定义．

1. 无穷小的定义

定义 1　如果对于任意给定的正数 ε（不论它多么小），总存在正数 δ（或正数 X），对于满

足不等式 $0<|x-x_0|<\delta$(或$|x|>X$)的一切 x，对应的函数值 $f(x)$ 都满足不等式
$$|f(x)|<\varepsilon,$$
则称函数 $f(x)$ 当 $x\to x_0$(或 $x\to\infty$)时为无穷小量，简称无穷小，记作
$$\lim_{x\to x_0}f(x)=0(或\lim_{x\to\infty}f(x)=0).$$

例如，因为 $\lim\limits_{x\to 1}(x-1)=0$，所以函数 $x-1$ 是当 $x\to 1$ 时的无穷小．由 $\lim\limits_{x\to\infty}\dfrac{1}{x}=0$ 知，函数 $\dfrac{1}{x}$ 是当 $x\to\infty$ 时的无穷小．

按照定义，无穷小是极限为零的函数．因为任何一个绝对值很小的非零常数都不可能以零为极限，因此这样的数都不是无穷小．零是无穷小中唯一的常数．

还应该注意的是，一个函数是否为无穷小，是与其自变量的变化趋势联系在一起的，例如，函数 $f(x)=x-1$ 只有当 $x\to 1$ 时才是无穷小，离开自变量的变化趋势来谈论无穷小是没有意义的．

2. 无穷小的运算性质

性质 1 有限个无穷小的代数和是无穷小．

证 我们仅就两个无穷小的情况给出证明．

设 $f(x)$ 和 $g(x)$ 都是 $x\to x_0$ 时的无穷小，则对于取定的正数 $\dfrac{\varepsilon}{2}$，存在 $\delta_1>0$，当 $0<|x-x_0|<\delta_1$ 时，有 $|f(x)|<\dfrac{\varepsilon}{2}$．同理，存在 $\delta_2>0$，当 $0<|x-x_0|<\delta_2$ 时，有 $|g(x)|<\dfrac{\varepsilon}{2}$．取 $\delta=\min\{\delta_1,\delta_2\}$，则当 $0<|x-x_0|<\delta$ 时，不等式 $|f(x)|<\dfrac{\varepsilon}{2}$ 和 $|g(x)|<\dfrac{\varepsilon}{2}$ 同时成立，因此
$$|f(x)+g(x)|\leqslant|f(x)|+|g(x)|<\dfrac{\varepsilon}{2}+\dfrac{\varepsilon}{2}=\varepsilon,$$
即 $f(x)+g(x)$ 为无穷小量．

有限个无穷小和的情形也可类似地证明．

性质 2 有界函数与无穷小的乘积是无穷小．

证 仅就 $x\to x_0$ 的情况给出证明($x\to\infty$ 的情况类似)．设函数 $f(x)$ 在 x_0 的 δ_1 邻域内有界，即存在 $M>0$，在该邻域内有 $|f(x)|\leqslant M$，又设 $\lim\limits_{x\to x_0}\alpha=0$，即对于任意给定的正数 ε，总存在正数 δ_2，当 $0<|x-x_0|<\delta_2$ 时有：$|\alpha|<\dfrac{\varepsilon}{M}$，取 $\delta=\min\{\delta_1,\delta_2\}$，则当 $0<|x-x_0|<\delta$ 时，不等式 $|f(x)|\leqslant M$ 和 $|\alpha|<\dfrac{\varepsilon}{M}$ 同时成立，因此
$$|\alpha f(x)|=|\alpha||f(x)|<\dfrac{\varepsilon}{M}\cdot M=\varepsilon,$$
即 $\lim\limits_{x\to x_0}\alpha f(x)=0$，这表明 $f(x)$ 与 α 的乘积是无穷小．

例 1 求 $\lim\limits_{x\to 0}x\sin\dfrac{1}{x}$．

解 由 $\left|\sin\dfrac{1}{x}\right|\leqslant 1$，而 $\lim\limits_{x\to 0}x=0$，故利用性质 2，有 $\lim\limits_{x\to 0}x\sin\dfrac{1}{x}=0$．

例 2 求 $\lim\limits_{x\to\infty}\dfrac{x\cos x}{x^2+1}$.

解 由 $|\cos x|\leqslant 1$,而 $\lim\limits_{x\to\infty}\dfrac{x}{x^2+1}=0$,故有 $\lim\limits_{x\to\infty}\dfrac{x\cos x}{x^2+1}=0$.

推论 1 常数与无穷小之积仍为无穷小.

推论 2 有限个无穷小之积仍为无穷小.

3. 无穷小和收敛函数的关系

定理 1 在自变量的同一变化过程($x\to x_0$ 或 $x\to\infty$)中,具有极限的函数等于它的极限与一个无穷小之和;反之,如果函数可以表示成为某个常数与一个无穷小之和,那么该常数就是这个函数的极限.

证 下面就 $x\to x_0$ 的情况给出证明($x\to\infty$ 的情况类似).

设 $\lim\limits_{x\to x_0}f(x)=A$,则对于任意给定的正数 ε,存在 $\delta>0$,当 $0<|x-x_0|<\delta$ 时,有 $|f(x)-A|<\varepsilon$. 即 $f(x)-A$ 为无穷小,记这个无穷小为 α,就是 $f(x)-A=\alpha$,那么 $f(x)=A+\alpha$,即 $f(x)$ 等于它的极限 A 和一个无穷小的和.

反之,设 $f(x)=A+\alpha$(其中 A 是常数, α 是 $x\to x_0$ 时的无穷小),于是 $|f(x)-A|=|\alpha|$. 因为 α 是 $x\to x_0$ 时的无穷小,所以对于任意给定的正数 ε,存在着正数 δ,使当 $0<|x-x_0|<\delta$ 时,有 $|\alpha|<\varepsilon$,即 $|f(x)-A|<\varepsilon$,故常数 A 是函数 $f(x)$ 当 $x\to x_0$ 时的极限.

二、无穷大

如果函数 $f(x)$ 的绝对值 $|f(x)|$ 当 $x\to x_0$(或 $x\to\infty$)时无限增大,则称函数 $f(x)$ 当 $x\to x_0$(或 $x\to\infty$)时为无穷大量,简称无穷大. 无穷大的精确定义是:

定义 2 如果对于任意给定的正数 M(不论它多么大),总存在正数 δ(或正数 X),使得对于适合不等式 $0<|x-x_0|<\delta$(或 $|x|>X$)的一切 x,所对应的函数值 $f(x)$ 总满足不等式 $|f(x)|>M$,则称函数 $f(x)$ 当 $x\to x_0$(或 $x\to\infty$)时为无穷大.

按照函数极限的定义,如果 $f(x)$ 的极限存在,则极限值是一个有限值. 因此,若 $x\to x_0$(或 $x\to\infty$)时极限为无穷大,则说明函数的极限是不存在的. 但为了叙述和应用上的方便,这时我们也说"函数 $f(x)$ 的极限是无穷大",并记作

$$\lim\limits_{x\to x_0}f(x)=\infty(或\lim\limits_{x\to\infty}f(x)=\infty).$$

如果在无穷大的定义中,把 $|f(x)|>M$ 换成 $f(x)>M$(或 $f(x)<-M$),就记作

$$\lim\limits_{\substack{x\to x_0\\(x\to\infty)}}f(x)=+\infty(或\lim\limits_{\substack{x\to x_0\\(x\to\infty)}}f(x)=-\infty),$$

分别称为正无穷大(量)和负无穷大(量).

按照定义,任何充分大的确定的数都不是无穷大量. 另外,无穷大还必须与自变量的某一个变化过程相联系(如 $x\to x_0$ 或 $x\to\infty$),离开这一过程谈论无穷大是没有意义的.

定义 3 如果 $\lim\limits_{x\to x_0}f(x)=\infty$,则直线 $x=x_0$ 是函数 $y=f(x)$ 的图形的铅直渐近线.

例 3 证明 $\lim\limits_{x\to 3}\dfrac{1}{x-3}=\infty$.

证 对任意给定的 $M>0$,要使 $\left|\dfrac{1}{x-3}\right|=\dfrac{1}{|x-3|}>M$,只要 $|x-3|<\dfrac{1}{M}$,所以,取 $\delta=$

$\frac{1}{M}$,则对于适合不等式 $0<|x-3|<\delta=\frac{1}{M}$ 的一切 x,都有 $\left|\frac{1}{x-3}\right|>M$,即 $\lim\limits_{x\to 3}\frac{1}{x-3}=\infty$.

按定义 3,直线 $x=3$ 是函数 $y=\frac{1}{x-3}$ 的图形的铅直渐近线.

三、无穷小和无穷大的关系

定理 2　在自变量的同一变化过程中,

(1) 如果 $f(x)$ 为无穷大,则 $\frac{1}{f(x)}$ 为无穷小;

(2) 如果 $f(x)$ 为无穷小,且 $f(x)\neq 0$,则 $\frac{1}{f(x)}$ 为无穷大.

下面仅就 $x\to x_0$ 的情况给出证明($x\to\infty$ 的情况类似).

证　(1) 设 $\lim\limits_{x\to x_0}f(x)=\infty$,那么对于任意给定的无论多么小的 $\varepsilon>0$,取 $M=\frac{1}{\varepsilon}$,则存在正数 δ,当 $0<|x-x_0|<\delta$ 时,有 $|f(x)|>M=\frac{1}{\varepsilon}$,即 $\left|\frac{1}{f(x)}\right|<\frac{1}{M}=\varepsilon$,所以 $\frac{1}{f(x)}$ 是当 $x\to x_0$ 时的无穷小.

(2) 类似可证.

习　题　1-3

1. 求下列极限:

(1) $\lim\limits_{x\to\infty}\frac{2x+1}{x}$;

(2) $\lim\limits_{x\to 1}\frac{1-x^2}{1-x}$;

(3) $\lim\limits_{x\to 1}(x-1)\sin\frac{1}{x^2-1}$;

(4) $\lim\limits_{x\to\infty}\frac{\sin x}{x}$.

2. 求下列极限:

(1) $\lim\limits_{x\to 2}\frac{x^3+2x^2}{(x-2)^2}$;

(2) $\lim\limits_{x\to+\infty}\frac{x^2}{2x+1}$;

(3) $\lim\limits_{x\to\infty}(2x^3+x-1)$.

3. $y=x\cos x$ 在 $(-\infty,+\infty)$ 内是否有界?又当 $x\to+\infty$ 时,$y=x\cos x$ 是否为无穷大,为什么?

4. 根据定义证明:当 $x\to 0$ 时,函数 $y=\frac{1+2x}{x}$ 是无穷大,问 x 满足什么条件时,能使 $|y|>10^4$?

*5. 证明:函数 $y=\frac{1}{x}\sin\frac{1}{x}$ 在区间 $(0,1]$ 上无界,但这函数不是 $x\to 0^+$ 时的无穷大.

第四节　极限的运算法则

我们已经学习了极限的概念,也能够利用定义来证明极限,但是直到现在,我们还没有给出求极限的方法.本节介绍极限的四则运算法则,用以解决求极限的问题.

以下讨论中，我们不再指明自变量的变化趋势，是指适用于 $x \to x_0$ 和 $x \to \infty$ 等各种情形.

一、极限的运算法则

定理 1 设 $\lim f(x) = A$，$\lim g(x) = B$，则

(1) $\lim[f(x) \pm g(x)] = \lim f(x) \pm \lim g(x) = A \pm B$.

(2) $\lim[f(x) \cdot g(x)] = \lim f(x) \cdot \lim g(x) = A \cdot B$.

(3) $\lim \dfrac{f(x)}{g(x)} = \dfrac{\lim f(x)}{\lim g(x)} = \dfrac{A}{B} (B \neq 0)$.

我们仅证明(1)，其余留给读者.

证 (1) 因 $\lim f(x) = A$，$\lim g(x) = B$，由无穷小和收敛函数的关系，有
$$f(x) = A + \alpha, \quad g(x) = B + \beta,$$
其中，α 和 β 是在 $f(x)$、$g(x)$ 的同一变化过程中的无穷小. 相应地有
$$f(x) \pm g(x) = (A + \alpha) \pm (B + \beta) = (A \pm B) + (\alpha \pm \beta),$$
因为 $\alpha \pm \beta$ 是无穷小，所以
$$\lim[f(x) \pm g(x)] = \lim[(A \pm B) + (\alpha \pm \beta)] = A \pm B = \lim f(x) \pm \lim g(x).$$

(2)的特例是：
$$\lim[k \cdot f(x)] = k \cdot \lim f(x) = kA \ (k\ \text{为常数}),$$
$$\lim[f(x)]^n = [\lim f(x)]^n = A^n \ (n\ \text{为正整数}).$$

定理中的(1)和(2)均可推广到有限多个函数的情形.

二、极限求法举例

例 1 求 $\lim\limits_{x \to 1}(3x^2 + 5x - 2)$.

解 $\lim\limits_{x \to 1}(3x^2 + 5x - 2) = \lim\limits_{x \to 1}(3x^2) + \lim\limits_{x \to 1}(5x) - \lim\limits_{x \to 1} 2$
$= 3 \lim\limits_{x \to 1} x^2 + 5 \lim\limits_{x \to 1} x - \lim\limits_{x \to 1} 2$
$= 3 + 5 - 2 = 6.$

一般地，对于有理整函数 $f(x) = a_0 x^n + a_1 x^{n-1} + \cdots + a_n$，有
$$\lim_{x \to x_0} f(x) = \lim_{x \to x_0}(a_0 x^n + a_1 x^{n-1} + \cdots + a_n)$$
$$= \lim_{x \to x_0} a_0 x^n + \lim_{x \to x_0} a_1 x^{n-1} + \cdots + \lim_{x \to x_0} a_n$$
$$= a_0 (\lim_{x \to x_0} x)^n + a_1 (\lim_{x \to x_0} x)^{n-1} + \cdots + \lim_{x \to x_0} a_n$$
$$= a_0 x_0^n + a_1 x_0^{n-1} + \cdots + a_n = f(x_0),$$

即 $f(x)$ 当 $x \to x_0$ 时的极限等于 $f(x)$ 在 x_0 处的函数值 $f(x_0)$.

这里我们用到的结果 $\lim\limits_{x \to x_0} x = x_0$ 是我们以前证明过的.

例 2 求 $\lim\limits_{x \to 2} \dfrac{x^2 - 3x + 3}{x - 4}$.

解 因为分母的极限
$$\lim_{x \to 2}(x - 4) = -2 \neq 0,$$

所以 $$\lim_{x\to 2}\frac{x^2-3x+3}{x-4}=\frac{\lim_{x\to 2}(x^2-3x+3)}{\lim_{x\to 2}(x-4)}=\frac{1}{-2}=-\frac{1}{2}.$$

例 3 求 $\lim\limits_{x\to 2}\dfrac{3x-6}{x^2-3x+2}$.

解 因为分母的极限
$$\lim_{x\to 2}(x^2-3x+2)=2^2-3\times 2+2=0,$$
所以,不能直接应用商的极限公式(3),但由于分子、分母有相同的因式 $x-2$,故约去 $x-2$,得
$$\lim_{x\to 2}\frac{3x-6}{x^2-3x+2}=\lim_{x\to 2}\frac{3(x-2)}{(x-2)(x-1)}=\lim_{x\to 2}\frac{3}{x-1}=\frac{3}{2-1}=3.$$

例 4 求 $\lim\limits_{x\to 1}\left(\dfrac{x}{x-1}-\dfrac{2}{x^2-1}\right)$.

解 当 $x\to 1$ 时,$\dfrac{x}{x-1}$ 和 $\dfrac{2}{x^2-1}$ 均为无穷大,不能使用和的极限运算法则(1),可先通分,再求极限
$$\lim_{x\to 1}\left(\frac{x}{x-1}-\frac{2}{x^2-1}\right)=\lim_{x\to 1}\frac{x(x+1)-2}{x^2-1}=\lim_{x\to 1}\frac{(x-1)(x+2)}{(x-1)(x+1)}$$
$$=\lim_{x\to 1}\frac{x+2}{x+1}=\frac{3}{2}.$$

一般地,对于有理分式函数 $F(x)=\dfrac{P(x)}{Q(x)}$,其中 $P(x),Q(x)$ 都是有理整函数,若 $\lim\limits_{x\to x_0}P(x)=P(x_0),\lim\limits_{x\to x_0}Q(x)=Q(x_0)$,那么

(1) 如果 $Q(x_0)\neq 0$,则
$$\lim_{x\to x_0}F(x)=\frac{\lim\limits_{x\to x_0}P(x)}{\lim\limits_{x\to x_0}Q(x)}=\frac{P(x_0)}{Q(x_0)}=F(x_0),$$
即 $\lim\limits_{x\to x_0}F(x)=F(x_0)$.

(2) 如果 $Q(x_0)=0$,则根据分子的极限情况来分别讨论:

(Ⅰ)若 $P(x_0)\neq 0$,则由 $\lim\limits_{x\to x_0}\dfrac{1}{F(x)}=\dfrac{\lim\limits_{x\to x_0}Q(x)}{\lim\limits_{x\to x_0}P(x)}=\dfrac{Q(x_0)}{P(x_0)}=0$ 和无穷小与无穷大的关系,知 $\lim\limits_{x\to x_0}F(x)=\dfrac{\lim\limits_{x\to x_0}P(x)}{\lim\limits_{x\to x_0}Q(x)}=\infty$.

(Ⅱ)若 $P(x_0)=0$,此时情况比较复杂,需根据实际情况具体对待.

例 5 求 $\lim\limits_{x\to\infty}\dfrac{x^3+1}{2x^3+x-2}$.

解 用 x^3 去除分子及分母,然后求极限
$$\lim_{x\to\infty}\frac{x^3+1}{2x^3+x-2}=\lim_{x\to\infty}\frac{1+\dfrac{1}{x^3}}{2+\dfrac{1}{x^2}-\dfrac{2}{x^3}}=\frac{1}{2}.$$

例 6 求 $\lim\limits_{x\to\infty}\dfrac{4x^4-8x^3+3x-11}{3x^6-5x^5+3x^4-9x+8}$.

解 用 x^6 去除分子及分母，然后求极限

$$\lim_{x\to\infty}\frac{4x^4-8x^3+3x-11}{3x^6-5x^5+3x^4-9x+8}=\lim_{x\to\infty}\frac{\dfrac{4}{x^2}-\dfrac{8}{x^3}+\dfrac{3}{x^5}-\dfrac{11}{x^6}}{3-\dfrac{5}{x}+\dfrac{3}{x^2}-\dfrac{9}{x^5}+\dfrac{8}{x^6}}=0.$$

一般地，我们有

$$\lim_{x\to\infty}\frac{a_0x^n+a_1x^{n-1}+\cdots+a_n}{b_0x^m+b_1x^{m-1}+\cdots+b_m}=\begin{cases}\dfrac{a_0}{b_0}, & n=m,\\ 0, & n<m,\\ \infty, & n>m.\end{cases}$$

例 7 求 $\lim\limits_{n\to\infty}\left(\dfrac{1}{n^2}+\dfrac{2}{n^2}+\cdots+\dfrac{n}{n^2}\right)$.

解 当 $n\to\infty$ 时，括号内的项数无限增多，即项数与 n 有关，故不能直接用和的极限运算法则，需变形后，再求极限：

$$\lim_{x\to\infty}\left(\frac{1}{n^2}+\frac{2}{n^2}+\cdots+\frac{n}{n^2}\right)=\lim_{n\to\infty}\left(\frac{1+2+\cdots+n}{n^2}\right)=\lim_{n\to\infty}\frac{\dfrac{1}{2}(n+1)n}{n^2}$$

$$=\lim_{n\to\infty}\frac{1}{2}\left(1+\frac{1}{n}\right)=\frac{1}{2}.$$

例 8 求 $\lim\limits_{x\to 0}\dfrac{\sqrt{1+x^2}-1}{x}$.

解 因为分母的极限为 0，所以不能直接应用商的极限法则，将函数表达式作恒等变形，即

$$\lim_{x\to 0}\frac{\sqrt{1+x^2}-1}{x}=\lim_{x\to 0}\frac{(\sqrt{1+x^2}-1)(\sqrt{1+x^2}+1)}{x(\sqrt{1+x^2}+1)}=\lim_{x\to 0}\frac{1+x^2-1}{x(\sqrt{1+x^2}+1)}$$

$$=\lim_{x\to 0}\frac{x}{\sqrt{1+x^2}+1}=\frac{0}{2}=0.$$

下面给出复合函数极限的运算法则.

定理 2（复合函数的极限运算法则） 设函数 $u=\varphi(x)$ 当 $x\to x_0$ 时的极限存在且等于 u_0，即 $\lim\limits_{x\to x_0}\varphi(x)=u_0$，但在点 x_0 的某去心邻域内 $\varphi(x)\neq u_0$. 又 $\lim\limits_{u\to u_0}f(u)=A$，则复合函数 $f[\varphi(x)]$ 当 $x\to x_0$ 时的极限也存在，且

$$\lim_{x\to x_0}f[\varphi(x)]=\lim_{u\to u_0}f(u)=A.$$

定理 2 表明，在计算极限 $\lim\limits_{x\to x_0}f[\varphi(x)]$ 时，如果函数 $f(u)$，$u=\varphi(x)$ 满足定理的条件，则可作适当的变量代换 $u=\varphi(x)$，把求 $\lim\limits_{x\to x_0}f[\varphi(x)]$ 的问题转化为求 $\lim\limits_{u\to u_0}f(u)$，这里 $u_0=\lim\limits_{x\to x_0}\varphi(x)$.

定理 2 中，如果把 $\lim\limits_{x\to x_0}\varphi(x)=u_0$ 换成 $\lim\limits_{x\to\infty}\varphi(x)=\infty$ 或 $\lim\limits_{x\to\infty}\varphi(x)=\infty$，而把 $\lim\limits_{u\to u_0}f(u)=A$ 换成 $\lim\limits_{u\to\infty}f(u)=A$，可得类似的定理.

例 9 求 $\lim\limits_{x\to 1}\sin(5x+1)$.

解 令 $u=\varphi(x)=5x+1$，则 $\lim\limits_{x\to 1}\varphi(x)=\lim\limits_{x\to 1}(5x+1)=6$，由复合函数极限的运算法则，有
$$\lim\limits_{x\to 1}\sin(5x+1)=\lim\limits_{u\to 6}\sin u=\sin 6.$$

例 10 求 $\lim\limits_{x\to 0}\dfrac{\sqrt[n]{x+1}-1}{x}$.

解 令 $u=\sqrt[n]{x+1}$，即有 $u^n=x+1$ 和 $x=u^n-1$. 当 $x\to 0$ 时，$u\to 1$，于是有
$$\lim\limits_{x\to 0}\dfrac{\sqrt[n]{x+1}-1}{x}=\lim\limits_{u\to 1}\dfrac{u-1}{u^n-1}=\lim\limits_{u\to 1}\dfrac{1}{1+u+u^2+\cdots+u^{n-1}}=\dfrac{1}{n}.$$

习 题 1-4

1. 求下列极限：

(1) $\lim\limits_{x\to 1}(2x^2-3x+1)$；

(2) $\lim\limits_{x\to 0}\left(1+\dfrac{2}{1-x}\right)$；

(3) $\lim\limits_{x\to 1}\dfrac{x^2-2x+1}{x^2-1}$；

(4) $\lim\limits_{x\to 0}\dfrac{x^3-2x^2+3x}{4x^2+5x}$；

(5) $\lim\limits_{h\to 0}\dfrac{(x+h)^2-x^2}{h}$；

(6) $\lim\limits_{x\to\infty}\left(1+\dfrac{2}{x}+\dfrac{1}{x^2}\right)$；

(7) $\lim\limits_{x\to\infty}\dfrac{x^2+2x-3}{x^2-1}$；

(8) $\lim\limits_{x\to\infty}\dfrac{x^2+x}{x^4-3x^2+1}$；

(9) $\lim\limits_{x\to\infty}\left(1+\dfrac{1}{x}\right)\left(2-\dfrac{1}{x^2}\right)$；

(10) $\lim\limits_{x\to 4}\dfrac{x^2-6x+8}{x^2-5x+4}$；

(11) $\lim\limits_{x\to 1}\left(\dfrac{3}{1-x^3}-\dfrac{1}{1-x}\right)$；

(12) $\lim\limits_{x\to 4}\dfrac{x-4}{\sqrt{x-3}-1}$.

2. 求下列极限：

(1) $\lim\limits_{n\to+\infty}\left(1+\dfrac{1}{2}+\dfrac{1}{4}+\cdots+\dfrac{1}{2^n}\right)$；

(2) $\lim\limits_{n\to+\infty}\dfrac{3n^2+n}{4n^2+1}$；

(3) $\lim\limits_{n\to+\infty}\dfrac{1+2+\cdots+n}{4n^2-3}$；

(4) $\lim\limits_{n\to+\infty}(\sqrt{n+1}-\sqrt{n})$.

3. 确定 a,b 的值，使 $\lim\limits_{x\to\infty}\left(\dfrac{x^2+1}{x}-ax-b\right)=1$.

4. 求极限 $\lim\limits_{x\to\frac{\pi}{3}}\dfrac{8\cos^2 x-2\cos x-1}{2\cos^2 x+\cos x-1}$.

5. 成本—效益模型：设清除费用 $C(x)$ 与清除污染成分的 $x\%$ 之间的函数模型为
$$C(x)=\dfrac{7300x}{100-x},$$

(1) 求 $\lim\limits_{x\to 80}C(x)$；　　(2) 求 $\lim\limits_{x\to 100^-}C(x)$；　　(3) 能否 100% 地清除污染？

第五节　极限存在准则　两个重要极限

一、极限存在准则

准则 I（夹逼准则）　设在 x_0 的某去心邻域内，有 $g(x)\leqslant f(x)\leqslant h(x)$，且 $\lim\limits_{x\to x_0}g(x)=A$

与 $\lim\limits_{x\to x_0}h(x)=A$ 同时成立，则 $\lim\limits_{x\to x_0}f(x)$ 存在，且 $\lim\limits_{x\to x_0}f(x)=A$.

证 由于 $\lim\limits_{x\to x_0}g(x)=A$，故对于任意给定的 $\varepsilon>0$，存在 $\delta_1>0$，当 $0<|x-x_0|<\delta_1$ 时，有 $|g(x)-A|<\varepsilon$，即
$$A-\varepsilon<g(x)<A+\varepsilon$$
恒成立．又由于 $\lim\limits_{x\to x_0}h(x)=A$，故对上述的 $\varepsilon>0$，存在 $\delta_2>0$，当 $0<|x-x_0|<\delta_2$ 时，有 $|h(x)-A|<\varepsilon$ 恒成立，即
$$A-\varepsilon<h(x)<A+\varepsilon.$$
取 $\delta=\min\{\delta_1,\delta_2\}$，则 $0<|x-x_0|<\delta$ 时，有
$$A-\varepsilon<g(x)<A+\varepsilon \text{ 和 } A-\varepsilon<h(x)<A+\varepsilon$$
同时成立．又由于 $g(x)\leqslant f(x)\leqslant h(x)$，所以
$$A-\varepsilon\leqslant f(x)\leqslant A+\varepsilon,$$
即 $\lim\limits_{x\to x_0}f(x)=A$.

如果将准则中的 $x\to x_0$ 改为 $x\to\infty$，准则仍然成立．

准则 Ⅰ 有时也称为两边夹准则．

例 1 求 $\lim\limits_{n\to\infty}\left(\dfrac{1}{\sqrt{n^2+1}}+\dfrac{1}{\sqrt{n^2+2}}+\cdots+\dfrac{1}{\sqrt{n^2+n}}\right)$.

解 由 $\dfrac{n}{\sqrt{n^2+n}}\leqslant\dfrac{1}{\sqrt{n^2+1}}+\dfrac{1}{\sqrt{n^2+2}}+\cdots+\dfrac{1}{\sqrt{n^2+n}}\leqslant\dfrac{n}{\sqrt{n^2+1}}$，且当 $n\to\infty$ 时，$\dfrac{n}{\sqrt{n^2+n}}\to 1$，$\dfrac{n}{\sqrt{n^2+1}}\to 1$，故由夹逼准则有
$$\lim_{n\to\infty}\left(\dfrac{1}{\sqrt{n^2+1}}+\dfrac{1}{\sqrt{n^2+2}}+\cdots+\dfrac{1}{\sqrt{n^2+n}}\right)=1.$$

准则 Ⅱ 单调有界数列必有极限．

对于该定理，我们不予证明，只做如下的几何解释：单调数列的点 x_n 在数轴上只能单向移动，所以只可能有两种情形：一是点 x_n 沿数轴向右(或向左)移向无穷远，二是 x_n 从一侧无限趋于某一定点，即趋于一个定值 A. 由于数列 $\{x_n\}$ 有界，而有界数列 $\{x_n\}$ 的点全都落在某个闭区间 $[-M,M]$ 内，因而上述第一种情形不能发生，只能出现第二种情形，故单调有界数列必有极限(图 1-10)．

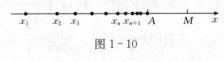

图 1-10

二、两个重要极限

下面我们利用上述准则证明两个十分重要的极限．

1. $\lim\limits_{x\to 0}\dfrac{\sin x}{x}=1$.

这个极限常被称为第一类重要极限．

证 函数 $\dfrac{\sin x}{x}$ 在一切 $x\neq 0$ 的点处都有定义，且 $\dfrac{\sin(-x)}{(-x)}=\dfrac{\sin x}{x}$，故只需考虑 $x>0$ 的情况，由于我们考察的是函数在 $x=0$

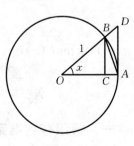

图 1-11

附近的情况，故可设 $0<x<\dfrac{\pi}{2}$，作单位圆上的三角形如图 1-11 所示，其中，AD 与单位圆相切于点 A，$BC \perp OA$，记圆心角 $\angle AOB = x$(弧度)，则有
$$\sin x = BC, \quad x = \overset{\frown}{AB}, \quad \tan x = AD,$$
因为 $\triangle AOB$ 的面积 $<$ 圆扇形 AOB 的面积 $<\triangle AOD$ 的面积，即
$$S_{\triangle AOB} < S_{扇形 AOB} < S_{\triangle AOD},$$
就是 $\dfrac{1}{2}\sin x < \dfrac{1}{2}x < \dfrac{1}{2}\tan x$，所以 $\sin x < x < \tan x$，用 $\sin x$ 去除不等式的两边，得
$$1 < \dfrac{x}{\sin x} < \dfrac{1}{\cos x},$$
从而
$$\cos x < \dfrac{\sin x}{x} < 1. \tag{1}$$

当 $-\dfrac{\pi}{2} < x < 0$ 时，用 $(-x)$ 代替 x，式(1)表达的关系依然不变，结论依然成立.

下面我们来证 $\lim\limits_{x \to 0} \cos x = 1$.

事实上，当 $0 < |x| < \dfrac{\pi}{2}$ 时，有
$$0 < |\cos x - 1| = 1 - \cos x = 2\sin^2 \dfrac{x}{2} < 2\left(\dfrac{x}{2}\right)^2 = \dfrac{x^2}{2},$$
即
$$0 < 1 - \cos x < \dfrac{x^2}{2}.$$

当 $x \to 0$ 时，$\dfrac{x^2}{2} \to 0$，由极限的夹逼准则知 $\lim\limits_{x \to 0}(1 - \cos x) = 0$，即 $\lim\limits_{x \to 0}\cos x = 1$. 由不等式(1)及极限的夹逼准则，得 $\lim\limits_{x \to 0}\dfrac{\sin x}{x} = 1$.

例 2 求 $\lim\limits_{x \to 0}\dfrac{\tan x}{x}$.

解 $\lim\limits_{x \to 0}\dfrac{\tan x}{x} = \lim\limits_{x \to 0}\left(\dfrac{\sin x}{\cos x} \cdot \dfrac{1}{x}\right) = \lim\limits_{x \to 0}\left(\dfrac{\sin x}{x} \cdot \dfrac{1}{\cos x}\right)$
$= \lim\limits_{x \to 0}\dfrac{\sin x}{x} \cdot \lim\limits_{x \to 0}\dfrac{1}{\cos x} = 1 \times 1 = 1.$

例 3 求 $\lim\limits_{x \to \pi}\dfrac{\sin x}{x - \pi}$.

解 令 $t = x - \pi$，则
$$\lim\limits_{x \to \pi}\dfrac{\sin x}{x - \pi} = \lim\limits_{t \to 0}\dfrac{\sin(\pi + t)}{t} = \lim\limits_{t \to 0}\dfrac{-\sin t}{t} = -1.$$

例 4 求 $\lim\limits_{x \to 0}\dfrac{\tan 3x}{4x}$.

解 $\lim\limits_{x \to 0}\dfrac{\tan 3x}{4x} = \lim\limits_{x \to 0}\dfrac{\sin 3x}{4x \cdot \cos 3x} = \dfrac{3}{4}\lim\limits_{x \to 0}\dfrac{\sin 3x}{3x} \cdot \lim\limits_{x \to 0}\dfrac{1}{\cos 3x} = \dfrac{3}{4} \times 1 \times \dfrac{1}{1} = \dfrac{3}{4}.$

例 5 求 $\lim\limits_{x \to 0}\dfrac{1 - \cos x}{x^2}$.

解 $\lim\limits_{x\to 0}\dfrac{1-\cos x}{x^2}=\lim\limits_{x\to 0}\dfrac{2\sin^2\dfrac{x}{2}}{x^2}=\dfrac{1}{2}\left(\lim\limits_{x\to 0}\dfrac{\sin\dfrac{x}{2}}{\dfrac{x}{2}}\right)^2=\dfrac{1}{2}.$

以上所学习的极限都是 $\dfrac{0}{0}$ 型的极限.

2. $\lim\limits_{x\to\infty}\left(1+\dfrac{1}{x}\right)^x=\mathrm{e}.$

若令 $u=\dfrac{1}{x}$, 则当 $x\to\infty$ 时, $u\to 0$, 故上式的另一种形式为 $\lim\limits_{u\to 0}(1+u)^{\frac{1}{u}}=\mathrm{e}.$

这个极限的证明我们略去, 此极限常被称之为第二类重要极限. 无论在理论上还是实用上, e 这个数都有特殊的重要性, 它是自然对数的底, 其五位小数的近似值是 2.71828.

这类极限式子的特点是明显的. 一是它是一个和式的幂的形式, 且这个和式由数字 1 与某个式子的和构成; 二是这个和式的幂指数恰好是上面提到的那个式子的倒数; 三是在自变量的变化趋势下其极限形式为 1^∞.

例 6 求 $\lim\limits_{x\to\infty}\left(1+\dfrac{3}{x}\right)^x.$

解法 1 $\lim\limits_{x\to\infty}\left(1+\dfrac{3}{x}\right)^x=\lim\limits_{x\to\infty}\left[\left(1+\dfrac{3}{x}\right)^{\frac{x}{3}}\right]^3=\left[\lim\limits_{x\to\infty}\left(1+\dfrac{3}{x}\right)^{\frac{x}{3}}\right]^3=\mathrm{e}^3.$

解法 2 令 $u=\dfrac{3}{x}$, 则 $x=\dfrac{3}{u}$, 且当 $x\to\infty$ 时, $u\to 0$, 于是有

$\lim\limits_{x\to\infty}\left(1+\dfrac{3}{x}\right)^x=\lim\limits_{u\to 0}(1+u)^{\frac{3}{u}}=\lim\limits_{u\to 0}(1+u)^{\frac{1}{u}\cdot 3}=\lim\limits_{u\to 0}[(1+u)^{\frac{1}{u}}]^3=[\lim\limits_{u\to 0}(1+u)^{\frac{1}{u}}]^3=\mathrm{e}^3.$

例 7 求 $\lim\limits_{x\to\infty}\left(1-\dfrac{1}{x}\right)^x.$

解 设 $u=-\dfrac{1}{x}$, 则 $x=-\dfrac{1}{u}$, 且当 $x\to\infty$ 时, $u\to 0$, 于是有

$\lim\limits_{x\to\infty}\left(1-\dfrac{1}{x}\right)^x=\lim\limits_{u\to 0}(1+u)^{-\frac{1}{u}}=\lim\limits_{u\to 0}[(1+u)^{\frac{1}{u}}]^{-1}=\mathrm{e}^{-1}.$

例 8 求 $\lim\limits_{x\to\infty}\left(\dfrac{x-1}{x+1}\right)^x.$

解 $\lim\limits_{x\to\infty}\left(\dfrac{x-1}{x+1}\right)^x=\lim\limits_{x\to\infty}\dfrac{\left(1-\dfrac{1}{x}\right)^x}{\left(1+\dfrac{1}{x}\right)^x}=\dfrac{\lim\limits_{x\to\infty}\left(1-\dfrac{1}{x}\right)^x}{\lim\limits_{x\to\infty}\left(1+\dfrac{1}{x}\right)^x}=\dfrac{\mathrm{e}^{-1}}{\mathrm{e}}=\mathrm{e}^{-2}.$

例 9 求 $\lim\limits_{x\to 0}(1+\tan x)^{2\cot x}.$

解 $\lim\limits_{x\to 0}(1+\tan x)^{2\cot x}=\lim\limits_{x\to 0}[(1+\tan x)^{\frac{1}{\tan x}}]^2=\mathrm{e}^2.$

例 10 求 $\lim\limits_{n\to\infty}\left(1+\dfrac{3}{n+1}\right)^n.$

解 $\lim\limits_{n\to\infty}\left(1+\dfrac{3}{n+1}\right)^n=\lim\limits_{n\to\infty}\left(1+\dfrac{1}{\dfrac{n+1}{3}}\right)^{\frac{n+1}{3}\cdot\frac{3}{n+1}\cdot n}=\mathrm{e}^{\lim\limits_{n\to\infty}\frac{3n}{n+1}}=\mathrm{e}^3.$

解这类习题的一般做法是首先通过恒等变形将其变成为公式具有的形式, 再作变量代换

得到.

这里我们涉及的极限类型是 1^∞ 型.

习 题 1-5

1. 求下列极限：

(1) $\lim\limits_{x\to 0}\dfrac{\tan 2x}{3x}$;

(2) $\lim\limits_{x\to \pi}\dfrac{\sin mx}{\sin nx}(n\neq 0)$;

(3) $\lim\limits_{x\to 0}\dfrac{\arcsin x}{x}$;

(4) $\lim\limits_{x\to 0}\dfrac{1-\sqrt{\cos x}}{x^2}$;

(5) $\lim\limits_{x\to 0}\tan 2x\cot 3x$;

(6) $\lim\limits_{x\to a}\dfrac{\tan x-\tan a}{x-a}$.

2. 求下列极限：

(1) $\lim\limits_{x\to 0}(1-x)^{\frac{1}{x}}$;

(2) $\lim\limits_{x\to 0}\sqrt[x]{1-2x}$;

(3) $\lim\limits_{x\to\infty}\left(\dfrac{x-4}{x+1}\right)^{2x-1}$;

(4) $\lim\limits_{x\to\infty}\left(\dfrac{2x+3}{2x+1}\right)^{4x+1}$;

(5) $\lim\limits_{x\to 0}(1+x^2)^{\cot^2 x}$;

(6) $\lim\limits_{x\to 0}(1+\tan x)^{\cot x}$.

3. 已知 $\lim\limits_{x\to\infty}\left(\dfrac{x-c}{x+c}\right)^x=2$，求常数 c.

4. 设 $\lim\limits_{x\to 1}\dfrac{x^3+ax^2+x-3}{x-1}=b$，求常数 a 和 b 的值.

*5. 利用极限存在准则求下列极限：

(1) $\lim\limits_{n\to\infty}\left(\dfrac{1}{\sqrt{n}}+\dfrac{1}{\sqrt{n+1}}+\cdots+\dfrac{1}{\sqrt{2n+1}}\right)$;

(2) $\lim\limits_{n\to\infty}\left(\dfrac{1}{\sqrt{n^2+1}}+\dfrac{1}{\sqrt{n^2+2}}+\cdots+\dfrac{1}{\sqrt{n^2+n}}\right)$.

*6. 求函数 $f(x)=\dfrac{\sin x}{|x|}$，$g(x)=\operatorname{sgn} x$ 当 $x\to 0$ 时的左、右极限，并说明它们在 $x\to 0$ 时的极限是否存在.

第六节 无穷小的比较

我们知道，无穷小是可以进行加、减、乘运算的，而且运算的结果仍然是无穷小，那么无穷小的商的运算又会有什么结果呢？当 $x\to 0$ 时，x，$2x$，x^2，$\sin x$ 都是无穷小，但

$$\lim\limits_{x\to 0}\dfrac{x^2}{x}=0;\quad \lim\limits_{x\to 0}\dfrac{x}{x^2}=\infty;\quad \lim\limits_{x\to 0}\dfrac{2x}{x}=2;\quad \lim\limits_{x\to 0}\dfrac{\sin x}{x}=1.$$

由此可见无穷小的商有多种可能：或许还是无穷小(上式中的第一个)，也可能成为无穷大(上式中的第二个)，还可能既不是无穷小，也不是无穷大(上式中的后两个).

实际上，无穷小的商的不同情况反映了在自变量的同一变化过程中，两个无穷小趋于零的速度上的差异，例如，当 $x\to 0$ 时，x^2 比 x 趋于零的速度要快得多，而 $2x$ 和 x 趋于零的速度差别不大. 本节主要研究在同一变化过程中，两个无穷小趋于零的速度的比较问题.

定义 设 α 和 β 都是在自变量的同一变化过程中 ($x\to x_0$ 或 $x\to\infty$) 的无穷小, 若

(1) 如果 $\lim\dfrac{\beta}{\alpha}=0$, 则称 β 是比 α 高阶的无穷小, 记作 $\beta=o(\alpha)$.

(2) 如果 $\lim\dfrac{\beta}{\alpha}=\infty$, 则称 β 是比 α 低阶的无穷小.

(3) 如果 $\lim\dfrac{\beta}{\alpha}=c\ne 0$, 则称 β 与 α 是同阶无穷小.

特别地, 如果 $c=1$, 称 β 与 α 是等价无穷小, 记作 $\alpha\sim\beta$.

按此定义, 当 $x\to 0$ 时, x^2 是比 x 高阶的无穷小, 即 $x^2=o(x)$; 而 x 是比 x^2 低阶的无穷小; $2x$ 与 x 是同阶无穷小; $\sin x$ 与 x 是等价无穷小, 即 $\sin x\sim x$.

这里对记号 $o(\alpha)$ 做一简要说明, $o(\alpha)$ 有两个含义, 一是说 $o(\alpha)$ 是一个无穷小, 二是说这个无穷小的阶比无穷小 α 的阶高, 即在自变量的某种变化趋势下, $\dfrac{o(\alpha)}{\alpha}\to 0$. 若在自变量的某一变化过程中, 知道无穷小 $f(x)$ 的阶比 $g(x)$ 的阶要高, 而 $f(x)$ 的表达式又无法获得时, 就可以将 $f(x)$ 表示成为 $o(g(x))$, 以后我们将会看到, 有时这样的表示是很方便的.

按照上面的说法, 若 β 是比 α 高阶的无穷小, 则 β 比 α 趋于零的速度要快得多, 若 β 与 α 是同阶无穷小, 则 β 与 α 趋于零的速度相差不大.

例1 当 $x\to 0$ 时, 两个无穷小 x^2-x^3 与 $2x-x^2$ 哪一个的阶更高一些?

解 因为
$$\lim_{x\to 0}\dfrac{x^2-x^3}{2x-x^2}=\lim_{x\to 0}\dfrac{x(x-x^2)}{x(2-x)}=\lim_{x\to 0}\dfrac{x-x^2}{2-x}=0,$$
所以, 当 $x\to 0$ 时, x^2-x^3 是比 $2x-x^2$ 高阶的无穷小.

等价无穷小可用来简化某些极限的运算.

定理 设在自变量 x 的同一变化过程中, $\alpha, \alpha', \beta, \beta'$ 都是无穷小, 且 $\alpha\sim\alpha'$, $\beta\sim\beta'$, 如果 $\lim\dfrac{\beta'}{\alpha'}=A$ (或 ∞), 则 $\lim\dfrac{\beta}{\alpha}=\lim\dfrac{\beta'}{\alpha'}=A$ (或 ∞).

证 $\lim\dfrac{\beta}{\alpha}=\lim\left(\dfrac{\beta}{\beta'}\cdot\dfrac{\beta'}{\alpha'}\cdot\dfrac{\alpha'}{\alpha}\right)=\lim\dfrac{\beta}{\beta'}\cdot\lim\dfrac{\beta'}{\alpha'}\cdot\lim\dfrac{\alpha'}{\alpha}=\lim\dfrac{\beta'}{\alpha'}.$

这说明, 在求两个无穷小之比的极限时, 分子、分母可分别用与其等价的无穷小来替换, 这样的替换往往能够简化运算.

例2 求 $\lim\limits_{x\to 0}\dfrac{\sin 3x}{\tan 5x}$.

解 当 $x\to 0$ 时, $\sin 3x\sim 3x$, $\tan 5x\sim 5x$, 所以
$$\lim_{x\to 0}\dfrac{\sin 3x}{\tan 5x}=\lim_{x\to 0}\dfrac{3x}{5x}=\dfrac{3}{5}.$$

例3 求 $\lim\limits_{x\to 0}\dfrac{\tan x}{2x^3+3x}$.

解 当 $x\to 0$ 时, $\tan x\sim x$, 所以
$$\lim_{x\to 0}\dfrac{\tan x}{2x^3+3x}=\lim_{x\to 0}\dfrac{x}{2x^3+3x}=\lim_{x\to 0}\dfrac{x}{x(2x^2+3)}=\lim_{x\to 0}\dfrac{1}{2x^2+3}=\dfrac{1}{3}.$$

例4 求 $\lim\limits_{x\to 0}\dfrac{\tan x-\sin x}{x^3}$.

解 $\dfrac{\tan x - \sin x}{x^3} = \dfrac{\tan x(1-\cos x)}{x^3} = \dfrac{\tan x \cdot 2\sin^2 \dfrac{x}{2}}{x^3}$，当 $x \to 0$ 时，$\tan x \sim x$，$\sin \dfrac{x}{2} \sim \dfrac{x}{2}$，所以

$$\lim_{x \to 0} \dfrac{\tan x - \sin x}{x^3} = \lim_{x \to 0} \dfrac{\tan x \cdot 2\sin^2 \dfrac{x}{2}}{x^3} = \lim_{x \to 0} \dfrac{x \cdot 2 \cdot \left(\dfrac{x}{2}\right)^2}{x^3} = \dfrac{1}{2}.$$

应该注意的是，我们所作的代换是对分子、分母整体进行代换，或是对分子、分母中的因式进行代换，对于分子、分母中用加、减号相连的各部分，不能分别进行代换．在例 4 中，我们不能用 x 分别代换 $\tan x$ 和 $\sin x$ 就是这个道理．

记住几个常用的等价无穷小，对于简化运算是方便的，例如，

当 $x \to 0$ 时，有 $\tan x \sim x$；$\sin x \sim x$；$1 - \cos x \sim \dfrac{1}{2}x^2$ 等．

例 5 求 $\lim\limits_{x \to 0^+} \dfrac{1 - \sqrt{\cos x}}{x(1 - \cos \sqrt{x})}$.

解 $\lim\limits_{x \to 0^+} \dfrac{1 - \sqrt{\cos x}}{x(1 - \cos \sqrt{x})} = \lim\limits_{x \to 0^+} \dfrac{(1 - \sqrt{\cos x})(1 + \sqrt{\cos x})}{x(1 - \cos \sqrt{x})(1 + \sqrt{\cos x})}$（根式有理化）

$$= \dfrac{1}{2} \lim_{x \to 0^+} \dfrac{1 - \cos x}{x(1 - \cos \sqrt{x})} \left(\text{等价无穷小代换 } 1 - \cos x \sim \dfrac{1}{2}x^2\right)$$

$$= \dfrac{1}{2} \lim_{x \to 0^+} \dfrac{\dfrac{1}{2}x^2}{x \dfrac{1}{2}(\sqrt{x})^2} = \dfrac{1}{2}.$$

习 题 1-6

1. 当 $x \to 0$ 时，x 与 (1) $x^2 \sin x$；(2) $\sqrt{x}$ 相比的阶数如何？

2. 当 $x \to 1$ 时，无穷小 $1-x$ 和 $1-\sqrt[3]{x}$、$2(1-\sqrt{x})$ 是否同阶？是否等价？

3. 证明：当 $x \to 0$ 时，$\arctan x \sim x$；$\sec x - 1 \sim \dfrac{1}{2}x^2$.

4. 求下列极限：

(1) $\lim\limits_{x \to 0} \dfrac{\tan 3x}{\sin 4x}$；

(2) $\lim\limits_{x \to 0} \dfrac{\sin(x^n)}{(\sin x)^m}$（$n$，$m$ 为正整数）；

(3) $\lim\limits_{x \to 0} \dfrac{1 - \cos mx}{x^2}$；

(4) $\lim\limits_{x \to 0} \dfrac{\sin 3x}{\arctan 2x}$.

5. 证明：

(1) $\sqrt[n]{1+x} - 1 \sim \dfrac{1}{n}x \ (x \to 0)$；

(2) $\cos \dfrac{\pi}{2}x \sim \dfrac{\pi}{2}(1-x) \ (x \to 1)$.

6. 用等价无穷小代换的方法求极限．

(1) $\lim\limits_{x \to 1} \dfrac{\sin(\sin(x-1))}{x-1}$；

(2) $\lim\limits_{x \to 0} \dfrac{1 - \cos x}{x(\sqrt{1+x} - 1)}$；

(3) $\lim\limits_{x \to 0} \dfrac{1}{x}\left(\dfrac{1}{\sin x} - \dfrac{1}{\tan x}\right)$；

(4) $\lim\limits_{x \to 0} \dfrac{\tan x - \sin x}{\tan^3 x}$.

*7. 证明等式：

(1) $x\sin\sqrt{x}=x^{\frac{3}{2}}+o(x^{\frac{3}{2}})(x\to 0)$；　　(2) $(1+x)^n=1+nx+o(x)(x\to 0)$.

第七节　函数的连续与间断

自然界中许多量都是连续变化的，如气温的变化、动植物的生长、物体热胀冷缩的变化等，反映在数量关系上这就是所谓的连续性．连续性是函数的基本概念，本节我们就来研究这个问题．

一、函数的连续性

我们先引入增量的概念，然后给出函数连续性的定义．

1. 自变量增量与函数增量

设变量 x 从它的一个初值 x_1 变到终值 x_2，终值与初值的差 x_2-x_1 就叫作变量 x 在点 x_1 处的增量，记作 Δx，即

$$\Delta x = x_2 - x_1.$$

设函数 $y=f(x)$ 在点 x_0 的某一个邻域内有定义，当自变量在该邻域内从 x_0 变到 $x_0+\Delta x$ 时，函数 y 相应地从 $f(x_0)$ 变到 $f(x_0+\Delta x)$，我们把 $f(x_0+\Delta x)-f(x_0)$ 称为函数 y 的增量，记作 Δy，即

$$\Delta y = f(x_0+\Delta x) - f(x_0).$$

显然，函数的增量 Δy 是由自变量的增量 Δx 引起的，自变量的增量 Δx 和函数的增量 Δy 都是可正可负的量．

2. 函数连续性的定义

定义 1　设函数 $y=f(x)$ 在点 x_0 的某一个邻域内有定义，如果当自变量在 x 处的增量 Δx 趋于零时，对应的函数增量 $\Delta y=f(x_0+\Delta x)-f(x_0)$ 也趋于零，即

$$\lim_{\Delta x \to 0}\Delta y = 0 \text{ 或 } \lim_{\Delta x \to 0}[f(x_0+\Delta x)-f(x_0)]=0,$$

那么就称 $y=f(x)$ 在点 x_0 处连续，x_0 称为函数 $f(x)$ 的连续点．

按照定义，区间的端点不会是函数的连续点．

下面，我们将函数连续性的表达式整理成易于使用的形式．

由于 $\Delta x = x - x_0$，因此 $x = x_0 + \Delta x$，当 $\Delta x \to 0$ 时，就有 $x \to x_0$，此时，

$$\Delta y = f(x_0+\Delta x) - f(x_0) = f(x) - f(x_0),$$

故 $\Delta x \to 0$ 时，$\Delta y \to 0$ 可转化为：$x \to x_0$ 时，$f(x) \to f(x_0)$，这样，函数 $y=f(x)$ 在点 x_0 处连续的定义又可叙述为

定义 2　设函数 $y=f(x)$ 在点 x_0 的某一个邻域内有定义，如果函数 $f(x)$ 当 $x \to x_0$ 时的极限存在且等于它在点 x_0 处的函数值 $f(x_0)$，即 $\lim\limits_{x \to x_0}f(x)=f(x_0)$，那么我们就称函数 $y=f(x)$ 在点 x_0 处连续．

由函数 $f(x)$ 当 $x \to x_0$ 时的极限的定义可知，上述定义也可以用"$\varepsilon-\delta$"语言表达，请读者自行给出．

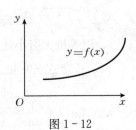

图 1-12

由连续性定义可知，函数的连续性是按点来定义的，但如果函数 $y=f(x)$ 在某个区间上任意一点处都连续，则称函数在这个区间上是连续的，并称这个区间是函数的连续区间．

从几何上看，连续函数 $y=f(x)$ 的图形是一条连续不间断的曲线(图 1-12)．

例 1　证明函数 $y=x^2$ 在区间 $(-\infty, +\infty)$ 内是连续函数．

证　任取 $x_0 \in (-\infty, +\infty)$，当 x_0 有增量 Δx 时，对应的函数增量为
$$\Delta y = (x_0+\Delta x)^2 - x_0^2 = x_0^2 + 2x_0\Delta x + (\Delta x)^2 - x_0^2 = 2x_0\Delta x + (\Delta x)^2,$$
因此
$$\lim_{\Delta x \to 0} \Delta y = \lim_{\Delta x \to 0}(2x_0\Delta x + (\Delta x)^2) = 0,$$
即函数 $y=x^2$ 在区间 $(-\infty, +\infty)$ 内任意一点 x_0 处都是连续的，所以函数 $y=x^2$ 在区间 $(-\infty, +\infty)$ 内是连续的．

例 2　证明函数 $y=\sin x$ 在区间 $(-\infty, +\infty)$ 内是连续的．

证　任取点 $x_0 \in (-\infty, +\infty)$，当自变量在 x_0 处有增量 Δx 时，对应的函数增量为
$$\Delta y = \sin(x_0+\Delta x) - \sin x_0 = 2\sin\frac{\Delta x}{2}\cos\left(x_0+\frac{\Delta x}{2}\right),$$
因 $\left|\cos\left(x_0+\frac{\Delta x}{2}\right)\right| \leqslant 1$，故 $0 \leqslant |\Delta y| = 2\left|\sin\frac{\Delta x}{2}\right|\left|\cos\left(x_0+\frac{\Delta x}{2}\right)\right| \leqslant 2\left|\sin\frac{\Delta x}{2}\right| \leqslant |\Delta x|$，由极限的夹逼准则，当 $\Delta x \to 0$ 时，$\Delta y \to 0$．即函数在点 x_0 连续．

因 x_0 是 $(-\infty, +\infty)$ 内的任一点，所以 $y=\sin x$ 在 $(-\infty, +\infty)$ 内是连续的．

类似地，可证 $y=\cos x$ 在 $(-\infty, +\infty)$ 内也是连续的．

由上述讨论可知，函数 $y=x^2$，$y=\sin x$ 和 $y=\cos x$ 在它们的定义域 $(-\infty, +\infty)$ 内都是连续的．

3. 左连续和右连续

定义 3　如果函数 $f(x)$ 在点 x_0 处的左极限存在且等于 $f(x_0)$，即 $\lim\limits_{x \to x_0-0} f(x) = f(x_0)$，则称函数 $f(x)$ 在点 x_0 处左连续．如果函数 $f(x)$ 在点 x_0 处的右极限存在且等于 $f(x_0)$，即 $\lim\limits_{x \to x_0+0} f(x) = f(x_0)$，则称函数 $f(x)$ 在点 x_0 处右连续．

显然，函数 $f(x)$ 在点 x_0 处连续当且仅当函数 $f(x)$ 在点 x_0 处既是左连续的又是右连续的．如果函数 $f(x)$ 在开区间 (a, b) 内连续，且在点 a 右连续，在点 b 左连续，则称函数 $f(x)$ 在闭区间 $[a, b]$ 上连续．

二、函数的间断点

与连续相对应的概念是间断，下面我们来讨论函数的间断问题．

设函数 $f(x)$ 在 x_0 处的某去心邻域内有定义，若函数 $f(x)$ 有下列三种情形之一发生，

(1) 函数 $f(x)$ 在 $x=x_0$ 处没有定义；

(2) 虽然函数 $f(x)$ 在 $x=x_0$ 处有定义，但 $\lim\limits_{x \to x_0} f(x)$ 不存在；

(3) 虽然函数 $f(x)$ 在 $x=x_0$ 处有定义，且 $\lim\limits_{x \to x_0} f(x)$ 也存在，但 $\lim\limits_{x \to x_0} f(x) \neq f(x_0)$．都使得函数连续性的定义不能成立，即此时函数 $f(x)$ 在点 x_0 处不连续，或说函数在点 x_0 处是间断的．点 x_0 称为函数 $f(x)$ 的不连续点或间断点．

按照定义，函数区间的端点不是间断点．

下面我们举例来说明函数间断点的几种常见类型．

例3 函数 $y=\sin\dfrac{1}{x}$ 在点 $x=0$ 处没有定义,故 $x=0$ 是函数的间断点,当 $x\to 0$ 时,函数值在 -1 与 1 之间变动无限多次,而不趋于某一个定值(图 1-13),所以点 $x=0$ 称为函数 $y=\sin\dfrac{1}{x}$ 的**振荡间断点**.

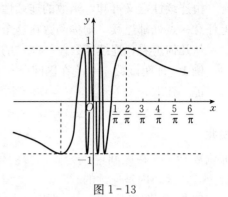

例4 函数 $f(x)=\tan x$ 在 $x=\dfrac{\pi}{2}$ 处没有定义,所以 $x=\dfrac{\pi}{2}$ 是函数的间断点.

图 1-13

因为 $\lim\limits_{x\to\frac{\pi}{2}}\tan x=\infty$,所以称 $x=\dfrac{\pi}{2}$ 为函数的**无穷间断点**.

例5 函数 $f(x)=\dfrac{x^2-1}{x-1}$ 在点 $x=1$ 处没有定义,所以点 $x=1$ 是函数的间断点(图 1-14). 但函数在 $x=1$ 处的极限存在,且 $\lim\limits_{x\to 1}\dfrac{x^2-1}{x-1}=2$. 因此,如果我们将函数在 $x=1$ 处的值补充定义为 $f(1)=2=\lim\limits_{x\to 1}\dfrac{x^2-1}{x-1}$,则

$$f(1)=\lim_{x\to 1}\dfrac{x^2-1}{x-1}=\lim_{x\to 1}f(x),$$

即函数 $f(x)$ 在 $x=1$ 处连续. 这种通过重新定义函数值就可以使得间断点成为连续点的间断点,称为函数的**可去间断点**.

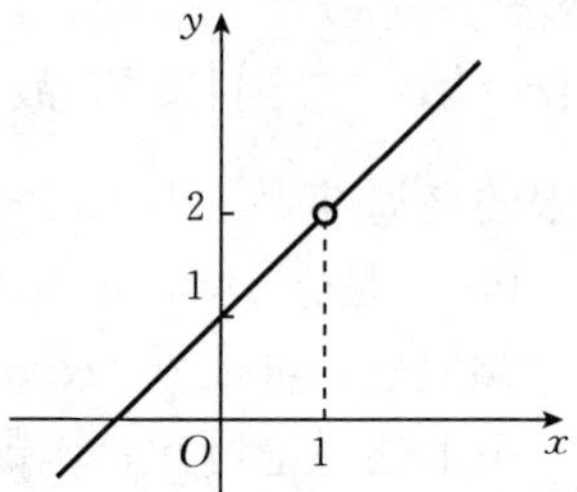

图 1-14

例6 函数

$$y=f(x)=\begin{cases} x, & x\neq 2, \\ 1, & x=2, \end{cases}$$

这里 $\lim\limits_{x\to 2}f(x)=\lim\limits_{x\to 2}x=2$,但 $f(2)=1$,所以 $\lim\limits_{x\to 2}f(x)\neq f(2)$,因此点 $x=2$ 是函数 $f(x)$ 的间断点. 但如果改变函数 $f(x)$ 在 $x=2$ 处的定义,即令 $f(2)=2$,$f(x)$ 在 $x=2$ 处变为连续,所以 $x=2$ 也称为该函数的可去间断点.

例7 函数

$$f(x)=\begin{cases} x-1, & x<0, \\ 0, & x=0, \\ x+1, & x>0 \end{cases}$$

在 $x=0$ 处的左极限为 $\lim\limits_{x\to 0^-}f(x)=\lim\limits_{x\to 0^-}(x-1)=-1$,右极限为 $\lim\limits_{x\to 0^+}f(x)=\lim\limits_{x\to 0^+}(x+1)=1$,左右极限虽都存在,但并不相等,故极限 $\lim\limits_{x\to 0}f(x)$ 不存在,所以点 $x=0$ 是函数 $f(x)$ 的间断点(图 1-15),因 $f(x)$ 的图形在 $x=0$ 处产生跳跃现象,因此称 $x=0$ 为函数 $f(x)$ 的**跳跃间断点**.

以上举了一些间断点的例子. 一般地,我们把间断点根

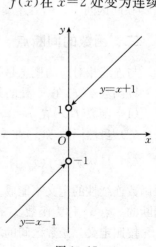

图 1-15

据左右极限的情况分成两类:如果 x_0 是函数 $f(x)$ 的间断点,并且函数在该点处的左极限 $f(x_0-0)$ 及右极限 $f(x_0+0)$ 都存在,那么称 x_0 为函数 $f(x)$ 的第一类间断点,可去间断点和跳跃间断点都是第一类间断点.不是第一类间断点的任何间断点,都称为第二类间断点.

例 8 确定常数 k,使得函数 $f(x)=\begin{cases} \dfrac{\sin 4x}{x}, & x<0, \\ (x+k)^2, & x\geq 0 \end{cases}$ 成为连续函数.

解 所给函数为分段函数,在 $x<0$ 时,$f(x)=\dfrac{\sin 4x}{x}$ 是连续的,在 $x>0$ 时,$f(x)=(x+k)^2$ 也是连续的,只有点 $x=0$ 处的情况没有确定.因此我们只要考查这一点的情况即可.考查分段函数的连续性时,一般都是从考查分段点处函数的左右极限入手.

在 $x=0$ 的左极限 $\lim\limits_{x\to 0^-}f(x)=\lim\limits_{x\to 0^-}\dfrac{\sin 4x}{4x}\cdot 4=4$,

在 $x=0$ 的右极限 $\lim\limits_{x\to 0^+}f(x)=\lim\limits_{x\to 0^+}(x+k)^2=k^2$,

要使得函数在 $x=0$ 连续,必须保证函数在该点极限存在,即要有 $\lim\limits_{x\to 0^-}f(x)=\lim\limits_{x\to 0^+}f(x)$,因此有 $k^2=4$,而 $f(0)=k^2$,即当 $k=\pm 2$ 时,有 $\lim\limits_{x\to 0}f(x)=f(0)$.这就是说,当 $k=\pm 2$ 时,函数在 $x=0$ 连续,也就是函数在整个数轴上连续.

例 9 求函数 $f(x)=\lim\limits_{n\to\infty}\dfrac{x^{n+2}-x^{-n}}{x^n+x^{-n}}$ 的间断点,并指出其类型.

解 显然 $f(0)$ 无意义.

当 $x\neq 0$ 时,

$$f(x)=\lim_{n\to\infty}\frac{x^{n+2}-x^{-n}}{x^n+x^{-n}}=\lim_{n\to\infty}\frac{x^{2n+2}-1}{x^{2n}+1}=\begin{cases} -1, & 0<|x|<1, \\ x^2, & |x|>1, \\ 0, & |x|=1. \end{cases}$$

而 $\lim\limits_{x\to 0}f(x)=-1$,则 $x=0$ 为可去间断点.

$\lim\limits_{x\to 1^-}f(x)=\lim\limits_{x\to 1^-}(-1)=-1$,$\lim\limits_{x\to 1^+}f(x)=\lim\limits_{x\to 1^+}x^2=1$,则 $x=1$ 为跳跃间断点.

由于 $f(x)$ 为偶函数,则 $x=-1$ 也是跳跃间断点.

习题 1-7

1. 根据定义证明下列函数在定义域内连续:

(1) $y=\cos x$;   (2) $y=ax+b$.

2. 求出下列函数的间断点,并指出其类型,若有可去间断点,补充或重新定义使它连续:

(1) $y=\dfrac{x^2-1}{x^2-3x+2}$;   (2) $y=\dfrac{x}{(1-x)^2}$;

(3) $y=\dfrac{3}{2-\dfrac{2}{x}}$;   (4) $y=\dfrac{x}{\tan x}$;

(5) $y=\begin{cases} x-1, & x\leq 1, \\ 3-x, & x>1; \end{cases}$ (6) $y=\begin{cases} x^2, & x<1, \\ 0, & x=1, \\ 2-x, & x>1. \end{cases}$

3. 确定常数 a，使得函数 $f(x)=\begin{cases} e^x, & x\geq 0, \\ x+a, & x<0 \end{cases}$ 成为连续函数.

4. 当 a,b 为何值时，函数 $f(x)=\begin{cases} \dfrac{\sin 2x}{x}, & x<0, \\ a, & x=0, \\ b+x\sin\dfrac{1}{x}, & x>0 \end{cases}$ 为 $(-\infty,+\infty)$ 上的连续函数？

5. 确定 k 的值，使 $f(x)$ 在 $x=0$ 处连续：

(1) $f(x)=\begin{cases} \sin x\cdot\cos\dfrac{1}{x}, & x\neq 0, \\ k, & x=0; \end{cases}$ (2) $f(x)=\begin{cases} \dfrac{\sqrt[3]{1+x}-1}{\sqrt{1+x}-1}, & x\neq 0, \\ k, & x=0. \end{cases}$

6. 指出下列函数的间断点，并指明其类型.

(1) $f(x)=\begin{cases} \dfrac{1}{x}\ln(1-x), & x<0, \\ 0, & x=0, \\ \dfrac{\sin x}{x-1}, & x>0, x\neq 1; \end{cases}$ (2) $f(x)=\dfrac{1}{1-e^{\frac{x}{1-x}}}$.

*7. 讨论函数 $f(x)=\lim\limits_{n\to\infty}\dfrac{1-x^{2n}}{1+x^{2n}}$ 的连续性，若有间断点，判别其类型.

第八节 初等函数的连续性

一、连续函数的运算法则及复合函数的连续性

由连续函数的定义和极限运算法则可得下列结论.

定理 1 若函数 $f(x)$、$g(x)$ 都在点 x_0 处连续，则 $f(x)\pm g(x)$、$f(x)\cdot g(x)$ 与 $\dfrac{f(x)}{g(x)}$ $(g(x_0)\neq 0)$ 在点 x_0 处也连续.

证明略.

将两个函数的情况加以推广，就得到有限个连续函数的和、差、积仍为连续函数的结论.

例 1 由于函数 $\sin x$ 和 $\cos x$ 都在区间 $(-\infty,+\infty)$ 内连续，所以函数 $\tan x=\dfrac{\sin x}{\cos x}$ 和 $\cot x=\dfrac{\cos x}{\sin x}$ 在它们各自的定义域内都是连续的.

可以证明，基本初等函数在其定义域内都是连续函数，初等函数在其有定义的区间内都是连续的. 所谓定义区间就是包含在定义域内的区间.

由此可见，连续函数是普遍存在的.

定理 1 为我们提供了求连续函数极限的方法：如果 $f(x)$ 是初等函数，且 x_0 是 $f(x)$ 的定义区间内的点，则 $\lim\limits_{x\to x_0}f(x)=f(x_0)$，即函数 $f(x)$ 在点 x_0 处的极限值等于其在点 x_0 的函数值.

例如，对于函数 $f(x)=\sin x+\cos x$ 有
$$\lim_{x\to\frac{\pi}{4}}(\sin x+\cos x)=\sin\frac{\pi}{4}+\cos\frac{\pi}{4}=\sqrt{2}=f\left(\frac{\pi}{4}\right),$$
这是因为 $x=\frac{\pi}{4}$ 是函数 $f(x)=\sin x+\cos x$ 的连续点的缘故.

下面我们讨论复合函数的连续性.

关于复合函数的连续性，有以下定理.

定理 2（复合函数的连续性） 设函数 $u=\varphi(x)$ 在点 x_0 处连续，且 $u_0=\varphi(x_0)$，而函数 $y=f(u)$ 在点 u_0 处连续，那么复合函数 $y=f[\varphi(x)]$ 在点 x_0 处也连续.

上述定理也可表示为：如果 $\lim\limits_{x\to x_0}\varphi(x)=\varphi(x_0)$，$\lim\limits_{u\to u_0}f(u)=f(u_0)$，且 $u_0=\varphi(x_0)$，则 $\lim\limits_{x\to x_0}f[\varphi(x)]=\lim\limits_{u\to u_0}f(u)=f(u_0)=f[\varphi(x_0)]$，就是
$$\lim_{x\to x_0}f[\varphi(x)]=f[\varphi(x_0)]=f[\lim_{x\to x_0}\varphi(x)].$$
这说明，在求连续函数的复合函数的极限时，极限符号与函数符号可以交换.

例 2 求 $\lim\limits_{x\to\frac{\pi}{2}}\ln\sin x$.

解 $\lim\limits_{x\to\frac{\pi}{2}}\ln\sin x=\ln(\lim\limits_{x\to\frac{\pi}{2}}\sin x)=\ln 1=0.$

这里利用了函数 $\ln u$ 在 $u>0$ 处连续，而函数 $\sin x$ 在 $x=\frac{\pi}{2}$ 处有定义.

例 3 求 $\lim\limits_{x\to 0}\frac{\ln(1+x)}{x}$.

解 $\lim\limits_{x\to 0}\frac{\ln(1+x)}{x}=\lim\limits_{x\to 0}\ln(1+x)^{\frac{1}{x}}$. 由于 $\ln u$ 在 $u>0$ 时连续，所以
$$\lim_{x\to 0}\frac{\ln(1+x)}{x}=\lim_{x\to 0}\ln(1+x)^{\frac{1}{x}}=\ln[\lim_{x\to 0}(1+x)^{\frac{1}{x}}]=\ln e=1.$$

例 4 求 $\lim\limits_{x\to 0}\frac{e^x-1}{x}$.

解 令 $e^x-1=t$，则 $x=\ln(1+t)$，且 $x\to 0$ 时，$t\to 0$，于是
$$\lim_{x\to 0}\frac{e^x-1}{x}=\lim_{t\to 0}\frac{t}{\ln(1+t)}=\lim_{t\to 0}\frac{1}{\frac{\ln(1+t)}{t}}=\frac{1}{\ln e}=1.$$

关于反函数的连续性，我们有以下定理.

定理 3（反函数的连续性） 单调连续函数的反函数在其对应区间上也是单调连续的.

由于 $\sin x$ 在闭区间 $\left[-\frac{\pi}{2},\frac{\pi}{2}\right]$ 上单调增加且连续，所以其反函数 $\arcsin x$ 在其对应的闭区间 $[-1,1]$ 上也是单调增加并且连续的.

同样推得，反三角函数 $\arccos x$ 在闭区间 $[-1,1]$ 上单调减少且连续；$\arctan x$ 在区间 $(-\infty,+\infty)$ 内单调增加且连续；$\text{arccot} x$ 在区间 $(-\infty,+\infty)$ 内单调减少且连续. 总之，反三角函数在其定义域内都是连续的.

二、闭区间上连续函数的性质

我们先给出函数 $f(x)$ 最大值和最小值的定义.

定义 设函数 $f(x)$ 在区间 I 上有定义，如果存在 $x_0 \in I$，使得对于任一 $x \in I$ 都有
$$f(x) \leqslant f(x_0)(f(x) \geqslant f(x_0)),$$
则称 $f(x_0)$ 是函数 $f(x)$ 在区间 I 上的最大值（最小值）.

例如，函数 $f(x) = 3 + \sin x$ 在区间 $[0, 2\pi]$ 内有最大值 4 和最小值 2.

闭区间上的连续函数有以下重要性质：

性质 1（最大值和最小值定理） 闭区间上的连续函数必有最大值和最小值.

从几何上看（图 1-16），这个性质是明显的，但它的严格的证明可不是一件容易的事.

性质 1 要求函数是在闭区间上连续这一点很重要，因为在开区间上连续的函数可能没有这个性质，例如，函数 $f(x) = x + 1$ 在任何开区间 (a, b) 上都没有最大值和最小值.

性质 2（有界定理） 在闭区间上连续的函数一定在该区间上有界.

性质 3（零点定理） 如果函数 $f(x)$ 在闭区间 $[a, b]$ 上连续，且 $f(a)$ 与 $f(b)$ 异号（即 $f(a) \cdot f(b) < 0$），那么在开区间 (a, b) 内至少存在一点 $\xi(a < \xi < b)$ 使 $f(\xi) = 0$.

从几何上看，如果函数 $f(x)$ 在闭区间 $[a, b]$ 上的图形是一条连续曲线，其两个端点分别位于 x 轴的两侧，那么这曲线与 x 轴至少有一个交点（图 1-17）.

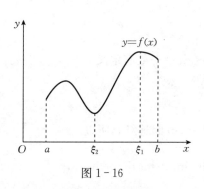

图 1-16

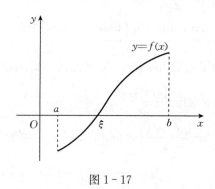

图 1-17

性质 4（介值定理） 如果函数 $f(x)$ 在闭区间 $[a, b]$ 上连续，且在此区间的端点取不同的函数值 $f(a) = A$ 及 $f(b) = B$，那么对于 A 与 B 之间的任意一个数 C，在开区间 (a, b) 内至少有一点 ξ，使得 $f(\xi) = C(a < \xi < b)$.

性质 4 的几何意义是，如果作直线 $y = C$（C 是介于 A 与 B 之间的任意一个数），那么这条直线与函数 $y = f(x)$ 的图像至少有一个交点（图 1-18）.

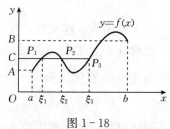

介值定理也可以叙述如下：

闭区间上的连续函数必取得介于最大值 M 与最小值 m 之间的一切值.

图 1-18

例 5 利用介值定理证明方程 $x^3 - 3x^2 - x + 3 = 0$ 在开区间 $(-2, 4)$ 内至少有一个根.

证 设函数 $f(x) = x^3 - 3x^2 - x + 3$，则 $f(x)$ 在闭区间 $[-2, 4]$ 上连续，又
$$f(-2) = -15 < 0, \quad f(4) = 15 > 0.$$
根据零点定理，在 $(-2, 4)$ 内至少有一点 ξ，使得 $f(\xi) = 0$，即 $\xi^3 - 3\xi^2 - \xi + 3 = 0$. 这就说明，方程 $x^3 - 3x^2 - x + 3 = 0$ 在区间 $(-2, 4)$ 内至少有一个根.

一般地,为了应用连续函数的性质证明相关问题,我们应该构造一个连续函数,从上例可以看出,这个函数的选取是显然的,通过构造函数来证明所给的问题,以后我们还会遇到.

习 题 1-8

1. 求函数 $f(x)=\dfrac{2x^3+x^2-2x-1}{x^2+x-2}$ 的连续区间,并求极限 $\lim\limits_{x\to 0}f(x)$,$\lim\limits_{x\to -1}f(x)$ 以及 $\lim\limits_{x\to -2}f(x)$.

2. 求下列极限:

(1) $\lim\limits_{x\to 2}\sqrt{\dfrac{x^2+5}{x-1}}$;

(2) $\lim\limits_{x\to\infty}\ln\dfrac{x^3+2x+1}{x^3}$;

(3) $\lim\limits_{x\to 0}\dfrac{\sqrt[3]{x+1}-1}{x}$;

(4) $\lim\limits_{x\to 1}\dfrac{\sin\pi x+\mathrm{e}^x+\ln x}{x+1}$;

(5) $\lim\limits_{x\to 1}\dfrac{1-\sqrt{x}}{1-x}$;

(6) $\lim\limits_{x\to\pi}\ln(x-\sin x)$;

(7) $\lim\limits_{x\to 0}\dfrac{\ln(1+x^2)}{\tan(1+x^2)}$;

(8) $\lim\limits_{x\to\infty}\left(1+\dfrac{1}{x}\right)^{\frac{x}{2}}$.

3. 证明方程 $x2^x=1$ 至少有一个根介于 0 和 1 之间.

4. 证明方程 $x=a\sin x+b$,其中 $a>0$,$b>0$,至少有一个正根,并且它不超过 $a+b$.

5. 个人所得税:按现行个人所得税规定:稿酬所得税 $T(x)$ 与稿酬收入 x 之间的函数模型为(单位:元)

$$T(x)=\begin{cases}(x-800)\times 20\%\times(1-30\%), & 800\leqslant x\leqslant 4000,\\ x(1-20\%)\times 20\%\times(1-30\%), & x>4000,\end{cases}$$

(1) 求 $\lim\limits_{x\to 4000}T(x)$;

(2) $T(x)$ 在 $x=4000$ 处连续吗?

(3) 画出 $T(x)$ 的图形.

*6. 设 $f(x)$ 在 $[0,2a]$ 上连续,且 $f(0)=f(2a)$,证明:至少存在一点 $\xi\in[0,a]$,使得 $f(\xi)=f(\xi+a)$.

*7. 证明:若 $f(x)$ 在 $(-\infty,+\infty)$ 内连续,且 $\lim\limits_{x\to\infty}f(x)$ 存在,则 $f(x)$ 必在 $(-\infty,+\infty)$ 内有界.

总 复 习 题 1

(A)

1. 填空题:

(1) 设 $f(x)$ 的定义域是 $[0,1]$,则 $f(x^2)$ 的定义域为_____.

(2) 设 $f(x)=\begin{cases}3\mathrm{e}^x, & x<0,\\ 2x+a, & x\geqslant 0\end{cases}$ 在点 $x=0$ 连续,则 $a=$_____.

(3) 求极限 $\lim\limits_{n\to\infty}\dfrac{\sqrt[3]{n^2}\sin n!}{n+1}=$_____.

(4) 设 $\lim\limits_{x\to\infty}\left(\dfrac{x+2a}{x-a}\right)^x=8$，则 $a=$ _____．

(5) 求极限 $\lim\limits_{x\to\infty}\dfrac{\ln\left(1+\dfrac{1}{x}\right)}{\arctan\dfrac{1}{x}}=$ _____．

2. 选择题：

(1) 设 $f(x)=\begin{cases}\dfrac{|x-1|}{x-1}, & x\neq 1,\\ a, & x=1,\end{cases}$ 且 $\lim\limits_{x\to 1-0}f(x)=a$，则 a（ ）．

  A. 0； B. 1； C. -1； D. 1 或 -1 均可．

(2) 函数 $f(x)=x\sin x$（ ）．

  A. 在 $(-\infty,+\infty)$ 内无界； B. 在 $(-\infty,+\infty)$ 内有界；

  C. 当 $x\to\infty$ 时为无穷大； D. 当 $x\to\infty$ 时极限存在．

(3) 当 $x\to 1$ 时，函数 $f(x)=\dfrac{x^2-1}{x-1}e^{\frac{1}{x-1}}$ 的极限（ ）．

  A. 等于 2； B. 等于 0； C. 为 ∞； D. 不存在但不为 ∞．

(4) 设函数 $f(x)=\lim\limits_{n\to\infty}\dfrac{1+x}{1+x^{2n}}$，讨论函数 $f(x)$ 的间断点，其结论为（ ）．

  A. 不存在间断点； B. 存在间断点 $x=1$；

  C. 存在间断点 $x=0$； D. 存在间断点 $x=-1$．

(5) 若 $f(x)$ 在 $[a,b]$ 上连续，无零点，但有使 $f(x)$ 取正值的点，则 $f(x)$ 在 $[a,b]$ 上（ ）．

  A. 可取正值也可取负值； B. 恒为正；

  C. 恒为负； D. 非负．

3. 计算题：

(1) 求 $f(x)=x+\sqrt{\cos(\pi x)-1}$ 的定义域；

(2) 设 $f(x)=\dfrac{\ln x}{\sin\pi x}$，求 $f(x)$ 的一个可去间断点；

(3) 设函数 $f(x)=\begin{cases}\dfrac{ax^2+b}{\ln x}, & x>0,x\neq 1,\\ 2, & x=1,\end{cases}$ 试确定 a,b 的值，使得 $f(x)$ 在点 $x=1$ 处连续；

(4) 求极限 $\lim\limits_{x\to 0}\dfrac{x+x^2\sin\dfrac{1}{x}}{\sin x}$；

(5) 求极限 $\lim\limits_{x\to 0}\dfrac{\sqrt{1+x\sin x}-\sqrt{\cos x}}{x\tan x}$．

4. 证明题：

(1) 证明 $x\to 0$ 时，$\dfrac{\sqrt{1+x}-1}{2}\sim\sqrt{4+x}-2$；

(2) 证明函数 $f(x)=x^4-2x-4$ 在 $(-2,2)$ 之间至少有两个零点；

(3) 证明方程 $\sin x - x\cos x = 0$ 在 $x \in \left(\pi, \dfrac{3}{2}\pi\right)$ 之间有根.

(B)

1. 已知 $f(x) = e^{x^2}$，$f[\varphi(x)] = 1 - x$，且 $\varphi(x) \geqslant 0$，求 $\varphi(x)$，并写出它的定义域.

2. 求下列极限：

(1) $\lim\limits_{x \to +\infty}[\cos\ln(1+x) - \cos\ln x]$；　　(2) $\lim\limits_{x \to 0}\dfrac{\sqrt{1+x\sin x}-\cos x}{x}$；

(3) 求 $\lim\limits_{x \to \infty}\dfrac{3x^2+5}{5x+3} \cdot \sin\dfrac{2}{x}$；　　(4) 已知 $\lim\limits_{x \to \infty}\left(\dfrac{x+a}{x-a}\right)^x = 9$，求常数 a.

3. 设 $f(x)$ 在闭区间 $[a, b]$ 上连续，且 $f(a) > a$，$f(b) < b$，证明：在开区间 (a, b) 内至少存在一点 ξ，使 $f(\xi) = \xi$.

第二章

导 数 与 微 分

高等数学的核心内容是微分学和积分学，而微分学的基本概念是导数和微分，它们的理论和算法构成了微分学的基本内容．导数反映出函数相对于自变量的变化快慢的程度，即变化率问题；而微分则指明当自变量有微小改变时，函数大体上变化了多少．导数与微分作为揭示自变量和因变量之间变化关系的重要工具，在物理、经济、化学、生物等众多领域内都有广泛的应用．

在这一章中，我们主要讨论导数和微分的概念、计算方法及导数在经济中的应用．

第一节 导数的概念

一、问题的提出

为了说明导数的概念，我们先讨论两个问题：速度问题和切线问题．这两个问题在历史上都与导数概念的形成有着密切的关系．

1. 变速直线运动的瞬时速度

由物理学我们知道，如果物体做直线运动，它移动的路程是时间 t 的函数，不妨记为 $s=s(t)$，则从时刻 t_0 到时刻 $t_0+\Delta t$ 的时间间隔内物体的平均速度为

$$\bar{v}=\frac{\Delta s}{\Delta t}=\frac{s(t_0+\Delta t)-s(t_0)}{\Delta t},$$

如果时间间隔 Δt 取的很小，平均速度 $\bar{v}$ 就可以看成是物体在 t_0 时刻瞬时速度的近似值．显然，时间间隔越短，该平均速度就越接近于物体在 t_0 时刻的瞬时速度．因此，如果当 $\Delta t \to 0$ 时 $\bar{v}$ 的极限存在，就将该极限值作为物体在 t_0 时刻的瞬时速度，即

$$v(t_0)=\lim_{\Delta t \to 0}\frac{\Delta s}{\Delta t}=\lim_{\Delta t \to 0}\frac{s(t_0+\Delta t)-s(t_0)}{\Delta t}.$$

在上述过程中我们用平均速度来逼近瞬时速度，即物体在任意时刻的瞬时速度定义为位置函数的增量与时间（自变量）的增量之比当时间增量趋于零时的极限．

2. 平面曲线切线的斜率

设平面曲线 C 是函数 $y=f(x)$ 的图形，如图 2-1 所示，求曲线 C 在点 $M_0(x_0,y_0)$ 处切线的斜率．

在曲线上另取一点 $M_1(x_0+\Delta x, y_0+\Delta y)$，作割线 M_0M_1，设割线 M_0M_1 与 x 轴的夹角为 φ，则割线 M_0M_1 的斜率为

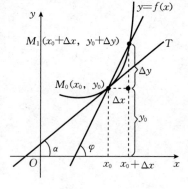

图 2-1

$$\tan\varphi = \frac{\Delta y}{\Delta x} = \frac{f(x_0 + \Delta x) - f(x_0)}{\Delta x},$$

当点 M_1 沿曲线 C 无限接近于点 M_0(即 $\Delta x \to 0$)时，割线 M_0M_1 也随之变动而趋向它的极限位置——直线 M_0T，我们称直线 M_0T 为曲线在点 M_0 处的切线. 显然，在 M_1 沿曲线趋向于定点 M_0 的过程中，割线 M_0M_1 的倾角 φ 趋于切线的倾角 α，即切线 M_0T 的斜率为

$$\tan\alpha = \lim_{\varphi \to \alpha}\tan\varphi = \lim_{\Delta x \to 0}\frac{\Delta y}{\Delta x} = \lim_{\Delta x \to 0}\frac{f(x_0 + \Delta x) - f(x_0)}{\Delta x}.$$

因此，曲线在点 (x_0, y_0) 处的切线斜率等于函数在点 x_0 处的增量与自变量增量之比，当自变量趋于零时的极限.

以上两个例子抛开其具体的物理及几何意义，归结为量与量的关系就是：当自变量在点 x_0 取得增量 Δx 后，因变量(函数)相应地也取得了增量 $\Delta y = f(x_0 + \Delta x) - f(x_0)$，当 $\Delta x \to 0$ 时，$\frac{\Delta y}{\Delta x}$ 的极限问题. 实际应用中这类问题还有很多，由此我们给出导数的定义.

二、导数的概念

定义 1 设函数 $y = f(x)$ 在点 x_0 的某个邻域内有定义，当自变量 x 在 x_0 处取得增量 Δx($x_0 + \Delta x$ 仍在该邻域内)时，相应地函数有增量 $\Delta y = f(x_0 + \Delta x) - f(x_0)$. 如果 Δy 与 Δx 之比当 $\Delta x \to 0$ 时的极限存在，则称此极限为 $y = f(x)$ 在点 x_0 处的导数，记为 $f'(x_0)$，即

$$f'(x_0) = \lim_{\Delta x \to 0}\frac{\Delta y}{\Delta x} = \lim_{\Delta x \to 0}\frac{f(x_0 + \Delta x) - f(x_0)}{\Delta x}, \tag{1}$$

也可记作 $y'|_{x=x_0}$，$\left.\dfrac{\mathrm{d}y}{\mathrm{d}x}\right|_{x=x_0}$ 或 $\left.\dfrac{\mathrm{d}f(x)}{\mathrm{d}x}\right|_{x=x_0}$.

该定义也常表示如下：

$$f'(x_0) = \lim_{h \to 0}\frac{f(x_0 + h) - f(x_0)}{h} \tag{2}$$

和

$$f'(x_0) = \lim_{x \to x_0}\frac{f(x) - f(x_0)}{x - x_0}. \tag{3}$$

若(1)式的极限存在，称函数 $f(x)$ 在点 x_0 处可导或称 $f(x)$ 在 x_0 处的导数存在，否则称 $f(x)$ 在点 x_0 处不可导. 如果当 $\Delta x \to 0$ 时，比式 $\frac{\Delta y}{\Delta x} \to \infty$，为方便起见，我们也说函数 $f(x)$ 在点 x_0 处的导数为无穷大.

在实际中，我们需要讨论各种具有不同意义的变量的变化"快慢"问题，这就是数学上所谓的函数变化率问题. 导数概念是函数变化率的精确描述，抛开自变量与因变量所代表的具体的物理和几何等方面的特殊意义，只从数量方面来刻画变化率的本质：因变量增量与自变量增量之比 $\frac{\Delta y}{\Delta x}$ 是因变量 y 在以 x_0 和 $x_0 + \Delta x$ 为端点的区间上的平均变化率，而导数 $f'(x_0)$ 则是因变量在点 x_0 处的瞬时变化率，它反映了因变量随自变量的变化而变化的快慢程度.

如果函数 $f(x)$ 在开区间 (a,b) 内的每一点处都可导，就称函数在开区间 (a,b) 内可导. 对于任一 $x \in (a,b)$，都对应着 $f(x)$ 的一个确定的导数值，这样就确定了一个新的函数.

这个函数叫作函数 $f(x)$ 的导函数，也简称导数，记作 y'，$f'(x)$，$\dfrac{dy}{dx}$ 或 $\dfrac{df(x)}{dx}$.

在(1)式和(2)式中，把 x_0 换成 x，即得导函数的定义式

$$f'(x)=\lim_{\Delta x\to 0}\dfrac{\Delta y}{\Delta x}=\lim_{\Delta x\to 0}\dfrac{f(x+\Delta x)-f(x)}{\Delta x},$$

或

$$f'(x)=\lim_{h\to 0}\dfrac{f(x+h)-f(x)}{h}.$$

注意：在上述导函数定义式中，虽然 x 可以取区间 (a,b) 内的任何数值，但在极限过程中，x 是常量，Δx 或 h 是变量.

显然，函数 $f(x)$ 在点 x_0 处的导数 $f'(x_0)$ 就是导函数 $f'(x)$ 在点 x_0 处的函数值，即 $f'(x_0)=f'(x)|_{x=x_0}$. 因此，我们在求函数在点 x_0 处的导数时，可以先求出其导函数 $f'(x)$，再将 x_0 代入到导函数 $f'(x)$ 中即可.

根据导函数的概念，上面的两个实例的结论可以表述为

(1) 做变速直线运动的物体，其运动方程为 $s=s(t)$，则物体在 t_0 时刻的瞬时速度 v 是路程对时间的导数 $v(t_0)=s'(t_0)$；

(2) 曲线 $y=f(x)$ 在点 $M_0(x_0,y_0)$ 处切线的斜率为 $k=f'(x_0)$.

例1 求函数 $y=x^2$ 在 $x=0$ 处的导数.

解 $\Delta y=f(0+\Delta x)-f(0)=(0+\Delta x)^2-0^2=(\Delta x)^2$，

$$\left.\dfrac{dy}{dx}\right|_{x=0}=\lim_{\Delta x\to 0}\left.\dfrac{\Delta y}{\Delta x}\right|_{x=0}=\lim_{\Delta x\to 0}\left.\dfrac{(\Delta x)^2}{\Delta x}\right|_{x=0}=\lim_{\Delta x\to 0}\Delta x|_{x=0}=0.$$

例2 已知 $f(x)$ 可导，求 $\lim\limits_{h\to 0}\dfrac{f(x+2h)-f(x-h)}{h}$.

解 $\lim\limits_{h\to 0}\dfrac{f(x+2h)-f(x-h)}{h}=\lim\limits_{h\to 0}\dfrac{f(x+2h)-f(x)+f(x)-f(x-h)}{h}$

$$=2\lim_{h\to 0}\dfrac{f(x+2h)-f(x)}{2h}+\lim_{h\to 0}\dfrac{f(x-h)-f(x)}{-h}$$

$$=2f'(x)+f'(x)=3f'(x).$$

例3 设函数 $f(x)$ 在 $x=0$ 处可导，且 $f'(0)=\dfrac{1}{3}$，又对任意的 x，有 $f(3+x)=3f(x)$，求 $f'(3)$.

解 $f'(3)=\lim\limits_{\Delta x\to 0}\dfrac{f(3+\Delta x)-f(3)}{\Delta x}=\lim\limits_{\Delta x\to 0}\dfrac{3f(\Delta x)-3f(0)}{\Delta x}$

$$=3\lim_{\Delta x\to 0}\dfrac{f(0+\Delta x)-f(0)}{\Delta x}=3f'(0)=3\times\dfrac{1}{3}=1.$$

三、基本初等函数的导数

下面利用导数的定义求几个基本初等函数的导数.

例4 求函数 $f(x)=C$（C 为常数）的导数.

解 $f'(x)=\lim\limits_{\Delta x\to 0}\dfrac{f(x+\Delta x)-f(x)}{\Delta x}=\lim\limits_{\Delta x\to 0}\dfrac{C-C}{\Delta x}=0$，

即

$$(C)'=0.$$

例5 求函数 $f(x)=x^n$（n 为正整数）的导数.

解 当自变量在 x 处取得增量 Δx 时，相应地函数的增量为

$$\Delta y = f(x+\Delta x) - f(x) = (x+\Delta x)^n - x^n$$
$$= \left[x^n + nx^{n-1}\Delta x + \frac{n(n-1)}{2!}x^{n-2}(\Delta x)^2 + \cdots + (\Delta x)^n \right] - x^n$$
$$= nx^{n-1}\Delta x + \frac{n(n-1)}{2!}x^{n-2}(\Delta x)^2 + \cdots + (\Delta x)^n;$$

算比值

$$\frac{\Delta y}{\Delta x} = nx^{n-1} + \frac{n(n-1)}{2!}x^{n-2}\Delta x + \cdots (\Delta x)^{n-1};$$

取极限

$$y' = \lim_{\Delta x \to 0}\frac{\Delta y}{\Delta x} = \lim_{\Delta x \to 0}\left[nx^{n-1} + \frac{n(n-1)}{2!}x^{n-2}\Delta x + \cdots + (\Delta x)^{n-1} \right] = nx^{n-1},$$

即

$$(x^n)' = nx^{n-1} \ (n \text{ 为正整数}).$$

以后我们会证明，对于幂函数 $y = x^\mu$（μ 为常数），同样有

$$(x^\mu)' = \mu x^{\mu-1}.$$

这是幂函数的导数公式. 利用公式可以很容易地求出幂函数的导数，例如，当 $\mu = \frac{1}{2}$ 时，

$$y' = (x^{\frac{1}{2}})' = \frac{1}{2}x^{-\frac{1}{2}},$$

即

$$(\sqrt{x})' = \frac{1}{2\sqrt{x}}.$$

从以上两例可以看出，求函数 $y = f(x)$ 的导数可以归结为以下三个步骤：

(1) 求增量：$\Delta y = f(x+\Delta x) - f(x)$；

(2) 算比值：$\dfrac{\Delta y}{\Delta x} = \dfrac{f(x+\Delta x) - f(x)}{\Delta x}$；

(3) 取极限：$y' = \lim\limits_{\Delta x \to 0}\dfrac{\Delta y}{\Delta x} = \lim\limits_{\Delta x \to 0}\dfrac{f(x+\Delta x) - f(x)}{\Delta x}$.

例 6 求函数 $f(x) = \sin x$ 的导数.

解 (1) 求增量：$\Delta y = f(x+\Delta x) - f(x) = \sin(x+\Delta x) - \sin x$

$$= 2\cos\frac{x+\Delta x + x}{2} \cdot \sin\frac{x+\Delta x - x}{2} = 2\cos\left(x+\frac{\Delta x}{2}\right)\cdot\sin\frac{\Delta x}{2};$$

(2) 算比值：$\dfrac{\Delta y}{\Delta x} = \dfrac{\cos\left(x+\dfrac{\Delta x}{2}\right)\cdot\sin\dfrac{\Delta x}{2}}{\dfrac{\Delta x}{2}}$；

(3) 求极限：$y' = \lim\limits_{\Delta x \to 0}\dfrac{\Delta y}{\Delta x} = \lim\limits_{\Delta x \to 0}\cos\left(x+\dfrac{\Delta x}{2}\right)\cdot\dfrac{\sin\dfrac{\Delta x}{2}}{\dfrac{\Delta x}{2}} = \cos x \cdot 1 = \cos x,$

所以

$$(\sin x)' = \cos x.$$

类似地有

$$(\cos x)' = -\sin x.$$

例 7 求 $f(x) = \log_a x\ (a > 0, a \neq 1, x > 0)$ 的导数.

解 (1) 求增量：$\Delta y = \log_a(x+\Delta x) - \log_a x = \log_a\left(\dfrac{x+\Delta x}{x}\right) = \log_a\left(1+\dfrac{\Delta x}{x}\right)$；

(2) 算比值：$\dfrac{\Delta y}{\Delta x} = \dfrac{1}{\Delta x}\log_a\left(1+\dfrac{\Delta x}{x}\right)$；

(3) 求极限：$y' = \lim\limits_{\Delta x \to 0}\dfrac{\Delta y}{\Delta x} = \lim\limits_{\Delta x \to 0}\dfrac{1}{\Delta x}\log_a\left(1+\dfrac{\Delta x}{x}\right) = \lim\limits_{\Delta x \to 0}\log_a\left(1+\dfrac{\Delta x}{x}\right)^{\frac{1}{\Delta x}}$

$= \lim\limits_{\Delta x \to 0}\log_a\left(1+\dfrac{\Delta x}{x}\right)^{\frac{x}{\Delta x}\cdot\frac{1}{x}} = \lim\limits_{\Delta x \to 0}\dfrac{1}{x}\log_a\left(1+\dfrac{\Delta x}{x}\right)^{\frac{x}{\Delta x}}$

$= \dfrac{1}{x}\log_a e = \dfrac{1}{x\ln a}$,

所以 $(\log_a x)' = \dfrac{1}{x\ln a}$.

特别地，当 $a = e$ 时，有 $\log_a x = \ln x$，从而 $(\ln x)' = \dfrac{1}{x}$.

四、单侧导数

由导数定义可知，函数 $f(x)$ 在点 x_0 的导数为

$$f'(x_0) = \lim\limits_{\Delta x \to 0}\dfrac{f(x_0+\Delta x)-f(x_0)}{\Delta x}.$$

而以上极限存在的充分必要条件是左、右极限都存在并且相等．由此我们可以研究该极限的左、右极限，即 $\lim\limits_{\Delta x \to 0^-}\dfrac{f(x_0+\Delta x)-f(x_0)}{\Delta x}$ 及 $\lim\limits_{\Delta x \to 0^+}\dfrac{f(x_0+\Delta x)-f(x_0)}{\Delta x}$. 若它们都存在，则分别称之为 $f(x)$ 在点 x_0 的左、右导数．即有如下定义：

定义 2 如果极限 $\lim\limits_{\Delta x \to 0^-}\dfrac{f(x_0+\Delta x)-f(x)}{\Delta x}$ 存在，则称此极限为函数 $f(x)$ 在点 x_0 处的左导数，记作 $f'_-(x_0)$；如果极限 $\lim\limits_{\Delta x \to 0^+}\dfrac{f(x_0+\Delta x)-f(x)}{\Delta x}$ 存在，则称此极限为函数 $f(x)$ 在点 x_0 处的右导数，记作 $f'_+(x_0)$.

因此，函数 $y=f(x)$ 在点 x_0 可导的充分必要条件是：函数在点 x_0 的左、右导数都存在并且相等．

左导数和右导数统称为单侧导数．

如果函数 $f(x)$ 在开区间 (a,b) 内可导，且 $f'_+(a)$ 及 $f'_-(b)$ 都存在，就说函数 $f(x)$ 在闭区间 $[a,b]$ 上可导．

例 8 考察函数 $f(x)=|x|$ 在 $x=0$ 处的连续性与可导性．

解 $\lim\limits_{x \to 0^-}f(x) = \lim\limits_{x \to 0^-}(-x) = 0 = f(0)$，$\lim\limits_{x \to 0^+}f(x) = \lim\limits_{x \to 0^+}x = 0 = f(0)$，

因此 $f(x)=|x|$ 在 $x=0$ 处连续．

$$\dfrac{\Delta y}{\Delta x} = \dfrac{f(0+\Delta x)-f(0)}{\Delta x} = \dfrac{|\Delta x|}{\Delta x} = \begin{cases}1, & \Delta x>0,\\-1, & \Delta x<0,\end{cases}$$

因此，$f'_+(0) = \lim\limits_{\Delta x \to 0^+}\dfrac{|\Delta x|}{\Delta x} = 1$，$f'_-(0) = \lim\limits_{\Delta x \to 0^-}\dfrac{|\Delta x|}{\Delta x} = -1$，

尽管函数在 $x=0$ 处的左、右导数都存在但不相等，故函数 $f(x)=|x|$ 在 $x=0$ 处不可导．

例 9 设 $f(x)=\begin{cases}\sin x, & x\geqslant 0,\\ x, & x<0,\end{cases}$ 求 $f'(x)$.

解 当 $x>0$ 时，$f'(x)=(\sin x)'=\cos x$，当 $x<0$ 时，$f'(x)=(x)'=1$.

$$f'_+(0)=\lim_{\Delta x\to 0^+}\frac{f(0+\Delta x)-f(0)}{\Delta x}=\lim_{\Delta x\to 0^+}\frac{\sin\Delta x}{\Delta x}=1,$$

$$f'_-(0)=\lim_{\Delta x\to 0^-}\frac{f(0+\Delta x)-f(0)}{\Delta x}=\lim_{\Delta x\to 0^-}\frac{\Delta x}{\Delta x}=1,$$

故
$$f'(0)=1.$$

综上有
$$f'(x)=\begin{cases}\cos x, & x>0,\\ 1, & x\leqslant 0.\end{cases}$$

五、导数的几何意义

由曲线切线的斜率问题及导数的定义可知，函数 $y=f(x)$ 在点 x_0 处的导数 $f'(x_0)$ 在几何上表示曲线 $y=f(x)$ 在点 $(x_0, f(x_0))$ 处的切线斜率，即

$$\tan\alpha=f'(x_0)=\frac{\mathrm{d}y}{\mathrm{d}x}\bigg|_{x=x_0},$$

其中 α 为切线的倾角.

如果 $f(x)$ 在点 x_0 处的导数为无穷大，这时曲线 $f(x)$ 的割线以垂直于 x 轴的直线为极限位置，即此时曲线 $f(x)$ 在点 x_0 处具有垂直于 x 轴的切线 $x=x_0$；如果 $f(x)$ 在点 x_0 处的导数为零，这时曲线在该点的切线平行于 x 轴，即 $y=y_0$.

根据导数的几何意义及直线的点斜式方程，可求得曲线 $y=f(x)$ 在点 $M(x_0, y_0)$ 处的切线方程为

$$y-y_0=f'(x_0)(x-x_0).$$

过切点且与切线垂直的直线叫作曲线 $y=f(x)$ 在点 $M(x_0, y_0)$ 处的法线，因此法线方程为

$$y-y_0=-\frac{1}{f'(x_0)}(x-x_0)\quad (f'(x_0)\neq 0).$$

例 10 求曲线 $y=x^3$ 在点 $(2, 8)$ 处的切线方程和法线方程.

解 根据导数的几何意义，所求切线的斜率为

$$y'|_{x=2}=(x^3)'|_{x=2}=3x^2|_{x=2}=12,$$

故所求切线方程为
$$y-8=12(x-2),$$
即
$$12x-y-16=0.$$

法线方程为
$$y-8=-\frac{1}{12}(x-2),$$
即
$$x+12y-98=0.$$

六、函数的可导性与连续性的关系

设函数 $y=f(x)$ 在点 x 处可导，即

$$\lim_{\Delta x\to 0}\frac{\Delta y}{\Delta x}=f'(x)$$

存在，则由具有极限的函数与无穷小的关系可知：

$$\frac{\Delta y}{\Delta x} = f'(x) + \alpha,$$

其中 α 是当 $\Delta x \to 0$ 时的无穷小，上式两边同时乘以 Δx，得

$$\Delta y = f'(x)\Delta x + \alpha \Delta x.$$

由此可见，当 $\Delta x \to 0$ 时，$\lim\limits_{\Delta x \to 0}\Delta y = \lim\limits_{\Delta x \to 0}[f'(x)\Delta x + \alpha \Delta x] = 0$，即函数 $y = f(x)$ 在点 x 处是连续的. 所以，我们得到如下结论：

定理 如果函数 $y = f(x)$ 在点 x 处可导，则函数在该点必连续.

该定理也可以简述为：可导必连续.

该定理的逆定理不成立，即函数在某点连续却不一定在该点可导，即函数在某点连续是函数在该点可导的必要而非充分条件. 现举例说明如下：

例 11 曲线 $f(x) = \sqrt[3]{x}$ 在区间 $(-\infty, +\infty)$ 内连续，但在点 $x = 0$ 处不可导. 因为在点 $x = 0$ 处有

$$\frac{f(0+\Delta x) - f(0)}{\Delta x} = \frac{\sqrt[3]{\Delta x} - 0}{\Delta x} = (\Delta x)^{-\frac{2}{3}},$$

因而，$\lim\limits_{\Delta x \to 0}\frac{f(0+\Delta x) - f(0)}{\Delta x} = \lim\limits_{\Delta x \to 0}(\Delta x)^{-\frac{2}{3}} = +\infty$，即导数为无穷大（导数不存在）. 说明曲线 $f(x) = \sqrt[3]{x}$ 在原点处具有垂直于 x 轴的切线 $x = 0$.

习 题 2-1

1. 设 $f(x) = 3x^2$，试按定义求 $f'(-1)$.

2. 证明 $(a^x)' = a^x \ln a$.

3. (1) 求曲线 $y = \cos x$ 在点 $\left(\dfrac{\pi}{3}, \dfrac{1}{2}\right)$ 处的切线方程和法线方程.

   (2) 求过点 $(2, 0)$ 且与 $y = e^x$ 相切的直线方程.

4. 假定下列各题中 $f'(x_0) \neq 0$ 存在，按照导数定义观察下列极限，并求出 A.

   (1) $\lim\limits_{\Delta x \to 0}\dfrac{f(x_0 - \Delta x) - f(x_0)}{2\Delta x} = A$；

   (2) $\lim\limits_{x \to 0}\dfrac{f(x)}{x} = A$，其中 $f(0) = 0$，且 $f'(0)$ 存在；

   (3) $\lim\limits_{h \to 0}\dfrac{h}{f(x_0 - 2h) - f(x_0 - h)} = A \neq 0$.

5. 求下列函数的导数：

   (1) $y = \sqrt{x}$；　　(2) $y = \cos x$；　　(3) $y = \log_3 x$；

   (4) $y = \dfrac{x^2 \cdot \sqrt[3]{x^2}}{\sqrt{x^5}}$；　　(5) $y = \dfrac{1}{x^2}$；　　(6) $y = a^x e^x$.

6. 设函数 $f(x)$ 在点 $x = 1$ 处连续，且 $\lim\limits_{x \to 1}\dfrac{f(x)}{x-1} = 2$，求 $f'(1)$.

7. 设 $f(x)$ 为偶函数，且 $f'(0)$ 存在，证明：$f'(0) = 0$.

8. 用导数的定义证明：若 $f(x)$ 为可导的奇（偶）函数，则 $f'(x)$ 为偶（奇）函数.

9. 在抛物线 $y = x^2$ 上取横坐标为 $x_1 = 1$ 及 $x_2 = 3$ 的两点，作过这两点的割线. 问该抛

物线上哪一点的切线平行于这条割线？

10. 讨论下列函数在 $x=0$ 处的连续性与可导性：

(1) $y=|\sin x|$；　　　　　　(2) $y=\begin{cases} x^2\sin\dfrac{1}{x}, & x\neq 0, \\ 0, & x=0. \end{cases}$

11. 设函数
$$f(x)=\begin{cases} x^2, & x\leqslant 1, \\ ax+b, & x>1, \end{cases}$$
为了使函数 $f(x)$ 在 $x=1$ 处连续且可导，a、b 应取什么值？

12. 已知 $f(x)=\begin{cases} \sin x, & x\geqslant 0, \\ x^2, & x<0, \end{cases}$ 求 $f'_+(0)$ 及 $f'_-(0)$，又 $f'(0)$ 是否存在？

第二节　四则运算和反函数的求导法则

在上一节中，我们利用导数的定义，求出了几个基本初等函数的导数．但是对于一般函数，我们如果仍用定义来求其导数，那将非常困难．在本节中，我们将介绍导数的四则运算法则和反函数的求导法则，利用这些法则可简便地求出一些函数的导数．

一、四则运算的求导法则

定理 1　若函数 $u=u(x)$ 及 $v=v(x)$ 在点 x 处可导，其导数分别为 $u'(x)$ 和 $v'(x)$，则 $u(x)\pm v(x)$ 在点 x 处也可导，且
$$(u(x)\pm v(x))'=u'(x)\pm v'(x).$$

证　令 $y=u(x)\pm v(x)$，则
$$y'=\lim_{\Delta x\to 0}\frac{\Delta(u\pm v)}{\Delta x}=\lim_{\Delta x\to 0}\frac{[u(x+\Delta x)\pm v(x+\Delta x)]-[u(x)\pm v(x)]}{\Delta x}$$
$$=\lim_{\Delta x\to 0}\frac{[u(x+\Delta x)-u(x)]\pm[v(x+\Delta x)-v(x)]}{\Delta x}$$
$$=\lim_{\Delta x\to 0}\frac{[u(x+\Delta x)-u(x)]}{\Delta x}\pm\lim_{\Delta x\to 0}\frac{[v(x+\Delta x)-v(x)]}{\Delta x}$$
$$=u'(x)\pm v'(x).$$

也就是说：两个可导函数之和（差）的导数等于这两个函数的导数之和（差）．该法则可推广到有限多个函数的情形，即
$$[u_1(x)\pm u_2(x)\pm\cdots\pm u_n(x)]'=u'_1(x)\pm u'_2(x)\pm\cdots\pm u'_n(x).$$

例 1　求 $y=\sin x+\log_2 4x$ 的导数．

解　$y'=(\sin x+\log_2 4x)'=(\sin x)'+(\log_2 4+\log_2 x)'=\cos x+\dfrac{1}{x\ln 2}.$

例 2　$f(x)=x^5+\sin x+\ln 4$，求 $f'(x)$ 及 $f'(0)$．

解　$f'(x)=(x^5+\sin x+\ln 4)'=(x^5)'+(\sin x)'+(\ln 4)'=5x^4+\cos x,$
$f'(0)=1.$

定理 2　设函数 $u=u(x)$ 及 $v=v(x)$ 在点 x 处可导，其导数分别为 $u'(x)$ 和 $v'(x)$，则

$u(x) \cdot v(x)$ 在点 x 处也可导,且
$$[u(x) \cdot v(x)]' = u'(x)v(x) + u(x)v'(x),$$
简记为
$$(uv)' = u'v + uv'.$$

证 $[u(x) \cdot v(x)]'$
$$= \lim_{\Delta x \to 0} \left[\frac{u(x+\Delta x) - u(x)}{\Delta x} \cdot v(x+\Delta x) + u(x) \cdot \frac{v(x+\Delta x) - v(x)}{\Delta x} \right]$$
$$= \lim_{\Delta x \to 0} \frac{u(x+\Delta x) - u(x)}{\Delta x} \cdot \lim_{\Delta x \to 0} v(x+\Delta x) + u(x) \cdot \lim_{\Delta x \to 0} \frac{v(x+\Delta x) - v(x)}{\Delta x}$$
$$= u'(x)v(x) + u(x)v'(x).$$

上式中因为 $v'(x)$ 存在,所以 $v(x)$ 在点 x 处连续,故 $\lim_{\Delta x \to 0} v(x+\Delta x) = v(x)$.

也就是说:两个可导函数乘积的导数等于第一个函数的导数与第二个函数的乘积,加上第一个函数与第二个函数的导数的乘积.

推论 1 $u(x)$ 可导,k 为常数,则 $ku(x)$ 可导,且 $[ku(x)]' = ku'(x)$.

推论 2 若函数 u、v、w 均为可导函数,则
$$(uvw)' = u'vw + uv'w + uvw'.$$

例 3 求 $y = e^x(\sin x + \cos x)$ 的导数.

解 $y' = (e^x)'(\sin x + \cos x) + e^x(\sin x + \cos x)'$
$= e^x(\sin x + \cos x) + e^x(\cos x - \sin x)$
$= 2e^x \cos x.$

例 4 求 $y = x^2 \cdot \cos x \cdot \ln x$ 的导数.

解 $y' = (x^2)' \cdot \cos x \cdot \ln x + x^2 \cdot (\cos x)' \cdot \ln x + x^2 \cdot \cos x \cdot (\ln x)'$
$= 2x \cdot \cos x \cdot \ln x - x^2 \cdot \sin x \cdot \ln x + x^2 \cdot \cos x \cdot \frac{1}{x}$
$= 2x \cdot \cos x \cdot \ln x - x^2 \cdot \sin x \cdot \ln x + x \cdot \cos x.$

定理 3 设函数 $u = u(x)$ 及 $v = v(x)$ 在点 x 处可导,$v(x) \neq 0$,则 $\frac{u(x)}{v(x)}$ 在点 x 处也可导,且
$$\left[\frac{u(x)}{v(x)} \right]' = \frac{u'(x)v(x) - u(x)v'(x)}{v^2(x)},$$
简记为
$$\left(\frac{u}{v} \right)' = \frac{u'v - uv'}{v^2}.$$

证 $\left[\frac{u(x)}{v(x)} \right]' = \lim_{\Delta x \to 0} \frac{\frac{u(x+\Delta x)}{v(x+\Delta x)} - \frac{u(x)}{v(x)}}{\Delta x}$
$$= \lim_{\Delta x \to 0} \frac{u(x+\Delta x)v(x) - u(x)v(x+\Delta x)}{v(x+\Delta x)v(x)\Delta x}$$
$$= \lim_{\Delta x \to 0} \frac{[u(x+\Delta x) - u(x)]v(x) - u(x)[v(x+\Delta x) - v(x)]}{v(x+\Delta x)v(x)\Delta x}$$
$$= \lim_{\Delta x \to 0} \frac{\frac{u(x+\Delta x) - u(x)}{\Delta x}v(x) - u(x)\frac{v(x+\Delta x) - v(x)}{\Delta x}}{v(x+\Delta x)v(x)}$$

$$= \frac{u'(x)v(x) - u(x)v'(x)}{v^2(x)}.$$

也就是说：两个可导函数之商的导数等于分子的导数与分母的乘积减去分母的导数与分子的乘积，再除以分母的平方．

例 5　求 $y = \tan x$ 的导数．

解　$y' = (\tan x)' = \left(\dfrac{\sin x}{\cos x}\right)' = \dfrac{(\sin x)'\cos x - \sin x(\cos x)'}{\cos^2 x} = \dfrac{1}{\cos^2 x} = \sec^2 x.$

即
$$(\tan x)' = \sec^2 x.$$

类似地，我们有
$$(\cot x)' = -\csc^2 x.$$

例 6　求 $y = \sec x$ 的导数．

解　$y' = (\sec x)' = \left(\dfrac{1}{\cos x}\right)' = \dfrac{(1)'\cos x - 1(\cos x)'}{\cos^2 x} = \dfrac{-(-\sin x)}{\cos^2 x} = \sec x \tan x.$

类似地，我们有
$$(\csc x)' = -\csc x \cot x.$$

二、反函数的求导法则

定理 4　如果函数 $x = \varphi(y)$ 在区间 I_y 内单调、可导，且 $\varphi'(y) \neq 0$，那么它的反函数 $y = f(x)$ 在对应的区间 $I_x = \{x \mid x = \varphi(y), y \in I_y\}$ 内也可导，且

$$f'(x) = \frac{1}{\varphi'(y)} \text{ 或 } \frac{\mathrm{d}y}{\mathrm{d}x} = \frac{1}{\dfrac{\mathrm{d}x}{\mathrm{d}y}},$$

即反函数的导数等于直接函数导数的倒数．

证　设 x 取得增量 $\Delta x(\Delta x \neq 0)$，则相应地 y 也取得增量 Δy，因为 $y = f(x)$ 单调，所以 $\Delta y = f(x + \Delta x) - f(x) \neq 0$，则

$$\frac{\Delta y}{\Delta x} = \frac{1}{\dfrac{\Delta x}{\Delta y}}.$$

由于 $y = f(x)$ 连续，则当 $\Delta x \to 0$ 时，必有 $\Delta y \to 0$，那么

$$f'(x) = \lim_{\Delta x \to 0} \frac{\Delta y}{\Delta x} = \frac{1}{\lim_{\Delta y \to 0} \dfrac{\Delta x}{\Delta y}} = \frac{1}{\varphi'(y)},$$

即
$$f'(x) = \frac{1}{\varphi'(y)}.$$

上式表明，欲求函数 $y = f(x)$ 在点 x 的导数，可以借助它的反函数（若存在），即不妨令 $y = f(x)$ 的反函数为 $x = \varphi(y)$，由 $f'(x) = \dfrac{1}{\varphi'(y)}$，再把此式中的 y 以 $f(x)$ 替换即可．

例 7　求 $y = a^x (a > 0, a \neq 1)$ 的导数．

解　$y = a^x$ 的反函数为 $x = \log_a y$，而 $(\log_a y)' = \dfrac{1}{y \ln a}$，所以

$$(a^x)' = \frac{1}{(\log_a y)'} = \frac{1}{\dfrac{1}{y \ln a}} = y \ln a = a^x \ln a,$$

即
$$(a^x)' = a^x \ln a.$$

特别地，当 $a=e$ 时，$a^x=e^x$，从而 $(e^x)'=e^x$.

例 8 求 $y=\arcsin x$ 的导数.

解 将函数 $y=\arcsin x$ 看成是直接函数 $x=\sin y$ 的反函数，由于函数 $x=\sin y$ 在开区间 $\left(-\dfrac{\pi}{2},\dfrac{\pi}{2}\right)$ 内单调、可导，且 $(\sin y)'=\cos y>0$. 因此，在对应的区间 $(-1,1)$ 内，其反函数 $y=\arcsin x$ 也可导，且

$$y'=(\arcsin x)'=\dfrac{1}{(\sin y)'}=\dfrac{1}{\cos y},$$

但 $\cos y=\sqrt{1-\sin^2 y}=\sqrt{1-x^2}$，从而得反正弦函数的导数公式

$$(\arcsin x)'=\dfrac{1}{\sqrt{1-x^2}}.$$

类似地有

$$(\arccos x)'=-\dfrac{1}{\sqrt{1-x^2}}.$$

例 9 求 $y=\arctan x$ 的导数.

解 将函数 $y=\arctan x$ 看成是直接函数 $x=\tan y$ 的反函数，由于函数 $x=\tan y$ 在开区间 $\left(-\dfrac{\pi}{2},\dfrac{\pi}{2}\right)$ 内单调、可导，且 $(\tan y)'=\sec^2 y\neq 0$，因此在对应的区间 $(-\infty,+\infty)$ 内，其反函数 $y=\arctan x$ 也可导，且

$$y'=(\arctan x)'=\dfrac{1}{(\tan y)'}=\dfrac{1}{\sec^2 y},$$

而 $\sec^2 y=1+\tan^2 y=1+x^2$，从而得反正切函数的导数公式

$$(\arctan x)'=\dfrac{1}{1+x^2}.$$

类似地有

$$(\operatorname{arccot} x)'=-\dfrac{1}{1+x^2}.$$

例 10 求函数 $y=\dfrac{1-\cos x}{x+\sin x}$ 的导数.

解 $y'=\left(\dfrac{1-\cos x}{x+\sin x}\right)'=\dfrac{(1-\cos x)'(x+\sin x)-(1-\cos x)(x+\sin x)'}{(x+\sin x)^2}$

$=\dfrac{\sin x(x+\sin x)-\sin^2 x}{(x+\sin x)^2}=\dfrac{x\sin x}{(x+\sin x)^2}.$

习 题 2-2

1. 求下列函数的导数：

(1) $y=4x^3-3\dfrac{1}{x^2}$；

(2) $y=2e^x+3\ln x$；

(3) $y=5x^3-2^x+3e^x$；

(4) $y=x\tan x-\cot x$；

(5) $y=\ln x-2\lg x+3\log_2 x$；

(6) $y=e^x(3x^2-x+1)$；

(7) $y=\dfrac{x^2+1}{\sqrt{x}}$；

(8) $y=3e^x\cos x$；

(9) $y=\dfrac{2\csc x}{1+x^2}$；

(10) $y=\dfrac{\sin x}{x}$；

(11) $y=\dfrac{\ln x}{x}$; (12) $y=\dfrac{e^x}{x^2}+\ln 3$;

(13) $y=\dfrac{1}{1+x+x^2}$; (14) $y=x^2\sin x\ln x$.

2. 求下列函数在指定点处的导数：

(1) $y=x^2\cos x+\sin x$，求 $\dfrac{dy}{dx}\Big|_{x=\frac{\pi}{4}}$; (2) $y=\dfrac{1}{1-x}+\dfrac{x^3}{3}$，求 $\dfrac{dy}{dx}\Big|_{x=2}$;

(3) $y=x\ln x+\dfrac{1}{x}$，求 $\dfrac{dy}{dx}\Big|_{x=1}$.

3. 以初速度 v_0 竖直上抛的物体，其上升高度 s 与时间 t 的关系是 $s=v_0 t-\dfrac{1}{2}gt^2$（g 为重力加速度），求：

(1) 该物体的速度 $v(t)$； (2) 该物体达到最高点的时刻．

4. 求曲线 $y=x-e^x$ 上的一点，使该点处的切线与 x 轴平行．

5. 求曲线 $y=x\ln x$ 上平行于直线 $2x-2y+3=0$ 的法线方程．

6. 证明双曲线 $xy=a^2$ 上任意一点的切线与两坐标轴形成的三角形的面积等于常数 $2a^2$．

第三节　复合函数的求导法则及初等函数的求导

一、复合函数的求导法则

通过上一节的学习，我们能够求得一些简单函数的导数，但对于

$$\ln\tan x,\ e^{x^2+1},\ \arcsin(2x+1)$$

这样的复合函数，我们还不知道它们是否可导．如果可导，如何求它们的导数，我们可以借助于下面的定理回答这些问题．

定理 1　如果函数 $u=\varphi(x)$ 在点 x 可导，而函数 $y=f(u)$ 在点 $u=\varphi(x)$ 可导，则复合函数 $y=f[\varphi(x)]$ 在点 x 可导，且其导数为

$$\dfrac{dy}{dx}=f'(u)\cdot\varphi'(x) \text{ 或 } \dfrac{dy}{dx}=\dfrac{dy}{du}\cdot\dfrac{du}{dx}.$$

证　函数 $y=f(u)$ 在点 u 处可导，所以

$$\lim_{\Delta u\to 0}\dfrac{\Delta y}{\Delta u}=f'(u),$$

根据极限与无穷小的关系有：

$$\dfrac{\Delta y}{\Delta u}=f'(u)+\alpha,$$

其中 $\lim_{\Delta u\to 0}\alpha=0$，用 $\Delta u\neq 0$ 乘上式的两端，得

$$\Delta y=f'(u)\Delta u+\alpha\Delta u,$$

再用 Δx 去除上式的两端，得

$$\dfrac{\Delta y}{\Delta x}=f'(u)\dfrac{\Delta u}{\Delta x}+\alpha\dfrac{\Delta u}{\Delta x}.$$

由于 $u=\varphi(x)$ 在 x 处可导，则 $u=\varphi(x)$ 在点 x 处一定连续，因此当 $\Delta x\to 0$ 时，$\Delta u\to 0$．由于 α 是 $\Delta u\to 0$ 时的无穷小，进而有

$$\lim_{\Delta x \to 0}\alpha = \lim_{\Delta u \to 0}\alpha = 0,$$

所以
$$\frac{\mathrm{d}y}{\mathrm{d}x} = \lim_{\Delta x \to 0}\frac{\Delta y}{\Delta x} = \lim_{\Delta x \to 0}\left[f'(u)\frac{\Delta u}{\Delta x} + \alpha\frac{\Delta u}{\Delta x}\right]$$
$$= f'(u)\left(\lim_{\Delta x \to 0}\frac{\Delta u}{\Delta x}\right) + \left(\lim_{\Delta x \to 0}\alpha\right)\left(\lim_{\Delta x \to 0}\frac{\Delta u}{\Delta x}\right)$$
$$= f'(u) \cdot \varphi'(x).$$

因此，复合函数的导数等于外函数对中间变量的导数乘以中间变量对自变量的导数．

例 1 $y = \cos 2x$，求 $\dfrac{\mathrm{d}y}{\mathrm{d}x}$．

解 因为 $y = \cos 2x$ 可看成由 $y = \cos u$ 及 $u = 2x$ 复合而成，所以
$$\frac{\mathrm{d}y}{\mathrm{d}x} = \frac{\mathrm{d}y}{\mathrm{d}u} \cdot \frac{\mathrm{d}u}{\mathrm{d}x} = -\sin u \cdot 2 = -2\sin 2x.$$

例 2 $y = \ln\sin x$，求 $\dfrac{\mathrm{d}y}{\mathrm{d}x}$．

解 因为 $y = \ln\sin x$ 可以看作是有 $y = \ln u$ 及 $u = \sin x$ 复合而成，所以
$$\frac{\mathrm{d}y}{\mathrm{d}x} = \frac{\mathrm{d}y}{\mathrm{d}u} \cdot \frac{\mathrm{d}u}{\mathrm{d}x} = \frac{1}{u} \cdot \cos x = \frac{\cos x}{\sin x} = \cot x.$$

例 3 $y = (2x+3)^3$，求 $\dfrac{\mathrm{d}y}{\mathrm{d}x}$．

解 $y = (2x+3)^3$ 可分解成 $y = u^3$ 及 $u = 2x+3$，所以
$$\frac{\mathrm{d}y}{\mathrm{d}x} = \frac{\mathrm{d}y}{\mathrm{d}u} \cdot \frac{\mathrm{d}u}{\mathrm{d}x} = 3u^2 \cdot 2 = 6(2x+3)^2.$$

复合函数的求导法则可以推广到有多个中间变量的情形．我们以两个中间变量为例，设 $y = f(u)$，$u = \varphi(v)$，$v = \psi(x)$，并且它们的导数都存在，则复合函数 $y = \{\varphi[\psi(x)]\}$ 的导数为
$$\frac{\mathrm{d}y}{\mathrm{d}x} = \frac{\mathrm{d}y}{\mathrm{d}u} \cdot \frac{\mathrm{d}u}{\mathrm{d}v} \cdot \frac{\mathrm{d}v}{\mathrm{d}x}.$$

例 4 $y = \mathrm{e}^{\sin\frac{1}{x}}$，求 $\dfrac{\mathrm{d}y}{\mathrm{d}x}$．

解 $y = \mathrm{e}^{\sin\frac{1}{x}}$ 可看成由 $y = \mathrm{e}^u$，$u = \sin v$ 及 $v = \dfrac{1}{x}$ 复合而成，所以
$$\frac{\mathrm{d}y}{\mathrm{d}x} = \frac{\mathrm{d}y}{\mathrm{d}u} \cdot \frac{\mathrm{d}u}{\mathrm{d}v} \cdot \frac{\mathrm{d}v}{\mathrm{d}x} = \mathrm{e}^u \cdot \cos v \cdot \left(-\frac{1}{x^2}\right)$$
$$= \mathrm{e}^{\sin\frac{1}{x}} \cdot \cos\frac{1}{x} \cdot \left(-\frac{1}{x^2}\right) = -\frac{1}{x^2} \cdot \mathrm{e}^{\sin\frac{1}{x}} \cdot \cos\frac{1}{x}.$$

例 5 设 $y = \ln\cos(\mathrm{e}^x)$，求 $\dfrac{\mathrm{d}y}{\mathrm{d}x}$．

解 $y = \ln\cos(\mathrm{e}^x)$ 可看成由 $y = \ln u$，$u = \cos v$，$v = \mathrm{e}^x$ 三个函数复合而成，则有
$$\frac{\mathrm{d}y}{\mathrm{d}x} = \frac{\mathrm{d}y}{\mathrm{d}u} \cdot \frac{\mathrm{d}u}{\mathrm{d}v} \cdot \frac{\mathrm{d}v}{\mathrm{d}x} = \frac{1}{u} \cdot (-\sin v) \cdot \mathrm{e}^x = -\frac{\sin v}{\cos v} \cdot \mathrm{e}^x = -\mathrm{e}^x \tan(\mathrm{e}^x).$$

例 6 设 $y = \sqrt{\arctan\dfrac{1}{x}}$，求 $\dfrac{\mathrm{d}y}{\mathrm{d}x}$．

解 $y = \sqrt{\arctan\dfrac{1}{x}}$ 可看成由 $y = \sqrt{u}$，$u = \arctan v$，$v = \dfrac{1}{x}$ 复合而成，所以

$$\frac{dy}{dx}=\frac{dy}{du}\cdot\frac{du}{dv}\cdot\frac{dv}{dx}=\frac{1}{2\sqrt{u}}\cdot\frac{1}{1+v^2}\cdot\left(-\frac{1}{x^2}\right)$$

$$=\frac{1}{2\sqrt{\arctan\frac{1}{x}}}\cdot\frac{1}{1+\frac{1}{x^2}}\cdot\left(-\frac{1}{x^2}\right)$$

$$=-\frac{1}{2(1+x^2)\sqrt{\arctan\frac{1}{x}}}.$$

例 7 设 $x>0$,证明幂函数的导数公式
$$(x^\mu)'=\mu x^{\mu-1}.$$

证 由于 $x^\mu=(e^{\ln x})^\mu=e^{\mu\ln x}$,所以
$$(x^\mu)'=(e^{\mu\ln x})'=e^{\mu\ln x}\cdot(\mu\ln x)'=x^\mu\cdot\mu\cdot\frac{1}{x}=\mu x^{\mu-1}.$$

例 8 求 $y=\ln(x+\sqrt{a^2+x^2})$ 的导数.

解 $y'=\left[\ln(x+\sqrt{a^2+x^2})\right]'=\frac{1}{x+\sqrt{a^2+x^2}}\cdot(x+\sqrt{a^2+x^2})'$

$$=\frac{1}{x+\sqrt{a^2+x^2}}\cdot\left(1+\frac{x}{\sqrt{a^2+x^2}}\right)=\frac{1}{\sqrt{a^2+x^2}}.$$

从以上求复合函数导数的过程中可以总结出以下两点:

(1) 求复合函数的导数时,首先要将其分解成基本初等函数或某些简单函数,这一步非常关键;

(2) 对分解出来的每一个函数求导数,再按照复合的顺序作乘积,最后将引进的中间变量换成原来的自变量.

对于初学者来说,我们提倡写出分解步骤,即写明中间变量和中间的求导过程.在对复合函数的分解和基本初等函数的导数掌握得比较熟练后,中间的分解过程可以不写,可对函数直接求导数.

二、求导公式与初等函数的导数

为便于查阅,我们把基本初等函数的导数公式和求导法则归纳如下:

1. 常数和基本初等函数的导数公式

(1) $(C)'=0$; (2) $(x^\mu)'=\mu x^{\mu-1}$;

(3) $(\sin x)'=\cos x$; (4) $(\cos x)'=-\sin x$;

(5) $(\tan x)'=\sec^2 x$; (6) $(\cot x)'=-\csc^2 x$;

(7) $(\sec x)'=\sec x\tan x$; (8) $(\csc x)'=-\csc x\cot x$;

(9) $(a^x)'=a^x\ln a(a>0,且 a\neq 1)$; (10) $(e^x)'=e^x$;

(11) $(\log_a x)'=\frac{1}{x\ln a}(a>0,且 a\neq 1)$; (12) $(\ln x)'=\frac{1}{x}$;

(13) $(\arcsin x)'=\frac{1}{\sqrt{1-x^2}}$; (14) $(\arccos x)'=-\frac{1}{\sqrt{1-x^2}}$;

(15) $(\arctan x)'=\frac{1}{1+x^2}$; (16) $(\operatorname{arccot} x)'=-\frac{1}{1+x^2}$.

2. 函数的和、差、积、商的求导法则

设函数 $u=u(x)$，$v=v(x)$ 均可导，则

(1) $(u\pm v)'=u'\pm v'$；

(2) $(Cu)'=Cu'$（C 是常数）；

(3) $(uv)'=u'v+uv'$；

(4) $\left(\dfrac{u}{v}\right)'=\dfrac{u'v-uv'}{v^2}$ $(v\neq 0)$.

3. 反函数的求导法则

如果函数 $x=\varphi(y)$ 在区间 I_y 内单调、可导，且 $\varphi'(y)\neq 0$，那么它的反函数 $y=f(x)$ 在对应的区间 $I_x=\{x|x=\varphi(y), y\in I_y\}$ 内也可导，且

$$f'(x)=\frac{1}{\varphi'(y)} \text{ 或 } \frac{\mathrm{d}y}{\mathrm{d}x}=\frac{1}{\dfrac{\mathrm{d}x}{\mathrm{d}y}}.$$

4. 复合函数的求导法则

设函数 $y=f(u)$，$u=\varphi(x)$ 均可导，则复合函数 $y=f[\varphi(x)]$ 的导数为

$$\frac{\mathrm{d}y}{\mathrm{d}x}=\frac{\mathrm{d}y}{\mathrm{d}u}\cdot\frac{\mathrm{d}u}{\mathrm{d}x} \text{ 或 } y'_x=y'_u\cdot u'_x.$$

例 9 设 $y=\ln|x|$，求 $\dfrac{\mathrm{d}y}{\mathrm{d}x}$.

解 因为
$$\ln|x|=\begin{cases}\ln(-x), & x<0,\\ \ln x, & x>0,\end{cases}$$

所以，当 $x<0$ 时，

$$(\ln|x|)'=[\ln(-x)]'=\frac{1}{-x}\cdot(-1)=\frac{1}{x};$$

当 $x>0$ 时，

$$(\ln|x|)'=(\ln x)'=\frac{1}{x}.$$

综上，
$$(\ln|x|)'=\frac{1}{x}.$$

例 10 设 $y=\sin nx\sin^n x$，求 $\dfrac{\mathrm{d}y}{\mathrm{d}x}$.

解 $\dfrac{\mathrm{d}y}{\mathrm{d}x}=(\sin nx\sin^n x)'=(\sin nx)'\sin^n x+\sin nx(\sin^n x)'$

$\quad=\cos nx(nx)'\sin^n x+\sin nx\cdot n\cdot\sin^{n-1}x\cdot(\sin x)'$

$\quad=n\cos nx\sin^n x+\sin nx\cdot n\cdot\sin^{n-1}x\cdot\cos x$

$\quad=n\sin^{n-1}x(\cos nx\sin x+\sin nx\cos x)=n\sin^{n-1}x\sin(n+1)x.$

例 11 研究分段函数

$$f(x)=\begin{cases}x^2\sin\dfrac{1}{x}, & x>0,\\ x^3, & x\leq 0\end{cases}$$

在 $(-\infty, +\infty)$ 内的连续性与可导性，并求出它的导数，且问导数是否连续？

解 显然在 $x\neq 0$ 处 $f(x)$ 是连续且可导的，下面主要讨论在分段点 $x=0$ 处的连续性与可导性，因为

$$\lim_{x\to 0^+}f(x)=\lim_{x\to 0^+}x^2\sin\frac{1}{x}=0,$$
$$\lim_{x\to 0^-}f(x)=\lim_{x\to 0^-}x^3=0,$$

于是有 $\lim\limits_{x\to 0}f(x)=0=f(0)$，所以 $f(x)$ 在 $x=0$ 处连续.

又由
$$\lim_{x\to 0^+}\frac{f(x)-f(0)}{x-0}=\lim_{x\to 0^+}\frac{x^2\sin\frac{1}{x}-0}{x-0}=0,$$
$$\lim_{x\to 0^-}\frac{f(x)-f(0)}{x-0}=\lim_{x\to 0^-}\frac{x^3-0}{x-0}=\lim_{x\to 0^-}x^2=0,$$

于是有 $f'(0)=0$，即 $f(x)$ 在点 $x=0$ 处可导且导数为零.

综上，函数 $f(x)$ 可导，且
$$f'(x)=\begin{cases}2x\sin\dfrac{1}{x}-\cos\dfrac{1}{x}, & x>0,\\ 3x^2, & x\leqslant 0.\end{cases}$$

由于 $\lim\limits_{x\to 0^+}f'(x)=\lim\limits_{x\to 0^+}\left(2x\sin\dfrac{1}{x}-\cos\dfrac{1}{x}\right)$ 不存在，故 $f'(x)$ 在点 $x=0$ 处不连续，在 $x\neq 0$ 处 $f'(x)$ 是连续的.

例 12 设 $f(x)$ 为可导函数，若 $y=f(\mathrm{e}^x)\cdot \mathrm{e}^{f(x)}$，求 y'.

解 $y'=[f(\mathrm{e}^x)]'\cdot \mathrm{e}^{f(x)}+f(\mathrm{e}^x)\cdot [\mathrm{e}^{f(x)}]'$
$=f'(\mathrm{e}^x)\cdot \mathrm{e}^x\cdot \mathrm{e}^{f(x)}+f(\mathrm{e}^x)\cdot \mathrm{e}^{f(x)}\cdot f'(x)$
$=\mathrm{e}^{f(x)}[\mathrm{e}^x f'(\mathrm{e}^x)+f(\mathrm{e}^x)f'(x)].$

习 题 2-3

1. 求下列函数的导数：

(1) $y=(2x+5)^3$；

(2) $y=\sin(4x+3)$；

(3) $y=\mathrm{e}^{1-3x^2}$；

(4) $y=\ln(1+x^2)$；

(5) $y=\cos^2 x$；

(6) $y=\cos(x^2)$；

(7) $y=\sqrt{1-x^2}$；

(8) $y=\tan(x^2)$；

(9) $y=\arctan(2x)$；

(10) $y=(\arccos x)^2$；

(11) $y=\log_a(x^2+2x+3)$；

(12) $y=\ln\cos x$；

(13) $y=\arcsin\sqrt{\sin x}$；

(14) $y=\mathrm{arccot}\dfrac{x+1}{x-1}$；

(15) $y=\mathrm{e}^{-\frac{x}{2}}\cos 3x$；

(16) $y=\arccos\dfrac{1}{x}$；

(17) $y=\sqrt{\dfrac{1+x}{1-x}}$；

(18) $y=\dfrac{1}{\sqrt{x^2+1}}$；

(19) $y=\dfrac{1-\ln x}{1+\ln x}$；

(20) $y=\ln(\sec x+\tan x)$；

(21) $y=\left(\arcsin\dfrac{x}{2}\right)^2$；

(22) $y=\mathrm{e}^{\arctan\sqrt{x}}$；

(23) $y=\ln\tan\dfrac{x}{2}$; (24) $y=\ln[\ln(\ln x)]$.

2. 设 $f(x)$ 可导，求下列函数的导数 $\dfrac{\mathrm{d}y}{\mathrm{d}x}$：

(1) $y=f(x^2)$; (2) $y=f(\sin^2 x)+f(\cos^2 x)$;

(3) $y=f(\sqrt{x}+1)$; (4) $y=f^2(\mathrm{e}^x)$.

3. 求下列初等函数的导数：

(1) $y=\mathrm{e}^{-x}(x^2-2x+3)$; (2) $y=\sin^2 x\cdot\sin(x^2)$;

(3) $y=\left(\arctan\dfrac{x}{2}\right)^3$; (4) $y=\dfrac{\ln^n x}{x^2}$;

(5) $y=\dfrac{\mathrm{e}^t-\mathrm{e}^{-t}}{\mathrm{e}^t+\mathrm{e}^{-t}}$; (6) $y=\ln\cos\dfrac{1}{x}$;

(7) $y=\mathrm{e}^{-\sin^2\frac{1}{x}}$; (8) $y=\sqrt{x+\sqrt{x}}$;

(9) $y=x\arcsin\dfrac{x}{2}+\sqrt{4-x^2}$; (10) $y=\arcsin\dfrac{2t}{1+t^2}$.

第四节　隐函数及参数方程所确定的函数的导数

一、隐函数的导数

用解析式表达的函数通常有两种表达方式，一种是因变量 y 能明显地表示为自变量 x 的函数形式，即：$y=f(x)$，这种函数表达方式的特点是：等式左端是因变量的符号，而右端是只含自变量的式子，自变量和因变量是分开的，它们的地位和对应关系很明显，这种方式表达的函数形式我们称之为显函数．另一种是因变量 y 隐含在一个方程之中，如方程 $x^2+y-4=0$ 也可以确定一个函数，因为当自变量 x 在 $(-\infty,+\infty)$ 内取某值时，相应地变量 y 有确定的值与之对应，这样的函数我们称之为隐函数，我们常用方程

$$F(x,y)=0$$

来表示．

把一个隐函数化成显函数，叫作隐函数的显化．例如，从 $x^2+y-4=0$ 中我们可以解出 $y=4-x^2$，就把隐函数化成了显函数．有时隐函数的显化是很困难的，甚至是不可能的，例如，$\sin(x+y)+\mathrm{e}^{xy}-4x+1=0$ 就不能显化．我们希望找到一个方法，不管隐函数能否显化，都能直接由方程算出它所确定的隐函数的导数．下面我们通过例子来阐述隐函数的求导方法．

例 1　求由方程 $x^2-3y^4+5=0$ 所确定的隐函数 $y=y(x)$ 的导数．

解法 1　将方程两端对 x 求导数，得

$$2x-3\cdot 4y^3\cdot y'_x=0,$$

即

$$y'_x=\dfrac{x}{6y^3}.$$

解法 2　从方程中解得 $y=\sqrt[4]{\dfrac{x^2+5}{3}}$，利用复合函数的求导法则，有

$$y'_x = \frac{1}{4}\left(\frac{x^2+5}{3}\right)^{-\frac{3}{4}} \cdot \left(\frac{x^2+5}{3}\right)' = \frac{x}{6}\left(\frac{x^2+5}{3}\right)^{-\frac{3}{4}} = \frac{x}{6y^3}.$$

由此可以看出,将其化为显函数进行求导并不一定简便. 我们往往从所给的方程出发直接对自变量求导. 需要注意的是:由于 y 是 x 的函数,关于 y 的函数应看作 x 的复合函数,利用复合函数的求导法则进行求导. 通常,显函数的求导结果只含自变量,而隐函数的求导结果既含自变量又含因变量.

例2 设 $y=y(x)$ 是由方程 $\sin(xy)+\ln(y-x)=x$ 确定的隐函数,求 $y'|_{x=0}$.

解 将 $x=0$ 代入方程 $\sin(xy)+\ln(y-x)=x$ 中,得 $y=1$.

方程两端对 x 求导,得

$$\cos(xy)(y+xy')+\frac{y'-1}{y-x}=1,$$

将 $x=0$ 和 $y=1$ 代入上式中,得

$$1+y'|_{x=0}-1=1,$$

故

$$y'|_{x=0}=1.$$

例3 求椭圆 $\frac{x^2}{16}+\frac{y^2}{9}=1$ 在点 $\left(2,\frac{3}{2}\sqrt{3}\right)$ 处的切线方程(图2-2).

解 由导数的几何意义知道,所求切线的斜率为

$$k=y'|_{x=2},$$

将椭圆方程两边分别对 x 求导,得

$$\frac{x}{8}+\frac{2y}{9}\cdot\frac{\mathrm{d}y}{\mathrm{d}x}=0,$$

从而

$$\frac{\mathrm{d}y}{\mathrm{d}x}=-\frac{9x}{16y}.$$

当 $x=2$ 时, $y=\frac{3}{2}\sqrt{3}$,代入上式得

$$\left.\frac{\mathrm{d}y}{\mathrm{d}x}\right|_{x=2}=-\frac{\sqrt{3}}{4},$$

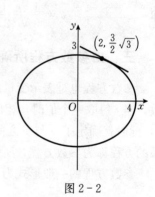

图 2-2

于是所求的切线方程为

$$y-\frac{3}{2}\sqrt{3}=-\frac{\sqrt{3}}{4}(x-2),$$

即

$$\sqrt{3}x+4y-8\sqrt{3}=0.$$

通过上面的例子我们可以看出,求隐函数的导数时,并没有新的方法出现,应用的都是复合函数的求导法则.

二、对数求导法

所谓对数求导法,是先将 $y=f(x)$ 两边取对数,然后再求 y 对 x 的导数. 利用此方法可简化计算,特别是对幂指函数及多个因式相乘除的函数形式,利用对数求导法非常简便.

例4 求 $y=x^{\sin x}(x>0)$ 的导数.

解 这种函数既不是幂函数也不是指数函数,通常称之为幂指函数. 由于前面给出的求导法则和计算公式都不适合于它,因此直接求它的导数是困难的. 我们先在等式两端同时取对数,得

$$\ln y = \sin x \cdot \ln x,$$

上式(看作隐函数方程)两边对 x 求导,得

$$\frac{1}{y}y' = \cos x \cdot \ln x + \sin x \cdot \frac{1}{x},$$

于是

$$y' = y\left(\cos x \cdot \ln x + \frac{\sin x}{x}\right) = x^{\sin x}\left(\cos x \cdot \ln x + \frac{\sin x}{x}\right).$$

例 5 求 $y = \sqrt[3]{\dfrac{(x-1)\sin 2x}{(2x+3)(e^x-4)}}$ 的导数.

解 这是一个显函数形式,但由于其特殊的函数形式,使得直接求导数比较繁杂,这里我们仍然使用对数求导法.

等式两边取绝对值,然后取对数并化简,得

$$\ln|y| = \frac{1}{3}(\ln|x-1| + \ln|\sin 2x| - \ln|2x+3| - \ln|e^x-4|),$$

两边对 x 求导,得

$$\frac{1}{y}y' = \frac{1}{3}\left(\frac{1}{x-1} + 2\cot 2x - \frac{2}{2x+3} - \frac{e^x}{e^x-4}\right),$$

即

$$y' = \frac{1}{3}\sqrt[3]{\frac{(x-1)\sin 2x}{(2x+3)(e^x-4)}}\left(\frac{1}{x-1} + 2\cot 2x - \frac{2}{2x+3} - \frac{e^x}{e^x-4}\right).$$

三、由参数方程所确定的函数的导数

参数方程也是表示变量间相互关系的一种形式,如果变量 y 与 x 都是另一个变量 t 的函数,当 t 每取一个值时,相应地有确定的 y 和 x 的值与之对应,如果我们只关注变量 x 与 y,此时就确定了 y 与 x 之间的函数关系. 这种通过第三个变量来确定 y 与 x 之间的函数关系的方程称为参数方程,所谓的第三个变量称为参数.

参数方程的一般形式为

$$\begin{cases} x = \varphi(t), \\ y = \psi(t) \end{cases} (t \text{ 为参数}). \tag{1}$$

上式所确定的 y 与 x 之间的函数关系,我们称之为由参数方程(1)所确定的函数.

由于从上述参数方程消去参数 t 而得到 x 与 y 之间的显函数关系很困难,因此下面介绍由参数方程出发直接求出它所确定的函数的导数的方法.

对于参数方程(1),假定 $x = \varphi(t)$ 单调且连续,$x = \varphi(t)$ 与 $y = \psi(t)$ 都可导,且 $\varphi'(t) \neq 0$,那么 $x = \varphi(t)$ 的反函数 $t = \varphi^{-1}(x)$ 也是单调、连续的,当 t 取值在 $y = \psi(t)$ 的定义区间内时,$t = \varphi^{-1}(x)$ 与 $y = \psi(t)$ 可以复合而成函数 $y = \psi[\varphi^{-1}(x)]$,于是根据复合函数的求导法则与反函数的求导公式,就有

$$\frac{dy}{dx} = \frac{dy}{dt} \cdot \frac{dt}{dx} = \frac{dy}{dt} \cdot \frac{1}{\frac{dx}{dt}} = \frac{\psi'(t)}{\varphi'(t)} = \frac{y'_t}{x'_t},$$

即

$$\frac{dy}{dx} = \frac{\psi'(t)}{\varphi'(t)}.$$

这就是参数方程(1)所确定的函数 $y = f(x)$ 的导数公式.

例6 求由参数方程 $\begin{cases} x = \arctan t, \\ y = \ln(1+t^2) \end{cases}$ 所确定的函数 $y = f(x)$ 的导数 $\dfrac{\mathrm{d}y}{\mathrm{d}x}$.

解 $\dfrac{\mathrm{d}y}{\mathrm{d}x} = \dfrac{y'_t}{x'_t} = \dfrac{\dfrac{2t}{1+t^2}}{\dfrac{1}{1+t^2}} = 2t.$

例7 已知椭圆的参数方程为

$$\begin{cases} x = a\cos t, \\ y = b\sin t, \end{cases}$$

求椭圆在点 $t = \dfrac{\pi}{4}$ 相应的点处的切线方程(图2-3).

解 当 $t = \dfrac{\pi}{4}$ 时,椭圆上的相应点 M_0 的坐标为

$$x_0 = a\cos\dfrac{\pi}{4} = \dfrac{a\sqrt{2}}{2},$$

$$y_0 = b\sin\dfrac{\pi}{4} = \dfrac{b\sqrt{2}}{2},$$

曲线在点 M_0 的切线斜率为

$$\left.\dfrac{\mathrm{d}y}{\mathrm{d}x}\right|_{t=\frac{\pi}{4}} = \left.\dfrac{(b\sin t)'}{(a\cos t)'}\right|_{t=\frac{\pi}{4}} = \left.\dfrac{b\cos t}{-a\sin t}\right|_{t=\frac{\pi}{4}} = -\dfrac{b}{a},$$

于是得椭圆在点 M_0 处的切线方程为

$$y - \dfrac{b\sqrt{2}}{2} = -\dfrac{b}{a}\left(x - \dfrac{a\sqrt{2}}{2}\right),$$

化简得 $bx + ay - \sqrt{2}ab = 0.$

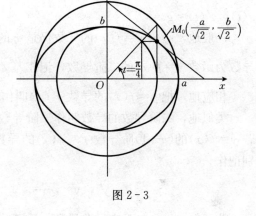

图2-3

习 题 2-4

1. 求由下列方程确定的隐函数的导数:
   (1) $x^3 + y^3 - 3axy = 0$;
   (2) $\cos(xy) = x + 2y$;
   (3) $xy = e^{x+y}$;
   (4) $y = 1 + xe^y$;
   (5) $x + \arctan y = y$;
   (6) $y = \sin(x+y)$.

2. 设函数 $y = y(x)$ 由方程 $2^{xy} = x + y$ 所确定,求 $\left.\dfrac{\mathrm{d}y}{\mathrm{d}x}\right|_{x=0}$.

3. 用对数求导法求下列函数的导数:
   (1) $y = \left(\dfrac{x}{1+x}\right)^x$;
   (2) $x^y = y^x$;
   (3) $y = x\sqrt{\dfrac{1-x}{1+x^2}}$;
   (4) $y = \sqrt{x\sin x \sqrt{1-e^x}}$.

4. 求下列曲线在指定点处的切线方程及法线方程:
   (1) $\begin{cases} x = 1-t^2, \\ y = 3t-t^2, \end{cases} t = 1$;
   (2) $\begin{cases} x = t(1-\sin t), \\ y = t\cos t, \end{cases} t = \dfrac{\pi}{4}$.

5. 已知 $\begin{cases} x = e^t \sin t, \\ y = e^t \cos t, \end{cases}$ 求 $\left.\dfrac{dy}{dx}\right|_{t=\frac{\pi}{4}}$.

6. 求下列参数方程所确定的函数的导数：

(1) $\begin{cases} x = 2e^{\sin t}, \\ y = e^{-\cos t}; \end{cases}$
(2) $\begin{cases} x = \dfrac{3at}{1+t^2}, \\ y = \dfrac{3at^2}{1+t^2}. \end{cases}$

第五节　高阶导数

在某些实际问题中不仅需要求出函数的导数，还需要求出函数导数的导数．例如，自由落体运动的位移函数为 $s(t) = \dfrac{1}{2}gt^2$，其速度函数为 $v(t) = s'(t) = gt$，其加速度函数为 $a(t) = v'(t) = g$．

一般地，函数 $y = f(x)$ 的导数仍是 x 的函数，如果导函数 $f'(x)$ 还可以求导，则称它的导数为函数 $y = f(x)$ 的二阶导数，记作 y''，$f''(x)$ 或 $\dfrac{d^2 y}{dx^2}$.

相应地，把 $y = f(x)$ 的导数 $f'(x)$ 叫作函数 $y = f(x)$ 的一阶导数．

类似地，二阶导数的导数叫作三阶导数，三阶导数的导数叫作四阶导数，$\cdots$，一般地，若 $y = f(x)$ 的 $(n-1)$ 阶导数 $f^{(n-1)}(x)$ 的导数存在，则称此导数为 $y = f(x)$ 的 n 阶导数，分别记作

$$y''', \quad y^{(4)}, \quad \cdots, \quad y^{(n)} \text{ 或 } \dfrac{d^3 y}{dx^3}, \dfrac{d^4 y}{dx^4}, \cdots, \dfrac{d^n y}{dx^n}.$$

若函数 $y = f(x)$ 具有 n 阶导数，称函数 $y = f(x)$ 为 n 阶可导．如果函数 $y = f(x)$ 在点 x 处具有 n 阶导数，那么 $y = f(x)$ 在点 x 的某一邻域内必定具有一切低于 n 阶的导数．二阶及二阶以上的导数统称为高阶导数．

综上，求高阶导数就是多次连续地求导数，从这个意义上讲，求函数的高阶导数本质上没有新的内容．前面学过的求导方法和法则都可以使用．

一、函数高阶导数的求法

例 1 求 $y = (x+1)^2$ 的二阶导数．

解 $y' = 2(x+1)$，$y'' = 2$.

例 2 求 $y = e^x$ 的 n 阶导数．

解 $y' = e^x$，$y'' = e^x$，$y''' = e^x$，$\cdots$，$y^{(n)} = e^x$.

例 3 求 $y = \sin x$ 的 n 阶导数．

解 $y = \sin x$，$y' = \cos x = \sin\left(x + \dfrac{\pi}{2}\right)$，$y'' = -\sin x = \sin\left(x + \dfrac{2\pi}{2}\right)$，

$y''' = -\cos x = \sin\left(x + \dfrac{3\pi}{2}\right)$，

一般地，

$$y^{(n)} = \sin\left(x + n \cdot \frac{\pi}{2}\right),$$

即
$$(\sin x)^{(n)} = \sin\left(x + n \cdot \frac{\pi}{2}\right).$$

类似地有
$$(\cos x)^{(n)} = \cos\left(x + n \cdot \frac{\pi}{2}\right).$$

例 4 求函数 $y = \dfrac{x^3}{1-x}$ 的 n 阶导数.

解 $y = -x^2 - x - 1 + \dfrac{1}{1-x}$，$y' = -2x - 1 + \dfrac{1}{(1-x)^2}$，

$y'' = -2 + \dfrac{2}{(1-x)^3}$，$y''' = \dfrac{3!}{(1-x)^4}$，

一般地，可得
$$y^{(n)} = \frac{n!}{(1-x)^{n+1}} \quad (n \geqslant 3).$$

例 5 求 $y = x^\mu$ 的 n 阶导数公式（μ 为任意常数）.

解 $y' = \mu x^{\mu-1}$，$y'' = \mu(\mu-1)x^{\mu-2}$，$y''' = \mu(\mu-1)(\mu-2)x^{\mu-3}$，
一般地，可得
$$y^{(n)} = \mu(\mu-1)\cdots(\mu-n+1)x^{\mu-n}.$$

当 $\mu = n$ 时，
$$y^{(n)} = n(n-1)(n-2)\cdots 3 \cdot 2 \cdot 1 = n!,$$

从而
$$(x^n)^{(n+1)} = 0.$$

二、隐函数的高阶导数求法

例 6 求由方程 $x - y + \dfrac{1}{2}\sin y = 0$ 所确定的隐函数 $y = y(x)$ 的二阶导数 $\dfrac{d^2 y}{dx^2}$.

解 方程两端同时对 x 求导得
$$1 - \frac{dy}{dx} + \frac{1}{2}\cos y \frac{dy}{dx} = 0,$$

于是得
$$\frac{dy}{dx} = \frac{2}{2 - \cos y}.$$

把上式两端对 x 再求导得
$$\frac{d^2 y}{dx^2} = \frac{-2\sin y \dfrac{dy}{dx}}{(2 - \cos y)^2} = \frac{-4\sin y}{(2 - \cos y)^3}.$$

三、参数方程确定的函数的高阶导数

设函数由参数方程
$$\begin{cases} x = \varphi(t), \\ y = \psi(t) \end{cases}$$
表示，如果 $x = \varphi(t)$ 与 $y = \psi(t)$ 还是二阶可导的，则

$$\frac{\mathrm{d}^2 y}{\mathrm{d}x^2} = \frac{\mathrm{d}}{\mathrm{d}x}\left(\frac{\mathrm{d}y}{\mathrm{d}x}\right) = \frac{\mathrm{d}}{\mathrm{d}t}\left(\frac{\psi'(t)}{\varphi'(t)}\right) \cdot \frac{\mathrm{d}t}{\mathrm{d}x}$$

$$= \frac{\psi''(t)\varphi'(t) - \psi'(t)\varphi''(t)}{\varphi'^2(t)} \cdot \frac{1}{\varphi'(t)}$$

$$= \frac{\psi''(t)\varphi'(t) - \psi'(t)\varphi''(t)}{\varphi'^3(t)}.$$

例 7 求由摆线的参数方程

$$\begin{cases} x = a(t - \sin t), \\ y = a(1 - \cos t) \end{cases}$$

所确定的函数 $y = y(x)$ 的二阶导数.

解 $\dfrac{\mathrm{d}y}{\mathrm{d}x} = \dfrac{\psi'(t)}{\varphi'(t)} = \dfrac{a\sin t}{a(1 - \cos t)} = \cot\dfrac{t}{2}$,

$\dfrac{\mathrm{d}^2 y}{\mathrm{d}x^2} = \dfrac{\mathrm{d}}{\mathrm{d}x}\left(\cot\dfrac{t}{2}\right) = \dfrac{\mathrm{d}}{\mathrm{d}t}\left(\cot\dfrac{t}{2}\right) \cdot \dfrac{\mathrm{d}t}{\mathrm{d}x}$

$= -\dfrac{1}{2\sin^2\dfrac{t}{2}} \cdot \dfrac{1}{a(1 - \cos t)} = -\dfrac{1}{a(1 - \cos t)^2}$,

其中 $t \neq 2n\pi$, $n \in \mathbf{Z}$.

习 题 2-5

1. 求下列函数的二阶导数：

(1) $y = 2x^2 + \ln x$;　　　　　　(2) $y = \ln\sqrt{1 - x^2}$;

(3) $y = x^2 \mathrm{e}^{3x}$;　　　　　　　(4) $y = \mathrm{e}^{-x}\sin x$;

(5) $y = \sqrt{a^2 - x^2}$;　　　　　　(6) $y = \ln(x + \sqrt{1 + x^2})$;

(7) $y = \tan\dfrac{x}{2}$;　　　　　　(8) $y = \dfrac{1}{x^3 + 1}$;

(9) $y = \dfrac{\ln x}{x^2}$;　　　　　　(10) $y = \dfrac{\mathrm{e}^x}{x}$;

(11) $y = \cot x$;　　　　　　　(12) $y = \cos^2 \lambda x$.

2. 求由下列方程所确定的隐函数的二阶导数：

(1) $x^2 - y^2 = 1$;　　　　　　(2) $b^2 x^2 + a^2 y^2 = a^2 b^2$;

(3) $y = \tan(x + y)$;　　　　　(4) $y = 1 + x\mathrm{e}^y$.

3. 假设 $f''(x)$ 存在，求下列函数的二阶导数 $\dfrac{\mathrm{d}^2 y}{\mathrm{d}x^2}$:

(1) $y = f^2(x)$;　　　　　　(2) $y = \ln[f(x)]$.

4. 求下列参数方程所确定的函数的二阶导数：

(1) $\begin{cases} x = \dfrac{t^2}{2}, \\ y = 1 - t; \end{cases}$　　　　(2) $\begin{cases} x = a\cos t, \\ y = b\sin t; \end{cases}$

(3) $\begin{cases} x = \ln(1 + t^2), \\ y = t - \arctan t. \end{cases}$

5. 设质点做直线运动，其运动方程为 $s=t+\dfrac{1}{t}$，求质点在 $t=3$ 时刻的速度和加速度．

6. 求下列函数的 n 阶导数：

(1) $y=x^n+a_1x^{n-1}+a_2x^{n-2}+\cdots+a_{n-1}x+a_n$（$a_1,a_2,\cdots,a_n$ 都是常数）；

(2) $y=\sin^2 2x$；　　(3) $y=x\ln x$；　　(4) $y=(x^2+2x+3)\mathrm{e}^x$．

第六节　函数的微分及应用

一、微分的定义

微分是微积分学中的另一个重要概念，它与导数的概念有着极为密切的联系．如果说导数是函数增量与自变量增量之比，当自变量增量趋于零时的极限，那么微分则是函数增量的近似值．

先来分析一个具体问题．一块面积为 A 的正方形金属薄片受温度变化的影响，其边长由 x_0 变到 $x_0+\Delta x$，问此金属薄片的面积改变了多少？

设薄片的边长为 x，则面积 $A=x^2$．薄片受温度变化的影响时面积的改变量为
$$\Delta A=(x_0+\Delta x)^2-x_0^2=2x_0\Delta x+(\Delta x)^2.$$

上式中 ΔA 由两部分组成：第一部分 $2x_0\Delta x$ 是 Δx 的线性函数，第二部分 $(\Delta x)^2$ 是 Δx 的二次函数，当 $\Delta x\to 0$ 时，它是比 Δx 高阶的无穷小．因此，在边长改变很微小时，即 $|\Delta x|$ 很小时，$2x_0\Delta x$ 是面积改变量 ΔA 的主要部分．此时，可以用 $2x_0\Delta x$ 作为 ΔA 的近似值．我们把 $2x_0\Delta x$ 叫作面积 A 的微分，记作 $\mathrm{d}A=2x_0\Delta x$．

对于一般函数的情形，我们有

定义　设函数 $y=f(x)$ 在 x_0 的某个邻域内有定义，且点 $x_0+\Delta x$ 仍在该邻域内，如果函数的增量 $\Delta y=f(x_0+\Delta x)-f(x_0)$ 可以表示为 $\Delta y=A\Delta x+o(\Delta x)$，其中 A 是不依赖于 Δx 的常数，而 $o(\Delta x)$ 是比 Δx 高阶的无穷小，那么称函数 $y=f(x)$ 在点 x_0 是可微分的，$A\Delta x$ 叫作函数 y 在点 x_0 相应于自变量增量 Δx 的微分，记作 $\mathrm{d}y$，即
$$\mathrm{d}y=A\Delta x.$$

下面来讨论函数可微的条件．设函数 $y=f(x)$ 在点 x_0 可微，则按微分的定义有
$$\Delta y=A\Delta x+o(\Delta x)$$
成立，两端同时除以 Δx 得
$$\frac{\Delta y}{\Delta x}=A+\frac{o(\Delta x)}{\Delta x},$$
于是，当 $\Delta x\to 0$ 时，由上式就得到
$$A=\lim_{\Delta x\to 0}\frac{\Delta y}{\Delta x}=f'(x_0),$$

因此，如果函数 $f(x)$ 在点 x_0 可微，则 $f(x)$ 在点 x_0 可导，且 $A=f'(x_0)$．

反之，函数 $y=f(x)$ 在点 x_0 可导，即
$$\lim_{\Delta x\to 0}\frac{\Delta y}{\Delta x}=f'(x_0),$$

则由极限与无穷小的关系有

$$\frac{\Delta y}{\Delta x}=f'(x)+\alpha,$$

其中 $\alpha \to 0$（当 $\Delta x \to 0$ 时）. 由此得

$$\Delta y=f'(x_0)\Delta x+\alpha\Delta x.$$

因为 $\alpha\Delta x=o(\Delta x)$ 是 Δx 的高阶无穷小，且 $f'(x_0)$ 不依赖于 Δx，所以函数 $y=f(x)$ 在点 x_0 也是可微的.

由此可得如下结论：

定理 函数 $y=f(x)$ **在点** x_0 **可微的充分必要条件是函数** $y=f(x)$ **在** x_0 **可导，函数在** x_0 **处的微分为**

$$dy|_{x=x_0}=f'(x_0)\Delta x.$$

如果我们把点 x_0 推广到函数定义域内的任意点 x，则函数 $y=f(x)$ 在 x 处的微分就称为函数的微分，记作 dy 或 $df(x)$. 特殊地，当 $y=x$ 时，$dy=dx=\Delta x$. 因此通常把自变量 x 的增量 Δx 称作自变量的微分 dx，即 $dx=\Delta x$，于是 $y=f(x)$ 在 x 处的微分记为

$$dy=f'(x)dx.$$

若从上式解出 $f'(x)$，就有 $\dfrac{dy}{dx}=f'(x)$. 这就是说，**函数的导数等于函数的微分与自变量的微分之商**，因此导数也叫作"微商".

例1 求函数 $y=3x^2$ 当 $x=2$，$\Delta x=0.1$ 时的微分和增量.

解 函数的微分为

$$dy=y'\Delta x=6x\Delta x,$$

因此，当 $x=2$，$\Delta x=0.1$ 时，

$$dy\big|_{\substack{x=2\\ \Delta x=0.1}}=6\times 2\times 0.1=1.2.$$

函数的增量

$$\Delta y=3(x+\Delta x)^2-3x^2=6x\Delta x+3(\Delta x)^2,$$

因此，当 $x=2$，$\Delta x=0.1$ 时，

$$\Delta y\big|_{\substack{x=2\\ \Delta x=0.1}}=6\times 2\times 0.1+3\times(0.1)^2=1.23.$$

二、微分的几何意义

设函数 $y=f(x)$ 的图形为图 2-4 所示的曲线，点 $M(x_0, y_0)$ 及 $N(x_0+\Delta x, y_0+\Delta y)$ 是曲线上的两点，由图 2-4 可知

$$MQ=\Delta x, \quad QN=\Delta y.$$

过点 M 作曲线的切线 MT，设它的倾角为 α，则

$$QP=MQ\cdot\tan\alpha=\Delta x\cdot f'(x_0),$$

即

$$dy=QP.$$

由此可见，微分的几何意义是：当 Δy 是曲线 $y=f(x)$ 上点的纵坐标的增量时，dy 就是曲线的切线上点的纵坐标的相应增量. 显然当 $|\Delta x|$ 很小时，Δy 与 dy 相差不大. 因此在点 M 的邻近，我们可以用切线段来近似代替曲线段.

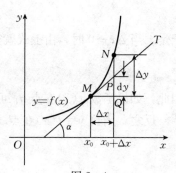

图 2-4

三、微分公式与微分运算法则

从函数的微分表达式
$$dy = f'(x)dx$$
可以看出,要计算函数的微分,只要计算函数的导数,再乘以自变量的微分. 因此,可得如下的微分公式和微分运算法则.

1. 基本初等函数的微分公式

由基本初等函数的导数公式,可得出相应的微分公式:

(1) $d(C) = 0$; (2) $d(x^\mu) = \mu x^{\mu-1} dx$;

(3) $d(\sin x) = \cos x dx$; (4) $d(\cos x) = -\sin x dx$;

(5) $d(\tan x) = \sec^2 x dx$; (6) $d(\cot x) = -\csc^2 x dx$;

(7) $d(\sec x) = \sec x \tan x dx$; (8) $d(\csc x) = -\csc x \cot x dx$;

(9) $d(a^x) = a^x \ln a dx (a > 0, 且 a \neq 1)$; (10) $d(e^x) = e^x dx$;

(11) $d(\log_a x) = \dfrac{1}{x \ln a} dx (a > 0, 且 a \neq 1)$; (12) $d(\ln x) = \dfrac{1}{x} dx$;

(13) $d(\arcsin x) = \dfrac{1}{\sqrt{1-x^2}} dx$; (14) $d(\arccos x) = -\dfrac{1}{\sqrt{1-x^2}} dx$;

(15) $d(\arctan x) = \dfrac{1}{1+x^2} dx$; (16) $d(\text{arccot} x) = -\dfrac{1}{1+x^2} dx$.

2. 函数的和、差、积、商的微分法则

由函数的和、差、积、商的求导法则,可推得相应的微分法则. 若函数 $u = u(x)$, $v = v(x)$ 都可导, 则有:

(1) $d(u \pm v) = du \pm dv$; (2) $d(Cu) = Cdu$ (C 是常数);

(3) $d(uv) = vdu + udv$; (4) $d\left(\dfrac{u}{v}\right) = \dfrac{vdu - udv}{v^2}$ ($v \neq 0$).

3. 复合函数的微分法则

设函数 $y = f(u)$, $u = \varphi(x)$ 均可导,则复合函数 $y = f[\varphi(x)]$ 的微分为
$$dy = y'_x dx = f'(u) \cdot \varphi'(x) dx.$$
由于 $\varphi'(x) dx = du$,所以复合函数 $y = f[\varphi(x)]$ 的微分公式可写成
$$dy = f'(u) du \text{ 或 } dy = y'_u du.$$

由此可见,无论 u 是自变量还是中间变量,微分形式 $dy = f'(u) du$ 保持不变,这一性质称为微分形式不变性. 它表明,当变换自变量时(即设 u 为另一变量的任一可微函数时),微分形式 $dy = f'(u) du$ 并不改变.

例 2 设 $y = e^{-2x}$,求 dy.

解 设 $u = -2x$,$y = e^u$,则
$$dy = y'_u du = e^u u' dx = e^{-2x} (-2x)' dx = -2e^{-2x} dx.$$
当然,也可以通过求导数直接得到
$$dy = d(e^{-2x}) = (e^{-2x})' dx = -2e^{-2x} dx.$$

例 3 设 $y = \ln \sin e^x$,求 dy.

解 因为 $y'=\dfrac{1}{\sin e^x}\cdot\cos e^x\cdot e^x=e^x\cot e^x$,故函数的微分为
$$dy=y'dx=e^x\cot e^x\,dx.$$

例 4 设 $y=e^{1-x}\sin x$,求 dy.

解 利用乘积的微分法则有
$$dy=d(e^{1-x}\sin x)=\sin x\,d(e^{1-x})+e^{1-x}d(\sin x)$$
$$=\sin x\cdot(-1)e^{1-x}dx+e^{1-x}\cos x\,dx=(\cos x-\sin x)e^{1-x}dx.$$

例 5 设 $y=y(x)$ 是由方程 $y\sin x-\cos(x-y)=0$ 所确定的隐函数,求 dy.

解 方程两端同时取微分得
$$\sin x\,dy+y\cos x\,dx+\sin(x-y)(dx-dy)=0,$$
解得
$$dy=\dfrac{y\cos x+\sin(x-y)}{\sin(x-y)-\sin x}dx.$$

四、微分在近似计算中的应用

由前面的讨论可知,当 $|\Delta x|$ 很小时,函数的增量 Δy 可以写成
$$\Delta y=dy+\alpha,$$
其中 α 是当 $\Delta x\to 0$ 时的无穷小.因此,当 $|\Delta x|$ 很小时,就可以用 dy 近似地代替 Δy,它们相差的只是 Δx 的高阶无穷小.

设函数 $y=f(x)$ 在点 x_0 处的导数 $f'(x_0)\neq 0$ 且 $|\Delta x|$ 很小,那么有
$$\Delta y\approx dy=f'(x_0)\Delta x, \tag{1}$$
即
$$\Delta y=f(x_0+\Delta x)-f(x_0)\approx f'(x_0)\Delta x, \tag{2}$$
或
$$f(x_0+\Delta x)\approx f(x_0)+f'(x_0)\Delta x. \tag{3}$$

(2)、(3)两式就是我们常用的近似计算公式,其中(2)式常用于计算函数增量的近似值,而(3)式则常用来计算函数在自变量获得增量 Δx 后的近似值.

在(3)式中,令 $x=x_0+\Delta x$,即 $\Delta x=x-x_0$,那么(3)式可以写成
$$f(x)\approx f(x_0)+f'(x_0)(x-x_0). \tag{4}$$

由导数的几何意义可知,(4)式右端是函数 $y=f(x)$ 在点 x_0 处的切线方程,而左端是函数在点 x_0 处的曲线方程.因此,(4)式就是用曲线 $y=f(x)$ 在点 $(x_0,f(x_0))$ 处的切线来近似代替该点邻近部分的曲线.

例 6 利用微分计算 $\sin 30°30'$ 的近似值(精确到 0.0001).

解 将 $30°30'$ 化为弧度,得
$$30°30'=\dfrac{\pi}{6}+\dfrac{\pi}{360}.$$

设 $f(x)=\sin x$,则 $f'(x)=\cos x$.取 $x_0=\dfrac{\pi}{6}$,$\Delta x=\dfrac{\pi}{360}$,由(3)式,有
$$\sin 30°30'=\sin\left(\dfrac{\pi}{6}+\dfrac{\pi}{360}\right)\approx\sin\dfrac{\pi}{6}+\cos\dfrac{\pi}{6}\cdot\dfrac{\pi}{360}$$
$$=\dfrac{1}{2}+\dfrac{\sqrt{3}}{2}\cdot\dfrac{\pi}{360}\approx 0.5076.$$

在(4)式中,如果令 $x_0=0$,则得

$$f(x) \approx f(0) + f'(0)x. \tag{5}$$

用(5)式我们可推得几个在工程上常用的近似计算公式(假定$|x|$很小)：

（Ⅰ）$\sin x \approx x$（x 为弧度）；

（Ⅱ）$\tan x \approx x$（x 为弧度）；

（Ⅲ）$(1+x)^m \approx 1 + mx$；

（Ⅳ）$e^x \approx 1 + x$；

（Ⅴ）$\ln(1+x) \approx x$.

证 设 $f(x) = \sin x$，那么 $f(0) = 0$，$f'(0) = \cos x|_{x=0} = 1$，代入(5)式便得
$$\sin x \approx x.$$

其他几个公式也可类似地证明，这里从略.

例7 求 $\sqrt[3]{1.02}$ 的近似值.

解 由公式(Ⅲ)有
$$\sqrt[3]{1.02} = (1+0.02)^{\frac{1}{3}} \approx 1 + \frac{1}{3} \times 0.02 = 1.0067.$$

例8 一个外直径为 10cm 的球，球壳厚度为 $\frac{1}{16}$cm，试求球壳体积的近似值.

解 半径为 r 的球的体积为
$$V = f(r) = \frac{4}{3}\pi r^3,$$

球壳体积为 ΔV，用 dV 作为它的近似值
$$\Delta V \approx dV = f'(r)dr = 4\pi r^2 \Delta r = 4\pi \cdot 5^2 \cdot \left(-\frac{1}{16}\right) \approx -19.63,$$

因此，球壳体积的近似值为 19.63cm^3.

习 题 2-6

1. 已知 $y = x^3$，计算在 $x = 2$ 处，当 Δx 分别等于 -0.1，0.01 时的增量 Δy 及微分 dy.

2. 求下列函数的微分：

(1) $y = \frac{1}{x} + 2x^2$；

(2) $y = x^3 \sin 5x$；

(3) $y = \ln(1 + 2x^2)$；

(4) $y = x^2 \cdot 3^x$；

(5) $y = e^{-x} \sin(3-x)$；

(6) $y = \arccos \sqrt{1-x^2}$；

(7) $y = \tan^2(1+2x^2)$；

(8) $y = \arctan \frac{1-x^2}{1+x^2}$.

3. 将适当的函数填入下列的括弧内，使等式成立：

(1) $d(\quad\quad) = a dx$；

(2) $d(\quad\quad) = 3x^2 dx$；

(3) $d(\quad\quad) = \frac{1}{x} dx$；

(4) $d(\quad\quad) = \cos\omega x dx$；

(5) $d(\quad\quad) = \frac{1}{(1+x)^2} dx$；

(6) $d(\quad\quad) = e^{-2x} dx$；

(7) $d(\quad\quad) = \frac{1}{\sqrt{x}} dx$；

(8) $d(\quad\quad) = \sec^2 3x dx$.

4. 扩音器的插头为圆柱体，截面半径 r 为 0.15cm，长度为 4cm，为提高其导电性能，要在其周围镀上一层厚为 0.001cm 的铜，问每个插头需要多少克铜？

5. 计算下列函数的近似值：

(1) $\sin 29°$；

(2) $\tan 136°$；

(3) $\ln 1.02$；

(4) $y = \arccos 0.4995$；

(5) $\sqrt[3]{0.999}$；

(6) $\sqrt[6]{65}$.

6. 当 $|x|$ 很小时，证明下列近似公式：

(1) $\arcsin x \approx x$；

(2) $\tan x \approx x$；

(3) $\ln(1+x) \approx x$；

(4) $\dfrac{1}{1+x} \approx 1-x$.

第七节 导数在经济中的应用

一、边际概念

在经济分析中，常常需要使用变化率来描述一个变量关于另一个变量的变化情况，而变化率又分为平均变化率和瞬时变化率．平均变化率是指函数增量与自变量增量之比，比如经济中常用到的成本的平均变化率、利润的平均变化率；而瞬时变化率是指函数对自变量的导数．

若函数 $y=f(x)$ 在 x_0 处可导，在 $(x_0, x_0+\Delta x)$ 内的平均变化率为

$$\frac{\Delta y}{\Delta x} = \frac{f(x_0+\Delta x)-f(x_0)}{\Delta x},$$

在 x_0 处的瞬时变化率为

$$\lim_{\Delta x \to 0} \frac{\Delta y}{\Delta x} = \lim_{\Delta x \to 0} \frac{f(x_0+\Delta x)-f(x_0)}{\Delta x} = f'(x_0).$$

经济学中将 $f'(x_0)$ 称为函数 $f(x)$ 在 $x=x_0$ 处的边际函数值．

当 x 由 x_0 改变一个单位时，即 $\Delta x=1$ 时，函数 y 的增量 $\Delta y = f(x_0+1)-f(x_0)$；当 x 的改变量很小时，由微分的应用知道，Δy 可近似地表示为

$$\Delta y\Big|_{\substack{x=x_0\\\Delta x=1}} \approx dy\Big|_{\substack{x=x_0\\\Delta x=1}} = f'(x)\Delta x\Big|_{\substack{x=x_0\\\Delta x=1}} = f'(x_0).$$

这说明 $f(x)$ 在 $x=x_0$ 处产生一个单位的改变时，y 近似改变 $f'(x_0)$ 个单位．在经济分析中解释边际函数值时，我们略去"近似"二字．因此，我们给出如下定义：

定义 1 设函数 $y=f(x)$ 在 x 处可导，则称导数 $f'(x)$ 为函数 $f(x)$ 的边际函数．$f'(x)$ 在 x_0 处的函数值 $f'(x_0)$ 称为边际函数值．即：当 $x=x_0$ 时，x 改变一个单位，y 改变 $f'(x_0)$ 个单位．

例 1 设函数 $y=3x^2$，试求 y 在 $x=4$ 时的边际函数值．

解 因为 $y'=6x$，所以 $y'\big|_{x=4}=24$．结果表明：当 $x=4$ 时，x 改变（增加或减少）一个单位，y 改变（增加或减少）24 个单位．

二、经济学中常见的边际函数

1. 边际成本

总成本函数 $C=C(Q)$（Q 为产量）的导数

$$C'(Q) = \lim_{\Delta Q \to 0} \frac{\Delta C}{\Delta Q} = \lim_{\Delta Q \to 0} \frac{C(Q+\Delta Q) - C(Q)}{\Delta Q}$$

称为边际成本.

对于产量只取整数单位的产品而言,一个单位的变化是最小的变化.现假设产品的数量是连续变化的,于是产品的单位可以无限细分,因此边际成本就是产量为 Q 单位时总成本的变化率.它近似地表示当已经生产了 Q 单位产品时,再增加一个单位产品时总成本(近似地)增加的数量.

平均成本 $\overline{C}(Q)$ 的导数

$$\overline{C}'(Q) = \left(\frac{C(Q)}{Q}\right)' = \frac{QC'(Q) - C(Q)}{Q^2}$$

称为边际平均成本.

总成本 $C(Q)$ 等于固定成本 C_0 与可变成本 $C_1(Q)$ 之和,即

$$C(Q) = C_0 + C_1(Q),$$

则边际成本为

$$C'(Q) = [C_0 + C_1(Q)]' = C_1'(Q).$$

从中我们可以看出,边际成本与固定成本无关.

例 2 设某产品生产 Q 单位的总成本为 $C(Q) = 1000 + \frac{1}{1100}Q^2$,求:

(1) 生产 1000 个单位时的总成本和平均成本;

(2) 生产 800 个单位到 1000 个单位时的总成本的平均变化率;

(3) 生产 1000 个单位的边际成本,并说明其经济意义.

解 (1) 生产 1000 个单位时的总成本为

$$C(Q)\big|_{Q=1000} = 1000 + \frac{1}{1100} \times 1000^2 \approx 1909.09,$$

平均成本为

$$\overline{C}(Q)\big|_{Q=1000} = \frac{1909.09}{1000} \approx 1.9.$$

(2) 生产 800 个单位到 1000 个单位时的总成本的平均变化率

$$\frac{\Delta C(Q)}{\Delta Q} = \frac{C(1000) - C(800)}{1000 - 800} \approx 1.64.$$

(3) 边际成本函数 $C'(Q) = \frac{1}{550}Q$,当 $Q = 1000$ 时的边际成本为

$$C'(Q)\big|_{Q=1000} = \frac{1}{550} \times 1000 \approx 1.82.$$

它表示当产量为 1000 个单位时,再增产(减产)一个单位时,需增加(减少)成本 1.82 个单位.

例 3 某厂生产某种产品,总成本

$$C(Q) = 300 + 4Q + 0.05Q^2 \text{(单位:元)},$$

(1) 指出固定成本和可变成本;

(2) 求边际成本函数及产量为 $Q = 100$ 时的边际成本,并说明边际成本的实际意义;

(3) 如果国家对该厂征收固定税收,那么固定税收对产品的边际成本是否会有影响?为

什么?

解 (1) 固定成本为 300,可变成本为 $4Q+0.05Q^2$.

(2) 边际成本函数为
$$C'(Q)=4+0.1Q.$$
$$C'(100)=4+0.1\times 100=14,$$

当产量 $Q=100$ 时的边际成本为 14,说明在产量为 100 单位的基础上,再增加(减少)一个单位产品,总成本要增加(减少)14 元.

(3) 由于国家对该厂征收的固定税收与产量 Q 无关,这种固定税收可列入固定成本,因此对边际成本没有影响. 例如,国家征收的固定税收为 200 元,则总成本为
$$C(Q)=(300+200)+4Q+0.05Q^2,$$
边际成本函数仍为
$$C'(Q)=4+0.1Q.$$

常见的成本函数有如下的几种形式:

(1) $C(Q)=aQ^2+bQ+c$;   (2) $C(Q)=\sqrt{aQ+b}$;

(3) $C(Q)=aQ^3+bQ^2+cQ+d$;   (4) $C(Q)=aQ\dfrac{Q+b}{Q+c}+d$;

(5) $C(Q)=aQ^2\dfrac{Q+b}{Q+c}+d$;   (6) $C(Q)=Q^a e^{bQ+c}+d$,

其中 a,b,c,d 为正的常数.

2. 边际收益

总收益函数 $R(Q)$ 的导数
$$R'(Q)=\lim_{\Delta Q\to 0}\frac{\Delta R}{\Delta Q}=\lim_{\Delta Q\to 0}\frac{R(Q+\Delta Q)-R(Q)}{\Delta Q}$$

称为边际收益. 它(近似地)表示:已经销售 Q 单位产品时,再销售一个单位产品所增加的总收益.

设 P 为价格,则 P 是销售量 Q 的函数,即 $P=P(Q)$,因此 $R(Q)=P(Q)\cdot Q$,那么边际收益为 $R'(Q)=P(Q)+P'(Q)\cdot Q$.

例 4 设某种产品的需求函数为 $P=30-\dfrac{Q}{4}$,其中 P 为价格,Q 为销售量,求销售量为 20 个单位时的总收益、平均收益与边际收益,并求当销售量从 20 个单位增加到 25 个单位时收益的平均变化率.

解 总收益 $\quad R=P(Q)\cdot Q=30Q-\dfrac{Q^2}{4},$

销售 20 个单位时的总收益
$$R|_{Q=20}=\left(30Q-\frac{Q^2}{4}\right)\bigg|_{Q=20}=500,$$

平均收益 $\quad \overline{R}|_{Q=20}=\dfrac{R(Q)}{Q}\bigg|_{Q=20}=\dfrac{500}{20}=25,$

边际收益 $\quad R'(Q)|_{Q=20}=\left(30-\dfrac{Q}{2}\right)\bigg|_{Q=20}=20.$

当销售量从 20 个单位增加到 25 个单位时收益的平均变化率为

$$\frac{\Delta R}{\Delta Q} = \frac{R(25)-R(20)}{25-20} = 18.75.$$

3. 边际利润

总利润函数 $L(Q)$ 的导数

$$L'(Q) = \lim_{\Delta Q \to 0} \frac{\Delta L}{\Delta Q} = \lim_{\Delta Q \to 0} \frac{L(Q+\Delta Q)-L(Q)}{\Delta Q}$$

称为边际利润. 它(近似地)表示：若已经生产了 Q 单位产品，再生产一个单位产品所增加的总利润.

一般情形下，总利润函数 $L(Q)$ 等于总收益函数 $R(Q)$ 减去总成本函数 $C(Q)$，即 $L(Q) = R(Q) - C(Q)$，那么边际利润就可以表示为

$$L'(Q) = R'(Q) - C'(Q).$$

当 $R'(Q) > C'(Q)$ 时，$L'(Q) > 0$，表示当产量已达到 Q，再多生产一个单位产品所增加的收益大于所增加的成本，因而总利润增加；而当 $R'(Q) < C'(Q)$ 时，$L'(Q) < 0$，此时再增加产量，所增加的收益小于所增加的成本，使得总利润减少.

例 5 某厂对其产品的情况进行了大量统计分析后，得出总利润 $L(Q)$(单位：元)与每月产量 Q(单位：t)的关系为 $L(Q) = 300Q - 6Q^2$，试求当每月生产 10t、25t、40t 的边际利润，并作出经济解释.

解 边际利润函数为 $L'(Q) = 300 - 12Q$，则

$$L'(Q)|_{Q=10} = 300 - 12Q|_{Q=10} = 180,$$
$$L'(Q)|_{Q=25} = 300 - 12Q|_{Q=25} = 0,$$
$$L'(Q)|_{Q=40} = 300 - 12Q|_{Q=40} = -180.$$

以上式表明：当产量为每月 10t 时，再增加 1t，利润将增加 180 元；当产量为每月 25t 时，再增加 1t，利润不变；当产量为每月 40t 时，再增加 1t，利润将减少 180 元. 所以，对厂家而言，不是生产的产品数量越多，利润就越高.

三、弹性概念

我们在边际问题中，讨论的函数变化率与函数改变量均属于绝对误差范围内的讨论. 在经济问题中，仅仅用绝对误差限的概念不能对问题进行更深入的研究. 例如，商品 A 每单位价格 20 元，涨价 1 元；商品 B 每单位价格 400 元，也涨价 1 元. 两种商品价格的绝对改变量都是 1 元，哪种商品的涨价幅度更大呢？我们只要用它们与原价相比就能得到答案. 商品 A 涨价的百分比为 5%，商品 B 涨价的百分比为 0.25%，显然商品 A 的涨价幅度比商品 B 的涨价幅度大很多. 因此，有必要研究函数的相对改变量与相对变化率.

例 6 设函数 $y = x^2$，当 x 从 5 增加到 6 时，相应地 y 从 25 增加到 36，即自变量 x 的绝对增量 $\Delta x = 1$，函数 y 的绝对增量 $\Delta y = 11$，并且

$$\frac{\Delta x}{x} = \frac{1}{5} = 20\%, \quad \frac{\Delta y}{y} = \frac{11}{25} = 44\%.$$

即当 $x = 5$ 增加到 $x = 6$ 时，自变量 x 增加了 20%，相应地函数 y 增加了 44%. 我们称 $\frac{\Delta x}{x}$ 和 $\frac{\Delta y}{y}$ 分别为自变量与函数的相对改变量(或相对增量). 我们还可以计算出

$$\frac{\frac{\Delta y}{y}}{\frac{\Delta x}{x}} = \frac{44\%}{20\%} = 2.2.$$

上式表示在开区间$(5,6)$内,从$x=5$时起,x每增加1%,则相应的y便增加2.2%,我们称此为从$x=5$到$x=6$时,函数$y=x^2$的平均相对变化率.

定义 2 设函数$y=f(x)$在x_0处可导,函数的相对改变量$\dfrac{\Delta y}{y_0}=\dfrac{f(x_0+\Delta x)-f(x_0)}{f(x_0)}$与自变量的相对改变量$\dfrac{\Delta x}{x_0}$之比$\dfrac{\frac{\Delta y}{y_0}}{\frac{\Delta x}{x_0}}$,称为函数$f(x)$从$x_0$到$x_0+\Delta x$两点间的平均相对变化率或两点间的弹性. 当$\Delta x \to 0$时,$\dfrac{\frac{\Delta y}{y_0}}{\frac{\Delta x}{x_0}}$的极限称为$f(x)$在$x_0$处的相对变化率或弹性,记作

$$\left.\frac{Ey}{Ex}\right|_{x=x_0}, \quad \left.\frac{Ef(x)}{Ex}\right|_{x=x_0} \text{ 或 } \frac{E}{Ex}f(x_0),$$

即

$$\left.\frac{Ey}{Ex}\right|_{x=x_0} = \lim_{\Delta x \to 0}\frac{\frac{\Delta y}{y_0}}{\frac{\Delta x}{x_0}} = \lim_{\Delta x \to 0}\frac{\Delta y}{\Delta x} \cdot \frac{x_0}{y_0} = f'(x_0) \cdot \frac{x_0}{f(x_0)}.$$

当x_0为定值时,$\left.\dfrac{Ey}{Ex}\right|_{x=x_0}$也为定值.

若函数$f(x)$可导且$f(x) \neq 0$,则称

$$\frac{Ey}{Ex} = \lim_{\Delta x \to 0}\frac{\frac{\Delta y}{y}}{\frac{\Delta x}{x}} = \lim_{\Delta x \to 0}\frac{\Delta y}{\Delta x} \cdot \frac{x}{y} = y' \cdot \frac{x}{y}$$

为$f(x)$的弹性函数(简称弹性).

函数$f(x)$在x处的弹性反映了x的变化幅度$\dfrac{\Delta x}{x}$对$f(x)$变化幅度$\dfrac{\Delta y}{y}$大小的影响,即$f(x)$对x变化反应的强烈程度. 而$\dfrac{E}{Ex}f(x_0)$表示在点x_0处,当x产生1%的改变时,$f(x)$近似地改变$\dfrac{E}{Ex}f(x_0)\%$. 在经济问题中解释弹性的具体意义时,可以略去"近似"二字.

需要注意的是两点间的弹性是有方向性的,因为"相对性"是对初始值相对而言的.

根据弹性的定义,弹性还可以表示成

$$\frac{Ey}{Ex} = y' \cdot \frac{x}{y} = \frac{y'}{\frac{y}{x}} = \frac{\text{边际函数}}{\text{平均函数}},$$

所以在经济学中,弹性也可理解为边际函数与平均函数之比.

1. 常用函数的弹性

(1) 常数函数$f(x)=C$的弹性$\dfrac{EC}{Ex}=0$;

(2) 齐次线性函数 $f(x)=ax$ 的弹性 $\dfrac{E(ax)}{Ex}=1$，即齐次线性函数的弹性恒为 1；

(3) 线性函数 $f(x)=ax+b$ 的弹性 $\dfrac{E(ax+b)}{Ex}=\dfrac{ax}{ax+b}$，即线性函数的弹性为双曲线函数；

(4) 幂函数 $f(x)=ax^b$ 的弹性 $\dfrac{E(ax^b)}{Ex}=b$，即幂函数的弹性为幂指数 b；

(5) 指数函数 $f(x)=ae^{\lambda x}$ 的弹性 $\dfrac{E(ae^{\lambda x})}{Ex}=\lambda x$；

(6) 对数函数 $f(x)=b\ln ax$ 的弹性 $\dfrac{E(b\ln ax)}{Ex}=\dfrac{1}{\ln ax}$；

(7) 三角函数的弹性为 $\dfrac{E(\sin x)}{Ex}=x\cot x$，$\dfrac{E(\cos x)}{Ex}=-x\tan x$，

其中 a，b，λ 都是常数．

2. 弹性的四则运算法则

(1) $\dfrac{E[f_1(x)\pm f_2(x)]}{Ex}=\dfrac{f_1(x)\dfrac{Ef_1(x)}{Ex}\pm f_2(x)\dfrac{Ef_2(x)}{Ex}}{f_1(x)\pm f_2(x)}$；

(2) $\dfrac{E[f_1(x)\cdot f_2(x)]}{Ex}=\dfrac{Ef_1(x)}{Ex}+\dfrac{Ef_2(x)}{Ex}$；

(3) $\dfrac{E\left[\dfrac{f_1(x)}{f_2(x)}\right]}{Ex}=\dfrac{Ef_1(x)}{Ex}-\dfrac{Ef_2(x)}{Ex}$．

四、经济学中常见的弹性函数

1. 需求的价格弹性

弹性的概念在经济管理中有着广泛的应用，我们经常利用弹性对经济规律和经济问题进行分析．当定义中的函数为需求函数 $Q=f(P)$ 时，此时的弹性为需求对价格的弹性．

由于需求函数通常为价格的递减函数，它的边际函数小于零，故其价格弹性取负值．因此经济学中常规定需求的价格弹性为

$$\eta=-\dfrac{P}{Q}\cdot\dfrac{dQ}{dP}.$$

这样，需求对价格的弹性便取正值．我们在解释其经济意义时，应理解为需求量的变化与价格的变化是反方向的．若某商品为适应市场需求想要适当降低价格，虽然降价会使得单位产品的收益减少，但是降价会使销量增加，因此总收益有可能增加．

在经济分析中，我们通常认为某种商品的需求弹性对总收益有着直接的影响，根据需求弹性的大小，可以分为三种情形：

(1) 若 $\eta<1$，需求变动的幅度小于价格变动的幅度．此时，边际收益大于零，即价格上涨，总收益增加；价格下降，总收益减少．

(2) 若 $\eta>1$，需求变动的幅度大于价格变动的幅度．此时，边际收益小于零，即价格上涨，总收益减少；价格下降，总收益增加．

(3) 若 $\eta=1$，需求变动的幅度等于价格变动的幅度．此时，边际收益等于零，即总收

益保持不变(此时总收益取得最大值).

例 7 设需求函数为 $Q=20-\dfrac{P}{4}$,求:

(1) 需求的价格弹性函数;　　　　(2) 当 $P=5$ 时的需求价格弹性.

解 (1) $\eta(P)=-\dfrac{P}{Q}\cdot\dfrac{\mathrm{d}Q}{\mathrm{d}P}=-\left(-\dfrac{1}{4}\right)\dfrac{P}{20-\dfrac{P}{4}}=\dfrac{P}{80-P}$;

(2) $\eta(5)=\dfrac{P}{80-P}\bigg|_{P=5}=\dfrac{1}{15}.$

2. 供给的价格弹性

设供给量 S 是价格 P 的函数 $S=f(P)$,则供给量对价格的弹性定义为

$$\dfrac{ES}{EP}=\dfrac{P}{S}\cdot\dfrac{\mathrm{d}S}{\mathrm{d}P}.$$

例 8 设某产品的供给函数为 $S=2+3P$,求供给弹性函数及当 $P=5$ 时的供给弹性,并说明其经济意义.

解 $\dfrac{ES}{EP}=\dfrac{P}{S}\cdot\dfrac{\mathrm{d}S}{\mathrm{d}P}=\dfrac{3P}{2+3P},$

$\dfrac{ES}{EP}\bigg|_{P=5}=\dfrac{3\times5}{2+3\times5}\approx0.88,$

它表示在 $P=5$ 时,价格再增加(减少)1%,供给量将增加(减少)0.88%.

3. 收益的价格弹性

设某商品的需求函数为 $Q=f(P)$,则收益关于价格的函数为 $R(P)=PQ=Pf(P)$,则收益对价格的弹性定义为

$$\dfrac{ER}{EP}=\dfrac{P}{R}\cdot\dfrac{\mathrm{d}R}{\mathrm{d}P}.$$

例 9 已知某产品的需求函数为 $Q=75-P^2$:

(1) 当 $P=4$ 时的需求的价格弹性,并说明其经济意义;

(2) 当 $P=4$ 时,若价格提高 1%,总收益是增加还是减少,变化百分之几?

解 (1) $\eta|_{P=4}=-\dfrac{P}{Q}\cdot\dfrac{\mathrm{d}Q}{\mathrm{d}P}\bigg|_{P=4}=-(-2P)\dfrac{P}{75-P^2}\bigg|_{P=4}\approx0.54,$

其经济意义是:当 $P=4$ 时,价格上涨(下降)1%,需求量减少(增加)0.54%.

(2) $\dfrac{ER}{EP}=\dfrac{E(PQ)}{EP}=\dfrac{P}{PQ}\cdot\dfrac{\mathrm{d}(PQ)}{\mathrm{d}P}=\dfrac{1}{Q}\left(Q+P\dfrac{\mathrm{d}Q}{\mathrm{d}P}\right)=1+\dfrac{P}{Q}\cdot\dfrac{\mathrm{d}Q}{\mathrm{d}P}=1-\eta,$

所以 $\dfrac{ER}{EP}\bigg|_{P=4}=1-\eta(4)=0.46,$

故当价格上涨 1% 时,总收益增加 0.46%.

习　题　2-7

1. 求下列函数的边际函数与弹性函数:

(1) $x^2\mathrm{e}^{-x}$;　　　　　　　　　　(2) $x^a\mathrm{e}^{-b(x+c)}.$

2. 某厂日生产能力最高为 1000t,每日产品的总成本 C(单位:元)是日产量 x(单位:t)的函数

$$C=C(x)=1000+7x+50\sqrt{x}, \quad x\in[0, 1000],$$

(1) 当日产量为 100t 时的边际成本；

(2) 当日产量为 100t 时的平均单位成本．

3. 某商品的价格 P 关于需求量 Q 的函数为 $P=10-\dfrac{Q}{5}$，求：

(1) 总收益函数、平均收益函数及边际收益函数；

(2) 当 $Q=20$ 时的总收益、平均收益和边际收益．

4. 某厂每月生产 Q 单位（单位：百件）产品的总成本 C（单位：千元）是产量的函数
$$C=C(Q)=100+12Q+Q^2.$$
如果每百件产品销售价格为 4 万元，试写出利润函数及边际利润为零时的每月产量．

5. 设成本 C 关于产量 Q 的函数 $C(Q)=400+3Q+\dfrac{1}{2}Q^2$，价格 P 关于需求量的函数 $P=100Q^{-\frac{1}{2}}$，求：

(1) 边际成本、边际收益和边际利润，并说明它们的经济意义；

(2) 收益对价格的弹性．

6. 某产品的需求函数为 $Q=f(P)=12-\dfrac{P}{2}$，求：

(1) 需求弹性函数；

(2) 当 $P=6$ 时的需求弹性；

(3) 当 $P=6$ 时，若价格上涨 1%，总收益增加还是减少？将变化百分之几？

7. 设某商品的供给函数 $S=4+5P$，求：

(1) 供给弹性函数；

(2) 当 $P=2$ 时的供给弹性．

总 复 习 题 2

（A）

1. 已知 $f'(a)$ 存在，则 $\lim\limits_{h\to\infty}h\left[f\left(a-\dfrac{1}{h}\right)-f(a)\right]=$ _____．

2. 设 $f(t)=\lim\limits_{x\to\infty}t\left(\dfrac{x+t}{x-t}\right)^x$，则 $f'(t)=$ _____．

3. 设函数 $f(x)$ 的 n 阶导数存在，则 $[f(ax+b)]^{(n)}=$ _____．

4. 曲线 $y=x+\sin^2 x$ 在 $\left(\dfrac{\pi}{2}, 1+\dfrac{\pi}{2}\right)$ 处的切线方程为 _____．

5. 已知曲线 $y=x^3-3a^2x+b$ 与 x 轴相切，则 b^2 可以通过 a 表示为 $b^2=$ _____．

6. 设函数 $f(x)$ 在点 x_0 处可导，则 $\lim\limits_{\Delta x\to 0}\dfrac{f(x_0+\Delta x)-f(x_0)}{\Delta x}$ 的值（   ）．

    A. 与 x_0，Δx 都有关；　　　　　B. 仅与 x_0 有关，而与 Δx 无关；

    C. 仅与 Δx 有关，而与 x_0 无关；　　D. 与 x_0，Δx 都无关．

7. 设函数 $f(x)=x\ln 2x$，且 $f'(x_0)=2$，则 $f(x_0)=$（   ）．

A. $2e^{-1}$； B. 1； C. $\dfrac{1}{2}e$； D. e.

8. 设函数 $f(x)=\arctan x^2$，则 $\lim\limits_{x\to 2}\dfrac{f(x)-f(2)}{x-2}=($ $)$.

   A. $\dfrac{1}{17}$； B. $\dfrac{4}{17}$； C. $\dfrac{1}{5}$； D. $\dfrac{4}{5}$.

9. 已知函数 $f(x)$ 在区间 (a,b) 内可导，且 $x_0\in(a,b)$，则下述结论成立的是(   ).

   A. $\lim\limits_{x\to x_0}f(x)$ 未必等于 $f(x_0)$； B. $f(x)$ 在点 x_0 未必可微；

   C. $\lim\limits_{x\to x_0}f'(x)=f'(x_0)$； D. $\lim\limits_{x\to x_0}\dfrac{f^2(x)-f^2(x_0)}{x-x_0}=2f(x_0)f'(x_0)$.

10. 设函数 $f(x)$ 在区间 $(-\delta,\delta)$ 内有定义，若当 $x\in(-\delta,\delta)$ 时，恒有 $|f(x)|\leqslant x^2$，则 $x=0$ 必是 $f(x)$ 的(   ).

    A. 间断点； B. 连续而不可导的点；

    C. 可导的点且 $f'(0)=0$； D. 可导的点且 $f'(0)\neq 0$.

11. 设 $f(x)=\begin{cases} e^x-1, & x<0, \\ x+a, & 0\leqslant x<1, \\ b\sin(x-1)+1, & x\geqslant 1, \end{cases}$ 求 a,b，使得 $f(x)$ 在 $x=0$ 和 $x=1$ 处可导.

12. 已知 $y=y(x)$ 是由方程 $1+\sin(x+y)=e^{-xy}$ 所确定的隐函数，求 dy 及 $y=y(x)$ 在 $(0,0)$ 处的法线方程.

13. 设函数 $f(x)$ 二阶可导，证明：
$$f''(x)=\lim_{h\to 0}\dfrac{f(x+h)+f(x-h)-2f(x)}{h^2}.$$

14. 设需求量 Q 是价格 P 的单调递减函数：$Q=Q(P)$，其需求弹性为 $\eta=\dfrac{2P^2}{192-P^2}>0$.

   (1) 设 R 为总收益函数，试证：$\dfrac{dR}{dP}=Q(1-\eta)$；

   (2) 求 $P=6$ 时，总收益对价格的弹性.

(B)

1. 设 $f(x)=\begin{cases} x^\lambda\cos\dfrac{1}{x}, & x\neq 0, \\ 0, & x=0, \end{cases}$ 其导数在 $x=0$ 处连续，则 λ 的取值范围是_____.

2. 曲线 $y=\ln x$ 上与直线 $x+y=1$ 垂直的切线方程为_____.

3. 已知 $f(x)=x(x+1)(x+2)\cdots(x+n)(n\geqslant 2)$，则 $f'(0)=$_____.

4. 已知函数 $y=y(x)$ 由方程 $e^y+6xy+x^2-1=0$ 所确定，则 $y''(0)=$_____.

*5. 已知动点 P 在曲线 $y=x^3$ 上运动，记坐标原点与点 P 间的距离为 l，若点 P 的横坐标随时间的变化率为常数 v_0，则当 P 运动到点 $(1,1)$ 时，l 对时间的变化率是_____.

6. 参数方程 $\begin{cases} x=e^t\sin 2t, \\ y=e^t\cos t \end{cases}$ 在点 $(0,1)$ 处的法线方程为_____.

7. 设函数 $f(x)$ 在 $x=a$ 处可导,则函数 $|f(x)|$ 在点 $x=a$ 处不可导的充分条件是( ).
   A. $f(a)=0$ 且 $f'(a)=0$； B. $f(a)=0$ 且 $f'(a)\neq 0$；
   C. $f(a)>0$ 且 $f'(a)>0$； D. $f(a)<0$ 且 $f'(a)<0$.

8. $f(x)$ 对任意 x 满足 $f(1+x)=af(x)$ 且 $f'(0)=b$, a,b 为非零常数,则( ).
   A. $f(x)$ 在 $x=1$ 处不可导； B. $f(x)$ 在 $x=1$ 处可导且 $f'(1)=a$；
   C. $f(x)$ 在 $x=1$ 处可导且 $f'(1)=b$； D. $f(x)$ 在 $x=1$ 处可导且 $f'(1)=ab$.

9. 设 $f'(x)$ 在 $[a,b]$ 上连续,且 $f'(a)>0$, $f'(b)<0$, 则下列结论中错误的是( ).
   A. 至少存在一点 $x_0 \in (a,b)$, 使得 $f(x_0)>f(a)$；
   B. 至少存在一点 $x_0 \in (a,b)$, 使得 $f(x_0)>f(b)$；
   C. 至少存在一点 $x_0 \in (a,b)$, 使得 $f'(x_0)>0$；
   D. 至少存在一点 $x_0 \in (a,b)$, 使得 $f(x_0)=0$.

10. 设 $f(x)=3x^3+x^2|x|$, 则使 $f^{(n)}(0)$ 存在的最高阶导数的阶数 n 为( ).
    A. 0； B. 1； C. 2； D. 3.

11. 设 $f(x)$ 和 $g(x)$ 是恒大于零的可导函数,且 $f'(x)g(x)-f(x)g'(x)<0$, 当 $a<x<b$ 时,有( ).
    A. $f(x)g(b)>f(b)g(x)$； B. $f(x)g(a)>f(a)g(x)$；
    C. $f(x)g(x)>f(b)g(b)$； D. $f(x)g(x)>f(a)g(a)$.

*12. 已知 $f(x)=\begin{cases} \dfrac{g(x)-\cos x}{x}, & x\neq 0 \\ a, & x=0 \end{cases}$ 其中 $g(x)$ 具有二阶连续导数,且 $g(0)=1$,

(1) 确定 a 的值,使 $f(x)$ 在 $x=0$ 处连续； (2) 求 $f'(x)$.

*13. 证明 $y=(\arcsin x)^2$ 满足方程
$$(1-x^2)y^{(n+1)}-(2n-1)xy^{(n)}-(n-1)^2 y^{(n-1)}=0.$$

14. 设需求函数 $Q=Q(P)$ 为价格 P 的单调递减函数,收益函数 $R=PQ$. 若当价格为 P_0, 对应产量为 Q_0 时,边际收益 $\left.\dfrac{\mathrm{d}R}{\mathrm{d}Q}\right|_{Q=Q_0}=a>0$, 收益对价格的边际效应 $\left.\dfrac{\mathrm{d}R}{\mathrm{d}P}\right|_{P=P_0}=c>0$, 需求对价格的弹性 $\eta>1$, 求 P_0 和 Q_0.

第三章

中值定理与导数的应用

在上一章我们引进了导数和微分的概念,并讨论了微分法.本章我们将应用导数来研究函数的性质及其曲线的某些性态,粗略的描绘出函数的图形,并利用这些知识解决一些实际问题.微分中值定理是导数应用的理论基础.

在现代经济和商务活动中,导数的应用尤为重要,人们关心投资利润的最大化,成本最小化,这些都涉及如何求收益函数、利润函数的最大值和成本函数的最小值问题.

第一节 微分中值定理

罗尔定理、拉格朗日中值定理和柯西中值定理都是揭示函数在一区间两端点的函数值与它在该区间内某点的导数之间的关系,因此统称为中值定理.

一、罗尔定理

罗尔定理 如果函数 $y=f(x)$ 满足:
(1) 在闭区间 $[a,b]$ 上连续;
(2) 在开区间 (a,b) 内可导;
(3) 在区间端点的两个函数值相等,即 $f(a)=f(b)$,则在开区间 (a,b) 内至少存在一点 $\xi\in(a,b)$,使得
$$f'(\xi)=0.$$

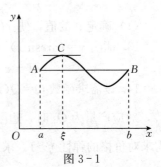

图 3-1

罗尔定理的几何意义是:如果函数 $y=f(x)$ 在区间 $[a,b]$ 上的图形是一条连续的曲线,除端点外任一点处都没有垂直于 x 轴的切线,且 $f(a)=f(b)$,那么,在区间 (a,b) 上至少存在一点,这一点的切线平行于 x 轴(图 3-1).

证 因函数 $f(x)$ 在 $[a,b]$ 上连续,由连续函数的最大值和最小值定理知,函数 $f(x)$ 在 $[a,b]$ 上必有最大值 M 和最小值 m,下面分两种情况来讨论:

(1) 如果 $M=m$,则 $y=f(x)$ 在闭区间 $[a,b]$ 上恒等于常数 M,其导数 $f'(x)$ 在该区间内任一点都为零,即任取 (a,b) 内一点作为 ξ,都有 $f'(\xi)=0$,结论成立.

(2) 如果 $M>m$,则由 $f(a)=f(b)$,知 M 和 m 至少有一个不在端点处取得,不妨令 $M\neq f(a)=f(b)$(如设 $m\neq f(a)$ 证法类似),即在 (a,b) 内至少存在一点 ξ 使 $f(\xi)=M$.下面我们来证明 $f'(\xi)=0$.

因为 $\xi\in(a,b)$,根据假设可知 $f'(\xi)$ 存在,即极限 $\lim\limits_{\Delta x\to 0}\dfrac{f(\xi+\Delta x)-f(\xi)}{\Delta x}$ 存在,所以左、

右极限都存在且相等,因此
$$f'(\xi) = \lim_{\Delta x \to 0^+} \frac{f(\xi+\Delta x) - f(\xi)}{\Delta x} = \lim_{\Delta x \to 0^-} \frac{f(\xi+\Delta x) - f(\xi)}{\Delta x}.$$

由于 $f(\xi) = M$ 是 $f(x)$ 在 $[a, b]$ 上的最大值,因此不论 $\Delta x > 0$ 还是 $\Delta x < 0$,只要 $\xi + \Delta x$ 在 $[a, b]$ 上,总有 $f(\xi+\Delta x) \leqslant f(\xi)$,即 $f(\xi+\Delta x) - f(\xi) \leqslant 0$.

当 $\Delta x > 0$ 时,有
$$\frac{f(\xi+\Delta x) - f(\xi)}{\Delta x} \leqslant 0,$$

从而,根据函数极限的性质有
$$f'_+(\xi) = \lim_{\Delta x \to 0^+} \frac{f(\xi+\Delta x) - f(\xi)}{\Delta x} \leqslant 0.$$

同理,当 $\Delta x < 0$ 时,有
$$\frac{f(\xi+\Delta x) - f(\xi)}{\Delta x} \geqslant 0,$$

相应地有
$$f'_-(\xi) = \lim_{\Delta x \to 0^-} \frac{f(\xi+\Delta x) - f(\xi)}{\Delta x} \geqslant 0.$$

而由
$$f'_+(\xi) = f'_-(\xi) = f'(\xi),$$
必然有
$$f'(\xi) = 0.$$

综上所述,定理的结论成立.

例 1 考察下列函数在指定的区间上是否满足罗尔中值定理的条件,其结论是否成立.

(1) 函数 $f(x) = x^2 + 2x - 3$ 在区间 $[-3, 1]$ 上;

(2) 函数 $f(x) = |x|$ 在区间 $[-1, 1]$ 上;

(3) 函数 $f(x) = \dfrac{1}{x}$ 在 $[1, 2]$ 上.

解 (1) 函数 $f(x) = x^2 + 2x - 3$ 在整个数轴上连续,当然在区间 $[-3, 1]$ 上也是连续的;函数 $f(x) = x^2 + 2x - 3$ 在 $(-\infty, +\infty)$ 上处处可导,因此在区间 $(-3, 1)$ 上也是可导的;$f(-3) = f(1) = 0$,因此,所给函数在区间 $[-3, 1]$ 上满足罗尔定理的条件. 由于 $f'(x) = 2x + 2$,所以,当 $\xi = -1$ 时,$f'(\xi) = f'(-1) = 0$,而 $\xi = -1 \in (-3, 1)$,就是说函数 $f(x) = x^2 + 2x - 3$ 在区间 $[-3, 1]$ 上获得了罗尔定理的结论.

(2) 函数 $f(x) = |x|$ 在 $[-1, 1]$ 上连续,且 $f(1) = f(-1) = 1$,但在 $(-1, 1)$ 内的 $x = 0$ 处不可导,故不满足罗尔定理的条件.

(3) $f(x) = \dfrac{1}{x}$ 在 $[1, 2]$ 上连续,在 $(1, 2)$ 可导,但 $f(1) = 1$,$f(2) = \dfrac{1}{2}$,即 $f(1) \neq f(2)$,故不满足罗尔定理的条件.

注意:定理中三个条件是结论的充分非必要条件,即如果缺少某一条件,结论就可能不成立. 但即使三个条件全破坏,结论中 ξ 仍可能存在.

例 2 不求导数,判别函数 $f(x) = x(2x-1)(x-2)$ 的导数方程有几个实根,以及它们所在的范围.

解 由于 $f(x)$ 是多项式函数,故 $f(x)$ 在 $\left[0, \dfrac{1}{2}\right]$、$\left[\dfrac{1}{2}, 2\right]$ 上连续,在 $\left(0, \dfrac{1}{2}\right)$、

$\left(\frac{1}{2}, 2\right)$ 内可导,且 $f(0) = f\left(\frac{1}{2}\right) = f(2) = 0$,即函数 $f(x)$ 满足罗尔定理的条件.

由罗尔定理,函数 $f(x)$ 在 $\left(0, \frac{1}{2}\right)$ 内至少存在一点 ξ_1,使得 $f'(\xi_1) = 0$,在 $\left(\frac{1}{2}, 2\right)$ 内至少存在一点 ξ_2,使得 $f'(\xi_2) = 0$,即 ξ_1, ξ_2 为 $f'(x) = 0$ 的两个实根.又 $f'(x) = 0$ 为二次方程,至多有两个实根.故 $f'(x) = 0$ 有两个实根,它们分别在 $\left(0, \frac{1}{2}\right)$ 和 $\left(\frac{1}{2}, 2\right)$ 内.

例 3　已知 $f(x)$ 在 $[0, 1]$ 上连续,在 $(0, 1)$ 内可导,且 $f(0) = 1, f(1) = 0$,证明在 $(0, 1)$ 内至少存在一点 ξ,使得 $f(\xi) = -\xi f'(\xi)$.

证　令 $F(x) = x f(x)$,则由 $f(x)$ 在 $[0, 1]$ 上连续,在 $(0, 1)$ 内可导知,$F(x)$ 在 $[0, 1]$ 上连续,在 $(0, 1)$ 内可导,$F(0) = F(1) = 0$,满足罗尔中值定理的条件,且 $F'(x) = f(x) + x f'(x)$.由罗尔定理知,在 $(0, 1)$ 内至少存在一点 ξ,使得 $F'(\xi) = 0$,即 $f(\xi) + \xi f'(\xi) = 0$,故

$$f(\xi) = -\xi f'(\xi).$$

例 4　设函数 $f(x)$ 可导,证明:$f(x)$ 的任何两个零点之间有 $f'(x) + f(x)$ 一个零点.

证　设 $F(x) = e^x f(x)$,又设 $x_1, x_2 (x_1 < x_2)$ 是 $f(x)$ 的两个零点,即

$$f(x_1) = f(x_2) = 0,$$

于是 $F(x_1) = e^{x_1} f(x_1) = 0$,$F(x_2) = e^{x_2} f(x_2) = 0$,由于函数 $f(x)$ 可导,于是函数 $f(x)$ 连续,所以 $F(x)$ 在闭区间 $[x_1, x_2]$ 满足罗尔定理的条件,从而存在 $\xi \in (x_1, x_2)$,使得

$$F'(\xi) = 0.$$

由于 $F'(x) = e^x [f(x) + f'(x)]$,所以 $F'(\xi) = e^\xi [f(\xi) + f'(\xi)] = 0$,这蕴含着

$$f(\xi) + f'(\xi) = 0.$$

二、拉格朗日中值定理

在罗尔定理中,曲线上存在一点 ξ,使得点 ξ 处的切线平行于 x 轴.由于 $f(a) = f(b)$,从而切线平行于弦 AB(图 3-1).如果 $f(a) \neq f(b)$,曲线上是否仍然存在一点 ξ,使得点 ξ 处的切线平行于弦 AB 呢?回答是肯定的,这就是拉格朗日中值定理.

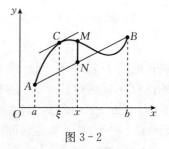

图 3-2

拉格朗日中值定理　如果函数 $y = f(x)$ 满足下列条件:

(1) 在闭区间 $[a, b]$ 上连续;

(2) 在开区间 (a, b) 内可导,

那么在开区间 (a, b) 内至少存在一点 $\xi \in (a, b)$,使得

$$f'(\xi) = \frac{f(b) - f(a)}{b - a} \tag{1}$$

成立.

我们也来分析一下定理的几何意义.根据图 3-2,函数 $y = f(x)$ 在 $[a, b]$ 上连续、在 (a, b) 内可导,说明函数 $f(x)$ 的图形是一条连续的曲线(设为 $\overparen{AB}$),并且除端点外处处具有不垂直于 x 轴的切线.等式

$$f'(\xi) = \frac{f(b) - f(a)}{b - a}$$

中右边的 $\dfrac{f(b) - f(a)}{b - a}$ 表示弦 AB 的斜率，而 $f'(\xi)$ 为曲线在点 C 处的切线的斜率，因此拉格朗日中值定理的几何意义是：

如果连续曲线 $y = f(x)$ 的弧 $\overset{\frown}{AB}$ 上除端点外处处具有不垂直于 x 轴的切线，那么在弧上至少有一点 C，使曲线在点 C 处的切线平行于弦 AB.

在定理中，当 $f(a) = f(b)$（弦 AB 平行于 x 轴）时，结论变为 $f'(\xi) = 0$，这就是罗尔定理的结论．由此可见，罗尔定理是拉格朗日中值定理的特殊情形，拉格朗日中值定理是罗尔定理的推广．

我们设法利用罗尔定理来证明拉格朗日中值定理，需要构造一个满足罗尔定理的条件且又与所证明的结论有关的函数．

从图 3-2 中看到，曲线 $y = f(x)$ 与割线 AB 在区间 $[a, b]$ 的两个端点处相交于一点，若设割线 AB 的方程为 $y = L(x)$，即有 $f(a) = L(a)$，$f(b) = L(b)$，所以若设 $\varphi(x) = f(x) - L(x)$，则有 $\varphi(a) = \varphi(b)$，即 $\varphi(x)$ 在区间 $[a, b]$ 上满足罗尔定理的三个条件．又可求得割线 AB 的方程为

$$L(x) = f(a) + \frac{f(b) - f(a)}{b - a}(x - a),$$

所以
$$\varphi(x) = f(x) - L(x) = f(x) - f(a) - \frac{f(b) - f(a)}{b - a}(x - a).$$

根据以上分析，我们就可以做出以下的证明．

证 引进辅助函数

$$\varphi(x) = f(x) - L(x) = f(x) - f(a) - \frac{f(b) - f(a)}{b - a}(x - a),$$

则函数 $\varphi(x)$ 在区间 $[a, b]$ 上满足罗尔定理的三个条件，且

$$\varphi'(x) = f'(x) - \frac{f(b) - f(a)}{b - a},$$

由罗尔定理知，在 (a, b) 内至少存在一点 ξ，使 $\varphi'(\xi) = 0$，即

$$f'(\xi) - \frac{f(b) - f(a)}{b - a} = 0,$$

由此得
$$\frac{f(b) - f(a)}{b - a} = f'(\xi).$$

定理证毕．

注意：（1）公式 (1) 对于 $b < a$ 时仍然成立，(1) 式叫作拉格朗日中值公式．

（2）拉格朗日中值公式也可写成如下形式：

$$f(b) - f(a) = f'(\xi) \cdot (b - a) \quad (a < \xi < b), \tag{2}$$

如果记 $\xi = a + \theta(b - a)$，其中 $0 < \theta < 1$，则拉格朗日中值公式又可写成

$$f(b) - f(a) = f'[a + \theta(b - a)] \cdot (b - a),$$

如果取 $a = x$，$b = x + \Delta x$，则有

$$f(x + \Delta x) - f(x) = f'(x + \theta \Delta x) \cdot \Delta x \quad (0 < \theta < 1), \tag{3}$$

或
$$\Delta y = f'(x + \theta \Delta x) \cdot \Delta x. \tag{4}$$

由定理的结论我们看到,拉格朗日中值定理在证明某些不等式方面有着重要应用.

例 5 验证函数 $f(x)=x^3$ 在 $[-1,0]$ 上满足拉格朗日中值定理的条件,并求中值定理中 ξ 的值.

解 显然 $f(x)$ 在 $[-1,0]$ 上连续,$f'(x)=3x^2$ 在 $(-1,0)$ 内有意义,即 $f(x)$ 在 $(-1,0)$ 内可导,故 $f(x)$ 在 $[-1,0]$ 上满足拉格朗日中值定理的条件,根据定理,得
$$f(0)-f(-1)=f'(\xi)[0-(-1)]=3\xi^2,$$
所以 $3\xi^2=1$,即 $\xi=-\dfrac{\sqrt{3}}{3}$,$\xi\in(-1,0)$.

例 6 $\arctan x_2-\arctan x_1\leqslant x_2-x_1$(其中 $x_1<x_2$).

证 设 $f(x)=\arctan x$,在 $[x_1,x_2]$ 上应用拉格朗日中值定理,得
$$\arctan x_2-\arctan x_1=\dfrac{1}{1+\xi^2}(x_2-x_1),\quad x_1<\xi<x_2,$$
由于 $\dfrac{1}{1+\xi^2}\leqslant 1$,所以
$$\arctan x_2-\arctan x_1\leqslant x_2-x_1.$$

例 7 设函数 $f(x)$ 在 $[0,1]$ 上连续,在 $(0,1)$ 内可导,证明至少存在一点 $\xi\in(0,1)$,使得
$$f(1)=3\xi^2 f(\xi)+\xi^3 f'(\xi).$$

证 注意到 $3x^2 f(x)+x^3 f'(x)$ 是 $x^3 f(x)$ 的导函数,故我们考虑函数 $F(x)=x^3 f(x)$,易知 $F(x)$ 在 $[0,1]$ 上连续,在 $(0,1)$ 内可导,即 $F(x)$ 在 $[0,1]$ 上满足拉格朗日中值定理的条件,根据定理,得
$$F(1)-F(0)=F'(\xi),\quad \xi\in(0,1),$$
即
$$f(1)=3\xi^2 f(\xi)+\xi^3 f'(\xi).$$

拉格朗日中值定理有如下两个重要推论.

推论 1 若函数 $y=f(x)$ 在区间 I 上的导数恒为零,则在区间 I 上 $f(x)$ 为常数.

证 在区间 I 上任取两点 x_1、x_2,并设 $x_1<x_2$,则函数在区间 $[x_1,x_2]$ 上满足拉格朗日中值定理的条件,在区间 $[x_1,x_2]$ 上应用公式(1),得
$$f(x_2)-f(x_1)=f'(\xi)(x_2-x_1)\quad(x_1<\xi<x_2),$$
由已知条件有 $f'(\xi)=0$,故 $f(x_2)-f(x_1)=0$,即 $f(x_2)=f(x_1)$.

因为 x_1、x_2 是区间 $[a,b]$ 上的任意两点,所以上式表明:$f(x)$ 在区间 $[a,b]$ 上的函数值总是相等的,即函数在区间 I 上是常数.

例 8 证明恒等式 $\arctan x+\operatorname{arccot} x=\dfrac{\pi}{2}(-\infty<x<+\infty)$.

证 设 $f(x)=\arctan x+\operatorname{arccot} x$,显然 $f(x)$ 在 $(-\infty,+\infty)$ 内可导,且
$$f'(x)=\dfrac{1}{1+x^2}+\dfrac{-1}{1+x^2}=0,$$
因 x 为 $(-\infty,+\infty)$ 内任一点,故由推论 1 知 $f(x)=C$(常数),这就证明了函数是一个常数.

又因为 $f(0)=\arctan 0+\operatorname{arccot} 0=\dfrac{\pi}{2}$,所以这个常数是 $\dfrac{\pi}{2}$,即 $x\in(-\infty,+\infty)$ 时,有

$\arctan x + \text{arccot}\, x = \dfrac{\pi}{2}$ 恒成立.

推论 2 如果函数 $\varphi(x)$ 与 $\psi(x)$ 在闭区间 $[a, b]$ 上连续,在开区间 (a, b) 内可导,$\varphi'(x) = \psi'(x)$,则在 $[a, b]$ 上 $\varphi(x)$ 与 $\psi(x)$ 最多只相差一个常数.

证 设 $g(x) = \varphi(x) - \psi(x)$,则 $g(x)$ 在闭区间 $[a, b]$ 上连续,在开区间 (a, b) 内可导,且 $g'(x) = \varphi'(x) - \psi'(x) = 0$,由推论 1 可知,在 $[a, b]$ 上 $g(x) = C$,即 $\varphi(x) - \psi(x) = C$.

三、柯西中值定理

由拉格朗日中值定理我们知道,如果区间 $[a, b]$ 上的连续曲线弧 $\overset{\frown}{AB}$ 除端点外处处具有不垂直于 x 轴的切线,那么这段弧上至少存在一点 C,使曲线在点 C 处的切线平行于弦 AB. 若弧 $\overset{\frown}{AB}$ 由参数方程

$$\begin{cases} X = F(x), \\ Y = f(x) \end{cases} (a \leqslant x \leqslant b)$$

表示(图 3-3),其中 x 为参数,那么曲线上点 (X, Y) 处的切线的斜率为

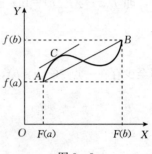

图 3-3

$$\dfrac{\mathrm{d}Y}{\mathrm{d}X} = \dfrac{f'(x)}{F'(x)},$$

弦 AB 的斜率为

$$\dfrac{f(b) - f(a)}{F(b) - F(a)}.$$

假定点 C 对应于参数 $x = \xi$,那么曲线上点 C 处的切线平行于弦 AB,可表示为

$$\dfrac{f(b) - f(a)}{F(b) - F(a)} = \dfrac{f'(\xi)}{F'(\xi)}.$$

相应地,有如下定理:

柯西中值定理 如果函数 $F(x)$ 及 $f(x)$ 在 $[a, b]$ 上连续,在 (a, b) 内可导,且 $F'(x)$ 在 (a, b) 内的每一点处均不为零,那么在 (a, b) 内至少存在一点 ξ,使等式

$$\dfrac{f(b) - f(a)}{F(b) - F(a)} = \dfrac{f'(\xi)}{F'(\xi)} \tag{5}$$

成立.

显然,如果取 $F(x) = x$,那么 $F(b) - F(a) = b - a$,$F'(x) = 1$,公式(5)就可以写成:

$$f(b) - f(a) = f'(\xi)(b - a) \quad (a < \xi < b).$$

这正是拉格朗日中值定理,因此,拉格朗日中值定理是柯西中值定理的一种特殊情况,或者说,柯西中值定理是拉格朗日中值定理的推广.

例 9 设 $f(x) = \sin x$,$g(x) = \cos x$,验证柯西中值定理对于函数 $f(x)$ 与 $g(x)$ 在区间 $[0, \pi]$ 上的正确性.

解 显然 $f(x)$ 与 $g(x)$ 分别都在 $[0, \pi]$ 上连续,在 $(0, \pi)$ 内可导,且 $g'(x) = -\sin x \neq 0$,$x \in (0, \pi)$,故 $f(x)$ 与 $g(x)$ 在区间 $[0, \pi]$ 上满足柯西中值定理的条件.

另一方面,取 $\xi = \dfrac{\pi}{2} \in (0, \pi)$,且

$$f'(\xi)=\cos\xi=0, \quad g'(\xi)=-\sin\xi=-1,$$

从而 $\dfrac{f(\pi)-f(0)}{g(\pi)-g(0)}=\dfrac{\sin\pi-\sin0}{\cos\pi-\cos0}=0=\dfrac{f'(\xi)}{g'(\xi)}.$

这说明柯西中值定理对于函数 $f(x)$ 与 $g(x)$ 在区间 $[0,\pi]$ 上是正确的.

例 10 设 $f(x)$ 在 $[a,b]$ 上连续，在 (a,b) 内可导，证明至少存在一点 $\xi\in(a,b)$，使得 $f(b)-f(a)=\xi\ln\dfrac{b}{a}f'(\xi).$

证 $f(x)$ 与 $F(x)=\ln x$ 在 $[a,b]$ 上连续，在 (a,b) 内可导，且 $F'(x)=\dfrac{1}{x}\neq 0(0<a<b)$，即 $f(x)$ 与 $F(x)=\ln x$ 在 $[a,b]$ 上满足柯西中值定理条件，根据定理，得

$$\frac{f(b)-f(a)}{\ln b-\ln a}=\frac{f'(\xi)}{\dfrac{1}{\xi}}, \quad \xi\in(a,b),$$

即至少存在一点 $\xi\in(a,b)$，使得

$$f(b)-f(a)=\xi\ln\frac{b}{a}f'(\xi).$$

习 题 3-1

1. 验证罗尔定理对函数 $y=\ln\sin x$ 在区间 $\left[\dfrac{\pi}{3},\dfrac{2\pi}{3}\right]$ 上的正确性.

2. 验证拉格朗日中值定理对函数 $y=4x^3-5x^2+x-2$ 在区间 $[0,1]$ 上的正确性.

3. 对函数 $f(x)=\sin x$，$F(x)=x+\cos x$ 在区间 $\left[0,\dfrac{\pi}{2}\right]$ 上验证柯西中值定理的正确性.

4. 不用求出函数 $y=x(x-1)(x-2)$ 的导数 y'，说明方程 $y'=0$ 有几个实根，并求出它们所在的区间.

5. 证明方程 $x^5+5x-1=0$ 有且仅有一个小于 1 的正实根.

6. 证明不等式：

(1) $|\sin x_1-\sin x_2|\leqslant|x_1-x_2|$；　　(2) 当 $x>1$ 时，$e^x>e\cdot x$.

7. 证明恒等式：$\arcsin x+\arccos x=\dfrac{\pi}{2}$，$x\in[-1,1]$.

8. 若函数 $f(x)$ 在 (a,b) 内具有二阶导数，且 $f(x_1)=f(x_2)=f(x_3)$，其中 $a<x_1<x_2<x_3<b$，证明在 (x_1,x_3) 内至少有一点 ξ，使得 $f''(\xi)=0.$

*9. 设 $f(x)$ 在 $[0,1]$ 上连续，在 $(0,1)$ 内可导，且 $f(0)=f(1)=0$，$f\left(\dfrac{1}{2}\right)=1$，证明开区间 $(0,1)$ 内至少有一点 ξ，使 $f'(\xi)=1$ 成立.

*10. 证明：若函数 $f(x)$ 在 $(-\infty,+\infty)$ 内满足关系式 $f'(x)=f(x)$，且 $f(0)=1$，则 $f(x)=e^x.$

*11. 设函数 $f(x)$ 在区间 $[1,4]$ 上连续，且 $f(1)+f(2)+f(3)=6$，$f(4)=2$，证明：在 $(1,4)$ 上至少存在一点 ξ，使 $f'(\xi)=0.$

第二节　洛必达(L' Hospital)法则

我们知道，两个无穷小量的比值的极限与两个无穷大量的比值的极限都可能存在，也可

能不存在. 通常称这种极限为未定式, 并分别简记为 $\frac{0}{0}$ 或 $\frac{\infty}{\infty}$.

洛必达法则是处理未定式极限的重要工具, 是计算 $\frac{0}{0}$ 型、$\frac{\infty}{\infty}$ 型极限的简单而有效的方法.

一、$\frac{0}{0}$ 型未定式

定理 1 如果

(1) $\lim\limits_{x \to x_0} f(x) = 0$, $\lim\limits_{x \to x_0} g(x) = 0$;

(2) 在点 x_0 的某去心邻域内, $f'(x)$ 及 $g'(x)$ 都存在且 $g'(x) \neq 0$;

(3) $\lim\limits_{x \to x_0} \dfrac{f'(x)}{g'(x)} = A$ 存在(或为无穷大),

则有
$$\lim_{x \to x_0} \frac{f(x)}{g(x)} = \lim_{x \to x_0} \frac{f'(x)}{g'(x)} = A \, (A \text{ 为有限值或无穷大}).$$

证 当 $x \to x_0$ 时, 由条件(1)可知, 函数 $f(x)$ 和 $g(x)$ 在点 x_0 处或连续或间断, 如果在点 x_0 处间断, 那么 x_0 必是可去间断点(因为在 x_0 处的左右极限存在且相等), 所以可设 $f(x_0) = g(x_0) = 0$.

设 x 为 x_0 邻近的任一点, 当 $x > x_0$ 时, 对 $f(x)$ 和 $g(x)$ 在 $[x_0, x]$ 上应用柯西中值定理得
$$\frac{f(x)}{g(x)} = \frac{f(x) - f(x_0)}{g(x) - g(x_0)} = \frac{f'(\xi)}{g'(\xi)} \quad (x_0 < \xi < x).$$

当 $x \to x_0$ 时, $\xi \to x_0$, 于是
$$\lim_{x \to x_0} \frac{f(x)}{g(x)} = \lim_{\xi \to x_0} \frac{f'(\xi)}{g'(\xi)} = \lim_{x \to x_0} \frac{f'(x)}{g'(x)};$$

当 $x < x_0$ 时, 对 $f(x)$ 和 $g(x)$ 在区间 $[x, x_0]$ 上应用柯西中值定理, 可得同样结果.
定理证毕.

该定理说明, 当 $\lim\limits_{x \to x_0} \dfrac{f'(x)}{g'(x)}$ 存在时, $\lim\limits_{x \to x_0} \dfrac{f(x)}{g(x)}$ 可以通过 $\lim\limits_{x \to x_0} \dfrac{f'(x)}{g'(x)}$ 来获得, 且 $\lim\limits_{x \to x_0} \dfrac{f'(x)}{g'(x)} = \lim\limits_{x \to x_0} \dfrac{f(x)}{g(x)}$; 当 $\lim\limits_{x \to x_0} \dfrac{f'(x)}{g'(x)}$ 为无穷大时, $\lim\limits_{x \to x_0} \dfrac{f(x)}{g(x)}$ 也为无穷大. 这种在一定条件下通过分子、分母分别求导再求极限来确定未定式值的方法称为洛必达(L'Hospital)法则.

如果 $\lim\limits_{x \to x_0} \dfrac{f'(x)}{g'(x)}$ 仍为 $\dfrac{0}{0}$ 型, 且此时 $f'(x)$、$g'(x)$ 仍能满足定理的条件, 则可以继续重复使用洛必达法则.

推论 1 设 $f(x)$ 与 $g(x)$ 满足

(1) $\lim\limits_{x \to \infty} f(x) = 0$, $\lim\limits_{x \to \infty} g(x) = 0$;

(2) 存在 $X > 0$, 当 $|x| > X$ 时, $f(x)$ 和 $g(x)$ 都可导, 且 $g'(x) \neq 0$;

(3) $\lim\limits_{x \to \infty} \dfrac{f'(x)}{g'(x)}$ 存在(或为无穷大),

那么
$$\lim_{x \to \infty} \frac{f(x)}{g(x)} = \lim_{x \to \infty} \frac{f'(x)}{g'(x)} = A \, (A \text{ 为有限值或为无穷大}).$$

证 设 $x = \dfrac{1}{y}$, 则有 $y = \dfrac{1}{x}$. 当 $x \to \infty$ 时, $y \to 0$, 由定理 1 已证

$$\lim_{x\to\infty}\frac{f(x)}{g(x)}=\lim_{y\to 0}\frac{f\left(\frac{1}{y}\right)}{g\left(\frac{1}{y}\right)}=\lim_{y\to 0}\frac{f'\left(\frac{1}{y}\right)\left(\frac{1}{y}\right)'}{g'\left(\frac{1}{y}\right)\left(\frac{1}{y}\right)'}=\lim_{x\to\infty}\frac{f'(x)}{g'(x)}.$$

例 1 设 $f(x)=x^2\sin\frac{1}{x}$，$g(x)=\sin x$，则

$$\lim_{x\to 0}\frac{f(x)}{g(x)}=\lim_{x\to 0}\frac{x^2\sin\frac{1}{x}}{\sin x}=\lim_{x\to 0}x\sin\frac{1}{x}\cdot\lim_{x\to 0}\frac{x}{\sin x}=0.$$

另一方面，由

$$\lim_{x\to 0}\frac{f'(x)}{g'(x)}=\lim_{x\to 0}\frac{2x\sin\frac{1}{x}-\cos\frac{1}{x}}{\cos x}$$

不存在可知，$f(x)$ 与 $g(x)$ 不满足定理条件，故不能使用洛必达法则．

注 1：如果极限中所涉及的函数不能满足定理的条件，则不能使用洛必达法则．

例 2 设 $f(x)=x^2+2\cos x$，$g(x)=2x+1$，则

$$\lim_{x\to 0}\frac{f(x)}{g(x)}=\lim_{x\to 0}\frac{x^2+2\cos x}{2x+1}=2.$$

另一方面，由 $\lim_{x\to 0}(x^2+2\cos x)=2$ 可知，表达式 $\lim_{x\to 0}\frac{f(x)}{g(x)}$ 不是未定式，故不能使用洛必达法则，否则将导致下面的错误结果：

$$\lim_{x\to 0}\frac{f(x)}{g(x)}=\lim_{x\to 0}\frac{f'(x)}{g'(x)}=\lim_{x\to 0}\frac{2x-2\sin x}{2}=0.$$

注 2：如果所讨论的极限不是未定式，则不能用洛必达法则．

例 3 求 $\lim_{x\to 1}\frac{\ln x}{x-1}$．

解 此题属 $\frac{0}{0}$ 型未定式，符合洛必达法则的条件，故

$$\lim_{x\to 1}\frac{\ln x}{x-1}=\lim_{x\to 1}\frac{\frac{1}{x}}{1}=1.$$

例 4 求 $\lim_{x\to+\infty}\frac{\frac{\pi}{2}-\arctan x}{\sin\frac{1}{x}}$．

解 此题属 $\frac{0}{0}$ 型未定式，符合洛必达法则的条件，故

$$\lim_{x\to+\infty}\frac{\frac{\pi}{2}-\arctan x}{\sin\frac{1}{x}}=\lim_{x\to+\infty}\frac{\left(\frac{\pi}{2}-\arctan x\right)'}{\left(\sin\frac{1}{x}\right)'}=\lim_{x\to+\infty}\frac{-\frac{1}{x^2+1}}{-\frac{1}{x^2}\cos\frac{1}{x}}=\lim_{x\to+\infty}\frac{x^2}{1+x^2}\frac{1}{\cos\frac{1}{x}}=1.$$

例 5 求 $\lim_{x\to 0}\frac{x-x\cos x}{x-\sin x}$．

解 此题属 $\frac{0}{0}$ 型未定式，符合洛必达法则的条件，故

$$\lim_{x\to 0}\frac{x-x\cos x}{x-\sin x}=\lim_{x\to 0}\frac{1-\cos x+x\sin x}{1-\cos x}=\lim_{x\to 0}\frac{x\cos x+2\sin x}{\sin x}$$
$$=\lim_{x\to 0}\frac{-x\sin x+3\cos x}{\cos x}=3.$$

注 3：如果 $\dfrac{f'(x)}{g'(x)}$ 当 $x\to a$ 时仍属 $\dfrac{0}{0}$ 型，且这时 $f'(x)$ 及 $g'(x)$ 能满足定理中 $f(x)$ 及 $g(x)$ 所满足的条件，那么可以继续再用洛必达法则，先确定 $\lim\limits_{x\to a}\dfrac{f'(x)}{g'(x)}$，从而确定 $\lim\limits_{x\to a}\dfrac{f(x)}{g(x)}$，即

$$\lim_{x\to a}\frac{f(x)}{g(x)}=\lim_{x\to a}\frac{f'(x)}{g'(x)}=\lim_{x\to a}\frac{f''(x)}{g''(x)},$$

且可以依此类推．

例 6 求 $\lim\limits_{x\to 2}\dfrac{2^x-4}{\sqrt{x}(x^2-4)}$．

解 此题属 $\dfrac{0}{0}$ 型未定式，符合洛必达法则的条件，故

$$\lim_{x\to 2}\frac{2^x-4}{\sqrt{x}(x^2-4)}=\lim_{x\to 2}\frac{1}{\sqrt{x}}\lim_{x\to 2}\frac{2^x-4}{x^2-4}=\frac{1}{\sqrt{2}}\lim_{x\to 2}\frac{2^x\ln 2}{2x}=\frac{\sqrt{2}}{2}\ln 2.$$

注 4：因为此例中 $\lim\limits_{x\to 2}\dfrac{1}{\sqrt{x}}=\dfrac{1}{\sqrt{2}}$，所以我们称 $\dfrac{1}{\sqrt{x}}$ 为常因子．在应用洛必达法则时，如果能将常因子先提出并计算出来，可以大大减少运算量，从而简化运算．

二、$\dfrac{\infty}{\infty}$ 型未定式

定理 2 如果 $f(x)$ 与 $g(x)$ 满足：

(1) $\lim\limits_{x\to x_0}f(x)=\infty$，$\lim\limits_{x\to x_0}g(x)=\infty$；

(2) 在点 x_0 的某去心邻域内，$f'(x)$ 及 $g'(x)$ 都存在且 $g'(x)\neq 0$；

(3) $\lim\limits_{x\to x_0}\dfrac{f'(x)}{g'(x)}$ 存在（或为无穷大），

那么 $$\lim_{x\to x_0}\frac{f(x)}{g(x)}=\lim_{x\to x_0}\frac{f'(x)}{g'(x)}=A(A\text{ 为有限值或无穷大}).$$

该定理证明从略，它适用于 $\dfrac{\infty}{\infty}$ 型的未定式．

推论 2 如果 $f(x)$ 与 $g(x)$ 满足：

(1) $\lim\limits_{x\to\infty}f(x)=\infty$，$\lim\limits_{x\to\infty}g(x)=\infty$；

(2) 存在 $X>0$，当 $|x|>X$ 时，$f'(x)$ 及 $g'(x)$ 都存在且 $g'(x)\neq 0$；

(3) $\lim\limits_{x\to\infty}\dfrac{f'(x)}{g'(x)}$ 存在（或为无穷大），

那么 $$\lim_{x\to\infty}\frac{f(x)}{g(x)}=\lim_{x\to\infty}\frac{f'(x)}{g'(x)}=A(A\text{ 为有限值或无穷大}).$$

例 7 求 $\lim\limits_{x\to 0^+}\dfrac{\ln\sin x}{\cot x}$．

解 此题属 $\frac{\infty}{\infty}$ 型未定式，应用洛必达法则有

$$\lim_{x\to 0^+}\frac{\ln\sin x}{\cot x}=\lim_{x\to 0^+}\frac{(\ln\sin x)'}{(\cot x)'}=\lim_{x\to 0^+}\frac{\frac{\cos x}{\sin x}}{-\csc^2 x}=\lim_{x\to 0^+}(-\sin x)\cos x=0.$$

例 8 求 $\lim\limits_{x\to+\infty}\dfrac{e^x}{x^2}$.

解 此题属 $\frac{\infty}{\infty}$ 型未定式，应用洛必达法则有

$$\lim_{x\to+\infty}\frac{e^x}{x^2}=\lim_{x\to+\infty}\frac{e^x}{2x}=\lim_{x\to+\infty}\frac{e^x}{2}=+\infty.$$

例 9 求 $\lim\limits_{x\to+\infty}\dfrac{\ln x}{x^n}(n>0)$.

解 此题属 $\frac{\infty}{\infty}$ 型未定式，应用洛必达法则有

$$\lim_{x\to+\infty}\frac{\ln x}{x^n}=\lim_{x\to+\infty}\frac{\frac{1}{x}}{nx^{n-1}}=\lim_{x\to+\infty}\frac{1}{nx^n}=0.$$

例 10 求 $\lim\limits_{x\to+\infty}\dfrac{x^n}{e^{\lambda x}}$($n$ 为正整数，$\lambda>0$).

解 连续使用洛必达法则 n 次，得

$$\lim_{x\to+\infty}\frac{x^n}{e^{\lambda x}}=\lim_{x\to+\infty}\frac{nx^{n-1}}{\lambda e^{\lambda x}}=\lim_{x\to+\infty}\frac{n(n-1)x^{n-2}}{\lambda^2 e^{\lambda x}}=\cdots=\lim_{x\to+\infty}\frac{n!}{\lambda^n e^{\lambda x}}=0.$$

注 5：在使用洛必达法则时，首先要判断极限式的类型，只有是 $\frac{0}{0}$ 或 $\frac{\infty}{\infty}$ 型的极限形式才可以使用该法则，这不仅要在开始时应注意，在求极限的过程中都应注意，一旦不再满足定理条件，就应停止使用该法则．

三、其他形式未定式

未定式除了上面讨论的两种基本类型外，还有多种其他类型，如 $0\cdot\infty$，$\infty-\infty$，0^0，1^∞，∞^0 等．求这些未定式的极限时，我们都要通过适当的变形将其化成 $\frac{0}{0}$ 型或 $\frac{\infty}{\infty}$ 型，然后再利用洛必达法则．

例 11 求 $\lim\limits_{x\to 0^+}x^n\ln x(n>0)$.

解 此未定式为 $0\cdot\infty$ 型未定式，因为

$$x^n\ln x=\frac{\ln x}{\frac{1}{x^n}},$$

当 $x\to 0^+$ 时，上式右端是 $\frac{\infty}{\infty}$ 型的未定式，应用洛必达法则，得

$$\lim_{x\to 0^+}x^n\ln x=\lim_{x\to 0^+}\frac{\ln x}{x^{-n}}=\lim_{x\to 0^+}\frac{\frac{1}{x}}{-nx^{-n-1}}=\lim_{x\to 0^+}\frac{-x^n}{n}=0.$$

例 12 求 $\lim\limits_{x\to 1}\left(\dfrac{x}{x-1}-\dfrac{1}{\ln x}\right)$.

解 此未定式为 $\infty-\infty$ 型未定式, 先通分化为 $\dfrac{0}{0}$ 型未定式, 再应用洛必达法则, 有

$$\lim_{x\to 1}\left(\frac{x}{x-1}-\frac{1}{\ln x}\right)=\lim_{x\to 1}\frac{x\ln x-x+1}{(x-1)\ln x}=\lim_{x\to 1}\frac{\ln x}{\ln x+1-\dfrac{1}{x}}$$

$$=\lim_{x\to 1}\frac{x\ln x}{x\ln x+x-1}=\lim_{x\to 1}\frac{\ln x+1}{\ln x+2}=\frac{1}{2}.$$

例 13 求 $\lim\limits_{x\to 0^+}x^{\tan x}$.

解 由 $\lim\limits_{x\to 0^+}x^{\tan x}$ 是 0^0 型未定式可知, 所求极限可化为

$$\lim_{x\to 0^+}x^{\tan x}=\lim_{x\to 0^+}e^{\tan x\ln x},$$

又因为 $\quad\lim\limits_{x\to 0^+}\tan x\ln x=\lim\limits_{x\to 0^+}\dfrac{\tan x}{x}(x\ln x)=\lim\limits_{x\to 0^+}x\ln x=0,$

所以由指数函数的连续性, 可得

$$\lim_{x\to 0^+}x^{\tan x}=\lim_{x\to 0^+}e^{\tan x\ln x}=e^0=1.$$

例 14 求 $\lim\limits_{x\to 0}(1+\sin^2 x)^{\frac{1}{x^2}}$.

解 由 $\lim\limits_{x\to 0}(1+\sin^2 x)^{\frac{1}{x^2}}$ 是 1^∞ 型未定式可知, 所求极限可化为

$$\lim_{x\to 0}(1+\sin^2 x)^{\frac{1}{x^2}}=\lim_{x\to 0}e^{\frac{\ln(1+\sin^2 x)}{x^2}},$$

又因为 $\quad\lim\limits_{x\to 0}\dfrac{\ln(1+\sin^2 x)}{x^2}=\lim\limits_{x\to 0}\dfrac{\dfrac{2\sin x\cos x}{1+\sin^2 x}}{2x}=\lim\limits_{x\to 0}\dfrac{\sin x}{x}\dfrac{\cos x}{1+\sin^2 x}=1,$

所以由指数函数的连续性可得

$$\lim_{x\to 0}(1+\sin^2 x)^{\frac{1}{x^2}}=\lim_{x\to 0}e^{\frac{\ln(1+\sin^2 x)}{x^2}}=e^1=e.$$

例 15 求 $\lim\limits_{x\to 0^+}(\cot x)^{\sin x}$.

解 由 $\lim\limits_{x\to 0^+}(\cot x)^{\sin x}$ 为 ∞^0 型未定式可知, 令 $y=(\cot x)^{\sin x}$, 则 $y=e^{\sin x\ln\cot x}$, 且

$$\lim_{x\to 0^+}\sin x\ln\cot x=\lim_{x\to 0^+}\frac{\ln\cot x}{\csc x}=\lim_{x\to 0^+}\frac{-\dfrac{\csc^2 x}{\cot x}}{-\csc x\cot x}=\lim_{x\to 0^+}\frac{\sin x}{\cos^2 x}=0,$$

从而由指数函数的连续性可得

$$\lim_{x\to 0^+}(\cot x)^{\sin x}=\lim_{x\to 0^+}e^{\sin x\ln\cot x}=e^0=1.$$

例 16 求 $\lim\limits_{x\to 0}\dfrac{\tan x-x}{x^2\sin x}$.

解 显然, 直接利用洛必达法则, 在对分母求导时比较麻烦, 这时如果作一个等价无穷小替代, 那么运算就方便得多, 其运算如下:

$$\lim_{x\to 0}\frac{\tan x-x}{x^2\sin x}=\lim_{x\to 0}\frac{\tan x-x}{x^3}\cdot\frac{x}{\sin x}=\lim_{x\to 0}\frac{\tan x-x}{x^3}$$

$$=\lim_{x\to 0}\frac{\sec^2 x-1}{3x^2}=\lim_{x\to 0}\frac{2\sec^2 x\tan x}{6x}=\frac{1}{3}.$$

从以上例子，我们可以看出，洛必达法则确实是求未定式的一种有效的方法，但未定式种类很多，只使用一种方法并不一定能完全奏效，最好与其他求极限的方法结合起来使用. 例如能化简时应尽可能化简，可利用等价无穷小替代或重要极限时，应尽可能应用，这样可使运算过程简化.

最后，我们指出，对于洛必达法则，我们还要注意它的适用范围，也就是说当定理中的条件(3)不满足时，我们就不能使用这个定理，即当 $\lim\limits_{\substack{x \to x_0 \\ (x \to \infty)}} \dfrac{f'(x)}{g'(x)}$ 不存在时，并不能肯定 $\lim\limits_{\substack{x \to x_0 \\ (x \to \infty)}} \dfrac{f(x)}{g(x)}$ 也不存在.

例 17 求 $\lim\limits_{x \to \infty} \dfrac{x + \sin x}{x}$.

解 显然这是 $\dfrac{\infty}{\infty}$ 型的未定式，应用洛必达法则，对分子分母分别求导后得到的极限式子为 $\lim\limits_{x \to \infty}(1 + \cos x)$，显然这个式子的极限不存在，但我们确有

$$\lim_{x \to \infty} \frac{x + \sin x}{x} = \lim_{x \to \infty}\left(1 + \frac{\sin x}{x}\right) = 1.$$

例 18 求 $\lim\limits_{x \to 0} \dfrac{3\sin x + x^2 \cos \dfrac{1}{x}}{(1 + \cos x)\ln(1 + x)}$.

解 这个极限虽是 $\dfrac{0}{0}$ 型，但分子、分母分别求导数后的极限不存在，因此不能用洛必达法则，但我们确有

$$\lim_{x \to 0} \frac{3\sin x + x^2 \cos \dfrac{1}{x}}{(1 + \cos x)\ln(1 + x)} = \lim_{x \to 0} \frac{1}{1 + \cos x}\left[\frac{3\dfrac{\sin x}{x} + x\cos\dfrac{1}{x}}{\dfrac{\ln(1 + x)}{x}}\right] = \frac{3}{2}.$$

习 题 3-2

1. 用洛必达法则求极限：

(1) $\lim\limits_{x \to 0} \dfrac{\sin 2x}{x}$；

(2) $\lim\limits_{x \to \frac{\pi}{2}} \dfrac{\cos x}{x - \dfrac{\pi}{2}}$；

(3) $\lim\limits_{x \to 0} \dfrac{\sin ax}{\tan bx}$；

(4) $\lim\limits_{x \to 0^+} \dfrac{\ln \tan 5x}{\ln \tan 3x}$；

(5) $\lim\limits_{x \to +\infty} \dfrac{e^x - e^{-x}}{e^x + e^{-x}}$；

(6) $\lim\limits_{x \to \frac{\pi}{2}}(\sec x - \tan x)$.

2. 用洛必达法则求极限：

(1) $\lim\limits_{x \to 0} \dfrac{(e^x - 1)\sin x}{1 - \cos x}$；

(2) $\lim\limits_{x \to 0} \dfrac{\tan x - \sin x}{x^3}$；

(3) $\lim\limits_{x \to 0} \dfrac{\tan x - \sin x}{x - \sin x}$；

(4) $\lim\limits_{x \to 0} \dfrac{1}{x}\left(\dfrac{1}{x} - \cot x\right)$；

(5) $\lim\limits_{x \to 0} \dfrac{x(e^x + 1) - 2(e^x - 1)}{x^3}$；

(6) $\lim\limits_{x \to \infty}(x\sqrt{x^2 + 1} - x)$；

(7) $\lim\limits_{x\to+\infty} x^{\frac{1}{x}}$;   (8) $\lim\limits_{x\to 0^+} x^{\sin x}$.

3. 验证极限 $\lim\limits_{x\to\infty}\dfrac{x-\sin x}{x+\sin x}$ 和 $\lim\limits_{x\to\infty}\dfrac{x-\sin x}{x}$ 存在，但都不能用洛必达法则计算，为什么？

*4. 用洛必达法则求极限：

(1) $\lim\limits_{x\to 0}[1+e^x\sin^2 x]^{\frac{1}{1-\cos x}}$;   (2) $\lim\limits_{x\to\infty}\left[x-x^2\ln\left(1+\dfrac{1}{x}\right)\right]$;

(3) $\lim\limits_{x\to 0}\dfrac{e^x-e^{\sin x}}{x^3}$.

第三节 泰勒(Taylor)公式

一、泰勒公式

在理论分析和近似计算中，常常希望能将一个复杂的函数 $f(x)$ 用一个多项式 $P_n(x)=a_0+a_1(x-x_0)+a_2(x-x_0)^2+\cdots+a_n(x-x_0)^n$ 来近似表示．这是因为多项式 $P_n(x)$ 只涉及数的加、减、乘三种运算，计算比较简单．例如，利用微分的概念，有

$$f(x)=f(x_0)+f'(x_0)(x-x_0)+o(x-x_0),$$

当 $|x-x_0|$ 很小时，有

$$f(x)\approx f(x_0)+f'(x_0)(x-x_0).$$

这是用一次多项式来近似表达函数的例子．但这个近似公式有两方面的缺点：其一精度不高，误差仅为 $(x-x_0)$ 的高阶无穷小 $o(x-x_0)$；其二没有准确通用的误差估计公式．因此，对于精度要求较高且需要估计误差时上式就不能使用了，那么能否使用关于 $(x-x_0)$ 的高次多项式来作近似计算呢？如果能，那公式的具体形式是怎样的呢？泰勒定理很好地回答了这个问题．

泰勒中值定理 如果函数 $y=f(x)$ 在包含 x_0 的某个开区间 (a,b) 内具有直到 $n+1$ 阶导数，x 为该区间内的任一点，则 $f(x)$ 可以表示为

$$f(x)=f(x_0)+\dfrac{f'(x_0)}{1!}(x-x_0)+\dfrac{f''(x_0)}{2!}(x-x_0)^2+\cdots+\dfrac{f^{(n)}(x_0)}{n!}(x-x_0)^n+R_n(x), \tag{1}$$

其中 $R_n(x)=\dfrac{f^{(n+1)}(\xi)}{(n+1)!}(x-x_0)^{n+1}$，这里 ξ 是 x_0 与 x 之间的某个值．

公式(1)叫作 $f(x)$ 在点 x_0 处的 n 阶泰勒公式，$\dfrac{f^{(n+1)}(\xi)}{(n+1)!}(x-x_0)^{n+1}$ 称为**拉格朗日型余项**．

当 $n=0$ 时，泰勒公式变成拉格朗日中值公式：

$$f(x)=f(x_0)+f'(\xi)(x-x_0)\ (\xi\text{介于}x\text{和}x_0\text{之间}),$$

因此，泰勒中值定理是拉格朗日中值定理的推广．

记

$$P_n(x)=f(x_0)+\dfrac{f'(x_0)}{1!}(x-x_0)+\dfrac{f''(x_0)}{2!}(x-x_0)^2+\cdots+\dfrac{f^{(n)}(x_0)}{n!}(x-x_0)^n, \tag{2}$$

那么称 $P_n(x)$ 为函数 $f(x)$ 按 $(x-x_0)$ 的幂展开的 n 次近似多项式,当我们用 $P_n(x)$ 近似代替 $f(x)$ 时,其误差为 $|P_n(x)|$,如果对于某个固定的 n,当 x 在开区间 (a,b) 内变动时,$|f^{(n+1)}(x)|$ 总不超过一个常数 M,则有估计式

$$|R_n(x)| = \left|\frac{f^{(n+1)}(\xi)}{(n+1)!}(x-x_0)^{n+1}\right| \leqslant \frac{M}{(n+1)!}|x-x_0|^{n+1}$$

及

$$\lim_{x \to x_0} \frac{R_n(x)}{(x-x_0)^n} = 0.$$

由此可见,当 $x \to x_0$ 时,$R_n(x)$ 是比 $(x-x_0)^n$ 高阶的无穷小,即

$$R_n(x) = o[(x-x_0)^n].$$

我们称此余项为佩亚诺型余项.

这样我们提出的问题在理论上得到完满地解决.

例 1 将多项式 $f(x) = x^3 + x - 2$ 按 $(x-1)$ 的幂展开.

解 即求 $f(x)$ 在点 $x = 1$ 处的泰勒展开式,因为

$$f'(x) = 3x^2 + 1, \quad f''(x) = 6x, \quad f'''(x) = 6, \quad f^{(4)}(x) = 0,$$

$$f(1) = 0, \quad f'(1) = 4, \quad f''(1) = 6, \quad f'''(1) = 6,$$

所以其泰勒展开式为

$$f(x) = f(1) + \frac{f'(1)}{1!}(x-1) + \frac{f''(1)}{2!}(x-1)^2 + \frac{f'''(1)}{3!}(x-1)^3$$

$$= 4(x-1) + 3(x-1)^2 + (x-1)^3.$$

二、麦克劳林公式

在泰勒公式中,如果取 $x_0 = 0$,则泰勒公式变为如下简单的形式:

$$f(x) = f(0) + \frac{f'(0)}{1!}x + \frac{f''(0)}{2!}x^2 + \cdots + \frac{f^{(n)}(0)}{n!}x^n + R_n(x), \tag{3}$$

此时余项 $R_n(x) = \frac{f^{(n+1)}(\theta x)}{(n+1)!}x^{n+1}$ ($0 < \theta < 1$,θx 介于 0 和 x 之间). $R_n(x)$ 是比 x^n 高阶的无穷小,公式(3)叫作 $f(x)$ 的 n 阶麦克劳林公式.

由麦克劳林公式可得另一个较为常用的近似公式:

$$f(x) \approx f(0) + f'(0)x + \frac{f''(0)}{2!}x^2 + \cdots + \frac{f^{(n)}(0)}{n!}x^n.$$

例 2 写出 $f(x) = e^x$ 的 n 阶麦克劳林公式.

解 因为 $\quad f'(x) = f''(x) = \cdots = f^{(n)}(x) = e^x,$

所以 $\quad f(0) = f'(0) = f''(0) = \cdots = f^{(n)}(0) = e^0 = 1.$

又 $f^{(n+1)}(\theta x) = e^{\theta x}$,所以 $R_n(x) = \frac{e^{\theta x}}{(n+1)!}x^{n+1}$ ($0 < \theta < 1$),即

$$e^x = 1 + x + \frac{1}{2!}x^2 + \frac{1}{3!}x^3 + \cdots + \frac{1}{n!}x^n + \frac{e^{\theta x}}{(n+1)!}x^{n+1} \quad (0 < \theta < 1).$$

对于任何有限值 x,$\lim_{n \to \infty} R_n(x) = \lim_{n \to \infty} \frac{e^{\theta x}}{(n+1)!}x^{n+1} = 0$,从而有近似公式

$$e^x \approx 1 + x + \frac{1}{2!}x^2 + \cdots + \frac{1}{n!}x^n.$$

当 $x=1$ 时，$e \approx 1+1+\dfrac{1}{2!}+\cdots+\dfrac{1}{n!}$，其余项 $|R_n|<\dfrac{e}{(n+1)!}<\dfrac{3}{(n+1)!}$. 当 $n=10$ 时，可算出 $e \approx 2.7182822$，其误差不超过 10^{-6}.

例3 求 $f(x)=\sin x$ 的 n 阶麦克劳林公式.

解 因为

$$f'(x)=\cos x, \ f''(x)=-\sin x, \ f'''(x)=-\cos x, \cdots, f^{(n)}(x)=\sin\left(x+\dfrac{n\pi}{2}\right),$$

所以 $f(0)=0$，$f'(0)=1$，$f''(0)=0$，$f'''(0)=-1$，$f^{(4)}(0)=0$，$\cdots$，则

$$\sin x = x - \dfrac{x^3}{3!} + \dfrac{x^5}{5!} - \cdots + (-1)^{m-1}\dfrac{x^{2m-1}}{(2m-1)!} + R_{2m},$$

其中

$$R_{2m}(x)=\dfrac{\sin\left[\theta x+(2m+1)\dfrac{\pi}{2}\right]}{(2m+1)!}x^{2m+1} \ (0<\theta<1).$$

如果 $m=1$，则得近似公式

$$\sin x \approx x,$$

此时误差为 $|R_2|=\left|\dfrac{\sin\left(\theta x+\dfrac{3}{2}\pi\right)}{3!}x^3\right|\leqslant\dfrac{|x|^3}{6} \ (0<\theta<1).$

如果 m 分别取 2 和 3，则可得 $\sin x$ 的 3 次和 5 次近似多项为

$$\sin x \approx x - \dfrac{x^3}{3!} \text{ 和 } \sin x \approx x - \dfrac{x^3}{3!} + \dfrac{x^5}{5!},$$

其误差的绝对值不超过 $\dfrac{1}{5!}|x|^5$ 和 $\dfrac{1}{7!}|x|^7$.

下面我们给出几个常用的麦克劳林公式：

(1) $\cos x = 1 - \dfrac{x^2}{2!} + \dfrac{x^4}{4!} - \cdots + (-1)^{n-1}\dfrac{x^{2n-2}}{(2n-2)!} + R_{2n}(x)$，

其中 $R_{2n}(x)=\dfrac{\cos(\theta x+n\pi)}{(2n)!}x^{2n} \ (0<\theta<1)$.

(2) $\ln(1+x) = x - \dfrac{1}{2}x^2 + \dfrac{1}{3}x^3 - \cdots + (-1)^{n-1}\dfrac{1}{n}x^n + R_n(x)$，

其中 $R_n(x)=\dfrac{(-1)^n}{(n+1)(1+\theta x)^{n+1}}x^{n+1} \ (0<\theta<1)$.

(3) $(1+x)^m = 1 + mx + \dfrac{m(m-1)}{2!}x^2 + \cdots + \dfrac{m(m-1)\cdots(m-n+1)}{n!}x^n + R_n(x)$，

其中 $R_n(x)=\dfrac{m(m-1)\cdots(m-n)(1+\theta x)}{(n+1)!}x^{n+1} \ (0<\theta<1)$.

读者可以试着自己求出.

在中学阶段我们接触数学用表的时候，大家也许想到了这样一个问题，即数学用表中一般角的三角函数值是如何得到的？常用对数和自然对数的值又是如何求得的等．相信在我们学习了本节的内容后，这些问题都得到了答案．这也说明，初等数学注重结果的应用．而高等数学则提供了获得这些结果的方法．

习 题 3-3

1. 将多项式 $f(x)=x^3-x^2+3$ 按 $(x-1)$ 的乘幂展开．

2. 求函数 $f(x)=\tan x$ 的二阶麦克劳林公式.

3. 求函数 $f(x)=xe^x$ 的 n 阶麦克劳林公式.

*4. 求函数 $y=\sqrt{x}$ 在 $x_0=4$ 的三阶泰勒公式,并用该多项式的前三项计算 $\sqrt{4.02}$ 的近似值.

*5. 利用带有佩亚诺余项的麦克劳林公式,求极限 $\lim\limits_{x\to 0}\dfrac{\sin x - x\cos x}{\sin^3 x}$.

第四节 函数单调性与曲线的凹凸性

我们已经会用初等数学的方法研究一些函数的单调性和某些简单函数的性质,但这些方法使用范围狭小,并且有些需要借助某些特殊的技巧,因而不具有一般性.本节将介绍判断函数单调性和凹凸性的简便且具有一般性的方法,即以一阶导数为工具判断函数的单调性,以二阶导数为工具判断函数的凹凸性.

一、函数的单调性

在第一章中,我们介绍了函数单调性的概念.一般来讲,直接利用定义来证明函数的单调性是很困难的,而利用导数来研究函数的单调性却是很方便和有效的.

我们先来从几何上直观地观察一下,单调函数与函数导数之间的关系.

如果函数 $y=f(x)$ 在区间 $[a,b]$ 上单调增加(单调减少),那么它的图形是一条沿 x 轴正向上升(下降)的曲线(图 3-4、图 3-5),这时,由于曲线上各点处的切线与 x 轴的夹角均为锐角(钝角),因此曲线上各点处的切线的斜率是正的(负的),即在这个区间上,函数的导数总是大于零(小于零),即 $y'=f'(x)>0(y'=f'(x)<0)$.

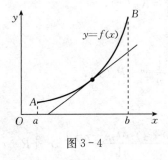

图 3-4

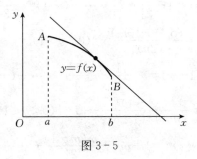

图 3-5

由此可见,函数的单调性与导数的符号之间是有联系的,那么我们能否利用导数的符号来判定函数的单调性呢?

下面我们给出利用导数来判断函数单调性的定理.

定理 1(函数单调性的判定方法) 设函数 $y=f(x)$ 在闭区间 $[a,b]$ 上连续,在开区间 (a,b) 内可导.

(1) 如果在 (a,b) 内 $f'(x)>0$,那么函数 $y=f(x)$ 在 $[a,b]$ 上单调增加;

(2) 如果在 (a,b) 内 $f'(x)<0$,那么函数 $y=f(x)$ 在 $[a,b]$ 上单调减少.

证 在 $[a,b]$ 内任取两点 x_1、x_2,并设 $x_1<x_2$,应用拉格朗日中值定理,得

$$f(x_2)-f(x_1)=f'(\xi)(x_2-x_1) \quad (x_1<\xi<x_2).$$

(1) 由条件 $f'(\xi)>0$，而 $x_2-x_1>0$，所以 $f(x_2)>f(x_1)$，$f(x)$ 在 $[a,b]$ 上单调增加.
(2) 由条件 $f'(\xi)<0$，而 $x_2-x_1>0$，所以 $f(x_2)<f(x_1)$，$f(x)$ 在 $[a,b]$ 上单调减少.
如果把这个判定法中的闭区间换成其他区间形式(包括无穷区间)，结论也是成立的.

例 1 判断幂函数 $f(x)=x^\mu(\mu\neq 0)$ 在区间 $(0,+\infty)$ 内的单调性.

解 因为对 $\forall x\in(0,+\infty)$，有
$$f'(x)=\mu x^{\mu-1},$$
所以当 $\mu>0$ 时，$f(x)$ 在区间 $(0,+\infty)$ 内是单调增加的；当 $\mu<0$ 时，$f(x)$ 在区间 $(0,+\infty)$ 内是单调减少的.

例 2 讨论函数 $y=\sqrt[3]{x^2}$ 的单调性.

解 函数在定义域 $(-\infty,+\infty)$ 上是连续的，除了点 $x=0$ 以外都是可导的. 且 $y'=\dfrac{2}{3\sqrt[3]{x}}$.

当 $x\in(-\infty,0)$ 时，$y'<0$，从而函数在 $(-\infty,0]$ 上单调减少；

当 $x\in(0,+\infty)$ 时，$y'>0$，从而函数在 $[0,+\infty)$ 上单调增加(图 3-6).

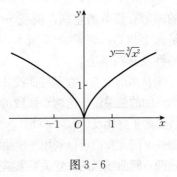

图 3-6

我们看到，本例中导数不存在的点 $x=0$ 把 $(-\infty,+\infty)$ 分成了两个区间 $(-\infty,0)$ 及 $(0,+\infty)$，在这两个区间上函数都是单调的.

例 3 判定函数 $f(x)=e^x-x-1$ 的单调性.

解 因为对 $\forall x\in(-\infty,+\infty)$，有 $f'(x)=e^x-1$，当 $x<0$ 时，$f'(x)<0$，当 $x>0$ 时，$f'(x)>0$，所以 $f(x)$ 在区间 $[0,+\infty)$ 内是单调增加的，在区间 $(-\infty,0]$ 内是单调减少的.

例 4 确定函数 $f(x)=x^4+8x^3+18x^2-8$ 的单调区间.

解 因为 $f(x)=x^4+8x^3+18x^2-8$ 的定义域为 **R**，且对 $\forall x\in\mathbf{R}$，有 $f'(x)=4x^3+24x^2+36x=4x(x+3)^2$，所以由 $f'(x)=0$ 解得驻点为 $x_1=-3$，$x_2=0$.

用点 x_1，x_2 将定义域分成三个区间 $(-\infty,-3)$，$(-3,0)$，$(0,+\infty)$，$f'(x)$ 在各区间上的符号以及函数的单调性列表如下：

x	$(-\infty,-3)$	-3	$(-3,0)$	0	$(0,+\infty)$
$f'(x)$	$-$	0	$-$	0	$+$
$f(x)$	↘		↘		↗

综上可知，$f(x)$ 在 $(-\infty,0]$ 内是单调减少的，在 $[0,+\infty)$ 内是单调增加的.

一般地，如果函数 $y=f(x)$ 的导数在区间 $[a,b]$ 内的有限个点处为零，在其余点均大于零(小于零)，那么函数在这个区间上仍然是单调增加(减少)的.

例 5 证明不等式 $x>\ln(1+x)(x>0)$.

证 设 $f(x)=x-\ln(1+x)$，则 $f(x)$ 在 $[0,+\infty)$ 上连续，在开区间 $(0,+\infty)$ 可导，且

$$f'(x)=1-\frac{1}{1+x}=\frac{1+x-1}{1+x}=\frac{x}{1+x},$$

显然 $x\in(0,+\infty)$ 时，$f'(x)>0$，因此函数 $f(x)$ 在 $[0,+\infty)$ 上单调增加，从而当 $x>0$ 时，$f(x)>f(0)$，而 $f(0)=0$. 所以，当 $x>0$ 时，有 $f(x)>0$，即 $x-\ln(1+x)>0$，就是 $x>\ln(1+x)(x>0)$.

二、曲线的凹凸性

函数的单调性反映在函数的图形上就是函数曲线的上升和下降，但即使在同一区间上都是单调增加的函数也会有很大的差异．例如，函数 $y=x^2$ 与 $y=\sqrt{x}$ 在区间 $[0,1]$ 内的图形都是单调增加的，但它们的图形有显著的差别，曲线 $y=x^2$ 是向上凹的，而 $y=\sqrt{x}$ 是向上凸的，如图 3-7 所示，所以我们必须研究曲线的凹凸性及其判别法．

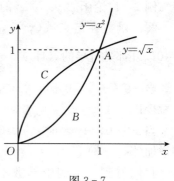

图 3-7

从图形上看，在某些曲线弧上，如果任取两点，则连接这两点间的弦总位于这两点弧段的上方(图 3-8(a))，而有的曲线弧则正好相反(图 3-8(b))，曲线的这种性质就是曲线的凹凸性．因此我们可以利用连接曲线弧上任意两点的弦的中点与这两点间曲线弧的位置关系来描述曲线的凹凸性．

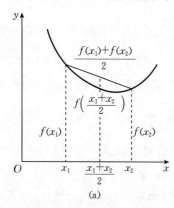
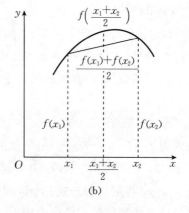

(a)   (b)

图 3-8

定义 设 $f(x)$ 在区间 I 上连续，如果对 I 上任意两点 x_1，x_2，恒有

$$f\left(\frac{x_1+x_2}{2}\right)<\frac{f(x_1)+f(x_2)}{2},$$

那么称 $f(x)$ 在 I 上的图形是(向上)凹的(或凹弧)；如果恒有

$$f\left(\frac{x_1+x_2}{2}\right)>\frac{f(x_1)+f(x_2)}{2},$$

那么称 $f(x)$ 在 I 上的图形是(向上)凸的(或凸弧)．

同一阶导数的符号可以用来判断函数的单调性一样，如果函数 $f(x)$ 在 I 内具有二阶导数，那么二阶导数的符号可以用来判定曲线的凹凸性．对于这一点，我们有下面的判定定理．

定理 2 设 $f(x)$ 在 $[a,b]$ 上连续，在 (a,b) 内具有一阶和二阶导数，则

(1) 若在 (a,b) 内，$f''(x)>0$，则 $f(x)$ 在 $[a,b]$ 上的图形是凹的；

(2) 若在(a, b)内,$f''(x)<0$,则$f(x)$在$[a, b]$上的图形是凸的.

证明略.

例 6 研究曲线$y=x^3$的凹凸性.

解 函数的定义域是$(-\infty, +\infty)$.因为$y'=3x^2$,$y''=6x$,由定理 2,当$x>0$时,$y''>0$,故曲线是凹的;当$x<0$时,$y''<0$,故曲线是凸的.

使得函数凹(或凸)的区间称为函数的凹(或凸)区间.有的函数在定义区间内的凹凸性并不是固定不变的,可能在某些点的左右两侧曲线的凹凸性不同.例如,定义在区间$[0, 2\pi]$上的正弦函数$y=\sin x$的曲线在$x=\pi$的左右凹凸性是不同的.我们称连续曲线$y=f(x)$上凹弧与凸弧的分界点为该曲线的拐点.

三、拐点

连续曲线上凹弧与凸弧的分界点称为曲线的**拐点**.

例 7 求函数$y=xe^x$的拐点.

解 因为$y'=e^x(x+1)$,$y''=(2+x)e^x$,所以当$x>-2$时,$y''>0$,曲线是凹的;当$x<-2$时,$y''<0$,曲线是凸的,显然,在$x_0=-2$的左右两侧曲线的凹凸性不同,因此点$(-2, -2e^{-2})$是函数的拐点.

对于在定义区间内存在二阶导数的函数来说,函数曲线在拐点的左右两侧的凹凸性发生变化,根据凹凸性与二阶导数的关系,能否用二阶导数的符号来判别某点是否为拐点呢?对此,我们有如下定理.

定理 3 如果函数$y=f(x)$在点x_0的某邻域内二阶导数存在,且$f''(x_0)=0$,若在x_0的左右两侧$f''(x)$的符号相反,则点$M(x_0, f(x_0))$为曲线$y=f(x)$的拐点.

对于二阶可导函数来说,由定理 3 可知,使得$f''(x_0)=0$所对应的曲线上的点$(x_0, f(x_0))$有可能是曲线的拐点,使得二阶导数不存在的点x_0所对应$(x_0, f(x_0))$也可能是曲线的拐点.因此我们可按如下步骤来求曲线的拐点:

(1) 求出二阶导数$f''(x)$;

(2) 求方程$f''(x)=0$的实根和使$f''(x)$不存在的点;

(3) 对于(2)中的每一个x_0,检查$f''(x)$在x_0左右两侧邻近的符号,当$f''(x)$在x_0的左右两侧邻近的符号相反时,点$(x_0, f(x_0))$是曲线的拐点,当两侧$f''(x)$的符号相同时,该点不是曲线的拐点.

例 8 求曲线$f(x)=x^3-3x^2+x+5$的凹凸区间和拐点.

解 由于函数$f(x)=x^3-3x^2+x+5$,则$f(x)$的定义域是$\mathbf{R}$,且对$\forall x \in \mathbf{R}$,有
$$f'(x)=3x^2-6x+1, f''(x)=6x-6,$$
于是由$f''(x)=0$解得$x=1$.用点x_1将定义域分成两个区间$(-\infty, 1)$和$(1, +\infty)$,$f(x)$,$f''(x)$在各区间上的符号以及曲线的凹凸性、拐点列表如下:

x	$(-\infty, 1)$	1	$(1, +\infty)$
$f(x)$		4	
$f''(x)$	$-$	0	$+$
$y=f(x)$	$\frown$	有拐点	$\smile$

综上可知，曲线 $y=x^3-3x^2+x+5$ 在 $(-\infty, 1]$ 内是上凸的，在 $[1, +\infty)$ 内是上凹的，并且曲线 $y=x^3-3x^2+x+5$ 的拐点为 $(1, 4)$.

例 9 求曲线 $y=\sqrt[3]{x}$ 的拐点.

解 函数在 $(-\infty, +\infty)$ 内连续，当 $x\neq 0$ 时，$y'=\dfrac{1}{3\cdot\sqrt[3]{x^2}}$，$y''=-\dfrac{2}{9x\cdot\sqrt[3]{x^2}}$，当 $x=0$ 时，y'、y'' 都不存在，它把 $(-\infty, +\infty)$ 分成两部分：$(-\infty, 0]$、$[0, +\infty)$.

在 $(-\infty, 0)$ 内，$y''>0$，因此在 $(-\infty, 0]$ 上曲线是凹的；在 $(0, +\infty)$ 内，$y''<0$，在 $[0, +\infty)$ 上曲线是凸的. 经上述分析可知，$(0, 0)$ 是曲线的拐点.

习 题 3-4

1. 求下列曲线的单调区间、凹凸区间：

(1) $f(x)=x^4-2x^3+1$；

(2) $f(x)=(x-1)(x+1)^3$；

(3) $f(x)=\dfrac{12x}{(1+x)^2}$；

(4) $f(x)=x-2\sin x\,(0\leqslant x\leqslant 2\pi)$；

(5) $f(x)=x-\ln x^2$；

(6) $f(x)=\dfrac{1}{x^2-2x+4}$.

2. 问 a, b 取何值时，点 $(1, 3)$ 为曲线 $y=ax^3+bx^2$ 的拐点？

3. 当 q 为何值时，方程 $x^3-3x+q=0$ 有两个相异的实根.

4. 设函数 $f(x)$ 在 $[0, 1]$ 上可导，且 $f'(x)>f(x)$，$f(0)\cdot f(1)<0$，证明：方程 $f(x)=0$ 在区间 $(0, 1)$ 内有且仅有一个实根.

5. 证明方程 $\sin x=x$ 只有一个实根.

6. 证明不等式：

(1) 当 $x>0$ 时，$1+\dfrac{1}{2}x>\sqrt{1+x}$；

(2) 当 $x>1$ 时，$\ln x>\dfrac{2(x-1)}{1+x}$.

*7. 设 $f(x)$ 存在二阶导数，且 $f''(x)>0$，$f(0)<0$，证明：$\dfrac{f(x)}{x}$ 在 $(-\infty, 0)$ 和 $(0, +\infty)$ 内都是单调增加的.

*8. 试决定曲线 $y=ax^3+bx^2+cx+d$ 中的 a, b, c, d，使得 $x=-2$ 处曲线有水平切线，$(1, -10)$ 为拐点，且 $(-2, 44)$ 在曲线上.

第五节 函数的极值及最值

一、函数的极值

1. 极值的定义

函数的极值是函数的局部特性，它表示函数在局部范围内的变化情况，它是揭示函数性态的重要概念.

定义 设函数 $f(x)$ 在区间 (a, b) 内有定义，x_0 是 (a, b) 内的一点，如果存在着点 x_0 的

某一个去心邻域，对于该邻域内的任何点 x，都有

(1) $f(x)<f(x_0)$ 成立，则称 $f(x_0)$ 为函数 $f(x)$ 的一个极大值．

(2) $f(x)>f(x_0)$ 成立，则称 $f(x_0)$ 为函数 $f(x)$ 的一个极小值．

函数的极大值与极小值统称为函数的极值，使函数取得极值的点称为极值点．

函数极值的概念是局部性的，若 $f(x_0)$ 是函数 $f(x)$ 的一个极大值（或极小值），是仅就 x_0 的某个邻域内的点来讲的，但就 $f(x)$ 的整个定义域来说，$f(x_0)$ 未必是最大值（或最小值）．不仅如此，函数在一个区间上可以有不止一个极大值和极小值，甚至还可能出现极小值大于极大值的情况，这一点与函数的最大值和最小值是不同的．

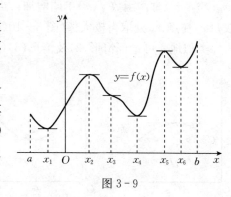

图 3-9

在图 3-9 中，函数 $f(x)$ 有 $f(x_2)$ 和 $f(x_5)$ 两个极大值，有 $f(x_1)$、$f(x_4)$ 和 $f(x_6)$ 三个极小值．其中，极大值 $f(x_2)$ 比极小值 $f(x_6)$ 还要小，从图 3-9 还可以看出，函数 $f(x)$ 就整个区间 $[a,b]$ 来说，只有一个极小值 $f(x_1)$，它同时也是函数的最小值，而没有一个极大值是最大值．

由极值的定义，极值不能在区间的端点处取到．

2. 极值存在的条件和求极值的方法

先给出极值存在的必要条件．

定理 1（必要条件） 设函数 $f(x)$ 在点 x_0 处可导，且在点 x_0 处取得极值，那么函数 $f(x)$ 在点 x_0 处的导数为零，即 $f'(x_0)=0$．

证 不妨设 $f(x_0)$ 为 $f(x)$ 的一个极大值（极小值的情形类似）．根据极大值的定义，对点 x_0 的某个去心邻域内的任意点 x，均有 $f(x)<f(x_0)$ 成立，于是，当 $x<x_0$ 时，

$$\frac{f(x)-f(x_0)}{x-x_0}>0,$$

因此

$$f'(x_0)=\lim_{x\to x_0-0}\frac{f(x)-f(x_0)}{x-x_0}\geqslant 0;$$

当 $x>x_0$ 时，

$$\frac{f(x)-f(x_0)}{x-x_0}<0,$$

因此

$$f'(x_0)=\lim_{x\to x_0+0}\frac{f(x)-f(x_0)}{x-x_0}\leqslant 0,$$

从而有

$$f'(x_0)=0.$$

一般地，称使函数 $f(x)$ 的导数等于零的点为函数的驻点．

定理 1 说明，可导函数的极值点必定是驻点．因此对于可导函数来讲，只要求出了它的所有驻点，就找到了函数所有可能的极值点．由于 $f'(x_0)=0$ 只是函数在 x_0 处取得极值的必要而非充分条件，即驻点不一定是极值点．例如，对于函数 $f(x)=x^3$，有 $f'(x)=3x^2$，$x=0$ 是函数的驻点，但 $x=0$ 不是函数的极值点．这样，我们还要对获得的驻点进行判断，确定出哪些是极值点．

下面我们给出判断驻点是否为极值点的两个充分条件．

定理 2(第一充分条件) 设函数 $f(x)$ 在点 x_0 的某个邻域内可导，x_0 为 $f(x)$ 的一个驻点，若导数的符号在点 x_0 左右附近发生改变，则 x_0 是函数的极值点，且

(1) 若当 x 经 x_0 由左向右变化时，导数的符号由正变负，x_0 为函数的极大值点；

(2) 若当 x 经 x_0 由左向右变化时，导数的符号由负变正，x_0 为函数的极小值点；

(3) 当导数的符号在点 x_0 左右附近同号时，x_0 不是极值点．

证 (1) 设 x_0 的邻域为 $(x_0-\delta, x_0+\delta)$，由函数单调性与导数符号的关系，当 $x \in (x_0-\delta, x_0)$ 时，函数 $f(x)$ 单调增加；当 $x \in (x_0, x_0+\delta)$ 时，函数 $f(x)$ 单调减少，所以函数 $f(x)$ 在点 x_0 处取得极大值(图 3-10(a))．

类似地，可论证情形(2)及情形(3)(图 3-10(b)、(c)、(d))．

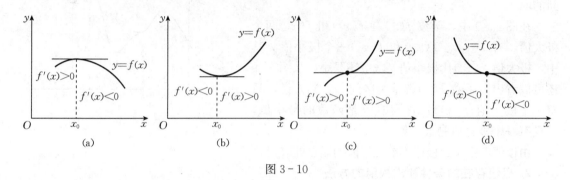

图 3-10

根据上面的两个定理，求可导函数 $f(x)$ 极值的步骤是：

(1) 求出导数 $f'(x)$；

(2) 求出 $f(x)$ 的全部驻点(即求出方程 $f'(x)=0$ 在所讨论的区间的全部实根)；

(3) 考察每个驻点的左、右邻近导数的符号，若为异号则是极值点，否则不是极值点，是极值点时进一步判断是极大值点还是极小值点；

(4) 求出各极值点处的函数值，就得到函数 $f(x)$ 的全部极值．

例 1 求函数 $f(x)=2x^3-3x^2+5$ 的极值．

解 函数 $f(x)$ 在 $(-\infty, +\infty)$ 上连续、可导，且

(1) $f'(x)=6x^2-6x=6x(x-1)$．

(2) 令 $f'(x)=0$，得驻点 $x_1=0$，$x_2=1$，它们就是 $f(x)$ 的所有可能的极值点．

(3) 讨论 x 由左到右经过 $x_1=0$，$x_2=1$ 时 $f'(x)$ 的符号：

因为 $f(x)$ 的定义域为 $(-\infty, +\infty)$，那么 $x_1=0$，$x_2=1$ 将定义区间划分为三部分：$(-\infty, 0)$，$(0, 1)$ 和 $(1, +\infty)$．

当 $x \in (-\infty, 0)$ 时，$x<0$ 且 $x-1<0$，即 $f'(x)>0$，函数单调增加；

当 $x \in (0, 1)$ 时，$x>0$ 且 $x-1<0$，即 $f'(x)<0$，函数单调减少；

当 $x \in (1, +\infty)$ 时，$x>0$ 且 $x-1>0$，即 $f'(x)>0$，函数单调增加．

所以函数 $f(x)$ 在 $x=0$ 处取得极大值，在 $x=1$ 处取得极小值，将上述结果列成下表

x	$(-\infty, 0)$	0	$(0, 1)$	1	$(1, +\infty)$
$f'(x)$	+	0	−	0	+
$f(x)$	↑	极大值	↓	极小值	↑

表中的符号"↑"表示函数是单调增加的,"↓"表示函数是单调减少的.

(4) 函数 $f(x)$ 在 $x=0$ 处取得极大值 $f(0)=5$,在 $x=1$ 处取得极小值 $f(1)=4$.

当函数 $f(x)$ 在驻点处的二阶导数存在且不为零时,也可以利用二阶导数来判定驻点是否为极值点.

定理 3(第二充分条件) 设函数 $f(x)$ 在点 x_0 处具有二阶导数且 $f'(x_0)=0$, $f''(x_0)\neq 0$,那么

(1) 当 $f''(x_0)<0$ 时,函数 $f(x)$ 在点 x_0 处取得极大值;

(2) 当 $f''(x_0)>0$ 时,函数 $f(x)$ 在点 x_0 处取得极小值.

证 (1) 由于 $f''(x_0)<0$,按二阶导数的定义有

$$f''(x_0)=\lim_{x\to x_0}\frac{f'(x)-f'(x_0)}{x-x_0}<0,$$

根据函数极限的局部保号性,当 x 在 x_0 的足够小的去心邻域内时,有

$$\frac{f'(x)-f'(x_0)}{x-x_0}<0,$$

因为 $f'(x_0)=0$,所以 $\frac{f'(x)}{x-x_0}<0$,因此,当 $x-x_0<0$,即 $x<x_0$ 时,$f'(x)>0$;当 $x-x_0>0$,即 $x>x_0$ 时,$f'(x)<0$. 由定理 2 知,$f(x)$ 在点 x_0 处取得极大值.

类似地,可证(2). 定理证毕.

注意:定理 3 中要求驻点 x_0 满足 $f''(x_0)\neq 0$ 的条件,对于使得 $f''(x_0)=0$ 的驻点 x_0,我们要使用定理 2 来判断.

例 2 求函数 $f(x)=(x^2-1)^3+1$ 的极值.

解 (1) $f'(x)=6x(x^2-1)^2$.

(2) 令 $f'(x)=0$,求得驻点 $x_1=-1$,$x_2=0$,$x_3=1$.

(3) $f''(x)=6(x^2-1)(5x^2-1)$.

(4) 因 $f''(0)=6>0$,所以 $f(x)$ 在 $x=0$ 处取得极小值,极小值为 $f(0)=0$.

(5) 因 $f''(-1)=f''(1)=0$,用定理 3 无法判别,考察一阶导数 $f'(x)$ 在驻点 $x_1=-1$ 及 $x_3=1$ 左右邻近的符号:当 x 取 -1 左侧邻近的值时,$f'(x)<0$;当 x 取 -1 右侧邻近的值时,$f'(x)<0$;因此 $f(x)$ 在 $x=-1$ 处没有极值. 同理 $f(x)$ 在 $x=1$ 处也没有极值.

前面我们讨论了可导函数的极值问题,如果连续函数 $f(x)$ 只在有限个点处不可导,那么函数除了驻点外,也可能在导数不存在的点处取得极值,对于这样的点,我们也可以用第一充分条件去判断它是否为极值点.

例 3 求函数 $f(x)=(x^2-1)^{\frac{2}{3}}$ 的极值.

解 $f'(x)=\frac{2}{3}(x^2-1)^{-\frac{1}{3}}\cdot 2x=\frac{4x}{3\sqrt[3]{(x-1)(x+1)}}$,令 $f'(x)=0$,求得驻点 $x_1=0$,另有 $x_2=1$,$x_3=-1$ 是导数不存在的点;这三个点将函数的定义域分为四个部分,列表讨论如下:

x	$(-\infty,-1)$	-1	$(-1,0)$	0	$(0,1)$	1	$(1,+\infty)$
$f'(x)$	$-$	不存在	$+$	0	$-$	不存在	$+$
$f(x)$	↓	极小	↑	极大	↓	极小	↑

可见，$x_2=1$，$x_3=-1$ 都是函数的极小值点，而 $x_1=0$ 是函数的极大值点，且极小值 $f(-1)=0$，$f(1)=0$，极大值 $f(0)=1$.

由此可见，求函数的极值时不仅要考察函数的所有驻点，还应该考察导数不存在的点（如果存在的话），否则就有可能漏掉一些极值点.

例 4 已知 $f(x)=x^3+ax^2+bx$ 在 $x=1$ 处有极值 -2，求 a，b，并求 $y=f(x)$ 的所有极大值、极小值.

解 根据已知有 $f(1)=1+a+b=-2$，$f'(1)=3+2a+b=0$，解得 $a=0$，$b=-3$，从而函数解析式为 $f(x)=x^3-3x$.

求导 $f'(x)=3x^2-3=3(x^2-1)$，令 $f'(x)=0$，解得驻点为 $x=\pm 1$，$f''(x)=6x$，于是 $f''(1)=6>0$，$f''(-1)=-6<0$，所以 $x=\pm 1$ 分别是极小值点和极大值点，极小值为 $f(1)=-2$，极大值为 $f(-1)=2$.

二、最值

1. 闭区间上连续函数的最值问题

对于在闭区间 $[a,b]$ 上连续的函数 $f(x)$，有如下结论：

(1) $f(x)$ 在 $[a,b]$ 上的最大值和最小值一定存在.

(2) 最大值、最小值一定在区间上取到，且必定是在函数的极值点或端点处取得. 也就是说，在区间内，不是极值点的点绝不会是最大值点或最小值点.

求 $f(x)$ 在 $[a,b]$ 上的最大值和最小值的方法如下：

(1) 求出函数 $f(x)$ 在 (a,b) 内的所有驻点或导数不存在的点 x_1，x_2，$\cdots$，x_n；

(2) 求出这些驻点和导数不存在的点处的函数值和区间端点处的函数值 $f(a)$，$f(x_1)$，$f(x_2)$，$\cdots$，$f(x_n)$，$f(b)$，并比较它们的大小，其中最大的便是函数 $f(x)$ 在 $[a,b]$ 上的最大值，最小的便是函数在 $[a,b]$ 上的最小值.

特别地，若函数 $f(x)$ 在一个区间（有限或无限，开或闭）内可导且只有一个极值点 x_0，那么当 $f(x_0)$ 是极大值时，$f(x_0)$ 就是 $f(x)$ 在该区间上的最大值（图 3-11(a)）；当 $f(x_0)$ 是极小值时，$f(x_0)$ 就是 $f(x)$ 在该区间上的最小值（图 3-11(b)）.

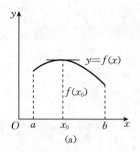
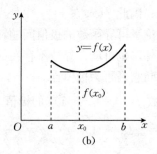

图 3-11

例 5 求函数 $f(x)=2x^2-x^4$ 在区间 $[-2,\sqrt{2}]$ 上的最大值和最小值.

解 $f'(x)=4x-4x^3=4x(1-x^2)$，由 $f'(x)=0$，得驻点 $x_1=-1$，$x_2=0$，$x_3=1$，计算这些驻点处的函数值

$$f(-1)=2(-1)^2-(-1)^4=2-1=1,\ f(0)=2(0)^2-(0)^4=0,$$

$$f(1)=2(1)^2-(1)^4=2-1=1,$$

再求端点处的函数值

$$f(-2)=2(-2)^2-(-2)^4=-8, \quad f(\sqrt{2})=2(\sqrt{2})^2-(\sqrt{2})^4=0,$$

其中最大值为 1,最小值为 -8,所以函数在 $x=\pm1$ 处取得最大值 1,在 $x=-2$ 处取得最小值 -8.

例 6 求函数 $f(x)=\sqrt[3]{x^2}-\sqrt[3]{x^2-1}$ 在 $[0,2]$ 上的最大值和最小值.

解 因为对 $\forall x \in (0,2)$,有

$$f'(x)=\frac{2}{3\sqrt[3]{x}}-\frac{2x}{3\sqrt[3]{(x^2-1)^2}}=\frac{2(\sqrt[3]{(x^2-1)^2}-\sqrt[3]{x^4})}{3\sqrt[3]{x(x^2-1)^2}},$$

所以由 $f'(x)=0$ 解得驻点为 $x_1=\dfrac{1}{\sqrt{2}}$ 及导数不存在的点 $x_2=1$,并有

$$f(0)=1, \quad f\left(\frac{1}{\sqrt{2}}\right)=\sqrt[3]{4}, \quad f(1)=1, \quad f(2)=\sqrt[3]{4}-\sqrt[3]{3},$$

由此可知,$f(x)$ 在 $[0,2]$ 上的最大值为 $f\left(\dfrac{1}{\sqrt{2}}\right)=\sqrt[3]{4}$,最小值为 $f(2)=\sqrt[3]{4}-\sqrt[3]{3}$.

2. 实际应用的最值问题

例 7 现有边长为 96cm 的正方形纸板,将其四角各剪去一个大小相同的小正方形,折起来做成一个无盖纸箱,问剪去的小正方形的边长为多少时,所做成的无盖纸箱容积最大.

解 如图 3-12 所示,设小正方形边长为 x(cm),做成的无盖纸箱的体积为 V(cm³),则

$$V=x(96-2x)^2 \quad (0<x<48),$$
$$V'=(96-2x)(96-6x),$$

令 $V'=0$,得驻点 $x_1=16$,$x_2=48$(舍去).

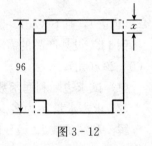

图 3-12

在 x 的取值范围 $(0,48)$ 内,只有唯一的驻点 $x=16$,且 $V''=24x-768$,$V''|_{x=16}=24\times16-768=-348<0$,即 $x=16$ 是函数的极大值点,所以,当小正方形的边长 $x=16$ 时,无盖纸箱容积最大.

例 8 已知某工厂要建造一个容积为 300cm³ 的带盖圆桶,问如何确定半径 r 与桶高 h,使所用材料最省?

解 设桶的表面积为 S,则由 $300=r^2h\pi$ 可知,表面积 S 与半径 r 满足

$$S(r)=2\pi rh+2\pi r^2=2\pi r^2+\frac{600}{r} \quad (0<r<+\infty),$$

从而问题转化为求 $S(r)$ 在 $(0,+\infty)$ 内的最小值.

另一方面,对 $\forall r \in (0,+\infty)$,有

$$S'(r)=4\pi r-\frac{600}{r^2}, \quad S''(r)=4\pi+\frac{1200}{r^3},$$

故由 $S'(r)=0$ 解得驻点为 $r_0=\sqrt[3]{\dfrac{150}{\pi}}$,并由

$$S''(r_0)=4\pi+\frac{1200}{r_0^3}=12\pi>0$$

可知，$S(r_0)$ 为 $S(r)$ 在 $(0, +\infty)$ 上的最小值，从而由
$$h = \frac{300}{r_0^2 \pi} = 2\sqrt[3]{\frac{150}{\pi}} = 2r_0$$
可知，当桶高等于 2 倍的半径，即 $h = 2r_0$ 时，所用材料最省．

例 9 已知某地的水稻产量 $y(\text{kg}/667\text{m}^2)$ 与施氮肥量 $x(\text{kg}/667\text{m}^2)$ 有如下函数关系：
$$y = 124.85 + 32.74x - 5.28x^2 \ (0 \leqslant x \leqslant 6),$$
每千克稻谷售价为 1.33 元，氮肥每千克售价为 6.02 元，求：

(1) 在这 667m^2 土地上施用多少氮肥时，可使水稻产量最高？

(2) 在这 667m^2 土地上施用多少氮肥时，可获利润最大？

解 (1) 水稻产量为 $y = 124.85 + 32.74x - 5.28x^2$，则 $y' = 32.74 - 10.56x$．令 $y' = 0$ 时，$x \approx 3.1 \text{kg}/667\text{m}^2$，故当施氮肥 3.1kg 时，水稻产量最高，最高产量 $y = 175.6 \text{kg}/667\text{m}^2$．

(2) 设 L 为所获利润，依题意有
$$L = 1.33y - 6.02x = 1.33 \times (124.85 + 32.74x - 5.28x^2) - 6.02x.$$
$$L' = 1.33 \times 32.74 - 1.33 \times 5.28 \times 2x - 6.02,$$
令 $L' = 0$，则 $x = 2.67(\text{kg}/667\text{m}^2)$，故当施肥 2.67kg 时，获最大利润为 $L = 216.18$ 元．

例 10 已知某商品的成本函数为 $C(x) = 100 + \frac{1}{4}x^2$，求：当产量 x 为多少时，平均成本最小？

解 平均成本 $\overline{C}(x) = \frac{C(x)}{x} = \frac{100}{x} + \frac{x}{4}$，$\overline{C}'(x) = -\frac{100}{x^2} + \frac{1}{4}$，令 $\overline{C}'(x) = 0$，$x = 20$，$x = -20$(舍去)，且 $\overline{C}''(20) > 0$，所以 $x = 20$ 时，平均成本最小．

例 11 设某产品的需求函数为 $P = 80 - 0.1x$（P 是价格，x 是需求量），成本函数为 $C = 5000 + 20x$(元)．

(1) 试求边际利润函数 $L'(x)$，并分别求 $x = 150$ 和 $x = 400$ 时的边际利润．

(2) 求需求量 x 为多少时，其利润最大？

解 利润函数 $L(x) = R(x) - C(x)$（$C = C(x)$ 是成本函数），所以
$$L(x) = xP - C(x) = -0.1x^2 + 60x - 5000,$$
$$L'(x) = -0.2x + 60,$$
所以 $L'(150) = -0.2 \times 150 + 60 = 30$，$L'(400) = -0.2 \times 400 + 60 = -20$．

利润的导数为零时，得到最大利润时的产量 x
$$L'(x) = -0.2x + 60 = 0,$$
当 $x = 300$ 时，最大利润为
$$L(300) = -0.1 \times 90000 + 60 \times 300 - 5000 = 4000(\text{元}).$$

习 题 3－5

1. 求函数 $f(x) = 2x^3 - 6x^2 - 18x + 7$ 的极值．

2. 求函数 $f(x) = x - \sqrt{1-x^2}$ 的极值．

3. 求下列函数在相应闭区间上的最值：

(1) 函数 $f(x) = 2x^3 + 3x^2 - 12x + 14$ 在区间 $[-3, 4]$ 上的最大值和最小值；

(2) 函数 $f(x)=3-x-\dfrac{4}{(x+2)^2}$ 在区间 $[-1,2]$ 上的最大值和最小值;

(3) 函数 $f(x)=2\sqrt{x}+\dfrac{1}{x}-3$ 在区间 $[1,4]$ 上的最大值;

(4) 函数 $f(x)=2x^3-6x^2-18x-7$ 在区间 $[1,4]$ 上的最大值.

4. 试问 a 为何值时,函数 $f(x)=a\sin x+\dfrac{1}{3}\sin 3x$ 在 $x=\dfrac{\pi}{3}$ 处取得极值? 它是极大值还是极小值? 并求出此极值.

5. 某车间靠墙壁要盖一间长方形小屋,现有存砖只够砌 20m 的墙壁,问应围成怎样的长方形才能使这间小屋的面积最大?

6. 要分别造一有盖和无盖圆柱形容器,体积都为 V,问底半径 r 和高 h 等于多少时,才能使这两种容器的表面积为最小? 这时底直径和高的比例分别是多少?

7. 某工厂每天生产 x 台袖珍收音机的总成本为 $C(x)=\dfrac{1}{9}x^2+x+100$(元),市场需求规律:$x=75-3p$,其中 p 是收音机的单价(元),问每天生产多少台时,获利润最大? 此时每台收音机的价格为多少元?

8. 从直径为 d 的圆形树干中切出横断面为矩形的梁,此矩形横断面的底 b 和高 h 如何选择才能使梁的抗弯截面模量最大?(矩形梁的抗弯截面模量为 $W=\dfrac{1}{6}bh^2$)

*9. 设用某种仪器进行测量时,读得 n 次实验数据为 $a_1,a_2,\cdots,a_n$,问以怎样的数值 x 表达所要测量的真值,才能使它与这 n 个数之差的平方和为最小.

*10. 求一正数 a,使它与其倒数之和最小.

*11. 从一块半径为 R 的圆铁片上减去一个扇形做成一个漏斗,问留下的圆心角 φ 取多大时,做成的漏斗的容积最大?

*12. 假设窗子的形状为一个矩形和一个半圆相接(图 3-13),其中半圆的直径 $2r$ 与矩形的一条边的边长相等,如果窗子的周长为 10,

(1) 将窗子的面积 S 表示成半径 r 的函数;

(2) 当 r 取何值时,窗子面积最大?

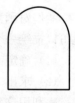

图 3-13

第六节 函数图形描绘

函数图形是函数性态的最直观的表示,是函数性质的综合反映.因此,函数作图的过程是一个综合函数性质的过程.我们前面虽然学习的函数的单调性、凹凸性、极值、拐点等概念,为了更加准确地描绘函数的图形,还要学习关于渐近线的知识,借助于这些知识,我们就能比较准确地作出函数的图形来.

一、渐近线

有些函数的定义域、值域都是有限区间,其图形仅局限于一定的范围之内,如圆、椭圆等.有些函数的定义域、值域是无限区间,其图形向无穷远处延伸,如双曲线、抛物线等.为把握曲线在无穷远处的变化趋势,我们先介绍渐近线的概念.

定义 如果曲线 $y=f(x)$ 上的一动点沿着曲线移向无穷远时，该点与某条直线的距离趋向于零，则称此直线为曲线 $y=f(x)$ 的一条渐近线．

渐近线分为水平渐近线、铅直渐近线和斜渐近线三种．

1. 水平渐近线

若函数 $y=f(x)$ 的定义域为无穷区间，且 $\lim\limits_{x\to\infty}f(x)=C$，则称直线 $y=C$ 为曲线 $y=f(x)$ 的**水平渐近线**．

2. 铅直渐近线

若函数 $y=f(x)$ 在点 x_0 处间断，且 $\lim\limits_{x\to x_0}f(x)=\infty$（也包含 $\lim\limits_{x\to x_0^+}f(x)=\pm\infty$ 或者 $\lim\limits_{x\to x_0^-}f(x)=\pm\infty$ 两种情况），则称直线 $x=x_0$ 为曲线 $y=f(x)$ 的**铅直渐近线**．

例如，$y=\dfrac{1}{x-1}$ 的铅直渐近线为 $x=1$．

3. 斜渐近线

设函数 $y=f(x)$，如果 $\lim\limits_{x\to\infty}[f(x)-ax-b]=0$，则称直线 $y=ax+b$ 为曲线 $y=f(x)$ 的**斜渐近线**，其中

$$a=\lim_{x\to\infty}\frac{f(x)}{x}\,(a\neq 0),\quad b=\lim_{x\to\infty}[f(x)-ax].$$

注 1：若 $\lim\limits_{x\to\infty}\dfrac{f(x)}{x}$ 不存在，或虽然它存在但 $\lim\limits_{x\to\infty}[f(x)-ax]$ 不存在，则可以断定 $y=f(x)$ 不存在斜渐近线．

二、函数图形描绘

我们对函数的单调性、凹凸性、极值、拐点、渐近线等有了充分的研究，综合这些因素就可以描绘一个函数的图形了．一般地，描绘函数的图形遵循以下步骤：

(1) 确定函数 $y=f(x)$ 的定义域，判断函数有无奇偶性、对称性、周期性；

(2) 求出方程 $f'(x)=0$ 和 $f''(x)=0$ 在定义域内的全部实根和使 $f'(x)$、$f''(x)$ 不存在的点，利用这些点将函数的定义域分成几个部分区间；

(3) 在定义域内列表，由各部分区间内 $f'(x)$、$f''(x)$ 的符号确定出函数的单调性、凹凸性、极值和拐点；

(4) 确定函数图形的水平、铅直渐近线(如果有的话)以及其他变化趋势；

(5) 求出极值点、拐点、曲线与坐标轴的交点等某些特殊的点；

(6) 根据以上资料作出函数的图形．

例 1 作出函数 $y=x^3-x^2-x+1$ 的图形．

解 (1) 函数 $y=f(x)$ 的定义域为 $(-\infty,+\infty)$．

(2) 由 $f'(x)=3x^2-2x-1=(3x+1)(x-1)$ 知，$x_1=-\dfrac{1}{3}$，$x_2=1$ 是函数的驻点，由 $f''(x)=6x-2$ 知，$x_3=\dfrac{1}{3}$ 为二阶导数为零的点，这三个点将 $(-\infty,+\infty)$ 分成四个部分区间：$\left(-\infty,-\dfrac{1}{3}\right]$、$\left[-\dfrac{1}{3},\dfrac{1}{3}\right]$、$\left[\dfrac{1}{3},1\right]$、$[1,+\infty)$．

(3) 确定出函数在各个区间上的单调性、凹凸性、极值和拐点，列表分析如下：

x	$\left(-\infty, -\frac{1}{3}\right)$	$-\frac{1}{3}$	$\left(-\frac{1}{3}, \frac{1}{3}\right)$	$\frac{1}{3}$	$\left(\frac{1}{3}, 1\right)$	1	$(1, +\infty)$
$f'(x)$	$+$	0	$-$	$-$	$-$	0	$+$
$f''(x)$	$-$	$-$	$-$	0	$+$	$+$	$+$
$f(x)$的图形	↗	极大值点	↘	拐点	↘	极小值点	↗

这里记号 ↗ 表示曲线弧上升且是凸的，↘ 表示曲线弧下降且是凸的，↗ 表示曲线弧上升且是凹的，↘ 表示曲线弧下降且是凹的.

(4) 当 $x \to +\infty$ 时，$y \to +\infty$；$x \to -\infty$ 时，$y \to -\infty$，因此，函数没有渐近线；

(5) 求出 $x = -\frac{1}{3}$，$\frac{1}{3}$，1 处的函数值：

$$f\left(-\frac{1}{3}\right) = \frac{32}{27}, \quad f\left(\frac{1}{3}\right) = \frac{16}{27}, \quad f(1) = 0.$$

适当补充若干点，例如，计算出 $f(-1) = 0$，$f(0) = 1$ 和 $f\left(\frac{3}{2}\right) = \frac{5}{8}$.

(6) 利用上面的结果，作出函数的图形(图 3-14).

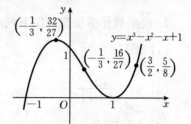

图 3-14

例 2 确定函数 $y = 1 + \frac{36x}{(x+3)^2}$ 的单调区间、凹凸区间、极值及拐点，并作出图形.

解 先作函数的图形.

(1) 所给函数的定义域为 $(-\infty, -3)$，$(-3, +\infty)$.

(2) 由 $f'(x) = \frac{36(3-x)}{(x+3)^3}$ 知，$f'(x) = 0$ 的根为 $x_1 = 3$，由 $f''(x) = \frac{72(x-6)}{(x+3)^4}$ 知，$f''(x) = 0$ 的根为 $x_2 = 6$，用点 $x = -3, 3, 6$ 把定义区间分为四个部分区间：$(-\infty, -3)$，$(-3, 3]$，$[3, 6]$，$[6, +\infty)$.

(3) 列表分析如下：

x	$(-\infty, -3)$	$(-3, 3)$	3	$(3, 6)$	6	$(6, +\infty)$
$f'(x)$	$-$	$+$	0	$-$	$-$	$-$
$f''(x)$	$-$	$-$	$-$	$-$	0	$+$
$f(x)$的图形	↘	↗	极大值点	↘	拐点	↘

(4) 由于 $\lim\limits_{x \to \infty} f(x) = 1$，$\lim\limits_{x \to -3} f(x) = -\infty$，所以图形有一条水平渐近线 $y = 1$ 和一条铅直渐近线 $x = -3$.

(5) 算出 $x = 3, 6$ 处的函数值：

$$f(3) = 4, \quad f(6) = \frac{11}{3},$$

从而得到图形上的两个点：$M_1(3, 6)$、$M_2\left(6, \frac{11}{3}\right)$，再补充若干个点：

$$M_3(0, 1), \quad M_4(-1, -8), \quad M_5(-9, -8), \quad M_6\left(-15, -\frac{11}{4}\right).$$

(6) 利用上面的结果，作出函数的图形(图 3-15).

从以上结果中可以得到：

(1) 函数单调减区间为 $(-\infty, -3)$, $[3, +\infty)$; 单调增区间为 $(-3, 3]$; 在 $x=3$ 处取得极大值, 且 $f(3)=4$.

(2) 函数的凸区间为 $(-\infty, 6]$, 凹区间为 $[6, +\infty)$, $\left(6, \dfrac{11}{3}\right)$ 为拐点.

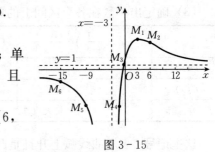

图 3-15

习 题 3-6

1. 按函数作图步骤, 作下列函数图像：

(1) $y=\mathrm{e}^{-(x-1)^2}$;　　　　　　(2) $y=x^2+\dfrac{1}{x}$;

(3) $y=\dfrac{12x}{(1+x)^2}$;　　　　　　(4) $y=x^3+6x^2-15x-20$;

(5) $y=x\mathrm{e}^{-x}$;　　　　　　　(6) $y=(x-1)x^{\frac{2}{3}}$.

2. 求下列函数所表示的曲线的渐近线：

(1) $y=\dfrac{1}{x}$;　　　　　　　　(2) $y=\dfrac{x^3}{x^2+2x-3}$;

(3) $y=\arctan x$.

*3. 求函数 $f_1(x)=\dfrac{(x+1)^3}{(x-1)^2}$ 和 $f_2(x)=\dfrac{1+\mathrm{e}^{-x^2}}{1-\mathrm{e}^{-x^2}}$ 的渐近线.

*4. 设函数 $f(x)=\begin{cases} 3^{\frac{1}{x+1}}, & x<-1, \\ \ln(1-x^2), & -1<x<1, \\ x3^{\frac{1}{x}}, & x\geqslant 1, \end{cases}$ 求曲线 $y=f(x)$ 的渐近线.

总 复 习 题 3

（A）

1. 判断题：

(1) 函数 $f(x)=\mathrm{e}^x$ 在 $[-1, 1]$ 上满足罗尔定理的条件.　　　　　　　　　　（　）

(2) 单调函数的导函数必为单调函数.　　　　　　　　　　　　　　　　　　（　）

(3) 若 $f(x)$ 在 $[0, +\infty)$ 上连续, 且在 $(0, +\infty)$ 内 $f'(x)<0$, 则 $f(0)$ 为 $f(x)$ 在 $[0, +\infty)$ 上的最大值.　　　　　　　　　　　　　　　　　　　　　　　　　　　　　（　）

2. 填空题：

(1) $f(x)=\mathrm{e}^{-x}\sin x$ 在 $[0, 2\pi]$ 上满足罗尔中值定理, 当 $\xi=$ _____ 时, $f'(\xi)=0$.

(2) $F(x)=C(x^2+1)^2 (C>0)$ 在点 $x=$ _____ 处取得极小值, 其值为 _____.

3. 选择题：

(1) $f''(x_0)=0$ 是 $y=f(x)$ 的图形在 x_0 处有拐点的（　　）.

A. 充分条件； B. 必要条件； C. 充分必要条件； D. 以上说法都不对．

(2) $f(x)=x-\dfrac{3}{2}x^{\frac{2}{3}}$ 的极值点的个数是（　　）．

　　A. 0 个； B. 1 个； C. 2 个； D. 3 个．

4. 证明不等式：当 $0<x<\dfrac{\pi}{2}$ 时，$\sin x>x-\dfrac{x^3}{6}$．

5. 求下列极限：

(1) $\lim\limits_{x\to 0}\dfrac{1}{x}\left(\dfrac{1}{x}-\cot x\right)$；　　(2) $\lim\limits_{x\to+\infty}\dfrac{e^x-e^{-x}}{e^x+e^{-x}}$；　　(3) $\lim\limits_{x\to 0}\left(\dfrac{3^x+5^x}{2}\right)^{\frac{2}{x}}$．

6. 设 $f(x)=\dfrac{12x}{(1+x)^2}$，求此函数的单调区间、凹凸区间、极值和拐点，并作出图像．

（B）

1. 判断题：

(1) 设 $\lim\limits_{x\to a}\dfrac{f(x)-f(a)}{(x-a)^2}=1$，则 $f(x)$ 在点 $x=a$ 处取得极小值． （　　）

(2) 函数 $F(x)=e^x-(ax^2+bx+c)$ 至多只有三个零点． （　　）

2. 填空题：

(1) 当 $x\to 0$ 时，$x-\sin x\sim ax^b$，则常数 $a=$ ＿＿＿＿＿，$b=$ ＿＿＿＿＿．

(2) 在 $[0,1]$ 上 $f''(x)>0$，则 $f'(0)$，$f'(1)$，$f(1)-f(0)$ 三者的大小关系为 ＿＿＿＿．

(3) 在 $1,\sqrt{2},\sqrt[3]{3},\sqrt[4]{4},\sqrt[5]{5},\cdots,\sqrt[n]{n},\cdots$ 中的最大值为 ＿＿＿＿＿．

3. 选择题：

(1) $f(x)$ 为 $(-\infty,+\infty)$ 上的偶函数，在 $(-\infty,0)$ 内 $f'(x)>0$ 且 $f''(x)<0$，则在 $(0,+\infty)$ 内（　　）．

　　A. $f'(x)>0$ 且 $f''(x)<0$； B. $f'(x)>0$ 且 $f''(x)>0$；
　　C. $f'(x)<0$ 且 $f''(x)<0$； D. $f'(x)<0$ 且 $f''(x)>0$．

(2) 设 $f(x)$ 在 $[0,1]$ 上可导，且 $0<f(x)<1$，$f'(x)\neq 1$，则在 $(0,1)$ 内存在（　　）个 ξ，使得 $f(\xi)=\xi$．

　　A. 1； B. 2； C. 3； D. 0．

4. 设函数 $f(x)$ 在闭区间 $[a,b]$ 上连续，在开区间 (a,b) 内二次可导，且连接点 $(a,f(a))$ 和点 $(b,f(b))$ 的直线段与曲线 $f(x)$ 相交于 $(c,f(c))$，其中 $a<c<b$，证明开区间 (a,b) 内至少有一点 ξ，使 $f''(\xi)=0$．

5. 写出多项式 $f(x)=1+3x+5x^2-2x^3$ 在 $x_0=-1$ 处的一阶、二阶和三阶泰勒公式．

第四章

不定积分

前面介绍了一元函数微分学的知识,现在来讨论一元函数积分学.不定积分与定积分是一元函数积分学的两个基本部分.前面介绍了已知函数求导数的问题,现在要考虑其反问题:已知导数求其函数,即求一个未知函数,使其导数恰好是已知函数.这种由导数或微分求原来函数的逆运算称为不定积分.本章将介绍不定积分的概念、性质及其计算方法.

第一节 不定积分的基本概念与性质

一、原函数与不定积分的概念

定义 1 设函数 $f(x)$ 在区间 I 上有定义,若存在一个函数 $F(x)$,使对于任意的 $x \in I$,都有
$$F'(x) = f(x) \text{ 或 } dF(x) = f(x)dx,$$
则称函数 $F(x)$ 为 $f(x)$ 在区间 I 上的一个原函数.

按照定义 1,当函数 $f(x)$ 是 $F(x)$ 的导数时,$F(x)$ 就是 $f(x)$ 的一个原函数.例如,$(\sin x)' = \cos x$,所以 $\sin x$ 是 $\cos x$ 在 $(-\infty, +\infty)$ 上的一个原函数.又如,当 $x \in (0, +\infty)$ 时,$(\ln x)' = \dfrac{1}{x}$,所以 $\ln x$ 是 $\dfrac{1}{x}$ 在区间 $(0, +\infty)$ 上的一个原函数.

若 $F(x)$ 是 $f(x)$ 的原函数,那么 $F(x)$ 是否唯一呢?我们知道对于任意的常数 C,如果 $F'(x) = f(x)$,一定也有 $(F(x) + C)' = f(x)$.就是说若 $F(x)$ 是 $f(x)$ 的一个原函数,则 $F(x) + C$ 也是 $f(x)$ 的原函数.由此知道,一个函数 $f(x)$ 的原函数不是唯一的.

另外,一个函数的两个原函数之间有什么关系呢?

设 $F(x), G(x)$ 都是 $f(x)$ 的原函数,即 $F'(x) = f(x)$,$G'(x) = f(x)$,令
$$\Phi(x) = F(x) - G(x),$$
则
$$\Phi'(x) = F'(x) - G'(x) = f(x) - f(x) \equiv 0,$$
所以 $\Phi(x) = C$(C 为任意常数),即 $F(x) - G(x) \equiv C$,因此函数 $f(x)$ 的任意两个原函数之间至多相差一常数 C,有如下结论:

设 $F(x)$ 是 $f(x)$ 在区间 I 上的一个原函数,则

(1) $F(x) + C$ 也是 $f(x)$ 的原函数,其中 C 为任意常数;

(2) $f(x)$ 的任意两个原函数之间至多相差一个常数.

由此可知,如果 $F(x)$ 是 $f(x)$ 的一个原函数,则 $F(x) + C$ 就是 $f(x)$ 的所有的原函数.

当然以上是在函数 $f(x)$ 的原函数存在的基础上得出的结论,至于在什么条件下函数

$f(x)$ 的原函数存在,我们有如下的定理,这个定理下一章给出证明.

定理(原函数存在定理) 如果函数 $f(x)$ 在某区间上连续,则在该区间上存在可导函数 $F(x)$,使得对该区间上的任意 x,都有
$$F'(x) = f(x),$$
即连续函数必定存在原函数.

定义 2 函数 $f(x)$ 在区间 I 上的全体原函数 $F(x)+C$ 称为函数 $f(x)$ 在区间 I 上的不定积分,记为
$$\int f(x)\mathrm{d}x,$$
其中 $\int$ 称为积分号,$f(x)$ 称为被积函数,$f(x)\mathrm{d}x$ 称为被积表达式,x 称为积分变量,C 称为积分常数.

由定义可知,如果 $F(x)$ 是 $f(x)$ 的一个原函数,则表达式 $F(x)+C$ 就是 $f(x)$ 的不定积分,即
$$\int f(x)\mathrm{d}x = F(x)+C \quad (C \text{ 为任意常数}), \tag{1}$$
它可以表示 $f(x)$ 的任意原函数.

一般地,称 $f(x)$ 的一个原函数 $F(x)$ 的图像为 $f(x)$ 的一条积分曲线.不定积分 $\int f(x)\mathrm{d}x$ 是 $f(x)$ 的全体原函数,也称之为一族函数,这些函数的几何图形称为函数 $f(x)$ 的积分曲线族,这些积分曲线中的任一条都可以由另一条沿 y 轴向上或向下移动而得到(图 4-1).

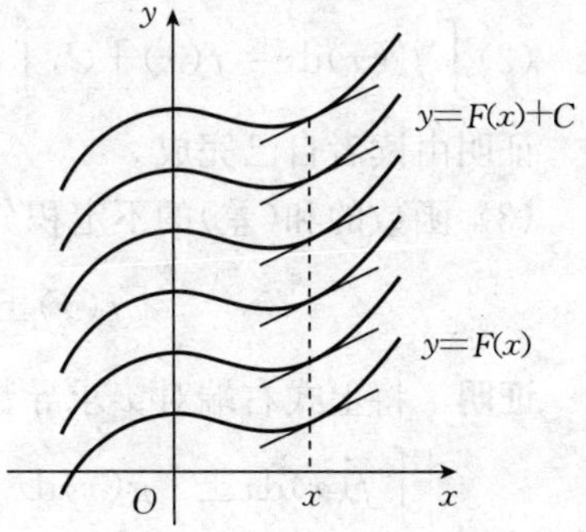

例 1 求 $\int \dfrac{1}{1+x^2}\mathrm{d}x$.

解 因为 $(\arctan x)' = \dfrac{1}{1+x^2}$,所以 $\arctan x$ 是 $\dfrac{1}{1+x^2}$ 的一个原函数,所以

图 4-1 积分曲线

$$\int \frac{1}{1+x^2}\mathrm{d}x = \arctan x + C.$$

例 2 求 $\int \dfrac{1}{x^2}\mathrm{d}x$.

解 因为 $\left(-\dfrac{1}{x}\right)' = \dfrac{1}{x^2}$,所以 $-\dfrac{1}{x}$ 是 $\dfrac{1}{x^2}$ 的一个原函数,因此
$$\int \frac{1}{x^2}\mathrm{d}x = -\frac{1}{x} + C.$$

例 3 求 $\int \dfrac{1}{x}\mathrm{d}x$.

解 因为当 $x>0$ 时,$(\ln x)' = \dfrac{1}{x}$;当 $x<0$ 时,$[\ln(-x)]' = \dfrac{1}{-x} \cdot (-1) = \dfrac{1}{x}$,所以当 $x \neq 0$ 时就有 $(\ln|x|)' = \dfrac{1}{x}$,所以

$$\int \frac{1}{x}dx = \ln|x| + C.$$

例 4 经过调查发现,某产品的边际成本函数可由函数 $2q+3$ 给出,其中 q 是产量数,求生产成本函数.

解 设所求生产成本函数为 $C(q)$,由题可知
$$C'(q) = 2q+3,$$
因为
$$(q^2+3q)' = 2q+3,$$
所以 q^2+3q 是 $2q+3$ 的一个原函数,从而
$$C(q) = \int (2q+3)dq = q^2+3q+C_0 \quad (C_0 \text{ 为常数}).$$

二、不定积分的性质

根据不定积分的定义可得不定积分的如下性质:

(1) $\left[\int f(x)dx\right]' = f(x),\ d\left[\int f(x)dx\right] = f(x)dx.$

由不定积分的定义,以上性质的证明是简单的,设 $F(x)$ 是 $f(x)$ 的一个原函数,则有
$$\left[\int f(x)dx\right]' = [F(x)+C]' = f(x),\ d\left[\int f(x)dx\right] = d[F(x)+C] = dF(x) = f(x)dx.$$

(2) $\int f'(x)dx = f(x)+C,\ \int df(x) = f(x)+C.$

证明由读者自己完成.

(3) 函数的和(差)的不定积分等于各个函数不定积分的和(差),即
$$\int [f(x)\pm g(x)]dx = \int f(x)dx \pm \int g(x)dx.$$

证明 将上式右端对 x 求导数,得
$$\left[\int f(x)dx \pm \int g(x)dx\right]' = \left[\int f(x)dx\right]' \pm \left[\int g(x)dx\right]' = f(x)\pm g(x),$$

这表明等式右端是函数 $f(x)\pm g(x)$ 的原函数. 又等式右端含有两个不定积分符号,应该含有两个任意常数,但两个任意常数的和仍为任意常数,故实际上就是一个任意常数,因此等式右端是函数 $f(x)\pm g(x)$ 的不定积分.

注:此性质可推广到有限多个函数之和的情形.

(4) 若被积函数中含有常数因子,则这个常数因子可以提到积分符号的外边来,即
$$\int kf(x)dx = k\int f(x)dx\ (k \text{ 为非零常数}).$$

因为 $\left[k\int f(x)dx\right]' = k\left[\int f(x)dx\right]' = kf(x)$,所以 $k\int f(x)dx$ 是 $kf(x)$ 的一个原函数,故有 $\int kf(x)dx = k\int f(x)dx.$

三、基本积分表

由于微分运算与不定积分运算在忽略常数 C 的前提下互为逆运算,所以由微分的基本公式就可以得到相应的不定积分的基本公式. 列出如下:

(1) $\int k\,\mathrm{d}x = kx + C$ (k 是常数);

(2) $\int x^{\mu}\,\mathrm{d}x = \dfrac{1}{\mu+1}x^{\mu+1} + C$ ($\mu \neq -1$);

(3) $\int \dfrac{1}{1+x^2}\,\mathrm{d}x = \arctan x + C$;

(4) $\int \dfrac{1}{\sqrt{1-x^2}}\,\mathrm{d}x = \arcsin x + C$;

(5) $\int \cos x\,\mathrm{d}x = \sin x + C$;

(6) $\int \sin x\,\mathrm{d}x = -\cos x + C$;

(7) $\int \dfrac{1}{\cos^2 x}\,\mathrm{d}x = \int \sec^2 x\,\mathrm{d}x = \tan x + C$;

(8) $\int \dfrac{1}{\sin^2 x}\,\mathrm{d}x = \int \csc^2 x\,\mathrm{d}x = -\cot x + C$;

(9) $\int \sec x \cdot \tan x\,\mathrm{d}x = \sec x + C$;

(10) $\int \csc x \cdot \cot x\,\mathrm{d}x = -\csc x + C$;

(11) $\int e^x\,\mathrm{d}x = e^x + C$;

(12) $\int a^x\,\mathrm{d}x = \dfrac{a^x}{\ln a} + C$ ($a > 0$, $a \neq 1$);

(13) $\int \dfrac{1}{x}\,\mathrm{d}x = \ln|x| + C$.

这个不定积分基本公式表(基本积分表)是计算不定积分的基础,要求熟练掌握与运用.

四、直接积分法

利用不定积分的性质和基本积分公式表可直接求出不定积分,此方法称为直接积分法.

例 5 求 $\int (x^3 + 2x + 7)\,\mathrm{d}x$.

解 由积分的基本性质和基本积分公式,有

$$\int (x^3 + 2x + 7)\,\mathrm{d}x = \int x^3\,\mathrm{d}x + 2\int x\,\mathrm{d}x + \int 7\,\mathrm{d}x = \dfrac{1}{4}x^4 + x^2 + 7x + C.$$

注:在右端三个不定积分表达式中,每一个都含有一个任意常数,由于这些常数的和仍为任意常数,因此我们可以用一个任意常数来表示.另外,原函数求的是否正确是可以验证的,只要对积分的结果求导即可,如果所求得的导数等于被积函数,则积分结果正确,否则就是错误的.对于比较复杂的积分运算,我们应该养成这种验算的习惯.

例 6 求 $\int \dfrac{x^2}{x^2+1}\,\mathrm{d}x$.

解 $\int \dfrac{x^2}{x^2+1}\,\mathrm{d}x = \int \dfrac{x^2+1-1}{x^2+1}\,\mathrm{d}x = \int \left(1 - \dfrac{1}{x^2+1}\right)\mathrm{d}x$

$$= \int 1 \mathrm{d}x - \int \frac{1}{x^2+1} \mathrm{d}x = x - \arctan x + C.$$

例7 求 $\int \frac{\mathrm{d}x}{\sin^2 x \cos^2 x}$.

解 $\int \frac{\mathrm{d}x}{\sin^2 x \cos^2 x} = \int \frac{\sin^2 x + \cos^2 x}{\sin^2 x \cos^2 x} \mathrm{d}x = \int \sec^2 x \mathrm{d}x + \int \csc^2 x \mathrm{d}x$
$= \tan x - \cot x + C.$

例8 求 $\int \left(\sin \frac{x}{2} + \cos \frac{x}{2}\right)^2 \mathrm{d}x$.

解 $\int \left(\sin \frac{x}{2} + \cos \frac{x}{2}\right)^2 \mathrm{d}x = \int \left(\sin^2 \frac{x}{2} + 2\sin \frac{x}{2} \cos \frac{x}{2} + \cos^2 \frac{x}{2}\right) \mathrm{d}x$
$= \int (1 + \sin x) \mathrm{d}x = \int 1 \mathrm{d}x + \int \sin x \mathrm{d}x$
$= x - \cos x + C.$

例9 求 $\int 2^x \mathrm{e}^x \mathrm{d}x$.

解 $\int 2^x \mathrm{e}^x \mathrm{d}x = \int (2\mathrm{e})^x \mathrm{d}x = \frac{(2\mathrm{e})^x}{\ln(2\mathrm{e})} + C = \frac{2^x \mathrm{e}^x}{1 + \ln 2} + C.$

例10 设 $f'(\cos^2 x) = \sin^2 x$,且 $f(0) = 0$,求 $f(x)$.

解 本题涉及导数与不定积分的概念. 若令 $u = \cos^2 x$,则由题设可知 $f'(u) = 1 - u$,于是
$$f(u) = \int f'(u) \mathrm{d}u = \int (1 - u) \mathrm{d}u = u - \frac{1}{2}u^2 + C,$$
即
$$f(x) = x - \frac{1}{2}x^2 + C.$$
又由于 $f(0) = 0$,得 $C = 0$,所以
$$f(x) = x - \frac{1}{2}x^2.$$

习 题 4-1

1. 求下列不定积分.

(1) $\int (10x^4 - 2\sec^2 x - 1) \mathrm{d}x$;

(2) $\int \left(\frac{x}{2} - \frac{1}{x} + \frac{5}{x^4}\right) \mathrm{d}x$;

(3) $\int \sqrt{x}(x+1)(x-1) \mathrm{d}x$;

(4) $\int (a^x + x^2) \mathrm{d}x \, (a > 0, a \neq 1)$;

(5) $\int \frac{x^4 + x^2 + 1}{x^2 + 1} \mathrm{d}x$;

(6) $\int (\mathrm{e}^x - \sin x) \mathrm{d}x$;

(7) $\int \frac{\mathrm{d}x}{1 + \cos 2x}$;

(8) $\int \left(\frac{3}{\sqrt{1-x^2}} - \frac{2}{1+x^2}\right) \mathrm{d}x$;

(9) $\int \frac{\cos 2x}{\sin^2 x \cos^2 x} \mathrm{d}x$;

(10) $\int \cos^2 \frac{x}{2} \mathrm{d}x$.

2. 求下列不定积分.

(1) $\int \sqrt{x \sqrt{x \sqrt{x}}} \, \mathrm{d}x$;

(2) $\int \frac{1}{x^2(1+x^2)} \mathrm{d}x$;

(3) $\int \dfrac{x^4}{1+x^2}\mathrm{d}x$； (4) $\int \dfrac{(\sqrt[6]{x}-2)^2}{\sqrt[3]{x}}\mathrm{d}x$；

(5) $\int \csc x(\csc x-\cot x)\mathrm{d}x$； (6) $\int (2^x+3^x)^2\mathrm{d}x$；

(7) $\int \dfrac{1-\cos^2 x}{1+\cos^2 x-\sin^2 x}\mathrm{d}x$； (8) $\int \mathrm{e}^x\left(1-\dfrac{\mathrm{e}^{-x}}{\sqrt{1-x^2}}\right)\mathrm{d}x$；

(9) $\int \dfrac{2\cdot \mathrm{e}^x+2\cdot 3^{2x}}{2^x}\mathrm{d}x$； (10) $\int \dfrac{1+\cos^2 x}{1+\cos 2x}\mathrm{d}x$；

(11) $\int \dfrac{\sqrt{x^4+x^{-4}+2}}{x}\mathrm{d}x$； (12) $\int \sin\dfrac{x}{2}\left(\cos\dfrac{x}{2}+\sin\dfrac{x}{2}\right)\mathrm{d}x$.

3. 设 $\int xf(x)\mathrm{d}x=\arcsin x+C$，求 $f(x)$.

*4. 已知 $f'(\ln x)=\begin{cases}1,&0<x\leqslant 1,\\ x,&x>1,\end{cases}$ 且 $f(0)=0$，求 $f(x)$.

第二节　换元积分法

在求不定积分的运算中，利用直接积分法只能求出一些比较简单的函数的不定积分，对于比较复杂的函数需要进一步研究不定积分的求法．本节介绍的换元积分，是将复合函数的求导法则反过来应用于不定积分，通过适当的变量替换，将某些不定积分化为基本积分表中所列的形式，进而求出不定积分．换元积分法按其应用的侧重点不同又可分为第一换元积分法（凑微分法）和第二换元积分法．先介绍第一换元积分法．

一、第一换元积分法

我们先来看一个例子：

例 1　求 $\int \mathrm{e}^{2x}\mathrm{d}x$.

解　此积分在基本积分表中找不到，不能使用直接积分法，但有一个与此相近的计算公式 $\int \mathrm{e}^x\mathrm{d}x=\mathrm{e}^x+C$，对于给定的不定积分，这个公式是否可用呢？我们来分析一下．

由于
$$(\mathrm{e}^{2x}+C)'=2\mathrm{e}^{2x}\neq \mathrm{e}^{2x},$$
所以直接应用积分基本公式是不行的．但

$$\int \mathrm{e}^{2x}\mathrm{d}x=\int \dfrac{1}{2}(2\mathrm{e}^{2x})\mathrm{d}x=\int \dfrac{1}{2}(\mathrm{e}^{2x})(2x)'\mathrm{d}x=\int \dfrac{1}{2}(\mathrm{e}^{2x})\mathrm{d}(2x),$$

若令 $2x=u$，则

$$\int \mathrm{e}^{2x}\mathrm{d}x=\int \dfrac{1}{2}(\mathrm{e}^{2x})\mathrm{d}(2x)=\dfrac{1}{2}\int \mathrm{e}^u\mathrm{d}u=\dfrac{1}{2}\mathrm{e}^u+C=\dfrac{1}{2}\mathrm{e}^{2x}+C.$$

由以上解题过程可推断：如果不定积分 $\int g(x)\mathrm{d}x$ 利用直接积分法不易求得，但是被积函数可分解为

$$g(x)=f(\varphi(x))\varphi'(x),$$

可以作变量代换，令 $u=\varphi(x)$，

$$\int g(x)\mathrm{d}x = \int f(\varphi(x))\varphi'(x)\mathrm{d}x = \int f(\varphi(x))\mathrm{d}\varphi(x) \xrightarrow{\varphi(x)=u} \int f(u)\mathrm{d}u,$$

如果设 $F(u)$ 是 $f(u)$ 的一个原函数，则

$$\int g(x)\mathrm{d}x = \int f(u)\mathrm{d}u = F(u)\big|_{u=\varphi(x)} + C = F(\varphi(x)) + C,$$

这样就解决了不定积分的计算问题．

因此有下述定理：

定理1 设 $f(u)$ **具有原函数** $F(u)$，$u=\varphi(x)$ **可导，则有换元公式**

$$\int f[\varphi(x)]\varphi'(x)\mathrm{d}x = \int f[\varphi(x)]\mathrm{d}\varphi(x) = \int f(u)\mathrm{d}u = F(u) + C = F[\varphi(x)] + C. \quad (1)$$

注：(1) 定理1给出的公式(1)称为第一换元公式，第一换元积分法又称为凑微分法．

(2) 使用换元积分公式(1)，就是寻找合适的 $u=\varphi(x)$，使得积分 $\int g(x)\mathrm{d}x$ 具有 $\int f[\varphi(x)]\varphi'(x)\mathrm{d}x$ 的形式，从而将其变换成为 $\int f(u)\mathrm{d}u$ 的形式，再通过计算 $\int f(u)\mathrm{d}u$，得到原来积分的结果．这样，换元积分公式(1)的使用中 $u=\varphi(x)$ 的选取就成为关键的一环．

(3) (1)式中的 $\int f(\varphi(x))\varphi'(x)\mathrm{d}x$ 虽然是一整体符号，但如同导数记号 $\dfrac{\mathrm{d}y}{\mathrm{d}x}$ 中的 $\mathrm{d}x$ 和 $\mathrm{d}y$ 可以看成微分一样，被积表达式中的 $\mathrm{d}x$ 也可以看作变量 x 的微分，$\varphi'(x)\mathrm{d}x$ 可以看作函数 $u=\varphi(x)$ 的微分，要计算 $\int f(\varphi(x))\varphi'(x)\mathrm{d}x$，只要把积分表达式中的 $\varphi(x)$ 换成 u，$\varphi'(x)\mathrm{d}x$ 换成 $\mathrm{d}u$，就可把积分 $\int f(\varphi(x))\varphi'(x)\mathrm{d}x$ 换成 $\int f(u)\mathrm{d}u$．

例2 求 $\int (x+3)^9 \mathrm{d}x$．

解 为了应用基本积分公式 $\int x^n \mathrm{d}x = \dfrac{1}{n+1}x^{n+1} + C (n \neq -1)$，设 $u=x+3$，则 $\mathrm{d}u=\mathrm{d}x$，因此

$$\int (x+3)^9 \mathrm{d}x = \int u^9 \mathrm{d}u = \frac{1}{10}u^{10} + C = \frac{1}{10}(x+3)^{10} + C.$$

例3 求 $\int \dfrac{1}{5x+2}\mathrm{d}x$．

解 在基本积分公式中，有 $\int \dfrac{1}{x}\mathrm{d}x = \ln|x| + C$，因此，我们将 $\dfrac{1}{5x+2}$ 变形为 $\dfrac{1}{u}$ 的形式，即设 $u=5x+2$，则 $\mathrm{d}u=5\mathrm{d}x$，$\mathrm{d}x=\dfrac{1}{5}\mathrm{d}u$，所以

$$\int \frac{1}{5x+2}\mathrm{d}x = \frac{1}{5}\int \frac{1}{u}\mathrm{d}u = \frac{1}{5}\ln|u| + C = \frac{1}{5}\ln|5x+2| + C.$$

例4 求 $\int \dfrac{x^2}{(x+2)^3}\mathrm{d}x$．

解 设 $u=x+2$，则 $x=u-2$，$\mathrm{d}x=\mathrm{d}u$，于是

$$\int \frac{x^2}{(x+2)^3}\mathrm{d}x = \int \frac{(u-2)^2}{u^3}\mathrm{d}u = \int \frac{u^2-4u+4}{u^3}\mathrm{d}u = \int (u^{-1} - 4u^{-2} + 4u^{-3})\mathrm{d}u$$

$$= \ln|u| + 4u^{-1} - 2u^{-2} + C = \ln|x+2| + \frac{4}{x+2} - \frac{2}{(x+2)^2} + C.$$

我们对变量代换应用比较熟练以后,就不必写出所用的中间变量了.

例 5 求 $\int x\mathrm{e}^{x^2-1}\mathrm{d}x$.

解 因为 $x\mathrm{d}x = \frac{1}{2}\mathrm{d}x^2$,而 $\mathrm{d}x^2 = \mathrm{d}(x^2-1)$,所以

$$\int x\mathrm{e}^{x^2-1}\mathrm{d}x = \int \mathrm{e}^{x^2-1}\frac{1}{2}\mathrm{d}(x^2) = \frac{1}{2}\int \mathrm{e}^{x^2-1}\mathrm{d}(x^2-1) = \frac{1}{2}\mathrm{e}^{x^2-1} + C.$$

例 6 求 $\int \frac{1}{a^2+x^2}\mathrm{d}x \ (a>0)$.

解
$$\int \frac{1}{a^2+x^2}\mathrm{d}x = \int \frac{1}{a^2\left(1+\frac{x^2}{a^2}\right)}\mathrm{d}x = \frac{1}{a^2}\int \frac{1}{1+\frac{x^2}{a^2}}\mathrm{d}x$$

$$= \frac{1}{a}\int \frac{1}{1+\frac{x^2}{a^2}}\mathrm{d}\left(\frac{x}{a}\right) = \frac{1}{a}\arctan\frac{x}{a} + C.$$

本题的最后一步,我们使用了积分公式 $\int \frac{1}{1+x^2}\mathrm{d}x = \arctan x + C$.

例 7 求 $\int \frac{1}{\sqrt{a^2-x^2}}\mathrm{d}x \ (a>0)$.

解
$$\int \frac{1}{\sqrt{a^2-x^2}}\mathrm{d}x = \int \frac{1}{\sqrt{a^2\left(1-\frac{x^2}{a^2}\right)}}\mathrm{d}x = \frac{1}{a}\int \frac{1}{\sqrt{1-\frac{x^2}{a^2}}}\mathrm{d}x$$

$$= \int \frac{1}{\sqrt{1-\frac{x^2}{a^2}}}\mathrm{d}\left(\frac{x}{a}\right) = \arcsin\frac{x}{a} + C.$$

这里我们使用了公式 $\int \frac{1}{\sqrt{1-x^2}}\mathrm{d}x = \arcsin x + C$.

例 8 求 $\int \frac{1}{\sqrt{8x-x^2}}\mathrm{d}x$.

解
$$\int \frac{1}{\sqrt{8x-x^2}}\mathrm{d}x = \int \frac{1}{\sqrt{16-(x-4)^2}}\mathrm{d}x = \frac{1}{4}\int \frac{1}{\sqrt{1-\left(\frac{x-4}{4}\right)^2}}\mathrm{d}x$$

$$= \int \frac{1}{\sqrt{1-\left(\frac{x-4}{4}\right)^2}}\mathrm{d}\left(\frac{x-4}{4}\right) = \arcsin\frac{x-4}{4} + C.$$

例 9 求 $\int \frac{\mathrm{e}^{3\sqrt{x}}}{\sqrt{x}}\mathrm{d}x$.

解 $\int \frac{\mathrm{e}^{3\sqrt{x}}}{\sqrt{x}}\mathrm{d}x = \int \frac{2}{3}\mathrm{e}^{3\sqrt{x}}\mathrm{d}(3\sqrt{x}) = \frac{2}{3}\mathrm{e}^{3\sqrt{x}} + C.$

例 10 求 $\int \frac{1}{x^2-a^2}\mathrm{d}x \ (a>0)$.

解 $\int \dfrac{1}{x^2-a^2}\mathrm{d}x = \dfrac{1}{2a}\int\left(\dfrac{1}{x-a}-\dfrac{1}{x+a}\right)\mathrm{d}x$

$\qquad\qquad\quad = \dfrac{1}{2a}(\ln|x-a|-\ln|x+a|)+C$

$\qquad\qquad\quad = \dfrac{1}{2a}\ln\left|\dfrac{x-a}{x+a}\right|+C.$

今后我们计算这类积分都是通过对被积表达式的恒等变形后，再利用相应的公式和法则直接给出结果的.

例 11 求 $\int \tan x\,\mathrm{d}x$.

解 $\int \tan x\,\mathrm{d}x = \int \dfrac{\sin x}{\cos x}\mathrm{d}x = \int \dfrac{\sin x\,\mathrm{d}x}{\cos x} = -\int \dfrac{\mathrm{d}(\cos x)}{\cos x} = -\ln|\cos x|+C.$

同理可得 $\qquad\qquad\qquad \int \cot x\,\mathrm{d}x = \ln|\sin x|+C.$

例 12 求 $\int \cos^2 x\,\mathrm{d}x$.

解 由三角公式 $\cos^2 x = \dfrac{1+\cos 2x}{2}$，有

$\int \cos^2 x\,\mathrm{d}x = \int\left(\dfrac{1+\cos 2x}{2}\right)\mathrm{d}x = \dfrac{1}{2}\int(1+\cos 2x)\mathrm{d}x$

$\qquad\qquad\quad = \dfrac{1}{2}\left(\int \mathrm{d}x + \int \cos 2x\,\mathrm{d}x\right) = \dfrac{1}{2}\int \mathrm{d}x + \dfrac{1}{4}\int \cos 2x\,\mathrm{d}(2x)$

$\qquad\qquad\quad = \dfrac{1}{2}\left(x+\dfrac{1}{2}\sin 2x\right)+C = \dfrac{1}{2}x+\dfrac{1}{4}\sin 2x+C.$

此题的求解过程中，需要利用倍角公式将 $\cos^2 x$ 进行恒等变形. 完全类似地，我们有

$$\int \sin^2 x\,\mathrm{d}x = \dfrac{1}{2}x - \dfrac{1}{4}\sin 2x + C.$$

例 13 求 $\int \sec x\,\mathrm{d}x$.

解 $\int \sec x\,\mathrm{d}x = \int \dfrac{1}{\cos x}\mathrm{d}x = \int \dfrac{\cos x}{\cos^2 x}\mathrm{d}x = \int \dfrac{\mathrm{d}\sin x}{\cos^2 x} = \int \dfrac{\mathrm{d}\sin x}{1-\sin^2 x}$

$\qquad\qquad = \int \dfrac{1}{(1-\sin x)(1+\sin x)}\mathrm{d}\sin x = \dfrac{1}{2}\int\left(\dfrac{1}{1+\sin x}+\dfrac{1}{1-\sin x}\right)\mathrm{d}\sin x$

$\qquad\qquad = \dfrac{1}{2}\left(\int \dfrac{\mathrm{d}\sin x}{1+\sin x}+\int \dfrac{\mathrm{d}\sin x}{1-\sin x}\right) = \dfrac{1}{2}\left[\int \dfrac{\mathrm{d}(1+\sin x)}{1+\sin x}-\int \dfrac{\mathrm{d}(1-\sin x)}{1-\sin x}\right]$

$\qquad\qquad = \dfrac{1}{2}\ln\left|\dfrac{1+\sin x}{1-\sin x}\right|+C = \dfrac{1}{2}\ln\left(\dfrac{1+\sin x}{\cos x}\right)^2+C = \ln|\sec x+\tan x|+C.$

同理可得 $\qquad\qquad\qquad \int \csc x\,\mathrm{d}x = \ln|\csc x-\cot x|+C.$

例 14 求 $\int \cos^3 x\,\mathrm{d}x$.

解 $\int \cos^3 x\,\mathrm{d}x = \int \cos^2 x \cos x\,\mathrm{d}x = \int(1-\sin^2 x)\mathrm{d}(\sin x) = \sin x - \dfrac{1}{3}\sin^3 x + C.$

例 15 求 $\int \sin^3 x \cos^2 x\,\mathrm{d}x$.

解 $\int \sin^3 x \cos^2 x \, dx = -\int \sin^2 x \cos^2 x (-\sin x \, dx) = -\int (1-\cos^2 x) \cos^2 x \, d(\cos x)$

$= -\int (\cos^2 x - \cos^4 x) \, d(\cos x) = -\frac{1}{3} \cos^3 x + \frac{1}{5} \cos^5 x + C.$

一般地，如果被积函数为 $\sin^{2k+1} x \cos^n x$ 或 $\cos^{2k+1} x \sin^n x$（其中 $k \in \mathbf{N}$），总可作变换 $u = \cos x$ 或 $u = \sin x$ 求得结果．

例 16 求 $\int \cos 3x \cos 2x \, dx$.

解 利用三角学中的积化和差公式：
$$\cos A \cos B = \frac{1}{2}[\cos(A-B) + \cos(A+B)],$$

得
$$\cos 3x \cos 2x = \frac{1}{2}(\cos x + \cos 5x),$$

于是
$$\int \cos 3x \cos 2x \, dx = \frac{1}{2} \int (\cos x + \cos 5x) \, dx = \frac{1}{2} \sin x + \frac{1}{10} \sin 5x + C.$$

例 17 求 $\int \tan^5 x \sec^3 x \, dx$.

解 $\int \tan^5 x \sec^3 x \, dx = \int \tan^4 x \sec^2 x \tan x \sec x \, dx = \int (\sec^2 x - 1)^2 \sec^2 x \, d(\sec x)$

$= \int (\sec^6 x - 2\sec^4 x + \sec^2 x) \, d(\sec x)$

$= \frac{1}{7} \sec^7 x - \frac{2}{5} \sec^5 x + \frac{1}{3} \sec^3 x + C.$

熟记常用凑微分公式，对于换元积分是十分有用的．

(1) $\int f(ax+b) \, dx = \frac{1}{a} \int f(ax+b) \, d(ax+b)$;

(2) $\int f(ax^n + b) x^{n-1} \, dx = \frac{1}{na} \int f(ax^n + b) \, d(ax^n + b)$;

(3) $\int \frac{f(\sqrt{x})}{\sqrt{x}} \, dx = 2 \int f(\sqrt{x}) \, d\sqrt{x}$;

(4) $\int f(\ln x) \frac{dx}{x} = \int f(\ln x) \, d\ln x$;

(5) $\int f(e^x) e^x \, dx = \int f(e^x) \, de^x$;

(6) $\int f(a^x) a^x \, dx = \frac{1}{\ln a} \int f(a^x) \, da^x$;

(7) $\int f(\cos x) \sin x \, dx = -\int f(\cos x) \, d\cos x$;

(8) $\int f(\sin x) \cos x \, dx = \int f(\sin x) \, d\sin x$;

(9) $\int f(\tan x) \sec^2 x \, dx = \int f(\tan x) \, d\tan x$;

(10) $\int f(\cot x) \csc^2 x \, dx = -\int f(\cot x) \, d\cot x$;

(11) $\int f(\arcsin x)\dfrac{1}{\sqrt{1-x^2}}dx = \int f(\arcsin x)d\arcsin x$;

(12) $\int f(\arctan x)\dfrac{1}{1+x^2}dx = \int f(\arctan x)d\arctan x$;

(13) $\int \dfrac{\varphi'(x)}{\varphi(x)}dx = \int \dfrac{d\varphi(x)}{\varphi(x)} = \ln|\varphi(x)| + C$.

例 18 求 $\int \dfrac{1}{x(3\ln x + 2)}dx$.

解 $\int \dfrac{1}{x(3\ln x + 2)}dx = \int \dfrac{d\ln x}{3\ln x + 2} = \dfrac{1}{3}\int \dfrac{d(3\ln x + 2)}{3\ln x + 2} = \dfrac{1}{3}\ln|3\ln x + 2| + C$.

例 19 求 $\int \dfrac{\arctan\sqrt{x}}{(1+x)\sqrt{x}}dx$.

解 $\int \dfrac{\arctan\sqrt{x}}{(1+x)\sqrt{x}}dx = 2\int \dfrac{\arctan\sqrt{x}}{1+x}d\sqrt{x} = 2\int \arctan\sqrt{x}\, d\arctan\sqrt{x} = \arctan^2\sqrt{x} + C$.

例 20 求 $\int \dfrac{2x+1}{\sqrt{3+2x-x^2}}dx$.

解 $\int \dfrac{2x+1}{\sqrt{3+2x-x^2}}dx = \int \dfrac{2x-2}{\sqrt{3+2x-x^2}}dx + \int \dfrac{3}{\sqrt{3+2x-x^2}}dx$

$= -\int \dfrac{d(3+2x-x^2)}{\sqrt{3+2x-x^2}} + 3\int \dfrac{1}{\sqrt{1-\left(\dfrac{x-1}{2}\right)^2}}d\left(\dfrac{x-1}{2}\right)$

$= -2\sqrt{3+2x-x^2} + 3\arcsin\dfrac{x-1}{2} + C$.

例 21 求 $\int \dfrac{1+\sin x + \cos x}{1+\sin^2 x}dx$.

解 $\int \dfrac{1+\sin x + \cos x}{1+\sin^2 x}dx$

$= \int \dfrac{dx}{1+\sin^2 x} + \int \dfrac{\sin x}{1+\sin^2 x}dx + \int \dfrac{\cos x}{1+\sin^2 x}dx$

$= \int \dfrac{dx}{2-\cos^2 x} - \int \dfrac{d\cos x}{2-\cos^2 x} + \int \dfrac{d\sin x}{1+\sin^2 x}$

$= \int \dfrac{\sec^2 x}{2\sec^2 x - 1}dx - \dfrac{1}{2\sqrt{2}}\left(\int \dfrac{d\cos x}{\sqrt{2}+\cos x} + \int \dfrac{d\cos x}{\sqrt{2}-\cos x}\right) + \arctan(\sin x)$

$= \int \dfrac{d\tan x}{1+2\tan^2 x} - \dfrac{1}{2\sqrt{2}}\ln\left|\dfrac{\sqrt{2}+\cos x}{\sqrt{2}-\cos x}\right| + \arctan(\sin x)$

$= \dfrac{1}{\sqrt{2}}\arctan(\sqrt{2}\tan x) - \dfrac{1}{2\sqrt{2}}\ln\left|\dfrac{\sqrt{2}+\cos x}{\sqrt{2}-\cos x}\right| + \arctan(\sin x) + C$.

二、第二换元积分法

第一换元积分法是利用变换 $u = \varphi(x)$，将积分 $\int f[\varphi(x)]d\varphi(x)$ 表示成 $\int f(u)du$，通过

求 $\int f(u)\mathrm{d}u$ 的积分而得到原来的积分结果. 换一个角度考虑问题时, 也可以通过 $x=\varphi(t)$ 把积分 $\int f(x)\mathrm{d}x$ 变换成 $\int f(\varphi(t))\varphi'(t)\mathrm{d}t$ 来计算, 当计算 $f(\varphi(t))\varphi'(t)$ 的原函数比计算 $f(x)$ 的原函数更容易时, 这种变换是有用的. 假设有 $\int f(\varphi(t))\varphi'(t)\mathrm{d}t=F(t)+C$, 则需要把 t 换成 x, 即有

$$\int f(x)\mathrm{d}x=\int f(\varphi(t))\varphi'(t)\mathrm{d}t=F(t)+C \xrightarrow{t=\varphi^{-1}(x)} F(\varphi^{-1}(x))+C.$$

上式成立需要满足下列条件:
(1) $f(\varphi(t))\varphi'(t)$ 有原函数 $F(t)$;
(2) $x=\varphi(t)$ 存在反函数 $t=\varphi^{-1}(x)$, 为此要求 $x=\varphi(t)$ 连续可导, 且 $\varphi'(t)\neq 0$.
这样有如下定理:

定理 2 设函数 $f(x)$ 连续, $x=\varphi(t)$ 单调可导, $\varphi'(t)\neq 0$, 若

$$\int f[\varphi(t)]\varphi'(t)\mathrm{d}t=F(t)+C,$$

则
$$\int f(x)\mathrm{d}x=\int f[\varphi(t)]\varphi'(t)\mathrm{d}t=F(t)+C=F[\varphi^{-1}(x)]+C, \tag{2}$$

其中 $t=\varphi^{-1}(x)$ 是 $x=\varphi(t)$ 的反函数.

证 设 $x=\varphi(t)$, 则 $t=\varphi^{-1}(x)$, 由复合函数和反函数的求导法则, 可得

$$\frac{\mathrm{d}}{\mathrm{d}x}F[\varphi^{-1}(x)]=\frac{\mathrm{d}F}{\mathrm{d}t}\cdot\frac{\mathrm{d}t}{\mathrm{d}x}=f[\varphi(t)]\varphi'(t)\frac{1}{\varphi'(t)}=f[\varphi(t)]=f(x),$$

所以
$$\int f(x)\mathrm{d}x=\int f[\varphi(t)]\varphi'(t)\mathrm{d}t=F(t)+C=F[\varphi^{-1}(x)]+C$$

成立.

定理 2 中这种换元积分方法称为第二换元积分法.

第二换元积分法的关键在于选择满足定理 2 的变换 $x=\varphi(t)$, 从而使式(2)中的不定积分更容易求出. 变换 $x=\varphi(t)$ 的选择往往与被积函数的形式有关. 例如, 若被积函数中含有根式, 一般选择适当的变换将根式消去, 从而使不定积分更容易求出.

例 22 求 $\int x\sqrt{1+3x}\,\mathrm{d}x$.

解 设 $\sqrt{1+3x}=t$, 则 $x=\frac{1}{3}(t^2-1)$, $t\geq 1$, 则 $\mathrm{d}x=\frac{2}{3}t\mathrm{d}t$, 于是

$$\int x\sqrt{1+3x}\,\mathrm{d}x=\int \frac{1}{3}(t^2-1)t\cdot\frac{2}{3}t\mathrm{d}t=\frac{2}{9}\int(t^4-t^2)\mathrm{d}t$$

$$=\frac{2}{9}\left(\frac{t^5}{5}-\frac{t^3}{3}\right)+C=\frac{2}{45}(1+3x)^{\frac{5}{2}}-\frac{2}{27}(1+3x)^{\frac{3}{2}}+C.$$

例 23 求 $\int \frac{1}{\sqrt{1+\mathrm{e}^x}}\mathrm{d}x$.

解 设 $\sqrt{1+\mathrm{e}^x}=t$, 则 $x=\ln(t^2-1)$, $t>1$, $\mathrm{d}x=\frac{2t}{t^2-1}\mathrm{d}t$, 所以

$$\int \frac{1}{\sqrt{1+\mathrm{e}^x}}\mathrm{d}x=2\int\frac{1}{t^2-1}\mathrm{d}t=\ln\left|\frac{t-1}{t+1}\right|+C=\ln\frac{\sqrt{1+\mathrm{e}^x}-1}{\sqrt{1+\mathrm{e}^x}+1}+C.$$

例 24 求 $\int \sqrt{a^2-x^2}\,dx\,(a>0)$.

解 求这个积分的困难在于有根式 $\sqrt{a^2-x^2}$，我们设法利用变量代换的方法将根号去掉. 利用三角恒等式

$$\sin^2 t + \cos^2 t = 1,$$

我们对变量作如下变换：

设 $x = a\sin t$，$-\dfrac{\pi}{2} < t < \dfrac{\pi}{2}$，则

$$\sqrt{a^2-x^2} = \sqrt{a^2 - a^2\sin^2 t} = a\cos t,\quad dx = a\cos t\,dt,$$

所以有

$$\int \sqrt{a^2-x^2}\,dx = \int a\cos t \cdot a\cos t\,dt = \int a^2 \cos^2 t\,dt,$$

利用例 12 的结果，有

$$\int \sqrt{a^2-x^2}\,dx = \int a^2\cos^2 t\,dt = a^2\left(\dfrac{t}{2} + \dfrac{1}{4}\sin 2t\right) + C$$

$$= \dfrac{a^2}{2} t + \dfrac{a^2}{2}\sin t\cos t + C.$$

因为 $x = a\sin t$，$-\dfrac{\pi}{2} < t < \dfrac{\pi}{2}$，所以 $t = \arcsin\dfrac{x}{a}$，依据 $x = a\sin t$ 可以作出如图 4-2 所示的三角形，借助于这个三角形可得

$$\sin t = \dfrac{x}{a},\quad \cos t = \dfrac{\sqrt{a^2-x^2}}{a},$$

所以

$$\int \sqrt{a^2-x^2}\,dx = \dfrac{a^2}{2}\arcsin\dfrac{x}{a} + \dfrac{1}{2} x\sqrt{a^2-x^2} + C.$$

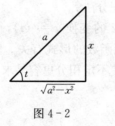

图 4-2

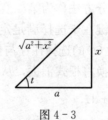

图 4-3

例 25 求 $\int \dfrac{1}{\sqrt{x^2+a^2}}\,dx\,(a>0)$.

解 设 $x = a\tan t$，$-\dfrac{\pi}{2} < t < \dfrac{\pi}{2}$，则 $dx = a\sec^2 t\,dt$，$\sqrt{x^2+a^2} = a\sec t$，所以

$$\int \dfrac{1}{\sqrt{x^2+a^2}}\,dx = \int \dfrac{a\sec^2 t}{a\sec t}\,dt = \int \sec t\,dt,$$

由例 13 得

$$\int \dfrac{1}{\sqrt{x^2+a^2}}\,dx = \int \sec t\,dt = \ln|\tan t + \sec t| + C.$$

由图 4-3 知

$$\sec t = \frac{\sqrt{a^2+x^2}}{a}, \quad \tan t = \frac{x}{a},$$

因此 $\displaystyle\int \frac{1}{\sqrt{x^2+a^2}}\mathrm{d}x = \ln\left(\frac{x}{a}+\frac{\sqrt{a^2+x^2}}{a}\right)+C_1 = \ln(x+\sqrt{x^2+a^2})+C,$

其中 $C=C_1-\ln a$.

当被积函数中含有根式 $\sqrt{a^2\pm x^2}$ 或 $\sqrt{x^2-a^2}$ 时，可作如下变换：

(1) 含有 $\sqrt{a^2-x^2}$ 时，令 $x=a\sin t$；

(2) 含有 $\sqrt{a^2+x^2}$ 时，令 $x=a\tan t$；

(3) 含有 $\sqrt{x^2-a^2}$ 时，令 $x=a\sec t$.

通过上述变换，可以将被积函数变换为三角函数有理式，从而将积分变换成为三角函数有理式积分.

当有理分式函数中分母的阶较高时，常采用倒代换 $x=\dfrac{1}{t}$ ($t>0$ 或 $t<0$) 求解不定积分.

例 26 求 $\displaystyle\int \frac{\mathrm{d}x}{x(x^7+2)}$.

解 设 $x=\dfrac{1}{t}$，则 $\mathrm{d}x=-\dfrac{1}{t^2}\mathrm{d}t$，所以

$$\int \frac{\mathrm{d}x}{x(x^7+2)} = \int \frac{1}{\dfrac{1}{t}\left[\left(\dfrac{1}{t}\right)^7+2\right]}\left(-\dfrac{1}{t^2}\right)\mathrm{d}t$$

$$= -\int \frac{t^6\mathrm{d}t}{1+2t^7} = -\frac{1}{14}\int \frac{\mathrm{d}(1+2t^7)}{1+2t^7}$$

$$= -\frac{1}{14}\ln|1+2t^7|+C = -\frac{1}{14}\ln|2+x^7|+\frac{1}{2}\ln|x|+C.$$

为了方便应用，我们再补充下面几个常用积分公式（其中常数 $a>0$）.

(1) $\displaystyle\int \tan x\,\mathrm{d}x = -\ln|\cos x|+C$；

(2) $\displaystyle\int \cot x\,\mathrm{d}x = \ln|\sin x|+C$；

(3) $\displaystyle\int \sec x\,\mathrm{d}x = \ln|\sec x+\tan x|+C$；

(4) $\displaystyle\int \csc x\,\mathrm{d}x = \ln|\csc x-\cot x|+C$；

(5) $\displaystyle\int \frac{1}{a^2+x^2}\mathrm{d}x = \frac{1}{a}\arctan\frac{x}{a}+C$；

(6) $\displaystyle\int \frac{1}{x^2-a^2}\mathrm{d}x = \frac{1}{2a}\ln\left|\frac{x-a}{x+a}\right|+C$；

(7) $\displaystyle\int \frac{\mathrm{d}x}{\sqrt{a^2-x^2}} = \arcsin\frac{x}{a}+C$；

(8) $\displaystyle\int \frac{\mathrm{d}x}{\sqrt{x^2\pm a^2}} = \ln|x+\sqrt{x^2\pm a^2}|+C$.

例 27 求 $\int \dfrac{dx}{(2x^2+1)\sqrt{x^2+1}}$.

解 设 $x=\tan u$, 则 $dx=\sec^2 u\, du$,

$$\int \dfrac{dx}{(2x^2+1)\sqrt{x^2+1}}=\int \dfrac{du}{(2\tan^2 u+1)\cos u}=\int \dfrac{\cos u\, du}{2\sin^2 u+\cos^2 u}$$

$$=\int \dfrac{d\sin u}{1+\sin^2 u}=\arctan(\sin u)+C$$

$$=\arctan \dfrac{x}{\sqrt{1+x^2}}+C.$$

例 28 求 $\int \dfrac{dx}{\sin(2x)+2\sin x}$.

解 方法一: $\int \dfrac{dx}{\sin(2x)+2\sin x}$

$$=\int \dfrac{dx}{2\sin x(\cos x+1)}=\int \dfrac{\sin x\, dx}{2(1-\cos^2 x)(1+\cos x)}$$

$$=-\dfrac{1}{2}\int \dfrac{d\cos x}{(1-\cos x)(1+\cos x)^2}=-\dfrac{1}{8}\int \left(\dfrac{1}{1-\cos x}+\dfrac{3+\cos x}{(1+\cos x)^2}\right)d\cos x$$

$$=\dfrac{1}{8}\left[\int \dfrac{d(1-\cos x)}{1-\cos x}-\int \dfrac{2d\cos x}{(1+\cos x)^2}-\int \dfrac{d(1+\cos x)}{1+\cos x}\right]$$

$$=\dfrac{1}{8}\left[\ln(1-\cos x)-\ln(1+\cos x)+\dfrac{2}{1+\cos x}\right]+C$$

$$=\dfrac{1}{8}\ln \dfrac{1-\cos x}{1+\cos x}+\dfrac{1}{4(1+\cos x)}+C.$$

方法二: $\int \dfrac{dx}{\sin(2x)+2\sin x}$

$$=\int \dfrac{dx}{2\sin x(\cos x+1)}=\dfrac{1}{4}\int \dfrac{1}{\sin \dfrac{x}{2}\cos^3 \dfrac{x}{2}}d\left(\dfrac{x}{2}\right)$$

$$=\dfrac{1}{4}\int \dfrac{1}{\tan \dfrac{x}{2}\cos^2 \dfrac{x}{2}}d\left(\tan \dfrac{x}{2}\right)=\dfrac{1}{4}\int \dfrac{1+\tan^2 \dfrac{x}{2}}{\tan \dfrac{x}{2}}d\left(\tan \dfrac{x}{2}\right)$$

$$=\dfrac{1}{4}\ln\left|\tan \dfrac{x}{2}\right|+\dfrac{1}{8}\tan^2 \dfrac{x}{2}+C.$$

习 题 4-2

1. 填括号:

(1) $d(\quad)=4dx$; (2) $d(\quad)=x^2 dx$;

(3) $x\, dx=(\quad)d(3x^2+1)$; (4) $e^{-\frac{x}{2}}dx=(\quad)d(e^{-\frac{x}{2}})$;

(5) $(\quad)dx=d(\sqrt{x}+1)$; (6) $\dfrac{dx}{x}=(\quad)d(1+2\ln|x|)$;

(7) $\sin x\, dx=(\quad)d(2+\cos x)$; (8) $\dfrac{1}{\cos^2 2x}dx=(\quad)d(\tan 2x)$;

(9) $e^{-x}dx = ($ $)d(e^{-x}+7)$;

(10) $\dfrac{dx}{\sqrt{1-9x^2}} = ($ $)d(\arcsin 3x)$.

2. 求下列不定积分．

(1) $\displaystyle\int x\sqrt{2x^2-5}\,dx$;

(2) $\displaystyle\int (2-x)^{\frac{5}{2}}\,dx$;

(3) $\displaystyle\int \dfrac{1}{1-x}\,dx$;

(4) $\displaystyle\int \dfrac{e^{\frac{1}{x}}}{x^2}\,dx$;

(5) $\displaystyle\int (x-3)\sqrt{x^2-6x+5}\,dx$;

(6) $\displaystyle\int \dfrac{x^2}{(2x-1)^{100}}\,dx$;

(7) $\displaystyle\int \dfrac{x^4}{1-x^5}\,dx$;

(8) $\displaystyle\int \dfrac{1}{\sqrt{1-9x^2}}\,dx$;

(9) $\displaystyle\int \dfrac{dx}{9x^2-6x+2}$;

(10) $\displaystyle\int \dfrac{\sin\sqrt{x}}{\sqrt{x}}\,dx$;

(11) $\displaystyle\int \dfrac{dx}{x(1+2\ln x)}$;

(12) $\displaystyle\int \dfrac{dx}{x\ln x\ln(\ln x)}$;

(13) $\displaystyle\int \dfrac{ax+b}{\sqrt{1-4x^2}}\,dx$;

(14) $\displaystyle\int \dfrac{dx}{(1+x^2)\arctan^2 x}$;

(15) $\displaystyle\int \cos(3x+4)\cos(2x+2)\,dx$;

(16) $\displaystyle\int \dfrac{\cos^3 x}{\sin^3 x}\,dx$;

(17) $\displaystyle\int \sin^3 x\sqrt[4]{\cos x}\,dx$;

(18) $\displaystyle\int \tan^3 x\sec x\,dx$;

(19) $\displaystyle\int \dfrac{\sqrt{\tan x}}{\cos x\sin x}\,dx$;

(20) $\displaystyle\int \dfrac{\ln\tan x}{\cos x\sin x}\,dx$;

(21) $\displaystyle\int \dfrac{2\sin x+\cos x}{\sqrt[4]{\sin x-2\cos x+4}}\,dx$;

(22) $\displaystyle\int \dfrac{1}{e^x+e^{-x}}\,dx$.

3. 求下列不定积分．

(1) $\displaystyle\int \dfrac{1}{1+\sqrt{x}}\,dx$;

(2) $\displaystyle\int \dfrac{dx}{1+\sqrt[3]{x+2}}$;

(3) $\displaystyle\int \dfrac{dx}{\sqrt{(4x^2+9)^3}}$;

(4) $\displaystyle\int \dfrac{dx}{x\sqrt{x^2-4}}$;

(5) $\displaystyle\int \dfrac{x^2}{\sqrt{a^2-x^2}}\,dx$;

(6) $\displaystyle\int \dfrac{\sqrt{x^2-9}}{x}\,dx$;

(7) $\displaystyle\int \dfrac{\sqrt{x^2+6x+5}}{x+3}\,dx$;

(8) $\displaystyle\int \dfrac{e^{2x}}{\sqrt{e^x+1}}\,dx$;

(9) $\displaystyle\int \dfrac{1}{x(x^4+1)}\,dx$;

(10) $\displaystyle\int \dfrac{\sqrt{1+x}}{1+\sqrt{1+x}}\,dx$.

*4. 求下列不定积分．

(1) $\displaystyle\int \dfrac{\ln^2(x+\sqrt{1+x^2})}{\sqrt{1+x^2}}\,dx$;

(2) $\displaystyle\int \sin^2 x\cos^4 x\,dx$;

(3) $\displaystyle\int \dfrac{dx}{1+\sin x}$;

(4) $\displaystyle\int f'(x)\{f'[f(x)+1]+1\}\,dx$;

(5) $\int \dfrac{f^2(x)f'(x)}{\sqrt{1+f^6(x)}}\mathrm{d}x$; (6) $\int \dfrac{x+2}{x^2\sqrt{1-x^2}}\mathrm{d}x$;

(7) $\int \dfrac{1-x^7}{x(1+x^7)}\mathrm{d}x$; (8) $\int \dfrac{\sqrt{x(x+1)}}{\sqrt{x}+\sqrt{x+1}}\mathrm{d}x$.

第三节　分部积分法

前一节我们根据复合函数的导数公式，利用积分与导数之间的互逆关系，导出了不定积分的换元积分法．这里我们利用两个函数乘积的导数公式给出另一种计算积分的方法，我们称之为分部积分法．

在微分学中我们知道，两个函数乘积的求导公式如下：

设 u，v 均为 x 的可导函数，则

$$(u(x)v(x))' = u'(x)v(x) + u(x)v'(x),$$

两边取不定积分，即

$$\int (u(x)v(x))' \mathrm{d}x = \int [u'(x)v(x) + u(x)v'(x)]\mathrm{d}x,$$

由积分与求导的关系，有

$$u(x)v(x) = \int u'(x)v(x)\mathrm{d}x + \int u(x)v'(x)\mathrm{d}x,$$

从而有

$$\int u(x)v'(x)\mathrm{d}x = u(x)v(x) - \int u'(x)v(x)\mathrm{d}x \tag{1}$$

或

$$\int u(x)\mathrm{d}v(x) = u(x)v(x) - \int v(x)\mathrm{d}u(x). \tag{2}$$

注：(1) 公式(1)或公式(2)称为不定积分的分部积分公式．

(2) 由公式的推导过程可知，分部积分只能用在被积函数是两个函数的乘积的情形．

(3) 在应用分部积分公式时，适当选取 u 和 v 是关键．确定 u 和 v 的原则是要保证给出的 u 和 v 能使得积分 $\int u'v\mathrm{d}x$ 或 $\int v\mathrm{d}u$ 容易求出．

例1 求 $\int x\mathrm{e}^x \mathrm{d}x$.

解 这个积分形式虽然简单，但是我们利用换元积分法却很难得到其结果，我们尝试用分部积分来解决．

设 $u=x$，那么 $v'=\mathrm{e}^x$，于是 $v=\mathrm{e}^x$，$u'=1$，由公式(1)，有

$$\int x\mathrm{e}^x \mathrm{d}x = x\mathrm{e}^x - \int \mathrm{e}^x \mathrm{d}x = x\mathrm{e}^x - \mathrm{e}^x + C.$$

如果取 $u=\mathrm{e}^x$，则 $v'=x$，即有 $u=\mathrm{e}^x$，$v=\dfrac{1}{2}x^2$，那么 $u'=\mathrm{e}^x$，$v=\dfrac{1}{2}x^2$，由公式(1)，得

$$\int x\mathrm{e}^x \mathrm{d}x = \dfrac{1}{2}x^2 \mathrm{e}^x - \dfrac{1}{2}\int x^2 \mathrm{e}^x \mathrm{d}x,$$

与 $\int x\mathrm{e}^x \mathrm{d}x$ 相比，上式右端的第二个积分 $\int x^2 \mathrm{e}^x \mathrm{d}x$ 更不容易求得，因此这样选取的 u，v 是不行的. 由此我们看到了 u，v 选取的重要性.

例 2 求 $\int x\sin x \mathrm{d}x$.

解 设 $u = x$，$v' = \sin x$，就有 $u = x$，$v = -\cos x$ 和 $u' = 1$，那么

$$\int x\sin x \mathrm{d}x = x(-\cos x) - \int (-\cos x) \mathrm{d}x$$
$$= -x\cos x + \int \cos x \mathrm{d}x$$
$$= -x\cos x + \sin x + C.$$

例 3 求 $\int x\arctan x \mathrm{d}x$.

解 设 $u = \arctan x$，$\mathrm{d}v = x\mathrm{d}x$，则

$$\int x\arctan x \mathrm{d}x = \frac{1}{2}x^2 \arctan x - \frac{1}{2}\int \frac{x^2}{1+x^2} \mathrm{d}x$$
$$= \frac{1}{2}x^2 \arctan x - \frac{1}{2}\int \frac{x^2+1-1}{1+x^2} \mathrm{d}x$$
$$= \frac{1}{2}x^2 \arctan x - \frac{1}{2}\int \left(1 - \frac{1}{1+x^2}\right) \mathrm{d}x$$
$$= \frac{1}{2}x^2 \arctan x - \frac{1}{2}(x - \arctan x) + C$$
$$= \frac{1}{2}(x^2+1)\arctan x - \frac{1}{2}x + C.$$

例 4 求 $\int (x+2)\ln x \mathrm{d}x$.

解 设 $u = \ln x$，$\mathrm{d}v = (x+2)\mathrm{d}x$，则 $u = \ln x$，$v = \frac{1}{2}(x+2)^2$，那么有

$$\int (x+2)\ln x \mathrm{d}x = \frac{1}{2}\int \ln x \mathrm{d}((x+2)^2) = \frac{1}{2}\left[(x+2)^2 \ln x - \int \frac{(x+2)^2}{x} \mathrm{d}x\right]$$
$$= \frac{1}{2}(x+2)^2 \ln x - \frac{1}{2}\int \left(x + 4 + \frac{4}{x}\right) \mathrm{d}x$$
$$= \frac{1}{2}(x+2)^2 \ln x - \frac{1}{2}\left(\frac{1}{2}x^2 + 4x + 4\ln x\right) + C$$
$$= \frac{1}{2}(x+2)^2 \ln x - \frac{1}{4}x^2 - 2x - 2\ln x + C.$$

例 5 求 $\int \mathrm{e}^x \cos x \mathrm{d}x$.

解 $\int \mathrm{e}^x \cos x \mathrm{d}x = \int \cos x \mathrm{d}\mathrm{e}^x = \mathrm{e}^x \cos x - \int \mathrm{e}^x \mathrm{d}(\cos x)$

$$= \mathrm{e}^x \cos x + \int \mathrm{e}^x \sin x \mathrm{d}x = \mathrm{e}^x \cos x + \int \sin x \mathrm{d}\mathrm{e}^x$$
$$= \mathrm{e}^x \cos x + \mathrm{e}^x \sin x - \int \mathrm{e}^x \cos x \mathrm{d}x,$$

由于上式左、右两端都含有不定积分 $\int e^x \cos x \mathrm{d}x$,把它移到等号的左边,再两端同除以 2,就得到

$$\int e^x \cos x \mathrm{d}x = \frac{1}{2} e^x (\sin x + \cos x) + C,$$

因上式右端已不包含积分项,所以必须加上任意常数 C.

例 6 求 $\int x^2 \cos x \mathrm{d}x$.

解
$$\begin{aligned}
\int x^2 \cos x \mathrm{d}x &= \int x^2 \mathrm{d}\sin x = x^2 \sin x - \int \sin x \mathrm{d}x^2 = x^2 \sin x - 2\int x \sin x \mathrm{d}x \\
&= x^2 \sin x + 2\int x \mathrm{d}\cos x = x^2 \sin x + 2\left(x \cos x - \int \cos x \mathrm{d}x\right) \\
&= x^2 \sin x + 2(x \cos x - \sin x) + C.
\end{aligned}$$

例 7 求 $\int \ln x \mathrm{d}x$.

解
$$\begin{aligned}
\int \ln x \mathrm{d}x &= x \ln x - \int x \cdot \frac{1}{x} \mathrm{d}x = x \ln x - \int \mathrm{d}x \\
&= x \ln x - x + C = x(\ln x - 1) + C.
\end{aligned}$$

注:这里将 $\mathrm{d}x$ 看成是 $\mathrm{d}v$,即取 $v=x$.

例 8 求 $\int \dfrac{x e^x}{\sqrt{e^x-3}} \mathrm{d}x$.

解 设 $t = \sqrt{e^x - 3}$,则 $x = \ln(t^2 + 3)$,$\mathrm{d}x = \dfrac{2t}{t^2+3} \mathrm{d}t$,

$$\begin{aligned}
\int \frac{x e^x}{\sqrt{e^x - 3}} \mathrm{d}x &= 2\int \ln(t^2 + 3) \mathrm{d}t = 2t \ln(t^2 + 3) - \int \frac{4t^2}{t^2 + 3} \mathrm{d}t \\
&= 2t \ln(t^2 + 3) - 4t + 4\sqrt{3} \arctan \frac{t}{\sqrt{3}} + C \\
&= 2(x - 2)\sqrt{e^x - 3} + 4\sqrt{3} \arctan \sqrt{\frac{e^x}{3} - 1} + C.
\end{aligned}$$

这里也是将 $\mathrm{d}t$ 看成是 $\mathrm{d}v$.

下面介绍一个通过建立递推公式计算不定积分的例子,这种方法被称为循环递推法,这时被积函数中往往带有参数 n.

例 9 求 $I_n = \int (\ln x)^n \mathrm{d}x$($n$ 是正整数).

解
$$\begin{aligned}
I_n &= \int (\ln x)^n \mathrm{d}x = x(\ln x)^n - \int x \mathrm{d}(\ln x)^n = x(\ln x)^n - \int x \cdot n(\ln x)^{n-1} \cdot \frac{1}{x} \mathrm{d}x \\
&= x(\ln x)^n - n \int (\ln x)^{n-1} \mathrm{d}x = x(\ln x)^n - n I_{n-1},
\end{aligned}$$

于是得到递推公式

$$I_n = x(\ln x)^n - n I_{n-1},$$

因为
$$I_1 = \int \ln x \mathrm{d}x = x(\ln x - 1) + C,$$

所以,从 I_1 开始,反复地应用递推公式 $I_n = x(\ln x)^n - n I_{n-1}$,即可以求出任何一个 I_n 的值.

例 10 已知 $\dfrac{\sin x}{x}$ 是 $f(x)$ 的一个原函数，求 $\int x^3 f'(x) \mathrm{d}x$.

解 方法一：由于 $\dfrac{\sin x}{x}$ 是 $f(x)$ 的一个原函数，因此

$$f(x) = \left(\dfrac{\sin x}{x}\right)' = \dfrac{x\cos x - \sin x}{x^2},$$

因此由分部积分法有

$$\int x^3 f'(x)\mathrm{d}x = x^3 f(x) - 3\int x^2 f(x)\mathrm{d}x = x^3 f(x) - 3\int x^2 \mathrm{d}\left(\dfrac{\sin x}{x}\right)$$

$$= x^3 f(x) - 3\left(x^2 \dfrac{\sin x}{x} - 2\int \sin x \mathrm{d}x\right)$$

$$= x^3 \dfrac{x\cos x - \sin x}{x^2} - 3x\sin x - 6\cos x + C$$

$$= x^2 \cos x - 4x\sin x - 6\cos x + C.$$

方法二：由已知可得

$$f(x) = \left(\dfrac{\sin x}{x}\right)' = \dfrac{x\cos x - \sin x}{x^2},$$

$$f'(x) = \dfrac{2\sin x - 2x\cos x - x^2 \sin x}{x^3},$$

因此

$$\int x^3 f'(x)\mathrm{d}x = \int (2\sin x - 2x\cos x - x^2 \sin x)\mathrm{d}x$$

$$= -2\cos x - 2\int x\cos x \mathrm{d}x + \int x^2 \mathrm{d}(\cos x)$$

$$= -2\cos x + x^2 \cos x - 4\int x \mathrm{d}\sin x$$

$$= -2\cos x + x^2 \cos x - 4x\sin x + 4\int \sin x \mathrm{d}x$$

$$= x^2 \cos x - 4x\sin x - 6\cos x + C.$$

例 11 求 $\int \dfrac{x\mathrm{e}^x \mathrm{d}x}{\sqrt{1+\mathrm{e}^x}}$.

解 设 $\sqrt{1+\mathrm{e}^x} = t$，则 $x = \ln(t^2 - 1)$，$\mathrm{d}x = \dfrac{2t}{t^2-1}\mathrm{d}t$，

$$\int \dfrac{x\mathrm{e}^x \mathrm{d}x}{\sqrt{1+\mathrm{e}^x}} = \int \dfrac{(t^2-1)\ln(t^2-1)}{t} \cdot \dfrac{2t}{t^2-1}\mathrm{d}t = 2\int \ln(t^2-1)\mathrm{d}t$$

$$= 2t\ln(t^2-1) - 4\int \dfrac{t^2}{t^2-1}\mathrm{d}t$$

$$= 2t\ln(t^2-1) - 4\int \mathrm{d}t - 2\left(\int \dfrac{\mathrm{d}t}{t-1} - \int \dfrac{\mathrm{d}t}{t+1}\right)$$

$$= 2t\ln(t^2-1) - 4t - 2\ln\dfrac{t-1}{t+1} + C$$

$$= 2(x-2)\sqrt{1+\mathrm{e}^x} - 2\ln\dfrac{\sqrt{1+\mathrm{e}^x}-1}{\sqrt{1+\mathrm{e}^x}+1} + C.$$

习题 4-3

1. 求下列不定积分.

(1) $\int x e^{-x} dx$;

(2) $\int x^2 \arcsin x \, dx$;

(3) $\int \arcsin x \, dx$;

(4) $\int \ln^2 x \, dx$;

(5) $\int \dfrac{x \sin x}{\cos^3 x} dx$;

(6) $\int x^2 \arctan x \, dx$;

(7) $\int x \cos 2x \, dx$;

(8) $\int x^2 \cos^2 \dfrac{x}{2} dx$;

(9) $\int 2x \sec^2 x \, dx$;

(10) $\int x \sin x \cos x \, dx$;

(11) $\int \sin(\ln x) dx$;

(12) $\int \cos(\ln x) dx$;

(13) $\int \dfrac{\ln \ln x}{x} dx$;

(14) $\int \dfrac{\ln x}{x^2} dx$;

(15) $\int x^3 \ln^2 x \, dx$;

(16) $\int e^{\sqrt[3]{x}} dx$;

(17) $\int e^x \sin^2 x \, dx$;

(18) $\int \sec^3 x \, dx$.

2. 推出下列积分的递推公式:

(1) $\int \sin^n x \, dx$;

(2) $\int \dfrac{dx}{(x^2+a^2)^n}$.

3. 已知 $f(x) = \dfrac{\sin x}{x}$, 求 $\int x f''(x) dx$.

*4. 已知 e^{-x^2} 是 $f(x)$ 的一个原函数, 求 $\int x f'(x) dx$.

*5. 求下列不定积分.

(1) $\int \dfrac{e^{\arctan x}}{(1+x^2)^{\frac{3}{2}}} dx$;

(2) $\int \dfrac{x e^x}{\sqrt{e^x - 1}} dx$;

(3) $\int \dfrac{\ln x}{(1-x)^2} dx$;

(4) $\int \sqrt{x} \, e^{\sqrt{x}} dx$;

(5) $\int \dfrac{\arctan x}{x^2} dx$;

(6) $\int \dfrac{\arcsin e^x}{e^x} dx$.

第四节 几种特殊函数的不定积分

在前面我们已经介绍了积分学中的两种基本积分法, 对于具体不定积分, 常常是两种方法混合使用. 本节我们将综合应用积分方法来解决几种常见的特殊类型函数的积分.

一、有理函数的积分法

形如

$$P(x)=a_0x^n+a_1x^{n-1}+\cdots+a_n$$

的函数称为多项式函数,其中所有的系数 $a_k(k=0,1,2,\cdots,n)$ 均为实数.

有理函数是指两个多项式函数 $P_n(x)$ 与 $Q_m(x)$ 的商所表示的函数,即

$$R(x)=\frac{P_n(x)}{Q_m(x)}=\frac{a_0x^n+a_1x^{n-1}+\cdots+a_n}{b_0x^m+b_1x^{m-1}+\cdots+b_m}, \tag{1}$$

其中 m, n 都是非负整数, a_k, $b_i(k=0,1,2,\cdots,n;i=0,1,2,\cdots,m)$ 都是实数,并且 $a_0\neq 0$, $b_0\neq 0$. 若 $n<m$, 称(1)式为真分式;若 $n\geq m$, 称(1)式为假分式. 显然任意一个有理假分式都可化为一个多项式函数与一个真分式的和. 例如,

$$\frac{x^3+1}{x^2+1}=x-\frac{x-1}{x^2+1}.$$

由于多项式函数的积分我们已经解决,所以我们总是假定 $\dfrac{P_n(x)}{Q_m(x)}$ 是真分式.

对于有理分式 $\dfrac{P_n(x)}{Q_m(x)}$ 的分母多项式 $Q_m(x)$, 根据代数学的有关定理可知,任何有理真分式都可以在实数范围内分解成一次因式方幂和二次质因式方幂的乘积,即

$$Q_m(x)=b_0(x-a)^\alpha\cdots(x-b)^\beta(x^2+px+q)^\lambda\cdots(x^2+rx+s)^\mu,$$

其中 $p^2-4q<0$, $\cdots$, $r^2-4s<0$, 则 $\dfrac{P_n(x)}{Q_m(x)}$ 就可以分解成为部分分式之和,其形式如下:

$$\frac{P_n(x)}{Q_m(x)}=\frac{A_1}{(x-a)^\alpha}+\frac{A_2}{(x-a)^{\alpha-1}}+\cdots+\frac{A_\alpha}{x-a}+\cdots+\frac{B_1}{(x-b)^\beta}+\frac{B_2}{(x-b)^{\beta-1}}+\cdots+$$
$$\frac{B_\beta}{x-b}+\frac{M_1x+N_1}{(x^2+px+q)^\lambda}+\frac{M_2x+N_2}{(x^2+px+q)^{\lambda-1}}+\cdots+\frac{M_\lambda x+N_\lambda}{x^2+px+q}+\cdots+$$
$$\frac{R_1x+S_1}{(x^2+rx+s)^\mu}+\frac{R_2x+S_2}{(x^2+rx+s)^{\mu-1}}+\cdots+\frac{R_\mu x+S_\mu}{x^2+rx+s},$$

其中 $A_1,\cdots,A_\alpha;B_1,\cdots,B_\beta;M_1,N_1,\cdots,M_\lambda,N_\lambda;R_1,S_1,\cdots,R_\mu,S_\mu$ 等都是常数.

上述有理分式分解中应注意以下两点:

(1) 若分母 $Q_m(x)$ 中含有 $(x-a)^k$, 则分解后含有下列 k 项分式之和:

$$\frac{A_1}{(x-a)^k}+\frac{A_2}{(x-a)^{K-1}}+\cdots+\frac{A_k}{x-a},$$

其中 $A_1,A_2,\cdots,A_k$ 为常数, 特别, $k=1$ 分解后有 $\dfrac{A}{x-a}$.

(2) 若分母 $Q_m(x)$ 中含有 $(x^2+px+q)^k$, 其中 $p^2-4q<0$, 分解后含有下列 k 个部分之和:

$$\frac{M_1x+N_1}{(x^2+px+q)^k}+\frac{M_2x+N_2}{(x^2+px+q)^{k-1}}+\cdots+\frac{M_kx+N_{\lambda k}}{x^2+px+q},$$

其中 M_i, $N_i(i=1,2,\cdots,k)$ 都为常数, 特别, $k=1$ 分解后含有 $\dfrac{Mx+N}{x^2+px+q}$.

例 1 将有理分式 $\dfrac{3x^2-x+1}{(x-2)(x^2+2x+3)}$ 化为部分分式之和的形式.

解 原式可以分解成如下形式:

$$\frac{3x^2-x+1}{(x-2)(x^2+2x+3)}=\frac{A}{x-2}+\frac{Mx+N}{x^2+2x+3},$$

其中 A，M，N 为待定常数，而

$$\frac{A}{x-2}+\frac{Mx+N}{x^2+2x+3}=\frac{A(x^2+2x+3)+(x-2)(Mx+N)}{(x-2)(x^2+2x+3)}$$
$$=\frac{(A+M)x^2+(2A+N-2M)x+3A-2N}{(x-2)(x^2+2x+3)},$$

与原式比较得如下方程组：

$$\begin{cases} A+M=3, \\ 2A+N-2M=-1, \\ 3A-2N=1, \end{cases}$$

解得 $A=1$，$M=2$，$N=1$，所以

$$\frac{3x^2-x+1}{(x-2)(x^2+2x+3)}=\frac{1}{x-2}+\frac{2x+1}{x^2+2x+3}.$$

例 2 将 $\dfrac{4x}{x^3-x^2-x+1}$ 化为部分分式之和的形式．

解 由于分母多项式

$$x^3-x^2-x+1=(x+1)(x-1)^2,$$

由以上关于有理函数的分解可知

$$\frac{4x}{x^3-x^2-x+1}=\frac{A}{x-1}+\frac{B}{(x-1)^2}+\frac{C}{x+1},$$

在上式两端乘以 $(x+1)(x-1)^2$，有

$$4x=A(x-1)(x+1)+B(x+1)+C(x-1)^2$$
$$=(A+C)x^2+(B-2C)x+(-A+B+C),$$

比较等式两端 x 同次幂的系数，得到如下方程组

$$\begin{cases} A+C=0, \\ B-2C=4, \\ -A+B+C=0, \end{cases}$$

解得 $A=1$，$B=2$，$C=-1$，于是有

$$\frac{4x}{x^3-x^2-x+1}=\frac{1}{x-1}+\frac{2}{(x-1)^2}-\frac{1}{x+1}.$$

例 3 将 $\dfrac{8x-1}{x^2-3x+2}$ 化为部分分式之和的形式．

解 由于分母多项式

$$x^2-3x+2=(x-1)(x-2),$$

所以，设

$$\frac{8x-1}{x^2-3x+2}=\frac{A}{x-1}+\frac{B}{x-2},$$

两端去分母后得

$$8x-1=A(x-2)+B(x-1),$$

得 $A=-7$，$B=15$，即

$$\frac{8x-1}{x^2-3x+2}=\frac{-7}{x-1}+\frac{15}{x-2}.$$

例 4 求 $\int \dfrac{3x^2-x+1}{(x-2)(x^2+2x+3)}dx$.

解 由例 1 有

$$\int \dfrac{3x^2-x+1}{(x-2)(x^2+2x+3)}dx$$

$$= \int \dfrac{1}{x-2}dx + \int \dfrac{2x+1}{x^2+2x+3}dx$$

$$= \int \dfrac{1}{x-2}dx + \int \dfrac{2x+2}{x^2+2x+3}dx - \int \dfrac{1}{x^2+2x+3}dx$$

$$= \int \dfrac{1}{x-2}dx + \int \dfrac{1}{x^2+2x+3}d(x^2+2x+3) + \dfrac{\sqrt{2}}{2}\int \dfrac{1}{1+\left(\dfrac{x+1}{\sqrt{2}}\right)^2}d\dfrac{x+1}{\sqrt{2}}$$

$$= \ln|x-2| + \ln(x^2+2x+3) + \dfrac{\sqrt{2}}{2}\arctan\dfrac{x+1}{\sqrt{2}} + C.$$

例 5 求 $\int \dfrac{4x}{x^3-x^2-x+1}dx$.

解 由例 2 有

$$\int \dfrac{4x}{x^3-x^2-x+1}dx = \int \left[\dfrac{1}{x-1} + \dfrac{2}{(x-1)^2} - \dfrac{1}{x+1}\right]dx$$

$$= \ln|x-1| - \dfrac{2}{x-1} - \ln|x+1| + C$$

$$= \ln\left|\dfrac{x-1}{x+1}\right| - \dfrac{2}{x-1} + C.$$

例 6 求 $\int \dfrac{8x-1}{x^2-3x+2}dx$.

解 由例 3 有

$$\int \dfrac{8x-1}{x^2-3x+2}dx = \int \dfrac{-7}{x-1}dx + \int \dfrac{15}{x-2}dx$$

$$= -7\ln|x-1| + 15\ln|x-2| + C.$$

二、三角有理函数的积分法

所谓三角有理函数是指三角函数和常数经过有限次四则运算所构成的函数. 由于 $\tan x$, $\cot x$, $\sec x$, $\csc x$ 都是由 $\sin x$, $\cos x$ 与常数表示, 所以六个三角有理函数可以记作 $R(\sin x, \cos x)$, 其中 $R(u, v)$ 表示两个变量 u, v 的有理函数. 对于三角有理函数的积分, 我们前面已经进行了一些讨论, 这里我们介绍一种比较常用的变量代换——万能代换, 把三角有理函数的积分化为有理函数的积分.

设 $\tan\dfrac{x}{2} = t$, 则 $x = 2\arctan t$, $dx = \dfrac{2}{1+t^2}dt$, 且

$$\sin x = \dfrac{2\sin\dfrac{x}{2}\cos\dfrac{x}{2}}{\sin^2\dfrac{x}{2} + \cos^2\dfrac{x}{2}} = \dfrac{2\tan\dfrac{x}{2}}{1+\tan^2\dfrac{x}{2}} = \dfrac{2t}{1+t^2},$$

$$\cos x = \frac{\cos^2 \frac{x}{2} - \sin^2 \frac{x}{2}}{\sin^2 \frac{x}{2} + \cos^2 \frac{x}{2}} = \frac{1 - \tan^2 \frac{x}{2}}{1 + \tan^2 \frac{x}{2}} = \frac{1 - t^2}{1 + t^2},$$

于是
$$\int R(\sin x, \cos x) dx = \int R\left(\frac{2t}{1+t^2}, \frac{1-t^2}{1+t^2}\right) \frac{2}{1+t^2} dt, \tag{2}$$

以上所作的变换 $\tan \frac{x}{2} = t$ 称为万能变换.

例 7 求 $\int \frac{1}{\sin x} dx$.

解 设 $\tan \frac{x}{2} = t$, 则有 $\sin x = \frac{2t}{1+t^2}$, $dx = \frac{2}{1+t^2} dt$, 代入原式, 得

$$\int \frac{1}{\sin x} dx = \int \frac{1+t^2}{2t} \cdot \frac{2}{1+t^2} dt = \int \frac{1}{t} dt = \ln|t| + C = \ln\left|\tan \frac{x}{2}\right| + C.$$

例 8 求 $\int \frac{1 + \sin x - \cos x}{(2 - \sin x)(1 + \cos x)} dx$.

解 设 $\tan \frac{x}{2} = t$, 则有

$$\int \frac{1 + \sin x - \cos x}{(2 - \sin x)(1 + \cos x)} dx = \int \frac{1 + \frac{2t}{1+t^2} - \frac{1-t^2}{1+t^2}}{\left(2 - \frac{2t}{1+t^2}\right)\left(1 + \frac{1-t^2}{1+t^2}\right)} \cdot \frac{2}{1+t^2} dt$$

$$= \int \frac{t^2 + t}{t^2 - t + 1} dt = \int \left(1 + \frac{2t - 1}{t^2 - t + 1}\right) dt$$

$$= t + \ln(t^2 - t + 1) + C$$

$$= \tan \frac{x}{2} + \ln\left(\tan^2 \frac{x}{2} - \tan \frac{x}{2} + 1\right) + C.$$

应该指出的是, 通过"万能代换"总能求出三角有理函数形式的积分, 但不是唯一和简洁的方法, 对于某些三角有理函数的积分, 如果能很方便地得到积分结果, 就不必使用上述的变换. 例如,

$$\int (2\sin x + 3\cos 4x) dx = -2\cos x + \frac{3}{4}\sin 4x + C$$

和
$$\int \frac{\sin x}{1 + \cos x} dx = \int \frac{d(-\cos x)}{1 + \cos x} = -\int \frac{d(1 + \cos x)}{1 + \cos x} = -\ln(1 + \cos x) + C$$

都是属于这种情形.

三、简单无理函数的积分法

简单无理函数的积分常见的类型有 $\int R(x, \sqrt[n]{ax+b}) dx$, $\int R\left(x, \sqrt[n]{\frac{ax+b}{cx+d}}\right) dx$ 等. 求简单无理函数的积分, 其基本思想是利用适当的变量代换将其有理化, 转化为有理函数的积分, 下面举几个这方面的例子.

例 9 求 $\int e^{\sqrt{x}} dx$.

解 设 $\sqrt{x}=t$，则 $x=t^2$，$\mathrm{d}x=2t\mathrm{d}t$，于是
$$\int \mathrm{e}^{\sqrt{x}}\mathrm{d}x = \int 2t\mathrm{e}^t\mathrm{d}t,$$
利用第三节例 1 的结果，并用 $x=\sqrt{t}$ 代回，便得到所求的积分
$$\int \mathrm{e}^{\sqrt{x}}\mathrm{d}x = \int 2t\mathrm{e}^t\mathrm{d}t = 2\mathrm{e}^t(t-1)+C = 2\mathrm{e}^{\sqrt{x}}(\sqrt{x}-1)+C.$$

例 10 求 $\int \dfrac{1}{x}\sqrt{\dfrac{x+1}{x-1}}\mathrm{d}x$.

解 设 $\sqrt{\dfrac{x+1}{x-1}}=t$，即 $x=\dfrac{t^2+1}{t^2-1}$，$\mathrm{d}x=\dfrac{-4t\mathrm{d}t}{(t^2-1)^2}$，则

$$\int \frac{1}{x}\sqrt{\frac{x+1}{x-1}}\mathrm{d}x = -4\int\frac{t^2\mathrm{d}t}{(t^2+1)(t^2-1)} = \int\left(\frac{1}{1+t}-\frac{1}{t-1}-\frac{2}{t^2+1}\right)\mathrm{d}t$$
$$= \ln|t+1|-\ln|t-1|-2\arctan t + C$$
$$= \ln\left(\sqrt{\frac{x+1}{x-1}}+1\right)-\ln\left|\sqrt{\frac{x+1}{x-1}}-1\right|-2\arctan\sqrt{\frac{x+1}{x-1}}+C.$$

例 11 求 $\int \dfrac{1}{(1+\sqrt[3]{x})\sqrt{x}}\mathrm{d}x$.

解 被积函数中出现了两个根式 $\sqrt{x}$ 及 $\sqrt[3]{x}$，为了能同时消去这两个根式，作变换 $x=t^6$，于是 $\mathrm{d}x=6t^5\mathrm{d}t$，从而所求积分化为

$$\int\frac{1}{(1+\sqrt[3]{x})\sqrt{x}}\mathrm{d}x = \int\frac{1}{(1+t^2)t^3}6t^5\mathrm{d}t = 6\int\frac{t^2}{1+t^2}\mathrm{d}t = 6\int\left(1-\frac{1}{1+t^2}\right)\mathrm{d}t$$
$$= 6(t-\arctan t)+C = 6(\sqrt[6]{x}-\arctan\sqrt[6]{x})+C.$$

由前面的讨论可以看出，求一个函数的导数总可以循着一定的规则和方法去做，而求一个函数的不定积分并无统一的规则可循，需要具体问题具体分析，灵活应用各种积分方法和技巧．由于积分计算的重要性，人们编制了常用的积分公式表，由于篇幅所限，这里就不赘述了．

我们还要指出，虽然对于初等函数来说，在其定义区间上原函数一定存在，但其原函数不一定都是初等函数，如
$$\int \mathrm{e}^{-x^2}\mathrm{d}x,\ \int\frac{\sin x}{x}\mathrm{d}x,\ \int\frac{1}{\ln x}\mathrm{d}x$$
等，都不是初等函数．

习 题 4-4

1. 求下列有理函数的积分．

(1) $\int \dfrac{x+1}{(x-1)^3}\mathrm{d}x$;

(2) $\int \dfrac{\mathrm{d}x}{x^2-3x-10}$;

(3) $\int \dfrac{x\mathrm{d}x}{x^3-x^2+x-1}$;

(4) $\int \dfrac{x^3}{x+3}\mathrm{d}x$;

(5) $\int \dfrac{x^2-x-4}{(x-5)(x-1)^2}\mathrm{d}x$;

(6) $\int \dfrac{x^4}{x^2+4x+3}\mathrm{d}x$;

(7) $\int \dfrac{x^2+2x-1}{(x-1)^2}\mathrm{d}x$;

(8) $\int \dfrac{x^3-x+1}{x^3-x^2}\mathrm{d}x$.

2. 求下列三角有理函数的积分.

(1) $\int \dfrac{1}{\sin x + \tan x} dx$; (2) $\int \dfrac{dx}{3 + 5\cos x}$;

(3) $\int \dfrac{\sin x \cos^2 x}{5 + \cos^2 x} dx$; (4) $\int \dfrac{1 + \sin x}{\sin x (1 + \cos x)} dx$.

3. 求下列简单无理函数的积分.

(1) $\int \dfrac{dx}{1 + \sqrt{x}}$; (2) $\int \dfrac{1}{\sqrt{x} + \sqrt[4]{x}} dx$;

(3) $\int \dfrac{dx}{\sqrt[3]{(x+1)^2 (x-1)^4}}$; (4) $\int \dfrac{dx}{\sqrt{x+1} + \sqrt{x}}$.

总 复 习 题 4

(A)

1. 填空题：

(1) 设 $f'(\ln x) = 1 + x$，则 $f(x) = \underline{\qquad}$.

(2) 设 $\int x f(x) dx = \arcsin x + C$，则 $\int \dfrac{1}{f(x)} dx = \underline{\qquad}$.

(3) 若 $f'(\sin^2 x) = \tan^2 x$，则 $f(x) = \underline{\qquad}$.

2. 选择题：

(1) 设 $f(x)$ 为可导函数，则（ ）.

  A. $\int f(x) dx = f(x)$; B. $\int f'(x) dx = f(x)$;

  C. $\left(\int f(x) dx\right)' = f(x)$; D. $\left(\int f(x) dx\right)' = f(x) + C$.

(2) 设 $\dfrac{\sin x}{x}$ 为 $f(x)$ 的一个原函数，且 $a \neq 0$，则 $\int \dfrac{f(ax)}{a} dx = ($ $)$.

  A. $\dfrac{\sin ax}{a^3 x} + C$; B. $\dfrac{\sin ax}{a^2 x} + C$; C. $\dfrac{\sin ax}{ax} + C$; D. $\dfrac{\sin ax}{x} + C$.

(3) 下面说法中，错误的是（ ）.

  A. 函数 $F(x) = |x|$ 是函数 $f(x) = \begin{cases} -1, & x < 0 \\ 1, & x \geq 0 \end{cases}$ 的一个原函数；

  B. 函数连续仅是其存在原函数的充分条件，而不是必要条件；

  C. 有一个原函数为常数的函数，必恒为 0；

  D. 任一函数的任意两条积分曲线（有的话）是不相交的.

3. 设 $f'(e^x) = a \sin x + b \cos x$（$a, b$ 为不同时为零的常数），求 $f(x)$.

4. 设 $f(\sin^2 x) = \dfrac{x}{\sin x}$，求 $\int \dfrac{\sqrt{x}}{\sqrt{1-x}} f(x) dx$.

5. 求下列不定积分：

(1) $\int \dfrac{dx}{\cos^2 x \sqrt{\tan x - 1}}$; (2) $\int \dfrac{dx}{\sqrt{2ax}}$;

(3) $\int \dfrac{e^{3x}+1}{e^x+1}dx$;

(4) $\int \sin\sqrt{x}\,dx$;

(5) $\int \sin^3(2x)dx$;

(6) $\int \dfrac{\ln x-1}{x^2}dx$;

(7) $\int \dfrac{x\ln x}{(x^2-1)^{\frac{3}{2}}}dx$;

(8) $\int \dfrac{\ln\sin x}{\sin^2 x}dx$;

(9) $\int \dfrac{\arcsin e^x}{e^x}dx$;

(10) $\int \dfrac{\sqrt[3]{x^2}-\sqrt[4]{x}}{\sqrt{x}}dx$.

(B)

1. 填空题：

(1) 设 $\int f(x)dx=F(x)+C$，则 $\int e^{-x}f(e^{-x})dx=$ _____．

(2) 设 $\int f\left(\dfrac{x}{2}\right)dx=\sin x^2+C$，则 $\int \dfrac{xf(\sqrt{2x^2-1})}{\sqrt{2x^2-1}}dx=$ _____．

(3) 设 $f(x)=\dfrac{x+2}{\sqrt{2x+1}}(x>0)$，则 $\int f(x-1)dx=$ _____．

(4) 设 $f'(x)=\dfrac{\cos x}{1+\sin^2 x}$，$f(0)=0$，则 $\int \dfrac{f'(x)}{1+f^2(x)}dx$ _____．

2. 选择题：

(1) 下列说法中正确的是（　　）．

    A. $\dfrac{1}{x}$ 在 $(-1,1)$ 上的原函数为 $\dfrac{-1}{x^2}$；

    B. $\int \dfrac{-1}{1+x^2}dx=-\arctan x+C_1$，$\int \dfrac{-1}{1+x^2}dx=\arctan\dfrac{1}{x}+C_2$，即 $\arctan\dfrac{1}{x}$，$\arctan x$ 为同一个函数的原函数，彼此差一常数，故 $\arctan\dfrac{1}{x}+\arctan x=C$，$x\neq 0$；

    C. 符号函数 $\mathrm{sgn}\,x$ 在 $(-\infty,+\infty)$ 上存在原函数；

    D. $f(x)=\begin{cases}2x\sin\dfrac{1}{x}-\cos\dfrac{1}{x}, & x\neq 0,\\ 0, & x=0\end{cases}$ 在 $(-\infty,+\infty)$ 上存在原函数，所以不连续函数也可以存在原函数．

(2) 设 $f(x)$ 的一个原函数是 $F(x)$，$g(x)$ 是 $f(x)$ 在区间 I 上的反函数，$g(x)$ 的一个原函数为 $G(x)$，则下列选项中不正确的是（　　）．

    A. $F'(x)\cdot G'(x)=1$；   B. $f'(x)\cdot g'(x)=1$；

    C. $\dfrac{dG(f(x))}{dx}=xf'(x)$；   D. $\dfrac{dF(g(x))}{dx}=\dfrac{x}{f'(x)}$．

(3) 设 $f(x)=\begin{cases}x+1, & x\geq 0,\\ \dfrac{1}{2}e^{-x}, & x<0,\end{cases}$ 则下列选项不是 $f(x)$ 的原函数的为（　　）．

A. $F(x)=\begin{cases} \frac{1}{2}x^2+x, & x\geq 0, \\ -\frac{1}{2}e^{-x}, & x<0; \end{cases}$
B. $F(x)=\begin{cases} \frac{1}{2}x^2+x+1, & x\geq 0, \\ -\frac{1}{2}e^{-x}+\frac{3}{2}, & x<0; \end{cases}$

C. $F(x)=\begin{cases} \frac{1}{2}x^2+x, & x\geq 0, \\ -\frac{1}{2}e^{-x}+\frac{1}{2}, & x<0; \end{cases}$
D. $F(x)=\begin{cases} \frac{1}{2}x^2+x-\frac{1}{2}, & x\geq 0, \\ -\frac{1}{2}e^{-x}, & x<0. \end{cases}$

(4) $\int xf''(x)dx=(\quad)$.

A. $xf'(x)-f'(x)+C$;
B. $xf'(x)-f(x)+C$;
C. $xf'(x)+f'(x)+C$;
D. $xf'(x)+f(x)+C$.

3. 求下列不定积分：

(1) $\int \dfrac{dx}{a^2\cos^2 x+b^2\sin^2 x}$;

(2) $\int \dfrac{x\cos[\ln(x^2+1)]}{x^2+1}dx$;

(3) $\int \dfrac{x+\sin x}{1+\cos x}dx$;

(4) $\int \dfrac{\sqrt{(9-x^2)^3}}{x^6}dx$;

(5) $\int \dfrac{dx}{x^4\sqrt{1+x^2}}$;

(6) $\int \dfrac{x^2+2x}{x^3+3x^2+4}dx$;

(7) $\int \dfrac{\sin x}{1+\sin x}dx$;

(8) $\int \dfrac{dx}{\sqrt{\sin^3 x\cos^5 x}}$;

(9) $\int \dfrac{1-\tan x}{1+\tan x}dx$;

(10) $\int \arcsin\sqrt{\dfrac{x}{1+x}}dx$;

(11) $\int \dfrac{1+\sin x}{1+\cos x}e^x dx$;

(12) $\int \dfrac{x+1}{(x+2)^2}e^x dx$.

4. 设 $I_n=\int(\arcsin x)^n dx$，试证

$$I_n=x(\arcsin x)^n+n\sqrt{1-x^2}(\arcsin x)^{n-1}-n(n-1)I_{n-2}.$$

第五章

定积分及其应用

定积分是积分学中的另一个重要概念,是积分学的重要内容,定积分的概念及计算方法是解决物理、天文、工程、地质、化学、经济学以及生物学等领域中出现的各种问题的强有力的工具,如今甚至还应用于解决某些社会科学在内的其他领域出现的问题.

本章首先通过分析两个典型的实际问题抽象出定积分的概念,然后讨论定积分的性质及反映微分与积分间联系的重要成果——微积分基本定理和计算积分的重要方法——牛顿-莱布尼茨公式,进一步讨论主要的积分方法,最后简单介绍定积分在几何、力学、经济学等方面的应用.

第一节 定积分的概念与性质

一、定积分问题举例

问题1 曲边梯形的面积

设函数 $y=f(x)$ 在区间 $[a,b]$ 上非负且连续,由直线 $x=a$,$x=b$,$y=0$ 与曲线 $y=f(x)$ 所围成的图形称为曲边梯形(图 5-1),其中曲线 $y=f(x)$ 称为曲边.

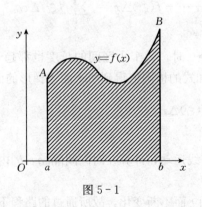

图 5-1

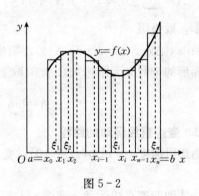

图 5-2

下面讨论如何定义并计算曲边梯形的面积.

我们知道,矩形的面积=底×高,而曲边梯形的高是变化的,因此它的面积按照此公式去计算是不合适的.如果将 $[a,b]$ 上任一点 x 处的函数值 $f(x)$ 看作曲边梯形在 x 处的高,那么曲边梯形的高是变化的,但由于函数 $y=f(x)$ 在区间 $[a,b]$ 上是连续的,所以在一个很小的区间上,$f(x)$ 的值变化不会很大.如果把区间 $[a,b]$ 划分为许多小区间,则曲边梯形也被划分成许多小窄曲边梯形.如果在每个小区间上用某一点处的函数值来定义相应的小窄曲边梯形的高,那么每个小窄曲边梯形就都可近似地看成小窄矩形.所有这些小窄矩形面积之和就是曲边梯形面积的近似值.直观上看,这样的区间越短,这种近似的程度就越高,若把区间$[a, b]$无限细分下去,即使每个小区间的长度都趋于零,这时所有窄矩形面积之和的极限就可以定义为曲边梯形的面积.这个定义也给出了计算曲边梯形面积的方法:

第一步:分割

将曲边梯形如图 5-2 所示那样化整为零,分成 n 个小窄曲边梯形,也就是在区间 $[a, b]$ 内任意插入 $n-1$ 个分点:

$$a = x_0 < x_1 < x_2 < \cdots < x_{n-1} < x_n = b,$$

这 $n-1$ 个分点将区间 $[a, b]$ 划分为 n 个小区间:

$$[x_0, x_1], [x_1, x_2], \cdots, [x_{n-1}, x_n],$$

其长度依次记为

$$\Delta x_1 = x_1 - x_0, \Delta x_2 = x_2 - x_1, \cdots, \Delta x_n = x_n - x_{n-1}.$$

过每个分点作垂直于 x 轴的直线段,把曲边梯形分成 n 个小窄曲边梯形,小窄曲边梯形的面积记为 $\Delta A_i (i = 1, 2, \cdots, n)$,待求的曲边梯形的面积记为 A,则有

$$A = \Delta A_1 + \Delta A_2 + \cdots + \Delta A_n = \sum_{i=1}^{n} \Delta A_i.$$

第二步:近似

在每个小区间 $[x_{i-1}, x_i]$ 上任取一点 $\xi_i (x_{i-1} \leqslant \xi_i \leqslant x_i)$,用以 $[x_{i-1}, x_i]$ 为底、$f(\xi_i)$ 为高的小窄矩形近似代替第 i 个小窄曲边梯形 $(i = 1, 2, \cdots, n)$,则有

$$\Delta A_i \approx f(\xi_i) \Delta x_i (i = 1, 2, \cdots, n).$$

第三步:求和

将第二步中所得 ΔA_i 的近似值求和,即可得到所求曲边梯形面积 A 的近似值

$$A = \sum_{i=1}^{n} \Delta A_i \approx f(\xi_1) \Delta x_1 + f(\xi_2) \Delta x_2 + \cdots + f(\xi_n) \Delta x_n = \sum_{i=1}^{n} f(\xi_i) \Delta x_i.$$

第四步:取极限

记 $\lambda = \max\{\Delta x_1, \Delta x_2, \cdots, \Delta x_n\}$,则当 $\lambda \to 0$ 时,每个小区间的长度也都趋于零(必然有小曲边梯形的个数 n 无限增加).此时取上述和式的极限值得到所求曲边梯形的面积,即

$$A = \lim_{\lambda \to 0} \sum_{i=1}^{n} f(\xi_i) \Delta x_i.$$

问题 2 变速直线运动的路程

设一物体以速度 $v = v(t) (v(t) \geqslant 0)$ 做变速直线运动,计算在时间间隔 $[a, b]$ 内物体所经过的路程 s.

由于物体做变速直线运动,速度 $v(t)$ 随时间 t 而不断变化,故所通过的路程不能用匀速直线运动路程公式 $s = vt$ 来计算.但在很短的时间段上,通常速度 v 的变化是不大的,也就是说 $v(t)$ 是连续变化着的,所以在一个很短的时间段内,速度可以近似地看作是常数,从而在很短的时间间隔内可近似地把物体运动作为匀速运动来处理.于是,可用下列步骤完成讨论.

第一步:分割

在时间间隔 $[a, b]$ 中任意插入 $n-1$ 个分点:

$$a=t_0<t_1<t_2<\cdots<t_{n-1}<t_n=b,$$

这 $n-1$ 个分点将区间 $[a, b]$ 分成 n 个小区间：

$$[t_0, t_1], [t_1, t_2], \cdots, [t_{n-1}, t_n],$$

它们的长度依次为

$$\Delta t_1=t_1-t_0, \Delta t_2=t_2-t_1, \cdots, \Delta t_n=t_n-t_{n-1},$$

相应地，记在第 i 个小时间段内物体经过的路程为 $\Delta s_i(i=1, 2, \cdots, n)$，则有

$$s=\Delta s_1+\Delta s_2+\cdots+\Delta s_n=\sum_{i=1}^{n}\Delta s_i.$$

第二步：近似

在时间间隔 $[t_{i-1}, t_i]$ 上任取一个时刻 $\tau_i(t_{i-1}\leqslant\tau_i\leqslant t_i)$，以 τ_i 时刻的速度 $v(\tau_i)$ 来代替 $[t_{i-1}, t_i]$ 上各个时刻的速度，即将物体在每个小区间上的运动当作匀速运动来处理，从而得到 $[t_{i-1}, t_i]$ 时间段上路程 Δs_i 的近似值，即

$$\Delta s_i\approx v(\tau_i)\Delta t_i(i=1, 2, \cdots, n).$$

第三步：求和

将第二步中所得 Δs_i 的近似值求和，即可得到所求路程 s 的近似值，即

$$s=\sum_{i=1}^{n}\Delta s_i\approx v(\tau_1)\Delta t_1+v(\tau_2)\Delta t_2+\cdots+v(\tau_n)\Delta t_n=\sum_{i=1}^{n}v(\tau_i)\Delta t_i.$$

第四步：取极限

记 $\lambda=\max\{\Delta t_1, \Delta t_2, \cdots, \Delta t_n\}$，则当 $\lambda\to 0$ 时，每个小区间的长度也趋于零．此时取上述和式的极限值得到所求路程 s，即

$$s=\lim_{\lambda\to 0}\sum_{i=1}^{n}v(\tau_i)\Delta t_i.$$

上面处理的这两个问题，其性质截然不同，前者是几何问题，后者是物理问题，尽管问题的背景不同，所要解决的问题也不一样，但是反映在数量上，都是要求某个整体的量，而计算这种整体量所采用的方法却是类似的，都是先把整体问题通过"分割"化为局部问题，在局部上通过"以直代曲"或"以不变代变"作近似代替，由此得到整体量的一个近似值，再通过取极限，便得到所求的量．这个方法的过程我们可简单描述为"分割、近似、求和、取极限"．采用这种方法解决问题时，最后都归结为对某一个函数 $f(x)$ 实施相同结构的数学运算——求和式 $\sum_{i=1}^{n}f(\xi_i)\Delta x_i$ 的极限．在自然科学和工程技术中，还有许多问题的解决需要按照类似的途径去理解与计算．抛开问题的具体意义，抓住它们在数量关系上共同的本质与特性加以概括，就抽象出定积分的定义．

二、定积分的定义

定义 设函数 $f(x)$ 在区间 $[a, b]$ 上有界，在 $[a, b]$ 中任意插入 $n-1$ 个分点：

$$a=x_0<x_1<x_2<\cdots<x_{n-1}<x_n=b,$$

把区间 $[a, b]$ 分成 n 个小区间：

$$[x_0, x_1], [x_1, x_2], \cdots, [x_{n-1}, x_n],$$

各个小区间的长度依次为

$$\Delta x_1 = x_1 - x_0, \Delta x_2 = x_2 - x_1, \cdots, \Delta x_n = x_n - x_{n-1}.$$

在每个小区间 $[x_{i-1}, x_i]$ 上任取一点 $\xi_i (i=1, 2, \cdots, n)$ 作函数值 $f(\xi_i)$ 与小区间长度 Δx_i 的乘积 $f(\xi_i)\Delta x_i (i=1, 2, \cdots, n)$，并作出和式

$$\sum_{i=1}^{n} f(\xi_i) \Delta x_i, \tag{1}$$

记 $\lambda = \max\{\Delta x_1, \Delta x_2, \cdots, \Delta x_n\}$，如果不论对区间 $[a, b]$ 进行怎样的划分，也不论在每个小区间 $[x_{i-1}, x_i]$ 上的点 ξ_i 怎样选取，只要当 $\lambda \to 0$ 时，和式(1)的极限存在，这时我们称此极限为函数 $f(x)$ 在区间 $[a, b]$ 上的定积分，记作 $\int_a^b f(x) dx$，即

$$\int_a^b f(x) dx = \lim_{\lambda \to 0} \sum_{i=1}^{n} f(\xi_i) \Delta x_i, \tag{2}$$

其中 $f(x)$ 叫作被积函数，$f(x)dx$ 叫作被积表达式，x 叫作积分变量，数 a 及 b 分别叫作积分下限和积分上限，$[a, b]$ 叫作积分区间，和 $\sum_{i=1}^{n} f(\xi_i) \Delta x_i$ 通常称为 $f(x)$ 在区间 $[a, b]$ 上的积分和.

如果函数 $f(x)$ 在区间 $[a, b]$ 上的定积分存在，我们也称 $f(x)$ 在 $[a, b]$ 上可积.

注意：(1) 当 $f(x)$ 在 $[a, b]$ 上可积时，定积分 $\int_a^b f(x) dx$ 表示一个数，它由被积函数 $f(x)$、积分区间 $[a, b]$ 唯一确定，而与积分区间的划分和点 $\xi_i \in [x_{i-1}, x_i]$ 的选取无关.

(2) 积分和 $\sum_{i=1}^{n} f(\xi_i) \Delta x_i$ 的值仅依赖于被积函数 $f(x)$、积分区间 $[a, b]$ 的划分方式和点 $\xi_i \in [x_{i-1}, x_i]$ 的选取，而与用什么字母表示自变量无关，所以当和式极限存在时，其极限值与自变量的选取无关. 从而定积分 $\int_a^b f(x) dx$ 的值不依赖于积分变量的选取，也就是不论把积分变量 x 改成其他何种字母，如 t 或 u，定积分的值不变，即

$$\int_a^b f(x) dx = \int_a^b f(t) dt = \int_a^b f(u) du.$$

一般来讲，对于给定的区间 $[a, b]$，怎样判断函数 $f(x)$ 在 $[a, b]$ 上是否可积呢？现不加证明地给出定积分存在的两个充分条件.

定理 1　设 $f(x)$ 在区间 $[a, b]$ 上连续，则 $f(x)$ 在区间 $[a, b]$ 上可积.

定理 2　设 $f(x)$ 在区间 $[a, b]$ 上有界，且只有有限个间断点，则 $f(x)$ 在区间 $[a, b]$ 上可积.

利用定积分的定义，上面讨论的两个实际问题可分别表示如下：

曲边梯形的面积 A 是函数 $f(x)$ 在区间 $[a, b]$ 上的定积分，即

$$A = \lim_{\lambda \to 0} \sum_{i=1}^{n} f(\xi_i) \Delta x_i = \int_a^b f(x) dx.$$

变速直线运动的路程 s 是速度 $v(t)$ 在时间间隔 $[a, b]$ 上的定积分，即

$$s = \lim_{\lambda \to 0} \sum_{i=1}^{n} v(\tau_i) \Delta x_i = \int_a^b v(t) dt.$$

三、定积分的几何意义

由本节的问题 1，容易得到定积分的几何意义.

(1) 当 $y=f(x)$ 是积分区间 $[a, b]$ 上的非负连续函数时,定积分 $\int_a^b f(x) dx$ 表示由直线 $x=a$, $x=b$, $y=0$ 及曲线 $y=f(x)$ 所围成的曲边梯形的面积,即 $\int_a^b f(x) dx = A$.

(2) 如果在区间 $[a, b]$ 上,有 $f(x) \leqslant 0$,则 $-f(x) \geqslant 0$,此时曲线 $y=-f(x)$ 在 $[a, b]$ 上的曲边梯形的面积为

$$A = \int_a^b [-f(x)] dx = \lim_{\lambda \to 0} \sum_{i=1}^n [-f(\xi_i)] \Delta x_i = -\lim_{\lambda \to 0} \sum_{i=1}^n f(\xi_i) \Delta x_i = -\int_a^b f(x) dx,$$

从而可知

$$\int_a^b f(x) dx = -A,$$

这表明当 $f(x) \leqslant 0$ 时,定积分 $\int_a^b f(x) dx$ 在几何上表示由直线 $x=a$, $x=b$, $y=0$ 及曲线 $y=f(x)$ 所围成的曲边梯形面积的相反数.

(3) 如果在区间 $[a, b]$ 上,$f(x)$ 既取得正值又取得负值时,对应的曲边梯形的某些部分在 x 轴的上方,某些部分在 x 轴的下方(图 5-3),这时定积分 $\int_a^b f(x) dx$ 表示由直线 $x=a$, $x=b$, $y=0$ 及曲线 $y=f(x)$ 围成的曲边梯形各部分面积的代数和,即曲边梯形位于 x 轴上方的面积减去位于 x 轴下方的面积.

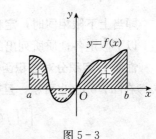

图 5-3

例 1 利用定义求定积分 $\int_0^1 x^2 dx$ 的值.

解 为了便于计算,我们把区间 $[0, 1]$ 分成 n 等分,其分点为 $x_i = \dfrac{i}{n}$ ($i=1, 2, \cdots, n-1$),这样第 i 个小区间 $[x_{i-1}, x_i]$ 的长度 $\Delta x_i = \dfrac{1}{n}$ ($i=1, 2, \cdots, n$). 取 ξ_i 为小区间的右端点,即令 $\xi_i = x_i$ ($i=1, 2, \cdots, n$),于是有和式

$$\sum_{i=1}^n f(\xi_i) \Delta x_i = \sum_{i=1}^n \xi_i^2 \Delta x_i = \sum_{i=1}^n x_i^2 \Delta x_i = \sum_{i=1}^n \left(\dfrac{i}{n}\right)^2 \cdot \dfrac{1}{n} = \dfrac{1}{n^3} \sum_{i=1}^n i^2$$

$$= \dfrac{1}{n^3} \cdot \dfrac{1}{6} n(n+1)(2n+1)$$

$$= \dfrac{1}{6} \left(1+\dfrac{1}{n}\right)\left(2+\dfrac{1}{n}\right),$$

这里我们使用了公式 $1^2 + 2^2 + \cdots + n^2 = \dfrac{1}{6} n(n+1)(2n+1)$.

当 $\lambda \to 0$ 时,有 $n \to \infty$,对上式右端取极限,根据定积分的定义,有

$$\int_0^1 x^2 dx = \lim_{\lambda \to 0} \sum_{i=1}^n \xi_i^2 \Delta x_i = \lim_{n \to \infty} \dfrac{1}{6} \left(1+\dfrac{1}{n}\right)\left(2+\dfrac{1}{n}\right) = \dfrac{1}{3}.$$

例 2 已知 $f(x)$ 连续,且满足 $f(x) = x^2 + x \int_0^1 f(x) dx$,求 $f(x)$.

解 设 $\int_0^1 f(x) dx = a$,a 为一常数,故 $f(x) = x^2 + ax$,有

$$a = \int_0^1 f(x)\,dx = \int_0^1 (x^2 + ax)\,dx,$$

即 $a = \frac{1}{3} + \frac{a}{2}$，得 $a = \frac{2}{3}$，$f(x) = x^2 + \frac{2}{3}x$.

四、定积分的性质

在上述定积分的定义中，积分下限总是小于积分上限的，为使定积分记号更便于应用，作如下两点补充规定：

(1) 当 $a = b$ 时，$\int_a^b f(x)\,dx = 0$，即 $\int_a^a f(x)\,dx = 0$.

(2) 当 $a \neq b$ 时，$\int_a^b f(x)\,dx = -\int_b^a f(x)\,dx$.

即当上下限相同时，定积分等于零；上下限互换时，定积分绝对值不变，符号相反.

以下假定各性质所列出的定积分都是存在的.

性质 1（定积分对被积函数的可加性） 若已知 $f(x)$ 与 $g(x)$ 在 $[a, b]$ 上可积，则 $f(x) \pm g(x)$ 在 $[a, b]$ 上也可积，且有

$$\int_a^b [f(x) \pm g(x)]\,dx = \int_a^b f(x)\,dx \pm \int_a^b g(x)\,dx.$$

证 由定积分的定义，有

$$\begin{aligned}
\int_a^b [f(x) \pm g(x)]\,dx &= \lim_{\lambda \to 0} \sum_{i=1}^n [f(\xi_i) \pm g(\xi_i)]\Delta x_i \\
&= \lim_{\lambda \to 0} \sum_{i=1}^n f(\xi_i)\Delta x_i \pm \lim_{\lambda \to 0} \sum_{i=1}^n g(\xi_i)\Delta x_i \\
&= \int_a^b f(x)\,dx \pm \int_a^b g(x)\,dx.
\end{aligned}$$

该性质对任意有限个函数的和与差的情形都是成立的.

性质 2（定积分对被积函数的齐次性） 被积函数的常数因子可以提到积分号外面去，即

$$\int_a^b k f(x)\,dx = k \int_a^b f(x)\,dx \quad (k \text{ 为常数}).$$

读者可自己证明.

性质 3（定积分对积分区间的可加性） 设 a、b、c 为任意的三个数，则函数 $f(x)$ 在区间 $[a, b]$，$[a, c]$，$[c, b]$ 上的定积分有如下关系：

$$\int_a^b f(x)\,dx = \int_a^c f(x)\,dx + \int_c^b f(x)\,dx.$$

证 当 $a < c < b$ 时，因为函数在 $[a, b]$ 上可积，所以无论对 $[a, b]$ 怎样划分，和式的极限总是不变的，因此在划分区间时，可以使 c 永远是一个分点，那么 $[a, b]$ 上的积分和等于 $[a, c]$ 上的积分和加上 $[c, b]$ 上的积分和，即

$$\sum_{[a,b]} f(\xi_i)\Delta x_i = \sum_{[a,c]} f(\xi_i)\Delta x_i + \sum_{[c,b]} f(\xi_i)\Delta x_i.$$

令 $\lambda \to 0$，上式两端取极限得

$$\int_a^b f(x)\,dx = \int_a^c f(x)\,dx + \int_c^b f(x)\,dx.$$

同理，当 $c<a<b$ 时，
$$\int_c^b f(x)dx = \int_c^a f(x)dx + \int_a^b f(x)dx,$$
移项得
$$\int_a^b f(x)dx = \int_c^b f(x)dx - \int_c^a f(x)dx = \int_c^b f(x)dx + \int_a^c f(x)dx,$$
即
$$\int_a^b f(x)dx = \int_a^c f(x)dx + \int_c^b f(x)dx.$$

性质 4 如果在区间 $[a, b]$ 上，$f(x) \equiv 1$，则 $\int_a^b 1 dx = \int_a^b dx = b-a$.

证明略．

性质 5 如果在区间 $[a, b]$ 上，$f(x) \geqslant 0$，则 $\int_a^b f(x)dx \geqslant 0$.

证 因为 $f(x) \geqslant 0$，所以 $f(\xi_i) \geqslant 0 (i=1, 2, \cdots, n)$，又由于 $\Delta x_i \geqslant 0 (i=1, 2, \cdots, n)$，因此 $\sum_{i=1}^n f(\xi_i)\Delta x_i \geqslant 0$，令 $\lambda = \max\{\Delta x_1, \Delta x_2, \cdots, \Delta x_n\}$，则
$$\int_a^b f(x)dx = \lim_{\lambda \to 0} \sum_{i=1}^n f(\xi_i)\Delta x_i \geqslant 0.$$

推论 1 如果在区间 $[a, b]$ 上，$f(x) \leqslant g(x)$，则
$$\int_a^b f(x)dx \leqslant \int_a^b g(x)dx.$$

证 因为 $g(x) - f(x) \geqslant 0$，由性质 5 得
$$\int_a^b [g(x) - f(x)]dx \geqslant 0,$$
再由性质 1，便得要证的不等式．

推论 2 $\left|\int_a^b f(x)dx\right| \leqslant \int_a^b |f(x)|dx \quad (a<b)$.

证明略．

性质 6 设 M 及 m 分别是函数 $f(x)$ 在区间 $[a, b]$ 上的最大值及最小值，则
$$m(b-a) \leqslant \int_a^b f(x)dx \leqslant M(b-a).$$

证 因为 $m \leqslant f(x) \leqslant M$，由性质 5 的推论，得
$$\int_a^b m dx \leqslant \int_a^b f(x)dx \leqslant \int_a^b M dx,$$
再由性质 2 与性质 4 有
$$m(b-a) \leqslant \int_a^b f(x)dx \leqslant M(b-a).$$

性质 7（定积分中值定理） 如果函数 $f(x)$ 在闭区间 $[a, b]$ 上连续，则在积分区间 $[a, b]$ 上至少存在一点 ξ，使下式成立
$$\int_a^b f(x)dx = f(\xi)(b-a).$$

证 因为 $f(x)$ 在 $[a, b]$ 上连续，所以它有最小值 m 与最大值 M，由性质 6 有
$$m(b-a) \leqslant \int_a^b f(x)dx \leqslant M(b-a),$$

各项都除以$(b-a)$，得

$$m \leqslant \frac{1}{b-a}\int_a^b f(x)\mathrm{d}x \leqslant M.$$

这表明，$\frac{1}{b-a}\int_a^b f(x)\mathrm{d}x$ 是介于函数 $f(x)$ 的最小值 m 与最大值 M 之间的一个数，根据闭区间上连续函数的介值定理，在$[a,b]$上至少存在一点 ξ，使得

$$f(\xi)=\frac{1}{b-a}\int_a^b f(x)\mathrm{d}x, \text{即}\int_a^b f(x)\mathrm{d}x=f(\xi)(b-a).$$

这个公式也叫作积分中值公式．

性质 7 的几何意义是：在$[a,b]$上至少存在一点 ξ，使得以曲线 $f(x)$ 为曲边，区间$[a,b]$为底的曲边梯形的面积等于同一底边而高为 $f(\xi)$ 的矩形的面积(图 5 - 4)．从几何上看，$f(\xi)$ 反映了曲边梯形在区间$[a,b]$上的平均高度，我们把比值$\frac{1}{b-a}\int_a^b f(x)\mathrm{d}x$ 称为函数 $f(x)$ 在区间$[a,b]$上的平均值．

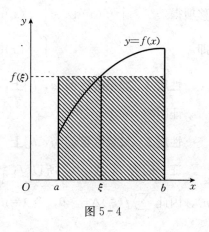

图 5-4

习 题 5-1

1. 利用定积分的定义计算积分 $\int_1^2 (x^2+1)\mathrm{d}x$．

*2. 设 $f(x)=x^2-\int_0^2 xf(t)\mathrm{d}t+2\int_0^1 f(x)\mathrm{d}x$，求 $f(x)$．

3. 判断下列积分值是正数还是负数？为什么？

(1) $\int_5^e \ln x\mathrm{d}x$；   (2) $\int_{\frac{\pi}{4}}^{\frac{\pi}{2}} \cos 2x\mathrm{d}x$．

4. 利用定积分的几何意义，说明下列等式：

(1) $\int_0^{2\pi} \sin x\mathrm{d}x=0$；   (2) $\int_0^1 \sqrt{2x-x^2}\mathrm{d}x=\frac{\pi}{4}$；

(3) $\int_{-a}^a \sqrt{a^2-x^2}\mathrm{d}x=\frac{\pi a^2}{2}(a>0)$；   (4) $\int_a^b k\mathrm{d}x=k(b-a)$．

5. 利用定积分的性质，比较下列各值的大小：

(1) $\int_0^1 x^2\mathrm{d}x$ 与 $\int_0^1 x^3\mathrm{d}x$；   (2) $\int_1^3 x^2\mathrm{d}x$ 与 $\int_1^3 x^3\mathrm{d}x$；

(3) $\int_1^2 \ln x\mathrm{d}x$ 与 $\int_1^2 (\ln x)^2\mathrm{d}x$；   (4) $\int_0^{\frac{\pi}{2}} \sin x\mathrm{d}x$ 与 $\int_0^{\frac{\pi}{2}} x\mathrm{d}x$；

(5) $\int_0^1 x\mathrm{d}x$ 与 $\int_0^1 \ln(1+x)\mathrm{d}x$；   (6) $\int_0^1 e^x\mathrm{d}x$ 与 $\int_0^1 (1+x)\mathrm{d}x$．

6. 估计下列定积分的值：

(1) $\int_1^0 e^{-x^2}\mathrm{d}x$；   (2) $\int_{\frac{1}{\sqrt{3}}}^{\sqrt{3}} \arctan x\mathrm{d}x$．

7. 证明 $\left|\int_a^b f(x)\mathrm{d}x\right| \leqslant \int_a^b |f(x)|\mathrm{d}x(a<b)$．

第二节 微积分基本定理

利用定义来计算定积分,即使是对于比较简单的幂函数也是比较麻烦的.事实上,对于一般的函数,用定义来计算定积分是困难的,有时甚至是不可能的.本节将讨论积分学的核心内容:寻找计算定积分的新的途径和方法.

下面从具体实例入手探求定积分计算的思路和方法.

一、变速直线运动中位置函数与速度函数之间的关系

我们对变速直线运动中位置函数 $s(t)$ 与速度函数 $v(t)$ 之间的关系作进一步的分析.从第一节的问题 2 知道,如果变速直线运动的速度函数 $v(t)$ 为已知,可以利用定积分来表示它在时间间隔 $[a,b]$ 内所经过的路程,即 $s=\int_a^b v(t)\mathrm{d}t$.

另一方面,物体在时间间隔 $[a,b]$ 内所经过的路程 s 也可用位置函数 $s(t)$ 的增量来表示,即 $s=s(b)-s(a)$.

由此可见,位置函数 $s(t)$ 与速度函数 $v(t)$ 之间有如下关系:

$$\int_a^b v(t)\mathrm{d}t = s(b)-s(a).$$

因为 $s'(t)=v(t)$,即位置函数 $s(t)$ 是速度函数 $v(t)$ 的原函数.上式表明:速度函数 $v(t)$ 在区间 $[a,b]$ 上的定积分 $\int_a^b v(t)\mathrm{d}t$ 等于它的原函数 $s(t)$ 在定积分上下限处函数值的差 $s(b)-s(a)$.这就告诉我们可以把定积分 $\int_a^b v(t)\mathrm{d}t$ 的计算问题转化为原函数 $s(t)$ 的计算问题.

二、积分上限的函数及其导数

设函数 $f(x)$ 在闭区间 $[a,b]$ 上连续,x 为 $[a,b]$ 上的一点,那么 $f(x)$ 在区间 $[a,x]$ 上连续,因此定积分 $\int_a^x f(x)\mathrm{d}x$ 是存在的,并且这个积分值是随着 x 的变化而变化的.因此 $\int_a^x f(x)\mathrm{d}x$ 是上限 x 的函数,我们称之为积分上限的函数或可变上限的定积分,记作 $\Phi(x)$,即

$$\Phi(x)=\int_a^x f(x)\mathrm{d}x\,(a\leqslant x\leqslant b).$$

积分变量与积分上限都用同一字母 x 表示,但它们的含义并不相同.因为积分值与积分变量的符号无关,所以我们用 t 代替积分变量 x,于是,上式可写成

$$\Phi(x)=\int_a^x f(t)\mathrm{d}t.$$

由定积分的几何意义可知,积分上限的函数的几何意义是:若函数 $f(x)$ 在区间 $[a,b]$ 上连续且 $f(x)\geqslant 0$,则积分上限的函数 $\Phi(x)$ 就是以曲线 $f(x)$ 为曲边,以子区间 $[a,x]$ 为底的曲边梯形的面积(图 5-5).

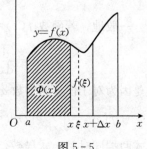

图 5-5

积分上限的函数具有如下性质:

定理 1(微积分学基本定理)　若函数 $f(x)$ 在区间 $[a,b]$ 上连续，则积分上限的函数 $\Phi(x)=\int_a^x f(t)\mathrm{d}t$ 在 $[a,b]$ 上可导，且它的导数为

$$\Phi'(x)=\frac{\mathrm{d}}{\mathrm{d}x}\int_a^x f(t)\mathrm{d}t=f(x). \tag{1}$$

证　任取 $x\in[a,b]$ 及 $\Delta x\neq 0$，使 $x+\Delta x\in[a,b]$，则 $\Phi(x)$ 在 $x+\Delta x$ 处的函数值为

$$\Phi(x+\Delta x)=\int_a^{x+\Delta x} f(t)\mathrm{d}t,$$

由此得函数 $\Phi(x)$ 的增量

$$\Delta\Phi(x)=\Phi(x+\Delta x)-\Phi(x)=\int_a^{x+\Delta x}f(t)\mathrm{d}t-\int_a^x f(t)\mathrm{d}t$$

$$=\int_a^x f(t)\mathrm{d}t+\int_x^{x+\Delta x}f(t)\mathrm{d}t-\int_a^x f(t)\mathrm{d}t=\int_x^{x+\Delta x}f(t)\mathrm{d}t.$$

再应用积分中值定理，有 $\Delta\Phi(x)=f(\xi)\Delta x$，其中 ξ 在 x 与 $x+\Delta x$ 之间，用 Δx 除上式两端，得

$$\frac{\Delta\Phi(x)}{\Delta x}=f(\xi),$$

由于 $f(x)$ 在区间 $[a,b]$ 上连续，而 $\Delta x\to 0$ 时，$x+\Delta x\to x$，从而 $\xi\to x$，因此 $\lim_{\Delta x\to 0}f(\xi)=f(x)$，从而令 $\Delta x\to 0$，对上式两端取极限，便得 $\Phi'(x)=f(x)$. 定理得证.

定理 1 告诉我们：如果 $f(x)$ 在区间 $[a,b]$ 上连续，则它的原函数一定存在，并且它的一个原函数可以表示为 $[a,x]$ 上的定积分，即

$$\Phi(x)=\int_a^x f(t)\mathrm{d}t,$$

因此，这个定理也称为原函数存在定理.

例 1　设 $f(x)=\int_0^x \tan t^2 \mathrm{d}t$，求 $f'(x)$.

解　由(1)式可得

$$f'(x)=\tan x^2.$$

例 2　设 $f(x)=\int_0^{x^2}\sqrt{1+t^2}\,\mathrm{d}t$，求 $f'(x)$.

解　函数 $f(x)=\int_0^{x^2}\sqrt{1+t^2}\,\mathrm{d}t$ 可以分解成为 $f(u)=\int_0^u \sqrt{1+t^2}\,\mathrm{d}t$ 与 $u=x^2$ 的复合，即 $f(x)$ 是 x 的复合函数. 由复合函数求导法则及(1)式，得

$$f'(x)=\frac{\mathrm{d}f}{\mathrm{d}u}\cdot\frac{\mathrm{d}u}{\mathrm{d}x}=\sqrt{1+u^2}\cdot 2x=2x\sqrt{1+x^4}.$$

一般地，若函数 $f(x)=\int_{v(x)}^{u(x)}g(t)\mathrm{d}t$，其中 $u(x),v(x)$ 是 x 的可导函数，则

$$f'(x)=\frac{\mathrm{d}}{\mathrm{d}x}\left[\int_{v(x)}^{u(x)}g(t)\mathrm{d}t\right]=g[u(x)]u'(x)-g[v(x)]v'(x),$$

这是因为对于任意的常数 a，都有

$$f(x)=\int_{v(x)}^{u(x)}g(t)\mathrm{d}t=\int_{v(x)}^{a}g(t)\mathrm{d}t+\int_a^{u(x)}g(t)\mathrm{d}t=\int_a^{u(x)}g(t)\mathrm{d}t-\int_a^{v(x)}g(t)\mathrm{d}t,$$

等式两端同时对 x 求导数，再利用复合函数的求导法则便得证.

例 3 求 $\lim\limits_{x\to 0}\dfrac{\int_0^x \cos t^2 \, dt}{x}$.

解 由定积分的补充规定易知，所求的极限式是一个 $\dfrac{0}{0}$ 型的未定式，我们应用洛必达法则来计算，先求分子函数的导数，有 $\dfrac{d}{dx}\int_0^x \cos t^2 \, dt = \cos x^2$，因此

$$\lim_{x\to 0}\frac{\int_0^x \cos t^2 \, dt}{x} = \lim_{x\to 0}\frac{\cos x^2}{1} = 1.$$

三、牛顿—莱布尼茨公式

定理 2 如果函数 $F(x)$ 是连续函数 $f(x)$ 在区间 $[a,b]$ 上的一个原函数，则

$$\int_a^b f(x) \, dx = F(x)\Big|_a^b = F(b) - F(a). \tag{2}$$

证 由定理 1 知，积分上限的函数 $\Phi(x) = \int_a^x f(t) \, dt$ 是 $f(x)$ 在 $[a,b]$ 上的一个原函数，由已知 $F(x)$ 也是 $f(x)$ 在 $[a,b]$ 上的一个原函数，因为两个原函数只差一个常数，所以

$$\int_a^x f(t) \, dt = F(x) + C,$$

在上式中令 $x=a$，并注意到 $\int_a^a f(t) \, dt = 0$，得 $C = -F(a)$，代入上式，得

$$\int_a^x f(t) \, dt = F(x) - F(a),$$

再令 $x=b$，并把积分变量 t 换为 x，便得

$$\int_a^b f(x) \, dx = F(b) - F(a).$$

公式(2)叫作牛顿—莱布尼茨公式，是英国数学家牛顿和德国数学家莱布尼茨各自独立地提出的．它提供了计算定积分的一种简便的方法．公式显示，如果要计算定积分 $\int_a^b f(x) \, dx$，可先计算被积函数在积分区间 $[a,b]$ 上的一个原函数 $F(x)$，然后通过牛顿—莱布尼茨公式获得定积分的值．可以看到，这里的关键步骤是原函数的计算，因此牛顿—莱布尼茨公式实质上在一定条件下把定积分的计算问题，转化为被积函数的原函数的计算问题，而前面的分析告诉我们，原函数可通过计算它的不定积分获得．公式(2)也称作微积分基本公式．

例 4 计算第一节中的定积分 $\int_0^1 x^2 \, dx$.

解 因为 x^2 的一个原函数是 $\dfrac{x^3}{3}$，所以

$$\int_0^1 x^2 \, dx = \frac{x^3}{3}\Big|_0^1 = \frac{1}{3}.$$

例 5 计算 $\int_{-\frac{1}{2}}^{\frac{1}{2}} \dfrac{dx}{\sqrt{1-x^2}}$.

解 由于 $\arcsin x$ 是 $\dfrac{1}{\sqrt{1-x^2}}$ 的一个原函数，所以

$$\int_{-\frac{1}{2}}^{\frac{1}{2}} \frac{\mathrm{d}x}{\sqrt{1-x^2}} = \arcsin x \Big|_{-\frac{1}{2}}^{\frac{1}{2}} = \arcsin\frac{1}{2} - \arcsin\left(-\frac{1}{2}\right) = \frac{\pi}{6} - \left(-\frac{\pi}{6}\right) = \frac{\pi}{3}.$$

例 6 计算 $\int_{0}^{\frac{\pi}{4}} \tan^2\theta \mathrm{d}\theta$.

解 $\int_{0}^{\frac{\pi}{4}} \tan^2\theta \mathrm{d}\theta = \int_{0}^{\frac{\pi}{4}} (\sec^2\theta - 1)\mathrm{d}\theta = \int_{0}^{\frac{\pi}{4}} \sec^2\theta \mathrm{d}\theta - \int_{0}^{\frac{\pi}{4}} 1 \mathrm{d}\theta = \tan\theta \Big|_{0}^{\frac{\pi}{4}} - \frac{\pi}{4} = 1 - \frac{\pi}{4}.$

例 7 计算 $\int_{1}^{2} \frac{\mathrm{d}x}{x^2}$.

解 $\frac{1}{x^2}$ 的一个原函数是 $-\frac{1}{x}$，所以

$$\int_{1}^{2} \frac{\mathrm{d}x}{x^2} = -\frac{1}{x} \Big|_{1}^{2} = \frac{1}{2}.$$

例 8 计算正弦曲线 $y = \sin x$ 在 $[0, \pi]$ 上与 x 轴所围的平面图形的面积(图 5-6).

解 该图形也可看成是一个曲边梯形，其面积为

$$A = \int_{0}^{\pi} \sin x \mathrm{d}x.$$

由于 $-\cos x$ 是 $\sin x$ 的一个原函数，所以

$$A = \int_{0}^{\pi} \sin x \mathrm{d}x = -\cos x \Big|_{0}^{\pi} = -(-1-1) = 2.$$

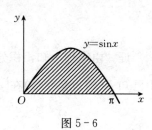

图 5-6

例 9 设 $f(x) = \begin{cases} \dfrac{1}{1+x^2}, & -1 \leqslant x < 0, \\ x^2, & 0 \leqslant x \leqslant 1, \end{cases}$ 求 $\int_{-1}^{1} f(x) \mathrm{d}x$ 的值.

解 由于函数 $f(x)$ 的两个部分表达式分别在两个部分区间 $[-1, 0]$ 与 $[0, 1]$ 上都连续，所以

$$\int_{-1}^{1} f(x)\mathrm{d}x = \int_{-1}^{0} f(x)\mathrm{d}x + \int_{0}^{1} f(x)\mathrm{d}x = \int_{-1}^{0} \frac{1}{1+x^2}\mathrm{d}x + \int_{0}^{1} x^2 \mathrm{d}x$$

$$= [\arctan x]_{-1}^{0} + \left[\frac{1}{3}x^3\right]_{0}^{1} = \frac{1}{3} + \frac{\pi}{4}.$$

习 题 5-2

1. 计算下列积分：

(1) $\int_{0}^{1} (3x^2 - 2x + 1)\mathrm{d}x$；

(2) $\int_{1}^{3} \left(x^3 - \frac{1}{x^2}\right)\mathrm{d}x$；

(3) $\int_{1}^{e} \frac{\ln^3 x}{x}\mathrm{d}x$；

(4) $\int_{1}^{\sqrt{3}} \frac{x^2}{1+x^2}\mathrm{d}x$；

(5) $\int_{0}^{2\pi} |\sin x| \mathrm{d}x$；

(6) $\int_{0}^{\sqrt{3}a} \frac{\mathrm{d}x}{a^2 + x^2}$；

(7) $\int_{-1}^{1} \frac{\mathrm{d}x}{\sqrt{4-x^2}}$；

(8) $\int_{0}^{\frac{\pi}{2}} \frac{\cos 2x}{\cos x - \sin x}\mathrm{d}x$；

(9) $\int_{1}^{e} \frac{x^2 - (\ln x)^2}{x}\mathrm{d}x$；

(10) $\int_{0}^{\pi} \cos^2\frac{x}{2}\mathrm{d}x$.

2. 计算下列各题：

(1) $\dfrac{\mathrm{d}}{\mathrm{d}x}\displaystyle\int_0^{x^3} \mathrm{e}^{-t^2}\mathrm{d}t$；

(2) $\dfrac{\mathrm{d}}{\mathrm{d}x}\displaystyle\int_{\sqrt{x}}^{x^2} t^2\sin t\,\mathrm{d}t$；

(3) $\displaystyle\lim_{x\to 0}\dfrac{\int_0^{x^2}\mathrm{e}^t\sin t\,\mathrm{d}t}{x^4}$；

(4) $\displaystyle\lim_{x\to 0}\dfrac{\int_{\cos x}^{1}\mathrm{e}^{-t^2}\mathrm{d}t}{x^2}$；

(5) $\displaystyle\lim_{x\to 0}\dfrac{\int_0^{x^2}\sqrt{1+t^2}\,\mathrm{d}t}{x^2}$；

(6) $\displaystyle\lim_{x\to 0}\dfrac{\left(\int_0^x \mathrm{e}^{t^2}\mathrm{d}t\right)^2}{\int_0^x t\mathrm{e}^{2t^2}\mathrm{d}t}$.

3. 设 $f(x)$ 为连续函数，且存在常数 a 满足 $\mathrm{e}^{x-1}-x=\displaystyle\int_x^a f(t)\mathrm{d}t$，求 $f(x)$ 和常数 a.

4. 求下列积分：

(1) $\displaystyle\int_{\frac{\pi}{6}}^{\frac{\pi}{3}}\cot^2 x\,\mathrm{d}x$；

(2) 设 $f(x)=\begin{cases} x^2, & 0\leqslant x\leqslant 1,\\ 2-x, & 1<x<2,\end{cases}$ 求 $\displaystyle\int_0^2 f(x)\mathrm{d}x$.

5. 求函数 $f(x)=\displaystyle\int_0^x \sin t\,\mathrm{e}^{t^2}\mathrm{d}t$ 的极值点.

*6. 已知函数
$$f(x)=\begin{cases} 2x, & 0\leqslant x\leqslant 1,\\ x+2, & 1<x\leqslant 2,\end{cases}$$
求积分上限的函数 $\Phi(x)=\displaystyle\int_0^x f(t)\mathrm{d}t$ 在区间 $[0,2]$ 上的表达式.

第三节　定积分的计算

由牛顿—莱布尼茨公式可知，定积分的计算问题可以转化为计算被积函数的原函数增量的问题，而原函数的求法我们可以利用上一章中换元积分法和分部积分法来求得．本节将介绍带有定积分特点的换元积分法和分部积分法．

一、定积分的换元积分法

定理 1　设函数 $f(x)$ 在区间 $[a,b]$ 上连续，函数 $x=\varphi(t)$ 满足：

(1) 在区间 $[\alpha,\beta]$（或 $[\beta,\alpha]$）上具有连续导数 $\varphi'(t)$，且有 $a\leqslant\varphi(t)\leqslant b$；

(2) 当 t 在 $[\alpha,\beta]$（或 $[\beta,\alpha]$）上变化时，x 的值在 $[a,b]$ 上变化，且有 $\varphi(\alpha)=a,\varphi(\beta)=b$，则有

$$\int_a^b f(x)\mathrm{d}x=\int_\alpha^\beta f[\varphi(t)]\varphi'(t)\mathrm{d}t. \tag{1}$$

证　首先，根据定理的条件，公式 (1) 两端的定积分都是存在的，现仅需证明其相等．设 $F(x)$ 是 $f(x)$ 在区间 $[a,b]$ 上的一个原函数，因此有

$$\int_a^b f(x)\mathrm{d}x=F(b)-F(a),$$

由复合函数的求导公式知,$F[\varphi(t)]$是$f[\varphi(t)]\varphi'(t)$的一个原函数,所以
$$\int_\alpha^\beta f[\varphi(t)]\varphi'(t)dt = F[\varphi(t)]\big|_\alpha^\beta = F[\varphi(\beta)] - F[\varphi(\alpha)] = F(b) - F(a),$$
即
$$\int_a^b f(x)dx = \int_\alpha^\beta f[\varphi(t)]\varphi'(t)dt.$$

公式(1)称为定积分的换元积分公式,与不定积分的换元公式类似.但应用定积分换元公式时有两点值得注意:

(1) 用 $x=\varphi(t)$ 把原积分变量 x 代换成新的积分变量 t 时,积分限也要换成相应于新变量 t 的积分限.

(2) 求出右端被积函数 $f[\varphi(t)]\varphi'(t)$ 的一个原函数 $\Phi(t)=F[\varphi(t)]$ 后,不必像计算不定积分那样再把 $\Phi(t)$ 换成原来变量 x 的函数,只需把新变量 t 的上下限代入 $\Phi(t)$,然后相减即可.

例 1 计算 $\int_1^4 \dfrac{dx}{1+\sqrt{x}}$.

解 设 $x=t^2$,则 $dx=2tdt$,当 $x=1$ 时,$t=1$;$x=4$ 时,$t=2$.且容易验证代换满足定理 1 的全部条件,于是
$$\int_1^4 \frac{dx}{1+\sqrt{x}} = \int_1^2 \frac{2t}{1+t}dt = 2\int_1^2 \left(1-\frac{1}{1+t}\right)dt = 2[t-\ln(1+t)]\big|_1^2 = 2+2\ln\frac{2}{3}.$$

例 2 计算 $\int_0^a \sqrt{a^2-x^2}\,dx\,(a>0)$.

解 设 $x=a\sin t\left(0\leqslant t\leqslant\dfrac{\pi}{2}\right)$,则 $a^2-x^2=a^2\cos^2 t$,$dx=a\cos tdt$.且当 $x=0$ 时,$t=0$;当 $x=a$ 时,$t=\dfrac{\pi}{2}$,于是
$$\int_0^a \sqrt{a^2-x^2}\,dx = a^2\int_0^{\frac{\pi}{2}}\cos^2 tdt = \frac{a^2}{2}\int_0^{\frac{\pi}{2}}(1+\cos 2t)dt$$
$$= \frac{a^2}{2}\left(t+\frac{\sin 2t}{2}\right)\bigg|_0^{\frac{\pi}{2}} = \frac{1}{4}\pi a^2.$$

例 3 求 $\int_0^a \dfrac{1}{\sqrt{x^2+a^2}}dx\,(a>0)$

解 设 $x=a\tan t\left(0\leqslant t\leqslant\dfrac{\pi}{4}\right)$,则 $dx=a\sec^2 tdt$,且当 $x=0$ 时,$t=0$;当 $x=a$ 时,$t=\dfrac{\pi}{4}$,又 $\sqrt{x^2+a^2}=a\sec t$,于是
$$\int_0^a \frac{1}{\sqrt{x^2+a^2}}dx = \int_0^{\frac{\pi}{4}} \frac{a\sec^2 t}{a\sec t}dt = \int_0^{\frac{\pi}{4}}\sec tdt = (\ln|\sec t+\tan t|)\big|_0^{\frac{\pi}{4}} = \ln(1+\sqrt{2}).$$

例 4 计算 $\int_0^{\ln 2} \sqrt{e^x-1}\,dx$.

解 设 $\sqrt{e^x-1}=t$,则 $x=\ln(1+t^2)$,$dx=\dfrac{2t}{1+t^2}dt$.且当 $x=0$ 时,$t=0$;当 $x=\ln 2$ 时,$t=1$,于是
$$\int_0^{\ln 2} \sqrt{e^x-1}\,dx = \int_0^1 t\cdot\frac{2t}{1+t^2}dt = 2\int_0^1 \left(1-\frac{1}{1+t^2}\right)dt = 2(t-\arctan t)\big|_0^1 = 2-\frac{\pi}{2}.$$

例5 计算 $\int_0^{\frac{\pi}{2}} \sin\theta\cos^3\theta d\theta$.

解 设 $\cos\theta = t$，则 $dt = -\sin\theta d\theta$，当 $\theta = 0$ 时，$t = 1$；$\theta = \frac{\pi}{2}$ 时，$t = 0$. 且容易验证代换满足定理1的全部条件，于是

$$\int_0^{\frac{\pi}{2}} \sin\theta\cos^3\theta d\theta = -\int_1^0 t^3 dt = \int_0^1 t^3 dt = \frac{t^4}{4}\Big|_0^1 = \frac{1}{4}.$$

注意：本例中，如果不明确写出新变量 t，则定积分的上、下限就不需改变，重新计算过程如下：

$$\int_0^{\frac{\pi}{2}} \sin\theta\cos^3\theta d\theta = -\int_0^{\frac{\pi}{2}} \cos^3 x d(\cos x) = -\frac{\cos^4\theta}{4}\Big|_0^{\frac{\pi}{2}} = \frac{1}{4}.$$

定理2 (1) 对称区间上连续奇函数的积分为零. 即若 $f(x)$ 在 $[-a, a]$ 上连续，且 $f(-x) = -f(x)$，则 $\int_{-a}^a f(x)dx = 0$.

(2) 对称区间上连续偶函数的积分为半区间上积分的两倍. 即若 $f(x)$ 在 $[-a, a]$ 上连续，且 $f(-x) = f(x)$，则 $\int_{-a}^a f(x)dx = 2\int_0^a f(x)dx$.

证 因为 $\int_{-a}^a f(x)dx = \int_{-a}^0 f(x)dx + \int_0^a f(x)dx$，对其右边第一个积分作代换 $x = -t$，则

$$\int_{-a}^0 f(x)dx = -\int_a^0 f(-t)dt = \int_0^a f(-t)dt = \int_0^a f(-x)dx.$$

于是 $\int_{-a}^a f(x)dx = \int_0^a f(-x)dx + \int_0^a f(x)dx = \int_0^a [f(-x) + f(x)]dx.$

(1) 如果 $f(x)$ 是奇函数，那么 $f(-x) + f(x) = 0$，即

$$\int_{-a}^a f(x)dx = 0.$$

(2) 如果 $f(x)$ 是偶函数，那么 $f(-x) + f(x) = 2f(x)$，即

$$\int_{-a}^a f(x)dx = 2\int_0^a f(x)dx.$$

例6 计算 $\int_{-4}^4 x^4 dx$.

解 由于 x^4 是 $[-4, 4]$ 上的连续的偶函数，根据定理2知

$$\int_{-4}^4 x^4 dx = 2\int_0^4 x^4 dx = \frac{2}{5}x^5\Big|_0^4 = \frac{2048}{5}.$$

例7 计算 $\int_{-1}^1 e^{x^2}\arcsin x dx$.

解 由于 $e^{x^2}\arcsin x$ 是 $[-1, 1]$ 上的连续的奇函数，根据定理2知

$$\int_{-1}^1 e^{x^2}\arcsin x dx = 0.$$

从以上两例的计算过程可见，奇、偶函数在关于原点对称的区间 $[-a, a]$ 上的定积分的性质在此发挥了关键作用，极大地简化了定积分的计算.

例8 设 $f(x)$ 在 $[0, 1]$ 上连续，证明：

(1) $\int_0^{\frac{\pi}{2}} f(\sin x)\mathrm{d}x = \int_0^{\frac{\pi}{2}} f(\cos x)\mathrm{d}x$;

(2) $\int_0^{\pi} x f(\sin x)\mathrm{d}x = \frac{\pi}{2}\int_0^{\pi} f(\sin x)\mathrm{d}x$,由此计算 $\int_0^{\pi} \frac{x\sin x}{1+\cos^2 x}\mathrm{d}x$.

证明 (1) 观察等式两端，易知所作变换应使 $f(\sin x)$ 变成 $f(\cos x)$，为此可设 $x=\frac{\pi}{2}-t$，则 $\mathrm{d}x=-\mathrm{d}t$，且当 $x=0$ 时，$t=\frac{\pi}{2}$；当 $x=\frac{\pi}{2}$ 时，$t=0$. 于是

$$\int_0^{\frac{\pi}{2}} f(\sin x)\mathrm{d}x = \int_{\frac{\pi}{2}}^0 f\left[\sin\left(\frac{\pi}{2}-t\right)\right]\mathrm{d}t = \int_0^{\frac{\pi}{2}} f(\cos t)\mathrm{d}t = \int_0^{\frac{\pi}{2}} f(\cos x)\mathrm{d}x.$$

(2) 观察等式两端，易知所作变换应使 $xf(\sin x)$ 变成 $f(\sin x)$，为此可设 $x=\pi-t$，则 $\mathrm{d}x=-\mathrm{d}t$，且当 $x=0$ 时，$t=\pi$；当 $x=\pi$ 时，$t=0$. 于是

$$\int_0^{\pi} x f(\sin x)\mathrm{d}x = -\int_{\pi}^0 (\pi-t)f[\sin(\pi-t)]\mathrm{d}t$$

$$= \int_0^{\pi} (\pi-t)f(\sin x)\mathrm{d}t$$

$$= \pi\int_0^{\pi} f(\sin t)\mathrm{d}t - \int_0^{\pi} t f(\sin t)\mathrm{d}t$$

$$= \pi\int_0^{\pi} f(\sin x)\mathrm{d}x - \int_0^{\pi} x f(\sin x)\mathrm{d}x,$$

所以 $\int_0^{\pi} x f(\sin x)\mathrm{d}x = \frac{\pi}{2}\int_0^{\pi} f(\sin x)\mathrm{d}x.$

利用上述结论，即得

$$\int_0^{\pi} \frac{x\sin x}{1+\cos^2 x}\mathrm{d}x = \frac{\pi}{2}\int_0^{\pi} \frac{\sin x}{1+\cos^2 x}\mathrm{d}x = -\frac{\pi}{2}\int_0^{\pi} \frac{\mathrm{d}(\cos x)}{1+\cos^2 x}$$

$$= -\frac{\pi}{2}[\arctan(\cos x)]_0^{\pi} = -\frac{\pi}{2}\left(-\frac{\pi}{4}-\frac{\pi}{4}\right) = \frac{\pi^2}{4}.$$

二、定积分的分部积分法

在第四章中，我们利用两个函数乘积的求导公式建立了不定积分的分部积分法，与此相仿，根据此求导公式也可建立定积分的分部积分法.

定理3 设函数 $u(x)$，$v(x)$ 在区间 $[a,b]$ 上具有连续导数 $u'(x)$，$v'(x)$，则

$$\int_a^b u(x)v'(x)\mathrm{d}x = [u(x)v(x)]_a^b - \int_a^b v(x)u'(x)\mathrm{d}x, \tag{2}$$

或简记作

$$\int_a^b uv'\mathrm{d}x = [uv]_a^b - \int_a^b u'v\mathrm{d}x, \tag{3}$$

$$\int_a^b u\mathrm{d}v = [uv]_a^b - \int_a^b v\mathrm{d}u. \tag{4}$$

证 由乘积的导数公式有 $[uv]' = u'v + uv'$，等式两边分别求在 $[a,b]$ 上的定积分，并注意到 $\int_a^b (uv)'\mathrm{d}x = [uv]_a^b$，有

$$[uv]_a^b = \int_a^b u'v\mathrm{d}x + \int_a^b uv'\mathrm{d}x,$$

移项就得
$$\int_a^b uv' dx = [uv]_a^b - \int_a^b u'v dx,$$
写成微分形式就是
$$\int_a^b u dv = [uv]_a^b - \int_a^b v du.$$
证毕.

例 9 计算 $\int_1^e x\ln x dx$.

解 设 $u = \ln x$, $dv = xdx = d\left(\dfrac{x^2}{2}\right)$, 则 $du = \dfrac{1}{x}dx$, $v = \dfrac{x^2}{2}$, 由分部积分公式
$$\int_1^e x\ln x dx = \left[\dfrac{x^2}{2}\ln x\right]_1^e - \int_1^e \dfrac{x^2}{2} \cdot \dfrac{1}{x}dx = \dfrac{e^2}{2} - \dfrac{x^2}{4}\bigg|_1^e = \dfrac{1+e^2}{4}.$$

与不定积分一样, 有时在计算一个定积分问题时, 还需多次使用分部积分法.

例 10 计算 $\int_0^{\frac{\pi}{2}} x^2 \cos x dx$.

解 由分部积分公式有
$$\begin{aligned}\int_0^{\frac{\pi}{2}} x^2 \cos x dx &= \int_0^{\frac{\pi}{2}} x^2 d(\sin x) = x^2 \sin x\bigg|_0^{\frac{\pi}{2}} - \int_0^{\frac{\pi}{2}} 2x\sin x dx \\ &= \dfrac{\pi^2}{4} + 2\int_0^{\frac{\pi}{2}} x d(\cos x) = \dfrac{\pi^2}{4} + 2\left(x\cos x\bigg|_0^{\frac{\pi}{2}} - \int_0^{\frac{\pi}{2}} \cos x dx\right) \\ &= \dfrac{\pi^2}{4} + 2\left(0 - \sin x\bigg|_0^{\frac{\pi}{2}}\right) = \dfrac{\pi^2}{4} - 2.\end{aligned}$$

有时在计算一个定积分时, 也需要将定积分的分部积分法和换元积分法结合使用.

例 11 计算 $\int_0^1 e^{\sqrt{x}} dx$.

解 先用换元法, 令 $\sqrt{x} = t$, 则 $x = t^2$, $dx = 2tdt$, 且当 $x = 0$ 时, $t = 0$, $x = 1$ 时, $t = 1$, 于是有
$$\int_0^1 e^{\sqrt{x}} dx = 2\int_0^1 t e^t dt.$$
再用分部积分法计算上式右端的积分, 设 $u = t$, $dv = e^t dt$, 则 $du = dt$, $v = e^t$, 于是
$$\int_0^1 t e^t dt = [te^t]_0^1 - \int_0^1 e^t dt = e - [e^t]_0^1 = e - (e-1) = 1,$$
因此
$$\int_0^1 e^{\sqrt{x}} dx = 2.$$

例 12 导出 $I_n = \int_0^{\frac{\pi}{2}} \cos^n x dx$ (n 为大于 1 的正整数) 的递推公式.

解
$$\begin{aligned}I_n &= \int_0^{\frac{\pi}{2}} \cos^n x dx = \int_0^{\frac{\pi}{2}} \cos^{n-1} x \cos x dx = \int_0^{\frac{\pi}{2}} \cos^{n-1} x d\sin x \\ &= [\sin x \cos^{n-1} x]_0^{\frac{\pi}{2}} + (n-1)\int_0^{\frac{\pi}{2}} \sin^2 x \cos^{n-2} x dx \\ &= (n-1)\int_0^{\frac{\pi}{2}} (1 - \cos^2 x)\cos^{n-2} x dx\end{aligned}$$

$$= (n-1)\int_0^{\frac{\pi}{2}} \cos^{n-2}x\,dx - (n-1)\int_0^{\frac{\pi}{2}} \cos^n x\,dx,$$

即 $$I_n = (n-1)I_{n-2} - (n-1)I_n,$$

移项，得 $$I_n = \frac{n-1}{n} I_{n-2}.$$

这个公式叫作积分 I_n 关于下标 n 的递推公式．由于

$$I_0 = \int_0^{\frac{\pi}{2}} dx = \frac{\pi}{2}, \quad I_1 = \int_0^{\frac{\pi}{2}} \cos x\,dx = 1,$$

所以有 $$I_n = \int_0^{\frac{\pi}{2}} \cos^n x\,dx = \begin{cases} \dfrac{n-1}{n} \cdot \dfrac{n-3}{n-2} \cdot \cdots \cdot \dfrac{4}{5} \cdot \dfrac{2}{3} & (n\text{ 为奇数}), \\ \dfrac{n-1}{n} \cdot \dfrac{n-3}{n-2} \cdot \cdots \cdot \dfrac{3}{4} \cdot \dfrac{1}{2} \cdot \dfrac{\pi}{2} & (n\text{ 为偶数}). \end{cases}$$

由本节例 8 知 $\int_0^{\frac{\pi}{2}} \cos^n x\,dx = \int_0^{\frac{\pi}{2}} \sin^n x\,dx$，可用此递推公式计算如下定积分

$$\int_0^\pi \sin^5 \frac{x}{2}\,dx.$$

令 $\dfrac{x}{2} = t$，则 $dx = 2dt$，且当 $x=0$ 时，$t=0$；当 $x=\pi$ 时，$t=\dfrac{\pi}{2}$，于是

$$\int_0^\pi \sin^5 \frac{x}{2}\,dx = 2\int_0^{\frac{\pi}{2}} \sin^5 t\,dt = 2 \times \frac{4}{5} \times \frac{2}{3} = \frac{16}{15}.$$

习题 5-3

1. 计算下列积分：

(1) $\displaystyle\int_{\frac{\pi}{3}}^\pi \sin\left(x+\frac{\pi}{3}\right)dx$；

(2) $\displaystyle\int_{\frac{\pi}{6}}^{\frac{\pi}{2}} \sin^2\varphi\,d\varphi$；

(3) $\displaystyle\int_1^{e^2} \frac{dx}{x\sqrt{1+\ln x}}$；

(4) $\displaystyle\int_{-\frac{\pi}{2}}^{\frac{\pi}{2}} \cos\varphi\cos 2\varphi\,d\varphi$；

(5) $\displaystyle\int_0^1 xe^{-\frac{x^2}{2}}dx$；

(6) $\displaystyle\int_0^{\sqrt{2}} \sqrt{2-x^2}\,dx$；

(7) $\displaystyle\int_1^4 \frac{1}{\sqrt{x}}\left(\sqrt[4]{x}-\frac{1}{\sqrt[4]{x}}\right)^2 dx$；

(8) $\displaystyle\int_e^{e^e} \frac{dx}{x\ln x}$；

(9) $\displaystyle\int_{-1}^1 \frac{x\,dx}{\sqrt{5-4x}}$；

(10) $\displaystyle\int_{-2}^1 \frac{dx}{(11+5x)^3}$；

(11) $\displaystyle\int_0^\pi \sqrt{1+\cos 2x}\,dx$；

(12) $\displaystyle\int_{\frac{1}{2}}^1 \frac{\sqrt{1-x^2}}{x^2}dx$；

(13) $\displaystyle\int_1^{\sqrt{3}} \frac{dx}{x^2\sqrt{x^2+1}}$；

(14) $\displaystyle\int_0^{\sqrt{2}a} \frac{x}{\sqrt{3a^2-x^2}}dx$；

(15) $\displaystyle\int_{\sqrt{2}}^2 \frac{dx}{x\sqrt{x^2-1}}$；

(16) $\displaystyle\int_{-1}^1 \frac{1+x^2}{1+x^4}dx$．

2. 利用函数的奇偶性计算下列积分：

(1) $\displaystyle\int_{-2}^2 \sqrt{8-2x^2}\,dx$；

(2) $\displaystyle\int_{-\pi}^\pi e^{-x^2}\sin\frac{x}{3}dx$；

(3) $\int_{-\frac{1}{2}}^{\frac{1}{2}} \frac{(\arcsin x)^2}{\sqrt{1-x^2}} dx$;

(4) $\int_{-\pi}^{\pi} x^4 \sin x dx$.

3. 证明下列等式：

(1) $\int_0^1 x^m(1-x)^n dx = \int_0^1 x^n(1-x)^m dx \ (m>0, n>0)$;

(2) $\int_a^b f(x) dx = \int_a^b f(a+b-x) dx$.

4. 设函数 $f(x)$ 是连续的周期函数，周期为 T，证明：

$$\int_a^{a+T} f(x) dx = \int_0^T f(x) dx.$$

5. 计算下列积分：

(1) $\int_0^1 xe^{-x} dx$;

(2) $\int_1^4 \frac{\ln x}{\sqrt{x}} dx$;

(3) $\int_2^{e+1} x\ln(x-1) dx$;

(4) $\int_0^1 x\arctan x dx$;

(5) $\int_0^{2\pi} x\cos^2 x dx$;

(6) $\int_1^e \ln^2 x dx$;

(7) $\int_0^\pi (x\sin x)^2 dx$;

(8) $\int_1^e \sin(\ln x) dx$;

(9) $\int_{-\frac{\pi}{2}}^{\frac{\pi}{2}} \sqrt{\cos x - \cos^3 x} dx$;

(10) $\int_e^{e^2} \frac{\ln \ln x}{x} dx$;

(11) $\int_0^{\frac{\pi}{2}} e^{2x} \cos x dx$;

(12) $\int_0^{\frac{\pi}{4}} \frac{x}{1+\cos 2x} dx$;

(13) $\int_0^{\frac{\pi}{2}} \cos^2 x \sin^3 x dx$;

(14) $\int_0^{\frac{\pi}{4}} \frac{2x\sin x}{\cos^3 x} dx$.

第四节　定积分的近似计算

利用牛顿—莱布尼茨公式计算定积分时，需要求出被积函数的原函数，然而人们在处理实际问题时发现，确实存在这样的函数，它的原函数或者不能用初等函数表示（也就是按通常的说法求不出原函数来），或者由于通常无法确切地给出被积函数的解析表达式，往往只能给出其图形或函数表格．计算这些函数的定积分显然难以应用牛顿—莱布尼茨公式．本节介绍的定积分近似计算方法可以较好地解决这些问题．

定积分的近似计算是从其几何意义入手的，只要我们设法求出定积分所代表的曲边梯形面积的近似值，也就得到了这个定积分的近似结果．

常用的近似计算方法包括矩形法、梯形法和抛物线法，我们这里只介绍前两种．

一、矩形法

矩形法就是将定积分所对应的曲边梯形分割成若干个小窄曲边梯形，将每一个小窄曲边梯形用小窄矩形去近似代替，这些小窄矩形面积的和就是所求定积分的近似值（图 5-7）．

矩形法的具体步骤如下：

(1) 用分点 $a=x_0, x_1, x_2, \cdots, x_{n-1}, x_n=b$ 将区间 $[a, b]$ 划分成 n 等分，每个小区间的长度为 $\Delta x = \dfrac{b-a}{n}$.

(2) 用 $y_0, y_1, \cdots, y_n$ 表示函数 $f(x)$ 在分点 $x_0, x_1, \cdots, x_n$ 处的函数值.

(3) 若取每一个小区间左端点的函数值作为小窄矩形的高，则有近似计算公式：

$$\int_a^b f(x)\mathrm{d}x \approx y_0\Delta x + y_1\Delta x + \cdots + y_{n-1}\Delta x = \frac{b-a}{n}(y_0+y_1+\cdots+y_{n-1}), \quad (1)$$

如果取每一个小区间的右端点作为小窄矩形的高，则有近似计算公式：

$$\int_a^b f(x)\mathrm{d}x \approx y_1\Delta x + y_2\Delta x + \cdots + y_n\Delta x = \frac{b-a}{n}(y_1+y_2+\cdots+y_n). \quad (2)$$

一般情况下，在 $[a, b]$ 间插入的分点越密，由公式(1)或(2)求得近似值的精度越高. 公式(1)称为左端点矩形求积公式，公式(2)称为右端点矩形求积公式.

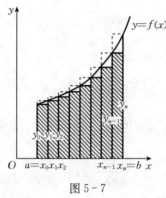

图 5-7　　　　　　　　　　　图 5-8

二、梯形法

梯形法就是用梯形去近似地代替小窄曲边梯形(图 5-8)，从而得到近似计算公式的方法. 梯形法的计算公式为

$$\int_a^b f(x)\mathrm{d}x \approx \frac{1}{2}(y_0+y_1)\Delta x + \frac{1}{2}(y_1+y_2)\Delta x + \cdots + \frac{1}{2}(y_{n-1}+y_n)\Delta x$$

$$= \frac{b-a}{n}\left(\frac{y_0}{2}+y_1+y_2+\cdots+y_{n-1}+\frac{y_n}{2}\right), \quad (3)$$

公式(3)称为梯形求积公式.

例 1　计算 $\int_0^1 \mathrm{e}^{-x^2}\mathrm{d}x$ 的近似值.

解　因为 $f(x)=\mathrm{e}^{-x^2}$ 的原函数不是初等函数，所以牛顿—莱布尼茨公式对此积分不适用. 下面分别用矩形法和梯形法求积分公式计算近似值.

将 $[0, 1]$ 区间 5 等分，并把分点和相对应的函数值列于表 5-1.

表 5-1

i	0	1	2	3	4	5
x_i	0	0.2	0.4	0.6	0.8	1.0
$f(x_i)$	1.00000	0.96079	0.85214	0.69768	0.52729	0.36788

利用左端点矩形求积公式(1)得

$$\int_0^1 e^{-x^2} dx \approx \frac{1-0}{5}[f(x_0)+f(x_1)+f(x_2)+f(x_3)+f(x_4)]$$
$$=(1+0.96079+0.85214+0.69768+0.52729)\times 2$$
$$=0.80758.$$

利用右端点矩形求积公式(2)得

$$\int_0^1 e^{-x^2} dx \approx \frac{1-0}{5}[f(x_1)+f(x_2)+f(x_3)+f(x_4)+f(x_5)]$$
$$=(0.96079+0.85214+0.69768+0.52729+0.36788)\times 2$$
$$=0.68166.$$

利用梯形求积公式(3)得

$$\int_0^1 e^{-x^2} dx \approx \frac{1-0}{2\times 5}[f(x_0)+2(f(x_1)+f(x_2)+f(x_3)+f(x_4))+f(x_5)]$$
$$=[1+2\times(0.96079+0.85214+0.69768+0.52729+0.36788)]\times 0.1$$
$$=0.74437.$$

例2 河床的横断面如图 5-9 所示，设河宽 10m，每隔 1m 测出河深，为了计算最大排水量，需要计算它的横截面积，试根据表 5-2 所给出的测试数据，用两种方法计算横断面的面积.

表 5-2

x	0	1	2	3	4	5	6	7	8	9	10
y	0	1.0	1.2	1.4	1.7	2.0	1.9	1.7	1.5	1.3	0

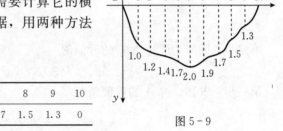

图 5-9

解 从所给数据知道，区间被分成了 10 等分，每等分长为 $\Delta x = \frac{10-0}{10}=1$.

(1) 矩形法：由公式(1)，有

$$A=\frac{b-a}{10}(y_0+y_1+\cdots+y_9)=1\times(0+1.0+1.2+\cdots+1.3)=13.7(\text{m}^2).$$

在本例中，显然用公式(2)与此结果相同.

(2) 梯形法：由公式(3)得

$$A=\frac{b-a}{10}\left[\frac{1}{2}(y_0+y_{10})+y_1+y_2+\cdots+y_9\right]$$
$$=1\times\left[\frac{1}{2}(0+0)+1.0+1.2+1.4+1.7+\cdots+1.3\right]$$
$$=13.7(\text{m}^2).$$

习 题 5-4

1. 用两种方法计算 $\int_1^2 \frac{1}{x} dx$，并求 $\ln 2$ 的近似值(取 $n=10$，保留四位小数).

2. 用两种方法求积分 $\int_0^1 \frac{1}{1+x^2} dx$ 的近似值，并求 π 的近似值(取 $n=4$，保留四位小数).

第五节 定积分的应用

在前几节我们介绍了定积分的基本理论和计算方法,本节将应用这些知识讨论一些实际应用问题.我们主要介绍定积分在几何、经济以及物理方面的一些应用.

在定积分的应用中,经常采用所谓的微元法,也称元素法.

一、定积分的微元法

设函数 $y=f(x)$ 在区间 $[a,b]$ 上连续,且 $f(x)\geqslant 0$,求以曲线 $y=f(x)$ 为曲边、底为 $[a,b]$ 的曲边梯形的面积 A.把这个面积 A 表示为定积分

$$A=\int_a^b f(x)\mathrm{d}x$$

的步骤是:

第一步:分割.用任意一组分点把区间 $[a,b]$ 分成长度为 $\Delta x_i(i=1,2,\cdots,n)$ 的 n 个小区间,相应地把曲边梯形分成 n 个窄曲边梯形,第 i 个窄曲边梯形的面积设为 ΔA_i,于是有

$$A=\sum_{i=1}^n \Delta A_i.$$

第二步:近似.计算 ΔA_i 的近似值

$$\Delta A_i \approx f(\xi_i)\Delta x_i,\ x_{i-1}\leqslant \xi_i \leqslant x_i.$$

第三步:求和.得 A 的近似值

$$A\approx \sum_{i=1}^n f(\xi_i)\Delta x_i.$$

第四步:取极限.得面积 A 的精确值

$$A=\lim_{\lambda\to 0}\sum_{i=1}^n f(\xi_i)\Delta x_i=\int_a^b f(x)\mathrm{d}x.$$

在上述问题中,我们注意到,所求量(即面积 A)与区间 $[a,b]$ 有关.如果把区间 $[a,b]$ 分成许多部分区间,则所求量相应地分成许多部分量(即 ΔA_i),而所求量等于所有部分量之和(即 $A=\sum_{i=1}^n \Delta A_i$),这一性质称为所求量对于区间 $[a,b]$ 具有可加性.

在引出 A 的积分表达式的四个步骤中,主要是第二步,这一步是要确定 ΔA_i 的近似值 $f(\xi_i)\Delta x_i$,使得

$$A=\lim_{\lambda\to 0}\sum_{i=1}^n f(\xi_i)\Delta x_i=\int_a^b f(x)\mathrm{d}x.$$

在实用上,为了简便起见,省略下标 i,用 ΔA 表示任一小区间 $[x,x+\mathrm{d}x]$ 上的窄曲边梯形的面积,这样,

$$A=\sum \Delta A,$$

取 $[x,x+\mathrm{d}x]$ 的左端点 x 为 ξ,以点 x 处的函数值 $f(x)$ 为高,$\mathrm{d}x$ 为底的矩形的面积 $f(x)\mathrm{d}x$ 为 ΔA 的近似值(如图 5-10 阴影部分所示),即

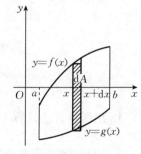

图 5-10

$$\Delta A \approx f(x)dx.$$

上式右端 $f(x)dx$ 叫作面积元素，记为 $dA=f(x)dx$，于是
$$A \approx \sum f(x)dx,$$

因此
$$A = \lim \sum f(x)dx = \int_a^b f(x)dx.$$

一般地，如果某一实际问题中的所求量 U 符合下列条件：

(1) U 是与一个变量 x 的变化区间 $[a,b]$ 有关的量；

(2) U 对于区间 $[a,b]$ 具有可加性，就是说，如果把区间 $[a,b]$ 分成许多部分区间，则 U 相应地分成许多部分量，而 U 等于所有部分量之和；

(3) 部分量 ΔU_i 的近似值可表示为 $f(\xi_i)\Delta x_i$，

那么就可考虑用定积分来表示这个量 U，通常写出这个量 U 的积分表达式的步骤是：

① 根据问题的实际意义，适当选取一个变量，例如 x 为积分变量，并确定这个变量的变化区间 $[a,b]$.

② 设想把区间 $[a,b]$ 分成 n 个小区间，取其中任一小区间并记作 $[x, x+dx]$，求出相应于此小区间的部分量 ΔU 的近似值．如果 ΔU 能近似地表示为 $[a,b]$ 上的一个连续函数在 x 处的值 $f(x)$ 与 dx 的乘积，就把 $f(x)dx$ 称为量 U 的微元且记作 dU，即
$$dU = f(x)dx.$$

③ 以所求量 U 的微元 $f(x)dx$ 为被积表达式，在区间 $[a,b]$ 上作定积分，得
$$U = \int_a^b f(x)dx,$$

这就是所求量 U 的积分表达式．

这种方法通常叫作微元法，它在几何学、经济学、物理学、社会学等领域中具有广泛应用．下面我们主要介绍微元法在几何学与经济学中的应用．

二、平面图形的面积

1. 直角坐标的情形

例 1 计算由两条曲线 $y=x^2$ 和 $y^2=x$ 围成的图形的面积．

解 两条曲线围成的图形如图 5-11 所示，为了具体定出图形的所在范围，先求出这两条曲线的交点 $(0,0)$ 和 $(1,1)$，从而知道这图形位于直线 $x=0$ 和 $x=1$ 之间．

选取横坐标 x 为积分变量，其变化范围为 $[0,1]$，取 $[0,1]$ 上的任一小区间 $[x, x+dx]$，与此相对应的是所求图形的一个小窄条，这个小窄条的面积近似于高为 $\sqrt{x}-x^2$、底为 dx 的窄矩形的面积，从而得到面积的近似表达式为
$$dA = (\sqrt{x}-x^2)dx,$$

这就是面积微元，以 $dA=(\sqrt{x}-x^2)dx$ 为被积表达式，在 $[0,1]$ 上作定积分，便可求得其面积为

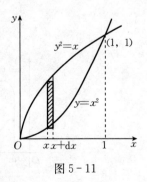

图 5-11

$$A = \int_0^1 (\sqrt{x}-x^2)dx = \left[\frac{2}{3}x^{\frac{3}{2}} - \frac{1}{3}x^3\right]_0^1 = \frac{1}{3}.$$

例 2 计算抛物线 $y^2=2x$ 与直线 $y=x-4$ 所围成的图形的面积.

解 这个图形如图 5-12 所示. 为了定出这图形所在范围, 先求出所给抛物线和直线的交点. 解方程组

$$\begin{cases} y^2=2x, \\ y=x-4, \end{cases}$$

得交点 $(2,-2)$ 和 $(8,4)$, 从而知道这图形在直线 $x=0$ 及 $x=8$ 或 $y=-2$ 及 $y=4$ 之间.

现在, 选取纵坐标 y 为积分变量, 它的变化区间为 $[-2,4]$, 相应于 $[-2,4]$ 上任一小区间 $[y,y+dy]$ 的窄条面积近似于高为 dy、底为 $(y+4)-\frac{1}{2}y^2$ 的窄矩形的面积, 从而得到面积元素

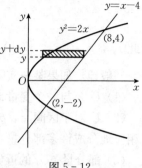

图 5-12

$$dA=\left(y+4-\frac{1}{2}y^2\right)dy.$$

以 $\left(y+4-\frac{1}{2}y^2\right)dy$ 为被积表达式, 在闭区间 $[-2,4]$ 上作定积分, 便得所求的面积为

$$A=\int_{-2}^{4}\left(y+4-\frac{1}{2}y^2\right)dy=\left[\frac{y^2}{2}+4y-\frac{y^3}{6}\right]\Big|_{-2}^{4}=18.$$

在本例中, 如果选取横坐标 x 为积分变量, 则会使计算复杂起来, 读者可以试一试. 这也说明了在解决实际问题时积分变量选择适当, 可使计算方便.

一般地, 如果一个平面图形由连续曲线 $y=f(x)$, $y=g(x)$ 及直线 $x=a$, $x=b$ 所围成, 并且在 $[a,b]$ $(a<b)$ 上有 $f(x) \geqslant g(x)$ (图 5-13), 那么利用微元法, 我们可以得到求此平面图形面积的一般公式为

$$A=\int_{a}^{b}[f(x)-g(x)]dx. \qquad (1)$$

类似地, 若平面图形由连续曲线 $x=\varphi(y)$, $x=\psi(y)$ 及直线 $y=c$, $y=d$ 所围成, 并且在 $[c,d]$ $(c<d)$ 上有 $\psi(y) \geqslant \varphi(y)$ (图 5-14), 则用微元法, 我们可以得到求此平面图形面积的一般公式为

$$A=\int_{c}^{d}[\psi(y)-\varphi(y)]dy. \qquad (2)$$

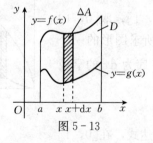

图 5-13

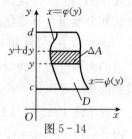

图 5-14

从上面两例的计算过程可以归纳出利用定积分计算平面图形面积的步骤:

(1) 画出给定曲线所围成图形的草图;

(2) 根据图形的特点, 确定其是适合于用公式(1)计算还是适合于用公式(2)计算, 从而

确定积分变量；

(3) 如果图形是由几条曲线围成的，则应解方程组求出有关的交点坐标，从而确定积分范围，注意，有时要将积分区间分成若干个子区间来考虑．

例 3 求椭圆 $\dfrac{x^2}{a^2}+\dfrac{y^2}{b^2}=1$ 的面积．

解 如图 5-15 所示，因为椭圆关于两个坐标轴都是对称的，所以它的面积为

$$A=4\int_0^a y(x)dx,$$

利用圆的参数方程

$$\begin{cases} x=a\cos t, \\ y=b\sin t, \end{cases}$$

应用定积分换元法，令 $x=a\cos t$，$y=b\sin t$，则 $dx=-a\sin t dt$，当 $x=0$ 时，$t=\dfrac{\pi}{2}$；当 $x=a$ 时，$t=0$，所以

$$A=4\int_{\frac{\pi}{2}}^0 b\sin t(-a\sin t)dt=-4ab\int_{\frac{\pi}{2}}^0 \sin^2 t dt$$

$$=4ab\int_0^{\frac{\pi}{2}} \sin^2 t dt=4ab\cdot\dfrac{1}{2}\cdot\dfrac{\pi}{2}=\pi ab.$$

当 $a=b$ 时，椭圆变成圆，即半径为 a 的圆的面积 $A=\pi a^2$.

一般地，当曲边梯形的曲边由参数方程 $\begin{cases} x=\varphi(t), \\ y=\psi(t) \end{cases}$ 给出时，如果 $x=\varphi(t)$ 满足 $\varphi(\alpha)=a$，$\varphi(\beta)=b$，$\varphi(t)$ 在 $[\alpha,\beta]$（或 $[\beta,\alpha]$）上具有连续导数，$y=\psi(t)$ 连续，则由曲边梯形的面积公式及定积分的换元公式可知，曲边梯形的面积为

$$A=\int_a^b f(x)dx=\int_\alpha^\beta \psi(t)\varphi'(t)dt.$$

2. 极坐标的情形

有些平面图形，用极坐标来计算它们的面积比较方便．

设曲线方程为 $r=\varphi(\theta)$，$\varphi(\theta)$ 在区间 $[\alpha,\beta]$ 上连续，且 $\varphi(\theta)\geqslant 0$，我们称由 $r=\varphi(\theta)$，$\theta=\alpha$，$\theta=\beta$ 围成的图形为曲边扇形，如图 5-16 所示，下面用微元法来计算曲边扇形的面积．

取 θ 为积分变量，θ 的变化区间为 $[\alpha,\beta]$，相应于任一小区间 $[\theta,\theta+d\theta]$ 的窄曲边扇形的面积可用半径为 $r=\varphi(\theta)$、中心角为 $d\theta$ 的圆扇形的面积来近似代替，从而得到小窄曲边扇形面积的近似值，即曲边扇形的面积元素为 $dA=\dfrac{1}{2}[\varphi(\theta)]^2 d\theta$，以 $\dfrac{1}{2}[\varphi(\theta)]^2 d\theta$ 为被积表达式，在闭区间 $[\alpha,\beta]$ 上作定积分，便得所求曲边扇形的面积为

$$A=\int_\alpha^\beta \dfrac{1}{2}[\varphi(\theta)]^2 d\theta. \tag{3}$$

例4 求心形线 $r=a(1+\cos\theta)(a\geq 0)$ 所围成的图形的面积.

解 心形线所围成的图形如图 5-17 所示,该图形对称于极轴,因此所围成的面积是极轴以上部分面积的两倍. 对于极轴以上的图形, θ 的变化区间为 $[0,\pi]$, 相应于 $[0,\pi]$ 上任一小区间 $[\theta,\theta+\mathrm{d}\theta]$ 的窄曲边扇形的面积近似于半径为 $a(1+\cos\theta)$、中心角为 $\mathrm{d}\theta$ 的圆扇形的面积,从而得到面积元素为

$$\mathrm{d}A=\frac{1}{2}[a(1+\cos\theta)]^2\mathrm{d}\theta,$$

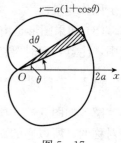

图 5-17

于是
$$A=2\int_0^\pi \frac{1}{2}[a(1+\cos\theta)]^2\mathrm{d}\theta=a^2\int_0^\pi(1+2\cos\theta+\cos^2\theta)\mathrm{d}\theta$$
$$=a^2\int_0^\pi\left(\frac{3}{2}+2\cos\theta+\frac{1}{2}\cos 2\theta\right)\mathrm{d}\theta=a^2\left[\frac{3}{2}\theta+2\sin\theta+\frac{1}{4}\sin 2\theta\right]_0^\pi$$
$$=\frac{3}{2}\pi a^2.$$

例5 求双纽线 $r^2=a^2\cos 2\theta(a>0)$ 所围成的图形的面积.

解 该曲线围成的图形如图 5-18 所示. 因为 $r^2\geq 0$, 所以 θ 的变化区间为 $\left[-\frac{\pi}{4},\frac{\pi}{4}\right]$、$\left[\frac{3\pi}{4},\frac{5\pi}{4}\right]$,又由于图形关于两个坐标轴对称,故只考虑第一象限的面积,于是全部图形的面积为

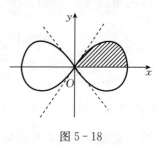

图 5-18

$$A=4\int_0^{\frac{\pi}{4}}\frac{1}{2}a^2\cos 2\theta \mathrm{d}\theta=2a^2\int_0^{\frac{\pi}{4}}\cos 2\theta \mathrm{d}\theta=a^2.$$

三、体积

1. 平行截面面积为已知的立体体积

设有一立体,如图 5-19 所示,其垂直于 x 轴的截面的面积是已知的连续函数 $A(x)$, 且立体位于 $x=a$, $x=b$ 两点处垂直于 x 轴的两个平面之间,求此立体的体积.

取 x 为积分变量,其变化区间为 $[a,b]$, 相应于 $[a,b]$ 上任一小区间 $[x,x+\mathrm{d}x]$ 的小薄片的体积近似等于底面积为 $A(x)$、高为 $\mathrm{d}x$ 的扁柱体的体积,从而得到所求的体积元素为

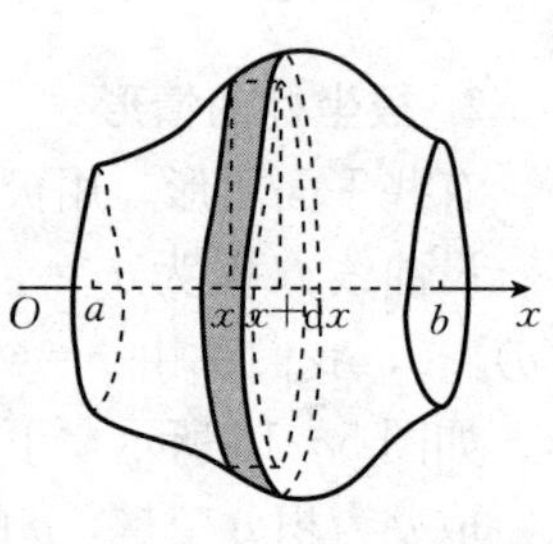

$$\mathrm{d}V=A(x)\mathrm{d}x,$$

图 5-19

于是所求立体的体积计算公式为

$$V=\int_a^b A(x)\mathrm{d}x. \tag{4}$$

显然,使用此公式的关键是确定出截面面积的函数表达式 $A(x)$.

例6 求以半径为 R 的圆为底、平行且等于底圆直径的线段为顶、高为 h 的正劈锥体的体积.

解 取底圆所在的平面为 xOy 平面,圆心 O 为原点,并使 x 轴与正劈锥的顶平行(图 5-20). 底圆的方程为 $x^2+y^2=R^2$, 过 x 轴上的点 $x(-R\leq x\leq R)$ 作垂直于 x 轴的平面,截正劈锥体得等腰三角形,这截面的面积为 $A(x)=h\cdot y=h\sqrt{R^2-x^2}$, 于是所求正劈锥体

的体积为
$$V = \int_{-R}^{R} A(x) dx = h \int_{-R}^{R} \sqrt{R^2 - x^2} dx$$
$$= 2R^2 h \int_{0}^{\frac{\pi}{2}} \cos^2 \theta d\theta = \frac{\pi R^2 h}{2}.$$

由此可知正劈锥体的体积等于同底同高的圆柱体体积的一半.

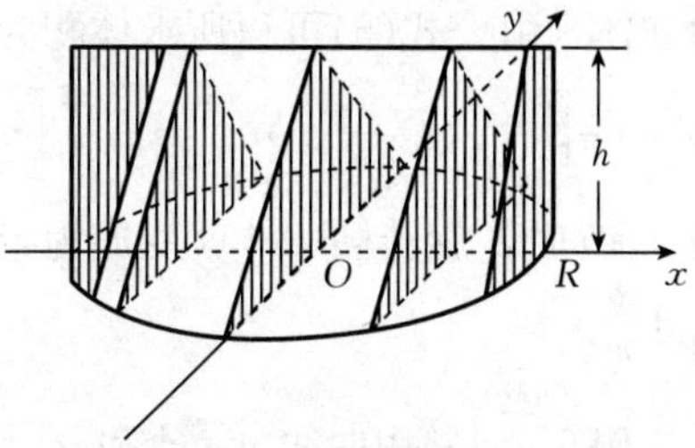

2. 旋转体的体积

旋转体就是由一个平面图形绕着平面内的一条直线旋转一周而形成的立体,此直线叫作旋转轴. 圆柱、圆锥、圆台、球体可以分别看成是由矩形绕它的一条边、直角三角形绕它的直角边、直角梯形绕它的直角腰、半圆绕它的直径旋转一周而成的立体,所以它们都是旋转体.

上述旋转体都可以看作是由连续曲线 $y=f(x)$、x 轴及直线 $x=a$,$x=b$ 所围成的曲边梯形绕 x 轴旋转一周而成的旋转体的体积(图 5-21). 现在我们用定积分计算这种旋转体的体积. 显然这是平行截面为已知的立体的特殊情形,因为旋转体在任一点处垂直于 x 轴的截面面积为

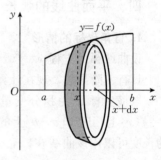

图 5-20

图 5-21

$$A(x) = \pi y^2 = \pi [f(x)]^2,$$

于是由公式 $V = \int_{a}^{b} A(x) dx$ 得到

$$V = \pi \int_{a}^{b} y^2 dx = \pi \int_{a}^{b} [f(x)]^2 dx. \qquad (5)$$

公式(5)也可以利用微元法得到,具体如下:

将小区间 $[x, x+dx]$ 上所对应的一小曲线段看作是以 $f(x)$ 为高的一小直线段,小曲线段绕 x 轴旋转而成的旋转体用这一小直线段绕 x 轴旋转而成的旋转体近似地替代. 而小直线段旋转而成的是以底半径为 $f(x)$、高为 dx 的小圆柱体,它的体积为 $\pi [f(x)]^2 dx$,它就是小曲线段绕 x 轴旋转而成的旋转体体积的近似值,即有体积微元 $dV = \pi [f(x)]^2$,所以有体积的计算公式 $V = \pi \int_{a}^{b} [f(x)]^2 dx.$

类似地,由平面曲线 $x = \varphi(y)$、y 轴及直线 $y = c$,$y = d$ 所围成的曲边梯形绕 y 轴旋转一周而成的旋转体的体积计算公式为

$$V = \pi \int_{c}^{d} x^2 dy = \pi \int_{c}^{d} [\varphi(y)]^2 dy. \qquad (6)$$

例 7 将抛物线 $y = x^2$,x 轴及直线 $x = 0$,$x = 2$ 所围成的平面图形绕 x 轴旋转一周,求所形成的旋转体的体积.

解 直接利用公式(5)得

$$V = \pi \int_{0}^{2} y^2 dx = \pi \int_{0}^{2} x^4 dx = \pi \left[\frac{x^5}{5}\right]_{0}^{2} = \frac{32}{5} \pi.$$

例 8 计算由 $\frac{x^2}{a^2} + \frac{y^2}{b^2} = 1$ 所围成的图形绕 x 轴旋转而成的旋转体的体积(图 5-22).

解 此椭球体可看作是由半个椭圆 $y = \frac{b}{a} \sqrt{a^2 - x^2}$ 及 x 轴所围成的图形绕 x 轴旋转而成

的立体，由公式(5)可得所求体积为

$$V = \pi \int_{-a}^{a} \frac{b^2}{a^2}(a^2-x^2)\,dx = \pi \frac{b^2}{a^2}\left[a^2 x - \frac{1}{3}x^3\right]_{-a}^{a} = \frac{4}{3}\pi a b^2.$$

当 $a=b$ 时，旋转椭球体就变成为半径为 a 的球体，它的体积为 $\frac{4}{3}\pi a^3$.

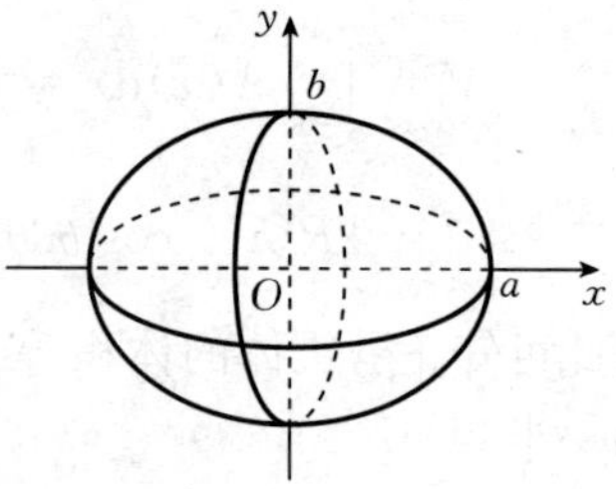

例 9 计算由曲线 $y=x^2$ 和 $y^2=x$ 所围成的图形(图 5-11)绕 y 轴旋转所成旋转体的体积.

解 所述图形绕 y 轴旋转而成的旋转体的体积可看成两个旋转体的体积之差，因此所求的体积为

$$V = \int_0^1 \pi x_2^2(y)\,dy - \int_0^1 \pi x_1^2(y)\,dy = \pi \int_0^1 (\sqrt{y})^2\,dy - \pi \int_0^1 (y^2)^2\,dy = \frac{3}{10}\pi.$$

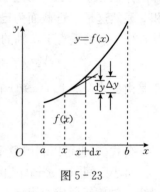

图 5-22

四、平面曲线的弧长

1. 直角坐标的情形

设曲线弧由方程 $y=f(x)\,(a\leqslant x\leqslant b)$ 给出，其中 $f(x)$ 在 $[a,b]$ 上具有一阶导数，现在计算该曲线弧的长度(图 5-23).

取横坐标 x 为积分变量，它的变化区间为 $[a,b]$，曲线 $y=f(x)$ 上相应于 $[a,b]$ 上的任一小区间 $[x,x+dx]$ 的一段弧的长度可以用该曲线在 $(x,f(x))$ 处的切线上相应的一小段的长度来近似代替，而切线上这小段的长度为 $\sqrt{(dx)^2+(dy)^2}=\sqrt{1+y'^2}\,dx$，从而得到弧长元素(即弧微分)为 $ds=\sqrt{1+y'^2}\,dx$，以 $\sqrt{1+y'^2}\,dx$ 为被积表达式，在闭区间 $[a,b]$ 上作定积分，便得所求的弧长公式为

$$s = \int_a^b \sqrt{1+y'^2}\,dx. \tag{6}$$

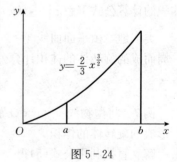

图 5-23

例 10 计算曲线 $y=\frac{2}{3}x^{\frac{3}{2}}$ 上相应于 x 从 a 到 b 的一段弧的长度(图 5-24).

解 因 $y'=x^{\frac{1}{2}}$，从而弧长元素 $dx=\sqrt{1+(x^{\frac{1}{2}})^2}\,dx=\sqrt{1+x}\,dx$，因此，所求弧长为

$$s = \int_a^b \sqrt{1+x}\,dx = \left[\frac{2}{3}(1+x)^{\frac{3}{2}}\right]_a^b$$
$$= \frac{2}{3}\left[(1+b)^{\frac{3}{2}} - (1+a)^{\frac{3}{2}}\right].$$

图 5-24

2. 参数方程的情形

设曲线的参数方程为

$$\begin{cases} x=\varphi(\theta), \\ y=\psi(\theta) \end{cases} (\alpha\leqslant\theta\leqslant\beta),$$

其中 $\varphi(\theta)$、$\psi(\theta)$ 在 $[\alpha,\beta]$ 上具有连续导数，现在来计算此段曲线弧的长度.

取参数 θ 为积分变量，它的变化区间为 $[\alpha,\beta]$，相应于 $[\alpha,\beta]$ 上任一小区间 $[\theta,\theta+\mathrm{d}\theta]$ 的小弧段的长度的近似值（弧微分）即弧长元素为

$$\mathrm{d}s=\sqrt{(\mathrm{d}x)^2+(\mathrm{d}y)^2}=\sqrt{\varphi'^2(\theta)(\mathrm{d}\theta)^2+\psi'^2(\theta)(\mathrm{d}\theta)^2}=\sqrt{\varphi'^2(\theta)+\psi'^2(\theta)}\,\mathrm{d}\theta,$$

于是所求弧长为

$$s=\int_\alpha^\beta \sqrt{\varphi'^2(\theta)+\psi'^2(\theta)}\,\mathrm{d}\theta.$$

例 11　求半径为 R 的圆的周长．

解　半径为 R 的圆的参数方程为

$$\begin{cases} x=R\cos\theta, \\ y=R\sin\theta \end{cases} (0\leqslant\theta\leqslant 2\pi),$$

由公式 $s=\sqrt{[\varphi'(\theta)]^2+[\psi'(\theta)]^2}\,\mathrm{d}\theta=\sqrt{R^2(\cos^2\theta+\sin^2\theta)}\,\mathrm{d}\theta=R\mathrm{d}\theta$，故圆的周长为

$$L=\int_0^{2\pi} R\mathrm{d}\theta=2\pi R.$$

例 12　计算摆线（图 5-25）

$$\begin{cases} x=a(\theta-\sin\theta), \\ y=a(1-\cos\theta) \end{cases}$$

的一拱（$0\leqslant\theta\leqslant 2\pi$）的长度．

解　由公式 $s=\sqrt{[\varphi'(\theta)]^2+[\psi'(\theta)]^2}\,\mathrm{d}\theta$ 知，所求弧长为

$$\begin{aligned} s &= \int_0^{2\pi}\sqrt{a^2(1-\cos\theta)^2+a^2\sin^2\theta}\,\mathrm{d}\theta \\ &= a\int_0^{2\pi}\sqrt{2(1-\cos\theta)}\,\mathrm{d}\theta \\ &= 2a\int_0^{2\pi}\sin\frac{\theta}{2}\mathrm{d}\theta=2a\left[-2\cos\frac{\theta}{2}\right]_0^{2\pi}=8a. \end{aligned}$$

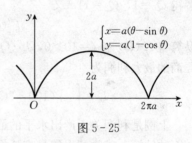

图 5-25

3. 极坐标的情形

若曲线由极坐标方程 $r=r(\theta)(\alpha\leqslant\theta\leqslant\beta)$ 给出，由直角坐标与极坐标之间的关系 $x=r(\theta)\cos\theta,\ y=r(\theta)\sin\theta$，有

$$x'(\theta)=r'(\theta)\cos\theta-r(\theta)\sin\theta,\ y'(\theta)=r'(\theta)\sin\theta+r(\theta)\cos\theta,$$

$$\mathrm{d}s=\sqrt{x'^2(\theta)+y'^2(\theta)}\,\mathrm{d}\theta=\sqrt{r^2(\theta)+r'^2(\theta)}\,\mathrm{d}\theta,$$

从而所求弧长为

$$s=\int_\alpha^\beta \sqrt{r^2(\theta)+r'^2(\theta)}\,\mathrm{d}\theta.$$

例 13　求阿基米德螺线 $r=a\theta(a>0)$ 相应于 θ 从 0 到 2π 一段的弧长（图 5-26）．

解　弧长元素为

$$\mathrm{d}s=\sqrt{a^2\theta^2+a^2}\,\mathrm{d}\theta=a\sqrt{1+\theta^2}\,\mathrm{d}\theta,$$

于是所求弧长

$$s=\int_0^{2\pi} a\sqrt{1+\theta^2}\,\mathrm{d}\theta=\frac{a}{2}\left[2\pi\sqrt{1+4\pi^2}+\ln(2\pi+\sqrt{1+4\pi^2})\right].$$

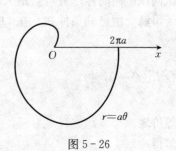

图 5-26

五、在经济学中的应用

已知总成本函数 $C=C(Q)$,总收益函数 $R=R(Q)$,由微分学知,边际成本函数 $MC=\dfrac{dC}{dQ}$,边际收益函数 $MR=\dfrac{dR}{dQ}$.

如果 MC,MR 连续,再由积分学知

总成本函数:$C(Q)=\displaystyle\int_0^Q (MC)dQ+C_0$;

总收益函数:$R(Q)=\displaystyle\int_0^Q (MR)dQ$;

总利润函数:$L(Q)=\displaystyle\int_0^Q (MR-MC)dQ-C_0$,

其中 C_0 为固定成本.

例 14 设工厂生产某产品的固定成本为 50 万元,边际成本与边际收益分别为 $MC=Q^2-14Q+111$(万元/单位),$MR=100-2Q$(万元/单位),试确定厂商的最大利润.

解 令 $L'(Q)=0$,得
$$MC=MR,$$
等价地
$$Q^2-14Q+111=100-2Q,$$
解得 $Q_1=1$,$Q_2=11$. 又
$$L''(Q)=(MR-MC)'=12-2Q,$$
易算得 $L''(Q)|_{Q=1}=10>0$,$L''(Q)|_{Q=11}=-10<0$,故当 $Q=11$ 时,$L(Q)$ 取最大值,从而厂商的最大利润为
$$L=\int_0^{11}[(100-2Q)-(Q^2-14Q+111)]dQ-50=\dfrac{334}{3}(万元).$$

上例是利润关于产出水平的最大化问题,还有与此类似的利润关于时间的最大化问题,如石油钻探、矿物开采等是有耗竭性开采. 这类模型收益率一般是时间的减函数,即开始收益率较高,过一段时间就会降低. 另一方面,开发成本率却随时间逐渐上升,它是时间的增函数. 若以 $R(t)$,$C(t)$ 分别表示在 t 时间开发者的收益与成本,则收益率等于 $R'(t)$,开发成本率等于 $C'(t)$,而利润
$$L(t)=R(t)-C(t)=\int_0^t (R'(t)-C'(t))dt-C_0.$$

例 15 某煤矿投资 2000 万元建成,已知在 t 时刻的追加成本率与增加收益分别为
$$C'(t)=6+2t^{\frac{2}{3}}(百万元/年),\quad R'(t)=18-t^{\frac{2}{3}}(百万元/年),$$
试问该矿何时停产方可获最大利润?并求出最大利润.

解 由已知条件知,在 t 时刻的利润是
$$L(t)=\int_0^t (R'(t)-C'(t))dt-20,$$
令 $L'(t)=0$,得
$$R'(t)-C'(t)=0,$$
等价地
$$18-t^{\frac{2}{3}}-(6+2t^{\frac{2}{3}})=0,$$
解得
$$t=8,$$

$$L''(t)=-\frac{2}{3}t^{-\frac{1}{3}}-\frac{4}{3}t^{-\frac{1}{3}}=-2t^{-\frac{1}{3}},$$

$$L''(t)|_{t=8}<0,$$

故开矿 8 年停止生产可获最大利润,此时最大利润为

$$L=\int_0^8\left[(18-t^{\frac{2}{3}})-(6+2t^{\frac{2}{3}})\right]dt-20=\left(12t-\frac{9}{5}t^{\frac{5}{3}}\right)\Big|_0^8-20$$
$$=38.4-20=18.4(百万元).$$

六、变力做功

由物理学可知,如果物体在做直线运动的过程中有一个不变的力 F 作用在这物体上,且力的方向与物体运动的方向一致,那么当物体移动了距离 s 时,力 F 对物体所做的功为 $W=F\cdot s$,如果物体在运动过程中所受到的作用力是变化的,那么就不能简单地按此公式来求,因为这也是一个求总量的问题,它满足微元法应用的条件,因此我们用微元法来计算变力对物体所做的功.

设物体在力 $F=f(x)$ 的作用下沿直线运动,力的方向与物体运动方向一致,求物体从点 a 运动到点 b 时变力 F 对其所做的功.

以 x 为积分变量,它的变化区间为 $[a,b]$,在任一小区间 $[x,x+dx]$ 上,变力 F 所做的功为 ΔW,可用 Fdx 作它的近似值,即功的元素为 $dW=Fdx=f(x)dx$,从而所做的功为

$$W=\int_a^b f(x)dx. \tag{7}$$

例 16 设在点 O 放置一个带电量为 $+q$ 的点电荷,这个点电荷的周围就会产生一个电场,这个电场就会对周围的电荷产生力的作用.今有一个单位正电荷,从点 a 移动到点 b,求电场力所做的功.

解 取过 a、b 两点的直线为 x 轴,电荷移动的方向为轴的正方向,由物理学可知,单位正电荷在点 x 时电场力对它的作用力为 $f(x)=k\dfrac{q}{x^2}$,即功的微元为 $dW=k\dfrac{q}{x^2}dx$. 由公式 $W=\int_a^b f(x)dx$,有

$$W=\int_a^b\frac{kq}{x^2}dx=kq\left(\frac{1}{a}-\frac{1}{b}\right).$$

习 题 5-5

1. 计算下列各图形的面积:

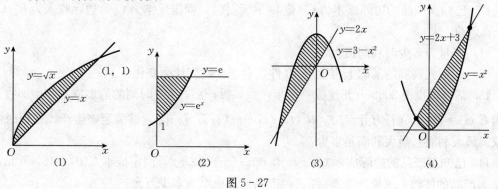

图 5-27

2. 求由下列各曲线所围成图形的面积：

(1) $y=\frac{1}{2}x^2$ 与 $y=x+4$；

(2) $x=2y^2$，$x=1+y^2$；

(3) $y=x^2$ 与直线 $y=x$ 及 $y=2x$；

(4) $y=e^x$，$y=e^{-x}$ 与直线 $x=1$；

(5) $y=\ln x$，y 轴与直线 $y=\ln a$，$y=\ln b(b>a>0)$.

3. 求星形线 $\begin{cases} x=a\cos^3 t, \\ y=a\sin^3 t \end{cases}$（图 5-28）所围成的图形的面积.

4. 求由摆线 $\begin{cases} x=a(\theta-\sin\theta), \\ y=a(1-\cos\theta) \end{cases}$ 的一拱 $0\leqslant\theta\leqslant 2\pi$ 与横轴所围成的图形（图 5-25）的面积.

5. 求位于曲线 $y=e^x$ 下方，该曲线过原点的切线的左方，以及 x 轴的上方之间的图形的面积.

6. 求由曲线 $r=2a\cos\theta$ 围成图形的面积.

7. 计算曲线 $y=\ln x$ 上相应于 $\sqrt{3}\leqslant x\leqslant\sqrt{8}$ 的一段弧的长度.

8. 一平面经过半径为 R 的圆柱体的底圆中心，并与底面交成角 α（图 5-29），计算此平面截圆柱体所得立体的体积.

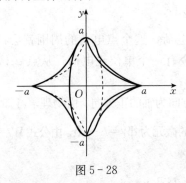

图 5-28

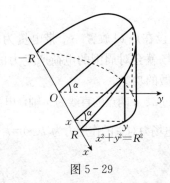

图 5-29

9. 求由抛物线 $y^2=4ax$ 及直线 $x=b(b>0)$ 所围成的图形绕 x 轴旋转所得旋转体的体积.

10. 求由曲线 $y=x^3$ 及直线 $x=2$，$y=0$ 所围成的平面图形分别绕 x 轴、y 轴旋转所得旋转体的体积.

11. 求由抛物线 $y=x^2$ 和 $y=2-x^2$ 所围成的图形绕 x 轴旋转所得旋转体的体积.

12. 已知某产品的边际成本为 $C'(Q)=2$(元/件)，固定成本为 C_0，边际收入为 $R'(Q)=20-0.02Q$，求：

(1) 产量为多少时利润最大？

(2) 在最大利润的基础上再生产 40 件，利润会发生什么变化？

13. 某公司投资 2000 万元建成一条生产线，投产后，在 t 时刻的追加成本和增加收益分别为 $C'(t)=5+2t^{\frac{2}{3}}$（百万元/年），$R'(t)=17-t^{\frac{2}{3}}$（百万元/年），试确定该生产线在何时停产可获得最大利润？最大利润是多少？

14. 已知某产品的边际成本 $C'(x)=0.006x^2-1.5x+8$，固定成本 $C(0)=150$ 万元，其中 x 为产品的件数，求生产 2000 件这种产品的总成本为多少万元？

第六节　广义积分

前面我们介绍了定积分，并应用定积分这一工具求解了一些实际问题．我们知道，如果被积函数 $f(x)$ 在闭区间 $[a,b]$ 上连续或者分段连续，即 $f(x)$ 是一个有界函数，那么定积分 $\int_a^b f(x)\mathrm{d}x$ 存在．然而，在实际应用中出现的许多问题表明，对一些问题的研究需要把积分区间推广到无穷区间，把被积函数推广为无界函数，这种推广后的积分不是通常意义下的积分（即定积分），我们把它们称为广义积分，也称反常积分．

一、无穷区间上的广义积分

定义 1　设 $f(x)$ 在无穷区间 $[a,+\infty)$ 上连续，取 $b>a$，如果极限

$$\lim_{b\to+\infty}\int_a^b f(x)\mathrm{d}x$$

存在，则称此极限为函数 $f(x)$ 在无穷区间 $[a,+\infty)$ 上的广义积分，记作 $\int_a^{+\infty} f(x)\mathrm{d}x$，即

$$\int_a^{+\infty} f(x)\mathrm{d}x=\lim_{b\to+\infty}\int_a^b f(x)\mathrm{d}x,$$

这时也称广义积分 $\int_a^{+\infty} f(x)\mathrm{d}x$ 收敛；否则，称广义积分 $\int_a^{+\infty} f(x)\mathrm{d}x$ 发散（此时广义积分 $\int_a^{+\infty} f(x)\mathrm{d}x$ 没有意义）．

类似地，设函数 $f(x)$ 在区间 $(-\infty,b]$ 上连续，取 $a<b$，如果极限 $\lim\limits_{a\to-\infty}\int_a^b f(x)\mathrm{d}x$ 存在，则称此极限为函数 $f(x)$ 在无穷区间 $(-\infty,b]$ 上的广义积分，记作 $\int_{-\infty}^b f(x)\mathrm{d}x$，即

$$\int_{-\infty}^b f(x)\mathrm{d}x=\lim_{a\to-\infty}\int_a^b f(x)\mathrm{d}x,$$

此时也称广义积分 $\int_{-\infty}^b f(x)\mathrm{d}x$ 收敛，否则，称广义积分 $\int_{-\infty}^b f(x)\mathrm{d}x$ 发散．

设函数 $f(x)$ 在区间 $(-\infty,+\infty)$ 上连续，如果广义积分 $\int_{-\infty}^0 f(x)\mathrm{d}x$ 和 $\int_0^{+\infty} f(x)\mathrm{d}x$ 都收敛，则称上述两个广义积分之和为函数 $f(x)$ 在无穷区间 $(-\infty,+\infty)$ 上的广义积分，记作 $\int_{-\infty}^{+\infty} f(x)\mathrm{d}x$，即

$$\int_{-\infty}^{+\infty} f(x)\mathrm{d}x=\int_{-\infty}^0 f(x)\mathrm{d}x+\int_0^{+\infty} f(x)\mathrm{d}x=\lim_{a\to-\infty}\int_a^0 f(x)\mathrm{d}x+\lim_{b\to+\infty}\int_0^b f(x)\mathrm{d}x,$$

这时也称广义积分 $\int_{-\infty}^{+\infty} f(x)\mathrm{d}x$ 收敛，否则，就称广义积分 $\int_{-\infty}^{+\infty} f(x)\mathrm{d}x$ 发散．

上述各种形式的广义积分统称为无穷区间上的广义积分．

根据定义，计算此类广义积分需要分为两步：即求一个通常意义下的定积分，再对所求的定积分关于积分的下限或上限求极限．对于广义积分，一个重要的问题是判别其收敛还是发散，即讨论它的敛散性．最直接的方法，是根据定义进行讨论．

例 1　计算广义积分 $\int_a^{+\infty}\dfrac{\mathrm{d}x}{x^2}(a>0)$．

解 由广义积分的计算公式，有

$$\int_a^{+\infty} \frac{\mathrm{d}x}{x^2} = \lim_{b \to +\infty} \int_a^b \frac{\mathrm{d}x}{x^2} = -\lim_{b \to +\infty} \left[\frac{1}{x}\right]_a^b = -\lim_{b \to +\infty} \left(\frac{1}{b} - \frac{1}{a}\right) = \frac{1}{a},$$

故广义积分收敛，其值为 $\frac{1}{a}$.

例 2 计算广义积分 $\int_{-\infty}^{+\infty} \frac{\mathrm{d}x}{1+x^2}$.

解 如图 5-30 所示，

$$\int_{-\infty}^{+\infty} \frac{\mathrm{d}x}{1+x^2} = \int_{-\infty}^0 \frac{\mathrm{d}x}{1+x^2} + \int_0^{+\infty} \frac{\mathrm{d}x}{1+x^2}$$

$$= \lim_{a \to -\infty} \int_a^0 \frac{\mathrm{d}x}{1+x^2} + \lim_{b \to +\infty} \int_0^b \frac{\mathrm{d}x}{1+x^2}$$

$$= \lim_{a \to -\infty} [\arctan x]_a^0 + \lim_{b \to +\infty} [\arctan x]_0^b$$

$$= -\lim_{a \to -\infty} \arctan a + \lim_{b \to +\infty} \arctan b$$

$$= -\left(-\frac{\pi}{2}\right) + \frac{\pi}{2} = \pi.$$

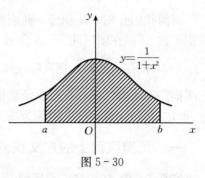

图 5-30

广义积分也可以表示成为牛顿—莱布尼茨公式的形式．若 $[a, +\infty)$ 上的连续函数 $f(x)$ 有原函数为 $F(x)$，且 $F(+\infty) = \lim_{x \to +\infty} F(x)$，这可用下式表示广义积分的值：

$$\int_a^{+\infty} f(x)\mathrm{d}x = \lim_{b \to +\infty} \int_a^b f(x)\mathrm{d}x = F(x)\Big|_a^{+\infty} = F(+\infty) - F(a),$$

在这里，代入无穷限的过程实际上是求极限的运算．

类似地，

$$\int_{-\infty}^b f(x)\mathrm{d}x = \lim_{a \to -\infty} \int_a^b f(x)\mathrm{d}x = F(x)\Big|_{-\infty}^b = F(b) - F(-\infty),$$

$$\int_{-\infty}^{+\infty} f(x)\mathrm{d}x = F(x)\Big|_{-\infty}^{+\infty} = F(+\infty) - F(-\infty).$$

例 3 计算广义积分 $\int_0^{+\infty} x\mathrm{e}^{-x}\mathrm{d}x$.

解 $\int_0^{+\infty} x\mathrm{e}^{-x}\mathrm{d}x = \int_0^{+\infty} (-x)\mathrm{d}\mathrm{e}^{-x} = (-x\mathrm{e}^{-x})\Big|_0^{+\infty} + \int_0^{+\infty} \mathrm{e}^{-x}\mathrm{d}x = (-\mathrm{e}^{-x})\Big|_0^{+\infty} = 1.$

例 4 计算 $\int_2^{+\infty} \frac{\mathrm{d}x}{x \ln x}$.

解 $\int_2^{+\infty} \frac{\mathrm{d}x}{x \ln x} = \int_2^{+\infty} \frac{\mathrm{d}(\ln x)}{\ln x} = \ln(\ln x)\Big|_2^{+\infty} = +\infty$，所以该广义积分发散.

例 5 证明广义积分 $\int_a^{+\infty} \frac{\mathrm{d}x}{x^p} (a > 0)$，当 $p > 1$ 时收敛，当 $p \leqslant 1$ 时发散.

证 当 $p = 1$ 时，

$$\int_a^{+\infty} \frac{\mathrm{d}x}{x^p} = \int_a^{+\infty} \frac{\mathrm{d}x}{x} = [\ln x]_a^{+\infty} = +\infty,$$

广义积分发散；

当 $p > 1$ 时，

$$\int_a^{+\infty} \frac{\mathrm{d}x}{x^p} = \frac{1}{1-p} x^{1-p} \Big|_a^{+\infty} = \frac{a^{1-p}}{p-1},$$

广义积分收敛；

当 $p<1$ 时,

$$\int_a^{+\infty} \frac{\mathrm{d}x}{x^p} = \frac{1}{1-p} x^{1-p} \Big|_a^{+\infty} = +\infty,$$

广义积分发散.

因此,当 $p>1$ 时,广义积分收敛,其值为 $\dfrac{a^{1-p}}{p-1}$;当 $p\leqslant 1$ 时,广义积分发散.

二、无界函数的广义积分

下面讨论被积函数为无界函数的广义积分问题.

定义 2 设函数 $f(x)$ 在区间 $(a,b]$ 上连续,而 $\lim\limits_{x\to a+0} f(x)=\infty$,取 $\varepsilon>0$,如果极限 $\lim\limits_{\varepsilon\to 0^+}\int_{a+\varepsilon}^b f(x)\mathrm{d}x$ 存在,则称此极限为函数 $f(x)$ 在区间 $(a,b]$ 上的广义积分,仍然记作 $\int_a^b f(x)\mathrm{d}x$,即

$$\int_a^b f(x)\mathrm{d}x = \lim_{\varepsilon\to 0^+} \int_{a+\varepsilon}^b f(x)\mathrm{d}x,$$

此时也称广义积分 $\int_a^b f(x)\mathrm{d}x$ 收敛,否则,就称广义积分 $\int_a^b f(x)\mathrm{d}x$ 发散.

类似地,设函数 $f(x)$ 在 $[a,b)$ 上连续, $\lim\limits_{x\to b-0} f(x)=\infty$,取 $\varepsilon>0$,如果极限 $\lim\limits_{\varepsilon\to 0^+}\int_a^{b-\varepsilon} f(x)\mathrm{d}x$ 存在,则定义 $\int_a^b f(x)\mathrm{d}x = \lim\limits_{\varepsilon\to 0^+}\int_a^{b-\varepsilon} f(x)\mathrm{d}x$,否则,就称广义积分 $\int_a^b f(x)\mathrm{d}x$ 发散.

设函数 $f(x)$ 在 $[a,b]$ 上除点 $c(a<c<b)$ 外连续,而在点 c 的邻域内无界,如果两个广义积分 $\int_a^c f(x)\mathrm{d}x$ 与 $\int_c^b f(x)\mathrm{d}x$ 都收敛,则定义

$$\int_a^b f(x)\mathrm{d}x = \int_a^c f(x)\mathrm{d}x + \int_c^b f(x)\mathrm{d}x = \lim_{\varepsilon\to 0^+}\int_a^{c-\varepsilon} f(x)\mathrm{d}x + \lim_{\varepsilon'\to 0^+}\int_{c+\varepsilon'}^b f(x)\mathrm{d}x,$$

并称广义积分 $\int_a^b f(x)\mathrm{d}x$ 收敛,否则,就称广义积分 $\int_a^b f(x)\mathrm{d}x$ 发散.

无界点 $x=a$ 通常也叫瑕点,因此无界函数的广义积分也叫瑕积分.

例 6 讨论 $\int_0^2 \dfrac{\mathrm{d}x}{\sqrt{4-x^2}}$ 的敛散性.

解 因为 $\lim\limits_{x\to 2-0} \dfrac{1}{\sqrt{4-x^2}} = +\infty$,所以 $x=2$ 为被积函数的无穷间断点,于是

$$\int_0^2 \frac{\mathrm{d}x}{\sqrt{4-x^2}} = \lim_{\varepsilon\to 0^+}\int_0^{2-\varepsilon} \frac{\mathrm{d}x}{\sqrt{4-x^2}} = \lim_{\varepsilon\to 0^+}\left[\arcsin\frac{x}{2}\right]_0^{2-\varepsilon} = \lim_{\varepsilon\to 0^+}\arcsin\left(\frac{2-\varepsilon}{2}\right) = \frac{\pi}{2},$$

所以广义积分收敛.

例 7 讨论广义积分 $\int_{-1}^1 \dfrac{\mathrm{d}x}{x^2}$ 的敛散性.

解 因为被积函数 $\dfrac{1}{x^2}$ 在区间 $[0,1]$ 内有无穷间断点 $x=0$,于是将其分成为两部分

$$\int_{-1}^1 \frac{\mathrm{d}x}{x^2} = \int_{-1}^0 \frac{1}{x^2}\mathrm{d}x + \int_0^1 \frac{1}{x^2}\mathrm{d}x,$$

对于 $\int_0^1 \dfrac{\mathrm{d}x}{x^2}$ 有

$$\int_0^1 \dfrac{\mathrm{d}x}{x^2} = \lim_{\varepsilon\to 0}\int_\varepsilon^1 \dfrac{\mathrm{d}x}{x^2} = \lim_{\varepsilon\to 0}\left[-\dfrac{1}{x}\right]_\varepsilon^1 = -\lim_{\varepsilon\to 0}\left(1-\dfrac{1}{\varepsilon}\right) = \infty,$$

因此不必再对 $\int_{-1}^0 \dfrac{\mathrm{d}x}{x^2}$ 进行讨论,就知所给广义积分 $\int_{-1}^1 \dfrac{\mathrm{d}x}{x^2}$ 是发散的.

例 8 讨论广义积分 $\int_a^b \dfrac{\mathrm{d}x}{(x-a)^p}(a<0,\ p>0)$ 的敛散性.

解 因为 $\lim\limits_{x\to a+0}\dfrac{1}{(x-a)^p} = +\infty$,所以 $x=a$ 是瑕点.

当 $p=1$ 时,

$$\int_a^b \dfrac{\mathrm{d}x}{x-a} = \lim_{\varepsilon\to 0^+}\int_{a+\varepsilon}^b \dfrac{\mathrm{d}x}{x-a} = \lim_{\varepsilon\to 0^+}\left[\ln(x-a)\right]_{a+\varepsilon}^b = \lim_{\varepsilon\to 0^+}\left[\ln(b-a)-\ln\varepsilon\right] = +\infty;$$

当 $p\neq 1$ 时,

$$\int_a^b \dfrac{\mathrm{d}x}{(x-a)^p} = \lim_{\varepsilon\to 0^+}\int_{a+\varepsilon}^b \dfrac{\mathrm{d}x}{(x-a)^p} = \lim_{\varepsilon\to 0^+}\left[\dfrac{1}{1-p}(x-a)^{1-p}\right]_{a+\varepsilon}^b$$

$$= \lim_{\varepsilon\to 0^+}\dfrac{1}{1-p}\left[(b-a)^{1-p}-\varepsilon^{1-p}\right] = \begin{cases} +\infty, & \text{当 } p>1 \text{ 时,} \\ \dfrac{1}{1-p}(b-a)^{1-p}, & \text{当 } p<1 \text{ 时,} \end{cases}$$

所以当 $p<1$ 时,广义积分 $\int_a^b \dfrac{\mathrm{d}x}{(x-a)^p}$ 收敛,其值为 $\dfrac{1}{1-p}(b-a)^{1-p}$;当 $p\geqslant 1$ 时,广义积分 $\int_a^b \dfrac{\mathrm{d}x}{(x-a)^p}$ 发散.

习 题 5-6

1. 计算下列广义积分:

(1) $\int_1^{+\infty} \dfrac{1}{x^3}\mathrm{d}x$;

(2) $\int_e^{+\infty} \dfrac{\ln x}{x}\mathrm{d}x$;

(3) $\int_{-\infty}^{+\infty} \dfrac{4x^3}{1+x^4}\mathrm{d}x$;

(4) $\int_0^{+\infty} e^{-x}\cos x\,\mathrm{d}x$;

(5) $\int_0^1 \ln x\,\mathrm{d}x$;

(6) $\int_1^{+\infty} \dfrac{1}{x(x+1)}\mathrm{d}x$.

2. 计算下列广义积分:

(1) $\int_0^1 \dfrac{\mathrm{d}x}{\sqrt{1-x}}$;

(2) $\int_1^e \dfrac{\mathrm{d}x}{x\sqrt{1-(\ln x)^2}}$;

(3) $\int_1^e \dfrac{\mathrm{d}x}{x\sqrt{\ln x}}$;

(4) $\int_0^1 \dfrac{\mathrm{d}x}{(2x-1)^2}$.

3. 当 k 为何值时,广义积分 $\int_2^{+\infty} \dfrac{1}{x(\ln x)^k}\mathrm{d}x$ 收敛?当 k 为何值时,广义积分发散?

总 复 习 题 5

(A)

1. 判断题:

(1) 若 $f(x)$ 在 $[a,b]$ 上可积，则定积分 $\int_a^b f(x)\mathrm{d}x$ 表示一个常数值，这个值与区间 $[a,b]$ 有关，与函数 $f(x)$ 有关，但与积分变量无关. （   ）

(2) 定积分 $\int_a^b f(x)\mathrm{d}x$ 的几何意义为：其值为介于曲线 $y=f(x)$，x 轴与直线 $x=a$，$x=b$ 之间的曲边梯形的面积. （   ）

(3) 若 $f(x)$，$g(x)$ 都为可积函数，且 $f(x)\geqslant g(x)$，则 $\int_a^b f(x)\mathrm{d}x \geqslant \int_a^b g(x)\mathrm{d}x$. （   ）

(4) 连续曲线 $y=f(x)$，$a\leqslant x\leqslant b$，绕直线 $y=y_0$ 旋转一周，所得旋转体的体积为 $V_{y_0}=\int_a^b \pi[f(x)-y_0]^2\mathrm{d}x$. （   ）

2. 填空题：

(1) $f(x)=\int_1^x \dfrac{t}{1+\cos t}\mathrm{d}t$，求 $f'(x)=$ _____.

(2) $\lim\limits_{x\to 0}\dfrac{1}{x}\int_0^x (1+t^2)\mathrm{e}^{t^2-x^2}\mathrm{d}t=$ _____.

(3) 若 $\int_0^x g(t)\mathrm{d}t=x\sin x$，则 $g(x)=$ _____.

(4) $\dfrac{\mathrm{d}}{\mathrm{d}x}\left[\int_0^x (x-t)f'(t)\mathrm{d}t\right]=$ _____.

(5) 设 $f(x)=\begin{cases}x+1, & x\leqslant 1, \\ \dfrac{1}{2}x^2, & x>1,\end{cases}$ 则 $\int_0^2 f(x)\mathrm{d}x=$ _____.

3. 选择题：

(1) 设 $g(x)=\int_0^x f(u)\mathrm{d}u$，其中 $f(x)=\begin{cases}\dfrac{1}{2}(x^2+1), & 0\leqslant x<1, \\ \dfrac{1}{3}(x-1), & 1\leqslant x\leqslant 2,\end{cases}$ 则 $g(x)$ 在区间 $(0,2)$ 内（   ）.

  A. 无界； B. 递减； C. 不连续； D. 连续.

(2) 设 $\int_a^b f(x)\mathrm{d}x=0$ 且 $f(x)$ 在 $[a,b]$ 上连续，则（   ）.

  A. $f(x)\equiv 0$；   B. 必存在 x 使 $f(x)=0$；

  C. 存在唯一的一点 x 使 $f(x)=0$； D. 不一定存在点 x 使 $f(x)=0$.

(3) $\int_{-1}^1 (1+x)\sqrt{1-x^2}\mathrm{d}x=$（   ）.

  A. π； B. $\dfrac{\pi}{2}$； C. 2π； D. $\dfrac{\pi}{4}$.

(4) 设 $f(x)=\begin{cases}\sin x, & \dfrac{\pi}{3}\leqslant x<\pi, \\ 0, & \text{其余,}\end{cases}$ 则 $\int_0^\pi f(x)\cos 2x\mathrm{d}x$（   ）.

  A. $\dfrac{3}{4}$； B. $-\dfrac{3}{4}$； C. 1； D. -1.

(5) 设某商品的需求函数 $Q=160-2P$，其中 P，Q 分别表示需求量和价格，如果该商品需求弹性的绝对值等于 1，则商品的价格是（　　）.

A. 10； B. 20； C. 30； D. 40.

4. 设 $f(x)$，$g(x)$ 在 $[0,1]$ 上的导数连续，且 $f(0)=0$，$f'(x)\geqslant 0$，$g'(x)\geqslant 0$，证明对任何的 $a\in[0,1]$，有

$$\int_0^a g(x)f'(x)\mathrm{d}x+\int_0^1 f(x)g'(x)\mathrm{d}x\geqslant f(a)g(1).$$

5. 设 $F(x)=\begin{cases}\mathrm{e}^{2x}, & x\leqslant 0,\\ \mathrm{e}^{-2x}, & x>0,\end{cases}$ S 表示在 x 轴与曲线 $y=F(x)$ 之间的面积，对任何 $t>0$，$S_1(t)$ 表示矩形 $-t\leqslant x\leqslant t$，$0\leqslant y\leqslant F(t)$ 的面积，求：

(1) $S(t)=S-S_1(t)$ 的表达式； 　　(2) $S(t)$ 的最小值.

6. 设函数 $f(x)$ 在 $[0,1]$ 上可微，且满足 $f(1)-2\int_0^{\frac{1}{2}} xf(x)\mathrm{d}x=0$，证明在 $(0,1)$ 内必有一点 ξ，使得 $\xi f'(\xi)+f(\xi)=0$.

(B)

1. 判断题：

(1) 定积分 $\int_a^b f(x)\mathrm{d}x$ 的物理意义为：其值为在外力 $f(x)$ 的作用下，质点沿直线从 a 移动到 b，外力 $f(x)$ 对质点所做的功.　　　　　　　　　　　　　　（　　）

(2) 若 $f(x)$ 为连续函数，则 $\int_a^x f(t)\mathrm{d}t$ 必定可导.　　　　　　　　　（　　）

(3) 若 $f(x)$ 为连续的奇函数，则其原函数 $F(x)$ 必为偶函数.　　　　　（　　）

(4) 若广义积分 $\int_a^{+\infty} f(x)\mathrm{d}x$ 收敛，则 $\int_a^{+\infty} f(x)\mathrm{d}x$ 为一个确定的数值.　　（　　）

2. 填空题：

(1) $\int_1^{+\infty} \dfrac{\mathrm{d}x}{\mathrm{e}^x+\mathrm{e}^{2-x}}=$ ＿＿＿＿＿＿＿.

(2) $\int_1^{+\infty} \dfrac{\mathrm{d}x}{\mathrm{e}^{1+x}+\mathrm{e}^{3-x}}=$ ＿＿＿＿＿＿＿.

(3) $\int_{-1}^1 (|x|+x)\mathrm{e}^{-|x|}\mathrm{d}x=$ ＿＿＿＿＿＿＿.

(4) 设函数 $f\left(x+\dfrac{1}{x}\right)=\dfrac{x+x^3}{1+x^4}$，则 $\int_2^{2\sqrt{2}} f(x)\mathrm{d}x=$ ＿＿＿＿＿＿＿.

(5) 设函数 $f(x)=\begin{cases}x\mathrm{e}^{x^2}, & -\dfrac{1}{2}\leqslant x<\dfrac{1}{2},\\ -1, & x\geqslant\dfrac{1}{2},\end{cases}$ 则 $\int_{\frac{1}{2}}^2 f(x-1)\mathrm{d}x=$ ＿＿＿＿＿＿＿.

3. 选择题：

(1) 设函数 $f(x)$ 连续，则下列函数中必为偶函数的是（　　）.

A. $\int_0^x f(t^2)\mathrm{d}t$； 　　　　　　　　B. $\int_0^x f^2(t)\mathrm{d}t$；

C. $\int_0^x t[f(t)-f(-t)]dt$; D. $\int_0^x t[f(t)+f(-t)]dt$.

(2) 设函数在区间 $[-1,1]$ 上连续,则 $x=0$ 是函数 $g(x)=\dfrac{\int_0^x f(t)dt}{x}$ 的( ).

A. 跳跃间断点; B. 可去间断点; C. 无穷间断点; D. 振荡间断点.

(3) 使不等式 $\int_1^x \dfrac{\sin t}{t}dt > \ln x$ 成立的 x 的范围是( ).

A. $(0,1)$; B. $\left(1,\dfrac{\pi}{2}\right)$; C. $\left(\dfrac{\pi}{2},\pi\right)$; D. $(\pi,+\infty)$.

(4) 设函数 $f(x)$ 与 $g(x)$ 在 $[0,1]$ 上连续,且 $f(x) \leqslant g(x)$,则对任何 $c \in (0,1)$,( ).

A. $\int_{\frac{1}{2}}^c f(t)dt \geqslant \int_{\frac{1}{2}}^c g(t)dt$; B. $\int_{\frac{1}{2}}^c f(t)dt \leqslant \int_{\frac{1}{2}}^c g(t)dt$;

C. $\int_c^1 f(t)dt \geqslant \int_c^1 g(t)dt$; D. $\int_c^1 f(t)dt \leqslant \int_c^1 g(t)dt$.

(5) 下列结论中正确的是( ).

A. $\int_1^{+\infty} \dfrac{dx}{x(x+1)}$ 与 $\int_0^1 \dfrac{dx}{x(x+1)}$ 都收敛; B. $\int_1^{+\infty} \dfrac{dx}{x(x+1)}$ 与 $\int_0^1 \dfrac{dx}{x(x+1)}$ 都发散;

C. $\int_1^{+\infty} \dfrac{dx}{x(x+1)}$ 发散,$\int_0^1 \dfrac{dx}{x(x+1)}$ 收敛; D. $\int_1^{+\infty} \dfrac{dx}{x(x+1)}$ 收敛,$\int_0^1 \dfrac{dx}{x(x+1)}$ 发散.

(6) 设 $f(x)=\begin{cases} 1, & x>0, \\ 0, & x=0, \\ -1, & x<0, \end{cases}$ $F(x)=\int_0^x f(t)dt$,则( ).

A. $F(x)$ 在点 $x=0$ 不连续;

B. $F(x)$ 在 $(-\infty,+\infty)$ 内连续,在点 $x=0$ 不可导;

C. $F(x)$ 在 $(-\infty,+\infty)$ 内可导,且满足 $F'(x)=f(x)$;

D. $F(x)$ 在 $(-\infty,+\infty)$ 内可导,但不一定满足 $F'(x)=f(x)$.

4. 设 $f(x),g(x)$ 在 $[a,b]$ 上连续,且满足 $\int_a^x f(t)dt \geqslant \int_a^x g(t)dt$,$x \in [a,b)$,$\int_a^b f(t)dt = \int_a^b g(t)dt$,证明:$\int_a^b xf(x)dx \leqslant \int_a^b xg(x)dx$.

5. 设 $f(x)$ 是周期为 2 的连续函数,证明:

(1) 对任意的实数 t,有 $\int_t^{t+2} f(x)dx = \int_0^2 f(x)dx$;

(2) $G(x)=\int_0^2 \left[2f(t)-\int_t^{t+2} f(s)ds\right]dt$ 是周期为 2 的周期函数.

6. 设 $f(x)$ 是连续函数,且 $F(x)=\int_0^x (x-2t)f(t)dt$,证明:

(1) 若 $f(x)$ 为偶函数,则 $F(x)$ 也是偶函数;

(2) 若 $f(x)$ 单调不增,则 $F(x)$ 单调不减.

7. 设 $f(x)$ 在区间 $[0,1]$ 上连续,在 $(0,1)$ 内可导,且满足 $f(1)=3\int_0^{\frac{1}{3}} e^{1-x^2} f(x)dx$,证明存在 $\xi \in (0,1)$,使得 $f'(\xi)=2\xi f(\xi)$.

第六章

空间解析几何

在平面解析几何中,平面直角坐标系的建立,将平面上的点与一对有序实数对应起来,它把平面上的几何图形和方程对应起来,从而可以利用数形结合的方法来研究代数或者几何问题. 本章中,空间解析几何也是按照类似的方法建立起来的. 空间解析几何的知识对多元函数微积分学部分的学习也是必不可少的.

第一节 向 量

一、向量的基本概念

在学习中我们经常会遇到的量有两类:一类是只有大小,没有方向的量,这类量叫作**数量**,如长度、面积、体积、质量、密度、时间等;另一类是既有大小、又有方向的量,这类量叫作**向量**,如力、位移、速度、加速度等.

在数学上,既有大小又有方向的量称为**向量**(也称为**矢量**). 向量可用字母 a, b, c, $\cdots$ 表示或用 $\vec{a}$, $\vec{b}$, $\vec{c}$ 表示,在教师的板书和学生作业中书写的向量均必须加箭头. 几何上,也用有向线段来表示向量,起点为 A, 终点为 B 的向量记为 $\overrightarrow{AB}$(图 6-1).

图 6-1

由于一切向量的共性是它们的大小和方向,因此数学只研究与起点无关的向量,并称这种向量为**自由向量**,即只考虑向量的大小和方向,不论它的起点在什么地方.

向量的大小称为向量的模,记作 $|a|$, $|\overrightarrow{AB}|$. 模等于 1 的向量称为**单位向量**. 模等于零的向量称为零向量,记为 **0**. 零向量的方向是任意的.

定义 1 如果向量 a 和 b 的大小相等且方向相同,则称向量 a 与 b 相等,记为 $a = b$.

满足定义1的向量在空间平行移动后不变. 因此由定义1规定,相等的向量也称为自由向量.

二、向量的线性运算

1. 加法

设有两个向量 a 与 b, 将 a 与 b 的起点放在一起,并以 a 和 b 为邻边作平行四边形,则从起点到对角顶点的向量称为向量 a 与 b 的和向量,记为 $a+b$, 如图 6-2 所示.

这种求向量的和的方法称为平行四边形法则(图 6-2). 由于向量可以平移,所以,若把 b 的起点放到向量 a 的终点上,从向量 a 的起点到向量 b 的终点的向量,即 $a+b$,这种求法称为向量加法的三角形法则(图 6-3).

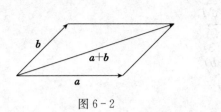 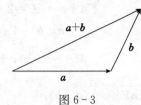 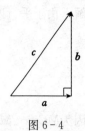

图 6-2　　　　　　　　图 6-3　　　　　　　　图 6-4

向量的加法满足下列运算规律：

(1) 交换律：$a+b=b+a$.

(2) 结合律：$(a+b)+c=a+(b+c)$.

例 1　已知向量 $|a|=5, |b|=12$，且 a 垂直于向量 b，求 $|a+b|$.

解　向量 $a, b, c=a+b$ 构成一个直角三角形，如图 6-4 所示. 由直角三角形的勾股定理知：
$$|c|=|a+b|=\sqrt{5^2+12^2}=13.$$

2. 向量与数的乘法

定义 2　设 λ 为一实数，向量 a 与数 λ 的乘积是一个向量，记为 λa，规定

(1) $|\lambda a|=|\lambda||a|$；

(2) 当 $\lambda>0$ 时，λa 与 a 同向；当 $\lambda<0$ 时，λa 与 a 反向；当 $\lambda=0$ 时，$|\lambda a|=0$.

向量的数乘符合下列运算律：

(1) 交换律：$\lambda a=a\lambda$.

(2) 结合律：$\lambda(\mu a)=(\lambda\mu)a=\mu(\lambda a)$.

(3) 分配律：$(\lambda+\mu)a=\lambda a+\mu a$，$\lambda(a+b)=\lambda a+\lambda b$.

向量的加法运算及数与向量的乘法统称为向量的线性运算.

由数与向量的乘法可得：向量 a 与向量 b 平行的充要条件是：存在唯一的实数 $\lambda(\lambda\neq 0)$，使得 $a=\lambda b$.

设 a 是一个非零向量，常把与向量 a 同向的单位向量记为 e_a，那么
$$e_a=\frac{a}{|a|}.$$

定义 3　与 a 的模相同而方向相反的向量叫作 a 的负向量，记作 $-a$.

我们规定向量 b 与 a 的差为 $a-b=a+(-b)$.

向量的减法也可按三角形法则进行，只要把 a 与 b 的起点放在一起，$a-b$ 即是以 b 的终点为起点，以 a 的终点为终点的向量(图 6-5).

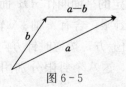 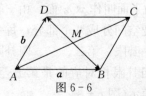

图 6-5　　　　　　　　　　　图 6-6

例 2　已知平行四边形 $ABCD$(图 6-6)中，设 $\overrightarrow{AB}=a, \overrightarrow{AD}=b$，试用 a 和 b 表示向量 $\overrightarrow{MA}$、$\overrightarrow{MB}$、$\overrightarrow{MC}$ 和 $\overrightarrow{MD}$.

解 由于平行四边形的对角线互相平分，所以
$$a+b=\overrightarrow{AC}=2\overrightarrow{AM},$$
即
$$-(a+b)=2\overrightarrow{MA},$$
于是
$$\overrightarrow{MA}=-\frac{1}{2}(a+b).$$

因为 $\overrightarrow{MC}=-\overrightarrow{MA}$，所以 $\overrightarrow{MC}=\frac{1}{2}(a+b)$.

又因 $-a+b=\overrightarrow{BD}=2\overrightarrow{MD}$，所以 $\overrightarrow{MD}=\frac{1}{2}(b-a)$.

由于 $\overrightarrow{MB}=-\overrightarrow{MD}$，所以 $\overrightarrow{MB}=\frac{1}{2}(a-b)$.

习题 6-1

1. 已知 △ABC，求证：$\overrightarrow{BC}+\overrightarrow{CA}+\overrightarrow{AB}=\mathbf{0}$.
2. 设 $u=a-b+2c$，$v=-a+3b-c$，试用 a，b，c 表示 $2u-3v$.

第二节　空间直角坐标系

本节我们将介绍空间解析几何的一些基本概念，它们包括空间直角坐标系和空间中两点间的距离．这些内容对于后面多元函数微积分学的学习将会起到非常重要的作用．

一、空间直角坐标系

在平面解析几何中，我们建立了平面直角坐标系，并通过平面直角坐标系，把"数"和"形"统一起来．类似地，空间直角坐标系的建立和应用，更加完善了几何的基本内容．

过空间一定点 O，作三条互相垂直的数轴，其中定点 O 称为坐标原点，这三条轴分别称为 x 轴（横轴）、y 轴（纵轴）和 z 轴（竖轴），统称为坐标轴．一般按照右手规则来确定轴的方向，即以右手握住 z 轴，当右手的四个手指从 x 轴正向以 $\frac{\pi}{2}$ 角度转向 y 轴正向时，大拇指的指向就是 z 轴的正向（图 6-7）．这样的三条坐标轴构成了一个**空间直角坐标系**，记为 $Oxyz$.

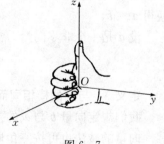

图 6-7

三条坐标轴中的任意两条可以确定一个平面，称为**坐标平面**，简称坐标面．由 x 轴和 y 轴确定的平面叫作 xOy 面，由 y 轴和 z 轴确定的平面叫作 yOz 面，由 z 轴和 x 轴确定的平面叫作 zOx 面．

三个坐标面把空间分成八个部分，每一部分叫作**卦限**，含有 x 轴、y 轴及 z 轴正半轴的那个卦限叫作第一卦限，第二、三、四卦限在 xOy 面上方，按逆时针方向确定，在 xOy 面下方与第一至第四卦限相对应的是第五至第八卦限．这八个卦限分别用Ⅰ、Ⅱ、Ⅲ、Ⅳ、Ⅴ、Ⅵ、Ⅶ、Ⅷ表示（图 6-8）．

设 M 为空间一已知点，我们过点 M 作三个平面分别垂直于 x 轴、y 轴和 z 轴，它们与 x 轴、y 轴和 z 轴的交点依次为 P、Q、R（图 6-9）．这三点在 x 轴、y 轴和 z 轴的坐标依次

为 x、y 和 z，于是空间的一点 M 就唯一确定了一个有序数组 (x, y, z). 反过来，对于有序数组 (x, y, z)，我们可以在 x 轴上取坐标为 x 的点 P，在 y 轴上取坐标为 y 的点 Q，在 z 轴上取坐标为 z 的点 R，然后通过 P、Q、R 分别作 x 轴、y 轴和 z 轴的垂直平面，这三个垂直平面相交于定点 M. 即定点 M 唯一确定了一个有序的三元数组，而一个有序的三元数组又能唯一地确定一个定点 M. 这样我们就建立了空间点 M 和三元有序数组 (x, y, z) 之间的一一对应关系，这组数 x、y 和 z 就叫作点 M 的坐标. 并依次称 x、y 和 z 为点 M 的横坐标、纵坐标和竖坐标，通常记为 $M(x, y, z)$.

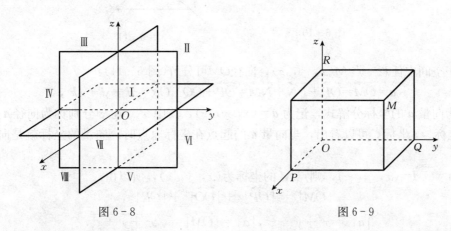

图 6-8　　　　　　　　　　　　　　图 6-9

建立了空间直角坐标系后，空间的任意点都可以用坐标来表示. 应该注意某些特殊点的坐标，例如，位于坐标面和坐标轴上的点，其坐标都具有明显的特征. 在坐标面 xOy、yOz 和 zOx 上的点的坐标分别为 $(x, y, 0)$、$(0, y, z)$、$(x, 0, z)$，在 x 轴、y 轴和 z 轴上的点的坐标分别为 $(x, 0, 0)$、$(0, y, 0)$、$(0, 0, z)$，坐标原点的坐标则是 $(0, 0, 0)$.

例 1　指出下列各点在哪个卦限？
$$A(3, -1, 2), B(4, -2, -5), C(-1, -3, 5), D(-1, -4, -2).$$

解　$A(3, -1, 2)$ 在第Ⅳ卦限，$B(4, -2, -5)$ 在第Ⅷ卦限，$C(-1, -3, 5)$ 在第Ⅲ卦限，$D(-1, -4, -2)$ 在第Ⅶ卦限.

二、向量的坐标表示

向量的运算仅仅用几何方法来研究有很多不便，还需要将向量的运算代数化，即建立向量与有序数组之间的对应关系，通过数组之间的运算来解决向量的运算问题. 下面通过向径的坐标表示来介绍空间任意向量的坐标表示.

1. 向径及其坐标表示

起点在原点 O，终点为 M 的向量 $\overrightarrow{OM}$ 称为点 M 对于原点 O 的**向径**. 一方面，空间向径与点一一对应；另一方面，空间中任一向量都可以用它的两个端点的向径来表示（图 6-10），
$$\overrightarrow{M_1M_2} = \overrightarrow{OM_2} - \overrightarrow{OM_1},$$
因此，研究空间的向量的坐标表示可以从向径的坐标表示开始.

在坐标轴上分别与 x 轴、y 轴和 z 轴方向相同的单位向量称为**基本单位向量**，分别用 i，j，k 表示，基本单位向量有 $|i| = |j| = |k| = 1$，且两两互相垂直.

对于 x 轴上任意向径 $\overrightarrow{OP}$，若其终点坐标为 $P(a，0，0)$，则 $\overrightarrow{OP}=a\boldsymbol{i}$，即 x 轴上的向径可表示为 $a\boldsymbol{i}$. 同理 y 轴上的向径可表示为 $b\boldsymbol{j}$，z 轴上的向径可表示为 $c\boldsymbol{k}$.

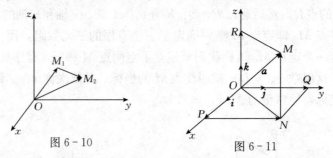

图 6-10　　　　　图 6-11

对于空间中任意一点 $M(x，y，z)$，向径 $\overrightarrow{OM}$ 可分解（图 6-11）：
$$\boldsymbol{a}=\overrightarrow{OM}=\overrightarrow{OP}+\overrightarrow{PN}+\overrightarrow{NM}=\overrightarrow{OP}+\overrightarrow{OQ}+\overrightarrow{OR}=x\boldsymbol{i}+y\boldsymbol{j}+z\boldsymbol{k}，$$
上式称为向量 $\boldsymbol{a}$ 的坐标分解式，记为 $\boldsymbol{a}=(x，y，z)$，其中 x，y，z 分别称为向径 $\boldsymbol{a}$ 的 x 坐标、y 坐标、z 坐标. 可以看出，当向量 $\boldsymbol{a}$ 的起点在坐标原点时，向量的坐标就是向量终点的坐标.

设 $\boldsymbol{a}=\overrightarrow{OM}=(x，y，z)$，则点 M 的坐标为 $(x，y，z)$，所以由
$$|\overrightarrow{OM}|^2=|\overrightarrow{OP}|^2+|\overrightarrow{OQ}|^2+|\overrightarrow{OR}|^2，$$
得
$$|\boldsymbol{a}|^2=x^2+y^2+z^2，|\boldsymbol{a}|=|\overrightarrow{OM}|=\sqrt{x^2+y^2+z^2}.$$

2. 空间任一向量的坐标表示

空间任一向量 $\boldsymbol{a}=\overrightarrow{M_1M_2}$，其中 $M_1(x_1，y_1，z_1)$，$M_2(x_2，y_2，z_2)$，$\overrightarrow{OM_1}=x_1\boldsymbol{i}+y_1\boldsymbol{j}+z_1\boldsymbol{k}$，$\overrightarrow{OM_2}=x_2\boldsymbol{i}+y_2\boldsymbol{j}+z_2\boldsymbol{k}$，于是
$$\overrightarrow{M_1M_2}=\overrightarrow{OM_2}-\overrightarrow{OM_1}=(x_2\boldsymbol{i}+y_2\boldsymbol{j}+z_2\boldsymbol{k})-(x_1\boldsymbol{i}+y_1\boldsymbol{j}+z_1\boldsymbol{k})$$
$$=(x_2-x_1)\boldsymbol{i}+(y_2-y_1)\boldsymbol{j}+(z_2-z_1)\boldsymbol{k}$$
$$=(x_2-x_1，y_2-y_1，z_2-z_1)，$$
这个式子称为向量 $\overrightarrow{M_1M_2}$ 的坐标分解式.

两向量 $\boldsymbol{a}=(a_x，a_y，a_z)$ 与 $\boldsymbol{b}=(b_x，b_y，b_z)$ 相等就是指其对应坐标都相等，即 $a_x=b_x$，$a_y=b_y$，$a_z=b_z$.

3. 空间两点的距离

设 $M_1(x_1，y_1，z_1)$ 与 $M_2(x_2，y_2，z_2)$ 是空间的两个点，过点 M_1、M_2 各作三个分别垂直于三条坐标轴的平面，这六个平面围成一个长方体（图 6-12）. 从图 6-12 可以清楚地看出，这个长方体的对角线的长度就是点 M_1 和 M_2 之间的距离.

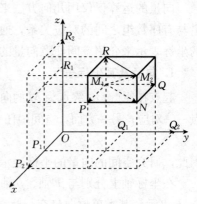

由于 $\triangle M_1NM_2$ 为直角三角形，M_1M_2 为斜边，所以有
$$|M_1M_2|^2=|M_1N|^2+|NM_2|^2.$$
又 $\triangle M_1PN$ 也为直角三角形，M_1N 为其斜边，则有 $|M_1N|^2=|M_1P|^2+|PN|^2$，所以
$$|M_1M_2|^2=|M_1P|^2+|PN|^2+|NM_2|^2.$$

图 6-12

由于 $|M_1P|=|P_1P_2|=|x_2-x_1|$，$|PN|=|Q_1Q_2|=|y_2-y_1|$，$|NM_2|=|R_1R_2|=|z_2-z_1|$，所以

$$|M_1M_2|=\sqrt{(x_2-x_1)^2+(y_2-y_1)^2+(z_2-z_1)^2}.$$

这就是**空间两点间的距离公式**.

特殊地，点 $M(x, y, z)$ 与坐标原点 $O(0, 0, 0)$ 的距离为

$$d=|OM|=\sqrt{x^2+y^2+z^2}.$$

例 2 设有两点 $A(1, -1, 2)$ 和 $B(0, 1, 3)$，在 y 轴上求与 A 和 B 等距离的点.

解 设所求的点为 $M(0, y, 0)$，由于 $|MA|=|MB|$，故

$$\sqrt{(0-1)^2+(y+1)^2+(0-2)^2}=\sqrt{(0-0)^2+(y-1)^2+(0-3)^2},$$

解得 $y=1$，于是所求的点为 $M(0, 1, 0)$.

例 3 证明以三点 $A(4, 1, 9)$，$B(10, -1, 6)$，$C(2, 4, 3)$ 为顶点的三角形是等腰直角三角形.

证明 因为

$$|AB|^2=(10-4)^2+(-1-1)^2+(6-9)^2=49,$$
$$|AC|^2=(2-4)^2+(4-1)^2+(3-9)^2=49,$$
$$|BC|^2=(2-10)^2+(4+1)^2+(3-6)^2=98,$$

所以 $|AB|=|AC|$，$|AB|^2+|AC|^2=|BC|^2$，即 $\triangle ABC$ 为等腰直角三角形.

例 4 已知两点 $M_1(1, -1, 2)$ 和 $M_2(-1, 2, -3)$，求平行于向量 $\overrightarrow{M_1M_2}$ 的单位向量.

解 $\overrightarrow{M_1M_2}=(-1-1, 2+1, -3-2)=(-2, 3, -5),$

$$|\overrightarrow{M_1M_2}|=\sqrt{(-2)^2+3^2+(-5)^2}=\sqrt{38},$$

$$e=\frac{\overrightarrow{M_1M_2}}{|\overrightarrow{M_1M_2}|}=\frac{1}{\sqrt{38}}(-2, 3, -5),$$

平行于 $\overrightarrow{M_1M_2}$ 的单位向量有两个，一个与 $\overrightarrow{M_1M_2}$ 同方向，一个与 $\overrightarrow{M_1M_2}$ 反方向，因此，$\pm\frac{1}{\sqrt{38}}(-2, 3, -5)$ 即为所求的单位向量.

4. 向量的坐标运算

利用向量的坐标，可得向量的加法、减法以及数乘的运算表示如下：

设 $\boldsymbol{a}=(a_x, a_y, a_z)$ 与 $\boldsymbol{b}=(b_x, b_y, b_z)$，则

$$(\boldsymbol{a}\pm\boldsymbol{b})=(a_x\pm b_x)\boldsymbol{i}+(a_y\pm b_y)\boldsymbol{j}+(a_z\pm b_z)\boldsymbol{k},$$
$$\lambda\boldsymbol{a}=(\lambda a_x)\boldsymbol{i}+(\lambda a_y)\boldsymbol{j}+(\lambda a_z)\boldsymbol{k},$$

其中 λ 为实数.

由此可见，对向量进行加、减及数乘运算，只需对向量的各个坐标分别进行相应的数量运算就行了.

两向量 $\boldsymbol{a}=(a_x, a_y, a_z)$ 与 $\boldsymbol{b}=(b_x, b_y, b_z)$，若有 $\boldsymbol{b}=\lambda\boldsymbol{a}$，坐标表示式为

$$\boldsymbol{a}//\boldsymbol{b} \Leftrightarrow \frac{a_x}{b_x}=\frac{a_y}{b_y}=\frac{a_z}{b_z}.$$

例 5 设 $\boldsymbol{a}=(1, 2, 3)$，$\boldsymbol{b}=(0, -3, -1)$，求：(1) $\boldsymbol{a}+\boldsymbol{b}$；(2) $\boldsymbol{a}-2\boldsymbol{b}$；(3) $3\boldsymbol{a}+4\boldsymbol{b}$.

解 (1) $\boldsymbol{a}+\boldsymbol{b}=(1, 2, 3)+(0, -3, -1)=(1, -1, 2)$；

(2) $a-2b=(1, 2, 3)-(0, -6, -2)=(1, 8, 5)$;

(3) $3a+4b=(3, 6, 9)+(0, -12, -4)=(3, -6, 5)$.

习 题 6-2

1. 在空间直角坐标系中，指出下列各点在哪个卦限：
$A(1, -3, 7)$，$B(3, 7, -3)$，$C(-3, -2, -4)$，$D(-6, 3, 1)$.

2. 在坐标面和坐标轴上的点的坐标各有什么特征，并指出下列各点的位置：
$A(2, 1, 0)$，$B(0, 3, 1)$，$C(-3, 0, 0)$，$D(0, 0, -2)$.

3. 在空间直角坐标系中，已知点 $A(3, 2, 5)$ 和点 $B(-1, 3, 2)$，则向量 $\overrightarrow{AB}=$ _____，向量 $\overrightarrow{AB}$ 的模 $|\overrightarrow{AB}|=$ _____.

4. 求点 $M(3, -2, 4)$ 到各坐标轴的距离.

5. 设 P 在 x 轴上，它到 $P_1(0, \sqrt{2}, 3)$ 的距离为到点 $P_2(0, 1, -1)$ 的距离的两倍，求点 P 的坐标.

6. 求点 $M(2, -1, 4)$ 到原点及坐标轴、坐标面的距离.

7. 设 $a=i+2j+k$，$b=-2i+j-3k$，求：(1) $a+3b$；(2) $a-4b$；(3) $2a+3b$.

8. 求证以 $M_1(4, 3, 1)$、$M_2(7, 1, 2)$、$M_3(5, 2, 3)$ 三点为顶点的三角形是一个等腰三角形.

9. 在 x 轴上求与 $A(2, -1, 2)$ 和 $B(1, 1, 3)$ 等距离的点.

10. 求平行于向量 $a=(6, -7, 6)$ 的单位向量.

11. 已知向量 $\overrightarrow{AB}=(3, -2, 1)$，起点为 $A(2, 1, -4)$，求终点 B 的坐标.

第三节 向量的数量积与向量积

一、两向量的数量积

设一物体在力 F 的作用下沿直线从点 M_1 移动到点 M_2，以 s 表示位移 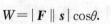（图 6-13）. 由物理学可知，力 F 所做的功为

$$W=|F||s|\cos\theta.$$

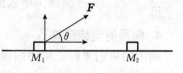

图 6-13

像这样由两个向量的长度及其夹角的余弦相乘而组成的算式，称为两向量的数量积.

定义 1 对于任意两向量 a，b，数 $|a||b|\cos(\widehat{a, b})$ 称为向量 a 与 b 的数量积（或点乘积），记为 $a \cdot b$，即

$$a \cdot b = |a||b|\cos(\widehat{a, b}),$$

其中，$(\widehat{a, b})$ 表示两向量 a 与 b 的正方向所成的夹角，且规定 $0 \leqslant (\widehat{a, b}) \leqslant \pi$.

由数量积的定义，知上述问题中力对物体所做的功 W 是力 F 与位移 $\overrightarrow{M_1M_2}$ 的数量积，即 $W=F \cdot \overrightarrow{M_1M_2}$，这也就是数量积的物理意义.

由数量积的定义可以得出以下结论：

(1) 两向量的数量积是一个数量.

(2) 因为 $(\widehat{a,a})=0$，所以 $a \cdot a = |a| |a| \cos 0 = |a|^2$.

(3) 若 $(\widehat{a,b}) = \dfrac{\pi}{2}$，则 $a \cdot b = 0$；反之也成立。若 a 与 b 中至少有一个是零向量时，由于零向量的方向是任意的，我们可以规定零向量与任何向量都垂直，所以可得两向量 a 与 b 垂直的充要条件是 $a \cdot b = 0$.

(4) 两个向量 a 和 b 的夹角余弦公式 $\cos(\widehat{a,b}) = \dfrac{a \cdot b}{|a||b|}$.

(5) 数量积满足以下运算律：

交换律：$a \cdot b = b \cdot a$；

分配律：$a \cdot (b+c) = a \cdot b + a \cdot c$；

数乘结合律：$(\lambda a) \cdot b = \lambda(a \cdot b) = a \cdot (\lambda b)$，其中 λ 为常数.

我们仅对数乘结合律给予证明，其余由读者自己完成.

证明 当 $\lambda > 0$ 时，λa 与 a 同方向，$(\widehat{\lambda a, b}) = (\widehat{a,b})$，所以

$$(\lambda a) \cdot b = |\lambda a||b|\cos(\widehat{\lambda a,b}) = |\lambda||a||b|\cos(\widehat{a,b}) = \lambda(a \cdot b).$$

当 $\lambda < 0$ 时，λa 与 a 反向，$(\widehat{\lambda a, b}) = \pi - (\widehat{a,b})$，所以

$(\lambda a) \cdot b = |\lambda a||b|\cos(\widehat{\lambda a,b}) = -\lambda|a||b|\cos(\pi-(\widehat{a,b})) = \lambda|a||b|\cos(\widehat{a,b}) = \lambda(a \cdot b)$.

当 $\lambda = 0$ 时，$(\lambda a) \cdot b = \lambda(a \cdot b) = 0$，所以

$$(\lambda a) \cdot b = \lambda(a \cdot b).$$

同理 $a \cdot (\lambda b) = \lambda(a \cdot b)$.

例1 已知 $|a|=3$，$|b|=2$，$(\widehat{a,b}) = \dfrac{\pi}{3}$，求：

(1) $(2a+b) \cdot (a-b)$；　　　　　　　(2) $|a+b|$.

解 (1) $(2a+b) \cdot (a-b) = 2a \cdot a - 2a \cdot b + b \cdot a - b \cdot b$

$$= 2|a|^2 - |a||b|\cos\dfrac{\pi}{3} - |b|^2$$

$$= 2\times 3^2 - 3\times 2\times \dfrac{1}{2} - 2^2 = 11.$$

(2) $|a+b|^2 = (a+b) \cdot (a+b) = a \cdot a + 2a \cdot b + b \cdot b$

$$= |a|^2 + 2|a||b|\cos\dfrac{\pi}{3} + |b|^2$$

$$= 3^2 + 2\times 3\times 2\times \dfrac{1}{2} + 2^2 = 19,$$

所以 $|a+b| = \sqrt{19}$.

下面我们来推导数量积的坐标表示式.

设 $a = (x_1, y_1, z_1)$，$b = (x_2, y_2, z_2)$，则

$$a \cdot b = (x_1 i + y_1 j + z_1 k) \cdot (x_2 i + y_2 j + z_2 k)$$

$$= x_1 x_2 i \cdot i + x_1 y_2 i \cdot j + x_1 z_2 i \cdot k + y_1 x_2 j \cdot i + y_1 y_2 j \cdot j +$$

$$y_1 z_2 j \cdot k + z_1 x_2 k \cdot i + z_1 y_2 k \cdot j + z_1 z_2 k \cdot k,$$

因为 i，j，k 是互相垂直的基本单位向量，所以

$$i \cdot j = j \cdot i = j \cdot k = k \cdot j = i \cdot k = k \cdot i = 0,$$
$$i \cdot i = j \cdot j = k \cdot k = 1,$$

因此
$$a \cdot b = x_1 x_2 + y_1 y_2 + z_1 z_2,$$
所以两向量的数量积等于它们对应坐标乘积的代数和.

这样，上面讨论的结论(3)、(4)又可分别写成
$$a \perp b \Leftrightarrow x_1 x_2 + y_1 y_2 + z_1 z_2 = 0,$$
$$\cos(\widehat{a,b}) = \frac{a \cdot b}{|a||b|} = \frac{x_1 x_2 + y_1 y_2 + z_1 z_2}{\sqrt{x_1^2 + y_1^2 + z_1^2}\sqrt{x_2^2 + y_2^2 + z_2^2}}.$$

例2 设 $a = (2, -1, 1)$, $b = (1, 1, -3)$, 求：

(1) $a \cdot b$;   (2) $(a+b) \cdot (a-b)$.

解 (1) $a \cdot b = 2 \times 1 + (-1) \times 1 + 1 \times (-3) = -2$;

(2) $(a+b) \cdot (a-b) = (3, 0, -2) \cdot (1, -2, 4) = 3 + 0 - 8 = -5.$

例3 已知 $a = i + j$, $b = i + k$, 求 $a \cdot b$ 及 $(\widehat{a,b})$.

解 因为 $a = (1, 1, 0)$, $b = (1, 0, 1)$, 所以
$$a \cdot b = 1 \times 1 + 1 \times 0 + 0 \times 1 = 1.$$
$$\cos(\widehat{a,b}) = \frac{a \cdot b}{|a||b|} = \frac{1}{\sqrt{1^2 + 1^2 + 0^2}\sqrt{1^2 + 0^2 + 1^2}} = \frac{1}{2},$$
所以 $(\widehat{a,b}) = \frac{\pi}{3}$.

例4 在 xOy 面上求一个单位向量，使其与向量 $a = (-5, 12, 7)$ 垂直.

解 因为所求向量在 xOy 面上，故可设其为 $b = (x, y, 0)$, 依题意，b 为单位向量，故有 $x^2 + y^2 + 0^2 = 1$；又因为 b 与 a 垂直，故有 $-5x + 12y = 0$.

所以有 $\begin{cases} x^2 + y^2 = 1, \\ -5x + 12y = 0, \end{cases}$ 解得 $x = \pm \frac{12}{13}$, $y = \pm \frac{5}{13}$, 故所求向量为 $b = \pm \left(\frac{12}{13}, \frac{5}{13}, 0\right)$.

二、向量的向量积

在研究物体转动问题时，不但要考虑物体所受的力，还要考虑这些力所产生的力矩，如图 6-14 所示.

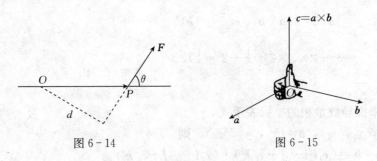

图 6-14   图 6-15

例5 设点 O 为一杠杆的支点，力 F 作用于杠杆上点 P 处(图 6-14)，求力 F 对支点 O 的力矩.

解 根据物理学的知识，力 F 对点 O 的力矩是向量 M, 其大小为

$$|\boldsymbol{M}| = |\boldsymbol{F}|d = |\boldsymbol{F}||\overrightarrow{OP}|\sin\theta,$$

其中 d 为支点 O 到力 $\boldsymbol{F}$ 的作用线的距离，θ 为矢量 $\boldsymbol{F}$ 与 $\overrightarrow{OP}$ 的夹角．力矩 $\boldsymbol{M}$ 的正方向按由 $\overrightarrow{OP}$ 到 $\boldsymbol{F}$ 的右手法则来确定．

这种由两个已知向量按上述的规则来确定另一个向量的方法，在物理学中经常会遇到，于是，我们把由这种方式产生的第三个向量抽象概括为两向量的向量积．

定义 2 两向量 $\boldsymbol{a}$ 和 $\boldsymbol{b}$ 的向量积是一个新的向量 $\boldsymbol{c}$，记为 $\boldsymbol{c} = \boldsymbol{a} \times \boldsymbol{b}$，并且

(1) $|\boldsymbol{a} \times \boldsymbol{b}| = |\boldsymbol{a}||\boldsymbol{b}|\sin(\widehat{\boldsymbol{a}, \boldsymbol{b}})$；

(2) $\boldsymbol{a} \times \boldsymbol{b}$ 的方向规定为：$\boldsymbol{a} \times \boldsymbol{b}$ 既垂直于 $\boldsymbol{a}$ 又垂直于 $\boldsymbol{b}$，并且按顺序 $\boldsymbol{a}$，$\boldsymbol{b}$，$\boldsymbol{c}$ 符合右手螺旋法则(图 6-15)．

由向量积的定义知，上述力矩问题可表示为：$\boldsymbol{M} = \overrightarrow{OP} \times \boldsymbol{F}$，这也就是向量积的物理意义．

例 6 求 $\boldsymbol{i} \times \boldsymbol{i}$，$\boldsymbol{j} \times \boldsymbol{j}$，$\boldsymbol{k} \times \boldsymbol{k}$，$\boldsymbol{i} \times \boldsymbol{j}$，$\boldsymbol{j} \times \boldsymbol{k}$，$\boldsymbol{k} \times \boldsymbol{i}$．

解 由向量积的定义，得

$$|\boldsymbol{i} \times \boldsymbol{i}| = |\boldsymbol{i}||\boldsymbol{i}|\sin(\widehat{\boldsymbol{i}, \boldsymbol{i}}) = 0,$$

所以

$$\boldsymbol{i} \times \boldsymbol{i} = \boldsymbol{0}.$$

同理

$$\boldsymbol{j} \times \boldsymbol{j} = \boldsymbol{0}, \quad \boldsymbol{k} \times \boldsymbol{k} = \boldsymbol{0}.$$

由向量积的定义，得

$$|\boldsymbol{i} \times \boldsymbol{j}| = |\boldsymbol{i}||\boldsymbol{j}|\sin(\widehat{\boldsymbol{i}, \boldsymbol{j}}) = 1,$$

且方向与 $\boldsymbol{k}$ 同向，所以

$$\boldsymbol{i} \times \boldsymbol{j} = \boldsymbol{k}.$$

同理

$$\boldsymbol{j} \times \boldsymbol{k} = \boldsymbol{i}, \quad \boldsymbol{k} \times \boldsymbol{i} = \boldsymbol{j}.$$

由向量积的定义可以得出以下结论：

(1) $\boldsymbol{a} \times \boldsymbol{b}$ 的模 $|\boldsymbol{a} \times \boldsymbol{b}| = |\boldsymbol{a}||\boldsymbol{b}|\sin(\widehat{\boldsymbol{a}, \boldsymbol{b}})$ 恰好是以 $\boldsymbol{a}$，$\boldsymbol{b}$ 为邻边的平行四边形的面积(图 6-16)．

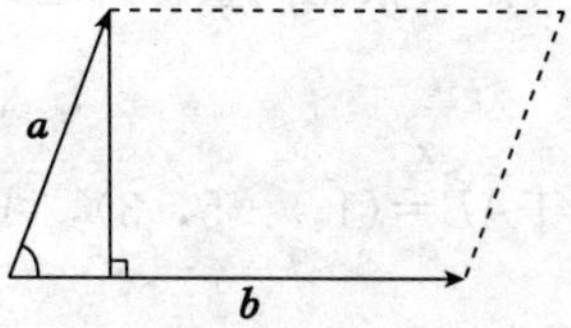

(2) $\boldsymbol{a} \times \boldsymbol{b}$ 垂直于 $\boldsymbol{a}$，$\boldsymbol{b}$ 所决定的平面，所以 $\boldsymbol{a} \times \boldsymbol{b} \perp \boldsymbol{a}$，$\boldsymbol{a} \times \boldsymbol{b} \perp \boldsymbol{b}$，即 $\boldsymbol{a} \times \boldsymbol{b}$ 同时垂直于 $\boldsymbol{a}$ 和 $\boldsymbol{b}$．

图 6-16

(3) 因为 $(\widehat{\boldsymbol{a}, \boldsymbol{a}}) = 0$，所以 $|\boldsymbol{a} \times \boldsymbol{a}| = |\boldsymbol{a}||\boldsymbol{a}|\sin 0 = 0$，方向任意，即 $\boldsymbol{a} \times \boldsymbol{a} = \boldsymbol{0}$．

(4) 若两个非零向量 $\boldsymbol{a}$ 与 $\boldsymbol{b}$ 平行，则 $(\widehat{\boldsymbol{a}, \boldsymbol{b}}) = 0$ 或 $(\widehat{\boldsymbol{a}, \boldsymbol{b}}) = \pi$，则有

$$|\boldsymbol{a} \times \boldsymbol{b}| = |\boldsymbol{a}||\boldsymbol{b}|\sin(\widehat{\boldsymbol{a}, \boldsymbol{b}}) = 0,$$

即 $\boldsymbol{a} \times \boldsymbol{b} = \boldsymbol{0}$；反之，若两个非零向量 $\boldsymbol{a}$ 与 $\boldsymbol{b}$，使得 $\boldsymbol{a} \times \boldsymbol{b} = \boldsymbol{0}$，即

$$|\boldsymbol{a} \times \boldsymbol{b}| = |\boldsymbol{a}||\boldsymbol{b}|\sin(\widehat{\boldsymbol{a}, \boldsymbol{b}}) = 0,$$

所以 $\sin(\widehat{\boldsymbol{a}, \boldsymbol{b}}) = 0$，于是 $(\widehat{\boldsymbol{a}, \boldsymbol{b}}) = 0$ 或 $(\widehat{\boldsymbol{a}, \boldsymbol{b}}) = \pi$，即 $\boldsymbol{a} // \boldsymbol{b}$．而我们规定零向量与任何向量都平行，所以若 $\boldsymbol{a}$ 与 $\boldsymbol{b}$ 中至少有一个为零向量时，一定有 $\boldsymbol{a} // \boldsymbol{b}$．由此可知，**两个向量 $\boldsymbol{a}$ 与 $\boldsymbol{b}$ 平行的充要条件是 $\boldsymbol{a} \times \boldsymbol{b} = \boldsymbol{0}$**．

(5) 向量积有下列运算规律：

$$\boldsymbol{a} \times \boldsymbol{b} = -\boldsymbol{b} \times \boldsymbol{a},$$
$$\boldsymbol{a} \times (\boldsymbol{b} + \boldsymbol{c}) = \boldsymbol{a} \times \boldsymbol{b} + \boldsymbol{a} \times \boldsymbol{c},$$

$$(\lambda a) \times b = \lambda(a \times b) = a \times (\lambda b).$$

利用向量积的运算律可推导向量积的坐标表示式.

设 $a=(x_1, y_1, z_1)$，$b=(x_2, y_2, z_2)$，则按上述运算规则得
$$a \times b = (x_1 i + y_1 j + z_1 k) \times (x_2 i + y_2 j + z_2 k)$$
$$= x_1 x_2 i \times i + x_1 y_2 i \times j + x_1 z_2 i \times k + y_1 x_2 j \times i + y_1 y_2 j \times j + y_1 z_2 j \times k +$$
$$z_1 x_2 k \times i + z_1 y_2 k \times j + z_1 z_2 k \times k,$$

由于基本单位向量 i、j、k 满足下列关系：
$$i \times i = 0, \ j \times j = 0, \ k \times k = 0,$$
$$i \times j = k, \ j \times k = i, \ k \times i = j,$$

所以
$$a \times b = x_1 y_2 k - x_1 z_2 j - y_1 x_2 k + y_1 z_2 i + z_1 x_2 j - z_1 y_2 i$$
$$= (y_1 z_2 - z_1 y_2) i - (x_1 z_2 - z_1 x_2) j + (x_1 y_2 - y_1 x_2) k.$$

这就是向量积的坐标表示式. 为了帮助记忆，我们可以把上式写成
$$a \times b = \begin{vmatrix} i & j & k \\ x_1 & y_1 & z_1 \\ x_2 & y_2 & z_2 \end{vmatrix} = \begin{vmatrix} y_1 & z_1 \\ y_2 & z_2 \end{vmatrix} i - \begin{vmatrix} x_1 & z_1 \\ x_2 & z_2 \end{vmatrix} j + \begin{vmatrix} x_1 & y_1 \\ x_2 & y_2 \end{vmatrix} k$$
$$= (y_1 z_2 - z_1 y_2) i - (x_1 z_2 - z_1 x_2) j + (x_1 y_2 - y_1 x_2) k.$$

例 7 设 $a = (2, -1, 1)$，$b = (3, 1, -2)$，计算 $a \times b$.

解 $a \times b = \begin{vmatrix} i & j & k \\ 2 & -1 & 1 \\ 3 & 1 & -2 \end{vmatrix} = i + 7j + 5k.$

例 8 已知 $\triangle ABC$ 的顶点分别是 $A(2, 4, -1)$、$B(3, -1, 2)$ 和 $C(2, 0, 3)$，求 $\triangle ABC$ 的面积.

解 根据向量积的定义，可知 $\triangle ABC$ 的面积为
$$S_{\triangle ABC} = \frac{1}{2} |\overrightarrow{AB}||\overrightarrow{AC}| \sin \angle A = \frac{1}{2} |\overrightarrow{AB} \times \overrightarrow{AC}|,$$
由于 $\overrightarrow{AB} = (1, -5, 3)$，$\overrightarrow{AC} = (0, -4, 4)$，因此
$$\overrightarrow{AB} \times \overrightarrow{AC} = \begin{vmatrix} i & j & k \\ 1 & -5 & 3 \\ 0 & -4 & 4 \end{vmatrix} = -8i - 4j - 4k,$$

于是
$$S_{\triangle ABC} = \frac{1}{2} |-8i - 4j - 4k| = 2\sqrt{6}.$$

例 9 求同时垂直于 $a = (2, 2, 1)$，$b = (4, 5, 3)$ 的单位向量.

解 根据向量积的定义，$a \times b$ 垂直于 a 和 b，所以可取
$$c = a \times b = \begin{vmatrix} i & j & k \\ 2 & 2 & 1 \\ 4 & 5 & 3 \end{vmatrix} = i - 2j + 2k = (1, -2, 2),$$
$$|c| = \sqrt{1^2 + (-2)^2 + 2^2} = 3,$$

故所求的单位向量应有两个，即
$$\pm \frac{c}{|c|} = \pm \frac{1}{3}(1, -2, 2).$$

习 题 6-3

1. 设 $a=3i-j-2k$，$b=i+2j-k$，求：
   (1) $a \cdot b$ 及 $a \times b$；(2) $(-3a) \cdot (2b)$ 及 $2a \times 3b$；(3) a，b 夹角的余弦.
2. 设 a，b，c 为单位向量，且满足 $a+b+c=0$，求 $a \cdot b + b \cdot c + c \cdot a$.
3. 已知向量 a，b 的模长分别为 $|a|=2$，$|b|=\sqrt{2}$，且 $a \cdot b = 2$，求 $|a \times b|$.
4. 设 $a=(2, 2, 1)$，$b=(4, 5, 3)$，求与 a，b 都垂直的单位向量.
5. 试用向量证明直径所对的圆周角是直角.
6. 已知 $\overrightarrow{OA}=i+j+3k$，$\overrightarrow{OB}=i-2j-k$，求 $\triangle ABC$ 的面积.
7. 求以 $a=(-1, 1, 0)$，$b=(-1, 0, 2)$ 为邻边的平行四边形的面积.

第四节　平面方程

一、点的轨迹

在一定的条件下，空间动点的轨迹称为曲面．下面我们来建立曲面与方程的关系．

定义　设在空间直角坐标系中某一曲面 S 与方程
$$F(x, y, z) = 0$$
有下述关系：
(1) 曲面 S 上任一点的坐标都满足方程；
(2) 坐标满足方程的点都在曲面上，

那么方程就叫作曲面 S 的方程，曲面 S 叫作方程的图形（图 6-17）.

曲面方程是曲面上任意点的坐标之间所存在的函数关系的描述，也就是曲面上的动点 $M(x, y, z)$ 在运动过程中所必须满足的约束条件．

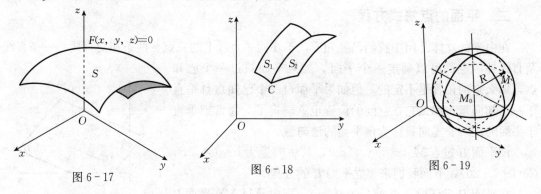

图 6-17　　　　　图 6-18　　　　　图 6-19

空间曲线可以看作两个曲面的交线．设
$$F(x, y, z)=0 \text{ 和 } G(x, y, z)=0$$
是两个曲面的方程，它们的交线为 C（图 6-18）．因为曲线 C 上的任何点的坐标应同时满足这两个曲面的方程，所以应满足方程组
$$\begin{cases} F(x, y, z)=0, \\ G(x, y, z)=0. \end{cases}$$

反过来，如果点 M 不在曲线 C 上，那么它不可能同时在两个曲面上，所以它的坐标不

满足上述方程组. 因此曲线 C 可以用方程组来表示. 此方程组叫作空间曲线 C 的一般方程.

例 1 建立球心在点 $M_0(x_0, y_0, z_0)$、半径为 R 的球面的方程(图 6-19).

解 设 $M(x, y, z)$ 是球面上的任一点, 那么有 $|M_0M|=R$, 由于
$$|M_0M|=\sqrt{(x-x_0)^2+(y-y_0)^2+(z-z_0)^2},$$
所以
$$\sqrt{(x-x_0)^2+(y-y_0)^2+(z-z_0)^2}=R,$$
即
$$(x-x_0)^2+(y-y_0)^2+(z-z_0)^2=R^2, \tag{1}$$
这就是球面上任一点的坐标所满足的方程.

如果球心在原点, 那么 $x_0=y_0=z_0=0$, 从而球面方程为
$$x^2+y^2+z^2=R^2.$$

一般地, 设有三元二次方程
$$Ax^2+Bx^2+Cx^2+Dx+Ey+Fz+G=0,$$
如果将方程通过配方可以化成(1)的形式, 则它的图形就是一个球面.

例 2 方程 $x^2+y^2+z^2-4x+2y+2z+5=0$ 表示怎样的曲面?

解 通过配方, 原方程可以改写成
$$(x-2)^2+(y+1)^2+(z+1)^2=1,$$
所以原方程表示球心在点 $M_0(2, -1, -1)$、半径 $R=1$ 的球面.

例 3 求到两定点 $M_1(1, -1, 1)$ 与 $M_2(-1, 1, -1)$ 等距离的点的轨迹.

解 设满足条件的点为 $M(x, y, z)$, 由于 $|M_1M|=|MM_2|$, 所以
$$\sqrt{(x-1)^2+(y+1)^2+(z-1)^2}=\sqrt{(x+1)^2+(y-1)^2+(z+1)^2},$$
化简得
$$x-y+z=0,$$
这就是点 M 的坐标所满足的方程.

由立体几何知识得知, 所求轨迹应为线段 M_1M_2 的垂直平分面.

二、平面的点法式方程

在中学的立体几何中我们已经知道, 不在同一直线上的三点、两条相交直线、一条直线及直线外一点都可以确定一个平面. 如果平面只过一个已知点, 那么它的位置是不定的. 但如果平面过一个已知点且垂直于一已知向量, 那么它在空间的位置也就确定了. 通常把垂直于平面的任一非零向量称为该平面的**法向量**.

设平面 Π 过点 $M_0(x_0, y_0, z_0)$, 其法向量为 $\boldsymbol{n}=(A, B, C)$(图 6-20), 下面我们来建立平面 Π 的方程.

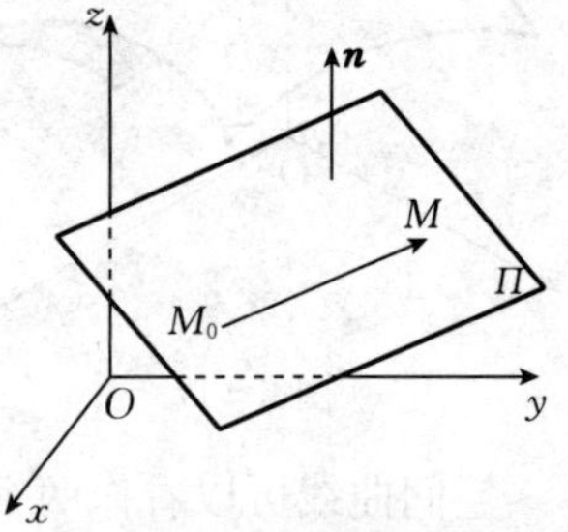

在平面 Π 上任取一点 $M(x, y, z)$, 则向量 $\overrightarrow{M_0M}$ 在平面 Π 上, 且 $\overrightarrow{M_0M} \perp \boldsymbol{n}$, 即为
$$\boldsymbol{n} \cdot \overrightarrow{M_0M}=0.$$
因为 $\boldsymbol{n}=(A, B, C)$, $\overrightarrow{M_0M}=(x-x_0, y-y_0, z-z_0)$, 所以有
$$A(x-x_0)+B(y-y_0)+C(z-z_0)=0. \tag{2}$$

图 6-20

由推导过程知, 平面上任一点的坐标 x, y, z 都满足该方程; 不在平面上的点因与 M_0 构成的向量与法向量 $\boldsymbol{n}$ 不垂直, 所以该点的坐标一定不满足该方程. 所以上述方程就是平面

Π 的方程，称为平面 Π 的**点法式方程**，而平面 Π 就是上述方程所表示的图形．

例 4 求过点 $(2,1,-3)$ 且以 $\boldsymbol{n}=(4,-2,1)$ 为法线向量的平面方程．

解 根据平面的点法式方程，得所求平面方程为
$$4(x-2)-2(y-1)+(z+3)=0,$$
即
$$4x-2y+z-3=0.$$

例 5 求过 $M_1(1,1,-1)$、$M_2(-2,-2,2)$ 和 $M_3(1,-1,2)$ 三点的平面方程．

解 因为向量 $\boldsymbol{n}$ 与向量 $\overrightarrow{M_1M_2}=(-3,-3,3)$，$\overrightarrow{M_1M_3}=(0,-2,3)$ 都垂直，所以可以取它们的向量积为 $\boldsymbol{n}$，即

$$\boldsymbol{n}=\overrightarrow{M_1M_2}\times\overrightarrow{M_1M_3}=\begin{vmatrix} \boldsymbol{i} & \boldsymbol{j} & \boldsymbol{k} \\ -3 & -3 & 3 \\ 0 & -2 & 3 \end{vmatrix}=-3\boldsymbol{i}+9\boldsymbol{j}+6\boldsymbol{k},$$

所以所求平面方程为
$$-3(x-1)+9(y-1)+6(z+1)=0,$$
即
$$x-3y-2z=0.$$

三、平面的一般式方程

实际上，化简方程(2)得
$$Ax+By+Cz+D=0, \tag{3}$$

其中，A、B、C、D 为常数，且 A、B、C 不全为零，$D=-Ax_0-By_0-Cz_0$．可见(2)是一个关于 x,y,z 的三元一次方程．所以任意一个平面都可以用三元一次方程来表示．反之，在空间直角坐标系中，三元一次方程表示空间平面，
$$Ax+By+Cz+D=0,$$
取方程(3)的一组解 (x_0,y_0,z_0)，即
$$Ax_0+By_0+Cz_0+D=0,$$
把上述两式相减得
$$A(x-x_0)+B(y-y_0)+C(z-z_0)=0,$$
这个方程正是一个过点 $M_0(x_0,y_0,z_0)$，法向量为 $\boldsymbol{n}=(A,B,C)$ 的平面方程．由此可知，任一三元一次方程(3)都表示空间的一个平面，并称(3)式为平面的**一般式方程**，其中 x,y,z 前面的系数就是该平面的法向量的坐标，即 $\boldsymbol{n}=(A,B,C)$．

若平面与 x 轴、y 轴、z 轴的交点分别为 $P(a,0,0)$、$Q(0,b,0)$、$R(0,0,c)$，且 $abc\neq 0$，将 P、Q、R 代入(3)中，得
$$\frac{x}{a}+\frac{y}{b}+\frac{z}{c}=1, \tag{4}$$

称方程(4)为平面的**截距式方程**，而 a,b,c 依次叫作平面在 x 轴、y 轴、z 轴上的**截距**．

一般地，平面 $Ax+By+D=0$ 平行于 z 轴，平面 $By+Cz+D=0$ 平行于 x 轴，平面 $Ax+Cz+D=0$ 平行于 y 轴；$Ax+D=0$ 平行于 yOz 坐标平面，$By+D=0$ 平行于 zOx 坐标平面，$Cz+D=0$ 平行于 xOy 坐标平面．

特别地，xOy 坐标平面方程为 $z=0$，yOz 坐标平面方程为 $x=0$，zOx 坐标平面方程为 $y=0$．

例 6 求通过 y 轴和点 $(2,-1,3)$ 的平面方程.

解 由于平面通过 y 轴,从而它的法线向量垂直于 y 轴,于是法线向量可设为 $\boldsymbol{n}=(A,0,C)$,又由平面通过 y 轴,即它必通过原点,于是 $D=0$,因此可设这平面的方程为
$$Ax+Cz=0.$$
又因为这平面通过点 $(2,-1,3)$,所以有
$$2A+3C=0,$$
或
$$C=-\frac{2}{3}A,$$
代入所设方程并除以 $A(A\neq 0)$,得所求平面方程为
$$3x-2z=0.$$

四、两个平面的夹角、平行与垂直

从前面的讨论中我们可以看出,法向量是平面中一个非常重要的概念,建立平面方程的关键是要找到平面的法向量. 同样,研究两平面的位置关系也要从法向量出发.

将两个平面的夹角 θ 定义为两个平面的法向量间的夹角(一般选夹角小于等于 $90°$ 的那两个法向量). 设两个平面
$$\pi_1: A_1x+B_1y+C_1z+D_1=0, \text{法向量 } \boldsymbol{n}_1=(A_1,B_1,C_1),$$
$$\pi_2: A_2x+B_2y+C_2z+D_2=0, \text{法向量 } \boldsymbol{n}_2=(A_2,B_2,C_2),$$
则两个平面夹角的余弦为
$$\cos\theta=\frac{|\boldsymbol{n}_1\cdot\boldsymbol{n}_2|}{|\boldsymbol{n}_1|\,|\boldsymbol{n}_2|}=\frac{|A_1A_2+B_1B_2+C_1C_2|}{\sqrt{A_1^2+B_1^2+C_1^2}\sqrt{A_2^2+B_2^2+C_2^2}}.$$

例 7 求两平面 $x-y+2z-6=0$ 和 $2x+y+z-5=0$ 的夹角.

解 由上述公式有
$$\cos\theta=\frac{|1\times 2+(-1)\times 1+2\times 1|}{\sqrt{1^2+(-1)^2+2^2}\sqrt{2^2+1^2+1^2}}=\frac{1}{2},$$
所以,夹角为 $\theta=\frac{\pi}{3}$.

若两个平面平行,则它们的法向量也互相平行,即
$$\pi_1/\!/\pi_2 \Leftrightarrow \boldsymbol{n}_1/\!/\boldsymbol{n}_2 \Leftrightarrow \frac{A_1}{A_2}=\frac{B_1}{B_2}=\frac{C_1}{C_2},$$
若 $A_2=0$,则约定 $A_1=0$,其他分量同理.

若两个平面垂直,则它们的法向量也互相垂直,即
$$\pi_1\perp\pi_2 \Leftrightarrow \boldsymbol{n}_1\perp\boldsymbol{n}_2 \Leftrightarrow \boldsymbol{n}_1\cdot\boldsymbol{n}_2=0 \Leftrightarrow A_1A_2+B_1B_2+C_1C_2=0.$$

习 题 6-4

1. 求过点 $(3,0,-1)$ 且与平面 $3x-7y+5z-12=0$ 平行的平面方程.
2. 求过点 $M_0(2,9,-6)$ 且与连接坐标原点及点 M_0 的线段 OM_0 垂直的平面方程.
3. 指出下列各平面的特殊位置.
   (1) $y=0$;   (2) $x=2$;

(3) $2z+3=0$; (4) $x+y=1$;
(5) $2y+3z+4=0$; (6) $x-y+3z=0$;
(7) $4x-5y=0$; (8) $2y=3z$.

4. 分别依照下列条件，求平面方程．
(1) 过点$(1, -1, 1)$，法向量为$(1, 0, -1)$；
(2) 平行于 x 轴且经过两点$(4, 0, -2)$和$(5, 1, 7)$；
(3) 过点 $A(0, 1, 2)$，$B(1, -1, 3)$，$C(-4, 0, -2)$三点的平面；
(4) 过点$(2, 1, 2)$，且分别垂直于平面 $x+3y+z=2$ 和平面 $3x+2y-4z=1$.

第五节　空间直线及其方程

在平面解析几何中，我们知道两点可以确定一条直线，也知道了平面直角坐标系中直线方程的点斜式、斜截式等形式．但在空间直角坐标系中，变量多了一个，直线方程的形式自然要复杂一些．虽然两点仍可确定一条直线，但直线方程的形式已与原来的不相同．下面分别介绍空间中直线方程的几种形式及确定方法．

一、空间直线的一般式方程

由于空间中每一条直线都可以看作两个平面的交线，故我们可以直接从平面的一般式方程得到空间直线的方程．

设直线 L 是平面 π_1 和 π_2 的交线，如果平面 π_1 和 π_2 的方程分别为
$$A_1x+B_1y+C_1z+D_1=0,$$
$$A_2x+B_2y+C_2z+D_2=0,$$
则两平面交线上的点的坐标同时满足这两个方程，即满足方程组
$$\begin{cases} A_1x+B_1y+C_1z+D_1=0, \\ A_2x+B_2y+C_2z+D_2=0, \end{cases} \tag{1}$$
而不在交线上的点的坐标不可能同时满足这两个方程．故(1)式是直线 L 的方程，称为**直线的一般式方程**，其中
$$\boldsymbol{n}_1=(A_1, B_1, C_1), \boldsymbol{n}_2=(A_2, B_2, C_2).$$
因为空间中的同一条直线可以由不同的两个平面相交得到，所以直线的一般式方程的形式并不唯一．

例如，方程组 $\begin{cases} y+z=0, \\ y-z=0 \end{cases}$ 和 $\begin{cases} y=0, \\ z=0 \end{cases}$ 均表示 x 轴．

二、空间直线的点向式方程和参数方程

如果一直线只过一个已知点，则它在空间中的位置是不确定的．如果它又平行于一个已知的向量，那么它在空间的位置就完全确定了．下面通过这种方式来建立空间直线的方程．

通常把平行于直线的任一非零向量称为直线的**方向向量**．显然，直线的方向向量有无穷多个．

设直线 L 过点 $M_0(x_0, y_0, z_0)$，其方向向量为 $\boldsymbol{s}=(m, n, p)$，求该直线方程．

设 $M(x, y, z)$ 为直线 L 上任一点(图 6-21),则 $\overrightarrow{M_0M}$ // s,而
$$\overrightarrow{M_0M} = \{x-x_0, y-y_0, z-z_0\},$$
于是得
$$\frac{x-x_0}{m} = \frac{y-y_0}{n} = \frac{z-z_0}{p}. \qquad (2)$$

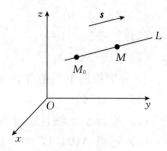

图 6-21

上式称为直线的**点向式方程**或**对称式方程**,m, n, p 称为直线的**一组方向数**. 若 m, n, p 中有一个或两个为 0 时,应理解为相应的分子也为 0. 如 $m=0$,这时(2)式应理解为
$$\begin{cases} x-x_0=0, \\ \dfrac{y-y_0}{n} = \dfrac{z-z_0}{p}, \end{cases}$$
不过我们仍然写成
$$\frac{x-x_0}{0} = \frac{y-y_0}{n} = \frac{z-z_0}{p}.$$

若 $m=0, n=0$,这时(2)式应理解为
$$\begin{cases} x-x_0=0, \\ y-y_0=0, \end{cases}$$
这是两个平面 $x=x_0$ 与 $y=y_0$ 的交线.

令
$$\frac{x-x_0}{m} = \frac{y-y_0}{n} = \frac{z-z_0}{p} = t,$$
得
$$\begin{cases} x=mt+x_0, \\ y=nt+y_0, \quad -\infty<t<+\infty. \\ z=pt+z_0, \end{cases} \qquad (3)$$

这样,空间直线上动点 M 的坐标 (x, y, z) 就都表达为变量 t 的函数. 当 t 取遍所有实数时,通过(3)式确定的点 $M(x, y, z)$ 的轨迹表示的就是一条直线. 将(3)式称为**直线的参数方程**,t 为参数.

想一想,已知直线的一般式方程,如何确定直线的方向向量?

例1 求过 $A(1, 0, 1)$ 和 $B(-2, 1, 1)$ 两点的直线方程.

解 向量 $\overrightarrow{AB} = (-3, 1, 0)$ 是所求直线的一个方向向量,因此所求直线为
$$\frac{x-1}{-3} = \frac{y}{1} = \frac{z-1}{0}.$$

例2 试将直线的一般方程
$$\begin{cases} 2x-4y+z=0, \\ 3x-y-2z+9=0 \end{cases}$$
化为对称式方程及参数方程.

解 先求直线上一点,取 $x=0$ 代入方程组中,得
$$\begin{cases} -4y+z=0, \\ y+2z=9, \end{cases}$$

解得 $y=1$，$z=4$，于是知直线上一点 $M_0(0,1,4)$.

再求直线的一个方向向量，因为两个平面的交线垂直于两平面的法线向量，所以直线的方向向量 s 垂直于两个平面的法线向量 $n_1=(2,-4,1)$，$n_2=(3,-1,-2)$，因此取

$$s=n_1\times n_2=\begin{vmatrix} i & j & k \\ 2 & -4 & 1 \\ 3 & -1 & -2 \end{vmatrix}=9i+7i+10k,$$

于是所求直线的对称式方程为

$$\frac{x}{9}=\frac{y-1}{7}=\frac{z-4}{10},$$

参数方程为

$$\begin{cases} x=9t, \\ y=1+7t, \\ z=4+10t. \end{cases}$$

例 3 求过点 $(0,2,4)$ 且同时平行于平面 $x+2z=1$ 和 $y-3z=0$ 的直线方程.

解 设直线的方向向量为 s，则

$$s=n_1\times n_2=\begin{vmatrix} i & j & k \\ 1 & 0 & 2 \\ 0 & 1 & -3 \end{vmatrix}=-2i+3j+k,$$

所求直线方程为

$$\frac{x}{-2}=\frac{y-2}{3}=\frac{z-4}{1}.$$

三、两直线的夹角

两直线的方向向量（一般选夹角小于等于 90° 的那两个方向向量）的夹角 θ 称为**两直线的夹角**. 设有两直线

$$L_1: \frac{x-x_1}{m_1}=\frac{y-y_1}{n_1}=\frac{z-z_1}{p_1},$$

$$L_2: \frac{x-x_2}{m_2}=\frac{y-y_2}{n_2}=\frac{z-z_2}{p_2}.$$

因为 L_1 和 L_2 的方向向量分别为 $s_1=(m_1,n_1,p_1)$ 和 $s_2=(m_2,n_2,p_2)$，故直线 L_1 与 L_2 的夹角 θ 的余弦为

$$\cos\theta=\frac{|m_1m_2+n_1n_2+p_1p_2|}{\sqrt{m_1^2+n_1^2+p_1^2}\sqrt{m_2^2+n_2^2+p_2^2}}.$$

由两向量平行、垂直的条件可以得出：L_1 与 L_2 垂直的充要条件是

$$m_1m_2+n_1n_2+p_1p_2=0.$$

L_1 与 L_2 平行的充要条件是

$$\frac{m_1}{m_2}=\frac{n_1}{n_2}=\frac{p_1}{p_2}.$$

例 4 求直线 $L_1: \dfrac{x-1}{1}=\dfrac{y}{-4}=\dfrac{z+3}{1}$ 和 $L_2: \dfrac{x}{2}=\dfrac{y+2}{-2}=\dfrac{z}{-1}$ 的夹角.

解 直线 L_1 的方向向量 $s_1=(1,-4,1)$，直线 L_2 的方向向量 $s_2=(2,-2,-1)$. 设直线 L_1 和 L_2 的夹角为 θ，那么有

$$\cos\theta=\frac{|1\times2+(-4)\times(-2)+1\times(-1)|}{\sqrt{1^2+(-4)^2+1^2}\cdot\sqrt{2^2+(-2)^2+(-1)^2}}=\frac{1}{\sqrt{2}}=\frac{\sqrt{2}}{2},$$

所以 $\theta=\frac{\pi}{4}$.

四、直线与平面的位置关系

设直线 L 的方程为

$$\frac{x-x_0}{m}=\frac{y-y_0}{n}=\frac{z-z_0}{p}, \quad s=(m,n,p),$$

平面 π 的方程为

$$Ax+By+Cz+D=0, \quad n=(A,B,C).$$

我们仅讨论直线与平面垂直与平行的关系.

直线与平面垂直的充要条件是 $s/\!/n$, $s\times n=0$, 即 $\frac{m}{A}=\frac{n}{B}=\frac{p}{C}$.

直线与平面平行的充要条件是 $s\perp n$, $s\cdot n=0$, 即 $mA+nB+pC=0$. 且直线上的任意点均不在平面上.

例5 求过点 $(1,-2,4)$ 且与平面 $2x-3y+z-4=0$ 垂直的直线方程.

解 因为所求直线垂直于已知平面，所以可以取已知平面的法线向量 $(2,-3,1)$ 作为所求直线的方向向量，由此可得所求直线的方程为

$$\frac{x-1}{2}=\frac{y+2}{-3}=\frac{z-4}{1}.$$

五、杂例

例6 求与两平面 $x-4z=3$ 和 $2x-y-5z=1$ 的交线平行，且过点 $(-3,2,5)$ 的直线方程.

解 过点 $(-3,2,5)$ 且与平面 $x-4z=3$ 平行的平面方程为

$$x-4z=-23;$$

过点 $(-3,2,5)$ 且与平面 $2x-y-5z=1$ 平行的平面方程为

$$2x-y-5z=-33.$$

所求直线为上述两平面的交线，故其方程为

$$\begin{cases}x-4z=-23,\\2x-y-5z=-33.\end{cases}$$

例7 求直线 $\frac{x-2}{1}=\frac{y-3}{1}=\frac{z-4}{2}$ 与平面 $2x+y+z-6=0$ 的交点.

解 所给直线的参数方程为

$$x=2+t, \quad y=3+t, \quad z=4+2t,$$

代入平面方程，得

$$2(2+t)+(3+t)+(4+2t)-6=0,$$

解得 $t=-1$. 把所求的 t 值代入直线的参数方程,即得所求交点的坐标为(1,2,2).

例 8 求过直线 $L: \dfrac{x-4}{5}=\dfrac{y+3}{2}=\dfrac{z}{1}$ 且与平面 $4x-y+z=1$ 垂直的平面方程.

解 直线与平面的方向向量和法向量分别为
$$\boldsymbol{s}=(5,2,1),\quad \boldsymbol{n}=(4,-1,1),$$
所求平面的一个法线向量为
$$\boldsymbol{n}_1=\boldsymbol{s}\times\boldsymbol{n}=\begin{vmatrix} \boldsymbol{i} & \boldsymbol{j} & \boldsymbol{k} \\ 5 & 2 & 1 \\ 4 & -1 & 1 \end{vmatrix}=3\boldsymbol{i}-\boldsymbol{j}-13\boldsymbol{k},$$
所求平面的方程为
$$3(x-4)-(y+3)-13(z-0)=0,\ \text{即}\ 3x-y-13z-15=0.$$

有时利用平面束方程解题较为方便,下面介绍平面束方程.

设直线 L 由方程组
$$\begin{cases} A_1x+B_1y+C_1z+D_1=0, & (4) \\ A_2x+B_2y+C_2z+D_2=0 & (5) \end{cases}$$
所确定,其中系数 A_1,B_1,C_1 与 A_2,B_2,C_2 不成比例,我们建立三元一次方程:
$$A_1x+B_1y+C_1z+D_1+\lambda(A_2x+B_2y+C_1z+D)=0, \qquad (6)$$
其中 λ 为任意常数,因为 A_1,B_1,C_1 与 A_2,B_2,C_2 不成比例,所以对任何的 λ 值,方程(6)的系数: $A_1+\lambda A_2$,$B_1+\lambda B_2$,$C_1+\lambda C_2$ 不全为零,从而方程(6)表示一个平面. 若一点在直线 L 上,则该点坐标必同时满足方程(4)和(5),因为也满足方程(6),所以方程(6)表示通过直线 L 的平面;且对应于不同的 λ 值,方程(6)表示通过直线 L 的不同的平面. 反之,通过直线 L 的任何平面(除平面(5)外)都包含在平面(6)所表示的一组平面内. 通过直线 L 的所有平面的全体称为"平面束",而方程(6)就是通过直线 L 的平面束方程.

例 9 求直线 $L: \begin{cases} 2x+y-z-2=0, \\ 3x-2y-2z+1=0 \end{cases}$ 在平面 $\Pi: 3x+2y+3z-6=0$ 上的投影直线的方程.

解 过直线 L 作与平面 Π 相垂直的平面 Π_1,则 Π_1 与 Π 的交线即为直线 L 在平面 Π 上的投影.

过直线 L 的平面束方程为
$$2x+y-z-2+\lambda(3x-2y-2z+1)=0,$$
即
$$(2+3\lambda)x+(1-2\lambda)y-(1+2\lambda)z-2+\lambda=0.$$

设平面 Π 与 Π_1 的法线向量分别为 $\boldsymbol{n}$ 与 $\boldsymbol{n}_1$,因为 $\boldsymbol{n}\perp\boldsymbol{n}_1$,所以 $\boldsymbol{n}\cdot\boldsymbol{n}_1=0$,即
$$3(2+3\lambda)+2(1-2\lambda)-3(1+2\lambda)=0,$$
解得 $\lambda=5$,代入平面束方程,即得平面 Π_1 的方程:
$$17x-9y-11z+3=0,$$
于是,直线 L 在平面 Π 上的投影直线的方程为
$$\begin{cases} 17x-9y-11z+3=0, \\ 3x+2y+3z-6=0. \end{cases}$$

习 题 6-5

1. 求过点 $(4,-1,3)$ 且平行于直线 $\dfrac{x-3}{2}=\dfrac{y}{1}=\dfrac{z-1}{5}$ 的直线方程.

2. 求过点 $M_1(x_1,y_1,z_1)$ 和点 $M_2(x_2,y_2,z_2)$ 的直线方程.

3. 将直线的一般方程 $\begin{cases}2x-3y+z-5=0,\\ 3x+y-2z-2=0\end{cases}$ 化为对称式方程及参数方程.

4. 求过点 $(2,0,-3)$ 且与直线 $\begin{cases}x-2y+3z-7=0,\\ 3x+5y-2z+1=0\end{cases}$ 垂直的平面方程.

5. 求直线 $\begin{cases}5x-3y+3z-9=0,\\ 3x-2y+z-1=0\end{cases}$ 与直线 $\begin{cases}2x+2y-z+23=0,\\ 3x+8y+z-18=0\end{cases}$ 的夹角的余弦.

6. 求直线 $\begin{cases}x+y+3z=0,\\ x-y-z=0\end{cases}$ 与平面 $x-y-z+1=0$ 的夹角.

7. 求过两点 $A(0,1,0)$, $B(-1,2,1)$ 且与直线 $x=-2+t$, $y=1-4t$, $z=2+3t$ 平行的平面方程.

8. 求经过点 $M_0(0,1,1)$, 并且与两直线 $L_1: x=y=z$ 和 $L_2: x=-\dfrac{y}{2}=1-z$ 都相交的直线 L 的方程.

9. 求点 $(1,2,3)$ 到直线 $L: \dfrac{x}{1}=\dfrac{y-4}{-3}=\dfrac{z-3}{-2}$ 的距离.

10. 求直线 $L: \begin{cases}x+y-z-1=0,\\ x-y+z+1=0\end{cases}$ 在平面 $\pi: x+y+z=0$ 上的投影方程.

11. 求点 $(-1,2,0)$ 在平面 $x+2y-z+1=0$ 上的投影.

第六节　曲面及其方程

一、曲面

1. 柱面

平行于定直线并沿着给定曲线 C 平行移动的动直线 L 所形成的曲面叫作柱面,其中,定曲线 C 叫作柱面的准线,动直线 L 叫作柱面的母线.

下面我们设准线 C 是 xOy 面内的曲线,定直线为 z 轴,来讨论柱面的方程和几种特殊的柱面. 其他情况可以类推.

设准线 C 为 xOy 面内的曲线 $F(x,y)=0$,沿 C 作母线平行于 z 轴的柱面(图 6-22),这个柱面的方程为
$$F(x,y)=0.$$

这是因为若 $M(x,y,z)$ 是柱面上的任一点,则过点 M 的母线与 z 轴平行,令其与准线的交点为 $Q(x,y,0)$,点 Q 的横纵坐标满足方程,又不论点 M 的竖坐标如何,它与点 Q 总具有相同的横纵坐标,所以点 M 的横纵坐标也满足方程

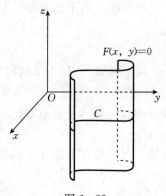

图 6-22

$F(x, y)=0$,这说明点 M 在柱面上的唯一需要满足的条件是 $F(x, y)=0$. 考虑到点 M 在柱面上的任意性,可知上述柱面的方程为 $F(x, y)=0$. 它的准线可看成柱面与坐标面的交线,其方程为
$$\begin{cases} F(x, y)=0, \\ z=0. \end{cases}$$

这样,只含 x, y 两个变量的方程表示一个母线平行于 z 轴的柱面. 类似地,只含 x, z 而缺 y 的方程 $G(x, z)=0$,表示母线平行于 y 轴的柱面,其准线方程为
$$\begin{cases} G(x, z)=0, \\ y=0. \end{cases}$$
只含 y, z 而缺 x 的方程 $H(y, z)=0$,它表示母线平行于 x 轴的柱面,其准线方程为
$$\begin{cases} H(y, z)=0, \\ x=0. \end{cases}$$

例如,方程 $x^2+y^2=R^2$ 表示母线平行于 z 轴,准线是 xOy 平面上以原点为圆心、以 R 为半径的圆的柱面(图 6-23),称其为圆柱面,类似地,曲面 $x^2+z^2=R^2$,$y^2+z^2=R^2$ 都表示圆柱面.

方程 $y^2=2x$ 表示母线平行于 z 轴,以 xOy 坐标面上的抛物线 $y^2=2x$ 为准线的柱面,该柱面叫作抛物柱面(图 6-24).

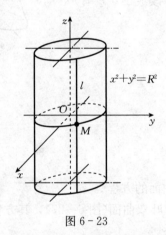

图 6-23

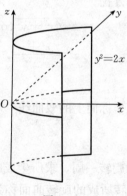

图 6-24

2. 旋转曲面

在空间,以一条平面曲线 Γ 绕其平面上的一条定直线 l 旋转一周所产生的曲面叫作旋转曲面,这条定直线 l 叫作旋转曲面的旋转轴,简称为轴.

设在 yOz 坐标面上有一已知曲线 C,它的方程为 $f(y, z)=0$,把这曲线绕 z 轴旋转一周,就得到一个以 z 轴为轴的旋转曲面(图 6-25). 它的方程可以求得如下:

设 $M_1(0, y_1, z_1)$ 为曲线 C 上的任一点,那么有
$$f(y_1, z_1)=0. \qquad (1)$$

当曲线 C 绕 z 轴旋转时,点 M_1 也绕 z 轴转到另一个点 $M(x, y, z)$,这时 $z=z_1$ 保持不变,且点 M 到 z 轴的距离
$$d=\sqrt{x^2+y^2}=|y_1|,$$

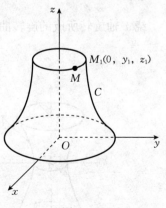

图 6-25

将 $z=z_1$, $y_1=\pm\sqrt{x^2+y^2}$ 代入(1)式，就有
$$f(\pm\sqrt{x^2+y^2},\ z)=0,$$
这就是所求旋转曲面的方程．

由此可知，在曲线 C 的方程 $f(y,z)=0$ 中将 y 改成 $\pm\sqrt{x^2+y^2}$，便得曲线 C 绕 z 轴旋转所成的旋转曲面的方程．

同理，曲线 C 绕 y 轴旋转所成的旋转曲面的方程为
$$f(y,\ \pm\sqrt{x^2+z^2})=0.$$

例 1 直线 L 绕另一条与 L 相交的直线旋转一周，所得旋转曲面叫作圆锥面．两直线的交点叫作圆锥面的顶点，两直线的夹角 $\alpha\left(0<\alpha<\dfrac{\pi}{2}\right)$ 叫作圆锥面的半顶角．试建立顶点在坐标原点 O，旋转轴为 z 轴，半顶角为 α 的圆锥面(图 6-26)的方程．

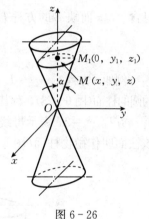

解 在 yOz 坐标面上，直线 L 的方程为
$$z=y\cot\alpha,$$
因为旋转轴为 z 轴，所以只要将上述方程中的 y 改成 $\pm\sqrt{x^2+y^2}$，便得到这圆锥面的方程
$$z=\pm\sqrt{x^2+y^2}\cot\alpha,$$
或
$$z^2=\dfrac{x^2+y^2}{a^2},$$

图 6-26

其中 $a=\tan\alpha$．

例 2 将 xOz 坐标面上的双曲线
$$\dfrac{x^2}{a^2}-\dfrac{z^2}{c^2}=1$$
分别绕 z 轴和 x 轴旋转一周，求所生成的旋转曲面的方程．

解 绕 z 轴旋转所成的旋转曲面称为旋转单叶双曲面(图 6-27)，其方程为
$$\dfrac{x^2+y^2}{a^2}-\dfrac{z^2}{c^2}=1.$$

绕 x 轴旋转所成的旋转曲面称为旋转双叶双曲面(图 6-28)，其方程为
$$\dfrac{x^2}{a^2}-\dfrac{y^2+z^2}{c^2}=1.$$

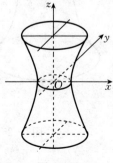

图 6-27

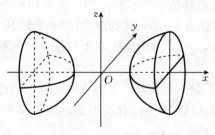

图 6-28

3. 二次曲面

就像在初等数学中将二元二次方程所表示的曲线叫作二次曲线一样，我们将三元二次方程所表示的曲面叫作二次曲面．下面我们给出几个常用的二次曲面．

(1) 椭球面：

方程

$$\frac{x^2}{a^2}+\frac{y^2}{b^2}+\frac{z^2}{c^2}=1(a>0,\ b>0,\ c>0) \tag{2}$$

所表示的曲面叫作椭球面，其中 a、b、c 叫作椭球面的半轴．

椭球面的形状如图 6-29 所示．

如果 $a=b$，则方程(2)变为

$$\frac{x^2+y^2}{a^2}+\frac{z^2}{c^2}=1(a>0,\ c>0),$$

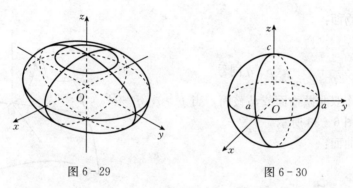

图 6-29　　　　　图 6-30

如图 6-30 所示，该曲面是由 xOz 面内的椭圆 $\frac{x^2}{a^2}+\frac{z^2}{c^2}=1$ 绕 z 轴旋转而成的旋转曲面，叫作旋转椭球面，它的特点是用平面 $z=z_1(|z_1|\leqslant c)$ 去截它，所得的截痕是圆心在 z 轴上的圆．相应地，也存在其他形式的旋转椭球面．

当 $a=b=c$ 时，方程(2)变为 $x^2+y^2+z^2=a^2$，它表示球心为坐标原点 O，半径为 a 的球面，这说明球面是椭球面的一种特殊情形．

(2) 椭圆抛物面：

方程

$$\frac{x^2}{2p}+\frac{y^2}{2q}=z(p、q 同号) \tag{3}$$

所表示的曲面叫作椭圆抛物面．下面用截痕法研究 $p>0$，$q>0$ 时椭圆抛物面的形状．

由方程(3)可知，当 $p>0$，$q>0$ 时，$z\geqslant 0$，曲面在 xOy 平面上方，当 $x=0$，$y=0$ 时，$z=0$，曲面通过坐标原点 O，我们把坐标原点叫作椭圆抛物面的顶点．椭圆抛物面的形状如图 6-31 所示．

如果 $p=q$，那么方程(3)变为

$$\frac{x^2}{2p}+\frac{y^2}{2p}=z(p>0),$$

这方程可看成是由 xOz 平面上的抛物线 $x^2=2pz$ 绕它的轴旋转而成的旋转曲面，这曲面叫作旋转抛物面(图 6-32)．

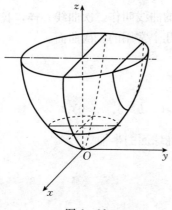
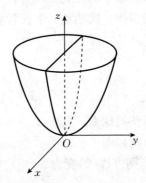

图 6-31　　　　　　　　　图 6-32

（3）双曲抛物面：

由方程

$$-\frac{x^2}{2p}+\frac{y^2}{2q}=z\ (p、q\text{同号})$$

所表示的曲面叫作双曲抛物面或马鞍面，当 $p>0$，$q>0$ 时，它的形状如图 6-33 所示.

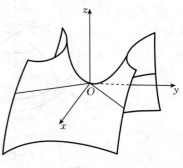

图 6-33

（4）单叶双曲面：

由方程

$$\frac{x^2}{a^2}+\frac{y^2}{b^2}-\frac{z^2}{c^2}=1$$

所表示的曲面叫作单叶双曲面（图 6-34）.

（5）双叶双曲面：

由方程

$$\frac{x^2}{a^2}-\frac{y^2}{b^2}+\frac{z^2}{c^2}=-1$$

所表示的曲面叫作双叶双曲面（图 6-35）.

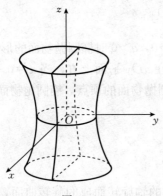
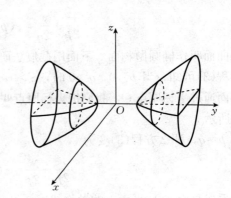

图 6-34　　　　　　　　　图 6-35

二、空间曲线的投影

设空间曲线 C 的一般方程为

$$\begin{cases} F(x, y, z)=0, \\ G(x, y, z)=0, \end{cases} \tag{4}$$

现在我们来研究由方程组(4)消去 z 后所得的方程

$$H(x, y)=0. \tag{5}$$

由于方程(5)是由方程组(4)消去 z 后所得的结果,因此当 x,y,z 满足方程组(5)时,前两个数 x,y 必定满足方程(4),这说明曲线 C 上所有的点都在方程(5)所表示的曲面上.

我们知道,方程(5)表示一个母线平行于 z 轴的柱面.由上面的讨论可知,这柱面必定包含曲线 C.以曲线 C 为准线、母线平行于 z 轴(即垂直于 xOy 面)的柱面叫作曲线 C 关于 xOy 面的投影柱面,投影柱面与 xOy 面的交线叫作空间曲线 C 在 xOy 面上的投影曲线,或简称投影.因此,方程(5)所表示的柱面必定包含投影柱面,而方程

$$\begin{cases} H(x, y)=0, \\ z=0 \end{cases}$$

所表示的曲线必定包含空间曲线 C 在 xOy 面上的投影.

同理,消去方程组(4)中的变量 x 或变量 y,再分别和 $x=0$ 或 $y=0$ 联立,我们就可得到包含曲线 C 在 yOz 面或 xOz 面上的投影的曲线方程:

$$\begin{cases} R(y, z)=0, \\ x=0 \end{cases} \quad \text{或} \quad \begin{cases} T(x, z)=0, \\ y=0. \end{cases}$$

例 3 已知两球面的方程分别为

$$x^2+y^2+z^2=1 \tag{6}$$

和

$$x^2+(y-1)^2+(z-1)^2=1, \tag{7}$$

求它们的交线 C 在 xOy 面上的投影方程.

解 先求包含交线 C 而母线平行于 z 轴的柱面方程.因此要由方程(6)、(7)消去 z.但因直接由方程(6)、(7)消去 z 比较繁琐,为此可先从(6)式减去(7)式消去 x,化简得到

$$y+z=1.$$

再以 $z=1-y$ 代入方程(6)或(7)即得所求的柱面方程为

$$x^2+2y^2-2y=0,$$

于是两球面的交线在 xOy 面上的投影方程是

$$\begin{cases} x^2+2y^2-2y=0, \\ z=0. \end{cases}$$

例 4 设一个立体由上半球面 $z=\sqrt{4-x^2-y^2}$ 和锥面 $z=\sqrt{3(x^2+y^2)}$ 所围成(图 6-36),求它在 xOy 面上的投影.

解 半球面和锥面的交线为:

$$C: \begin{cases} z=\sqrt{4-x^2-y^2}, \\ z=\sqrt{3(x^2+y^2)}, \end{cases}$$

由上两方程消去 z,得到 $x^2+y^2=1$.这是一个母线平行于

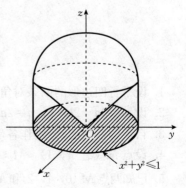

图 6-36

z 轴的圆柱面,容易看出,这恰好是交线 C 关于 xOy 面的投影柱面,因此交线 C 在 xOy 面上的投影曲线为

$$\begin{cases} x^2+y^2=1, \\ z=0, \end{cases}$$

这是 xOy 面上的一个圆,于是所求立体在 xOy 面上的投影,就是该圆在 xOy 面上所围的部分:$x^2+y^2 \leqslant 1$.

习 题 6-6

1. 求以点 $O(2,3,4)$ 为球心,以 3 为半径的球面方程.
2. 作出下列方程表示的图形:

(1) $(x-1)^2+(y-1)^2=1$;   (2) $\dfrac{x^2}{9}+z^2=1$;

(3) $y^2-z=0$.

3. 指出下列方程在平面解析几何和空间解析几何中分别表示什么图形:

(1) $x^2+y^2=4$;   (2) $x^2-y^2=1$;   (3) $y^2=2z$.

4. 指出下列方程表示什么曲面:

(1) $x^2+y^2-2z=0$;   (2) $x^2=4y$;

(3) $y-3z=0$;   (4) $z^2-x^2-y^2=0$.

5. 求曲面 $x^2+9y^2=10z$ 与 yOz 平面的交线.

6. 求曲线 $\begin{cases} x+z=1, \\ x^2+y^2+z^2=1 \end{cases}$ 在 xOy 面上的投影方程.

7. 求曲线 $\begin{cases} 6x-6y-z+16=0, \\ 2x+5y+2z+3=0 \end{cases}$ 在 xOy 面上的投影方程.

8. 在空间直角坐标系中作出下列平面:

(1) $x=0$;   (2) $y+z=1$;   (3) $3x-2y-z-6=0$.

9. 在空间直角坐标系中画出下列各曲面所围成的立体的图形:

(1) $x=0$,$y=0$,$z=0$,$x=2$,$y=1$,$3x+4y+2z-12=0$;

(2) $x=0$,$y=0$,$z=0$,$x^2+y^2=R^2$,$y^2+z^2=R^2$;

(3) $z=0$,$z=3$,$x-y=0$,$x-\sqrt{3}y=0$,$x^2+y^2=1$.

总 复 习 题 6

(A)

1. 设平行四边形的两条对角线为 a,b,求其四条边向量.
2. 设 $m=3a-2b+c$,$n=2a-b-c$,试用 a,b,c 表示 $-m+3n$.
3. 自点 $(3,1,2)$ 分别作各坐标面和各坐标轴的垂线,写出各垂足的坐标.
4. 设点 $M_1(2,4,1)$,$M_2(-1,3,3)$,求:(1) $|M_1M_2|$;(2) 直线 M_1M_2.
5. 已知两点 $M_1(0,1,2)$ 和 $M_2(1,-1,0)$,试用坐标表示式表示向量 $\overrightarrow{M_1M_2}$ 及 $-3\overrightarrow{M_1M_2}$.
6. 证明:三点 $A(1,0,-1)$,$B(3,4,5)$,$C(0,-2,-4)$ 共线.

7. 设 $a=3i+5j-k$，$b=2i+2j+3k$，$c=4i-j-3k$，求与向量 $a+b-c$ 平行的单位向量.

8. 已知 $|a|=1$，$|b|=\sqrt{3}$，$a\perp b$，求 $a+b$ 与 $b-a$ 的夹角.

9. 设 $a=i+j-4k$，$b=2i-2j+k$，求：
(1) $(2a+b)\cdot(a-2b)$；　　　　　　(2) $(2a+b)\times(a-2b)$.

10. 求下列球面的中心和半径：
(1) $x^2+y^2+z^2-6z-7=0$；　　　(2) $x^2+y^2+z^2-2x+4y-4z-7=0$.

11. 求与坐标原点 O 及点 $(2,3,4)$ 的距离之比为 $1:2$ 的点的全体所组成的曲面的方程，它表示怎样的曲面.

12. 指出下列各方程在平面直角坐标系及空间直角坐标系中分别表示什么图形.
(1) $x^2+y^2=9$；　　(2) $y=2x^2$；　　(3) $y^2=3x$；
(4) $\dfrac{x^2}{9}-\dfrac{y^2}{4}=1$；　(5) $y=2$；　　(6) $z=y$.

13. 将所给曲线，绕指定的坐标轴旋转，试分别写出旋转曲面的方程.

(1) yOz 坐标面上的椭圆 $\dfrac{x^2}{4}+\dfrac{z^2}{9}=1$ 绕 z 轴旋转；

(2) xOy 坐标面上的抛物线 $y^2=x$ 绕 x 轴旋转；

(3) xOz 坐标面上的双曲线 $\dfrac{x^2}{4}-z^2=1$ 绕 z 轴旋转；

(4) yOz 坐标面上的直线 $z=2y$ 绕 y 轴旋转.

14. 指出下列各方程分别表示什么曲面.
(1) $2x^2+2y^2+2z^2-x+4y+2=0$；　(2) $z^2=4(x^2+y^2)$；

(3) $\dfrac{x^2}{3}+\dfrac{y^2}{4}+\dfrac{z^2}{5}=1$；　　　　(4) $x^2+y^2=4-z$；

(5) $z=3-\sqrt{2x^2+2y^2}$；　　　　(6) $z=\dfrac{x^2}{2}+\dfrac{y^2}{3}$.

15. 按照下面条件，求平面方程.
(1) 过点 $(2,-1,3)$，法向量为 $(4,2,1)$；
(2) 过点 $(3,1,1)$ 且与平面 $2x+y-5z-7=0$ 平行；
(3) 过 y 轴且垂直于平面 $4x+5y-2z-3=0$.

16. 将由一般方程表示的曲线 $\begin{cases}(x-1)^2+y^2=1,\\ z=\sqrt{4-x^2-y^2}\end{cases}$ 转化为用参数方程表示.

17. 求旋转曲面 $z=x^2+y^2(0\leqslant z\leqslant 4)$ 在三坐标面上的投影.

18. 将直线的一般方程 $\begin{cases}2x-3y+z-5=0,\\ 3x+y-2z-2=0\end{cases}$ 化为对称式方程及参数方程.

19. 求满足下列条件的各直线方程.
(1) 过点 $M_0(1,2,-2)$ 且平行于直线 $\begin{cases}x+y+2z-1=0,\\ x-2y-3z-2=0\end{cases}$；

(2) 过点 $M_1(3,-2,-2)$ 和 $M_2(2,-1,2)$；

(3) 过点 $(1,-1,2)$ 且垂直于平面 $x+y+2z+3=0$；

(4) 直线 $\begin{cases} 2x-4y+z=0, \\ 3x-y-2z-9=0 \end{cases}$ 在平面 $4x-y+z=1$ 上的投影直线方程;

(5) 过点 $(0,1,2)$ 且与直线 $\dfrac{x-1}{1}=\dfrac{y-1}{-1}=\dfrac{z}{2}$ 垂直相交.

20. 求过点 $M_0(1,-2,1)$ 且垂直于直线 $\begin{cases} x-2y+z-3=0, \\ x+y-z+2=0 \end{cases}$ 的平面方程.

21. 求过点 $(3,1,-2)$ 且通过直线 $\dfrac{x-4}{5}=\dfrac{y+3}{2}=\dfrac{z}{1}$ 的平面方程.

22. 一平面过直线 $\begin{cases} 3x+4y-2z+5=0, \\ x-2y+z+7=0, \end{cases}$ 且在 z 轴上的截距为 -3,求该平面的方程.

(B)

1. 设 $\boldsymbol{a},\boldsymbol{b},\boldsymbol{c}$ 都是单位向量,且满足 $\boldsymbol{a}+\boldsymbol{b}+\boldsymbol{c}=\boldsymbol{0}$,则 $\boldsymbol{a}\cdot\boldsymbol{b}+\boldsymbol{b}\cdot\boldsymbol{c}+\boldsymbol{c}\cdot\boldsymbol{a}=$ _____.

2. 已知 $A(1,-1,2)$,$B(5,-6,2)$,$C(1,3,-1)$,求:

(1) 同时与 $\overrightarrow{AB}$ 及 $\overrightarrow{AC}$ 垂直的单位向量;

(2) $\triangle ABC$ 的面积;

(3) 点 B 到边 AC 的距离.

3. 设 $|\boldsymbol{a}|=3,|\boldsymbol{b}|=4,|\boldsymbol{c}|=5$,且满足 $\boldsymbol{a}+\boldsymbol{b}+\boldsymbol{c}=\boldsymbol{0}$,则 $|\boldsymbol{a}\times\boldsymbol{b}+\boldsymbol{b}\times\boldsymbol{c}+\boldsymbol{c}\times\boldsymbol{a}|=$ _____.

4. 设向量 $\boldsymbol{a}=(2,3,4)$,$\boldsymbol{b}=(3,-1,-1)$,求以 $\boldsymbol{a},\boldsymbol{b}$ 为边的平行四边形的面积.

5. 设 $|\boldsymbol{a}|=4,|\boldsymbol{b}|=3,(\widehat{\boldsymbol{a},\boldsymbol{b}})=\dfrac{\pi}{6}$,求以 $\boldsymbol{a}+2\boldsymbol{b}$ 和 $\boldsymbol{a}-3\boldsymbol{b}$ 为边的平行四边形的面积.

6. 设一平面通过从点 $(1,-1,1)$ 到直线 $\begin{cases} y-z+1=0, \\ x=0 \end{cases}$ 的垂线,且与平面 $z=0$ 垂直,求此平面方程.

7. 求两曲面 $z^2=2x$ 与 $z=\sqrt{x^2+y^2}$ 所围立体在三个坐标面上的投影区域.

8. 求过点 $M_0(-1,0,4)$,与平面 $3x-4y+z-10=0$ 平行,且与直线 $\dfrac{x+1}{3}=y-3=\dfrac{z}{2}$ 相交的直线方程.

9. 求 xOy 平面上过原点,且与直线 $x=y=z$ 的夹角为 $\dfrac{\pi}{3}$ 的直线方程.

10. 求直线 $\begin{cases} x+5y+7z-3=0, \\ x-2y+3z-6=0 \end{cases}$ 在各个坐标面上的投影直线方程.

11. 求过直线 $L_1:\begin{cases} 2x+y-z-1=0, \\ 3x-y+2z-2=0, \end{cases}$ 且平行于直线 $L_2:\begin{cases} 5x+y-z+4=0, \\ x+y-z-4=0 \end{cases}$ 的平面方程.

12. 求直线 $L:\begin{cases} 2x-y+z-1=0, \\ x+y-z+1=0 \end{cases}$ 在平面 $\pi:x+2y-z=0$ 上的投影直线 L_0 的方程,并求 L_0 绕 x 轴旋转一周所成曲面的方程.

第七章

多元函数微分学

在前面的学习中,我们所讨论的函数都只有一个自变量,这种函数叫作一元函数,然而,客观世界是复杂的,在许多实际问题、科学技术和经济管理中,一个事物的变化,往往会受到多种因素的影响,反映在数学上就是一个变量依赖于其他多个变量的情形,描述这种关系的函数就称为多元函数.本章将在一元函数微分学的基础上进一步讨论多元函数微分学.讨论中将以二元函数为主要对象,这不仅是因为与二元函数有关的概念和方法有比较直观的解释,而且是因为这些概念和方法大多能自然推广到二元以上的多元函数.

第一节 多元函数的概念

一、平面区域

在讨论一元函数时,经常用到邻域和区间的概念,讨论多元函数时同样要用到这些概念,现在我们将邻域和区间的概念加以推广.

1. 邻域

若 $P_0(x_0, y_0)$ 是 xOy 面上的一定点,δ 是某一个正数.在 xOy 平面上与点 $P_0(x_0, y_0)$ 的距离小于 δ 的点 $P(x, y)$ 的全体,称为点 $P_0(x_0, y_0)$ 的 δ 邻域,记为 $U(P_0, \delta)$,即
$$U(P_0, \delta) = \{P \mid |PP_0| < \delta\},$$
也就是
$$U(P_0, \delta) = \{(x, y) \mid \sqrt{(x-x_0)^2 + (y-y_0)^2} < \delta\},$$
其中点 $P_0(x_0, y_0)$ 称为邻域的中心,δ 称为邻域的半径.

在点 $P_0(x_0, y_0)$ 的 δ 邻域里,当不考虑点 $P_0(x_0, y_0)$ 时,也称它为去心邻域,记作 $\mathring{U}(P_0, \delta)$,即
$$\mathring{U}(P_0, \delta) = \{(x, y) \mid 0 < \sqrt{(x-x_0)^2 + (y-y_0)^2} < \delta\}.$$

如果不需要指出邻域的半径 δ,则用 $U(P_0)$ 表示点 P_0 的某个邻域,用 $\mathring{U}(P_0)$ 表示点 P_0 的某个去心邻域.

在几何上,$U(P_0, \delta)$ 就是 xOy 平面上以点 $P_0(x_0, y_0)$ 为中心,δ 为半径的圆内部点 $P(x, y)$ 的全体.

2. 区域

整个 xOy 平面或 xOy 平面上一条或几条曲线围成的一部分平面,称为一个平面区域.区域内部的点称为内点(图 7-1(a)).区域边界上的点称为边界点(图 7-1(b)).

围成这个区域的曲线称为边界线,包含边界曲线的区域称为闭区域,不包含边界曲线的

区域称为开区域. 如果区域能被某一个半径有限的圆所覆盖,则称这个区域是有界区域,否则称为无界区域.

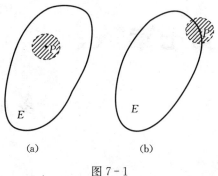

图 7-1

二、多元函数的概念

在客观世界和经济管理的许多现象和实际问题中,许多变量都不是孤立存在的,它们相互依赖、相互作用. 例如,圆锥体的体积 V 与底半径 r 及高度 h 有关,所以 V 是两个变量 r 和 h 的函数. 又如,某商品的社会需求量 Q 与该商品的价格 P、消费者人数 L 及消费者收入水平 R 有关,所以 Q 是三个变量 P、L、R 的函数,这种依赖于两个或更多个变量的函数就是多元函数. 我们先来观察几个二元函数的例子,然后再给出二元函数及多元函数的定义.

例 1 平行四边形的面积 A 与长 x、高 y 之间具有关系式
$$A = xy,$$
这里,当 x、y 在集合 $\{(x, y) | x > 0, y > 0\}$ 内取定一对值 (x, y) 时,由上面的关系式,A 总有一个值与之对应,即面积 A 是长 x 与高 y 的函数.

例 2 一定质量的理想气体的压强 p、体积 V 和绝对温度 T 之间具有关系式
$$p = \frac{RT}{V},$$
其中 R 为常数,当取 $V > 0$,$T > T_0$(其中 T_0 是该气体的液化点)的一对值 (V, T) 时,由上面关系式,p 的对应值就随之确定,所以 p 是自变量 V 与 T 的函数.

例 3 若对平面上任一点 (x, y),当 $x^2 + y^2 \neq 0$ 时,有值 $z = \frac{xy}{x^2 + y^2}$ 与之对应,当 $x^2 + y^2 = 0$ 时,有 $z = 0$ 与之对应,则 z 是自变量 x,y 的函数,记为
$$z = \begin{cases} \frac{xy}{x^2 + y^2}, & x^2 + y^2 \neq 0, \\ 0, & x^2 + y^2 = 0. \end{cases}$$

以上的三个例子所反映的问题各不相同,但它们都有共同的性质,即都是一个量依赖于另外两个独立取值的变量的形式. 它们都是二元函数的例子.

定义 1 设 D 是平面上的一个非空集合,如果对于每个点 $P(x, y) \in D$,变量 z 按照一定的法则 f,总有确定的值与之对应,则称 z 是变量 x,y 的二元函数,记为
$$z = f(x, y),$$
其中 x,y 叫作自变量,z 叫作因变量.

有时也把 $z = f(x, y)$ 称为点 $P(x, y)$ 的二元函数,记作 $z = f(P)$. 平面点集 D 称为这个二元函数的定义域,数集 $\{z | z = f(P), P \in D\}$ 或 $\{z | z = f(x, y), (x, y) \in D\}$ 称为二元函数的值域.

类似地,我们还可以定义三元函数 $u = f(x, y, z)$ 及三元以上的函数. n 元函数常记为 $u = f(x_1, x_2, \cdots, x_n)$,当 $n = 1$ 时,就是我们熟知的一元函数,当 $n \geq 2$ 时,统称为多元函数.

例 1 中,平行四边形的面积 $A = xy$,可记作 $A = f(x, y) = xy$,当取定 $x = 2$,$y = 4$ 时,

则矩形面积 $A=2\times 4=8$，8 称为二元函数 $f(x,y)$ 当 $x=2$，$y=4$ 时的函数值，记作 $f(2,4)$. 一般地，对于函数 $z=f(x,y)$，称 $z=f(x_0,y_0)$ 为函数在点 (x_0,y_0) 处的函数值.

类似于一元函数的定义域，由解析式子表示的二元函数 $z=f(x,y)$ 的定义域是指使这个解析式子有意义的所有点 $P(x,y)$ 的集合，即使 $z=f(x,y)$ 有意义的点的全体.

一般情况下，二元函数 $z=f(x,y)$ 的定义域是 xOy 坐标面上的某个平面区域.

例 4 求函数 $z=\sqrt{R^2-x^2-y^2}$ 的定义域.

解 为使得函数有意义，x 与 y 必须满足 $R^2-x^2-y^2 \geqslant 0$，即定义域为
$$\{(x,y) \mid x^2+y^2 \leqslant R^2\},$$
此区域是一个包括边界曲线在内的、半径为 R 的实心圆，显然这是一个有界闭区域（图 7-2）.

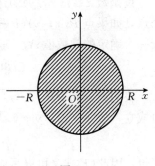

图 7-2

例 5 求函数 $z=\ln(x+y)$ 的定义域.

解 为使对数函数有意义，变量 x,y 必须满足 $x+y>0$，即定义域为
$$\{(x,y) \mid x+y>0\},$$
此区域为 xOy 坐标面上位于直线 $x+y=0$ 右上部的半平面，且不包含直线 $x+y=0$，这是一个无界开区域（图 7-3）.

现在来讨论二元函数的图形. 设二元函数 $z=f(x,y)$ 的定义域为 xOy 面内的某区域 D，任意取一点 $P(x,y)\in D$，则有函数值 $z=f(x,y)$ 与之对应，即有空间的一个点 (x,y,z) 与之对应，取遍 D 上的一切点时，我们就得到一个空间点集
$$\{(x,y,z) \mid z=f(x,y),(x,y)\in D\},$$
这个点集称为二元函数 $z=f(x,y)$ 的图形（图 7-4）.

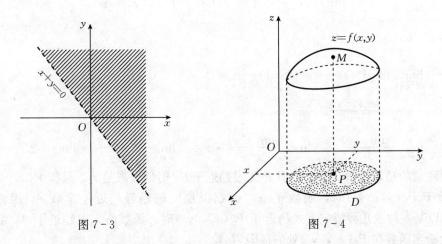

图 7-3　　　　　　　　　　图 7-4

一般地，二元函数的图形是空间的一张曲面. 例如，由空间解析几何的知识我们知道，线性函数 $z=ax+by+c$ 的图形就是空间的一张平面.

三、多元函数的极限

一元函数的极限是描述在自变量的某一变化过程中函数的变化趋势. 对二元函数来说，

与一元函数相类似，二元函数 $z=f(x,y)$ 的极限也是描述在自变量 $P(x,y)$ 的某一变化过程中，二元函数的变化趋势．但是二元函数自变量 $P(x,y)$ 的变化过程要复杂得多．如 $P(x,y)$ 趋于 $P_0(x_0,y_0)$ 的方式可以有任意多，路径也是各式各样的，因此二元函数的极限问题比一元函数的极限问题要复杂得多．

下面我们讨论二元函数 $z=f(x,y)$ 当 $P(x,y)$ 趋于 $P_0(x_0,y_0)$ 时的极限．

设函数 $z=f(x,y)$ 的定义域为 D，点 $P_0(x_0,y_0)$ 的任何去心邻域内都有 D 内的无限多个点，如果点 $P(x,y)(P\in D)$ 以任何方式趋于 $P_0(x_0,y_0)$ 时，对应的函数值 $f(x,y)$ 都趋于一个确定的常数值 A，则称 A 为函数 $z=f(P)$ 当 P 趋于 P_0 的极限，记作

$$\lim_{P\to P_0}f(P)=A \text{ 或 } \lim_{(x,y)\to(x_0,y_0)}f(x,y)=A. \tag{1}$$

我们记 $\rho=|PP_0|=\sqrt{(x-x_0)^2+(y-y_0)^2}$，显然，当 $P\to P_0$ 时，$\rho=|PP_0|\to 0$，反之也成立，故 $x\to x_0$，$y\to y_0$ 与

$$\rho=|PP_0|=\sqrt{(x-x_0)^2+(y-y_0)^2}\to 0$$

等价，因此(1)式又可以写成

$$\lim_{\rho\to 0}f(x,y)=A.$$

二元函数的极限的精确定义如下：

定义 2 设函数 $z=f(x,y)$ 的定义域为 D，点 $P_0(x_0,y_0)$ 的任何去心邻域内都有 D 内的无限多个点，如果对任意给定的正数 ε，总存在正数 δ，使得对于适合不等式

$$0<|PP_0|=\sqrt{(x-x_0)^2+(y-y_0)^2}<\delta$$

的一切点 $P(x,y)\in D$，都有

$$|f(x,y)-A|<\varepsilon$$

成立，则称常数 A 为函数 $f(x,y)$ 当 $P(x,y)\to P_0(x_0,y_0)$ 时的极限，记作

$$\lim_{\rho\to 0}f(x,y)=A \text{ 或 } \lim_{(x,y)\to(x_0,y_0)}f(x,y)=A.$$

例 6 $\lim\limits_{(x,y)\to(0,1)}(x^2+y)\dfrac{1}{x+y}$.

解 $\lim\limits_{(x,y)\to(0,1)}(x^2+y)\dfrac{1}{x+y}=(0+1)\dfrac{1}{0+1}=1.$

例 7 $\lim\limits_{(x,y)\to(2,0)}\dfrac{\sin(x^2y)}{xy}$.

解 $\lim\limits_{(x,y)\to(2,0)}\dfrac{\sin(x^2y)}{xy}=\lim\limits_{(x,y)\to(2,0)}\dfrac{\sin(x^2y)}{x^2y}\cdot x=\lim\limits_{(x,y)\to(2,0)}\dfrac{\sin(x^2y)}{x^2y}\cdot\lim\limits_{x\to 2}x=2.$

需要注意的是，所谓 $f(x,y)$ 当 P 无限趋近于 P_0 时的极限是 A，是指 $P(x,y)$ 以任何方式趋近于 $P_0(x_0,y_0)$ 时，函数 $f(x,y)$ 都以稳定的趋势趋近于常数 A．因此，如果 $P(x,y)$ 以某一种或几种特定方式趋近于 $P_0(x_0,y_0)$ 时，函数值无限趋近于 A，我们也还不能由此断定函数在 $P_0(x_0,y_0)$ 处的极限为 A．

例 8 判断函数

$$f(x,y)=\begin{cases}\dfrac{xy}{x^2+y^2}, & x^2+y^2\neq 0,\\ 0, & x^2+y^2=0\end{cases}$$

在原点处是否有极限．

解 当 $P(x,y)$ 沿 x 轴或沿 y 轴这两种特定方式趋近于点 $(0,0)$ 时，对应的函数值都趋近于零，若再使 $P(x,y)$ 沿直线 $y=kx$ 趋近于 $(0,0)$，则有

$$\lim_{(x,y)\to(0,0)}\frac{xy}{x^2+y^2}=\lim_{x\to 0}\frac{kx^2}{x^2+k^2x^2}=\frac{k}{1+k^2},$$

其值随 k 值的不同而不同，所以 $\lim\limits_{(x,y)\to(0,0)}f(x,y)$ 并不存在.

从前面定义可以看出二元函数极限的定义与一元函数极限的定义形式上完全相同，因此关于一元函数的极限的运算法则，对于二元函数乃至 n 元函数都适用.

四、多元函数的连续性

掌握了二元函数的极限概念之后，不难说明二元函数及 n 元函数的连续性，下面给出二元函数 $z=f(x,y)$ 在点 $P_0(x_0,y_0)$ 处连续的定义.

定义 3 设二元函数 $z=f(x,y)$ 的定义域为 D，$P_0(x_0,y_0)\in D$，有

$$\lim_{(x,y)\to(x_0,y_0)}f(x,y)=f(x_0,y_0),$$

则称二元函数 $f(x,y)$ 在点 $P_0(x_0,y_0)$ 处连续.

如果二元函数 $f(x,y)$ 在区域 D 上每一点处都连续，则称函数 $f(x,y)$ 在区域 D 上连续. 在区域 D 上连续的二元函数的图形是定义在区域 D 上的一张连续曲面.

根据极限的运算法则可以说明二元函数的和、差、积仍为连续函数，在分母不为零处，连续函数的商仍是连续函数，二元函数的复合函数也仍是连续函数.

与一元初等函数相类似，二元初等函数也是由一个解析式表示的多元函数，这个式子是由多元多项式及基本初等函数经过有限次的四则运算和复合步骤所构成的，例如，$\dfrac{x+x^2-y^2}{1+x^2}$，e^{x+y}，$\ln(1+x^2+y^2)$ 等都是二元初等函数.

二元函数的连续性的定义及相关性质也可以推广到 $n(n>2)$ 元函数上去，可以证明，多元连续函数的和、差、积、商(分母不为零)均为连续函数；且一切多元初等函数在其定义区域内都是连续的.

由多元初等函数的连续性，如果要求它在点 P_0 处的极限，而该点又在此函数的定义区域内，则其极限值就是该点处的函数值，因此，只要计算出函数在该点的函数值即可.

例 9 求 $\lim\limits_{(x,y)\to(2,2)}(x^2-y^2+2)$.

解 因为 $z=x^2-y^2+2$ 是初等函数，且其定义域为整个 xOy 平面，因此在 xOy 面上任一点处都是连续的，而 $P_0(2,2)$ 是 xOy 坐标面上的点，故 $z=x^2-y^2+2$ 在点 $P_0(2,2)$ 处是连续的，根据二元函数连续性的定义，故 $z=x^2-y^2+2$ 在 $P_0(2,2)$ 处的极限就是其在点 $P_0(2,2)$ 处的函数值，所以有

$$\lim_{(x,y)\to(2,2)}(x^2-y^2+2)=2^2-2^2+2=2.$$

例 10 求 $\lim\limits_{(x,y)\to(0,0)}\dfrac{\sqrt{xy+4}-2}{xy}$.

解 $\lim\limits_{(x,y)\to(0,0)}\dfrac{\sqrt{xy+4}-2}{xy}=\lim\limits_{(x,y)\to(0,0)}\dfrac{xy+4-4}{xy(\sqrt{xy+4}+2)}=\lim\limits_{(x,y)\to(0,0)}\dfrac{1}{\sqrt{xy+4}+2}=\dfrac{1}{4}.$

与闭区间上连续函数的性质相类似，在有界闭区域上多元连续函数也有如下的性质：

性质 1(最大值和最小值定理) 在有界闭区域 D 上的多元连续函数,在 D 上一定有最大值和最小值.

性质 2(介值定理) 在有界闭区域 D 上的多元连续函数,如果在 D 上取得两个不同的函数值,则它在 D 上取得介于这两个值之间的任何值至少一次.

特别地,如果 C(常数)介于函数在 D 上的最大值和最小值之间,则在 D 内至少存在一点 Q,使得 $f(Q)=C$.

习 题 7-1

1. 求下列函数表达式:

(1) 设 $f(x,y)=x^2+y^2-xy\tan\dfrac{x}{y}$,求 $f(tx,ty)$;

(2) 设 $f(x,y)=\dfrac{x^2+y^2}{xy}$,求 $f\left(1,\dfrac{x}{y}\right)$.

2. 求下列函数的定义域:

(1) $z=\sqrt{\dfrac{x^2+y^2-x}{2x-x^2-y^2}}$;

(2) $z=\dfrac{\sqrt{4x-y^2}}{\ln(1-x^2-y^2)}$;

(3) $z=\sqrt{\ln\dfrac{4}{x^2+y^2}}+\arcsin\dfrac{1}{x^2+y^2}$;

(4) $z=\sqrt{(x^2+y^2-a^2)(2a^2-x^2-y^2)}\ (a>0)$.

3. 求下列极限:

(1) $\lim\limits_{(x,y)\to(0,0)}\dfrac{3xy}{\sqrt{xy+1}-1}$;

(2) $\lim\limits_{(x,y)\to(0,0)}\dfrac{\sin(xy)}{x}$;

(3) $\lim\limits_{(x,y)\to(1,0)}\dfrac{\ln(x+e^y)}{\sqrt{x^2+y^2}}$;

(4) $\lim\limits_{(x,y)\to(0,0)}\left(x\sin\dfrac{1}{y}+y\cos\dfrac{1}{x}\right)$.

4. 下列函数在何处是间断的?

(1) $f(x,y)=\dfrac{y^2+2x}{y^2-2x}$;

(2) $z=\dfrac{1}{\sin x\sin y}$.

第二节 偏 导 数

在研究一元函数时,我们从研究函数对于自变量的变化率时引入了导数的概念.对于多元函数来说,由于自变量个数的增加,使得函数关系更加复杂.而在实际应用和科学研究中,我们也常常需要了解多元函数在其他自变量固定不变,而讨论多元函数随一个自变量变化的变化率问题,即为多元函数偏导数问题.本节以二元函数为例,给出多元函数偏导数的概念及计算方法.

一、偏导数的定义及其计算方法

对于二元函数来说,自变量有两个,我们把其中的一个变量固定,只考虑因变量与另一个变量之间的对应关系,类似于一元函数的导数概念,我们就得到了如下的偏导数的定义.

定义 设函数 $z=f(x,y)$ 在点 (x_0,y_0) 的某一邻域内有定义,当 y 固定在 y_0,而 x 在 x_0 处有增量 Δx 时,相应地函数有增量

$$f(x_0+\Delta x, y_0)-f(x_0, y_0),$$

如果 $\lim\limits_{\Delta x \to 0}\dfrac{f(x_0+\Delta x, y_0)-f(x_0, y_0)}{\Delta x}$ 存在，则称此极限为函数 $z=f(x, y)$ 在点 (x_0, y_0) 处对 x 的偏导数，记作

$$\left.\dfrac{\partial z}{\partial x}\right|_{\substack{x=x_0\\y=y_0}}, \left.\dfrac{\partial f}{\partial x}\right|_{\substack{x=x_0\\y=y_0}}, \left.z_x\right|_{\substack{x=x_0\\y=y_0}} \text{或} f_x(x_0, y_0).$$

类似地，函数 $z=f(x, y)$ 在点 (x_0, y_0) 处对 y 的偏导数定义为

$$\lim_{\Delta y \to 0}\dfrac{f(x_0, y_0+\Delta y)-f(x_0, y_0)}{\Delta y},$$

记作

$$\left.\dfrac{\partial z}{\partial y}\right|_{\substack{x=x_0\\y=y_0}}, \left.\dfrac{\partial f}{\partial y}\right|_{\substack{x=x_0\\y=y_0}}, \left.z_y\right|_{\substack{x=x_0\\y=y_0}} \text{或} f_y(x_0, y_0).$$

如果函数 $z=f(x, y)$ 在区域 D 内每一点 (x, y) 处对 x 的偏导数都存在，那么此偏导数仍是 x, y 的函数，它就称为函数 $z=f(x, y)$ 对自变量 x 的偏导函数，记作

$$\dfrac{\partial z}{\partial x}, \dfrac{\partial f}{\partial x}, z_x \text{或} f_x(x, y).$$

类似地，可以得到函数 $z=f(x, y)$ 对自变量 y 的偏导函数

$$\dfrac{\partial z}{\partial y}, \dfrac{\partial f}{\partial y}, z_y \text{或} f_y(x, y).$$

显然，$f(x, y)$ 在点 (x_0, y_0) 处对 x 的偏导数 $f_x(x_0, y_0)$ 就是偏导函数 $f_x(x, y)$ 在点 (x_0, y_0) 处的函数值；同理，$f_y(x_0, y_0)$ 是偏导函数 $f_y(x, y)$ 在点 (x_0, y_0) 处的函数值。在以后不至于混淆的地方也把偏导函数简称为偏导数。

有了一元函数导数的知识后，二元函数的偏导数本质上没有新的内容。从偏导函数的定义可知，二元函数 $z=f(x, y)$ 的偏导数，实质上就是一元函数的导数，是将其中一个变量固定后对另一个变量的导数。只不过这时对应有两个偏导数，例如，求 $\dfrac{\partial f}{\partial x}$ 时，只要把 y 看作常量而对 x 求导数，求 $\dfrac{\partial f}{\partial y}$ 时，只要把 x 看作常量而对 y 求导数。

二元函数偏导数的概念完全可以类似地推广到 n 元函数上去，例如，对于三元函数 $u=f(x, y, z)$，对 x 的偏导数的定义是

$$f_x(x, y, z)=\lim_{\Delta x \to 0}\dfrac{f(x+\Delta x, y, z)-f(x, y, z)}{\Delta x}.$$

例 1 求 $f(x, y)=x^2+3xy+y^2$ 在点 $(2, 1)$ 处的偏导数。

解 在没有指明是对哪一个变量求偏导数时，要将所有可能的偏导数形式均求出。

把 y 看作常量，对 x 求导数，得到对 x 的偏导函数

$$\dfrac{\partial z}{\partial x}=2x+3y,$$

把 x 看作常量，对 y 求导数，得到对 y 的偏导函数

$$\dfrac{\partial z}{\partial y}=3x+2y.$$

将 $(2, 1)$ 分别代入上面的偏导函数中，求得

$$\left.\dfrac{\partial z}{\partial x}\right|_{\substack{x=2\\y=1}}=2\times 2+3\times 1=7, \left.\dfrac{\partial z}{\partial y}\right|_{\substack{x=2\\y=1}}=3\times 2+2\times 1=8.$$

例2 求 $z=x^2\cos y$ 的偏导数.

解 分别对变量 x 和 y 求偏导数，得

$$\frac{\partial z}{\partial x}=2x\cos y, \quad \frac{\partial z}{\partial y}=-x^2\sin y.$$

例3 求 $u=\ln(x^2+y^2+z^2)$ 的偏导数.

解 由偏导数的计算方法，有

$$\frac{\partial u}{\partial x}=\frac{2x}{x^2+y^2+z^2}.$$

同理可得

$$\frac{\partial u}{\partial y}=\frac{2y}{x^2+y^2+z^2}, \quad \frac{\partial u}{\partial z}=\frac{2z}{x^2+y^2+z^2}.$$

例4 已知理想气体的状态方程 $pV=RT$ (R 为常量)，求证：$\dfrac{\partial p}{\partial V}\cdot\dfrac{\partial V}{\partial T}\cdot\dfrac{\partial T}{\partial p}=-1$.

证 因为

$$p=\frac{RT}{V}, \quad \frac{\partial p}{\partial V}=-\frac{RT}{V^2},$$

$$V=\frac{RT}{p}, \quad \frac{\partial V}{\partial T}=\frac{R}{p},$$

$$T=\frac{pV}{R}, \quad \frac{\partial T}{\partial p}=\frac{V}{R},$$

所以

$$\frac{\partial p}{\partial V}\cdot\frac{\partial V}{\partial T}\cdot\frac{\partial T}{\partial p}=-\frac{RT}{V^2}\cdot\frac{R}{p}\cdot\frac{V}{R}=-\frac{RT}{pV}=-1.$$

我们知道，一元函数的导数 $\dfrac{dy}{dx}$ 可以看成函数的微分 dy 与自变量的微分 dx 之商，而偏导数不是这样，从例4可以看到，偏导数的记号是一个整体的记号，不能看作是分子与分母商的形式.

一元函数在某点导数的几何意义是函数图形上对应于该点处的切线的斜率，现在我们来分析二元函数偏导数的几何意义.

设 $M_0(x_0, y_0, f(x_0, y_0))$ 为曲面 $z=f(x, y)$ 上的一点，过 M_0 作平面 $y=y_0$，截此曲面得一曲线，该曲线在平面 $y=y_0$ 上的方程为 $z=f(x, y_0)$，则导数 $\dfrac{d}{dx}f(x, y_0)\big|_{x=x_0}$，即 $f_x(x_0, y_0)$ 表示曲线在点 M_0 处的切线 M_0T_x 对 x 轴的斜率(图7-5). 同理偏导数 $f_y(x_0, y_0)$ 的几何意义是曲面被平面 $x=x_0$ 所截得的曲线在点 M_0 处的切线 M_0T_y 对 y 轴的斜率.

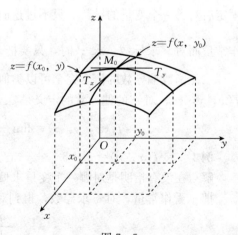

图 7-5

我们还应指出，在一元函数中，函数可导是函数在该点连续的充分条件，即可导必连续. 但对于多元函数来说，即使在某点处的各个偏导数都存在，也不能保证函数在该点处连续. 这是二元函数与一元函数性质上的巨大差异，我们要牢牢地记住它.

例如，函数

$$f(x, y) = \begin{cases} \dfrac{xy}{x^2+y^2}, & x^2+y^2 \neq 0, \\ 0, & x^2+y^2 = 0 \end{cases}$$

在点(0, 0)处的两个偏导数

$$f_x(0, 0) = \lim_{\Delta x \to 0} \frac{f(0+\Delta x, 0) - f(0, 0)}{\Delta x} = \lim_{\Delta x \to 0} \frac{0}{\Delta x} = 0,$$

$$f_y(0, 0) = \lim_{\Delta y \to 0} \frac{f(0, 0+\Delta y) - f(0, 0)}{\Delta y} = \lim_{\Delta y \to 0} \frac{0}{\Delta y} = 0,$$

都存在，但函数在点(0, 0)处的极限并不存在，故在该点处并不连续．

二、高阶偏导数

对于函数 $z = f(x, y)$ 来讲，如果 $\dfrac{\partial z}{\partial x}$, $\dfrac{\partial z}{\partial y}$ 对 x, y 仍然可以求偏导数，则称这些偏导数是函数 $z = f(x, y)$ 的高阶偏导数．由于对变量求导有不同的次序，二阶偏导数以及相应的记号有以下四个．

(1) $\dfrac{\partial}{\partial x}\left(\dfrac{\partial z}{\partial x}\right) = \dfrac{\partial^2 z}{\partial x^2} = f_{xx}(x, y);$ (2) $\dfrac{\partial}{\partial y}\left(\dfrac{\partial z}{\partial x}\right) = \dfrac{\partial^2 z}{\partial x \partial y} = f_{xy}(x, y);$

(3) $\dfrac{\partial}{\partial x}\left(\dfrac{\partial z}{\partial y}\right) = \dfrac{\partial^2 z}{\partial y \partial x} = f_{yx}(x, y);$ (4) $\dfrac{\partial}{\partial y}\left(\dfrac{\partial z}{\partial y}\right) = \dfrac{\partial^2 z}{\partial y^2} = f_{yy}(x, y).$

其中(2)、(3)两个偏导数称为混合偏导数，用同样的方法可得到函数的三阶、四阶……直至 n 阶偏导数．

多元函数的高阶偏导数的求法也没有实质的新内容，只要我们懂得了一阶偏导数的求法，求高阶偏导数就不会遇到困难．

例 5 求函数 $z = x^2 y^2 - 3xy^3 + 4y^4$ 的二阶偏导数．

解 先求出一阶偏导数，再求二阶偏导数

$$\frac{\partial z}{\partial x} = 2xy^2 - 3y^3, \quad \frac{\partial z}{\partial y} = 2x^2 y - 9xy^2 + 16y^3,$$

$$\frac{\partial^2 z}{\partial x \partial y} = 4xy - 9y^2, \quad \frac{\partial^2 z}{\partial y \partial x} = 4xy - 9y^2,$$

$$\frac{\partial^2 z}{\partial x^2} = 2y^2, \quad \frac{\partial^2 z}{\partial y^2} = 2x^2 - 18xy + 48y^2.$$

从上例我们看到，二阶混合偏导数 $\dfrac{\partial^2 z}{\partial x \partial y}$ 和 $\dfrac{\partial^2 z}{\partial y \partial x}$ 相等，但一般情况下，这两个函数并不相等，但我们有下面的定理：

定理 如果函数 $z = f(x, y)$ 的两个二阶混合偏导数 $\dfrac{\partial^2 z}{\partial x \partial y}$ 和 $\dfrac{\partial^2 z}{\partial y \partial x}$ 在区域 D 内连续，则在该区域内这两个二阶混和偏导数相等．

上面的定理还可以推广到自变量多于两个的多元函数上去，从而得出一般性的结论：只要高阶混合偏导数连续，则其结果与对各自变量求偏导的次序无关．

例 6 验证函数 $z = \ln \sqrt{x^2 + y^2}$ 满足方程 $\dfrac{\partial^2 z}{\partial x^2} + \dfrac{\partial^2 z}{\partial y^2} = 0.$

解 因为 $\dfrac{\partial z}{\partial x}=\dfrac{x}{x^2+y^2}$, $\dfrac{\partial z}{\partial y}=\dfrac{y}{x^2+y^2}$,

$$\dfrac{\partial^2 z}{\partial x^2}=\dfrac{(x^2+y^2)-x\cdot 2x}{(x^2+y^2)^2}=\dfrac{y^2-x^2}{(x^2+y^2)^2},$$

$$\dfrac{\partial^2 z}{\partial y^2}=\dfrac{(x^2+y^2)-y\cdot 2y}{(x^2+y^2)^2}=\dfrac{x^2-y^2}{(x^2+y^2)^2},$$

所以 $\dfrac{\partial^2 z}{\partial x^2}+\dfrac{\partial^2 z}{\partial y^2}=\dfrac{y^2-x^2}{(x^2+y^2)^2}+\dfrac{x^2-y^2}{(x^2+y^2)^2}=0.$

习 题 7-2

1. 求下列函数的偏导数:

(1) $z=x^3-xy+y^3$;   (2) $z=\dfrac{xy}{x-y}$;   (3) $z=e^{\sin x}\sin y$;

(4) $z=xe^{\frac{y}{x}}$;   (5) $z=\ln(x-2y)$;   (6) $u=\arctan(x-y)^z$.

*2. 已知 $f(x,y)=e^{\frac{y}{\sin x}}\cdot\ln(x^3+xy^2)$, 求 $f_x(1,0)$.

3. 设 $f(x,y)=\ln\left(x+\dfrac{y}{2x}\right)$, 求 $f_y(1,0)$.

4. 设 $z=x^2+(y-1)\arcsin\sqrt{\dfrac{x}{y}}$, 求 $\dfrac{\partial z}{\partial x}\bigg|_{(0,1)}$.

5. 设 $f(x,y,z)=\ln(xy+z)$, 求 $f_x(1,2,0)$, $f_y(1,2,0)$, $f_z(1,2,0)$.

6. 求下列函数的二阶偏导数:

(1) $z=x\ln(xy)$;   (2) $z=\cos^2(x+2y)$.

第三节 全微分及其应用

一、全微分的定义

设函数 $z=f(x,y)$ 在点 $P(x,y)$ 的某邻域内有定义, 点 $P_1(x+\Delta x,y+\Delta y)$ 为此邻域内的任意一点, 则称这两点的函数值之差 $f(x+\Delta x,y+\Delta y)-f(x,y)$ 为函数在点 $P(x,y)$ 处对应于自变量增量 Δx、Δy 的全增量, 记作 Δz, 即

$$\Delta z=f(x+\Delta x,y+\Delta y)-f(x,y),$$

顺便地, 称 $f(x+\Delta x,y)-f(x,y)$ 和 $f(x,y+\Delta y)-f(x,y)$ 分别为函数在点 $P(x,y)$ 处的偏增量.

定义 如果函数 $z=f(x,y)$ 在点 $P(x,y)$ 处的全增量可以表示为

$$\Delta z=A\Delta x+B\Delta y+o(\rho), \tag{1}$$

其中 A、B 不依赖于 Δx、Δy 而仅与 x、y 有关, $\rho=\sqrt{(\Delta x)^2+(\Delta y)^2}$, 则称函数 $z=f(x,y)$ 在点 $P(x,y)$ 可微分, 而 $A\Delta x+B\Delta y$ 称为函数 $z=f(x,y)$ 在点 $P(x,y)$ 的全微分, 记作 $\mathrm{d}z$, 即

$$\mathrm{d}z=A\Delta x+B\Delta y.$$

如果函数在区域 D 内各点处都可微分, 那么称此函数在 D 内可微分.

我们曾指出，多元函数在某点的各个偏导数即使都存在，却不能保证函数在该点处连续，但是，根据上述定义可知，如果函数 $z=f(x, y)$ 在点 $P(x, y)$ 处可微分，那么函数在该点必定连续。事实上，此时由(1)式可得

$$\lim_{\rho \to 0} \Delta z = 0,$$

从而有

$$\lim_{\substack{\Delta x \to 0 \\ \Delta y \to 0}} f(x+\Delta x, y+\Delta y) = \lim_{\rho \to 0} [f(x, y) + \Delta z] = f(x, y),$$

因此函数 $z=f(x, y)$ 在点 $P(x, y)$ 处连续。

下面讨论全微分表达式中的 A 和 B 是什么，从而揭示函数 $z=f(x, y)$ 在点 (x, y) 处可微分的必要与充分条件。

定理 1（必要条件） 如果函数 $z=f(x, y)$ 在点 (x, y) 可微分，则该函数在点 (x, y) 的偏导数 $\dfrac{\partial z}{\partial x}$、$\dfrac{\partial z}{\partial y}$ 必定存在，且函数 $z=f(x, y)$ 在点 (x, y) 处的全微分为

$$\mathrm{d}z = \frac{\partial z}{\partial x}\Delta x + \frac{\partial z}{\partial y}\Delta y. \tag{2}$$

证 因为函数 $z=f(x, y)$ 在点 (x, y) 处可微分，由微分定义

$$\Delta z = f(x+\Delta x, y+\Delta y) - f(x, y) = A\Delta x + B\Delta y + o(\rho).$$

因为上式对任意的 Δx、Δy 都成立，特别地，当 $\Delta y = 0$ 时，上式也成立，此时 $\rho = |\Delta x|$，且此式两边各除以 Δx，再令 $\Delta x \to 0$ 取极限，就得

$$\lim_{\Delta x \to 0} \frac{f(x+\Delta x, y) - f(x, y)}{\Delta x} = A,$$

这说明偏导数 $\dfrac{\partial z}{\partial x}$ 存在，且等于 A。同理可证 $B = \dfrac{\partial z}{\partial y}$，从而有

$$\mathrm{d}z = \frac{\partial z}{\partial x}\Delta x + \frac{\partial z}{\partial y}\Delta y.$$

习惯上我们将自变量的增量分别记为 $\mathrm{d}x$、$\mathrm{d}y$，并分别称为自变量的微分，这时，函数 $z=f(x, y)$ 的全微分就可写成

$$\mathrm{d}z = \frac{\partial z}{\partial x}\mathrm{d}x + \frac{\partial z}{\partial y}\mathrm{d}y, \tag{3}$$

其中 $\dfrac{\partial z}{\partial x}\mathrm{d}x$ 与 $\dfrac{\partial z}{\partial y}\mathrm{d}y$ 分别叫作函数在点 (x, y) 处对 x、y 的偏微分。由此可知，二元函数的全微分等于它的两个偏微分之和，这种关系称为二元函数的微分符合叠加原理。

一元函数导数存在的充分必要条件是函数的微分存在，但对多元函数来讲，这一条也是不成立的，这是一元函数与多元函数性质上的又一个差异。对二元函数来说，当其各偏导数都存在时，尽管我们能够形式地写出 $\dfrac{\partial z}{\partial x}\mathrm{d}x + \dfrac{\partial z}{\partial y}\mathrm{d}y$，但它与 Δz 之差却不一定是较 ρ 高阶的无穷小，因此它不一定能满足函数的全微分的定义，换句话说，偏导数的存在只是全微分存在的必要条件而不是充分条件。例如，函数

$$f(x, y) = \begin{cases} \dfrac{xy}{\sqrt{x^2+y^2}}, & x^2+y^2 \neq 0, \\ 0, & x^2+y^2 = 0 \end{cases}$$

在点 $(0, 0)$ 处有 $f_x(0, 0) = 0$ 及 $f_y(0, 0) = 0$，所以

$$\Delta z-[f_x(0,0)\cdot\Delta x+f_y(0,0)\cdot\Delta y]=\frac{\Delta x\cdot\Delta y}{\sqrt{(\Delta x)^2+(\Delta y)^2}}=\Delta z.$$

如果考虑点 $P'(\Delta x, \Delta y)$ 沿着直线 $y=x$ 趋近于 $(0,0)$，则

$$\frac{\frac{\Delta x\cdot\Delta y}{\sqrt{(\Delta x)^2+(\Delta y)^2}}}{\rho}=\frac{\Delta x\cdot\Delta y}{(\Delta x)^2+(\Delta y)^2}=\frac{\Delta x\cdot\Delta x}{(\Delta x)^2+(\Delta x)^2}=\frac{1}{2},$$

它不能随 $\rho\to 0$ 而趋于零，这表示 $\rho\to 0$ 时，

$$\Delta z-[f_x(0,0)\Delta x+f_y(0,0)\Delta y]$$

并不是一个较 ρ 高阶的无穷小，因此函数在点 $(0,0)$ 处的全微分并不存在，即函数在点 $(0,0)$ 处是不可微分的．

如果我们假定函数的各个偏导数连续，则可以证明函数是可微分的，即有如下定理．

定理 2（充分条件） 如果函数 $z=f(x,y)$ 的偏导数 $\frac{\partial z}{\partial x}$ 及 $\frac{\partial z}{\partial y}$ 在点 (x,y) 处连续，则函数在该点可微分．

三元以上的多元函数全微分的概念可类似于二元函数全微分的概念给出，定理 1 和定理 2 仍然成立，多元函数（例如，三元函数 $u=f(x,y,z)$）的全微分可采用同样的记号 du．

例 1 计算函数 $z=\ln(x^2+y^3)$ 的全微分．

解 因为
$$\frac{\partial z}{\partial x}=\frac{2x}{x^2+y^3},\quad \frac{\partial z}{\partial y}=\frac{3y^2}{x^2+y^3},$$

所以
$$dz=\frac{2x}{x^2+y^3}dx+\frac{3y^2}{x^2+y^3}dy.$$

例 2 计算函数 $z=e^{xy}$ 在点 $(1,1)$ 处的全微分．

解 因为
$$\frac{\partial z}{\partial x}=ye^{xy},\quad \frac{\partial z}{\partial y}=xe^{xy},$$

$$\left.\frac{\partial z}{\partial x}\right|_{\substack{x=1\\y=1}}=e,\quad \left.\frac{\partial z}{\partial y}\right|_{\substack{x=1\\y=1}}=e,$$

所以
$$dz=edx+edy=e(dx+dy).$$

例 3 计算函数 $u=x+\cos\frac{y}{2}+e^{yz}$ 的全微分．

解 因为
$$\frac{\partial u}{\partial x}=1,\quad \frac{\partial u}{\partial y}=-\frac{1}{2}\sin\frac{y}{2}+ze^{yz},\quad \frac{\partial u}{\partial z}=ye^{yz},$$

所以
$$du=dx+\left(-\frac{1}{2}\sin\frac{y}{2}+ze^{yz}\right)dy+ye^{yz}dz.$$

二、全微分在近似计算中的应用

如果函数 $z=f(x,y)$ 在点 (x,y) 处可微，则 $z=f(x,y)$ 的全增量 Δz 与全微分 dz 之差是比 $\rho=\sqrt{(\Delta x)^2+(\Delta y)^2}$ 高阶的无穷小，所以当 $|\Delta x|$、$|\Delta y|$ 都较小时，全增量可以近似地用全微分代替

$$\Delta z\approx dz=f_x(x,y)\Delta x+f_y(x,y)\Delta y, \tag{4}$$

这就是求二元函数 $z=f(x,y)$ 增量的近似公式.(4)式也可以改写成
$$f(x+\Delta x,y+\Delta y)\approx f(x,y)+f_x(x,y)\Delta x+f_y(x,y)\Delta y, \qquad (5)$$
这是计算二元函数 $z=f(x,y)$ 在自变量有了增量 Δx 和 Δy 后的函数值的近似计算公式.

例 4 计算 $1.02^{1.98}$ 的近似值.

解 设函数 $f(x,y)=x^y$,要计算的值就是函数在 $x=1.02$,$y=1.98$ 时的函数值 $f(1.02,1.98)$.取 $x=1$,$y=2$,$\Delta x=0.02$,$\Delta y=-0.02$,由于
$$f(1,2)=1, \; f_x(x,y)=yx^{y-1}, \; f_y(x,y)=x^y\ln x,$$
$$f_x(1,2)=2, \; f_y(1,2)=0,$$
所以应用公式(5),便有
$$1.02^{1.98}=(1+0.02)^{2-0.02}\approx 1+2\times 0.02+0\times(-0.02)=1.04.$$

习 题 7-3

1. 求下列函数的全微分:

(1) $z=\arctan\dfrac{x-y}{1-xy}$; (2) $z=\ln\sqrt{x^2+y^2}$; (3) $u=\mathrm{e}^{xy}$;

(4) $u=\sin(xy)$; (5) $z=y^{\sin x}$,$y>0$.

2. 求函数 $z=\ln(x+\ln y)$ 在点 $(1,\mathrm{e})$ 的全微分.

3. 设 $u=x^{yz}$,求 $\mathrm{d}f(\mathrm{e},1,1)$.

4. 求函数 $z=\dfrac{xy}{x^2-y^2}$ 在 $x=2$,$y=1$,$\Delta x=0.01$,$\Delta y=0.08$ 时的全微分 $\mathrm{d}z$.

*5. 求 $(1.04)^{2.02}$ 的近似值.

第四节 多元复合函数的求导法则

多元复合函数的求导是多元函数微分学中的重要内容,现在我们要将一元函数微分学中的求导法则推广到多元复合函数的情形.

一、复合函数为一元函数的情形

设函数 $z=f(u,v)$ 是变量 u、v 的函数,而 u、v 又都是另一个变量 x 的函数:$u=\varphi(x)$,$v=\psi(x)$,则 $z=f[\varphi(x),\psi(x)]$ 是自变量 x 的复合函数,对于这种类型的函数的导数,下面我们给出它的计算公式.

定理 如果函数 $u=\varphi(x)$ 及 $v=\psi(x)$ 在点 x 可导,函数 $z=f(u,v)$ 在对应点 (u,v) 具有连续偏导数,则复合函数 $z=f[\varphi(x),\psi(x)]$ 在点 x 可导,且
$$\frac{\mathrm{d}z}{\mathrm{d}x}=\frac{\partial z}{\partial u}\cdot\frac{\mathrm{d}u}{\mathrm{d}x}+\frac{\partial z}{\partial v}\cdot\frac{\mathrm{d}v}{\mathrm{d}x}. \qquad (1)$$

证 这是 z 对 x 的一元函数的导数问题,设 x 获得增量 Δx,则 $u=\varphi(x)$,$v=\psi(x)$ 分别有对应的增量 Δu,Δv,因此函数 $z=f(u,v)$ 相应地获得增量 Δz,根据假设,函数 $z=f(u,v)$ 在点 (u,v) 具有连续偏导数,则有
$$\Delta z=\frac{\partial z}{\partial u}\Delta u+\frac{\partial z}{\partial v}\Delta v+\varepsilon_1\Delta u+\varepsilon_2\Delta v.$$

这里，当 $\Delta u \to 0$，$\Delta v \to 0$ 时，$\varepsilon_1 \to 0$，$\varepsilon_2 \to 0$，将上式两边同时除以 Δx，得

$$\frac{\Delta z}{\Delta x} = \frac{\partial z}{\partial u}\frac{\Delta u}{\Delta x} + \frac{\partial z}{\partial v}\frac{\Delta v}{\Delta x} + \varepsilon_1\frac{\Delta u}{\Delta x} + \varepsilon_2\frac{\Delta v}{\Delta x}, \tag{2}$$

因为当 $\Delta x \to 0$ 时，$\Delta u \to 0$，$\Delta v \to 0$，故 $\frac{\Delta u}{\Delta x} \to \frac{du}{dx}$，$\frac{\Delta v}{\Delta x} \to \frac{dv}{dx}$，因此当 $\Delta x \to 0$ 时，对(2)式两端取极限，得

$$\frac{dz}{dx} = \frac{\partial z}{\partial u} \cdot \frac{du}{dx} + \frac{\partial z}{\partial v} \cdot \frac{dv}{dx}.$$

定理证毕．

用同样的方法，可把定理推广到复合函数的中间变量多于两个的情形．例如，设 $z = f(u, v, w)$，而 $u = \varphi(x)$，$v = \psi(x)$，$w = w(x)$，则有

$$\frac{dz}{dx} = \frac{\partial z}{\partial u}\frac{du}{dx} + \frac{\partial z}{\partial v}\frac{dv}{dx} + \frac{\partial z}{\partial w}\frac{dw}{dx}. \tag{3}$$

上面讨论的复合函数虽然中间变量有多个，但自变量都只有一个，这种复合函数用公式 (1)、(3)求得的导数 $\frac{dz}{dx}$ 称为全导数．

例1 设 $z = uv$，而 $u = \ln x$，$v = e^x$，求全导数 $\frac{dz}{dx}$．

解 由全导数计算公式

$$\frac{dz}{dx} = \frac{\partial z}{\partial u}\frac{du}{dx} + \frac{\partial z}{\partial v}\frac{dv}{dx} = v(\ln x)' + u(e^x)'$$

$$= v\frac{1}{x} + ue^x = e^x\left(\frac{1}{x} + \ln x\right).$$

二、复合函数为二元函数的情形

若 $z = f(u, v)$，$u = \varphi(x, y)$，$v = \psi(x, y)$，则复合函数

$$z = f[\varphi(x, y), \psi(x, y)] \tag{4}$$

是二元函数，如果 $u = \varphi(x, y)$，$v = \psi(x, y)$ 都在点 (x, y) 具有对 x 及对 y 的偏导数，函数 $z = f(u, v)$ 在对应点 (u, v) 具有连续偏导数，则复合函数(4)在点 (x, y) 存在着对 x、y 的偏导数，当求其对 x 的偏导数时，变量 y 被认为固定不变，故可看成是对只含一个自变量 x 的复合函数求全导数，所以可把上述定理应用到求复合函数(4)的偏导数的问题上来，注意到此时的 $u = \varphi(x, y)$，$v = \psi(x, y)$ 都是二元函数，因此全导数公式中的 $\frac{du}{dx}$ 和 $\frac{dv}{dx}$ 要换成与之对应的 $\frac{\partial u}{\partial x}$ 和 $\frac{\partial v}{\partial x}$，从而可得到计算公式

$$\frac{\partial z}{\partial x} = \frac{\partial z}{\partial u}\frac{\partial u}{\partial x} + \frac{\partial z}{\partial v}\frac{\partial v}{\partial x}, \tag{5}$$

$$\frac{\partial z}{\partial y} = \frac{\partial z}{\partial u}\frac{\partial u}{\partial y} + \frac{\partial z}{\partial v}\frac{\partial v}{\partial y}. \tag{6}$$

若中间变量多于两个，如设 $u = \varphi(x, y)$，$v = \psi(x, y)$ 及 $w = w(x, y)$ 都在点 (x, y) 具有对 x 及对 y 的偏导数，且函数 $z = f(u, v, w)$ 在对应点 (u, v, w) 具有连续偏导数，则复合函数

$$z = f[\varphi(x, y), \psi(x, y), w(x, y)] \tag{7}$$

在点(x, y)的两个偏导数都存在，其计算公式为

$$\frac{\partial z}{\partial x} = \frac{\partial z}{\partial u}\frac{\partial u}{\partial x} + \frac{\partial z}{\partial v}\frac{\partial v}{\partial x} + \frac{\partial z}{\partial w}\frac{\partial w}{\partial x}, \tag{8}$$

$$\frac{\partial z}{\partial y} = \frac{\partial z}{\partial u}\frac{\partial u}{\partial y} + \frac{\partial z}{\partial v}\frac{\partial v}{\partial y} + \frac{\partial z}{\partial w}\frac{\partial w}{\partial y}. \tag{9}$$

例 2 设 $z = e^u \sin v$，而 $u = x^2 + y^2$，$v = xy$，求 $\dfrac{\partial z}{\partial x}$ 和 $\dfrac{\partial z}{\partial y}$.

解
$$\frac{\partial z}{\partial x} = \frac{\partial z}{\partial u}\frac{\partial u}{\partial x} + \frac{\partial z}{\partial v}\frac{\partial v}{\partial x} = e^u \sin v \cdot 2x + e^u \cos v \cdot y$$
$$= e^{x^2+y^2}[2x\sin(xy) + y\cos(xy)],$$
$$\frac{\partial z}{\partial y} = \frac{\partial z}{\partial u}\frac{\partial u}{\partial y} + \frac{\partial z}{\partial v}\frac{\partial v}{\partial y} = e^u \sin v \cdot 2y + e^u \cos v \cdot x$$
$$= e^{x^2+y^2}[2y\sin(xy) + x\cos(xy)].$$

三、一种特殊的情形

如果 $z = f(u, x, y)$ 具有连续偏导数，而 $u = \varphi(x, y)$ 具有偏导数，则复合函数

$$z = f[\varphi(x, y), x, y] \tag{10}$$

具有对 x 和对 y 的偏导数，此时它可看作函数(7)中当 $v = x$，$w = y$ 时的特殊情形，因此

$$\frac{\partial z}{\partial x} = \frac{\partial f}{\partial u}\frac{\partial u}{\partial x} + \frac{\partial f}{\partial x}, \tag{11}$$

$$\frac{\partial z}{\partial y} = \frac{\partial f}{\partial u}\frac{\partial u}{\partial y} + \frac{\partial f}{\partial y}. \tag{12}$$

必须注意：这里 $\dfrac{\partial z}{\partial x}$ 与 $\dfrac{\partial f}{\partial x}$ 的意义是不同的，$\dfrac{\partial z}{\partial x}$ 是把复合函数(10)中的 y 看作不变而对 x 的偏导数，而 $\dfrac{\partial f}{\partial x}$ 是把复合函数(10)中的 u 和 y 看作不变而对 x 的偏导数(实际上 u 是 x 和 y 的函数)，$\dfrac{\partial z}{\partial y}$ 与 $\dfrac{\partial f}{\partial y}$ 也有类似的区别.

例 3 设 $u = f(x, y, z) = e^{x^2+y^2+z^2}$，而 $z = x^2 \sin y$，求 $\dfrac{\partial u}{\partial x}$ 和 $\dfrac{\partial u}{\partial y}$.

解
$$\frac{\partial u}{\partial x} = \frac{\partial f}{\partial x} + \frac{\partial f}{\partial z}\frac{\partial z}{\partial x} = 2xe^{x^2+y^2+z^2} + 2ze^{x^2+y^2+z^2} \cdot 2x\sin y$$
$$= 2x(1 + 2x^2\sin^2 y)e^{x^2+y^2+x^4\sin^2 y},$$
$$\frac{\partial u}{\partial y} = \frac{\partial f}{\partial y} + \frac{\partial f}{\partial z}\frac{\partial z}{\partial y} = 2ye^{x^2+y^2+z^2} + 2ze^{x^2+y^2+z^2} \cdot x^2\cos y$$
$$= 2(y + x^4\sin y\cos y)e^{x^2+y^2+x^4\sin^2 y}.$$

例 4 设 $z = f\left(xy, \dfrac{x}{y}\right)$，求 $\dfrac{\partial z}{\partial x}$ 和 $\dfrac{\partial z}{\partial y}$.

解 令 $u = xy$，$v = \dfrac{x}{y}$，于是 $z = f(u, v)$.

$$\frac{\partial z}{\partial x} = \frac{\partial f}{\partial u} \cdot \frac{\partial u}{\partial x} + \frac{\partial f}{\partial v} \cdot \frac{\partial v}{\partial x} = \frac{\partial f}{\partial u} \cdot y + \frac{\partial f}{\partial v} \cdot \frac{1}{y} = yf'_1 + \frac{1}{y}f'_2.$$

为了方便起见，我们用 $\dfrac{\partial f}{\partial u}=f'_1$ 表示函数对第一个中间变量 u 求偏导数，用 $\dfrac{\partial f}{\partial v}=f'_2$ 表示函数对第二个中间变量 v 求偏导数．又函数 f 的具体表达式未曾给出，故 $yf'_1+\dfrac{1}{y}f'_2$ 就是我们要求的结果．

同理我们有

$$\dfrac{\partial z}{\partial y}=\dfrac{\partial f}{\partial u}\cdot\dfrac{\partial u}{\partial y}+\dfrac{\partial f}{\partial v}\cdot\dfrac{\partial v}{\partial y}=\dfrac{\partial f}{\partial u}\cdot x+\dfrac{\partial f}{\partial v}\cdot\left(-\dfrac{x}{y^2}\right)=xf'-\dfrac{x}{y^2}f'_2.$$

习 题 7-4

1. 求下列复合函数的全导数：

(1) 设 $z=u^2+v^2+w^2$，而 $u=3x$，$v=x^2$，$w=3x+5$，求 $\dfrac{\mathrm{d}z}{\mathrm{d}x}$；

(2) 设 $u=\arcsin\dfrac{x}{y}$，而 $y=\sqrt{x^2+1}$，求 $\dfrac{\mathrm{d}u}{\mathrm{d}x}$；

(3) 设 $z=u^v$，而 $u=\ln x$，$v=x^2$，求 $\dfrac{\mathrm{d}z}{\mathrm{d}x}$.

2. 求下列复合函数的偏导数：

(1) 设 $z=u^2v-uv^2$，而 $u=x\cos y$，$v=x\sin y$，求 $\dfrac{\partial z}{\partial x}$，$\dfrac{\partial z}{\partial y}$；

(2) 设 $z=u\mathrm{e}^v$，而 $u=x^2+y^2$，$v=x^2-y^2$，求 $\dfrac{\partial z}{\partial x}$，$\dfrac{\partial z}{\partial y}$；

(3) 设 $z=\mathrm{e}^u\sin v$，而 $u=xy$，$v=x+y$，求 $\dfrac{\partial z}{\partial x}$，$\dfrac{\partial z}{\partial y}$；

(4) $z=x^2\ln y$，$x=\dfrac{s}{t}$，$y=3s-2t$，求 $\dfrac{\partial z}{\partial s}$，$\dfrac{\partial z}{\partial t}$；

(5) 设 $u=f(x,y,z)=xy\mathrm{e}^{x^2+3z}$，而 $z=\arctan(xy)$，求 $\dfrac{\partial u}{\partial x}$，$\dfrac{\partial u}{\partial y}$.

3. 求下列函数的一阶偏导数（其中 f 具有一阶连续偏导数）：

(1) $z=f(x^2-y^2,\ \mathrm{e}^{xy})$；   (2) $z=f(xy,\ y)$；

(3) $z=\dfrac{y}{f(x^2-y^2)}$.

第五节 隐函数的求导公式

在第二章第四节中，我们已经提出了隐函数的概念，并且讨论了不经过显化直接由方程

$$F(x,\ y)=0 \tag{1}$$

所确定的隐函数的求导方法，本节根据多元复合函数的求导方法来导出隐函数的求导公式．

设方程(1)所确定的函数为 $y=f(x)$，将其代入方程(1)，得

$$F[x,\ f(x)]\equiv 0,$$

其左端可看作是 x 的复合函数，两边同时对 x 求全导数，得

$$\frac{\partial F}{\partial x}+\frac{\partial F}{\partial y}\cdot\frac{\mathrm{d}y}{\mathrm{d}x}=0.$$

当 $\dfrac{\partial F}{\partial y}\neq 0$ 时，就有

$$\frac{\mathrm{d}y}{\mathrm{d}x}=-\frac{\dfrac{\partial F}{\partial x}}{\dfrac{\partial F}{\partial y}}. \tag{2}$$

这就是由方程(1)所确定的隐函数的求导公式．

对于含多个自变量的隐函数，也可以用类似的方法求得偏导数．设由方程

$$F(x,\ y,\ z)=0 \tag{3}$$

确定了 z 是 x 与 y 的函数 $z=f(x,\ y)$．若它的两个偏导数 $\dfrac{\partial z}{\partial x}$ 和 $\dfrac{\partial z}{\partial y}$ 都存在，将 $z=f(x,\ y)$ 代入(3)式，得

$$F[x,\ y,\ f(x,\ y)]\equiv 0, \tag{4}$$

应用复合函数的求导方法，将上式两端同时对 x 求偏导数，得

$$\frac{\partial F}{\partial x}+\frac{\partial F}{\partial z}\cdot\frac{\partial z}{\partial x}=0.$$

若 $\dfrac{\partial F}{\partial z}\neq 0$，就有

$$\frac{\partial z}{\partial x}=-\frac{F_x(x,\ y,\ z)}{F_z(x,\ y,\ z)}. \tag{5}$$

同理可得

$$\frac{\partial z}{\partial y}=-\frac{F_y(x,\ y,\ z)}{F_z(x,\ y,\ z)}. \tag{6}$$

这就是二元隐函数的偏导数计算公式．

例 1 设 $\cos y+\mathrm{e}^x-x^2 y=0$，求 $\dfrac{\mathrm{d}y}{\mathrm{d}x}$．

解 设 $F(x,\ y)=\cos y+\mathrm{e}^x-x^2 y$，则

$$\frac{\partial F}{\partial x}=\mathrm{e}^x-2xy,\quad \frac{\partial F}{\partial y}=-\sin y-x^2.$$

当 $\dfrac{\partial F}{\partial y}\neq 0$ 时，有

$$\frac{\mathrm{d}y}{\mathrm{d}x}=-\frac{\dfrac{\partial F}{\partial x}}{\dfrac{\partial F}{\partial y}}=-\frac{\mathrm{e}^x-2xy}{-\sin y-x^2}=\frac{\mathrm{e}^x-2xy}{\sin y+x^2}.$$

例 2 设方程 $xy+yz+zx=1$ 确定隐函数 $z=f(x,\ y)$，求 $\dfrac{\partial^2 z}{\partial x^2}$ 和 $\dfrac{\partial^2 z}{\partial y^2}$．

解 令 $F(x,\ y,\ z)=xy+yz+zx-1$，则

$$\frac{\partial F}{\partial x}=y+z,\quad \frac{\partial F}{\partial y}=z+x,\quad \frac{\partial F}{\partial z}=x+y,$$

所以
$$\frac{\partial z}{\partial x}=-\frac{y+z}{x+y}.$$

上式再一次对 x 求偏导数，得
$$\frac{\partial^2 z}{\partial x^2}=-\frac{\frac{\partial z}{\partial x}(x+y)-(y+z)}{(x+y)^2}=-\frac{-\frac{y+z}{x+y}(x+y)-(y+z)}{(x+y)^2}=\frac{2(y+z)}{(x+y)^2}.$$

同理可得
$$\frac{\partial^2 z}{\partial y^2}=\frac{2(x+z)}{(x+y)^2}.$$

求隐函数的高阶导数是这一部分的难点，也是运算量较大的内容，由于此时已经没有导数公式可以直接带入，只能按照一元函数的求导法则和已有的一阶偏导数求得，这是我们需要注意的.

例3 设方程 $F(x,y,z)=0$，可以把任一变量确定为其余两个变量的隐函数，试证：
$$\frac{\partial x}{\partial y}\cdot\frac{\partial y}{\partial z}\cdot\frac{\partial z}{\partial x}=-1.$$

证 首先将方程 $F(x,y,z)=0$ 看成是确定了 x 是 y 与 z 的隐函数，根据公式(5)得
$$\frac{\partial x}{\partial y}=-\frac{F_y}{F_x}.$$

同理可得
$$\frac{\partial y}{\partial z}=-\frac{F_z}{F_y},\quad \frac{\partial z}{\partial x}=-\frac{F_x}{F_z}.$$

所以
$$\frac{\partial x}{\partial y}\cdot\frac{\partial y}{\partial z}\cdot\frac{\partial z}{\partial x}=-1.$$

习 题 7-5

1. 求下列隐函数的导数 $\dfrac{\mathrm{d}y}{\mathrm{d}x}$：

(1) $x^2+xy-\mathrm{e}^y=0$；

(2) $\sin y+\mathrm{e}^x-xy^2=0$；

(3) $\ln\sqrt{x^2+y^2}=\arctan\dfrac{y}{x}.$

2. 求下列隐函数的偏导数：

(1) $z^3-2xz+y=0$；

(2) $3\sin(x+2y+z)=x+2y+z$；

(3) $x+2y+z-2\sqrt{xyz}=0.$

3. 设 $2\sin(x+2y-3z)=x+2y-3z$，证明 $\dfrac{\partial z}{\partial x}+\dfrac{\partial z}{\partial y}=1.$

*4. 设 $\mathrm{e}^z-xyz=0$，求 $\dfrac{\partial^2 z}{\partial x^2}.$

第六节　多元函数的极值

求多元函数的最大值、最小值是在生产实际、科研工作中经常遇到的问题，与一元函数

相类似，多元函数的最大值、最小值也和极大值、极小值有密切联系，我们以二元函数为例，来讨论多元函数的极值问题．

一、二元函数的极值

定义 设函数 $z=f(x,y)$ 在点 (x_0,y_0) 的某邻域内有定义，对于该邻域内一切异于 (x_0,y_0) 的点 (x,y)，如果都有
$$f(x,y)<f(x_0,y_0),$$
则称函数在点 (x_0,y_0) 有极大值 $f(x_0,y_0)$；如果都有
$$f(x,y)>f(x_0,y_0),$$
则称函数在点 (x_0,y_0) 有极小值 $f(x_0,y_0)$．极大值和极小值统称为极值，使函数取得极值的点称为函数的极值点．

例 1 函数 $z=x^2+y^2$ 在点 $(0,0)$ 处有极小值．因为点 $(0,0)$ 的任一邻域内的异于 $(0,0)$ 的点，函数值均为正，而点 $(0,0)$ 处函数值为零，故函数的极小值为零．从几何上看这是显然的，因为点 $(0,0,0)$ 是开口向上的圆锥面 $z=x^2+y^2$ 的顶点（最低点）．

例 2 函数 $z=\sqrt{1-x^2-y^2}$ 在点 $(0,0)$ 处有极大值．因为在点 $(0,0)$ 处函数值为 1，而对于点 $(0,0)$ 的任一邻域内异于 $(0,0)$ 的点，函数值都小于 1．从几何上来看，点 $(0,0,1)$ 是位于 xOy 面上方的上半球面 $z=\sqrt{1-x^2-y^2}$ 的顶点．

例 3 函数 $z=x^2y$ 在点 $(0,0)$ 处既不取得极大值，也不取得极小值．因为在点 $(0,0)$ 处函数值为零，而在点 $(0,0)$ 的任一邻域内，既有使函数值为正的点，也有使函数值为负的点．

极值的概念可以推广到 n 元函数上去，设 n 元函数 $u=f(P)$ 在点 P_0 的某一邻域内有定义，如果对于该邻域内异于 P_0 的任何点 P，都有
$$f(P)<f(P_0) \quad (f(P)>f(P_0)),$$
则称函数 $f(P)$ 在点 P_0 有极大值（极小值）$f(P_0)$．

二元函数的极值问题，一般可以利用偏导数来解决，下面我们看两个定理．

定理 1（必要条件） 设函数 $z=f(x,y)$ 在点 (x_0,y_0) 处可微分，且在点 (x_0,y_0) 处取得极值，则它在该点处的偏导数必为零，即
$$f_x(x_0,y_0)=0, \quad f_y(x_0,y_0)=0.$$

证 不妨设 $z=f(x,y)$ 在点 (x_0,y_0) 处有极大值，依极大值的定义，在点 (x_0,y_0) 的某邻域内，对于任何异于 (x_0,y_0) 的点 (x,y)，均有
$$f(x,y)<f(x_0,y_0).$$
特别地，在该邻域内取 $y=y_0$，而 $x \neq x_0$ 的点也应有
$$f(x,y_0)<f(x_0,y_0),$$
这说明一元函数 $f(x,y_0)$ 在 $x=x_0$ 处取得极大值，因而必有
$$f_x(x_0,y_0)=0.$$
同理可证
$$f_y(x_0,y_0)=0.$$

该定理对自变量多于两个的多元函数仍然成立．如三元函数 $u=f(x,y,z)$ 在点 (x_0,y_0,z_0) 可微分，则它在点 (x_0,y_0,z_0) 具有极值的必要条件为

$$f_x(x_0, y_0, z_0)=0, \quad f_y(x_0, y_0, z_0)=0, \quad f_z(x_0, y_0, z_0)=0.$$

同一元函数类似，凡是能使 $f_x(x_0, y_0)=0$，$f_y(x_0, y_0)=0$ 同时成立的点 (x_0, y_0) 称为函数 $z=f(x, y)$ 的驻点．由定理 1 可知，具有偏导数的函数的极值点必定是驻点．但函数的驻点不一定是极值点，例如，点 $(0, 0)$ 是函数 $z=x^3 y$ 的驻点，但函数在该点并无极值．

定理 2（充分条件） 设函数 $z=f(x, y)$ 在点 (x_0, y_0) 的某邻域内连续，且具有一阶及二阶连续偏导数，又 $f_x(x_0, y_0)=0$，$f_y(x_0, y_0)=0$，令

$$f_{xx}(x_0, y_0)=A, \quad f_{xy}(x_0, y_0)=B, \quad f_{yy}(x_0, y_0)=C,$$

则 $f(x, y)$ 在点 (x_0, y_0) 处是否取得极值的条件如下：

(1) $AC-B^2>0$ 时具有极值，且当 $A<0$ 时有极大值，当 $A>0$ 时有极小值；

(2) $AC-B^2<0$ 时没有极值；

(3) $AC-B^2=0$ 时可能有极值，也可能没有极值，还需进一步讨论．

综上所述，我们把具有二阶连续偏导数的函数 $z=f(x, y)$ 的极值的求法归纳如下：

(1) 解方程组 $\begin{cases} f_x(x, y)=0, \\ f_y(x, y)=0, \end{cases}$ 求得一切实数解，即得一切驻点．

(2) 对于每一个驻点 (x_0, y_0)，求出二阶偏导数的值 A、B 和 C．

(3) 定出 $AC-B^2$ 的符号，根据定理 2 的结论来判断 $f(x_0, y_0)$ 是否极值，是极大值还是极小值．

例 4 求函数 $f(x, y)=x^3+y^3-9xy+27$ 的极值．

解 先解方程组

$$\begin{cases} f_x(x, y)=3x^2-9y=0, \\ f_y(x, y)=3y^2-9x=0, \end{cases}$$

求得驻点 $(0, 0)$、$(3, 3)$．

再求出二阶偏导数

$$f_{xx}(x, y)=6x, \quad f_{xy}(x, y)=-9, \quad f_{yy}(x, y)=6y.$$

在点 $(0, 0)$ 处，$AC-B^2=0-(-9)^2<0$，所以函数在 $(0, 0)$ 处不取得极值；

在点 $(3, 3)$ 处，$AC-B^2=18\times 18-(-9)^2=243>0$，又 $A>0$，所以函数在 $(3, 3)$ 处有极小值 $f(3, 3)=0$．

例 5 求函数 $f(x, y)=e^{x-y}(x^2-2y^2)$ 的极值．

解 (1) 求驻点：由

$$\begin{cases} f_x(x, y)=e^{x-y}(x^2-2y^2)+2xe^{x-y}=0, \\ f_y(x, y)=-e^{x-y}(x^2-2y^2)-4ye^{x-y}=0, \end{cases}$$

得两个驻点 $(0, 0)$，$(-4, -2)$．

(2) 求 $f(x, y)$ 的二阶偏导数：

$$f_{xx}(x, y)=e^{x-y}(x^2-2y^2+4x+2),$$
$$f_{xy}(x, y)=e^{x-y}(2y^2-x^2-2x-4y),$$
$$f_{yy}(x, y)=e^{x-y}(x^2-2y^2+8y-4).$$

(3) 讨论驻点是否为极值点：

在 $(0, 0)$ 处，有 $A=2$，$B=0$，$C=-4$，$AC-B^2=-8<0$，由极值的充分条件知 $(0, 0)$ 不是极值点，$f(0, 0)=0$ 不是函数的极值；

在$(-4, -2)$处，有$A = -6e^{-2}$，$B = 8e^{-2}$，$C = -12e^{-2}$，$AC - B^2 = 8e^{-4} > 0$，而$A < 0$，由极值的充分条件知$(-4, -2)$为极大值点，$f(-4, -2) = 8e^{-2}$是函数的极大值.

二、最大值与最小值

与一元函数相类似，我们可利用函数的极值来求函数的最大值和最小值. 在第一节曾指出，如果函数在有界闭区域 D 上连续，则它在 D 上一定存在最大值和最小值，这种使函数取得最大值与最小值的点可能在 D 的内部，也可能在 D 的边界上，假定函数在 D 上连续、可微且只有有限个驻点，这时如果函数在 D 的内部取得最大值（最小值），那么这个最大值（最小值）也是函数的极大值（极小值），因此我们可得求函数的最大值和最小值的一般方法如下：

求出函数 $f(x, y)$ 在 D 内的所有驻点处的函数值及在 D 的边界上的最大值和最小值，然后将它们相比较，其中最大的就是最大值，最小的就是最小值.

利用上述方法，由于要求出 $f(x, y)$ 在 D 的边界上的最大值和最小值，所以往往相当复杂，在实际问题中，通常会遇到这种情况：已知函数 $f(x, y)$ 的最大值或最小值一定在 D 的内部取得，而函数在 D 内只有一个驻点，那么可以肯定该点处的函数值就是函数 $f(x, y)$ 在 D 上的最大值或最小值.

例 6 某企业生产两种产品的产量分别为 x 单位和 y 单位，利润函数为
$$L(x, y) = 64x - 2x^2 + 4xy - 4y^2 + 32y - 14,$$
求两种产品产量 x、y 各为多少时，可获最大利润，最大利润是多少？

解 由 $L(x, y) = 64x - 2x^2 + 4xy - 4y^2 + 32y - 14$，解方程组
$$\begin{cases} L_x(x, y) = 64 - 4x + 4y = 0, \\ L_y(x, y) = 4x - 8y + 32 = 0, \end{cases}$$
解得唯一驻点 $(40, 24)$.

根据题意可知，最大利润一定存在，且在定义域 $D = \{(x, y) \mid x > 0, y > 0\}$ 内取得，又函数在 D 内只有唯一的驻点 $(40, 24)$，因此可断定当 $x = 40$，$y = 24$ 时，取得最大利润，此时最大利润为
$$L(40, 24) = 64 \times 40 - 2 \times 40^2 + 4 \times 40 \times 24 - 4 \times 24^2 + 32 \times 24 - 14 = 1650,$$
即该企业生产的两种产品的产量分别为 40 单位和 24 单位时，可获最大利润，最大利润是 1650 单位.

三、条件极值　拉格朗日乘数法

带有附加条件的极值问题称为条件极值问题，这是在实践中经常遇到的. 例如，在长方体表面积为定值的条件下求这个长方体最大体积的问题.

对于有些实际问题，可以把条件极值转化为无条件极值，再利用已有的方法来解决. 但在一般情况下，附加条件往往通过隐函数形式给出，并且不易甚至不能写成显函数形式，从而不易转化为无条件极值问题来解决. 下面我们来介绍一种有效的直接求条件极值的方法——拉格朗日乘数法.

拉格朗日乘数法 为求函数 $z = f(x, y)$ 在条件 $\varphi(x, y) = 0$ 下的条件极值，可先构造函数

$$F(x, y) = f(x, y) + \lambda \varphi(x, y),$$

其中 λ 为待定常数,求 $F(x, y)$ 对 x 与 y 的一阶偏导数,并使之为零,然后与方程 $\varphi(x, y)=0$ 联立起来:

$$\begin{cases} f_x(x, y) + \lambda \varphi_x(x, y) = 0, \\ f_y(x, y) + \lambda \varphi_y(x, y) = 0, \\ \varphi(x, y) = 0, \end{cases}$$

由这方程组解出 x、y 与 λ,则其中 x,y 就是可能极值点的坐标.

这种方法还可以推广到自变量多于两个而条件多于一个的情形,例如,要求函数

$$u = f(x, y, z, t)$$

在条件

$$\varphi(x, y, z, t) = 0, \quad \psi(x, y, z, t) = 0 \tag{1}$$

下的极值,可以先构造函数

$$F(x, y, z, t) = f(x, y, z, t) + \lambda_1 \varphi(x, y, z, t) + \lambda_2 \psi(x, y, z, t),$$

其中 λ_1、λ_2 为待定常数,再求出 $F(x, y, z, t)$ 对自变量的一阶偏导数,并使之为零,然后与方程(1)联立求解,这样得出的 x、y、z 与 t 就是可能极值点的坐标.

例 7 求 $z = x^2 + y^2 + 5$ 在约束条件 $y = 1 - x$ 下的极值.

分析 (1) 这是二元函数条件极值问题;

(2) 解题步骤:第一步是求出驻点;第二步求目标函数的二阶偏导数;第三步求出驻点的判别式 $AC - B^2$,判断是否为极值点以及极大还是极小.

解 作辅助函数

$$F(x, y, \lambda) = x^2 + y^2 + 5 + \lambda(1 - x - y),$$

分别对变量 x、y 求偏导数,有 $F'_x = 2x - \lambda$,$F'_y = 2y - \lambda$,解方程组

$$\begin{cases} 2x - \lambda = 0, \\ 2y - \lambda = 0, \\ 1 - x - y = 0, \end{cases}$$

得

$$x = y = \frac{1}{2}, \quad \lambda = 1.$$

现在判断 $P\left(\frac{1}{2}, \frac{1}{2}\right)$ 是否为条件极值点:从几何上看,由于问题的实质是求旋转抛物面 $z = x^2 + y^2 + 5$ 与平面 $y = 1 - x$ 的交线,即开口向上的抛物线的极值,所以存在极小值,且在唯一驻点 $P\left(\frac{1}{2}, \frac{1}{2}\right)$ 处取得极小值 $z = \left(\frac{1}{2}\right)^2 + \left(\frac{1}{2}\right)^2 + 5 = \frac{11}{2}$.

例 8 求函数 $z = x^2 + y^2$ 在圆 $(x - \sqrt{2})^2 + (y - \sqrt{2})^2 \leqslant 9$ 上的最大值与最小值.

分析 (1) 在闭域上求函数最值只需找出在开区域和边界上的可能点,最后比较函数值即可,而不需要判断是否为极值点;

(2) 在求方程组的解时,要注意方程的对称性,必要时也可作换元处理,以简化计算;

(3) 本题在边界上的最值也可考虑写出圆周的参数方程,将问题转化为一元函数的最值问题.

解 先求函数在圆内部可能的极值点.令

$$\begin{cases} z_x = 2x = 0, \\ z_y = 2y = 0, \end{cases}$$

解得点 $(0, 0)$，而 $z(0, 0) = 0$.

再求函数在圆周上的最值. 为此作拉格朗日函数

$$F(x, y) = x^2 + y^2 + \lambda[(x-\sqrt{2})^2 + (y-\sqrt{2})^2 - 9],$$

$$\begin{cases} F_x = 2x + 2\lambda(x-\sqrt{2}) = 0, \\ F_y = 2y + 2\lambda(y-\sqrt{2}) = 0, \\ (x-\sqrt{2})^2 + (y-\sqrt{2})^2 = 9, \end{cases}$$

解之得 $\left(\dfrac{5\sqrt{2}}{2}, \dfrac{5\sqrt{2}}{2}\right)$，$\left(-\dfrac{\sqrt{2}}{2}, -\dfrac{\sqrt{2}}{2}\right)$，而 $z\left(\dfrac{5\sqrt{2}}{2}, \dfrac{5\sqrt{2}}{2}\right) = 25$，$z\left(-\dfrac{\sqrt{2}}{2}, -\dfrac{\sqrt{2}}{2}\right) = 1$，比较 $z(0, 0)$，$z\left(\dfrac{5\sqrt{2}}{2}, \dfrac{5\sqrt{2}}{2}\right)$，$z\left(-\dfrac{\sqrt{2}}{2}, -\dfrac{\sqrt{2}}{2}\right)$ 三值可知，在圆 $(x-\sqrt{2})^2 + (y-\sqrt{2})^2 \leqslant 9$ 上函数的最大值为 $z = 25$，最小值为 $z = 0$.

习 题 7-6

1. 求下列函数的极值：
   (1) $f(x, y) = x^3 + y^3 - 3xy$；
   (2) $f(x, y) = x^2 - (y-1)^2$；
   (3) $f(x, y) = x^2 + y^2 - 2\ln x - 2\ln y$，$x > 0$，$y > 0$.
2. 求下列函数在给定条件下的极值：
   (1) $f(x, y) = xy$，$x + y = 2$；
   (2) $f(x, y) = xy$，$x + y = 1$.
3. 求函数 $f(x, y) = x^2 + y^2$ 在闭区域 $x^2 + 4y^2 \leqslant 4$ 上的最大值和最小值.
4. 从斜边长为 l 的一切直角三角形中，求有最大周长的直角三角形.
5. 欲围一个面积为 60m^2 的矩形场地，正面所用材料每米造价 10 元，其余三面每米造价 5 元，求场地的长、宽各为多少米时，所用材料费最少.

第七节 多元函数在经济学中的应用

本节先把一元函数微分学中关于边际和弹性的概念推广到多元函数微分学中，并赋予其更丰富的经济含义，然后把多元函数的极值（最值）及条件极值（最值）应用到经济领域中.

一、边际分析

1. 边际函数

设函数 $z = f(x, y)$ 在点 (x_0, y_0) 的偏导数存在，称

$$f_x(x_0, y_0) = \lim_{\Delta x \to 0} \frac{f(x_0 + \Delta x, y_0) - f(x_0, y_0)}{\Delta x}$$

为函数 $z = f(x, y)$ 在点 (x_0, y_0) 处对 x 的边际，称 $f_x(x, y)$ 为对 x 的边际函数.

类似地，称 $f_y(x_0, y_0)$ 为 $z = f(x, y)$ 在点 (x_0, y_0) 处对 y 的边际，称 $f_y(x, y)$ 为对 y 的边际函数.

边际 $f_x(x_0, y_0)$ 的经济含义是：在点 (x_0, y_0) 处，当 y 保持不变而 x 多生产一个单位时，$z = f(x, y)$ 近似地改变 $f_x(x_0, y_0)$ 个单位．

例1 某汽车生产商生产 A, B 两种型号的小车，其日产量分别用 x, y（单位：百辆）表示，总成本（单位：百万元）为
$$C(x, y) = 10 + 5x^2 + xy + 2y^2,$$
求当 $x = 5, y = 3$ 时，两种型号的小车的边际成本，并解释其经济含义．

解 总成本函数的偏导数
$$C_x(x, y) = 10x + y, \quad C_y(x, y) = x + 4y.$$
当 $x = 5, y = 3$ 时，A 型小车的边际成本为
$$C_x(5, 3) = 10 \times 5 + 3 = 53,$$
B 型小车的边际成本为
$$C_y(5, 3) = 5 + 4 \times 3 = 17.$$
其经济含义是：当 A 型小车日产量为 5 百辆，B 型小车日产量为 3 百辆的条件下．

(1) 如果 B 型小车日产量不变而 A 型小车日产量每增加 1 百辆，则总成本大约增加 53 百万元；

(2) 如果 A 型小车日产量不变而 B 型小车日产量每增加 1 百辆，则总成本大约增加 17 百万元．

2. 边际需求

设有两种相关的商品 A 和 B，价格分别为 p_1 和 p_2，社会需求量分别为 Q_1 和 Q_2，由这两种商品的价格决定，需求函数分别表示为
$$Q_1 = Q_1(p_1, p_2), \quad Q_2 = Q_2(p_1, p_2),$$
称 Q_1, Q_2 对价格 p_1, p_2 的偏导数为边际需求函数，其中 $\dfrac{\partial Q_1}{\partial p_1}, \dfrac{\partial Q_2}{\partial p_2}$ 分别是 Q_1, Q_2 关于自身价格的边际需求，一般应有 $\dfrac{\partial Q_1}{\partial p_1} < 0, \dfrac{\partial Q_2}{\partial p_2} < 0$；$\dfrac{\partial Q_1}{\partial p_2}, \dfrac{\partial Q_2}{\partial p_1}$ 分别是 Q_1, Q_2 关于相关价格的边际需求．关于相关价格的边际需求我们做如下分析：

(1) 若 $\dfrac{\partial Q_1}{\partial p_2} > 0, \dfrac{\partial Q_2}{\partial p_1} > 0$，则说明两种商品中任何一种的价格提高，都将引起另一种商品的需求增加，那么这两种商品属于替代关系（即是相互竞争的）．

(2) 若 $\dfrac{\partial Q_1}{\partial p_2} < 0, \dfrac{\partial Q_2}{\partial p_1} < 0$，则说明两种商品中任何一种的价格提高，都将引起另一种商品的需求减少，那么这两种商品属于互补关系（即是相互配套的）．

例2 设有商品 A_1 和 A_2，其需求函数分别表示为
$$Q_1 = 4 p_1^{-\frac{1}{3}} p_2^{\frac{2}{3}}, \quad Q_2 = 6 p_1^{\frac{1}{4}} p_2^{-\frac{1}{2}},$$
求其边际需求函数，并说明该两种商品间的关系．

解 边际需求函数分别为
$$\frac{\partial Q_1}{\partial p_1} = -\frac{4}{3} p_1^{-\frac{4}{3}} p_2^{\frac{2}{3}} < 0, \quad \frac{\partial Q_1}{\partial p_2} = \frac{8}{3} p_1^{-\frac{1}{3}} p_2^{-\frac{1}{3}} > 0,$$
$$\frac{\partial Q_2}{\partial p_1} = \frac{3}{2} p_1^{-\frac{3}{4}} p_2^{-\frac{1}{2}} > 0, \quad \frac{\partial Q_2}{\partial p_2} = -3 p_1^{\frac{1}{4}} p_2^{-\frac{3}{2}} < 0,$$

由于 $\frac{\partial Q_1}{\partial p_2}>0$, $\frac{\partial Q_2}{\partial p_1}>0$,因此两种商品是替代关系.

3. 边际生产力

在商业与经济中经常考虑的一个生产模型是**柯布—道格拉斯生产函数**
$$P(x, y) = cx^a y^{1-a}, \quad c>0, \quad 0<a<1,$$
其中 P 是由 x 个人力单位和 y 个资本单位生产出的产品数量(资本是机器、场地、生产工具和其他用品的成本),偏导数
$$\frac{\partial P}{\partial x}, \frac{\partial P}{\partial y}$$
分别称为人力的边际生产力和资本的边际生产力.

例3 某体育用品公司的某种产品有下列的生产函数
$$P(x, y) = 240 x^{0.4} y^{0.6},$$
其中 P 是由 x 个人力单位和 y 个资本单位生产出的产品数量.

(1) 求由 32 个人力单位和 1024 个资本单位生产出的产品数量;

(2) 求边际生产力;

(3) 计算在 $x=32$, $y=1024$ 时的边际生产力.

解 (1) $P(32, 1024) = 240 \times 32^{0.4} \times 1024^{0.6} = 61440$;

(2) $\frac{\partial P}{\partial x} = 240 \cdot 0.4 x^{-0.6} \cdot y^{0.6} = 96 x^{-0.6} y^{0.6}$,

$\frac{\partial P}{\partial y} = 240 \cdot 0.6 x^{0.4} \cdot y^{-0.4} = 144 x^{0.4} y^{-0.4}$;

(3) $\left.\frac{\partial P}{\partial x}\right|_{(32,1024)} = 96 \times 32^{-0.6} \times 1024^{0.6} = 768$,

$\left.\frac{\partial P}{\partial y}\right|_{(32,1024)} = 144 \times 32^{0.4} \times 1024^{-0.4} = 36.$

二、弹性分析

1. 偏弹性函数

设函数 $z=f(x, y)$ 在点 (x_0, y_0) 的偏导数存在,$z=f(x, y)$ 对 x 的偏改变量记为
$$\Delta_x z = f(x_0 + \Delta x, y_0) - f(x_0, y_0),$$
称 $\Delta_x z$ 的相对改变量 $\frac{\Delta_x z}{z_0}$ 与自变量 x 的相对改变量 $\frac{\Delta x}{x_0}$ 之比
$$\frac{\Delta_x z}{z_0} \Big/ \frac{\Delta x}{x_0} = \frac{\Delta_x z}{\Delta x} \cdot \frac{x_0}{z_0}$$
为函数 $f(x, y)$ 在点 (x_0, y_0) 处对 x 从 x_0 到 $x_0 + \Delta x$ 两点间的弹性.

令 $\Delta x \to 0$,则上式的极限称为 $f(x, y)$ 在点 (x_0, y_0) 处对 x 的偏弹性,记为 E_x,即
$$E_x = \lim_{\Delta x \to 0} \frac{\Delta_x z}{\Delta x} \cdot \frac{x_0}{z_0} = f_x(x_0, y_0) \cdot \frac{x_0}{f(x_0, y_0)}.$$

对 x 偏弹性的经济含义是:在 (x_0, y_0) 处,当 y 不变而 x 产生 1% 的改变时,$f(x, y)$ 近似地改变 $E_x \%$.

类似地,可定义 $f(x, y)$ 在点 (x_0, y_0) 处对 y 的偏弹性,记为 E_y,即

$$E_y = \lim_{\Delta y \to 0} \frac{\Delta_y z}{\Delta y} \cdot \frac{y_0}{z_0} = f_y(x_0, y_0) \cdot \frac{y_0}{f(x_0, y_0)},$$

称
$$E_x = f_x(x, y) \cdot \frac{x}{f(x, y)}, \quad E_y = f_y(x, y) \cdot \frac{y}{f(x, y)}$$

为 $f(x, y)$ 分别对 x 和 y 的偏弹性函数.

2. 需求价格偏弹性

设某产品的需求量
$$Q = Q(P, y),$$
其中 P 为产品价格，y 为消费者收入.

记需求量 Q 对于价格 P、消费者收入 y 的偏改变量分别为
$$\Delta_P Q = Q(P + \Delta P, y) - Q(P, y) \text{ 和 } \Delta_y Q = Q(P, y + \Delta y) - Q(P, y).$$

易见，$\dfrac{\Delta_P Q}{\Delta P}$ 表示 Q 对于价格 P 由 P 变到 $P + \Delta P$ 的偏平均变化率. 而

$$\frac{\partial Q}{\partial P} = \lim_{\Delta P \to 0} \frac{\Delta_P Q}{\Delta P}$$

表示当价格为 P、消费者收入为 y 时，Q 对于 P 的偏变化率，也称为 Q 对价格 P 的偏边际. 称

$$E_P = -\lim_{\Delta P \to 0} \frac{\Delta_P Q / Q}{\Delta P / P} = -\frac{\partial Q}{\partial P} \cdot \frac{P}{Q}$$

为需求 Q 对价格 P 的偏弹性.

同理，$\dfrac{\Delta_y Q}{\Delta y}$ 表示 Q 对于消费者收入 y 由 y 变到 $y + \Delta y$ 的偏平均变化率. 而

$$\frac{\partial Q}{\partial y} = \lim_{\Delta y \to 0} \frac{\Delta_y Q}{\Delta y},$$

表示当价格为 P、消费者收入为 y 时，Q 对于 y 的偏变化率，也称为 Q 对消费者收入为 y 的偏边际. 称

$$E_y = \lim_{\Delta y \to 0} \frac{\Delta_y Q / Q}{\Delta y / y} = \frac{\partial Q}{\partial y} \cdot \frac{y}{Q}$$

为需求 Q 对收入 y 的偏弹性.

例 4 设某城市计划建设一批经济住房，如果价格（单位：百元/m²）为 P，需求量（单位：百间）为 Q，当地居民年均收入（单位：万元）为 y，根据分析调研，得到需求函数为

$$Q = 10 + Py - \frac{P^2}{10},$$

求当 $P = 30$，$y = 3$ 时，需求 Q 对价格 P 和收入 y 的偏弹性，并解释其经济含义.

解 因为
$$\frac{\partial Q}{\partial P} = y - \frac{2P}{10}, \quad \frac{\partial Q}{\partial y} = P,$$

所以
$$\left.\frac{\partial Q}{\partial P}\right|_{(30,3)} = 3 - \frac{2 \times 30}{10} = -3, \quad \left.\frac{\partial Q}{\partial y}\right|_{(30,3)} = 30,$$

又 $Q(30, 3) = 10 + 30 \times 3 - \dfrac{30^2}{10} = 10.$ 因此，需求 Q 对价格 P 和收入 y 的偏弹性分别为

$$E_P = -3 \times \frac{30}{10} = -9, \quad E_y = 30 \times \frac{3}{10} = 9.$$

其经济含义是：当价格定在每平方米 3000 元，人均年收入 3 万元的条件下，若价格每平方米提高 30 元而人均年收入不变，则需求量将减少 9%；若价格不变而人均年收入增加 100 元，则需求量将增加 9%。

3. 交叉弹性分析

设有 A, B 两种相关的商品，价格分别为 p_1 和 p_2，消费者对这两种商品的需求量为 Q_1 和 Q_2，由这两种商品的价格决定，需求函数分别表示为
$$Q_1 = Q_1(p_1, p_2), \quad Q_2 = Q_2(p_1, p_2).$$

对需求函数 $Q_1 = Q_1(p_1, p_2)$，当 p_2 不变时，需求量 Q_1 对价格 p_1 的偏弹性 E_{p_1} 称为直接价格弹性，即
$$E_{p_1} = \frac{\partial Q_1}{\partial p_1} \cdot \frac{p_1}{Q_1},$$

对需求函数 $Q_1 = Q_1(p_1, p_2)$，当 p_1 不变时，需求量 Q_1 对价格 p_2 的偏弹性 E_{p_2} 称为交叉价格弹性，即
$$E_{p_2} = \frac{\partial Q_1}{\partial p_2} \cdot \frac{p_2}{Q_1},$$

需求量 Q_1 的交叉价格弹性 E_{p_2} 可用于分析两种商品的相互关系：

(1) 若 $E_{p_2} < 0$，则表示当商品 A 的价格 p_1 不变，而商品 B 的价格 p_2 上升时，商品 A 的需求量将相应地减少．这时称商品 A 和 B 是相互补充关系．

(2) 若 $E_{p_2} > 0$，则表示当商品 A 的价格 p_1 不变，而商品 B 的价格 p_2 上升时，商品 A 的需求量将相应地增加．这时称商品 A 和 B 是相互竞争关系．

(3) 若 $E_{p_2} = 0$，称两商品相互独立．

例 5 某品牌数码相机的需求量 Q，除与自身价格（单位：百元）p_1 有关外，还与彩色喷墨打印机的价格（单位：百元）p_2 有关，需求函数为
$$Q = 120 + \frac{100}{p_1} - 10p_2 - p_2^2,$$

求 $p_1 = 20, p_2 = 5$ 时需求量 Q 的直接价格弹性和交叉价格弹性，并说明数码相机和彩色喷墨打印机是相互补充关系还是相互竞争关系？

解 $p_1 = 20, p_2 = 5$ 时，
$$Q(20, 5) = 120 + \frac{100}{20} - 10 \times 5 - 5^2 = 50,$$

$$\left.\frac{\partial Q}{\partial p_1}\right|_{(20,5)} = \left.-\frac{100}{p_1^2}\right|_{(20,5)} = -\frac{1}{4}, \quad \left.\frac{\partial Q}{\partial p_2}\right|_{(20,5)} = (-10 - 2p_2)|_{(20,5)} = -20,$$

故需求量 Q 的直接价格弹性为
$$E_{p_1} = \frac{\partial Q}{\partial p_1} \cdot \frac{p_1}{Q} = -\frac{1}{4} \times \frac{20}{50} = -0.1,$$

需求量 Q 的交叉价格弹性为
$$E_{p_2} = \frac{\partial Q}{\partial p_2} \cdot \frac{p_2}{Q} = -20 \times \frac{5}{50} = -2.$$

由 $E_{p_2} < 0$，故数码相机和彩色喷墨打印机是相互补充关系．

三、经济问题的最优化

1. 最大值问题

例 6 设 D_1,D_2 分别为商品 X_1,X_2 的需求量,需求函数
$$D_1=8-P_1+2P_2,\quad D_2=10+2P_1-5P_2,$$
总成本函数为
$$C_T=3D_1+2D_2,$$
其中 P_1,P_2 为商品 X_1,X_2 的价格,试问 P_1,P_2 取何值时可使利润最大?

解 根据经济理论,总利润=总收入-总成本,由题意:总收益函数
$$R_T=P_1D_1+P_2D_2=P_1(8-P_1+2P_2)+P_2(10+2P_1-5P_2),$$
总利润函数
$$L_T=R_T-C_T=(P_1-3)(8-P_1+2P_2)+(P_2-2)(10+2P_1-5P_2),$$
为了使总利润最大,解方程组
$$\begin{cases}\dfrac{\partial L_T}{\partial P_1}=7-2P_1+4P_2=0,\\[4pt]\dfrac{\partial L_T}{\partial P_2}=14+4P_1-10P_2=0,\end{cases}$$
得驻点 $P_1=\dfrac{63}{2}$,$P_2=14$,因为在点 $\left(\dfrac{63}{2},14\right)$ 处,
$$A=\frac{\partial^2 L_T}{\partial P_1^2}=-2,\quad B=\frac{\partial^2 L_T}{\partial P_1\partial P_2}=4,\quad C=\frac{\partial^2 L_T}{\partial P_2^2}=-10,$$
所以 $AC-B^2=4>0$,因此 $\left(\dfrac{63}{2},14\right)$ 是极大值点,由于只有唯一的驻点,且实际问题是存在最大利润的,故此时价格 $P_1=\dfrac{63}{2}$,$P_2=14$ 是可获最大利润的价格,最大利润为
$$L_T=\left(\frac{63}{2}-3\right)\left(8-\frac{63}{2}+2\times14\right)+(14-2)\left(10+2\times\frac{63}{2}-5\times14\right)=164.25.$$

例 7 某工厂生产甲产品的数量 $S(t)$ 与所用两种原材料 A,B 的数量 x,$y(t)$ 间的关系式 $S(x,y)=0.005x^2y$,现准备向银行贷款 150 万元购买原料,已知 A,B 原料每吨单价分别为 1 万元和 2 万元,问怎样购进两种原材料,才能使得生产的数量最多?

解 作拉格朗日函数
$$F(x,y,\lambda)=0.005x^2y+\lambda(x+2y-150),$$
并令
$$\begin{cases}F_x=0.01xy+\lambda=0,\\ F_y=0.005x^2+2\lambda=0,\\ F_\lambda=x+2y-150=0,\end{cases}$$
解得 $x=100$,$y=25$,$\lambda=-25$. 由于只有唯一的驻点,且实际问题的最大值是存在的,因此驻点 $(100,25)$ 是函数的最大值点,最大值为
$$S(100,25)=0.005\times100^2\times25=1250.$$

2. 最小值问题

例 8 某工厂生产两种型号的精密机床,其产量分别为 x,y 台,总成本函数

$$C(x, y) = x^2 + 2y^2 - xy,$$

若根据市场调查预测,共需要这两种机床 8 台,如何合理安排生产,才使得总成本最小?

解 作拉格朗日函数

$$F(x, y, \lambda) = x^2 + 2y^2 - xy + \lambda(x+y-8),$$

并令
$$\begin{cases} F_x = 2x - y + \lambda = 0, \\ F_y = 4y - x + \lambda = 0, \\ F_\lambda = x + y - 8 = 0, \end{cases}$$

解得 $x=5$,$y=3$,$\lambda=-7$. 由于只有唯一的驻点,且实际问题的最小值是存在的,因此驻点 $(5, 3)$ 是函数的最小值点,因此当两种型号的机器各生产 5 台和 3 台时,其总成本最小,最小值为

$$C(5, 3) = 5^2 + 2 \times 3^2 - 5 \times 3 = 28.$$

3. 最小二乘法

社会经济现象是相互联系的,其发展变化受到各种因素的制约,例如,市场的需求量取决于消费者的可支配收入和商品的价格,生产费用由所生产的产品的数量及各种生产投入要素的价格构成等.

为了减少盲目性,增强科学性,人们要求在长期的实践中观察掌握大量的统计资料和数据,在此基础上,认识和掌握经济发展的规律,比如,研究市场需求量与商品价格的关系,就需要对依存关系的经济变量,建立数学方程,这个方程中通常代表原因的为自变量,代表结果的为因变量.这种根据大量的统计资料和数据所建立的方程称为经验公式.建立经验公式的一个常用方法就是最小二乘法.

下面用两个变量的线性关系的情况来说明.

通过试验或调查,得到两个变量的一组 n 个数据:(x_1, y_1),(x_2, y_2),$\cdots$,(x_n, y_n),将这些数据在直角坐标系平面 xOy 上画出来,假设数据表示的点几乎分布于某一条直线周围,则经验认为这两个变量 x,y 有线性关系,设其关系式为

$$y = ax + b.$$

在直线上,横坐标为 x_i 的点的纵坐标为 $\bar{y}_i = a + bx_i$,误差为

$$\varepsilon_i = y_i - \bar{y}_i = y_i - (a + bx_i),$$

该误差称为实际值与理论值的误差.

现求一组合适的 a,b 使得误差的平方和达到最小,这种方法叫作最小二乘法(图 7-6).

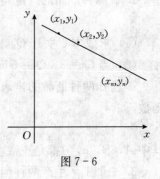

图 7-6

$$E = \sum_{i=1}^{n} \varepsilon_i^2 = \sum_{i=1}^{n} [y_i - (a + bx_i)]^2,$$

要求 E 的极小值,有

$$\frac{\partial E}{\partial a} = 2 \sum_{i=1}^{n} [y_i - (a + bx_i)](-1),$$

$$\frac{\partial E}{\partial b} = 2 \sum_{i=1}^{n} [y_i - (a + bx_i)](-x_i),$$

令 $\dfrac{\partial E}{\partial a} = 0$,$\dfrac{\partial E}{\partial b} = 0$,从而求得驻点是

$$a = \frac{1}{n}\sum_{i=1}^{n} y_i - b\frac{1}{n}\sum_{i=1}^{n} x_i,$$

$$b = \frac{\sum_{i=1}^{n} x_i y_i - \frac{1}{n}\sum_{i=1}^{n} x_i \sum_{i=1}^{n} y_i}{\sum_{i=1}^{n} x_i^2 - \frac{1}{n}\left(\sum_{i=1}^{n} x_i\right)^2}.$$

例9 某企业 2008 年度的 1~12 月份维修成本的历史数据见表 7-1：

表 7-1 1~12 月份维修成本

i	1	2	3	4	5	6	7	8	9	10	11	12
x_i	1200	1300	1150	1050	900	800	700	800	950	1100	1250	1400
y_i	900	910	840	850	820	730	720	780	750	890	920	920

其中，x 表示机器工作时间的小时数，y 表示维修的成本，试求维修成本函数.

解 由题意可知，设经验公式为

$$y = ax + b,$$

根据题目中的数据算出相关数据，结果如下：

$$a = \frac{1}{n}\sum_{i=1}^{n} y_i - b\frac{1}{n}\sum_{i=1}^{n} x_i = 0.32,$$

$$b = \frac{\sum_{i=1}^{n} x_i y_i - \frac{1}{n}\sum_{i=1}^{n} x_i \sum_{i=1}^{n} y_i}{\sum_{i=1}^{n} x_i^2 - \frac{1}{n}\left(\sum_{i=1}^{n} x_i\right)^2} = 500.67,$$

所以经验公式为 $y = 0.32x + 500.67$.

习题 7-7

1. 设两种产品的产量 Q_1 和 Q_2 的联合成本函数为
$$C = C(Q) = 15 + 2Q_1^2 + Q_1 Q_2 + 5Q_2^2,$$
（1）求成本 C 关于 Q_1，Q_2 的边际成本；
（2）当 $Q_1 = 3$，$Q_2 = 6$ 时，求出边际成本的值，并作出经济解释.

*2. 已知两种商品的需求量 Q_1 和 Q_2 是自身价格和另外一种商品的价格以及收入 Y 的函数，
$$Q_1 = A p_1^{-\alpha} p_2^{\beta} Y^{\gamma}, \quad Q_2 = B p_1^{\alpha} p_2^{-\beta} Y^{1-\gamma},$$
其中 A，B，α，β 都是正数，$0 < \gamma < 1$，试计算需求的偏弹性.

3. 一个工厂生产两种产品，其总成本函数为
$$C = Q_1^2 + 2Q_1 Q_2 + Q_2^2 + 5,$$
两种产品的需求函数分别为
$$Q_1 = 26 - P_1, \quad Q_2 = 10 - \frac{1}{2} P_2,$$
试确定利润最大时两种产品的产量及利润.

*4. 设生产函数和总成本函数分别为

$$Q=50K^{\frac{2}{3}}L^{\frac{1}{3}}, \quad C=6K+4L,$$

若成本预算 $C_0=72$ 时，试确定两种要素的投入量以使产量最高，并求最高产量．

5. 销售量 Q 与用在两种广告手段的费用 x 和 y 之间的函数关系为

$$Q=\frac{200x}{5+x}+\frac{100y}{10+y},$$

净利润是销售量的 $\frac{1}{5}$ 减去广告成本，而广告预算是 25，试确定如何分配两种手段的广告成本，以使利润最大？

总 复 习 题 7

(A)

1. 选择题（从以下四个选项中选一个正确的答案）：

(1) 设 $f(x, y)=\dfrac{y}{x+y^2}$，则 $f\left(\dfrac{y}{x}, 1\right)=($ 　　)．

　　A. $\dfrac{y}{x+y}$；　　B. $\dfrac{x}{x+y}$；　　C. $\dfrac{y}{x+y^2}$；　　D. $\dfrac{x}{x+y^2}$．

(2) 设函数 $z=f(x, y)$ 在点 (x, y) 处不连续，则 $z=f(x, y)$ 在该点(　　)．

　　A. 必无定义；　　　　　　　　　　B. 极限必不存在；

　　C. 偏导数必不存在；　　　　　　　D. 全微分必不存在．

(3) 对二元函数 $z=f(x, y)$ 在点 (x_0, y_0) 处满足关系(记号 $\xrightarrow{\times}$ 表示由 A 不能推出 B)(　　)．

　　A. 可微⇔可导⇒连续；

　　B. 可微⇒可导⇒连续；

　　C. 可微⇒可导，或可微⇒连续，但可导 $\xrightarrow{\times}$ 连续；

　　D. 可导⇒连续，但可导 $\xrightarrow{\times}$ 可微．

(4) 函数 $z=x^2+5y^2-6x+10y+6$ 的驻点是(　　)．

　　A. $(-3, 1)$；　　B. $(-3, -1)$；　　C. $(3, -1)$；　　D. $(3, 1)$．

(5) 已知 $f(xy, x-y)=x^2+y^2$，则 $\dfrac{\partial f(x, y)}{\partial x}+\dfrac{\partial f(x, y)}{\partial y}=($ 　　)．

　　A. $2+2y$；　　B. $2-2y$；　　C. $2x+2y$；　　D. $2x-2y$．

2. 填空题：

(1) 设 $z=x^3y^2+xy^3$，则 $\left.\dfrac{\partial z}{\partial x}\right|_{(1,-1)}=$ ＿＿＿＿＿；

(2) 设 $z=\mathrm{e}^{\frac{y}{x}}$，则 $\dfrac{\partial z}{\partial x}+\dfrac{\partial z}{\partial y}=$ ＿＿＿＿＿；

(3) 设 $z=\cos(x^2-y^2)$，则 $\dfrac{\partial z}{\partial y}=$ ＿＿＿＿＿；

(4) 设 $z=\tan\left(\dfrac{y}{x}+\dfrac{x}{y}\right)$，则 $\left.\dfrac{\partial z}{\partial y}\right|_{(1,-1)}=$ ＿＿＿＿＿；

(5) 设 $z = x^3 y^5 + x^2 y$,则 $\dfrac{\partial^2 z}{\partial x^2} = $ _____ ;

(6) $z = x^3 y^5 + x^2 y$,则 $\dfrac{\partial^2 z}{\partial x \partial y} = $ _____ .

3. 求下列二元函数的极限:

(1) $\lim\limits_{(x,y)\to \left(2,-\frac{1}{2}\right)} (2+xy)^{\frac{1}{y+xy^2}}$;

(2) $\lim\limits_{(x,y)\to (\infty,\infty)} (x^2+y^2)\sin\dfrac{3}{x^2+y^2}$;

(3) $\lim\limits_{(x,y)\to(0,1)} \dfrac{\sin xy}{x}$;

(4) $\lim\limits_{(x,y)\to(0,1)} \dfrac{xy}{\sqrt{xy+1}-1}$.

4. 证明:当 $(x,y)\to(0,0)$ 时,$f(x,y) = \dfrac{x^4 y^4}{(x^4+y^4)^3}$ 的极限不存在.

5. (1) $z = e^{x^2+y^2}$,求 $z'_x(0,1)$,$z'_y(1,0)$;

(2) $z = \arctan\dfrac{y}{x}$,求 $z'_x(1,1)$,$z'_y(-1,-1)$.

6. 已知 $f(x,y) = e^{xy} + yx^2$,求 $f'_x(x,y)$ 和 $f'_y(x,y)$.

7. 设 $z = (3x^2+y^2)^{4x+2y}$,求 $\dfrac{\partial z}{\partial x}$,$\dfrac{\partial z}{\partial y}$.

8. $z = \dfrac{e^{xy}}{x^2+y^2}$,求 z'_x,z'_y.

9. 设函数 $z = \ln(x+y^2)$,求 dz.

10. 设 $z = x\ln(x+y)$,求 $\dfrac{\partial^2 z}{\partial x^2}$,$\dfrac{\partial^2 z}{\partial x \partial y}$.

11. 求复合函数的偏导数或导数:

(1) $z = u^2 \ln v$,$u = \dfrac{y}{x}$,$v = x^2+y^2$,求 $\dfrac{\partial z}{\partial x}$,$\dfrac{\partial z}{\partial y}$;

(2) $z = e^{uv}$,$u = \ln\sqrt{x^2+y^2}$,$v = \arctan\dfrac{y}{x}$,求 $\dfrac{\partial z}{\partial x}$,$\dfrac{\partial z}{\partial y}$.

12. 求下列方程所确定的隐函数的导数:

(1) $xy + \sin(xy) = 0$;

(2) $x^2 + 2y^2 = 1$;

(3) $x^y = y^x$;

(4) $\sin(xy) = x^2 y^2 + x + y$.

13. 设 $z = z(x,y)$ 由方程 $e^z + x^2 y + \ln z = 0$ 确定,求 dz.

14. 求下列函数的极值:

(1) $z = x^3 + y^3 - 3xy$;

(2) $z = x^2 + y^2 - 2\ln x - 2\ln y$;

(3) $z = (x+y^2)e^{\frac{1}{2}x}$.

15. 求下列函数的条件极值:

(1) $z = xy$,$x+y = 2$;

(2) $z = xy - 1$,$(x-1)(y-1) = 1$,$x > 0$,$y > 0$;

(3) $z = x + y$,$\dfrac{1}{x} + \dfrac{1}{y} = 1$,$x > 0$,$y > 0$.

16. 求函数 $z = x^2 + y^2 - x - y$,$x^2 + y^2 \leqslant 1$ 的最值.

(B)

1. 填空题：

(1) 函数 $z=\sqrt{xy}+\ln(x-y)$ 的定义域为_____．

(2) 用偏导数的定义，写出 $f_y(1, 2)=$_____．

(3) 设 $z=\ln\left(x+\dfrac{y}{2x}\right)$，则 $\dfrac{\partial z}{\partial x}=$_____，$dz|_{(1,0)}=$_____；

(4) 设 $z=f(x, y)$ 由方程 $e^{xy}-\arctan z+xyz=0$ 确定，则 $\dfrac{\partial z}{\partial x}=$_____；

(5) 设 $z=f(x^2-y, y\cos x)$，其中 f 二阶连续可微，则 $\dfrac{\partial^2 z}{\partial x \partial y}=$_____；

(6) 由方程 $xyz=\sqrt{x^2+y^2+z^2}=\sqrt{2}$ 所确定的隐函数 $z=z(x, y)$ 在点 $(1, 0, -1)$ 处的全微分 $dz=$_____．

2. 选择题（从以下四个选项中选一个正确的答案）：

(1) 若函数 $f(x, y)$ 在点 $P(x, y)$ 处（   ），则 $f(x, y)$ 在该点处可微．
   A. 连续；
   B. 偏导数存在；
   C. 连续且偏导数存在；
   D. 某邻域内存在连续的偏导数．

(2) 设 $z=f(x, y)g(x)$，其中 f, g 均为可微函数，则 $\dfrac{\partial z}{\partial x}=($ $)$．
   A. fg'；
   B. $f_x g$；
   C. $f_x g'$；
   D. $f_x g + f g'$．

(3) 对于函数 $f(x, y)=x^2-y^2$，点 $(0, 0)($ $)$．
   A. 不是驻点；
   B. 是驻点而非极值点；
   C. 是极大值点；
   D. 是极小值点．

(4) $u=3(x+y)-x^3-y^3$ 的极小值点是（   ）．
   A. $(-1, -1)$；
   B. $(1, -1)$；
   C. $(-1, 1)$；
   D. $(1, 1)$．

(5) 设函数 $f(x, y)=\begin{cases} \dfrac{xy^2}{x^2+y^4}, & x^2+y^2\neq 0 \\ 0, & x^2+y^2=0 \end{cases}$，则在点 $(0, 0)$ 处（   ）．
   A. 连续且偏导数存在；
   B. 连续但偏导数不存在；
   C. 不连续但偏导数存在；
   D. 不连续且偏导数不存在．

(6) 函数 $z=\arcsin\dfrac{y}{x}+\sqrt{xy}$ 的定义域是（   ）．
   A. $\{(x, y) \mid |x|\leqslant |y|, x\neq 0\}$；
   B. $\{(x, y) \mid |x|\geqslant |y|, x\neq 0\}$；
   C. $\{(x, y) \mid |x|\geqslant y\geqslant 0, x\neq 0\}\cup\{(x, y) \mid x\leqslant y\leqslant 0, x\neq 0\}$；
   D. $\{(x, y) \mid x>0, y>0\}\cup\{(x, y) \mid x<0, y<0\}$．

3. 计算下列各题：

(1) $z=xf(xy, e^y)$，求 dz；

(2) 已知 $z=f(xy^2, x^2y)$，求 $\dfrac{\partial z}{\partial x}$，$\dfrac{\partial z}{\partial y}$，$\dfrac{\partial^2 z}{\partial x \partial y}$；

(3) $\lim\limits_{(x,y)\to(0,0)} \dfrac{x^2 y}{x^2+y^2}$；

(4) $\lim\limits_{(x,y)\to(+\infty,+\infty)} \dfrac{x^2+y^2}{x^4+y^4}$；

(5) $\lim\limits_{(x,y)\to(+\infty,0)} \left(1+\dfrac{1}{x}\right)^{\frac{x^2}{x+y}}$；

(6) 讨论 $f(x)=\begin{cases} \dfrac{xy}{x^2+y^2}, & x^2+y^2\neq 0 \\ 0, & x^2+y^2=0 \end{cases}$ 在 $(0,0)$ 处的连续性、可导性、可微性.

4. 求出曲面 $f(x,y,z)=x^2+3y^2-2z^2-4$ 上到平面 $f(x,y,z)=2x+3y-z-3$ 距离最短的点.

第八章

二重积分

在一元函数积分学中,我们通过对曲边梯形的面积、变速直线运动的路程等问题的计算引出定积分的概念.我们知道,定积分是某种确定的和的极限.这种和的极限推广到定义在区域上的二元函数的情形,就得到二重积分的概念.本章将介绍二重积分的概念、性质、计算方法及二重积分的一些应用.二重积分解决问题的基本思想和定积分是一致的,并且它的计算最终都归结为定积分的计算.

第一节 二重积分的概念与性质

一、二重积分的概念

1. 曲顶柱体的体积

设有一立体,底面是 xOy 平面上的一个平面闭区域 D,侧面是以 D 的边界曲线为准线,母线平行于 z 轴的柱面,顶为曲面 $f(x, y)$,其中 $f(x, y) > 0$ 且在 D 上连续(图 8-1).我们称这样的立体为曲顶柱体.

现在我们来讨论如何计算曲顶柱体的体积.若此为平顶柱体(顶面与地面平行),则它的体积使用公式

$$体积 = 底面积 \times 高$$

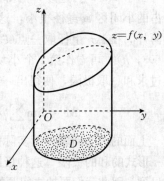

图 8-1

来计算.但其顶面为函数 $f(x, y)$ 表示的曲面,因此不能直接使用上述公式.但我们知道 $f(x, y)$ 连续,当点 (x, y) 在区域 D 上有微小变动时,高度 $f(x, y)$ 的变化不大,因此可在一个较小的范围内近似看作平顶柱体.仿效第五章中求曲边梯形面积的方法,我们也可以通过分割、近似代替、求和、取极限的办法来处理这个问题.

(1) 分割:用一组曲线网把区域 D 分成 n 个小的闭区域 $\Delta\sigma_1, \Delta\sigma_2, \cdots, \Delta\sigma_n$,这些小的闭区域的面积也记为 $\Delta\sigma_1, \Delta\sigma_2, \cdots, \Delta\sigma_n$.分别以这些小闭区域的边界曲线为准线,作母线平行于 z 轴的柱面,从而曲顶柱体就被分成了 n 个小曲顶柱体.

(2) 近似代替:当这些小闭区域的直径很小时,由于 $f(x, y)$ 连续,在同一个小闭区域里,$f(x, y)$ 变化很小,

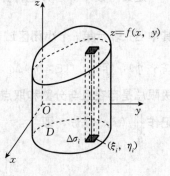

图 8-2

这时小曲顶柱体可近似看作是平顶柱体. 我们在每个 $\Delta\sigma_i$ 中任取一点 (ξ_i, η_i), 以 $f(\xi_i, \eta_i)$ 为高、$\Delta\sigma_i$ 为底的平顶柱体(图 8-2)的体积为 $f(\xi_i, \eta_i)\Delta\sigma_i$, 则小曲顶柱体的体积的近似值为 $f(\xi_i, \eta_i)\Delta\sigma_i$.

(3) 求和：将这 n 个小的平顶柱体的体积相加，其和 $\sum_{i=1}^{n} f(\xi_i, \eta_i)\Delta\sigma_i$ 就是整个曲顶柱体体积的近似值.

(4) 取极限：显然，对平面区域分得越细，上述和式越接近曲顶柱体的体积，令 n 个小闭区域的直径中的最大值(记作 λ)趋于零，取上述和的极限，所得的极限便是所求曲顶柱体的体积 V, 即

$$V = \lim_{\lambda \to 0} \sum_{i=1}^{n} f(\xi_i, \eta_i)\Delta\sigma_i.$$

2. 平面薄片的质量

设有一平面薄片占有 xOy 面上的闭区域 D, 它在点 (x, y) 处的面密度为 $\rho(x, y)$, 这里 $\rho(x, y) > 0$ 且在 D 上连续. 现在要计算该薄片的质量 M.

我们知道，如果薄片是均匀的，即面密度是常数，那么薄片的质量可以用公式

$$\text{质量} = \text{面密度} \times \text{面积}$$

来计算. 现在面密度 $\rho(x, y)$ 是变量，薄片的质量就不能直接用上式来计算. 但是上面用来处理曲顶柱体体积问题的方法完全适用于本问题.

由于 $\rho(x, y)$ 连续，把薄片分成许多小块后，只要小块所占的小闭区域直径很小，这些小块就可以近似地看作均匀薄片. 在 $\Delta\sigma_i$ 上任取一点 (ξ_i, η_i), 则 $\rho(\xi_i, \eta_i)\Delta\sigma_i (i=1, 2, \cdots, n)$, 可看作第 i 个小块的质量的近似值(图 8-3). 通过求和、取极限，便得出

$$M = \lim_{\lambda \to 0} \sum_{i=1}^{n} \rho(\xi_i, \eta_i)\Delta\sigma_i.$$

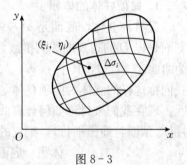

图 8-3

上面的两个问题尽管实际意义不同，但所求量归结为求同一形式的和的极限. 这种极限问题在其他实际问题中也经常见到. 因此我们要抽去问题的具体意义，总结出一般的数量规律，即得到二重积分的定义.

3. 二重积分的定义

定义 设 $f(x, y)$ 是有界闭区域 D 上的有界函数. 将 D 任意分成 n 个小闭区域：

$$\Delta\sigma_1, \Delta\sigma_2, \cdots, \Delta\sigma_n,$$

其中 $\Delta\sigma_i$ 表示第 i 个小闭区域，也表示它的面积，d_i 为 $\Delta\sigma_i$ 的直径. 在每个 $\Delta\sigma_i$ 上任取一点 (ξ_i, η_i), 作 $\sum_{i=1}^{n} f(\xi_i, \eta_i)\Delta\sigma_i$. 如果当各小闭区域的直径 d_i 中的最大值 λ 趋于零时，此和的极限总是存在且与分割和取点无关，则称此极限为函数 $f(x, y)$ 在闭区域 D 上的二重积分，记作 $\iint_D f(x, y)d\sigma$, 即

$$\iint_D f(x, y)d\sigma = \lim_{\lambda \to 0} \sum_{i=1}^{n} f(\xi_i, \eta_i)\Delta\sigma_i, \tag{1}$$

其中 $f(x, y)$ 叫作被积函数，$f(x, y)d\sigma$ 叫作被积表达式，$d\sigma$ 叫作面积元素，x 与 y 叫作积

分变量，D 叫作积分区域，$\sum_{i=1}^{n} f(\xi_i, \eta_i)\Delta\sigma_i$ 叫作积分和．

定义中和的极限存在与分割和取点无关是指：区域 D 的分割方法及点 (ξ_i, η_i) 的取法是任意的，但无论哪种分割和取点，和的极限都存在且相等．特别是对闭区域 D 的划分．如果在直角坐标系中用平行于坐标轴的直线网来划分 D，那么除了包含边界点的一些小闭区域外，其余的小闭区域都是矩形闭区域．设矩形闭区域 $\Delta\sigma_i$ 的边长为 Δx_j 和 Δy_k，则 $\Delta\sigma_i = \Delta x_j \Delta y_k$，因此在直角坐标系中，有时也把面积元素 $d\sigma$ 记作 $dxdy$，而把二重积分记作

$$\iint\limits_{D} f(x, y)dxdy,$$

其中 $dxdy$ 叫作直角坐标系中的面积元素．

由二重积分的定义，曲顶柱体的体积 V 是函数 $f(x, y)$ 在其底 D 所成区域上的二重积分，即

$$V = \iint\limits_{D} f(x, y)d\sigma.$$

密度函数为 $\rho(x, y)$ 的平面薄片的质量就为

$$M = \iint\limits_{D} \rho(x, y)d\sigma.$$

4. 二重积分的存在性

当 $f(x, y)$ 在必区域 D 上连续时，(1)式右端和的极限必定存在，就是说，函数 $f(x, y)$ 在 D 上的二重积分必定存在．以后我们总是假定函数 $f(x, y)$ 在 D 上连续，不再每次都加以说明．

5. 二重积分的几何意义

二重积分的几何意义：由前面的讨论可知，如果 $f(x, y) \geq 0$，二重积分 $\iint\limits_{D} f(x, y)d\sigma$ 就是图 8-1 所示曲顶柱体的体积．当 $f(x, y) < 0$ 时，曲顶柱体在 xOy 面的下方，此时 $\iint\limits_{D} f(x, y)d\sigma$ 的值是负的，即 $\iint\limits_{D} f(x, y)d\sigma$ 的绝对值等于曲顶柱体的体积，此时 $\iint\limits_{D} f(x, y)d\sigma$ 表示该曲顶柱体的体积的相反数．若 $f(x, y)$ 在 D 的部分区域上是正的，而在其他的部分区域上是负的，我们可以把 xOy 面上方的柱体体积取成正，xOy 面下方的柱体体积取成负，那么，$f(x, y)$ 在 D 上的二重积分就等于各部分区域上的曲顶柱体体积的代数和．

二、二重积分的性质

和定积分一样，二重积分也有与定积分相类似的一些性质，现叙述如下．

性质 1 被积函数的常数因子可以提到二重积分符号的外面，即

$$\iint\limits_{D} kf(x, y)d\sigma = k\iint\limits_{D} f(x, y)d\sigma \,(k \text{ 为常数}).$$

证 由二重积分的定义，有

$$\iint\limits_{D} kf(x, y)\mathrm{d}\sigma = \lim_{\lambda \to 0} \sum_{i=1}^{n} kf(\xi_i, \eta_i)\Delta\sigma_i = k\lim_{\lambda \to 0}\sum_{i=1}^{n} f(\xi_i, \eta_i)\Delta\sigma_i = k\iint\limits_{D} f(x, y)\mathrm{d}\sigma.$$

性质 2 函数代数和的二重积分等于各个函数二重积分的代数和,即

$$\iint\limits_{D}[f(x, y) \pm g(x, y)]\mathrm{d}\sigma = \iint\limits_{D} f(x, y)\mathrm{d}\sigma \pm \iint\limits_{D} g(x, y)\mathrm{d}\sigma.$$

这个性质可以推广到有限个函数的情形.

性质 3 如果闭区域 D 被有限条曲线分为有限个部分闭区域,则在 D 上的二重积分等于在各部分闭区域上的二重积分的和.

例如,D 分为两个闭区域 D_1 与 D_2,则

$$\iint\limits_{D} f(x, y)\mathrm{d}\sigma = \iint\limits_{D_1} f(x, y)\mathrm{d}\sigma + \iint\limits_{D_2} f(x, y)\mathrm{d}\sigma.$$

这个性质表明二重积分对于积分区域具有可加性.

性质 4 如果在 D 上,$f(x, y)=1$,σ 为区域 D 的面积,则

$$\iint\limits_{D} 1\mathrm{d}\sigma = \iint\limits_{D} \mathrm{d}\sigma = \sigma.$$

这性质的几何意义是很明显的,因为高为 1 的平顶柱体的体积在数值上就等于柱体的底面积.

性质 5 如果在区域 D 上,有 $f(x, y) \leqslant g(x, y)$,则有不等式

$$\iint\limits_{D} f(x, y)\mathrm{d}\sigma \leqslant \iint\limits_{D} g(x, y)\mathrm{d}\sigma.$$

特殊地,有不等式

$$\left|\iint\limits_{D} f(x, y)\mathrm{d}\sigma\right| \leqslant \iint\limits_{D} |g(x, y)|\mathrm{d}\sigma.$$

这个性质常用来比较两个二重积分的大小.

性质 6 设 M, m 分别是 $f(x, y)$ 在闭区域 D 上的最大值和最小值,σ 是 D 的面积,则有

$$m\sigma \leqslant \iint\limits_{D} f(x, y)\mathrm{d}\sigma \leqslant M\sigma.$$

证 因为在闭区域 D 上,总有 $m \leqslant f(x, y) \leqslant M$,所以由性质 5 有

$$\iint\limits_{D} m\mathrm{d}\sigma \leqslant \iint\limits_{D} f(x, y)\mathrm{d}\sigma \leqslant \iint\limits_{D} M\mathrm{d}\sigma,$$

再应用性质 1 和性质 4,便得此估值不等式.

这个性质常用来估计二重积分的值.

性质 7(二重积分的中值定理) 设函数 $f(x, y)$ 在闭区域 D 上连续,σ 是 D 的面积,则在 D 上至少存在一点 (ξ, η) 使得下式成立:

$$\iint\limits_{D} f(x, y)\mathrm{d}\sigma = f(\xi, \eta)\sigma.$$

证 显然 $\sigma \neq 0$,把性质 6 中不等式两边各除以 σ,有

$$m \leqslant \frac{1}{\sigma}\iint\limits_{D} f(x, y)\mathrm{d}\sigma \leqslant M.$$

这就是说，确定的数值 $\frac{1}{\sigma}\iint\limits_{D} f(x, y)\mathrm{d}\sigma$ 是介于函数 $f(x, y)$ 的最大值 M 与最小值 m 之间的．根据在闭区域上连续函数的介值定理，在区域 D 上至少存在一点 (ξ, η) 使得函数在该点的值与这个确定的数值相等，即

$$\frac{1}{\sigma}\iint\limits_{D} f(x, y)\mathrm{d}\sigma = f(\xi, \eta).$$

上式两端各乘以 σ，就得所需要证明的公式．

中值定理的几何意义是，在区域 D 上至少存在一点 (ξ, η)，使得二重积分所确定的曲顶柱体的体积等于以 D 为底，以 $f(\xi, \eta)$ 为高的平顶柱体的体积．

习 题 8-1

1. 利用二重积分的定义证明：

(1) $\iint\limits_{D} \mathrm{d}\sigma = \sigma$（$\sigma$ 为区域 D 的面积）；

(2) $\iint\limits_{D} kf(x, y)\mathrm{d}\sigma = k\iint\limits_{D} f(x, y)\mathrm{d}\sigma$.

2. 根据二重积分的性质，比较下列积分的大小：

(1) $I_1 = \iint\limits_{D} (x+y)^2 \mathrm{d}\sigma$，$I_2 = \iint\limits_{D} (x+y)^3 \mathrm{d}\sigma$，其中 $D = \{(x, y) \mid 0 \leqslant x \leqslant 1, 0 \leqslant y \leqslant 1-x\}$；

(2) $I_1 = \iint\limits_{D} \ln(x+y)\mathrm{d}\sigma$，$I_2 = \iint\limits_{D} [\ln(x+y)]^2 \mathrm{d}\sigma$，其中 $D = \{(x, y) \mid 3 \leqslant x \leqslant 5, 0 \leqslant y \leqslant 1\}$；

(3) $I_1 = \iint\limits_{D} [\ln(x+y)]^{\frac{1}{2}} \mathrm{d}\sigma$，$I_2 = \iint\limits_{D} [\ln(x+y)]^{\frac{1}{3}} \mathrm{d}\sigma$，其中 D 是以 $(1, 0)$，$(1, 1)$，$(0, 2)$，$(0, 1)$ 为顶点的平行四边形．

3. 利用二重积分的性质估计下列积分值：

(1) $I = \iint\limits_{D} xy(x+y)\mathrm{d}\sigma$，其中积分区域 $D = \{(x, y) \mid 0 \leqslant x \leqslant 1, 0 \leqslant y \leqslant 2\}$；

(2) $I = \iint\limits_{D} \sin^2 x \sin^2 y \mathrm{d}\sigma$，其中积分区域 $D = \{(x, y) \mid 0 \leqslant x \leqslant \pi, 0 \leqslant y \leqslant \pi\}$；

(3) $I = \iint\limits_{D} x(x+y+1)\mathrm{d}\sigma$，其中积分区域 $D = \{(x, y) \mid 0 \leqslant x \leqslant 1, 0 \leqslant y \leqslant 1\}$；

(4) $I = \iint\limits_{D} (2x^2 + y^2 + 1)\mathrm{d}\sigma$，其中积分区域 $D = \{(x, y) \mid x^2 + y^2 \leqslant 4\}$.

第二节　二重积分的计算

本节我们讨论二重积分的计算问题．二重积分是一个特殊和的极限，与定积分相似，按照定义来计算二重积分，对某些特殊的被积函数在简单积分区域上是可行的，但对一般的函数和区域来说，这往往是行不通的．本节介绍的计算二重积分的方法是把二重积分化为二次积分（即两次定积分）来计算．

一、直角坐标系下二重积分的计算

与二重积分 $\iint\limits_D f(x,y)d\sigma$ 值相关的因素有两个,一个是被积函数 $f(x,y)$,一个是积分区域 D. 与定积分相比较,二重积分的积分区域更为复杂,因此,我们先来讨论二重积分的积分区域 D.

1. X-型区域,Y-型区域

设 D 是平面有界闭区域,用平行于 y 轴的直线 $x=x_0(a<x_0<b)$ 穿过区域 D 的内部,若 $x=x_0$ 与 D 的边界曲线的交点不多于两点,则称 D 为 X-型区域,如图 8-4 所示.

X-型区域可用不等式表示为

$$D=\{(x,y)\mid a\leqslant x\leqslant b,\varphi_1(x)\leqslant y\leqslant\varphi_2(x)\}.$$

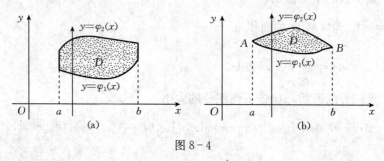

图 8-4

设 D 是平面有界闭区域,若用平行于 x 轴的直线 $y=y_0(c<y_0<d)$ 穿过 D 的内部且与 D 的边界曲线相交不多于两点,则称 D 为 Y-型区域,如图 8-5 所示.

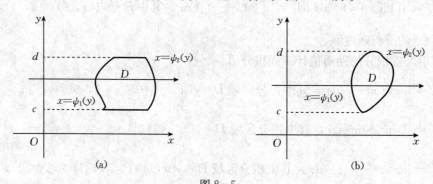

图 8-5

Y-型区域可用不等式表示为

$$D=\{(x,y)\mid c\leqslant y\leqslant d,\psi_1(y)\leqslant x\leqslant\psi_2(y)\}.$$

若 D 即不是 X-型区域又不是 Y-型区域,则我们总可以把 D 分割成有限个 X-型区域或 Y-型区域.

2. 二重积分的计算

先讨论 X-型区域上二重积分 $\iint\limits_D f(x,y)d\sigma$ 的计算问题.

我们的讨论从几何的观点出发,因此,假设 $f(x,y)\geqslant 0$,积分区域 D 为 X-型区域.

由二重积分的几何意义，$\iint\limits_{D} f(x,y)\mathrm{d}\sigma$ 即为以 D 为底，以 $f(x,y)$ 为顶，以 D 的边界曲线为准线，母线平行于 z 轴的柱面为侧面的曲顶柱体的体积，如图 8-6 所示. 我们只要求出曲顶柱体的体积，就得到了二重积分 $\iint\limits_{D} f(x,y)\mathrm{d}\sigma$ 的值.

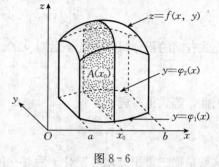

图 8-6

此时积分区域 D 可以表示成 $D=\{(x,y)\,|\,a\leqslant x\leqslant b,\varphi_1(x)\leqslant y\leqslant \varphi_2(x)\}$，且假设函数 $\varphi_1(x)$，$\varphi_2(x)$ 在区间 $[a,b]$ 上连续. 下面我们应用定积分中计算"平行截面面积为已知的立体的体积"的方法，来计算这个曲顶柱体的体积.

先计算平行截面的面积. 为此，在区间 $[a,b]$ 上任意取定一点 $x_0(a<x_0<b)$，作平行于 yOz 面的平面 $x=x_0$，该平面截曲顶柱体所得截面是一个以区间 $[\varphi_1(x_0),\varphi_2(x_0)]$ 为底，曲线 $z=f(x_0,y)$ 为曲边的曲边梯形，所以此截面的面积为

$$A(x_0)=\int_{\varphi_1(x_0)}^{\varphi_2(x_0)} f(x_0,y)\mathrm{d}y.$$

当 x_0 在 $[a,b]$ 上变化时，这个截面的面积也在变化，因此它是 x_0 的函数. 一般地，过区间 $[a,b]$ 上任一点 x 且平行于 yOz 面的平面截曲顶柱体所得截面的面积为

$$A(x)=\int_{\varphi_1(x)}^{\varphi_2(x)} f(x,y)\mathrm{d}y.$$

由于 x 的变化范围是 $a\leqslant x\leqslant b$，于是，应用计算平行截面面积为已知的立体体积的方法，得曲顶柱体体积为

$$V=\int_a^b A(x)\mathrm{d}x=\int_a^b\left[\int_{\varphi_1(x)}^{\varphi_2(x)} f(x,y)\mathrm{d}y\right]\mathrm{d}x,$$

这个体积也就是所求二重积分的值，从而有等式

$$V=\iint\limits_{D} f(x,y)\mathrm{d}\sigma=\int_a^b\left[\int_{\varphi_1(x)}^{\varphi_2(x)} f(x,y)\mathrm{d}y\right]\mathrm{d}x,$$

上式右端的积分叫作先对 y 后对 x 的二次积分. 就是说，先把 x 看作常数，把 $f(x,y)$ 只看作 y 的函数，并对 y 计算从 $\varphi_1(x)$ 到 $\varphi_2(x)$ 的定积分，然后把算得的结果（是 x 的函数）再对 x 计算在区间 $[a,b]$ 上的定积分. 这个先对 y 后对 x 的二次积分也常记作：

$$\int_a^b \mathrm{d}x\int_{\varphi_1(x)}^{\varphi_2(x)} f(x,y)\mathrm{d}y,$$

因此，等式也写成

$$\iint\limits_{D} f(x,y)\mathrm{d}\sigma=\int_a^b \mathrm{d}x\int_{\varphi_1(x)}^{\varphi_2(x)} f(x,y)\mathrm{d}y. \tag{1}$$

这就是把二重积分化为先对 y 后对 x 的二次积分的公式.

在上述讨论中，我们假定 $f(x,y)\geqslant 0$，但实际上公式(1)的成立并不受此条件限制.

类似地，对于 Y-型区域：

$$D=\{(x,y)\,|\,c\leqslant y\leqslant d,\psi_1(y)\leqslant x\leqslant \psi_2(y)\},$$

其中函数 $\psi_1(y)$，$\psi_2(y)$ 在区间 $[c,d]$ 上连续，我们有

$$\iint_D f(x, y)\mathrm{d}\sigma = \int_c^d \left[\int_{\psi_1(y)}^{\psi_2(y)} f(x, y)\mathrm{d}x\right]\mathrm{d}y,$$

上式右端的积分叫作先对 x 后对 y 的二次积分,这个积分也常记作

$$\int_c^d \mathrm{d}y \int_{\psi_1(y)}^{\psi_2(y)} f(x, y)\mathrm{d}x,$$

因此,等式也写成:

$$\iint_D f(x, y)\mathrm{d}\sigma = \int_c^d \mathrm{d}y \int_{\psi_1(y)}^{\psi_2(y)} f(x, y)\mathrm{d}x. \tag{2}$$

这就是把二重积分化为先对 x 后对 y 的二次积分的公式.

如果积分区域 D 如图 8-7 所示,既有一部分,使穿过 D 内部且平行于 y 轴的直线与 D 的边界相交多于两点;又有一部分,使穿过 D 内部且平行于 y 轴的直线与 D 的边界相交多于两点. 即 D 既不是 X-型区域,又不是 Y-型区域. 对于这种情形,我们可以把 D 分成几部分,使每个部分是 X-型区域或是 Y-型区域. 例如,在图 8-7 中,把 D 分成三部分,它们都是 X-型区域,从而在这三部分上的二重积分都可应用公式(1). 各部分上的二重积分求得后,根据二重积分的性质 3,它们的和就是在 D 上的二重积分. 如果积分区域 D 既是 X-型的,可表示为

$$D = \{(x, y) \mid a \leqslant x \leqslant b,\ \varphi_1(x) \leqslant y \leqslant \varphi_2(x)\}.$$

又是 Y-型的,又可表示为

$$D = \{(x, y) \mid c \leqslant y \leqslant d,\ \psi_1(y) \leqslant x \leqslant \psi_2(y)\} \text{(图 8-8)},$$

则由公式(1)及(2)就得

$$\int_a^b \mathrm{d}x \int_{\varphi_1(x)}^{\varphi_2(x)} f(x, y)\mathrm{d}y = \int_c^d \mathrm{d}y \int_{\psi_1(y)}^{\psi_2(y)} f(x, y)\mathrm{d}x.$$

上式表明,这两个不同次序的二次积分相等,因为它们都等于同一个二重积分

$$\iint_D f(x, y)\mathrm{d}\sigma.$$

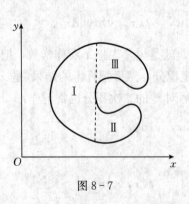

图 8-7

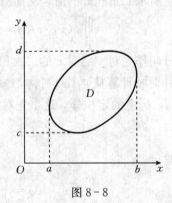

图 8-8

二重积分化为二次积分时,确定积分限是一个关键,也是一个难点. 在计算二重积分时,一般先画出积分区域 D 的图形. 判断积分区域 D 的类型. 对于 X-型区域,将积分区域表示成 $D = \{(x, y) \mid a \leqslant x \leqslant b,\ \varphi_1(x) \leqslant y \leqslant \varphi_2(x)\}$ 的形式,则有

$$\iint_D f(x, y)\mathrm{d}\sigma = \int_a^b \mathrm{d}x \int_{\varphi_1(x)}^{\varphi_2(x)} f(x, y)\mathrm{d}y.$$

对于 Y-型区域,将积分区域表示成 $D=\{(x,y)\mid c\leqslant y\leqslant d,\ \psi_1(y)\leqslant x\leqslant \psi_2(y)\}$ 的形式,则有

$$\iint_D f(x,y)\mathrm{d}\sigma = \int_c^d \mathrm{d}y \int_{\psi_1(y)}^{\psi_2(x)} f(x,y)\mathrm{d}x.$$

对于其他类型的积分区域,则应将其划分成若干个 X-型或 Y-型区域,再使用二重积分关于积分区域的可加性的性质计算几个积分的和.

例 1 计算 $\iint_D (x-2y)\mathrm{d}x\mathrm{d}y$,其中 D 是由 $y=x^2$ 及直线 $y=x$ 所围成的区域.

解 画出区域 D 的图形如图 8-9 所示,D 既是 X-型的,又是 Y-型的,由公式得

$$\iint_D (x-2y)\mathrm{d}x\mathrm{d}y = \int_0^1 \mathrm{d}x \int_{x^2}^x (x-2y)\mathrm{d}y = \int_0^1 \left[(xy-y^2)\Big|_{x^2}^x \right] \mathrm{d}x$$
$$= \int_0^1 (x^4 - x^3)\mathrm{d}x = -\frac{1}{20}.$$

例 2 计算 $\iint_D \mathrm{e}^{6x+y}\mathrm{d}\sigma$,其中 D 由 xOy 面上的直线 $y=1$,$y=2$ 及 $x=-1$,$x=2$ 所围成的闭区域.

解 如图 8-10 所示,$D:\{(x,y)\mid -1\leqslant x\leqslant 2,\ 1\leqslant y\leqslant 2\}$,先对 x 后对 y 积分,得

$$\iint_D \mathrm{e}^{6x+y}\mathrm{d}\sigma = \int_1^2 \mathrm{e}^y \mathrm{d}y \int_{-1}^2 \mathrm{e}^{6x}\mathrm{d}x = (\mathrm{e}^y\Big|_1^2)\left(\frac{\mathrm{e}^{6x}}{6}\Big|_{-1}^2\right) = \frac{1}{6}(\mathrm{e}^{14} - \mathrm{e}^{13} - \mathrm{e}^{-4} + \mathrm{e}^{-5}).$$

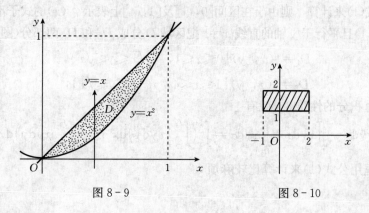

图 8-9　　　　图 8-10

例 3 计算 $\iint_D \mathrm{e}^{-y^2}\mathrm{d}x\mathrm{d}y$,其中 D 由直线 $y=x$,$y=1$ 和 y 轴所围成的闭区域.

解 画出区域 D 的图形如图 8-11 所示,D 既是 X-型的,又是 Y-型的,若以 X-型积分区域来计算,由于被积函数 e^{-y^2} 对变量 y 的原函数不能表示为初等函数,故无法计算,因此必须按 Y-型区域来计算.将 D 表示为

$$D=\{(x,y)\mid 0\leqslant y\leqslant 1,\ 0\leqslant x\leqslant y\},$$

故有

$$\iint_D \mathrm{e}^{-y^2}\mathrm{d}x\mathrm{d}y = \int_0^1 \mathrm{d}y \int_0^y \mathrm{e}^{-y^2}\mathrm{d}x = \int_0^1 \mathrm{e}^{-y^2} x \Big|_0^y \mathrm{d}y$$
$$= \int_0^1 y\mathrm{e}^{-y^2}\mathrm{d}y = -\frac{1}{2}(\mathrm{e}^{-y^2})\Big|_0^1 = \frac{1}{2}(1-\mathrm{e}^{-1}).$$

本例题由于先对 y 积分后对 x 积分无法计算,所以恰当地选择积分次序是化二重积分为二次积分的关键步骤.

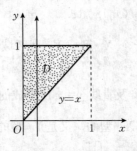
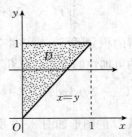

图 8-11

例 4 计算 $\iint\limits_{D} xy\,d\sigma$,其中 D 是由抛物线 $y^2=x$ 及直线 $y=x-2$ 所围成的闭区域.

解 画出积分区域 D 如图 8-12、图 8-13 所示. D 既是 X-型的,又是 Y-型的. 若利用公式(2),得

$$\iint\limits_{D} xy\,d\sigma = \int_{-1}^{2}\left(\int_{y^2}^{y+2} xy\,dx\right)dy = \int_{-1}^{2}\left[\frac{x^2}{2}y\right]_{y^2}^{y+2}dy = \frac{1}{2}\int_{-1}^{2}[y(y+2)^2 - y^5]dy$$

$$= \frac{1}{2}\left[\frac{y^4}{4} + \frac{4}{3}y^3 + 2y^2 - \frac{y^6}{6}\right]_{-1}^{2} = \frac{45}{8}.$$

若利用公式(1)来计算,则由于在区间[0,1]及[1,4]上表示 $\varphi_1(x)$ 的式子不同,所以要用经过交点 $(1,-1)$ 且平行于 y 轴的直线 $x=1$ 把区域 D 分成 D_1 和 D_2 两部分(图 8-13),其中

$$D_1 = \{(x,y) \mid 0 \leqslant x \leqslant 1, -\sqrt{x} \leqslant y \leqslant \sqrt{x}\},$$
$$D_2 = \{(x,y) \mid 1 \leqslant x \leqslant 4, x-2 \leqslant y \leqslant \sqrt{x}\},$$

因此,根据二重积分的性质 3,就有

$$\iint\limits_{D} xy\,d\sigma = \iint\limits_{D_1} xy\,d\sigma + \iint\limits_{D_2} xy\,d\sigma = \int_{0}^{1}\left(\int_{-\sqrt{x}}^{\sqrt{x}} xy\,dy\right)dx + \int_{1}^{4}\left(\int_{x-2}^{\sqrt{x}} xy\,dy\right)dx.$$

由此可见,这里用公式(1)来计算比较麻烦.

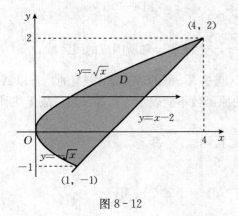
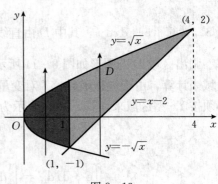

图 8-12   图 8-13

上述几个例子说明,在化二重积分为二次积分时,为了计算简便,需要选择恰当的二次

积分的次序. 这时, 既要考虑积分区域 D 的形状, 又要考虑被积函数 $f(x, y)$ 的特性.

一般地, 交换给定二次积分的积分次序的步骤为

(1) 对于给定的二重积分

$$\int_a^b \left[\int_{\varphi_1(x)}^{\varphi_2(x)} f(x, y) \mathrm{d}y \right] \mathrm{d}x,$$

先根据其积分限

$$a \leqslant x \leqslant b, \quad \varphi_1(x) \leqslant y \leqslant \varphi_2(x)$$

画出积分区域 D, 如图 8-14 所示.

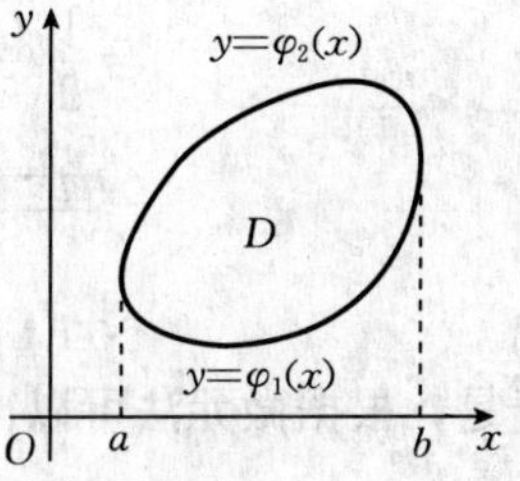

(2) 根据积分区域的形状, 按新的次序确定积分区域 D 的积分限

$$c \leqslant y \leqslant d, \quad \psi_1(y) \leqslant x \leqslant \psi_2(y).$$

图 8-14

(3) 写出结果

$$\int_a^b \left[\int_{\varphi_1(x)}^{\varphi_2(x)} f(x, y) \mathrm{d}y \right] \mathrm{d}x = \int_c^d \mathrm{d}y \int_{\psi_1(y)}^{\psi_2(y)} f(x, y) \mathrm{d}x.$$

例 5 画出二次积分 $\int_0^2 \mathrm{d}y \int_{2-\sqrt{4-y^2}}^{2+\sqrt{4-y^2}} f(x, y) \mathrm{d}x$ 的积分区域 D 并交换积分次序.

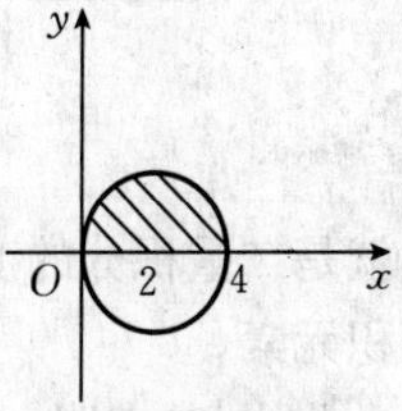

解 $D = \{(x, y) \mid 0 \leqslant y \leqslant 2, 2 - \sqrt{4-y^2} \leqslant x \leqslant 2 + \sqrt{4-y^2}\}$ 的图形如图 8-15 所示, 由图可知, D 也可表示为

$$D = \{(x, y) \mid 0 \leqslant x \leqslant 4, 0 \leqslant y \leqslant \sqrt{4x-x^2}\},$$

图 8-15

所以交换积分次序后, 得

$$\int_0^4 \mathrm{d}x \int_0^{\sqrt{4x-x^2}} f(x, y) \mathrm{d}y.$$

二、极坐标下二重积分的计算

有些二重积分, 其积分区域 D 的边界曲线用极坐标方程来表示比较简单, 如圆域、环域、扇域、环扇域等的边界. 且被积函数可表示成 $f(x^2+y^2)$, $f\left(\dfrac{x}{y}\right)$ 或 $f\left(\dfrac{y}{x}\right)$, 则由直角坐标与极坐标之间的关系, 我们就可以考虑利用极坐标来计算二重积分 $\iint\limits_D (x, y) \mathrm{d}\sigma$.

下面我们就来研究二重积分在极坐标系下的形式.

首先, 把直角坐标系的二重积分 $\iint\limits_D f(x, y) \mathrm{d}\sigma$ 转化为极坐标系下的二重积分, 注意到直角坐标与极坐标之间的转换关系

$$x = r\cos\theta, \quad y = r\sin\theta.$$

这里要实现三个转化: (1) 积分区域 D 的边界曲线方程由直角坐标方程 $F(x, y) = 0$ 转化为极坐标方程 $r = r(\theta)$; (2) 被积函数 $f(x, y)$ 转化为 $f(r\cos\theta, r\sin\theta)$; (3) 积分元 $\mathrm{d}\sigma$ 的转化.

假定从极点 O 出发且穿过闭区域 D 内部的射线与 D 的边界曲线相交不多于两点. 我们用以极点为中心的一族同心圆: $r = $ 常数, 以及从极点出发的一族射线: $\theta = $ 常数, 把 D 分

成 n 个小闭区域(图 8-16). 除了包含边界点的一些小闭区域外,小闭区域的面积 $\Delta\sigma_i$ 可计算如下:

$$\Delta\sigma_i = \frac{1}{2}(r_i+\Delta r_i)^2 \cdot \Delta\theta_i - \frac{1}{2}r_i^2 \Delta\theta_i$$

$$= \frac{1}{2}(2r_i+\Delta r_i)\Delta r_i \cdot \Delta\theta_i$$

$$= \frac{r_i+(r_i+\Delta r_i)}{2} \cdot \Delta r_i \cdot \Delta\theta_i$$

$$\approx r_i \cdot \Delta r_i \cdot \Delta\theta_i,$$

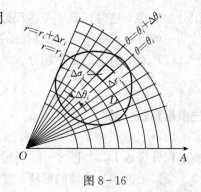

图 8-16

于是,根据微元法可以得到极坐标系下的面积微元

$$d\sigma = r dr d\theta,$$

从而得到在直角坐标系与极坐标系下二重积分的变换公式为

$$\iint_D f(x,y) d\sigma = \iint_D f(r\cos\theta, r\sin\theta) r dr d\theta.$$

由于在直角坐标系中 $\iint_D f(x,y)d\sigma$ 也常记作 $\iint_D f(x,y)dxdy$,所以上式又可写成

$$\iint_D f(x,y) dxdy = \iint_D f(r\cos\theta, r\sin\theta) r dr d\theta. \tag{3}$$

这就是二重积分的变量从直角坐标变换为极坐标的变换公式,其中 $r dr d\theta$ 就是极坐标系中的面积元素.

公式(3)表明,要把二重积分中的变量从直角坐标变换为极坐标,只要把被积函数中的 x,y 分别换成 $r\cos\theta, r\sin\theta$,并把直角坐标系中的面积元素 $dxdy$ 换成极坐标中的面积元素 $r dr d\theta$.

其次,极坐标系中的二重积分,同样也可化为二次积分来计算.

与直角坐标系下化二重积分为二次积分相似,极坐标系下的积分区域同样区分为简单区域和复杂区域,一个复杂的区域可分为几个简单区域. 根据极坐标的特点我们只讨论 θ-型区域(从极点出发作一射线穿过积分区域 D 的内部,若该射线与 D 的边界曲线的交点最多为两个,则称 D 为 θ-型区域)的二重积分化为二次积分.

一般地,设积分区域 D 可表示为

$$D = \{(r,\theta) \mid \alpha \leq \theta \leq \beta, \varphi_1(\theta) \leq r \leq \varphi_2(\theta)\} \quad (\text{图 8-17}).$$

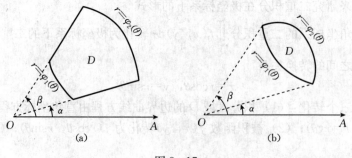

图 8-17

若 D 为 θ-型区域,那么极坐标系下的二重积分化为二次积分的形式为

$$\iint_D f(r\cos\theta, r\sin\theta)r\mathrm{d}r\mathrm{d}\theta = \int_\alpha^\beta \left[\int_{\varphi_1(\theta)}^{\varphi_2(\theta)} f(r\cos\theta, r\sin\theta)r\mathrm{d}r\right]\mathrm{d}\theta, \tag{4}$$

上式也可写成

$$\iint_D f(r\cos\theta, r\sin\theta)r\mathrm{d}r\mathrm{d}\theta = \int_\alpha^\beta \mathrm{d}\theta \int_{\varphi_1(\theta)}^{\varphi_2(\theta)} f(r\cos\theta, r\sin\theta)r\mathrm{d}r. \tag{4'}$$

如果积分区域 D 是图 8-18 所示的曲边扇形，那么可以把它看作图 8-17(a)中当 $\varphi_1(\theta)\equiv 0$，$\varphi_2(\theta)=\varphi(\theta)$ 时的特例．这时闭区域 D 可以用不等式 $0\leqslant r\leqslant \varphi(\theta)$，$\alpha\leqslant\theta\leqslant\beta$ 来表示，而公式 (4') 成为

$$\iint_D f(r\cos\theta, r\sin\theta)r\mathrm{d}r\mathrm{d}\theta = \int_\alpha^\beta \mathrm{d}\theta \int_0^{\varphi(\theta)} f(r\cos\theta, r\sin\theta)r\mathrm{d}r.$$

如果极点在区域 D 的内部，如图 8-19 所示，那么可以把它看作图 8-18 中当 $\alpha=0$，$\beta=2\pi$ 时的特例．这时闭区域 D 可以用不等式 $0\leqslant\theta\leqslant 2\pi$，$0\leqslant r\leqslant\varphi(\theta)$ 来表示，而公式 (4') 成为

$$\iint_D f(r\cos\theta, r\sin\theta)r\mathrm{d}r\mathrm{d}\theta = \int_0^{2\pi} \mathrm{d}\theta \int_0^{\varphi(\theta)} f(r\cos\theta, r\sin\theta)r\mathrm{d}r.$$

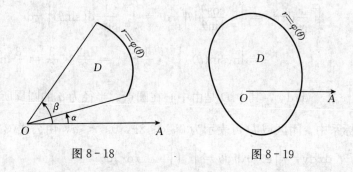

图 8-18　　　　　图 8-19

由二重积分的性质 4，闭区域 D 的面积 σ 可以表示为 $\sigma = \iint_D \mathrm{d}\sigma$. 在极坐标系中，面积元素 $\mathrm{d}\sigma = r\mathrm{d}r\mathrm{d}\theta$，上式成为 $\sigma = \iint_D r\mathrm{d}r\mathrm{d}\theta$. 如果闭区域 D 如图 8-17(a)所示，则由公式 (4') 有

$$\sigma = \iint_D r\mathrm{d}r\mathrm{d}\theta = \int_\alpha^\beta \mathrm{d}\theta \int_{\varphi_1(\theta)}^{\varphi_2(\theta)} r\mathrm{d}r = \frac{1}{2}\int_\alpha^\beta [\varphi_2^2(\theta) - \varphi_1^2(\theta)]\mathrm{d}\theta.$$

特别地，如果闭区域 D 如图 8-18 所示，则 $\varphi_1(\theta)=0$，$\varphi_2(\theta)=\varphi(\theta)$，于是

$$\sigma = \frac{1}{2}\int_\alpha^\beta \varphi^2(\theta)\mathrm{d}\theta.$$

应该注意的是，与直角坐标系不同，在极坐标系下的二次积分只有一个积分顺序，即先对 r 积分再对 θ 积分．

例 6　计算积分 $\iint_D \sqrt{x^2+y^2}\,\mathrm{d}x\mathrm{d}y$，其中 $D = \{(x, y) \mid 0 \leqslant y \leqslant x, x^2+y^2 \leqslant 2x\}$．

解　画出 D 的图形，如图 8-20 所示．由图知 D 可以表示为

$$0 \leqslant \theta \leqslant \frac{\pi}{4},\ 0 \leqslant r \leqslant 2\cos\theta,$$

$$\iint\limits_D \sqrt{x^2+y^2}\,dxdy = \int_0^{\frac{\pi}{4}} d\theta \int_0^{2\cos\theta} r \cdot r\,dr$$
$$= \int_0^{\frac{\pi}{4}} \left(\frac{1}{3}r^3 \Big|_0^{2\cos\theta}\right) d\theta$$
$$= \frac{8}{3} \int_0^{\frac{\pi}{4}} \cos^3\theta\,d\theta$$
$$= \frac{8}{3} \int_0^{\frac{\pi}{4}} (1-\sin^2\theta)\,d\sin\theta$$
$$= \frac{10}{9}\sqrt{2}.$$

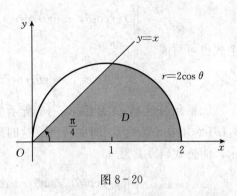

图 8-20

例 7 计算 $\iint\limits_D \dfrac{x}{y}\,dxdy$，其中 D 是圆 $x^2+y^2=1$，$x^2+y^2=4$，$y=x$ 及 y 轴围成的闭区域.

解 由于 D 是圆 $x^2+y^2=1$ 和 $x^2+y^2=4$，$y=x$ 及 y 轴所围成闭区域，则 D 可以表示为

$$D = \left\{(\theta, r) \,\Big|\, \frac{\pi}{4} \leqslant \theta \leqslant \frac{\pi}{2},\ 1 \leqslant r \leqslant 2\right\},$$

所以
$$\iint\limits_D \frac{x}{y}\,dxdy = \int_{\frac{\pi}{4}}^{\frac{\pi}{2}} \frac{\cos\theta}{\sin\theta}\,d\theta \int_1^2 r\,dr = \int_{\frac{\pi}{4}}^{\frac{\pi}{2}} \frac{1}{\sin\theta}\,d(\sin\theta) \int_1^2 r\,dr$$
$$= \ln(\sin(\theta)) \Big|_{\frac{\pi}{4}}^{\frac{\pi}{2}} \cdot \frac{1}{2} r^2 \Big|_1^2 = \frac{\ln 2}{2} \times \frac{3}{2} = \frac{3}{4}\ln 2.$$

例 8 计算 $\iint\limits_D e^{-x^2-y^2}\,dxdy$，其中 D 是由中心在圆点、半径为 a 的圆周所围成的闭区域.

解 在极坐标系中，闭区域 D 可表示为 $0 \leqslant \theta \leqslant 2\pi$，$0 \leqslant r \leqslant a$，由公式(3)及(5)有

$$\iint\limits_D e^{-x^2-y^2}\,dxdy = \iint\limits_D e^{-r^2} r\,dr d\theta = \int_0^{2\pi} \left(\int_0^a e^{-r^2} r\,dr\right) d\theta$$
$$= \int_0^{2\pi} \left[-\frac{1}{2} e^{-r^2}\right]_0^a d\theta = \frac{1}{2}(1-e^{-a^2}) \int_0^{2\pi} d\theta = \pi(1-e^{-a^2}).$$

本题如果用直角坐标计算，由于积分 $\int e^{-x^2}\,dx$ 不能用初等函数表示，所以这个积分是算不出来的.

习 题 8-2

1. 画出积分区域并计算二重积分：

(1) $\iint\limits_D (3x^2+2xy+y^2)\,dxdy$，其中 D 是由 $x=1$，$x=3$，$y=0$ 及 $y=1$ 围成的闭区域；

(2) $\iint\limits_D (\sin^2 x \sin^2 y)\,dxdy$，其中 D 是矩形闭区域：$0 \leqslant x \leqslant \pi$，$0 \leqslant y \leqslant \pi$；

(3) $\iint\limits_D (3x-2y)\,dxdy$，其中 D 是由坐标轴及 $x+y=2$ 所围成的闭区域；

(4) $\iint\limits_D (x^2+y^2)\,d\sigma$，其中 D 是由直线 $y=x$，$y=x+1$，$y=1$，$y=3$ 所围成的区域；

(5) $\iint\limits_D \dfrac{\sin x}{x} dxdy$,其中区域 D 是由 $y=x$,$y=\dfrac{x}{2}$ 及 $x=2$ 所围成的闭区域;

(6) $\iint\limits_D e^{x+y} dxdy$,其中区域 $D=\{(x,y)\mid |x|+|y|\leqslant 1\}$.

2. 改变下列二次积分的积分次序:

(1) $\int_0^1 dy \int_y^{\sqrt{y}} f(x,y)dx$; (2) $\int_0^2 dx \int_{\frac{x}{2}}^{x} f(x,y)dy$;

(3) $\int_1^2 dx \int_{2-x}^{\sqrt{2x-x^2}} f(x,y)dy$; (4) $\int_0^1 dy \int_{\sqrt{y}}^{1} \cos(x^3)dx$;

(5) $\int_1^e dx \int_0^{\ln x} f(x,y)dy$; (6) $\int_0^1 dx \int_0^{x^{\frac{2}{3}}} f(x,y)dy + \int_1^2 dx \int_0^{1-\sqrt{4x-x^2-3}} f(x,y)dy$.

3. 如果二重积分 $\iint\limits_D f(x,y)dxdy$ 的被积函数 $f(x,y)$ 是两个函数 $f_1(x)$ 及 $f_2(y)$ 的乘积,即 $f(x,y)=f_1(x)f_2(y)$,积分区域 D 为 $a\leqslant x\leqslant b$,$c\leqslant y\leqslant d$,证明这个二重积分等于两个单积分的乘积,即 $\iint\limits_D f_1(x)f_2(y)dxdy = \int_a^b f_1(x)dx \int_c^d f_2(y)dy$.

4. 化下列二次积分为极坐标形式的二次积分:

(1) $\int_1^2 dx \int_x^{\sqrt{3}x} f(x,y)dy$; (2) $\int_0^a dy \int_{a-\sqrt{a^2-y^2}}^{a+\sqrt{a^2-y^2}} f(x,y)dx$;

(3) $\int_0^1 dx \int_{1-\sqrt{1-x^2}}^{\sqrt{2x-x^2}} f(x,y)dy$; (4) $\int_0^1 dx \int_{x^2}^{x} (x^2+y^2)^{-\frac{1}{2}} dy$.

5. 利用极坐标计算下列各题:

(1) $\iint\limits_D e^{x^2+y^2} dxdy$,其中 D 是圆域 $x^2+y^2\leqslant 1$;

(2) $\iint\limits_D \sin\sqrt{x^2+y^2} dxdy$,其中 D 是由圆环 $\pi^2\leqslant x^2+y^2\leqslant 4\pi^2$ 所确定的闭区域;

(3) $\iint\limits_D \dfrac{x}{y^2} dxdy$,其中 D 是由圆 $x^2+y^2=1$ 及直线 $x=0$,$y=x$ 所围成的在第一象限内的闭区域;

(4) $\iint\limits_D y dxdy$,其中 D 是由圆周 $x=-\sqrt{2y-y^2}$ 及直线 $x=-2$,$y=0$,$y=2$ 所围成的闭区域.

6. 选择适当的坐标系计算下列二重积分:

(1) $\iint\limits_D \dfrac{x^2}{y^2} dxdy$,其中 D 是由直线 $x=2$,$y=x$ 及曲线 $xy=1$ 所围成的闭区域;

(2) $\iint\limits_D (x+y)d\sigma$,其中区域 D 由 $x^2+y^2=2Rx$ 所围成的闭区域;

(3) $\iint\limits_D |1-x^2-y^2|d\sigma$,其中 D 是由 $x^2+y^2=4$ 围成的圆域;

第三节 二重积分的应用

在定积分的应用中，我们曾介绍过元素法（微元法）．这种元素法也可推广到二重积分的应用中．如果所要计算的某个量 U 对于闭区域 D 具有可加性（就是说，当闭区域 D 分成许多小闭区域时，所求量 U 相应地分成许多部分量，且 U 等于部分量之和），并且在闭区域 D 内任取一个直径很小的闭区域 $d\sigma$ 时，相应的部分量可近似地表示为 $f(x,y)d\sigma$ 的形式，其中 (x,y) 在 $d\sigma$ 内．这个 $f(x,y)d\sigma$ 称为所求量 U 的元素而记作 dU，以它为被积表达式，在闭区域 D 上积分：$U=\iint\limits_{D}f(x,y)d\sigma$，这就是所求量的积分表达式．

一、空间几何体的体积

根据二重积分的几何意义，若 $f(x,y)>0$，则 $\iint\limits_{D}f(x,y)dxdy$ 表示以平面区域 D 为底，以曲面 $z=f(x,y)$ 为顶，以 D 的边界曲线为准线，母线平行于 z 轴的柱面为侧面的曲顶柱体的体积．当立体由两个曲面相夹而成时，不妨设立体是由顶面 $z=f_2(x,y)$，底面 $z=f_1(x,y)$ 以及侧面是以 D 的边界曲线为准线所围成，其中，D 为该几何体在 xOy 面上的投影，则该几何体的体积可表示为

$$V=\iint\limits_{D}[f_2(x,y)-f_1(x,y)]dxdy.$$

例1 求两个底圆半径都等于 R 的直交圆柱面所围成的立体的体积．

解 设这两个圆柱面的方程分别为

$$x^2+y^2=R^2,\ x^2+z^2=R^2.$$

利用立体关于坐标平面的对称性，只要算出它在第一卦限部分（图 8-21(a)）的体积 V_1，然后再乘以 8 就行了．所求立体在第一卦限部分可以看成是一个曲顶柱体，它的底为

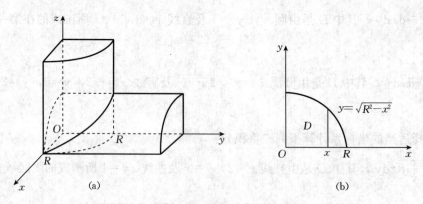

图 8-21

$$D=\{(x,y)\mid 0\leqslant x\leqslant R,\ 0\leqslant y\leqslant \sqrt{R^2-x^2}\ \}.$$

如图 8-21(b) 所示．它的顶是柱面 $z=\sqrt{R^2-x^2}$，于是

$$V_1 = \iint_D \sqrt{R^2 - x^2}\, d\sigma.$$

利用公式得

$$V_1 = \iint_D \sqrt{R^2 - x^2}\, d\sigma = \int_0^R \left(\int_0^{\sqrt{R^2-x^2}} \sqrt{R^2 - x^2}\, dy \right) dx$$

$$= \int_0^R \left[\sqrt{R^2 - x^2}\, y \right]_0^{\sqrt{R^2-x^2}} dx = \int_0^R (R^2 - x^2)\, dx = \frac{2}{3} R^3,$$

从而所求立体体积为

$$V = 8V_1 = \frac{16}{3} R^3.$$

例 2 求由曲面 $z = x^2 + 2y^2$ 及 $z = 6 - 2x^2 - y^2$ 所围成的立体的体积.

解 由 $\begin{cases} z = x^2 + 2y^2, \\ z = 6 - 2x^2 - y^2, \end{cases}$ 消去 z, 得 $x^2 + y^2 = 2$, 故所求立体在 xOy 面上的投影区域为

$$D = \{(x, y) \mid x^2 + y^2 \leqslant 2\} \text{(图 8-22)},$$

$$V = \iint_D [(6 - 2x^2 - y^2) - (x^2 + 2y^2)]\, dxdy$$

$$= \int_0^{2\pi} d\theta \int_0^{\sqrt{2}} (6 - 3r^2) r\, dr = 6\pi.$$

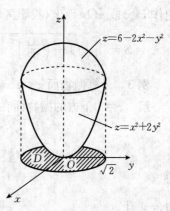

图 8-22

二、曲面的面积

设曲面 Σ 的方程为 $z = f(x, y)$, D 为曲面 Σ 在 xOy 面上的投影区域, 函数 $f(x, y)$ 在 D 上具有一阶连续偏导数 $f_x(x, y)$ 和 $f_y(x, y)$. 我们来计算曲面 Σ 的面积 S. 在区域 D 上任取一直径很小的区域 $d\sigma$(其面积也记作 $d\sigma$), 在 $d\sigma$ 内任取一点 $P(x, y)$, 曲面 Σ 上有一点 $M(x, y, f(x, y))$ 与之对应, 即点 P 是点 M 在 xOy 面上的投影, 设点 M 处曲面 Σ 的切平面为 T(图 8-23), 以 $d\sigma$ 边界为准线作母线平行于 z 轴的柱面, 它在曲面 Σ 上截下一小片曲面, 同时也在切平面 T 上截下一小片平面. 由于 $z = f(x, y)$ 具有连续偏导数, $d\sigma$ 的直径又很小, 切平面 T 上的那一小片平面的面积 dS 可以近似代替相应那小块曲面的面积, 设曲面 Σ 在点 M 处的法向量(指向朝上)与 z 轴正向的夹角为 γ, 则

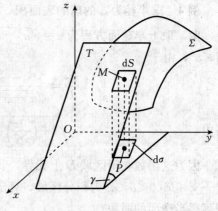

图 8-23

$$dS = \frac{d\sigma}{\cos\gamma}.$$

因为

$$\cos\gamma = \frac{1}{\sqrt{1 + f_x^2(x, y) + f_y^2(x, y)}},$$

所以
$$dS = \sqrt{1 + f_x^2(x, y) + f_y^2(x, y)} d\sigma,$$
这就是曲面 Σ 的面积微元，以它为被积函数在区域 D 上积分，就得到了曲面 Σ 的面积．
$$S = \iint_D \sqrt{1 + f_x^2(x, y) + f_y^2(x, y)} d\sigma.$$

上式也可写成 $S = \iint_D \sqrt{1 + \left(\dfrac{\partial z}{\partial x}\right)^2 + \left(\dfrac{\partial z}{\partial y}\right)^2} dxdy$，这就是计算曲面面积的公式．

设曲面的方程为 $x = g(y, z)$ 或 $y = h(z, x)$，可分别把曲面投影到 yOz 面上（投影区域记作 D_{yz}）或 zOx 面上（投影区域记作 D_{zx}），类似地可得
$$S = \iint_{D_{yz}} \sqrt{1 + \left(\frac{\partial x}{\partial y}\right)^2 + \left(\frac{\partial x}{\partial z}\right)^2} dydz \text{ 或 } S = \iint_{D_{zx}} \sqrt{1 + \left(\frac{\partial y}{\partial z}\right)^2 + \left(\frac{\partial y}{\partial x}\right)^2} dzdx.$$

例 3 计算抛物面 $z = x^2 + y^2$ 在 $z = 1$ 下方的面积．

解 $z = 1$ 下方的抛物面在 xOy 面上投影区域 D 可表示为 $x^2 + y^2 \leqslant 1$，由
$$\frac{\partial z}{\partial x} = 2x, \quad \frac{\partial z}{\partial y} = 2y,$$
得
$$\sqrt{1 + \left(\frac{\partial z}{\partial x}\right)^2 + \left(\frac{\partial z}{\partial y}\right)^2} = \sqrt{1 + 4x^2 + 4y^2},$$
由公式有
$$S = \iint_D \sqrt{1 + 4x^2 + 4y^2} dxdy = \int_0^{2\pi} d\theta \int_0^1 \sqrt{1 + 4r^2} rdr$$
$$= 2\pi \cdot \frac{1}{12}[(1 + 4r^2)^{\frac{3}{2}}]_0^1 = \frac{\pi}{6}(5\sqrt{5} - 1).$$

例 4 求半径为 a 的球的表面积．

解 取上半球面方程为 $z = \sqrt{a^2 - x^2 - y^2}$，则它在 xOy 面上投影区域 D 可表示为 $x^2 + y^2 \leqslant a^2$，由于
$$\frac{\partial z}{\partial x} = \frac{-x}{\sqrt{a^2 - x^2 - y^2}}, \quad \frac{\partial z}{\partial y} = \frac{-y}{\sqrt{a^2 - x^2 - y^2}},$$
所以
$$\sqrt{1 + \left(\frac{\partial z}{\partial x}\right)^2 + \left(\frac{\partial z}{\partial y}\right)^2} = \frac{a}{\sqrt{a^2 - x^2 - y^2}}.$$

因为这函数在闭区域 D 上无界，我们不能直接应用曲面面积公式．所以先取区域 D_1：$x^2 + y^2 \leqslant b^2 (0 < b < a)$ 为积分区域，算出相应于 D_1 上的球面面积 S_1 后，令 $b \to a$，取 S_1 的极限就得半球面的面积．
$$S_1 = \iint_{D_1} \frac{a}{\sqrt{a^2 - x^2 - y^2}} dxdy = \iint_{D_1} \frac{a}{\sqrt{a^2 - r^2}} rdrd\theta$$
$$= a\int_0^{2\pi} d\theta \int_0^b \frac{rdr}{\sqrt{a^2 - r^2}} = 2\pi a \int_0^b \frac{rdr}{\sqrt{a^2 - r^2}}$$
$$= 2\pi a(a - \sqrt{a^2 - b^2}),$$
于是
$$\lim_{b \to a} S_1 = \lim_{b \to a} 2\pi a(a - \sqrt{a^2 - b^2}) = 2\pi a^2.$$
这就是半个球面的面积，因此整个球面的面积为 $S = 4\pi a^2$．

三、平面薄片的质量

设有一平面薄片占有 xOy 面上的闭区域 D，它在点 (x,y) 处的面密度为 $\rho(x,y)$，这里 $\rho(x,y)>0$ 且在 D 上连续，则平面薄片的质量的计算式为

$$M=\iint\limits_{D}\rho(x,y)\mathrm{d}\sigma.$$

例 5 设一平面薄片的占有区域为中心在原点，半径为 R 的圆域，面密度为 $\rho(x,y)=x^2+y^2$，求薄片的质量．

解 由题意得

$$M=\iint\limits_{D}\rho(x,y)\mathrm{d}\sigma=\iint\limits_{D}(x^2+y^2)\mathrm{d}\sigma,$$

用极坐标计算有

$$M=\int_0^{2\pi}\mathrm{d}\theta\int_0^R r^2\cdot r\mathrm{d}r=\frac{1}{2}\pi R^4.$$

四、平面薄片质心

先介绍 xOy 平面内质点系的质心．

设在 xOy 平面内有 n 个质点，它们分别位于点 (x_i,y_i)，质量为 $m_i(i=1,2,\cdots)$，那么该质点系的质心为

$$\bar{x}=\frac{M_y}{M}=\frac{\sum_{i=1}^{n}m_ix_i}{\sum_{i=1}^{n}m_i},\quad \bar{y}=\frac{M_x}{M}=\frac{\sum_{i=1}^{n}m_iy_i}{\sum_{i=1}^{n}m_i},$$

其中 $M=\sum_{i=1}^{n}m_i$ 为该质点系的总质量，$M_y=\sum_{i=1}^{n}m_ix_i$，$M_x=\sum_{i=1}^{n}m_iy_i$ 分别为该质点系对 y 轴和 x 轴的静矩．

设有一平面薄片，占有 xOy 面上的闭区域 D，在点 (x,y) 处的面密度为 $\mu(x,y)$，假定 $\mu(x,y)$ 在 D 上连续．现在要找该薄片质心的坐标．

在闭区域 D 上任取一直径很小的闭区域 $\mathrm{d}\sigma$（这个小闭区域的面积也记作 $\mathrm{d}\sigma$），(x,y) 是这个小闭区域上的一个点．由于小闭区域的直径很小，且 $\mu(x,y)$ 在 D 上连续，所以薄片中相当于 $\mathrm{d}\sigma$ 部分的质量近似等于 $\mu(x,y)\mathrm{d}\sigma$，这部分的质量可近似看作集中在点 (x,y) 上，于是可写出静矩元素 $\mathrm{d}M_y$ 和 $\mathrm{d}M_x$：

$$\mathrm{d}M_y=x\mu(x,y)\mathrm{d}\sigma,\ \mathrm{d}M_x=y\mu(x,y)\mathrm{d}\sigma.$$

以这些元素为积分表达式，在闭区域 D 上积分，便得

$$M_y=\iint\limits_{D}x\mu(x,y)\mathrm{d}\sigma,\ M_x=\iint\limits_{D}y\mu(x,y)\mathrm{d}\sigma.$$

又由三知道，薄片的质量为

$$M=\iint\limits_{D}\mu(x,y)\mathrm{d}\sigma,$$

所以，薄片的质心坐标为

$$\bar{x} = \frac{M_y}{M} = \frac{\iint\limits_D x\mu(x, y)\mathrm{d}\sigma}{\iint\limits_D \mu(x, y)\mathrm{d}\sigma}, \quad \bar{y} = \frac{M_x}{M} = \frac{\iint\limits_D y\mu(x, y)\mathrm{d}\sigma}{\iint\limits_D \mu(x, y)\mathrm{d}\sigma}.$$

如果薄片是均匀的，即面密度为常量 μ，则上式可把 μ 提到积分号外面，并从分子、分母中约去，这样便得到均匀薄片的质心坐标为

$$\bar{x} = \frac{1}{A}\iint\limits_D x\mathrm{d}\sigma, \quad \bar{y} = \frac{1}{A}\iint\limits_D y\mathrm{d}\sigma,$$

其中 $A = \iint\limits_D \mathrm{d}\sigma$ 为闭区域 D 的面积．这时薄片的质心完全由闭区域 D 的形状所决定．我们把均匀平面薄片的质心叫作该平面薄片所占平面图形的**形心**．因此平面图形 D 的形心的坐标，就可以用上述公式表示．

例 6 设有一平面薄片占有 xOy 面内的闭区域 D，由 $x=0$，$y=0$ 及 $x+y=a$ 围成，其面密度为 $\mu(x, y)=x^2+y^2$，求该平面薄片的质心．

解 如图 8-24 所示，按题设，由对称性知，$\bar{x}=\bar{y}$．

$$M = \iint\limits_D (x^2+y^2)\mathrm{d}x\mathrm{d}y = \int_0^a \mathrm{d}x \int_0^{a-x} (x^2+y^2)\mathrm{d}y$$

$$= \int_0^a \left[x^2(a-x) + \frac{(a-x)^3}{3}\right]\mathrm{d}x = \frac{1}{6}a^4,$$

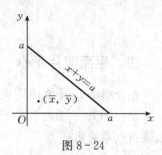

图 8-24

$$M_y = \iint\limits_D x(x^2+y^2)\mathrm{d}x\mathrm{d}y = \int_0^a x\mathrm{d}x \int_0^{a-x} (x^2+y^2)\mathrm{d}y$$

$$= \int_0^a \left[x^3(a-x) + \frac{x(a-x)^3}{3}\right]\mathrm{d}x$$

$$= \int_0^a \left(-\frac{4}{3}x^4 + 2ax^3 - a^2x^2 + \frac{a^3}{3}x\right)\mathrm{d}x$$

$$= \frac{1}{15}a^5,$$

因此
$$\bar{x} = \frac{M_y}{M} = \frac{2}{5}a = \bar{y}.$$

习 题 8-3

1. 计算以 xOy 面上的圆周 $x^2+y^2=ax(a>0)$ 围成的平面区域为底，以 $z=x^2+y^2$ 为顶的曲顶柱体的体积．

2. 求曲面 $z=8-x^2-y^2$，$z=x^2+y^2$ 所围立体的体积．

3. 求锥面 $z=\sqrt{x^2+y^2}$ 被柱面 $z^2=2x$ 所截下部分的面积．

4. 求球面 $x^2+y^2+z^2=a^2$ 含在圆柱面 $x^2+y^2=ax$ 内的那部分的面积．

5. 设薄片所占区域如下，求均匀薄片的形心：

(1) D 由 $y=\sqrt{x}$，$x=1$，$y=0$ 所围成；

(2) D 是介于两个圆 $r=a\cos\theta$，$r=b\cos\theta(0<a<b)$ 之间的闭区域．

总复习题 8

(A)

1. 填空题：

(1) 设 $D=\{(x, y) | 0 \leqslant x \leqslant 1, 0 \leqslant y \leqslant 1\}$，则 $\iint\limits_{D} 2xy^2 \mathrm{d}x\mathrm{d}y =$ _____.

(2) $\int_0^1 \mathrm{d}y \int_y^1 \mathrm{e}^{-x^2} \mathrm{d}x =$ _____.

(3) 交换积分次序 $\int_0^1 \mathrm{d}y \int_y^{\sqrt{2-y^2}} f(x, y) \mathrm{d}x =$ _____.

(4) $I = \int_0^1 \mathrm{d}x \int_0^{\sqrt{3}x} f(x, y) \mathrm{d}y + \int_1^2 \mathrm{d}x \int_0^{\sqrt{4-x^2}} f(x, y) \mathrm{d}y$ 在极坐标系下的二次积分为 $I =$ _____.

(5) 设 $D = \left\{(x, y) | x^2 + y^2 \leqslant \dfrac{\pi}{2}\right\}$，则 $\iint\limits_{D} \cos(x^2 + y^2) \mathrm{d}\sigma =$ _____.

2. 选择题：

(1) 若区域 D 由 $y=1$，$y=0$ 与直线 $x=0$，$x=\pi$ 所围成，则 $\iint\limits_{D} x\sin(xy) \mathrm{d}x\mathrm{d}y = ($　　$)$.

　　A. 2；　　　B. -2；　　　C. π；　　　D. $-\pi$.

(2) $\int_1^3 \mathrm{d}x \int_x^{x+2} y \mathrm{d}y = ($　　$)$.

　　A. 5；　　　B. 12；　　　C. 4；　　　D. 6.

(3) 二次积分 $\int_0^{\frac{\pi}{2}} \mathrm{d}\varphi \int_0^{\cos\varphi} f(\rho\cos\varphi, \rho\sin\varphi) \rho \mathrm{d}\rho$ 可以写成($　　$).

　　A. $\int_0^1 \mathrm{d}y \int_0^{\sqrt{y-y^2}} f(x, y) \mathrm{d}x$；　　B. $\int_0^1 \mathrm{d}y \int_0^{\sqrt{1-y^2}} f(x, y) \mathrm{d}x$；

　　C. $\int_0^1 \mathrm{d}x \int_0^1 f(x, y) \mathrm{d}y$；　　D. $\int_0^1 \mathrm{d}x \int_0^{\sqrt{x-x^2}} f(x, y) \mathrm{d}y$.

(4) 若 $D = \{(x, y) | x^2 + y^2 \leqslant R^2, R > 0\}$，且 $\iint\limits_{D} \sqrt{R^2 - x^2 - y^2} \mathrm{d}x\mathrm{d}y = \pi$，则 $R = ($　　$)$.

　　A. $\sqrt[3]{\dfrac{3}{2}}$；　　B. 3；　　C. $\sqrt{2}$；　　D. $-\sqrt[3]{\dfrac{3}{2}}$.

(5) 设 $f(x, y) = \begin{cases} xy^2, & 0 \leqslant y \leqslant x \leqslant 1, \\ 0, & 其他, \end{cases}$ D 是 xOy 面，则 $\iint\limits_{D} f(x, y) \mathrm{d}\sigma = ($　　$)$.

　　A. $\dfrac{1}{15}$；　　B. 3；　　C. $\sqrt{2}$；　　D. 15.

3. 计算题：

(1) 求 $\iint\limits_{D} x \mathrm{d}\sigma$，其中 D 是由曲线 $y = x^2 - 1$ 和直线 $y = -x + 1$ 所围成的平面区域.

(2) 计算 $\iint\limits_{D} e^{(|x|+|y|)} d\sigma$，其中 $D=\{(x, y)\mid |x|+|y|\leqslant 1\}$.

(3) 设函数 $f(x)$ 在区间 $[a, b]$ 上连续，并设 $\int_0^1 f(x)dx = A$，求 $\int_0^1 dx \int_x^1 f(x)f(y)dy$.

(4) $\iint\limits_{D} |xy| d\sigma$，其中 $D=\{(x, y)\mid x^2+y^2 \leqslant a^2\}$.

4. 设 $f(x)$ 在 $[0, a]$ 上连续，证明：
$$\int_0^a dy \int_0^y e^{m(a-x)} f(x) dx = \int_0^a (a-x) e^{m(a-x)} f(x) dx.$$

5. 求旋转抛物面 $z = x^2+y^2$ 被平面 $z = 2x$ 所截下的体积.

6. 求平面 $\dfrac{x}{1}+\dfrac{y}{2}+\dfrac{z}{3}=1$ 被三坐标轴所截出的有限部分的面积.

(B)

1. 填空题：

(1) $\int_0^1 dy \int_{\arcsin y}^{\pi-\arcsin y} x\, dx = $ _____.

(2) 设 $D=\{(x, y) \mid x^2+y^2 \leqslant x\}$，则 $\iint\limits_{D} \sqrt{x}\, dx dy = $ _____.

(3) $\iint\limits_{D} \min\{x, y\} dx dy = $ _____，其中 $D=\{(x, y)\mid 0\leqslant x \leqslant 3, 0\leqslant y \leqslant 1\}$.

(4) 由椭圆抛物面 $z=x^2+2y^2$ 与抛物柱面 $z=2-x^2$ 所围立体的体积为 _____.

(5) 设闭区域 $D=\{(x, y)\mid x^2+y^2 \leqslant R^2\}$，则 $\iint\limits_{D} \left(\dfrac{x^2}{a^2}+\dfrac{y^2}{b^2}\right) dx dy = $ _____.

2. 选择题：

(1) 设平面闭区域 D 是由直线 $x=0$，$y=0$，$x+y=\dfrac{1}{2}$，$x+y=1$ 围成，若 $I_1 = \iint\limits_{D}[\ln(x+y)]^3 dx dy$，$I_2 = \iint\limits_{D}(x+y)^3 dx dy$，$I_3 = \iint\limits_{D}[\sin(x+y)]^3 dx dy$，则 I_1，I_2，I_3 的关系是（ ）.

  A. $I_1 < I_2 < I_3$；   B. $I_3 < I_2 < I_1$；
  C. $I_1 < I_3 < I_2$；   D. $I_3 < I_1 < I_2$.

(2) 累次积分 $\int_0^{\frac{\pi}{2}} d\theta \int_0^{\cos\theta} f(r\cos\theta, r\sin\theta) r\, dr$ 可表示为（ ）.

  A. $\int_0^1 dy \int_0^{\sqrt{y-y^2}} f(x, y) dx$； B. $\int_0^1 dy \int_0^{\sqrt{1-y^2}} f(x, y) dx$；
  C. $\int_0^1 dx \int_0^1 f(x, y) dy$；   D. $\int_0^1 dx \int_0^{\sqrt{x-x^2}} f(x, y) dy$.

(3) 设 $f(x)$ 为连续函数，$F(t)=\int_1^t dy \int_y^t f(x) dx$，则 $F'(2)=$（ ）.

  A. $2f(2)$； B. $f(2)$； C. $-f(2)$； D. 0.

(4) 设 $D=\{(x, y) \mid (x-1)^2+(y+2)^2 \leqslant 1\}$，则 $\iint\limits_{D}(2x-4y)\mathrm{d}x\mathrm{d}y=(\quad)$.

  A. 3π； B. 5π； C. 10π； D. 12π.

(5) 设 D 是 xOy 平面内以 $(1, 1)$，$(-1, 1)$，$(-1, -1)$ 为顶点的三角形闭区域，D_1 是 D 在第一象限的部分，则 $\iint\limits_{D}(x^3y^3+\cos 2x\sin y)\mathrm{d}x\mathrm{d}y=(\quad)$.

  A. $2\iint\limits_{D_1}\cos 2x\sin y\mathrm{d}x\mathrm{d}y$； B. $2\iint\limits_{D_1}x^3y^3\mathrm{d}x\mathrm{d}y$；

  C. $4\iint\limits_{D_1}(x^3y^3+\cos 2x\sin y)\mathrm{d}x\mathrm{d}y$； D. 0.

3. 求 $\iint\limits_{D}x[1+yf(x^2+y^2)]\mathrm{d}\sigma$，其中 D 为 $x=-1$，$y=1$ 及 $y=x^3$ 围成的闭区域.

4. 设 $D=\{(x, y) \mid 0\leqslant x\leqslant 1, 0\leqslant y\leqslant 1\}$，$f(x, y)=\begin{cases}2, & (x, y)\in D, \\ 0, & (x, y)\notin D,\end{cases}$ 求：

$$F(t)=\iint\limits_{x+y\leqslant t}f(x, y)\mathrm{d}x\mathrm{d}y.$$

5. 已知 A 球的半径为 R，B 球的半径为 r，且 B 球的球心在 A 球的球面上，当 r 为多少时，夹在 A 球内部的 B 球的表面积最大，并求出最大表面积.

6. 求极限：$\lim\limits_{x\to 0}\dfrac{\int_0^{\frac{x}{2}}\mathrm{d}t\int_t^{\frac{x}{2}}\mathrm{e}^{-(t-u)^2}\mathrm{d}u}{1-\mathrm{e}^{-\frac{x^2}{4}}}$.

第九章

微分方程与差分方程

在经济管理、科学技术等领域中,经常需要确定与实际问题有关的变量之间的函数关系.但是由于某些问题的复杂性,很难直接寻求到所需的函数关系,不过却比较容易建立此函数及其导数的关系式,这种关系式就是微分方程.通过求解这种方程,可以找出未知函数关系.因此,微分方程在实践中具有重要意义.微分方程是在微积分的基础上发展起来的一门独立的数学学科,是人们解决实际问题的有效途径.

然而,经济方面还有许多实际问题,其数据大多数是按等时间间隔周期统计的,因此有关变量的取值是离散变化的.如何寻求它们之间的关系和变化规律呢?差分方程是研究这类离散型数学问题的有力工具.

本章将对微分方程和差分方程展开学习,在第一节至第六节主要介绍微分方程的一些基本概念和几种常见微分方程的求解方法,在第七节至第九节介绍差分和差分方程的基本概念,以及一阶和二阶常系数线性差分方程的求解方法,在第十节介绍微分方程和差分方程在经济学中的一些简单应用.

第一节 微分方程的基本概念

我们先看几个有关微分方程的具体例题.

例 1 某人进行一项投资,本金为 p_0 元,投资年利率为 r,且以连续复利计算,求 t 年后的资金总额.

解 设 t 时刻(以年为单位)的资金总额为 $p=p(t)$,且资金没有取出也没有新投入,则 t 时刻资金总额的变化率=t 时刻资金总额获得的利息,即

$$\frac{\mathrm{d}p}{\mathrm{d}t}=rp, \tag{1}$$

而且未知函数 $p=p(t)$ 应满足条件

$$t=0 \text{ 时}, \ p=p_0, \tag{2}$$

满足关系式(1)的函数 $p(t)$ 的一般求解方法,将在第二节中介绍,下面验证函数

$$p(t)=C\mathrm{e}^{rt}(\text{式中 } C \text{ 是任意常数}) \tag{3}$$

满足(1)式.

将(3)式代入(1)式,不难验证,(1)式成为恒等式,所以,函数式(3)满足关系式(1).

把条件(2)式代入(3)式,得 $C=p_0$,从而

$$p(t)=p_0\mathrm{e}^{rt}. \tag{4}$$

例 2 一质量为 m 的物体进行自由落体运动,若初始位置和初始速度都为 0,试确定物体下落的距离 s 和时间 t 的函数关系.

解 设物体在 t 时刻下落的距离为 $s=s(t)$,根据牛顿第二定律:$F=ma$,可得
$$\frac{\mathrm{d}^2 s}{\mathrm{d}t^2}=g, \tag{5}$$
且未知函数 $s=s(t)$ 满足下列条件:
$$t=0 \text{ 时}, \ s=0, \ v=\frac{\mathrm{d}s}{\mathrm{d}t}=0, \tag{6}$$
把(5)式两端积分一次,得
$$v=\frac{\mathrm{d}s}{\mathrm{d}t}=gt+C_1, \tag{7}$$
对(7)式再积分一次,得
$$s=\frac{1}{2}gt^2+C_1 t+C_2, \tag{8}$$
这里 C_1,C_2 都是任意常数.

将(6)式代入(7)式和(8)式,得 $C_1=0$,$C_2=0$,把 C_1,C_2 的值代入(8)式,得
$$s=\frac{1}{2}gt^2, \tag{9}$$
这正是我们所熟悉的物理学中的自由落体运动公式.

上述两个例子中的关系式(1)和(5)都含有未知函数的导数,它们都是微分方程.一般地,凡是含有自变量、自变量的未知函数以及未知函数的导数(或微分)的方程,都称为**微分方程**.如果微分方程中,自变量的个数只有一个,则称之为**常微分方程**;自变量的个数为两个或两个以上,则称之为**偏微分方程**.本章只讨论常微分方程.

微分方程中所出现的未知函数的最高阶导数的阶数,称为**微分方程的阶**.例如,方程式(1)是一阶微分方程;方程式(5)是二阶微分方程.

一般地,n 阶微分方程的形式是
$$F(x, y, y', \cdots, y^{(n)})=0. \tag{10}$$
这里必须指出,在方程(10)中,$y^{(n)}$ 是必须出现的,而 x,y,y',$\cdots$,$y^{(n-1)}$ 等变量则可以不出现.例如,n 阶微分方程
$$y^{(n)}+1=0$$
中,除 $y^{(n)}$ 外,其他变量都没有出现.

如果能从方程(10)中解出最高阶导数,得微分方程
$$y^{(n)}=f(x, y, y', \cdots, y^{(n-1)}). \tag{11}$$
以后我们讨论的微分方程大部分是这种已解出最高阶导数的方程或能解出最高阶导数的方程,且(11)式右端的函数在所讨论的范围内连续.

由前面的例子我们看到,在研究某些实际问题时,首先要建立微分方程,然后找出满足微分方程的函数,就是说,找出这样的函数,把这函数代入微分方程能使该方程成为恒等式.这个函数就叫作该**微分方程的解**.确切地说,设函数 $y=\varphi(x)$ 在区间 I 上有 n 阶连续导数,如果在区间 I 上,代入方程
$$F[x, \varphi(x), \varphi'(x), \cdots, \varphi^{(n)}(x)]\equiv 0,$$
能使其成为恒等式,那么函数 $y=\varphi(x)$ 就称为微分方程(10)或(11)在区间 I 上的解.

由前面的例子可知，函数(3)和(4)都是微分方程(1)的解；函数(8)和(9)都是微分方程(5)的解.

如果微分方程的解中含有相互独立的任意常数(即它们不能合并而使得任意常数的个数减少)，且任意常数的个数与微分方程的阶数相同，这样的解称为微分方程的**通解**. 例如，函数(3)是微分方程(1)的解，它含有一个任意常数，而方程(1)是一阶的，所以函数(3)是微分方程(1)的通解；函数(8)是方程(5)的解，它含有两个任意常数，而方程(5)是二阶的，所以函数(8)是方程(5)的通解.

在利用微分方程求解实际问题时，所得到的含有任意常数的通解因其具有不确定性而不能满足需要，通常还要根据问题的实际背景，加上某些特定的条件，确定通解中的任意常数. 用来确定通解中任意常数值的条件称为**初始条件**. 求微分方程满足初始条件的解，称为微分方程的**初值问题**. 例 1 中的条件(2)和例 2 中的条件(6)便是初始条件.

一般地，设微分方程中的未知函数为 $y=y(x)$，如果微分方程是一阶的，通常用来确定任意常数的初始条件是

$$x=x_0 \text{ 时}, y=y_0,$$

或写成
$$y|_{x=x_0}=y_0,$$

其中 x_0、y_0 都是给定的值；如果微分方程是二阶的，通常用来确定任意常数的初始条件是

$$x=x_0 \text{ 时}, y=y_0, y'=y'_0,$$

或写成
$$y|_{x=x_0}=y_0, y'|_{x=x_0}=y'_0,$$

其中 x_0，y_0 和 y'_0 都是给定的值.

由初始条件确定通解中的任意常数后，所得到的解称为微分方程的**特解**. 例如，函数(4)是方程(1)满足初始条件(2)的特解；函数(9)是方程(5)满足初始条件(6)的特解.

微分方程的解所对应的几何图形称为微分方程的**积分曲线**. 通解的几何图形是一族积分曲线，特解所对应的几何图形是一族积分曲线中的一条.

例如，方程 $y'=2x$ 的通解为 $y=x^2+C$，对应的积分曲线族如图 9-1 所示，满足初始条件 $y|_{x=1}=2$ 的特解是这族曲线中通过点 (1，2) 的那一条，即 $y=x^2+1$.

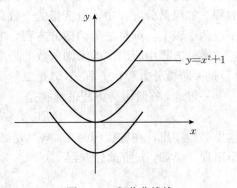

图 9-1 积分曲线族

习 题 9-1

1. 说明下列方程是否为微分方程，若是指出下列方程的阶数：

    (1) $(x^2-y^2)\mathrm{d}x+(x^2+y^2)\mathrm{d}y=0$; (2) $y^2-2x=0$;

    (3) $xy'''+2y''+x^2y=0$; (4) $(y'')^3+5(y')^4-y^5+x^6=0$.

2. 试验证下列已知函数是否为所给微分方程的解：

    (1) $xy'=2y, y=5x^2+1$; (2) $\dfrac{\mathrm{d}y}{\mathrm{d}x}-2y=0, y=Ce^{2x}$;

    (3) $y''-y=0, y=2\sin x$; (4) $x^2y'''=2y', y=\ln x+x^3$.

3. 在下列各题给出的微分方程的通解中，按照所给出的初始条件确定特解：

(1) $x^2 - y^2 = C$，$y|_{x=0} = 4$；

(2) $y = (C_1 + C_2 x)e^{2x}$，$y|_{x=0} = 0$，$y'|_{x=0} = 2$；

(3) $y = C_1 \sin(x - C_2)$，$y|_{x=\pi} = 1$，$y'|_{x=\pi} = 0$.

4. 写出由下列条件所确定的微分方程：

(1) 曲线在点 (x, y) 处的切线斜率等于该点横坐标的平方.

(2) 在商品销售的预测中，时刻 t 时的销售量用 $x = x(t)$ 表示. 如果商品销售的增长速度正比于销售量 $x(t)$ 及与销售接近饱和水平的程度 $a - x(t)$ 之乘积（a 为饱和水平），求销售量 $x(t)$ 与时刻 t 的关系.

*5. 试验证下列已知函数是否为所给微分方程的解：

(1) $(x - 2y)y' = 2x - y$，$x^2 - xy + y^2 = C$；

(2) $y'' - (\lambda_1 + \lambda_2)y' + \lambda_1 \lambda_2 y = 0$，$y = C_1 e^{\lambda_1 x} + C_2 e^{\lambda_2 x}$.

*6. 某商品的销售量 x 是价格 p 的函数，如果要使该商品的销售收入在价格变化的情况下保持不变，则销售量 x 对于价格 p 的函数关系满足什么样的微分方程？在这种情况下，该商品的需求量相对价格 p 的弹性是多少？

第二节　可分离变量的微分方程

从本节开始，我们将在微分方程基本概念的基础上，从求解最简单的微分方程——可分离变量的微分方程入手，从易到难地介绍一些微分方程的解法.

形如
$$\frac{dy}{dx} = f(x)\varphi(y) \tag{1}$$

的方程，称为**可分离变量的微分方程**，其中 $f(x)$ 和 $\varphi(y)$ 分别是 x 和 y 的连续函数.

下面说明方程(1)的求解方法.

如果 $\varphi(y) \neq 0$，我们可将方程(1)改写成

$$\frac{dy}{\varphi(y)} = f(x)dx.$$

这样，变量就"分离"开来了，两边积分，得到方程(1)的通解

$$\int \frac{dy}{\varphi(y)} = \int f(x)dx + C, \tag{2}$$

这里我们把积分常数 C 明确写出来，而把 $\int \frac{dy}{\varphi(y)}$ 和 $\int f(x)dx$ 分别理解为 $\frac{1}{\varphi(y)}$ 和 $f(x)$ 的某一个原函数.

如果存在 y_0，使 $\varphi(y_0) = 0$，直接代入方程(1)，可知 $y = y_0$ 也是(1)的解. 如果它不包含在方程(1)的通解(2)中，必须予以补上.

例1 求微分方程

$$\frac{dy}{dx} = 2xy \tag{3}$$

的通解.

解 原方程是可分离变量的方程，分离变量后得
$$\frac{dy}{y}=2xdx,$$
两边积分得
$$\int\frac{dy}{y}=\int 2xdx,$$
$$\ln|y|=x^2+C_1,$$
从而
$$y=\pm e^{x^2+C_1}=\pm e^{C_1}e^{x^2}.$$
因 $\pm e^{C_1}$ 是任意非零常数，此外 $y\equiv 0$ 也是方程(3)的解，故方程(3)的通解为
$$y=Ce^{x^2},$$
这里 C 是任意常数.

例 2 求微分方程 $\dfrac{dy}{dx}=-\dfrac{x}{y}$ 满足初始条件 $y|_{x=0}=1$ 的特解.

解 原方程是可分离变量的方程，分离变量后得
$$ydy=-xdx,$$
两边积分得
$$\int ydy=\int(-x)dx,$$
$$\frac{y^2}{2}=-\frac{x^2}{2}+\frac{C}{2},$$
从而，所求方程的通解为
$$x^2+y^2=C,$$
这里 C 是任意常数.

将 $x=0$，$y=1$ 代入上式得 $C=1$，所求方程的特解为
$$x^2+y^2=1.$$

例 3 求微分方程 $xydx+(x+1)dy=0$ 的通解.

解 原方程是可分离变量的方程，分离变量后得
$$\frac{dy}{y}=-\frac{x}{x+1}dx,$$
两边积分得
$$\ln|y|=-\int\left(\frac{x+1-1}{x+1}\right)dx=-\int\left(1-\frac{1}{x+1}\right)dx,$$
$$\ln|y|=-x+\ln|x+1|+\ln C_1,$$
$$\ln\left|\frac{y}{x+1}\right|=-x+\ln C_1,$$
$$\frac{y}{x+1}=Ce^{-x}\;(C=\pm C_1),$$
故所求方程的通解为
$$y=C(x+1)e^{-x}, \tag{4}$$
这里 C 是任意常数.

此外，$y=0$ 显然也是原方程的解，而 $y=0$ 包含在(4)式中，因此，(4)式是原方程的通解，其中 C 是任意常数．

例 4 求微分方程 $(x+1)\dfrac{dy}{dx}+1=2e^{-y}$ 的通解．

解 原方程是可分离变量的方程，分离变量后得

$$\frac{dy}{2e^{-y}-1}=\frac{dx}{x+1},$$

两边积分得

$$\int\frac{e^y dy}{2-e^y}=\int\frac{dx}{x+1},$$

$$\ln|e^y-2|+\ln|x+1|=\ln|C_1|,$$

从而，通解为

$$(1+x)e^y=2x+C,$$

这里 C 是任意常数．

习 题 9-2

1. 求下列微分方程的通解：

(1) $\dfrac{dy}{dx}=10^{x+y}$； (2) $y'=\sec y \cdot \tan x$；

(3) $y'=\dfrac{\sqrt{1-y^2}}{\sqrt{1-x^2}}$； (4) $xy'-y\ln y=0$；

(5) $(e^{x+y}-e^x)dy+(e^{x+y}+e^y)dx=0$； (6) $ydx+(x^2-4x)dy=0$．

2. 求下列微分方程满足初始条件的特解：

(1) $y'=e^{2x-y}$，$y|_{x=0}=0$； (2) $yy'+xe^y=0$，$y|_{x=1}=0$；

(3) $xydy+(1+x^2)dx=0$，$y|_{x=1}=1$； (4) $y'\sin x=y\ln y$，$y|_{x=\frac{\pi}{2}}=e$．

3. 某林区实行封山养林，现有木材 10 万 m^3，如果在每一时刻 t 木材的变化率与当时木材数成正比．假设 10 年时这林区的木材为 20 万 m^3．若规定，该林区木材量达到 40 万 m^3 时才可砍伐，问至少多少年后才能砍伐？

*4. 求解微分方程 $x\sqrt{1-y^2}dx+y\sqrt{1-x^2}dy=0$．

*5. 微分方程 $F(x,y^4,y',(y'')^2)=0$ 的通解中应含有（　　）个任意常数．

A. 1； B. 2； C. 4； D. 6.

*6. 一曲线通过点(2，3)，它在两坐标轴间的任一切线段均被切点所平分，求这曲线方程．

第三节　齐次方程

一、齐次方程

可化为形如

$$\frac{dy}{dx} = \varphi\left(\frac{y}{x}\right) \tag{1}$$

的方程，称为**齐次方程**. 这里 $\varphi\left(\frac{y}{x}\right)$ 是 $\frac{y}{x}$ 的连续函数.

例如，$(xy-y^2)dx-(x^2-2xy)dy=0$ 是齐次方程，因为可化为

$$\frac{dy}{dx} = \frac{xy-y^2}{x^2-2xy} = \frac{\frac{y}{x}-\left(\frac{y}{x}\right)^2}{1-2\left(\frac{y}{x}\right)}.$$

下面说明齐次方程(1)的求解方法.

作变量替换，令

$$u = \frac{y}{x}, \tag{2}$$

得 $y=ux$，两边求导得

$$\frac{dy}{dx} = u + x\frac{du}{dx}, \tag{3}$$

将(2)式和(3)式代入齐次方程(1)，则原方程变为

$$u + x\frac{du}{dx} = \varphi(u),$$

整理为

$$x\frac{du}{dx} = \varphi(u) - u,$$

分离变量得

$$\frac{du}{\varphi(u)-u} = \frac{dx}{x},$$

两边积分得

$$\int \frac{du}{\varphi(u)-u} = \int \frac{dx}{x}.$$

求出积分后，再用 $\frac{y}{x}$ 代替 u 便得所给齐次方程(1)的通解.

例1 求微分方程 $\frac{dy}{dx} = \frac{y}{x} + \tan\frac{y}{x}$ 的通解.

解 该方程为齐次方程，令 $\frac{y}{x} = u$，则

$$y = ux, \quad \frac{dy}{dx} = u + x\frac{du}{dx},$$

代入原方程得

$$u + x\frac{du}{dx} = u + \tan u,$$

即

$$x\frac{du}{dx} = \tan u,$$

分离变量得

$$\cot u \, du = \frac{dx}{x},$$

两端积分得
$$\ln|\sin u| = \ln|x| + \ln C,$$
即
$$\sin u = Cx,$$

将 $\frac{y}{x}$ 代替 u，便得所给原方程的通解为
$$\sin \frac{y}{x} = Cx.$$

例 2 求微分方程 $xy\frac{dy}{dx} = x^2 + y^2$ 满足初始条件 $y|_{x=e} = 2e$ 的特解.

解 将原方程变形为
$$\frac{dy}{dx} = \frac{x}{y} + \frac{y}{x},$$

这是齐次方程. 令 $\frac{y}{x} = u$，得
$$y = ux, \quad \frac{dy}{dx} = u + x\frac{du}{dx},$$

代入原方程得
$$x\frac{du}{dx} = \frac{1}{u},$$

分离变量得
$$u\,du = \frac{1}{x}dx,$$

两边积分得
$$\frac{1}{2}u^2 = \ln|x| + C,$$

将 $\frac{y}{x}$ 代替 u，便得所给原方程的通解为
$$y^2 = 2x^2(\ln|x| + C),$$

这里 C 是任意常数. 又由初始条件 $y|_{x=e} = 2e$，得 $C = 1$，故所求方程的特解为
$$y^2 = 2x^2(\ln|x| + 1).$$

二、可化为齐次方程的方程

由以上讨论可以看出，求解一个不能分离变量的微分方程，可寻求适当的变量代换，将它化为可分离变量的微分方程再求解. 形如
$$\frac{dy}{dx} = f\left(\frac{a_1 x + b_1 y + c_1}{a_2 x + b_2 y + c_2}\right)$$

的微分方程分三种情况：

① $c_1 = c_2 = 0$，此时上式为齐次微分方程.

② $\dfrac{a_1}{a_2}=\dfrac{b_1}{b_2}=k\neq\dfrac{c_1}{c_2}$ 情形.

令 $u=a_2x+b_2y$，方程化为
$$\dfrac{\mathrm{d}u}{\mathrm{d}x}=b_2 f\left(\dfrac{ku+c_1}{u+c_2}\right)+a_2,$$
这是可分离变量的微分方程.

③ $\dfrac{a_1}{a_2}\neq\dfrac{b_1}{b_2}$ 情形，此时 c_1，c_2 不全为零，则方程组
$$\begin{cases}a_1x+b_1y+c_1=0,\\ a_2x+b_2y+c_2=0\end{cases}$$
有唯一解 $x=\alpha$，$y=\beta$. 令 $X=x-\alpha$，$Y=y-\beta$，方程化为
$$\dfrac{\mathrm{d}Y}{\mathrm{d}X}=f\left(\dfrac{a_1X+b_1Y}{a_2X+b_2Y}\right)=g\left(\dfrac{Y}{X}\right),$$
它可由上述齐次微分方程的解法求出通解.

例 3 求微分方程
$$\dfrac{\mathrm{d}y}{\mathrm{d}x}=\dfrac{x-y+1}{x+y-3} \tag{4}$$
的通解.

解 解方程组
$$\begin{cases}x-y+1=0,\\ x+y-3=0,\end{cases}$$
得 $x=1$，$y=2$. 令
$$\begin{cases}x=X+1,\\ y=Y+2,\end{cases}$$
代入方程 (4)，则有
$$\dfrac{\mathrm{d}Y}{\mathrm{d}X}=\dfrac{X-Y}{X+Y}. \tag{5}$$

再令 $u=\dfrac{Y}{X}$，即 $Y=uX$，则方程 (5) 化为
$$\dfrac{\mathrm{d}X}{X}=\dfrac{1+u}{1-2u-u^2}\mathrm{d}u,$$
两边积分得
$$\ln X^2=-\ln|u^2+2u-1|+C_1,$$
即
$$X^2(u^2+2u-1)=\pm e^{C_1},$$
记 $\pm e^{C_1}=C_2$，并代回原变量，得
$$Y^2+2XY-X^2=C_2,$$
$$(y-2)^2+2(x-1)(y-2)-(x-1)^2=C_2.$$
此外，容易验证
$$u^2+2u-1=0,$$
即
$$Y^2+2XY-X^2=0$$

也是方程(5)的解.因此方程(4)的通解为
$$y^2+2xy-x^2-6y-2x=C,$$
这里 C 为任意常数.

例 4 求方程 $\dfrac{dy}{dx}=x+y+1$ 的通解.

解 令 $u=x+y+1$,则 $y=u-x-1$,$\dfrac{dy}{dx}=\dfrac{du}{dx}-1$,原方程变为
$$\frac{du}{dx}=u+1,$$
分离变量并积分得
$$\ln|u+1|=x+\ln C,$$
将 $u=x+y+1$ 代入,得原方程的通解为
$$\ln|x+y+2|=x+\ln C \text{ 或 } y=Ce^x-x-2,$$
这里 C 是任意常数.

习 题 9-3

1. 求下列齐次方程的通解:

(1) $x\dfrac{dy}{dx}=y\ln\dfrac{y}{x}$; (2) $(x^2+y^2)dx-2xydy=0$;

(3) $xy'-y-\sqrt{y^2-x^2}=0$; (4) $y'=\dfrac{y}{x}+\sin\dfrac{y}{x}$.

2. 求下列齐次方程满足初始条件的特解:

(1) $(y^2-3x^2)dy+2xydx=0$,$y|_{x=0}=1$;

(2) $(xe^{\frac{y}{x}}+y)dx=xdy$,$y|_{x=1}=0$;

(3) $y'=\left(\dfrac{y}{x}\right)^2+\dfrac{y}{x}+4$,$y|_{x=1}=2$.

*3. 用适当变换将下列方程化为可分离变量方程,并求出通解.

(1) $\left(x-y\cos\dfrac{y}{x}\right)dx+x\cos\dfrac{y}{x}dy=0$; (2) $y'=\dfrac{3x-y}{1-3x+y}$;

(3) $\dfrac{dy}{dx}=2\left(\dfrac{y+2}{x+y-1}\right)^2$; (4) $\dfrac{dy}{dx}=(x+y)^2$.

第四节 一阶线性微分方程

一、一阶线性微分方程

可化为形如
$$\frac{dy}{dx}+P(x)y=Q(x) \tag{1}$$
的方程,称为**一阶线性微分方程**,其中 $P(x)$、$Q(x)$ 为已知函数,这里"**线性**"是指方程(1)中未知函数 y 及其导数都是一次的.如果 $Q(x)\equiv 0$,则方程(1)可写成

$$\frac{dy}{dx} + P(x)y = 0, \tag{2}$$

称为对应于方程(1)的**齐次线性微分方程**；如果 $Q(x)$ 不恒等于零，则方程(1)称为**非齐次线性微分方程**. 可以看出方程(2)是可分离变量的方程，分离变量得

$$\frac{dy}{y} = -P(x)dx,$$

两边积分得

$$\ln|y| = -\int P(x)dx + \ln C_1,$$

整理得

$$y = Ce^{-\int P(x)dx} \quad (C = \pm C_1). \tag{3}$$

(3)式是方程(1)对应的齐次线性方程(2)的通解，这里 C 是任意常数.

下面我们来讨论求非齐次线性方程(1)的通解的方法.

不难看出，方程(2)是(1)的特殊情形，两者既有联系又有差异. 因此可以设想它们的解也应该有一定的联系. 我们试图利用方程(2)的通解(3)的形式去求出方程(1)的通解. 显然，如果(3)中 C 恒保持常数，它必不可能是(1)的解. 我们设想：在(3)式中，将常数 C 换成 x 的待定函数 $C(x)$，使它满足方程(1)，从而求出 $C(x)$. 该方法称为**常数变易法**. 为此，令

$$y = C(x)e^{-\int P(x)dx}, \tag{4}$$

于是

$$\frac{dy}{dx} = C'(x)e^{-\int P(x)dx} - C(x)P(x)e^{-\int P(x)dx}. \tag{5}$$

将(4)式和(5)式代入方程(1)得

$$C'(x)e^{-\int P(x)dx} - C(x)P(x)e^{-\int P(x)dx} + P(x)C(x)e^{-\int P(x)dx} = Q(x),$$

即

$$C'(x)e^{-\int P(x)dx} = Q(x),$$

$$C'(x) = Q(x)e^{\int P(x)dx},$$

两边积分，得

$$C(x) = \int Q(x)e^{\int P(x)dx}dx + C,$$

把上式代入(4)式，便得非齐次线性方程(1)的通解

$$y = e^{-\int P(x)dx}\left(\int Q(x)e^{\int P(x)dx}dx + C\right), \tag{6}$$

其中 C 是任意常数.

将(6)式改写成两项之和

$$y = Ce^{-\int P(x)dx} + e^{-\int P(x)dx}\int Q(x)e^{\int P(x)dx}dx.$$

上式右端第一项是对应的齐次线性方程(2)的通解，第二项是非齐次线性方程(1)的一个特解. 由此可知，一阶非齐次线性方程的通解等于对应的齐次方程的通解与非齐次方程的一个特解之和.

例 1 求微分方程 $\dfrac{dy}{dx} = -2xy + 2xe^{-x^2}$ 的通解.

解 这是一个一阶线性微分方程.先求对应的齐次线性方程的通解

$$\frac{\mathrm{d}y}{\mathrm{d}x}+2xy=0,$$

分离变量得

$$\frac{\mathrm{d}y}{y}=-2x\mathrm{d}x,$$

两边积分得

$$\ln|y|=-x^2+C_1,$$

其通解为

$$y=C\mathrm{e}^{-x^2}.$$

用常数变易法,把上式中 C 看成为 x 的待定函数 $C(x)$,即

$$y=C(x)\mathrm{e}^{-x^2}, \tag{7}$$

求导得

$$\frac{\mathrm{d}y}{\mathrm{d}x}=C'(x)\mathrm{e}^{-x^2}+C(x)\mathrm{e}^{-x^2}\cdot(-2x),$$

代入所给原方程得

$$C'(x)=2x,$$

两边积分得

$$C(x)=x^2+C,$$

把上式代入(7)式,得原方程的通解为

$$y=x^2\mathrm{e}^{-x^2}+C\mathrm{e}^{-x^2},$$

这里 C 是任意常数.

例 2 求方程 $y\mathrm{d}x+(x-y^3)\mathrm{d}y=0$ 的通解.

解 将方程改写为

$$\frac{\mathrm{d}x}{\mathrm{d}y}+\frac{1}{y}x=y^2, \tag{8}$$

先求对应的齐次方程的通解

$$\frac{\mathrm{d}x}{\mathrm{d}y}+\frac{1}{y}x=0,$$

分离变量得

$$\frac{1}{x}\mathrm{d}x=-\frac{1}{y}\mathrm{d}y,$$

两边积分得到齐次线性方程的通解为

$$x=\frac{C}{y}.$$

用常数变易法求非齐次线性方程的通解.为此,把上式中 C 换成为 y 的待定函数 $C(y)$,即

$$x=\frac{C(y)}{y}, \tag{9}$$

求导得

$$\frac{\mathrm{d}x}{\mathrm{d}y}=\frac{C'(y)y-C(y)}{y^2}, \tag{10}$$

把(9)式和(10)式代入(8)式,得到

$$C'(y)=y^3,$$

积分得

$$C(y)=\frac{1}{4}y^4+C.$$

因此，将所求的 $C(y)$ 代入(9)式，得原方程的通解

$$x=\frac{1}{y}\left(\frac{1}{4}y^4+C\right),$$

这里 C 是任意常数.

二、伯努利方程

可化为形如

$$\frac{\mathrm{d}y}{\mathrm{d}x}+P(x)y=Q(x)y^n \quad (n\neq 0, 1) \tag{11}$$

的方程称为伯努利方程. 当 $n=0$ 或 $n=1$ 时，这是线性微分方程. 当 $n\neq 0$，$n\neq 1$ 时，这方程不是线性的，但是通过变量变换可把它化为线性微分方程. 事实上，以 y^n 除方程(11)的两边，得

$$y^{-n}\frac{\mathrm{d}y}{\mathrm{d}x}+P(x)y^{1-n}=Q(x). \tag{12}$$

容易看出，上式左端第一项与 $\frac{\mathrm{d}}{\mathrm{d}x}(y^{1-n})$ 只差一个常数因子 $(1-n)$，因此，我们令

$$z=y^{1-n},$$

那么

$$\frac{\mathrm{d}z}{\mathrm{d}x}=(1-n)y^{-n}\frac{\mathrm{d}y}{\mathrm{d}x},$$

用 $(1-n)$ 乘方程(12)的两端，再通过上述变换便得线性方程

$$\frac{\mathrm{d}z}{\mathrm{d}x}+(1-n)P(x)z=(1-n)Q(x),$$

求出这方程的通解后，以 y^{1-n} 替换 z，便可得到伯努利方程(11)的通解. 此外，当 $n>0$ 时，方程还有解 $y=0$.

例 3 求微分方程 $\frac{\mathrm{d}y}{\mathrm{d}x}+\frac{2y}{x}=(\ln x)y^2$ 的通解.

解 这是伯努利方程，以 y^2 除方程的两边，得

$$y^{-2}\frac{\mathrm{d}y}{\mathrm{d}x}+\frac{2}{x}y^{-1}=\ln x,$$

即

$$-\frac{\mathrm{d}(y^{-1})}{\mathrm{d}x}+\frac{2}{x}y^{-1}=\ln x.$$

令 $z=y^{-1}$，则上述方程成为

$$\frac{\mathrm{d}z}{\mathrm{d}x}-\frac{2}{x}z=-\ln x,$$

这是一个非齐次线性微分方程，由(6)式得到它的通解为

$$z=x^2\left(C+\frac{\ln x+1}{x}\right),$$

将 y^{-1} 代入 z，故得所求原方程的通解为

$$yx^2\left(C+\frac{\ln x+1}{x}\right)=1,$$

这里 C 是任意常数.

此外，方程还有解 $y=0$.

在上节中，对于齐次方程 $y'=\varphi\left(\dfrac{y}{x}\right)$，我们通过变量变换 $y=xu$，把它化为可分离变量的方程，然后分离变量，经积分求得通解. 在本节中，对于一阶非齐次线性方程
$$y'+P(x)y=Q(x),$$
我们通过解对应的齐次线性方程找到变量代换
$$y=C(x)\mathrm{e}^{-\int P(x)\mathrm{d}x},$$
利用这一代换，把非齐次线性方程化为可分离变量的方程，然后经积分求得通解. 对于伯努利方程
$$y'+P(x)y=Q(x)y^n,$$
我们通过变量代换 $y^{1-n}=z$，把它化为线性方程，然后按线性方程的解法求得通解，可见，以上方程都是通过变量代换化为可求解方程来求解的，该方法适合很多特殊方程求解.

习 题 9-4

1. 求下列微分方程的通解：

(1) $\dfrac{\mathrm{d}y}{\mathrm{d}x}-\dfrac{2y}{x}=x^{\frac{5}{2}}$；

(2) $y'+y=\cos x$；

(3) $y'+y\cos x=\mathrm{e}^{-\sin x}$；

(4) $x\dfrac{\mathrm{d}y}{\mathrm{d}x}+y=x^3$.

2. 求下列微分方程满足初始条件的特解：

(1) $xy'+y=x\mathrm{e}^{-x}$，$y|_{x=1}=0$；

(2) $\dfrac{\mathrm{d}y}{\mathrm{d}x}-\dfrac{y}{x}=-\dfrac{2}{x}\ln x$，$y|_{x=1}=1$；

(3) $\dfrac{\mathrm{d}y}{\mathrm{d}x}+3y=8$，$y|_{x=0}=2$；

(4) $\dfrac{\mathrm{d}y}{\mathrm{d}x}-y\tan x=\sec x$，$y|_{x=0}=0$.

3. 求一曲线的方程，这曲线通过原点，并且它在点 (x,y) 处的切线斜率等于 $2x+y$.

4. 某商品的利润 $L(x)$ 与促销费用 x 有如下关系：$\dfrac{\mathrm{d}L(x)}{\mathrm{d}x}=0.2[200-L(x)]$，在未进行促销活动前，利润 $L(0)=100$ 万元. 试求利润与促销费用之间的函数关系.

*5. 求下列微分方程的通解：

(1) $y\ln y\mathrm{d}x+(x-\ln y)\mathrm{d}y=0$；

(2) $y'-\dfrac{n}{x}y=x^n\mathrm{e}^x$；

(3) $(y^2-6x)\dfrac{\mathrm{d}y}{\mathrm{d}x}+2y=0$.

*6. 求下列伯努利方程的通解：

(1) $\dfrac{\mathrm{d}y}{\mathrm{d}x}-y=xy^5$；

(2) $\dfrac{\mathrm{d}y}{\mathrm{d}x}=6\dfrac{y}{x}-xy^2$.

第五节　可降阶的高阶微分方程

我们把二阶及二阶以上的微分方程，称为高阶微分方程，对于有些高阶微分方程，我们

可以通过变量代换将它化成较低阶的方程来求解．下面以二阶微分方程为例来介绍．

二阶微分方程的一般形式为
$$F(x, y, y', y'')=0,$$
或者
$$y''=f(x, y, y').$$

一般来说，二阶微分方程要比一阶微分方程的求解复杂一些．但是对于某些二阶微分方程来说，如果我们能设法作变量代换把它从二阶降至一阶，那么就有可能应用前面几节中所讲的方法来求解．

下面介绍三种容易降阶的二阶微分方程的求解方法．

一、$y''=f(x)$型的微分方程

形如
$$y''=f(x) \tag{1}$$
的方程，右端仅含有自变量 x．两端同时积分一次，就化为一阶方程
$$y'=\int f(x)\mathrm{d}x+C_1,$$
再积分一次，得到通解
$$y=\int\left[\int f(x)\mathrm{d}x+C_1\right]\mathrm{d}x+C_2,$$
这里 C_1，C_2 是任意常数．

一般地，对 $y^{(n)}=f(x)$ 求解，只需对方程两端连续积分 n 次，便得含有 n 个任意常数的通解．

例1 求微分方程 $y'''=\sin 2x+1$ 的通解．

解 所给方程是 $y^{(n)}=f(x)$ 型的．对所给方程连续积分三次，得
$$y''=-\frac{1}{2}\cos 2x+x+2C_1,$$
$$y'=-\frac{1}{4}\sin 2x+\frac{1}{2}x^2+2C_1x+C_2,$$
所求的通解为
$$y=\frac{1}{8}\cos 2x+\frac{1}{6}x^3+C_1x^2+C_2x+C_3,$$
这里 C_1，C_2，C_3 是任意常数．

二、$y''=f(x, y')$型的微分方程

形如
$$y''=f(x, y') \tag{2}$$
的方程，右端不显含未知函数 y．这时，只要令 $y'=p$，那么 $y''=\dfrac{\mathrm{d}p}{\mathrm{d}x}=p'$，从而方程(2)就化为
$$p'=f(x, p),$$
这是一个关于变量 x、p 的一阶微分方程，再按一阶方程求解．设其通解为
$$p=\varphi(x, C_1).$$

由于 $p=\dfrac{\mathrm{d}y}{\mathrm{d}x}$，因此又得到一个一阶微分方程

$$\dfrac{\mathrm{d}y}{\mathrm{d}x}=\varphi(x,\ C_1),$$

对它进行积分，便得方程(2)的通解为

$$y=\int\varphi(x,\ C_1)\mathrm{d}x+C_2,$$

这里 C_1，C_2 是任意常数．

例 2 求微分方程 $y''=\dfrac{1}{x}y'+x\mathrm{e}^x$ 的通解．

解 所给方程是 $y''=f(x,\ y')$ 型的．令 $y'=p$，则 $y''=\dfrac{\mathrm{d}p}{\mathrm{d}x}=p'$，代入方程并分离变量后，得

$$\dfrac{\mathrm{d}p}{\mathrm{d}x}-\dfrac{1}{x}p=x\mathrm{e}^x,$$

这是关于 p 的一阶线性微分方程．于是

$$p=\mathrm{e}^{\int\frac{1}{x}\mathrm{d}x}\left(\int x\mathrm{e}^x\mathrm{e}^{-\int\frac{1}{x}\mathrm{d}x}\mathrm{d}x+C_1\right)=x\left(\int\mathrm{e}^x\mathrm{d}x+C_1\right)=x(\mathrm{e}^x+C_1),$$

即

$$p=y'=x(\mathrm{e}^x+C_1),$$

从而原微分方程的通解为

$$y=\int x(\mathrm{e}^x+C_1)\mathrm{d}x+C_2=(x-1)\mathrm{e}^x+\dfrac{C_1}{2}x^2+C_2,$$

这里 C_1，C_2 为任意常数．

三、$y''=f(y,\ y')$ 型的微分方程

形如

$$y''=f(y,\ y') \tag{3}$$

的方程，右端不显含自变量 x．这时，只要令 $y'=p$，并利用复合函数的求导法则把 y'' 化为对 y 的导数，即

$$y''=\dfrac{\mathrm{d}p}{\mathrm{d}x}=\dfrac{\mathrm{d}p}{\mathrm{d}y}\cdot\dfrac{\mathrm{d}y}{\mathrm{d}x}=p\dfrac{\mathrm{d}p}{\mathrm{d}y},$$

则方程(3)就化为

$$p\dfrac{\mathrm{d}p}{\mathrm{d}y}=f(y,\ p),$$

这是一个关于变量 y，p 的一阶微分方程，再按一阶微分方程求解．设它的通解为

$$y'=p=\varphi(y,\ C_1),$$

分离变量并积分，便得方程(3)的通解为

$$\int\dfrac{\mathrm{d}y}{\varphi(y,\ C_1)}=x+C_2,$$

这里 C_1，C_2 是任意常数．

例 3 求微分方程 $y''=(y')^3+y'$ 的通解．

解 所给方程是 $y''=f(y, y')$ 型的. 令 $y'=p$, 则 $y''=p\dfrac{\mathrm{d}p}{\mathrm{d}y}$, 代入原方程得

$$p\dfrac{\mathrm{d}p}{\mathrm{d}y}=p^3+p, \ \text{即}\ p\left[\dfrac{\mathrm{d}p}{\mathrm{d}y}-(1+p^2)\right]=0.$$

当 $p\neq 0$ 时, $\dfrac{\mathrm{d}p}{\mathrm{d}y}-(1+p^2)=0$, 分离变量得

$$\dfrac{\mathrm{d}p}{1+p^2}=\mathrm{d}y,$$

两边积分得

$$\arctan p=y-C_1,$$

即

$$y'=p=\tan(y-C_1),$$

两边积分得

$$\ln|\sin(y-C_1)|=x+\ln|C_2|,$$

所求方程的通解为

$$y=\arcsin(C_2\mathrm{e}^x)+C_1 \quad (C_2\neq 0).$$

由于 $p=0$ 时, 得 $y=C$ 也是原方程的解, 所以原方程的通解为

$$y=\arcsin(C_2\mathrm{e}^x)+C_1,$$

这里 C_1, C_2 是任意常数.

例4 求微分方程 $y''-a(y')^2=0$ 满足初始条件 $y|_{x=0}=0$, $y'|_{x=0}=-1$ 的特解.

解 所给方程既不显含 x 也不显含 y, 视为 $y''=f(x, y')$ 型的较简便. 令 $y'=p$, 则 $y''=p'$, 代入原方程, 并分离变量得

$$\dfrac{\mathrm{d}p}{p^2}=a\mathrm{d}x,$$

积分得

$$-\dfrac{1}{p}=ax+C_1,$$

代入 $y'|_{x=0}=-1$, 得 $C_1=1$, 故

$$\dfrac{\mathrm{d}y}{\mathrm{d}x}=-\dfrac{1}{1+ax},$$

分离变量并积分, 得

$$y=-\dfrac{1}{a}\ln(1+ax)+C_2,$$

代入 $y|_{x=0}=0$, 得 $C_2=0$, 故所求方程的特解为

$$y=-\dfrac{1}{a}\ln(1+ax).$$

习 题 9-5

1. 求下列微分方程的通解:
   (1) $y''=\ln x$;
   (2) $y''=x\mathrm{e}^x$;
   (3) $yy''=y'^2$;
   (4) $y''=y'+x$;
   (5) $xy''-y'=x^2$;
   (6) $y^3y''-1=0$;
   (7) $yy''+(1-y)y'^2=0$;
   (8) $y''=\dfrac{1}{\sqrt{y}}$.

2. 求下列微分方程满足所给初始条件的特解:
(1) $y''=e^{2x}$, $y|_{x=0}=y'|_{x=0}=0$;
(2) $(1+x^2)y''=2xy'$, $y|_{x=0}=1$, $y'|_{x=0}=3$;
(3) $3y'y''-2y=0$, $y|_{x=0}=y'|_{x=0}=1$.

*3. 试求 $y''=x$ 的经过点 $M(0,1)$ 且在此点与直线 $y=\dfrac{x}{2}+1$ 相切的积分曲线.

第六节　二阶线性微分方程

形如
$$y''+P(x)y'+Q(x)y=f(x) \tag{1}$$
的方程,称为**二阶线性微分方程**,其中 $P(x)$、$Q(x)$ 和 $f(x)$ 为连续函数. 当 $f(x)\equiv 0$ 时,方程(1)称为**齐次线性微分方程**;当 $f(x)\not\equiv 0$ 时,方程(1)称为**非齐次线性微分方程**.

特殊地,如果 y'、y 的系数 $P(x)$、$Q(x)$ 均为常数,则方程(1)变为
$$y''+py'+qy=f(x), \tag{2}$$
称为**二阶常系数线性微分方程**,其中 p, q 是常数. 如果 y'、y 的系数 $P(x)$、$Q(x)$ 不全为常数,称方程(1)为**二阶变系数线性微分方程**. 下面我们主要介绍二阶常系数线性微分方程的解法.

一、二阶常系数齐次线性微分方程

形如
$$y''+py'+qy=0 \tag{3}$$
的方程,称为**二阶常系数齐次线性微分方程**,其中 p、q 是常数.

关于方程(3),我们不加证明地给出如下有关定理:

定理1（解的叠加定理） 如果 y_1、y_2 是方程(3)的两个解,那么
$$y=C_1y_1+C_2y_2$$
也是方程(3)的解,其中 C_1, C_2 是任意常数.

定理2 如果 y_1、y_2 是方程(3)的两个不成比例的特解（即 $\dfrac{y_1}{y_2}\not\equiv$ 常数）,则 $y=C_1y_1+C_2y_2$ 就是方程(3)的通解,其中 C_1, C_2 是任意常数.

在这里我们之所以要求 y_1, y_2 不成比例,是因为如果有 $y_1=Cy_2$,那么就可推出 $y=C_1y_1+C_2y_2=(C_1C+C_2)y_2$,即通解 $y=C_1y_1+C_2y_2$ 中的两个任意常数变成一个.

根据定理2,要求方程(3)的通解,只要设法先求出它的两个特解 y_1, y_2,且 $\dfrac{y_1}{y_2}\not\equiv$ 常数,则 $y=C_1y_1+C_2y_2$ 就是方程(3)的通解.

仔细观察方程(3)可知,它的解具有各阶导数都只相差一个常数因子的性质,因此我们推测方程(3)的解是指数函数,不妨取 $y=e^{rx}$ 来尝试.

设 $y=e^{rx}$（r 为常数）是方程(3)的解,则 $y'=re^{rx}$, $y''=r^2e^{rx}$,代入方程(3)得
$$(r^2+pr+q)e^{rx}=0,$$

由于 $e^{rx} \neq 0$，所以有
$$r^2 + pr + q = 0, \qquad (4)$$
由此可见，只要 r 满足代数方程(4)，函数 $y=e^{rx}$ 就是微分方程(3)的解．我们把代数方程(4)称为微分方程(3)的**特征方程**．特征方程(4)是一个二次代数方程，其中 r^2、r 的系数及常数项恰好依次是微分方程(3)中 y''、y' 及 y 的系数．

特征方程(4)的两个根 r_1、r_2 可以用公式
$$r_{1,2} = \frac{-p \pm \sqrt{p^2 - 4q}}{2}$$
求出．相应地它们有三种不同的形式：

（ⅰ）当 $p^2 - 4q > 0$ 时，r_1，r_2 是两个不相等的实根：
$$r_1 = \frac{-p + \sqrt{p^2 - 4q}}{2}, \quad r_2 = \frac{-p - \sqrt{p^2 - 4q}}{2};$$

（ⅱ）当 $p^2 - 4q = 0$ 时，r_1，r_2 是两个相等的实根：
$$r_1 = r_2 = -\frac{p}{2};$$

（ⅲ）当 $p^2 - 4q < 0$ 时，r_1，r_2 是一对共轭复根：
$$r_1 = \alpha + i\beta, \quad r_2 = \alpha - i\beta,$$
其中
$$\alpha = -\frac{p}{2}, \quad \beta = \frac{\sqrt{4q - p^2}}{2}.$$

相应地，微分方程(3)的通解也就有三种不同的情形．分别讨论如下：

（ⅰ）特征方程有两个不相等的实根：$r_1 \neq r_2$．

微分方程(3)有两个解 $y_1 = e^{r_1 x}$，$y_2 = e^{r_2 x}$，并且 $\dfrac{y_2}{y_1}$ 不是常数，因此微分方程(3)的通解为
$$y = C_1 e^{r_1 x} + C_2 e^{r_2 x},$$
这里 C_1，C_2 是任意常数．

（ⅱ）特征方程有两个相等的实根：$r_1 = r_2$．

这时，微分方程(3)有一个解 $y_1 = e^{r_1 x}$，下面求出微分方程(3)的另一个解 y_2，并且要求 $\dfrac{y_2}{y_1}$ 不是常数．

设 $\dfrac{y_2}{y_1} = u(x)$，则 $y_2 = e^{r_1 x} u(x)$，$y_2' = e^{r_1 x}(u' + r_1 u)$，$y_2'' = e^{r_1 x}(u'' + 2r_1 u' + r_1^2 u)$ 代入微分方程(3)，得
$$e^{r_1 x}[(u'' + 2r_1 u' + r_1^2 u) + p(u' + r_1 u) + qu] = 0,$$
将上式约去 $e^{r_1 x}$，合并同类项得
$$u'' + (2r_1 + p)u' + (r_1^2 + pr_1 + q)u = 0.$$
由于 r_1 是特征方程(4)的二重根，因此 $r_1^2 + pr_1 + q = 0$，且 $2r_1 + p = 0$，于是得
$$u''(x) = 0.$$
因为这里只要得到一个不为常数的解即可，所以不妨选取 $u = x$，由此得到微分方程(3)的另一个解

$$y_2 = xe^{r_1 x}.$$

从而微分方程(3)的通解为

$$y = C_1 e^{r_1 x} + C_2 x e^{r_1 x},$$

即

$$y = (C_1 + C_2 x)e^{r_1 x},$$

这里 C_1, C_2 是任意常数.

(ⅲ) 特征方程有一对共轭复根：$r_1 = \alpha + i\beta$, $r_2 = \alpha - i\beta (\beta \neq 0)$.

这时，微分方程(3)有两个解 $y_1 = e^{(\alpha+i\beta)x}$, $y_2 = e^{(\alpha-i\beta)x}$，并且 $\dfrac{y_2}{y_1}$ 不是常数. 但它们是复值函数形式. 为了得出实值函数形式，我们先利用欧拉公式 $e^{i\theta} = \cos\theta + i\sin\theta$，把 y_1, y_2 改写为

$$y_1 = e^{(\alpha+i\beta)x} = e^{\alpha x} \cdot e^{i\beta x} = e^{\alpha x}(\cos\beta x + i\sin\beta x),$$

$$y_2 = e^{(\alpha-i\beta)x} = e^{\alpha x} \cdot e^{-i\beta x} = e^{\alpha x}(\cos\beta x - i\sin\beta x).$$

由于复值函数 y_1 与 y_2 之间成共轭关系，因此，取它们的和除以 2 就得到它们的实部；取它们的差除以 2i 就得到它们的虚部. 根据方程(3)有关解的定理，所以实值函数

$$\bar{y}_1 = \frac{1}{2}(y_1 + y_2) = e^{\alpha x}\cos\beta x,$$

$$\bar{y}_2 = \frac{1}{2i}(y_1 - y_2) = e^{\alpha x}\sin\beta x$$

还是微分方程(3)的解，且 $\dfrac{\bar{y}_1}{\bar{y}_2} = \dfrac{e^{\alpha x}\cos\beta x}{e^{\alpha x}\sin\beta x} = \cot\beta x$ 不是常数，所以微分方程(3)的通解为

$$y = e^{\alpha x}(C_1 \cos\beta x + C_2 \sin\beta x).$$

综上所述，求二阶常系数齐次线性微分方程

$$y'' + py' + qy = 0$$

的通解的步骤可归纳如下：

第一步：写出微分方程(3)的特征方程：$r^2 + pr + q = 0.$

第二步：求出特征方程(4)的两个根 r_1, r_2.

第三步：根据特征方程(4)的两个根的不同情形，按照表 9-1 写出微分方程(3)的通解.

表 9-1 二阶常系数齐次线性微分方程的通解形式

特征方程 $r^2+pr+q=0$ 的两个根 r_1, r_2	微分方程 $y''+py'+qy=0$ 的通解
两个不相等的实根 r_1, r_2	$y = C_1 e^{r_1 x} + C_2 e^{r_2 x}$
两个相等的实根 $r_1 = r_2$	$y = (C_1 + C_2 x)e^{r_1 x}$
一对共轭复根 $r_{1,2} = \alpha \pm i\beta$	$y = e^{\alpha x}(C_1 \cos\beta x + C_2 \sin\beta x)$

例 1 求微分方程 $y'' - 4y' + 3y = 0$ 的通解.

解 所给微分方程的特征方程为

$$r^2 - 4r + 3 = 0,$$

特征根 $r_1 = 1$, $r_2 = 3$ 是两个不相等的实根，于是，所求微分方程的通解为

$$y = C_1 e^x + C_2 e^{3x},$$

这里 C_1, C_2 是任意常数.

例 2 求微分方程 $\dfrac{d^2 y}{dx^2} - 6\dfrac{dy}{dx} + 9y = 0$ 的通解.

解 所给微分方程的特征方程为
$$r^2-6r+9=0,$$
特征根 $r_1=r_2=3$ 是两个相等的实根,于是,所求微分方程的通解为
$$y=(C_1+C_2x)e^{3x},$$
这里 C_1,C_2 是任意常数.

例 3 求微分方程 $y''+2y'+5y=0$ 的通解.

解 所给方程的特征方程为
$$r^2+2r+5=0,$$
特征根 $r_{1,2}=-1\pm 2i$ 为一对共轭复根,于是,所求微分方程的通解为
$$y=e^{-x}(C_1\cos 2x+C_2\sin 2x),$$
这里 C_1,C_2 是任意常数.

二、二阶常系数非齐次线性微分方程

形如
$$y''+py'+qy=f(x) \tag{5}$$
的方程,称为**二阶常系数非齐次线性微分方程**,其中 p、q 是常数,$f(x)\not\equiv 0$.

当 $f(x)\equiv 0$ 时,方程(5)可写为
$$y''+py'+qy=0, \tag{6}$$
方程(6)称为方程(5)所对应的**二阶常系数齐次线性微分方程**.

关于方程(5)的通解,我们不加证明地给出如下定理:

定理 3 如果 y^* 是方程(5)的一个特解,Y 是方程(5)对应的齐次方程(6)的通解,则方程(5)的通解为
$$y=Y+y^*.$$

由上述定理 3 可知,求二阶常系数非齐次线性微分方程(5)的通解,归结为求对应的齐次线性方程(6)的通解和非齐次方程(5)本身的一个特解.由于二阶常系数齐次线性微分方程通解的求法已得到解决,所以这里只需讨论求二阶常系数非齐次线性微分方程的一个特解 y^* 的方法.限于篇幅,这里只介绍当方程(5)中的 $f(x)$ 取两种常见形式时 y^* 的求法.其基本思想是:先根据 $f(x)$ 的特点,确定 y^* 的类型,然后把 y^* 代入到原方程,确定 y^* 的待定系数.这种方法的特点是不用积分就可以求出 y^*,故这种方法称为**待定系数法**.

$f(x)$ 的两种形式是:

(1) $f(x)=P_m(x)e^{\lambda x}$,其中 λ 是常数,$P_m(x)$ 是 x 的一个 m 次多项式:
$$P_m(x)=a_0x^m+a_1x^{m-1}+\cdots+a_{m-1}x+a_m.$$

(2) $f(x)=e^{\lambda x}[P_l(x)\cos\omega x+P_n(x)\sin\omega x]$,其中 λ、ω 是常数,$P_l(x)$、$P_n(x)$ 分别是 x 的 l 次、n 次多项式,其中有一个可为零.

下面分别介绍 $f(x)$ 为上述两种形式时 y^* 的求法.

1. $f(x)=e^{\lambda x}P_m(x)$ 型

我们知道,方程(5)的特解 y^* 是使方程(5)成为恒等式的函数.因为方程(5)右端 $f(x)$ 是多项式 $P_m(x)$ 与指数函数 $e^{\lambda x}$ 的乘积,而多项式与指数函数乘积的导数仍然是同一类型,因此,我们推测 $y^*=Q(x)e^{\lambda x}$(其中 $Q(x)$ 是某个多项式)可能是方程(5)的一个解.把 y^*、

$y^{*'}$ 及 $y^{*''}$ 代入方程(5)，然后考虑能否选取适当的多项式 $Q(x)$，使 $y^* = Q(x)e^{\lambda x}$ 满足方程(5). 为此，将

$$y^* = Q(x)e^{\lambda x},$$
$$y^{*'} = e^{\lambda x}[\lambda Q(x) + Q'(x)],$$
$$y^{*''} = e^{\lambda x}[\lambda^2 Q(x) + 2\lambda Q'(x) + Q''(x)],$$

代入方程(5)，并消去 $e^{\lambda x}$，得

$$Q''(x) + (2\lambda + p)Q'(x) + (\lambda^2 + p\lambda + q)Q(x) = P_m(x).$$

推导可得如下结论：

如果 $f(x) = P_m(x)e^{\lambda x}$，则二阶常系数非齐次线性微分方程(5)具有形如

$$y^* = x^k Q_m(x) e^{\lambda x} \tag{7}$$

的特解，其中 $Q_m(x)$ 是与 $P_m(x)$ 同次(m 次)的多项式，而 k 按 λ 不是特征方程的根、是特征方程的单根或是特征方程的重根依次取为 0、1 或 2.

上述结论可推广到 n 阶常系数非齐次线性微分方程，但要注意(7)式中的 k 是特征方程的根 λ 的重复次数(即若 λ 不是特征方程的根，k 取为 0；若 λ 是特征方程的 s 重根，k 取为 s).

例4 求微分方程 $y'' + y' - 2y = 8x^2$ 的一个特解.

解 这是二阶常系数非齐次线性微分方程，且函数 $f(x)$ 是 $P_m(x)e^{\lambda x}$ 型(其中 $P_m(x) = 8x^2$，$\lambda = 0$). 与所给原方程对应的齐次线性微分方程为

$$y'' + y' - 2y = 0,$$

它的特征方程为

$$r^2 + r - 2 = 0,$$

特征方程有两个实根 $r_1 = -2$，$r_2 = 1$，由于这里 $\lambda = 0$ 不是特征方程的根，所以应设特解 y^* 为

$$y^* = b_0 x^2 + b_1 x + b_2,$$

把它代入原方程，得

$$2b_0 + b_1 - 2b_2 + 2(b_0 - b_1)x - 2b_0 x^2 = 8x^2,$$

比较两端 x 同次幂的系数，得

$$\begin{cases} -2b_0 = 8, \\ 2b_0 - 2b_1 = 0, \\ -2b_2 + b_1 + 2b_0 = 0, \end{cases}$$

由此求得 $b_0 = -4$，$b_1 = -4$，$b_2 = -6$，于是求原方程的一个特解为

$$y^* = -4x^2 - 4x - 6.$$

例5 求微分方程 $y'' - 2y' + y = x^2 e^x$ 的通解.

解 所给方程是二阶常系数非齐次线性微分方程，且 $f(x)$ 是 $P_m(x)e^{\lambda x}$ 型(其中 $P_m(x) = x^2$，$\lambda = 1$). 与所给原方程对应的齐次线性微分方程为

$$y'' - 2y' + y = 0,$$

它的特征方程为

$$r^2 - 2r + 1 = 0,$$

有两个实根 $r_{1,2} = 1$(二重根)，于是与所给方程对应的齐次方程的通解为

$$Y = C_1 e^x + C_2 x e^x.$$

由于 $\lambda=1$ 是特征方程的重根，所以应设 y^* 为
$$y^*=x^2(b_0x^2+b_1x+b_2)e^x,$$
把它代入所给原方程，比较等式两端同次幂的系数，解得 $b_2=b_1=0$，$b_0=\dfrac{1}{12}$，因此求得一个特解为
$$y^*=\frac{1}{12}x^4e^x,$$
从而所求方程的通解为
$$y=C_1e^x+C_2xe^x+\frac{1}{12}x^4e^x.$$

2. $f(x)=e^{\lambda x}[P_l(x)\cos\omega x+P_n(x)\sin\omega x]$ 型

应用欧拉公式和方程(5)有关解的定理，不加证明地可推得如下结论：

如果 $f(x)=e^{\lambda x}[P_l(x)\cos\omega x+P_n(x)\sin\omega x]$，则二阶常系数非齐次线性微分方程(5)的特解可设为
$$y^*=x^ke^{\lambda x}[Q_m(x)\cos\omega x+R_m(x)\sin\omega x], \tag{8}$$
其中 $Q_m(x)$，$R_m(x)$ 是 m 次多项式，$m=\max\{l,n\}$，而 k 按 $\lambda+i\omega$（或 $\lambda-i\omega$）不是特征方程的根或是特征方程的单根依次取为 0 或 1.

上述结论可推广到 n 阶常系数非齐次线性微分方程，但要注意(8)式中的 k 是特征方程中含根 $\lambda+i\omega$（或 $\lambda-i\omega$）的重复次数.

例6 求微分方程 $y''+y'-2y=e^x(\cos x-7\sin x)$ 的通解.

解 所给方程是二阶常系数非齐次线性微分方程，且属于 $f(x)=e^{\lambda x}[P_l(x)\cos\omega x+P_n(x)\sin\omega x]$ 型（其中 $\lambda=1$，$\omega=1$，$P_l(x)=1$，$P_n(x)=-7$）.

先求所给方程对应的齐次方程 $y''+y'-2y=0$ 的通解，它的特征方程为
$$r^2+r-2=0,$$
有两个实根 $r_1=1$，$r_2=-2$，于是与所给方程对应的齐次方程的通解为
$$Y=C_1e^x+C_2e^{-2x}.$$

再求所给非齐次方程的一个特解. 由于这里 $\lambda+i\omega=1+i$ 不是特征方程的根，所以应设特解为
$$y^*=e^x(A\cos x+B\sin x),$$
把它代入所给方程得
$$(3B-A)\cos x-(B+3A)\sin x=\cos x-7\sin x.$$
比较上式两端 $\cos x$，$\sin x$ 的系数，得 $A=2$，$B=1$，于是求得原方程的一个特解为
$$y^*=e^x(2\cos x+\sin x),$$
从而所求原方程的通解为
$$y=C_1e^x+C_2e^{-2x}+e^x(2\cos x+\sin x).$$

以上我们主要介绍了二阶线性微分方程的解法，该方法可以推广到高阶线性微分方程.

例7 求微分方程 $y''-3y'+2y=2x^2-xe^x+\cos x$ 的通解.

解 原方程对应的齐次线性微分方程为
$$y''-3y'+2y=0,$$
它的特征方程为

$$r^2-3r+2=0,$$

有两个实根 $r_1=1$,$r_2=2$,于是与所给方程对应的齐次方程的通解为

$$Y=C_1\mathrm{e}^x+C_2\mathrm{e}^{2x}.$$

注意到非齐次项的形式,我们需要用叠加原理.为此,先求

$$y''-3y'+2y=2x^2 \tag{9}$$

的特解.由于 $\lambda=0$ 不是特征根,故设特解形式为 $y_1=b_0x^2+b_1x+b_2$,代入方程(9)得

$$2b_0-3(2b_0x+b_1)+2(b_0x^2+b_1x+b_2)=2x^2,$$

比较系数得

$$\begin{cases} 2b_0=2, \\ 2b_1-6b_0=0, \\ 2b_2+2b_0-3b_1=0, \end{cases}$$

解得 $b_0=1$, $b_1=3$, $b_2=\dfrac{7}{2}$,所以

$$y_1=x^2+3x+\frac{7}{2}.$$

再求

$$y''-3y'+2y=-x\mathrm{e}^x \tag{10}$$

的特解.由于 $\lambda=1$ 是特征单根,故设其特解 $y_2=x(Ax+B)\mathrm{e}^x$,代入方程(10),比较系数得 $A=\dfrac{1}{2}$,$B=1$,所以

$$y_2=\left(\frac{x^2}{2}+x\right)\mathrm{e}^x.$$

最后来求

$$y''-3y'+2y=\cos x \tag{11}$$

的特解.由于 $\lambda=0+\mathrm{i}=\mathrm{i}$ 不是特征根,故可设方程(11)的特解为 $y_3=A\cos x+B\sin x$,代入方程(11)得

$$(-A\cos x-B\sin x)-3(-A\sin x+B\cos x)+2(A\cos x+B\sin x)=\cos x,$$

比较 $\sin x$ 和 $\cos x$ 的系数得

$$-A-3B+2A=1,\ -B+3A+2B=0,$$

解得 $A=\dfrac{1}{10}$, $B=-\dfrac{3}{10}$,所以

$$y_3=\frac{\cos x}{10}-\frac{3\sin x}{10}.$$

由于原方程的非齐次项是方程(9)、(10)和(11)的非齐次项之和,所以利用叠加原理,原方程有一个特解 $y^*=y_1+y_2+y_3$,因此,原方程的通解为

$$y=Y+y^*=C_1\mathrm{e}^x+C_2\mathrm{e}^{2x}+x^2+3x+\frac{7}{2}+\left(\frac{x^2}{2}+x\right)\mathrm{e}^x+\frac{1}{10}(\cos x-3\sin x).$$

习 题 9-6

1. 求下列微分方程的通解:

(1) $y''+3y'+2y=0$;

(2) $y''-4y'+8y=0$;

(3) $9y''+6y'+y=0$; (4) $y^{(4)}-y=0$.

2. 求下列微分方程满足所给初始条件的特解:
(1) $y''-3y'-4y=0$, $y|_{x=0}=0$, $y'|_{x=0}=-5$;
(2) $4y''+4y'+y=0$, $y|_{x=0}=2$, $y'|_{x=0}=0$;
(3) $y''+25y=0$, $y|_{x=0}=2$, $y'|_{x=0}=5$.

3. 设函数 $\varphi(x)$ 连续,且满足 $\varphi(x)=e^x+\int_0^x (t-x)\varphi(t)dt$,求 $\varphi(x)$.

4. 求下列微分方程的通解:
(1) $y''+9y'=x-4$; (2) $2y''+5y'=5x^2-2x-1$;
(3) $y''-5y'+6y=xe^{2x}$; (4) $y''-4y'+4y=8(x^2+e^{2x})$;
(5) $y''+4y=x\cos x$; (6) $y''-y=2\sin^2 x$.

*5. 求下列微分方程满足所给初始条件的特解:
(1) $y''-3y'+2y=5$, $y|_{x=0}=1$, $y'|_{x=0}=2$;
(2) $y''-4y'+3y=8e^{5x}$, $y|_{x=0}=3$, $y'|_{x=0}=9$;
(3) $y''+2y'+y=xe^{-x}$, $y|_{x=0}=0$, $y'|_{x=0}=0$;
(4) $y''+y=-\sin x$, $y|_{x=\pi}=1$, $y'|_{x=0}=1$.

*6. 方程 $y''+9y=0$ 的一条积分曲线通过点 $(\pi,-1)$,且在该点和直线 $y+1=x-\pi$ 相切,求此曲线.

第七节 差分与差分方程的基本概念

在现实世界中,许多变量是连续变化的,如气温的变化,动植物的生长等都是连续变化的. 通常我们称这种变量为连续型变量,我们前面所研究的变量基本上是属于连续型变化的类型. 但是,还有很多变量是离散变化的,如一个国家或地区人口数量的变化、动物种群数量的变化和银行定期存款所设定的时间等间隔计息的变化等都是离散变化的. 通常称这类变量为离散型变量. 根据客观事物的运行规律,我们可以得到在不同取值点上的各离散变量之间的关系,如递推关系等. 我们把描述各离散变量之间关系的方程称为离散型方程,即差分方程,求解这类方程可以得知各个离散型变量的运行规律.

一、差分概念

在科学技术和经济问题中,有许多变量是离散的. 例如,某汽车制造集团某月汽车的产量为 n 辆($n=0,1,2,\cdots$)是离散的,那么它的成本函数 $y=f(n)$ 也是离散的. $\dfrac{\Delta y}{\Delta n}$ 是用来刻画平均变化速度的,这里 n 的最小改变量为 1,故可选择 $\Delta n=1$,此时,$\Delta y=y(n+1)-y(n)$ 可近似代表变化速度.

定义 1 设函数 $y_n=f(n)$,$n=0,1,2,\cdots$,则 $y_{n+1}-y_n$ 的差称为 y_n 的一阶差分(简称差分),记为 Δy_n,即

$$\Delta y_n = y_{n+1}-y_n = f(n+1)-f(n). \tag{1}$$

当自变量的改变量 $\Delta n=1$ 时,相应地函数 $y_n=f(n)$ 的改变量就是差分. 差分描述了变

量的一种变化. Δ 称为差分算子,(1)式是差分算子 Δ 作用于 y_n 的真实含义.

差分算子 Δ 具有下列性质:

(1) $\Delta(k)=0$,k 为常数;   (2) $\Delta(ky_n)=k\Delta y_n$,k 为常数;

(3) $\Delta(y_{n_1} \pm y_{n_2})=\Delta y_{n_1} \pm \Delta y_{n_2}$.

定义 2 一阶差分的差分称为 y_n 的**二阶差分**,记为 $\Delta^2 y_n$,即

$$\begin{aligned}\Delta^2 y_n &= \Delta(\Delta y_n)=\Delta(y_{n+1}-y_n)=\Delta y_{n+1}-\Delta y_n \\ &= (y_{n+2}-y_{n+1})-(y_{n+1}-y_n)=y_{n+2}-2y_{n+1}+y_n \\ &= f(n+2)-2f(n+1)+f(n).\end{aligned}$$

类似地,$m-1$ 阶差分的差分称为 y_n 的 m **阶差分**. 记为 $\Delta^m y_n$. 二阶及二阶以上的差分均称为**高阶差分**.

例 1 设 $y_n=\sin an$,求 Δy_n.

解 一阶差分为

$$\Delta y_n = y_{n+1}-y_n = \sin a(n+1)-\sin an = 2\cos a\left(n+\frac{1}{2}\right)\sin\frac{1}{2}a.$$

例 2 设 $y_n=n^2-2n$,求 Δy_n 和 $\Delta^2 y_n$.

解 一阶差分为

$$\Delta y_n = y_{n+1}-y_n = (n+1)^2-2(n+1)-(n^2-2n)=2n-1.$$

二阶差分为

$$\Delta^2 y_n = \Delta(\Delta y_n)=\Delta(y_{n+1}-y_n)=\Delta(2n-1)=2\Delta n-\Delta(1)=2.$$

可知,二次多项式的一阶差分为线性函数,二阶差分为常数.

例 3 某人计划在银行存款 p_0(百元),已知银行每百元年利率是 r,求 n 年后该人的存款额是多少?

解 设 y_n 表示某人第 n 年后的存款额.

由题设条件建立如下关系式

$$\begin{cases} y_{n+1}=y_n+ry_n \ (n=0,1,2,\cdots), \\ y_0=p_0, \end{cases}$$

可用差分表示为

$$\begin{cases} \Delta y_n = ry_n, & \text{(2)} \\ y_0 = p_0. & \text{(3)} \end{cases}$$

容易看出,满足(2)式的函数为

$$y_n = C(1+r)^n, \tag{4}$$

其中 C 为常数,将(3)式代入(4)式,得 $C=p_0$,故 n 年后该人的存款额是

$$y_n = p_0(1+r)^n. \tag{5}$$

当 $n=0,1,2,\cdots$ 时,(5)式可以写成一个序列:

$$p_0,\ p_0(1+r),\ p_0(1+r)^2,\ \cdots,\ p_0(1+r)^n,\ \cdots. \tag{6}$$

它的意义是,开始存入 p_0(百元),一年后存款是 $p_0(1+r)$,两年后存款数是 $p_0(1+r)^2$,$\cdots$,n 年后存款数是 $p_0(1+r)^n$,$\cdots$.

此例是把一个实际问题转化为含有离散型变量的方程,该方程中含有未知函数的差分,这就是我们下面要讨论的差分方程.

二、差分方程

定义 3 含有自变量 n，未知函数 y_n 以及 y_n 的差分的方程，称为**差分方程**。出现在差分方程中的差分的最高阶数，称为**差分方程的阶**。

k 阶差分方程的一般形式为

$$F(n, y_n, \Delta y_n, \cdots, \Delta^k y_n) = 0, \tag{7}$$

其中 $F(n, y_n, \Delta y_n, \cdots, \Delta^k y_n)$ 为 $n, y_n, \Delta y_n, \cdots, \Delta^k y_n$ 的已知函数，且至少 $\Delta^k y_n$ 要在式中出现。

利用差分公式(1)，差分方程(7)可转化为函数 y_n 在不同时刻取值的关系式，于是差分方程还可以定义为

定义 4 含有自变量 n 和两个或两个以上函数值 $y_n, y_{n+1}, \cdots$ 的方程，称为**差分方程**。出现在差分方程中未知函数下标的最大差，称为**差分方程的阶**。

这时，k 阶差分方程的一般形式为

$$F(n, y_n, y_{n+1}, \cdots, y_{n+k}) = 0, \tag{8}$$

其中 $F(n, y_n, y_{n+1}, \cdots, y_{n+k})$ 是 $n, y_n, y_{n+1}, \cdots, y_{n+k}$ 的已知函数，且 y_n 和 y_{n+k} 一定要出现。

例如，

$$y_{n+1} - y_n = 0, \tag{9}$$

$$y_{n+2} - 4y_{n+1} + 4y_n = 0, \tag{10}$$

$$\Delta^3 y_n - 3\Delta^2 y_n + \Delta y_n = y_n, \tag{11}$$

$$y_{n+1} = 6y_n(1 - y_n) \tag{12}$$

等都是差分方程。其中方程(9)和(12)是一阶的，方程(10)是二阶的，方程(11)是三阶的。

若差分方程中未知函数 y_n 是一次幂的，称此方程为**线性差分方程**。否则，称为**非线性差分方程**。如方程(9)、(10)、(11)都是线性的，方程(12)是非线性的。

定义 5 形如

$$y_{n+k} + a_1(n) y_{n+k-1} + \cdots + a_{k-1}(n) y_{n+1} + a_k(n) y_n = f(n) \tag{13}$$

的差分方程，称为 k 阶线性差分方程，其中 $a_1(n), \cdots, a_k(n)$ 和 $f(n)$ 均为已知函数，且 $a_k(n) \neq 0$。如果 $f(n) \neq 0$，则方程(13)称为 k 阶非齐次线性差分方程。如果 $f(n) = 0$，则方程(13)为

$$y_{n+k} + a_1(n) y_{n+k-1} + \cdots + a_{k-1}(n) y_{n+1} + a_k(n) y_n = 0, \tag{14}$$

称为 k 阶齐次线性差分方程。有时也称方程(14)为方程(13)对应的齐次线性差分方程。

三、差分方程的解

定义 6 如果一个函数代入差分方程后，方程成为恒等式，则称此函数为**差分方程的解**。

如(4)式和(5)式就是方程(2)的解。

定义 7 如果差分方程的解中含有相互独立的任意常数的个数与差分方程的阶数相同，则称这样的解为差分方程的**通解**。确定了任意常数后的解称为**特解**，而确定任意常数的条件称为**初始条件**。

如(4)式是差分方程(2)的通解,(5)式是差分方程(2)的特解,(3)式是差分方程(2)的初始条件.

在前面的讨论中可以看到,差分方程解的概念与微分方程十分相似,进一步,差分方程和微分方程无论在方程结构、解的结构,还是在求解方法上都有很多相似的地方.下面,我们就仿照 n 阶线性微分方程,不加证明地给出 k 阶线性差分方程(13)和(14)解的结构的有关定理.

定理 1 如果函数 $y_1(n)$,$y_2(n)$,$\cdots$,$y_m(n)$ 均为 k 阶齐次线性差分方程(14)的解,则
$$y(n)=C_1 y_1(n)+C_2 y_2(n)+\cdots+C_m y_m(n)$$
也是方程(14)的解,其中 C_1,C_2,$\cdots$,C_k 是任意常数.

定理 2 如果函数 $y_1(n)$,$y_2(n)$,$\cdots$,$y_k(n)$ 均为 k 阶齐次线性差分方程(14)的 k 个线性无关的解,则
$$y(n)=C_1 y_1(n)+C_2 y_2(n)+\cdots+C_k y_k(n)$$
是方程(14)的通解,其中 C_1,C_2,$\cdots$,C_k 是任意常数.

定理 3 如果 $y^*(n)$ 是 k 阶非齐次线性差分方程(13)的一个特解,y 是对应齐次方程(14)的通解,则
$$y(n)=y+y^*(n)$$
是方程(13)的通解.

定理 4 如果 $y_1^*(n)$,$y_2^*(n)$ 分别是 k 阶非齐次线性差分方程
$$y_{n+k}+a_1(n)y_{n+k-1}+\cdots+a_{k-1}(n)y_{n+1}+a_k(n)y_n=f_1(n),$$
$$y_{n+k}+a_1(n)y_{n+k-1}+\cdots+a_{k-1}(n)y_{n+1}+a_k(n)y_n=f_2(n)$$
的两个特解,y 是对应齐次线性差分方程(14)的通解,则
$$y(n)=y+y_1^*(n)+y_2^*(n)$$
是方程
$$y_{n+k}+a_1(n)y_{n+k-1}+\cdots+a_{k-1}(n)y_{n+1}+a_k(n)y_n=f_1(n)+f_2(n)$$
的通解.

根据差分方程解的结构定理可知,要求 k 阶齐次线性差分方程的通解,只需求出 k 个线性无关的特解的线性组合即可.要求 k 阶非齐次线性差分方程的通解,只需在求出对应齐次方程的通解的基础上加上所给非齐次方程的一个特解即可.

习 题 9 - 7

1. 计算下列各题的差分:

(1) $y_n=C$,求 Δy_n;

(2) $y_n=2n^3-n^2$,求 Δy_n;

(3) $y_n=4^n$,求 $\Delta^2 y_n$;

(4) $y_n=\ln(n+1)$,求 $\Delta^2 y_n$.

2. 指出下列差分方程的阶:

(1) $y_{n+4}-2ny_{n+3}-n^2 y_n=1$;

(2) $3y_{n+2}-5n^2 y_n=7n$;

(3) $\Delta^2 y_n-3\Delta y_n=5$;

(4) $\Delta^2 y_n+2\Delta y_n+3y_n=n^2$.

3. 试证下列函数是所给差分方程的解(其中 C,C_1,C_2 是任意常数):

(1) $y_n=\dfrac{C}{1+C\cdot n}$,$(1+y_n)y_{n+1}=y_n$;

(2) $y_n = C_1 + C_2 2^n - n$, $y_{n+2} - 3y_{n+1} + 2y_n = 1$.

4. 已知 $y_n = C_1 + C_2 a^n$ 是方程 $y_{n+2} - 3y_{n+1} + 2y_n = 0$ 的通解，求满足条件的常数 a.

第八节 一阶常系数线性差分方程

形如
$$y_{n+1} + ay_n = f(n), \ n = 0, 1, 2, \cdots \tag{1}$$
的差分方程，称为**一阶常系数线性差分方程**，其中 a 为非零常数，$f(n)$ 为已知函数.

当 $f(n) \equiv 0$ 时，
$$y_{n+1} + ay_n = 0, \ n = 0, 1, 2, \cdots \tag{2}$$
称为**一阶常系数齐次线性差分方程**. 当 $f(n) \not\equiv 0$ 时，方程(1)称为**一阶常系数非齐次线性差分方程**. 方程(2)也称为方程(1)对应的齐次方程.

下面分别讨论求解一阶常系数齐次线性差分方程(2)的通解和一阶常系数非齐次线性差分方程(1)的特解和通解的方法.

一、一阶常系数齐次线性差分方程

1. 迭代法求解

方程(2)变形后改写为
$$y_{n+1} = -ay_n, \ n = 0, 1, 2, \cdots,$$
这是等比数列所满足的关系式，将 $n = 0, 1, 2, \cdots$ 依次代入，可以得到
$$y_n = (-a)^n y_0, \ n = 0, 1, 2, \cdots,$$
其中假设 y_0 已知. 容易验证 $y_n = (-a)^n y_0$ 是方程(2)满足初始条件 y_0 的特解，从而方程(2)的通解为
$$y_n = C(-a)^n, \ n = 0, 1, 2, \cdots,$$
其中 C 为任意常数.

2. 特征方程法求解

考虑到方程的系数都是常数，于是只要找到一类函数，使得 y_{n+1} 与 y_n 具有常数倍即可解决方程(2)求解的问题，显然函数 r^n 符合这一特征.

不妨设 $y_n^* = r^n (r \neq 0)$ 是方程(2)的一个解，代入方程(2)得
$$r^n(r + a) = 0.$$
因为 $r^n \neq 0$，所以
$$r + a = 0, \tag{3}$$
(3)式称为方程(2)的**特征方程**. 解得 $r = -a$ 为特征根，从而 $y_n^* = (-a)^n$ 是方程(2)的一个解，于是方程(2)的通解为
$$y_n = C(-a)^n, \ n = 0, 1, 2, \cdots, \tag{4}$$
其中 C 为任意常数. 假设 y_0 已知，代入上式得 $C = y_0$，所以差分方程(2)满足初始条件 y_0 的特解为
$$y_n = (-a)^n y_0.$$

例 1 求差分方程 $y_{n+1} + 9y_n = 0$ 的通解.

解 迭代法 $y_1 = -9y_0$，$y_2 = -9y_1 = 9^2 y_0$，$\cdots$，$y_n = (-9)^n y_0$，所以原方程的通解为
$$y_n = C \cdot (-9)^n.$$

特征方程法 由特征方程 $r+9=0$，解得特征根 $r=-9$，故原方程的通解为
$$y_n = C \cdot (-9)^n.$$

例 2 求差分方程 $2y_{n+1} - y_n = 0$ 满足初始条件 $y_0 = 1$ 的特解.

解 由特征方程 $2r-1=0$，解得特征根 $r = \dfrac{1}{2}$，故原方程的通解为
$$y_n = C \cdot \left(\dfrac{1}{2}\right)^n.$$

把 $y_0 = 1$ 代入得 $C = 1$，所以原方程满足初始条件的特解为
$$y_n = \left(\dfrac{1}{2}\right)^n.$$

二、一阶常系数非齐次线性差分方程

根据第七节定理 3 知，一阶常系数非齐次线性差分方程(1)的通解等于该方程的特解和对应齐次线性方程(2)的通解之和. 由于方程(2)的通解前面已经讲过，现在着重解决求方程(1)特解的问题.

求解差分方程(1)的特解，常用的方法是待定系数法. 其基本做法与微分方程的待定系数法相同，即先设一个与非齐次项 $f(n)$ 形式相同，但含待定系数的函数 y_n^* 为特解，然后代入原方程后再解出待定系数，从而确定所求特解. 现就 $f(n)$ 的常见类型介绍特解的求解方法.

设 $f(n) = b^n P_m(n)$ 型 $(b \neq 0)$，其中 $P_m(n)$ 为已知 m 次多项式. 可以证明，方程(1)的特解形式为

$$y_n^* = \begin{cases} b^n Q_m(n), & b \text{ 不是特征方程的根,} \\ nb^n Q_m(n), & b \text{ 是特征方程的根,} \end{cases}$$

其中 $Q_m(n)$ 为 m 次多项式，有 $m+1$ 个待定系数. 将 y_n^* 代入方程(1)后可按同次项系数相等原则建立方程组，解代数方程确定待定系数.

例 3 求差分方程 $y_{n+1} - 3y_n = n \cdot 3^n$ 满足初始条件 $y_0 = 1$ 的特解.

解 原方程对应的齐次线性差分方程的特征方程为 $r-3=0$，解得特征根 $r=3$，所以原方程对应的齐次线性差分方程的通解为
$$y_n = C \cdot 3^n.$$

下面求非齐次方程的特解. 因 $f(n) = n \cdot 3^n$，$b=3$ 是特征方程的根，故非齐次方程的特解的形式为
$$y_n^* = n \cdot 3^n \cdot (A_0 n + A_1),$$

代入原方程并比较系数得
$$A_0 = \dfrac{1}{6},\ A_1 = -\dfrac{1}{6},$$

所以原方程的通解为
$$y_n = C \cdot 3^n + \dfrac{n}{6}(n-1) \cdot 3^n.$$

将 $y_0=1$ 代入上式，得 $C=1$，所以原方程满足初始条件的特解为

$$y_n=3^n+\frac{n}{6}(n-1)\cdot 3^n.$$

例 4 求差分方程 $y_{n+1}-2y_n=2n^2$ 的通解.

解 对应齐次方程的通解易求得

$$y_n=C\cdot 2^n.$$

下面求非齐次方程的特解. 因 $f(n)=2n^2(=1^n\cdot 2n^2)$，$b=1$ 不是特征方程的根，故非齐次方程特解的形式为

$$y_n^*=A_0n^2+A_1n+A_2,$$

代入原方程并比较系数得

$$A_0=-2,\ A_1=-4,\ A_2=-6,$$

所以原方程的通解为

$$y_n=C\cdot 2^n-(2n^2+4n+6),$$

这里 C 为任意常数.

另外，如果 $f(n)$ 是由两个函数 $f_1(n)$ 与 $f_2(n)$ 的和组成的，则可根据第七节定理 4，分别设各自对应的解函数 $y_1^*(n)$ 与 $y_2^*(n)$，代入求出特解，从而得整个方程的特解

$$y^*=y_1^*(n)+y_2^*(n),$$

于是方程的通解为

$$y(n)=y+y_1^*(n)+y_2^*(n).$$

例 5 求方程 $y_{n+1}+2y_n=2n-1+e^n$ 的通解.

解 对应齐次方程的通解为

$$y=C(-2)^n.$$

设 $y_1^*(n)=a_0n+a_1$，$y_2^*(n)=Ae^n$，于是 $y_n^*=a_0n+a_1+Ae^n$，代入原方程有

$$3a_0n+a_0+3a_1+(Ae+2A)e^n=2n-1+e^n,$$

比较系数，得 $a_0=\frac{2}{3}$，$a_1=-\frac{5}{9}$，$A=\frac{1}{e+2}$，从而有

$$y_n^*=\frac{2}{3}n-\frac{5}{9}+\frac{1}{e+2}e^n,$$

故所给方程的通解为

$$y_n=C(-2)^n+\frac{2}{3}n-\frac{5}{9}+\frac{1}{e+2}e^n,$$

这里 C 为任意常数.

习 题 9-8

1. 求下列差分方程的通解：

(1) $y_{n+1}-7y_n=0$； (2) $y_{n+1}+9y_n=0$；
(3) $y_{n+1}-y_n=3n^2$； (4) $6y_{n+1}+2y_n=8$；
(5) $2y_{n+1}+y_n=3+n$； (6) $y_{n+1}-2y_n=2^n$.

2. 求下列差分方程的通解和特解：

(1) $y_{n+1}-5y_n=4$, $y_0=\dfrac{4}{3}$;　　　　(2) $y_{n+1}-\dfrac{1}{2}y_n=\left(\dfrac{5}{2}\right)^n$, $y_0=-1$;

(3) $y_{n+1}-5y_n=n5^n$, $y_0=2$;　　　　(4) $y_{n+1}+2y_n=3\cdot 2^n$, $y_0=4$.

第九节　二阶常系数线性差分方程

形如
$$y_{n+2}+ay_{n+1}+by_n=f(n), \quad n=0,1,2,\cdots \tag{1}$$
的差分方程，称为**二阶常系数线性差分方程**，其中 a，b 为已知常数，且 $b\neq 0$，$f(n)$ 为已知函数．

当 $f(n)\equiv 0$ 时，
$$y_{n+2}+ay_{n+1}+by_n=0 \tag{2}$$
称为**二阶常系数齐次线性差分方程**．

当 $f(n)\not\equiv 0$ 时，方程(1)称为**二阶常系数非齐次线性差分方程**．方程(2)称为方程(1)对应的齐次差分方程．

下面分别讨论求解二阶常系数齐次线性差分方程(2)的通解和二阶常系数非齐次线性差分方程(1)的特解和通解的方法．

一、二阶常系数齐次线性差分方程

根据第七节线性差分方程解的结构定理 2 知，如果求出二阶齐次线性方程(2)的两个线性无关的解，则方程(2)的通解为它们的线性组合．考虑到方程(2)的系数都是常数，于是考虑到只要找到一类函数，使得 y_{n+2} 与 y_{n+1} 均为 y_n 的常数倍即可解决求通解的问题，显然还是指数函数 r^n 具有这类函数特征．

因此，不妨设 $y_n^*=r^n(r\neq 0)$ 是方程(2)的解，其中 r 为非零待定常数，代入方程(2)得
$$r^n(r^2+ar+b)=0.$$
因为 $r^n\neq 0$，所以
$$r^2+ar+b=0, \tag{3}$$
把(3)式称为方程(2)的**特征方程**．特征方程的解称为**特征根**或**特征值**．根据二次代数方程(3)解的 3 种情况，仿照二阶常系数线性微分方程通解的特点，下面分别给出方程(2)通解的各种形式．

1. 特征方程有两个相异特征根

当方程(2)的特征方程(3)的判别式 $\Delta>0$ 时，方程(3)有两个相异特征根：$r_1\neq r_2$，于是方程(2)有两个线性无关的解
$$y_1(n)=r_1^n, \quad y_2(n)=r_2^n,$$
则方程(2)的通解为
$$y_n=C_1 r_1^n+C_2 r_2^n,$$
这里 C_1，C_2 为任意常数．

2. 特征方程有两个相同特征根

当方程(2)的特征方程(3)的判别式 $\Delta=0$ 时，方程(3)有两个相同特征根：$r_1=r_2=r$，

于是方程(2)有两个线性无关的解
$$y_1(n)=r^n, \quad y_2(n)=n \cdot r^n,$$
则方程(2)的通解为
$$y_n=(C_1+C_2 n)r^n,$$
这里 C_1，C_2 为任意常数.

3. 特征方程有一对共轭复根

当方程(2)的特征方程(3)的判别式 $\Delta<0$ 时，方程(3)有两个共轭特征根：r_1，r_2，于是方程(2)有两个线性无关的解
$$y_1(n)=r^n\cos\beta n, \quad y_2(n)=r^n\sin\beta n,$$
其中 r 为复特征根的模，β 为复特征根的辐角 $\left(\tan\beta=-\dfrac{1}{a}\sqrt{4b-a^2}, \beta\in(0,\pi)\right)$，则方程(2)的通解为
$$y_n=r^n(C_1\cos\beta n+C_2\sin\beta n),$$
这里 C_1，C_2 为任意常数.

例 1 求差分方程 $y_{n+2}+4y_{n+1}-5y_n=0$ 的通解.

解 由特征方程
$$r^2+4r-5=0,$$
解得两个相异实根 $r_1=1$，$r_2=-5$，于是，所给方程的通解为
$$y_n=C_1+C_2(-5)^n,$$
这里 C_1，C_2 为任意常数.

例 2 求差分方程 $y_{n+2}-10y_{n+1}+25y_n=0$ 的通解.

解 由特征方程
$$r^2-10r+25=0,$$
解得两个相同实根 $r=5$，于是，所给方程的通解为
$$y_n=(C_1+C_2 n)5^n,$$
这里 C_1，C_2 为任意常数.

例 3 求差分方程 $y_{n+2}-2y_{n+1}+5y_n=0$ 的通解.

解 由特征方程
$$r^2-2r+5=0,$$
解得两个特征根为 $r_1=1+2\mathrm{i}$，$r_2=1-2\mathrm{i}$，于是所给方程的通解为
$$y_n=(\sqrt{5})^n[C_1\cos(\arctan 2)n+C_2\sin(\arctan 2)n],$$
其中 $r=\sqrt{5}$，$\beta=\arctan 2$，这里 C_1，C_2 为任意常数.

二、二阶常系数非齐次线性差分方程

根据第七节线性差分方程解的结构定理 3 知，二阶常系数非齐次线性差分方程(1)的通解等于该方程的特解和对应齐次线性方程(2)的通解之和. 由于方程(2)的通解前面已经解决，现在着重解决求方程(1)特解的问题.

求解方程(1)的特解，常用的方法是待定系数法，其基本做法与微分方程的待定系数法相同，即先设一个与非齐次项 $f(n)$ 形式相同，但含待定系数的函数 y_n^* 为特解，

代入方程后再解出待定系数，从而确定所求特解．现就 $f(n)$ 的常见类型，介绍特解的求解方法．

设 $f(n)=d^n P_m(n)(d\neq 0)$，其中 $P_m(n)$ 为已知 m 次多项式．可以证明，方程(1)的特解形式是

$$y_n^*=\begin{cases}d^n Q_m(n),& d\text{ 不是特征根,}\\nd^n Q_m(n),& d\text{ 是特征根单根,}\\n^2 d^n Q_m(n),& d\text{ 是特征根重根,}\end{cases}$$

其中 $Q_m(n)$ 为 m 次多项式，有 $m+1$ 个待定系数，将 y_n^* 代入方程(1)后可按同次项系数相等原则建立方程组，解代数方程确定待定系数．

例 4 求差分方程 $y_{n+2}-4y_{n+1}+4y_n=3\cdot 2^n$ 的通解．

解 由原方程对应齐次方程的特征方程

$$r^2-4r+4=0,$$

解得特征根 $r_{1,2}=2$，所以对应齐次方程的通解为

$$y_n=(C_1+C_2 n)\cdot 2^n.$$

由 $f(n)=3\cdot 2^n$，$d=2$ 是特征方程重根．于是，非齐次方程特解形式为

$$y_n^*=A_0 n^2\cdot 2^n,$$

代入原方程并比较系数得 $A_0=\dfrac{3}{8}$，故原方程的通解为

$$y_n=(C_1+C_2 n)\cdot 2^n+\dfrac{3}{8}n^2\cdot 2^n.$$

习 题 9-9

1. 求下列差分方程的通解：

(1) $y_{n+2}-3y_{n+1}-4y_n=0$；　　(2) $y_{n+2}+3y_{n+1}-\dfrac{7}{4}y_n=0$；

(3) $y_{n+2}-7y_{n+1}+12y_n=0$；　　(4) $y_{n+2}-6y_{n+1}+9y_n=0$；

(5) $y_{n+2}-y_{n+1}+y_n=0$；　　(6) $y_{n+2}+4y_{n+1}+4y_n=0$.

2. 求下列差分方程的通解或特解：

(1) $y_{n+2}-4y_{n+1}+4y_n=2^n$；

(2) $y_{n+2}-\dfrac{1}{9}y_n=1$；

(3) $y_{n+2}-3y_{n+1}-4y_n=0$，$y_0=3$，$y_1=-2$；

(4) $y_{n+2}+3y_{n+1}-\dfrac{7}{4}y_n=9$，$y_0=6$，$y_1=3$.

第十节　微分方程与差分方程在经济学中的应用

一、微分方程的经济学应用

为了研究经济变量之间的联系及其内在规律，常需要建立某一经济函数及其导数的关系式，并由此确定所研究函数的形式，从而根据一些已知的条件来确定该函数表达

式.从数学角度,这是建立微分方程并求解.下面举一些一阶微分方程在经济学中应用的例子.

例1(公司的净资产分析) 对于一个公司,它的资产运营,可以把它简化地看作发生两个方面作用.一方面,它的资产可以像银行的存款一样获得利息,另一方面,它的资产还用于发放职工工资.显然,当工资总额超过利息的盈取时,公司的经营状况将逐渐变糟,而当利息的盈取超过付给职工的工资总额时,公司将维持良好的经营状况.为了表达准确,假设利息是连续盈取的,并且工资也是连续支付的.对于一个大公司来讲,这一假设较为合理.

假设某公司的初始净资产为 W_0 百万元,在净资产运营过程中,资产本身以每年 6% 的速度连续增长,同时该公司还必须每年以 300 百万元的数额连续支付职工的工资.(1) 求该公司 t 年后的净资产 $W(t)$(百万元);(2) 讨论 $W_0=4000, 5000, 6000$ 三种情况下,$W(t)$ 的变化特点.

解 (1)由于
$$\text{净资产的增长速度}=\text{资产本身增长速度}-\text{工资支付速度},$$
所以,$W(t)$ 满足微分方程
$$\frac{dW}{dt}=0.06W-300,$$
分离变量得
$$\frac{dW}{W-5000}=0.06dt,$$
两边积分得
$$\ln|W-5000|=0.06t+C_1,$$
于是
$$W-5000=\pm e^{0.06t+C_1},$$
通解为
$$W=5000+Ce^{0.06t}.$$
将初始条件 $W(0)=W_0$ 代入,得 $C=W_0-5000$,从而
$$W=5000+(W_0-5000)e^{0.06t}.$$
上述推导过程中 $W\neq 5000$,当 $W=5000$ 时,$\frac{dW}{dt}=0$,则
$$W=5000=W_0,$$
通常称此解为平衡解,它也包含在上述解的表达式中.

(2) 若 $W_0=4000$,则 $W=5000-1000e^{0.06t}$,公司的净资产单调递减,且当 $t\approx 26.8$ 时,$W=0$,这意味着该公司将在第 27 年破产;

若 $W_0=5000$,则 $W=5000$ 为平衡解,公司收支平衡,净资产将保持在 5000 百万元不变;

若 $W_0=6000$,则 $W=5000+1000e^{0.06t}$,公司的净资产将按指数规律不断增长.

图 9-2 给出了上述几个函数的曲线.$W=5000$ 是一个平衡解.可以看到,如果净资产在 W_0 附近某值开始,但并不等于 5000 百万元,那么随着 t 的增大,W 将远离 W_0,故 $W=5000$ 是一个不稳定的平衡点.

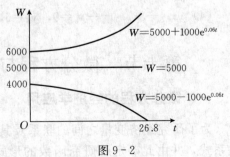

图 9-2

一般地，只考虑微分方程 $\dfrac{dx}{dt}=f(x)$. 若 $f(x_0)=0$，则 $x=x_0$ 是其平衡解，其图像是一条水平直线.

平衡解 $x=x_0$ 称为是**稳定的**是指：给初始条件以一微小的改变所得到的任一个解 $x(t)$ 均满足 $\lim\limits_{t\to\infty}x(t)=x_0$（这种状态在深入的讨论中应称作是渐进稳定）.

平衡解 $x=x_0$ 称为是**不稳定的**是指：给初始条件在平衡点附近以一微小的改变所得到的解曲线 $x(t)$ 当 $t\to\infty$ 时，远离平衡点而去.

例 2（预测商品的销售量） 假设某产品的销售量 $x(t)$ 是时间 t 的可导函数，如果商品的销售量对时间的增长速率 $\dfrac{dx}{dt}$ 与销售量 $x(t)$ 及销售量接近于饱和水平的程度 $N-x(t)$ 之积成正比（N 为饱和水平，比例常数为 $k>0$），且当 $t=0$ 时，$x=\dfrac{1}{4}N$. (1) 求销售量 $x(t)$；(2) 求 $x(t)$ 的增长最快的时刻 T.

解　(1) 由题意可知
$$\frac{dx}{dt}=kx(N-x)\quad (k>0), \tag{1}$$

分离变量，得
$$\frac{dx}{x(N-x)}=k\,dt,$$

两边积分，得
$$\frac{x}{N-x}=Ce^{Nkt},$$

解出 $x(t)$，得
$$x(t)=\frac{NCe^{Nkt}}{Ce^{Nkt}+1}=\frac{N}{1+Be^{-Nkt}}, \tag{2}$$

其中 $B=\dfrac{1}{C}$. 由 $x(0)=\dfrac{1}{4}N$，得 $B=3$，故
$$x(t)=\frac{N}{1+3e^{-Nkt}}.$$

(2) 由于
$$\frac{dx}{dt}=\frac{3N^2ke^{-Nkt}}{(1+3e^{-Nkt})^2},$$
$$\frac{d^2x}{dt^2}=\frac{-3N^3k^2e^{-Nkt}(1-3e^{-Nkt})}{(1+3e^{-Nkt})^3}.$$

令 $\dfrac{d^2x}{dt^2}=0$，得 $T=\dfrac{\ln 3}{Nk}$.

当 $t<T$ 时，$\dfrac{d^2x}{dt^2}>0$；$t>T$ 时，$\dfrac{d^2x}{dt^2}<0$. 故 $T=\dfrac{\ln 3}{Nk}$ 时，$x(t)$ 增长最快.

微分方程 (1) 称为 Logistic 方程，其解曲线 (2) 称为 Logistic 曲线，如图 9-3 所示. 在生物学、经济学中，常遇到这样的量 $x(t)$，其增长率 $\dfrac{dx}{dt}$ 与 $x(t)$ 及 $N-x(t)$ 之积

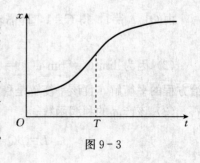

图 9-3

成正比(N 为饱和值),这时 $x(t)$ 的变化规律遵循微分方程(1),而 $x(t)$ 本身按 Logistic 曲线(2)的方程而变化.

例3(价格与时间的函数关系) 设某种商品的需求函数为 $Q=200-2p$,供给函数为 $S=-100+p$,其中 p 为商品价格.假设商品价格 p 为时间 t 的函数,即 $p=p(t)$.该商品初始价格为 300 元,且 $\dfrac{\mathrm{d}p}{\mathrm{d}t}=2(Q-S)$,求:(1) 均衡价格 p_e;(2) 价格 $p(t)$ 的函数表达式.

解 (1) 均衡价格即供需相等时的价格,故有 $Q=S$,即
$$200-2p=-100+p,$$
因此
$$p_e=100(元).$$

(2) 由 $\dfrac{\mathrm{d}p}{\mathrm{d}t}=2(Q-S)$,得
$$\frac{\mathrm{d}p}{\mathrm{d}t}=2(300-3p),$$
即
$$\frac{\mathrm{d}p}{\mathrm{d}t}+6p=600.$$

由线性非齐次方程的通解公式计算得
$$p(t)=\mathrm{e}^{-\int 6\mathrm{d}t}\left(\int 600\mathrm{e}^{\int 6\mathrm{d}t}\mathrm{d}t+C\right)=C\mathrm{e}^{-6t}+100.$$

将 $p(0)=300$ 代入,得 $C=200$,故所求价格 $p(t)$ 的函数表达式为
$$p(t)=200\mathrm{e}^{-6t}+100.$$

例4(市场价格与需求量的函数关系) 设一企业生产某产品的需求量 Q 对价格 p 的弹性 $\eta=-2p^2$,而市场对该产品的最大需求量为 1(万件),该产品的生产成本为 $\dfrac{1}{2}Q+1$.(1) 求需求函数;(2) 当 $p\to+\infty$ 时,需求量是否趋于稳定;(3) 设该产品的产量等于需求量,求该企业获得最大利润的需求量.

解 (1) 由需求对价格的弹性公式 $\eta=\dfrac{p}{Q}\dfrac{\mathrm{d}Q}{\mathrm{d}p}$,得
$$\frac{p}{Q}\frac{\mathrm{d}Q}{\mathrm{d}p}=-2p^2,$$
分离变量,得
$$\frac{\mathrm{d}Q}{Q}=-2p\mathrm{d}p,\quad Q(0)=1,$$
此微分方程的通解为
$$Q=C\mathrm{e}^{-p^2}\ (C\ 为任意常数).$$
由 $Q|_{p=0}=1$,得 $C=1$,即需求函数为
$$Q=\mathrm{e}^{-p^2}. \tag{3}$$

(2) 因为 $\lim\limits_{p\to+\infty}Q=\lim\limits_{p\to+\infty}\mathrm{e}^{-p^2}=0$,所以需求量有稳定的趋势.(其数学意义为 $Q=0$ 是所给方程的平衡解,且该平衡解是稳定的.)

(3) 该产品的利润函数
$$L=pQ-\left(\frac{1}{2}Q+1\right)=\left(p-\frac{1}{2}\right)\mathrm{e}^{-p^2}-1.$$

令 $\dfrac{dL}{dp} = e^{-p^2}(-2p^2+p+1) = 0$,得驻点 $p_1=1$,$p_2=-\dfrac{1}{2}$(舍去),因

$$\dfrac{d^2L}{dp^2} = e^{-p^2}(4p^3-2p^2-6p+1),$$

$$\dfrac{d^2L}{dp^2}\bigg|_{p=1} = -3e^{-1} < 0,$$

故 $p=1$ 是利润函数的极大值点,也是其最大值点,所以当价格 $p=1$ 时该企业的利润最大,把 $p=1$ 代入需求函数的方程(3)中,企业获得最大利润时的需求量为 $Q = e^{-1}$.

二、差分方程的经济学应用

差分方程是一种描述离散型变量的数学模型,在许多科学技术领域都有非常广泛的应用. 下面主要以经济管理方面的应用为例,简单介绍.

例 5(筹措教育经费方面) 某家庭从现在着手,从每月工资中拿出一部分资金存入银行,用于投资子女的教育,并计划 20 年后开始从投资账户中每月支出 1000 元,直到 10 年后子女大学毕业并用完资金. 要实现这个投资目标,20 年内要总共筹措多少资金?每月要在银行存入多少钱?假设投资利率为 0.5%.

解 设第 n 个月,投资账户资金为 a_n,每月存入资金为 b 元,于是 20 年后,关于 a_n 的差分方程为

$$a_{n+1} = 1.005 a_n - 1000, \tag{4}$$

且 $a_{120}=0$,$a_0=x$.

解方程(4)得通解

$$a_n = (1.005)^n C - \dfrac{1000}{1-1.005} = (1.005)^n C + 200000,$$

将 $a_{120}=0$,$a_0=x$ 代入上式,有

$$a_{120} = (1.005)^{120} C + 200000 = 0,$$
$$a_0 = C + 200000 = x,$$

从而有

$$x = 200000 - \dfrac{200000}{(1.005)^{120}} = 90073.45.$$

从现在到 20 年内,a_n 满足的方程为

$$a_{n+1} = 1.005 a_n + b, \tag{5}$$

且 $a_0=0$,$a_{240}=90073.45$,解方程(5)得通解

$$a_n = (1.005)^n C + \dfrac{b}{1-1.005} = (1.005)^n C - 200b,$$
$$a_{240} = (1.005)^{240} C - 200b = 90073.45,$$
$$a_0 = C - 200b = 0,$$

从而有 $b = 194.95$,

即要达到投资目标,20 年内要筹措资金 90073.45 元,平均每月要存入 194.95 元.

例 6(分期偿还贷款方面) 国家对贫困大学生除了发放奖学金、特困补助外,还用贷款方式进行助困,另外,贷款购房、购汽车等也逐步进入我们的生活. 如何计算分期归还贷款的问题是一个十分现实的问题. 这个问题的一般提法是:假设从银行借款 p_0 元,年利率是

p，这笔贷款要在 m 年内按月等额归还，试问每月应偿还多少？

解 假设每月应偿还 a 元.

第一步计算第 1 个月偿还 a 元，还需偿还的贷款.

第二步计算第 2 个月应付的利息.

第一个月偿还 a 元后，还需偿还的贷款是

$$p_0 - a + p_0 \cdot \frac{p}{12} = p_0 - a + y_1,$$

故第 2 个月应付利息

$$y_2 = (p_0 - a + y_1)\frac{p}{12} = \left(1 + \frac{p}{12}\right)y_1 - \frac{p}{12}a.$$

类似地，可推导出第 $n+1$ 个月应付利息

$$y_{n+1} = \left(1 + \frac{p}{12}\right)y_n - \frac{p}{12}a,$$

即

$$y_{n+1} - \left(1 + \frac{p}{12}\right)y_n = -\frac{p}{12}a, \tag{6}$$

这是一个一阶非齐次线性差分方程. 解非齐次线性差分方程(6)得通解

$$y_n = C\left(1 + \frac{p}{12}\right)^n + a.$$

将 $y_1 = p_0 \cdot \frac{p}{12}$ 代入得

$$C = \frac{\frac{p}{12}p_0 - a}{1 + \frac{p}{12}},$$

于是非齐次线性差分方程(6)的特解是

$$y_n = \left(\frac{p}{12}p_0 - a\right)\left(1 + \frac{p}{12}\right)^{n-1} + a,$$

即

$$y_n = \frac{p}{12}p_0\left(1 + \frac{p}{12}\right)^{n-1} + a\left[1 - \left(1 + \frac{p}{12}\right)^{n-1}\right].$$

于是 m 年的利息之和是

$$I = y_1 + y_2 + \cdots + y_{12m}$$

$$= \frac{p}{12}p_0 \sum_{n=1}^{12m}\left(1 + \frac{p}{12}\right)^{n-1} + 12ma - a\sum_{n=1}^{12m}\left(1 + \frac{p}{12}\right)^{n-1}$$

$$= 12ma - p_0 + p_0\left(1 + \frac{p}{12}\right)^{12m} - \frac{12}{p}a\left[\left(1 + \frac{p}{12}\right)^{12m} - 1\right].$$

上式中，$12ma$ 是 m 年还款总数，p_0 是贷款数，则 $12ma - p_0$ 等于 m 年利息总数 I，于是

$$p_0\left(1 + \frac{p}{12}\right)^{12m} - \frac{12}{p}a\left[\left(1 + \frac{p}{12}\right)^{12m} - 1\right] = 0,$$

解得

$$a = \frac{\frac{p}{12}p_0\left(1 + \frac{p}{12}\right)^{12m}}{\left(1 + \frac{p}{12}\right)^{12m} - 1}$$

为每月应偿还的钱数.

例 7 某同学一年级贷款 1000 元,二年级贷款 1000 元,计划大学学习四年毕业后用两年时间偿还,设贷款年利率为 7%,问平均每月要还款多少元?

解 一年级贷款 1000 元,毕业时本利和是 $1000(1+0.07)^4 = 1310.80$(元),二年级贷款 1000 元,毕业时本利和是 $1000(1+0.07)^3 = 1225.04$(元),毕业时实际需归还

$$p_0 = 1310.80 + 1225.04 = 2535.84(元),$$

计划毕业后分两年偿还,则 $m=2$,代入上式,得

$$a = \frac{\frac{0.07}{12} \times 2535.84 \times \left(1+\frac{0.07}{12}\right)^{12\times 2}}{\left(1+\frac{0.07}{12}\right)^{12\times 2}-1} \approx 113.54(元),$$

即平均每月需偿还 113.54 元.

例 8(供需关系) 在讨论供需关系时,某商品的需求量 D_n,供给量 S_n 和价格 p_n 均为时间 n 的函数,n 取非负整数值,传统的基本动态供需均衡模型为

$$\begin{cases} D_n = a + bp_n, \\ S_n = a_1 + b_1 p_{n-1}, \\ D_n = S_n, \end{cases}$$

其中 a,a_1,b_1 为正的常数,且 $a > a_1$,b 为负的常数.试求 p_n 满足的差分方程,并求 $\lim\limits_{n\to\infty} p_n$.

解 由动态供需模型可得

$$a + bp_n = a_1 + b_1 p_{n-1},$$

从而 p_n 满足的差分方程为

$$p_{n+1} - \frac{b_1}{b} p_n = \frac{a_1 - a}{b},$$

其通解为

$$p_n = C \cdot \left(\frac{b_1}{b}\right)^n + \frac{a-a_1}{b_1-b}.$$

记 $p_e = \frac{a-a_1}{b_1-b}$,称为均衡价格;若记 p_0 为初始价格,则

$$p_n = (p_0 - p_e)\left(\frac{b_1}{b}\right)^n + p_e.$$

当 $|b| > b_1$ 时,$\lim\limits_{n\to\infty} p_n = p_e$,说明 p_n 将"振荡"趋于均衡价格 p_e;

当 $|b| < b_1$ 时,$\lim\limits_{n\to\infty} p_n = \infty$,说明价格处于不稳定状态.

习 题 9-10

1. 已知某商品的需求价格弹性为 $\frac{EQ}{Ep} = -p(\ln p + 1)$,且当 $p=1$ 时,需求量 $Q=1$.
(1) 求商品对价格的需求函数;(2) 当 $p \to +\infty$ 时,需求是否趋于稳定?

2. 某银行账户,以连续复利方式计息,年利率为 5%,希望连续 20 年以每年 12000 元人民币的速率用这一账户支付职工工资.若 t 以年为单位,写出余额 $B = f(t)$ 所满足的微分

方程，且问当初始存入的数额 B 为多少时，才能使 20 年后账户中的余额精确地减至 0?

3. 在某池塘内养鱼，该池塘内最多能养 1000 尾，设在 t 时刻该池塘内鱼数 y 是时间 t 的函数 $y=y(t)$，其变化率与鱼数 y 及 $1000-y$ 成正比，比例常数为 $k>0$. 已知在池塘内放养鱼 100 尾，3 个月后池塘内有鱼 250 尾，求放养 7 个月后池塘内鱼数 $y(t)$ 的公式，放养 6 个月后有多少鱼？

4. 某汽车公司在长期的运营中发现每辆汽车的总维修成本 y 对汽车大修时间间隔 x 的变化率等于 $\dfrac{2y}{x}-\dfrac{81}{x^2}$，已知当大修时间间隔 $x=1$(年)时，总维修成本 $y=27.5$(百元). 试求每辆汽车的总维修成本 y 与大修时间间隔 x 的函数关系，并问每辆汽车多少年大修一次，可使每辆汽车的总维修成本最低？

5. 某人最初在年利率为 4% 的银行内存入 1000 元，计划以后每年年终再连续加存 100 元，m 年后此人账户有存款多少？试列出差分方程并计算. 再用迭代法求出前四年此人账中的存款额.

6. 已知某人欠有债务 25000 元，月利率为 1%，计划 12 个月内用分期付款的方法还清债务，每月要付多少钱？设 a_n 为付款 n 次后还剩欠款数，求每月付款 p 元，使 $a_{12}=0$ 的差分方程.

总复习题 9

（A）

1. 填空题：
(1) 微分方程 $(y')^4+3(y'')^3=0$ 的阶是_____.
(2) 方程 $x^3\mathrm{d}x-y\mathrm{d}y=0$ 的通解是_____.
(3) 方程 $y'+2xy-2x\mathrm{e}^{-x^2}=0$ 满足条件 $y|_{x=0}=\mathrm{e}$ 的特解是_____.
(4) $y''=\sin y$ 经过变换_____，可化为一阶微分方程_____.
(5) 方程 $2y_{n+1}-6y_n=3^n$ 的特解 y^* 为_____.

2. 选择题：
(1) 下面是可分离变量的方程的是(　　).

　　A. $y'-xy'=ay^2+y'$;　　　　　　　　B. $\dfrac{\mathrm{d}y}{\mathrm{d}x}=\dfrac{x}{y}$;

　　C. $xy'=y\ln\dfrac{y^2}{x}$;　　　　　　　　D. $\dfrac{\mathrm{d}y}{\mathrm{d}x}+2xy=\mathrm{e}^{-x^2}$.

(2) 方程 $y''=y'+x$ 满足初始条件 $y|_{x=0}=0$，$y'|_{x=0}=0$ 的特解是(　　).

　　A. $y=\mathrm{e}^x-\dfrac{x^2}{2}-x+1$;　　　　　　B. $y=\mathrm{e}^x-x^2-x+1$;

　　C. $y=\mathrm{e}^x-\dfrac{x^2}{2}-x-1$;　　　　　　D. $y=\mathrm{e}^x-x^2+x-1$.

(3) 已知 $y=\dfrac{x}{\ln x}$ 是微分方程 $y'=\dfrac{y}{x}+\varphi\left(\dfrac{x}{y}\right)$ 的解，则 $\varphi\left(\dfrac{x}{y}\right)$ 的表达式为(　　).

　　A. $-\dfrac{y^2}{x^2}$;　　　　B. $\dfrac{y^2}{x^2}$;　　　　C. $-\dfrac{x^2}{y^2}$;　　　　D. $\dfrac{x^2}{y^2}$.

(4) 微分方程 $y''-4y'-5y=e^{-x}+\sin 5x$ 的特解形式为（   ）.

A. $y^*=ae^{-x}+b\sin 5x$;
B. $y^*=ae^{-x}+b\cos 5x+c\sin 5x$;
C. $y^*=axe^{-x}+b\sin 5x$;
D. $y^*=axe^{-x}+b\cos 5x+c\sin 5x$.

(5) 下列差分方程中，其解是函数 $y_n=C+2n+n^2$ 的是（   ）.

A. $y_{n+1}+y_n=3+2n$;
B. $y_{n+1}+y_n=3-2n^2$;
C. $y_{n+1}-y_n=3+2n$;
D. $y_{n+1}-y_n=3+2n^2$.

3. 计算题：

(1) 求微分方程 $(y+x^3)dx-2xdy=0$ 满足初始条件 $y|_{x=1}=\dfrac{6}{5}$ 的特解；

(2) 求微分方程 $xy''+3y'=0$ 的通解；

(3) 求二阶常系数非齐次线性微分方程 $y''-4y'+3y=2e^{2x}$ 的通解；

(4) 求二阶线性非齐次差分方程 $y_{n+2}-y_{n+1}-6y_n=3^n(2n+1)$ 的通解.

(B)

1. 填空题：

(1) 微分方程 $y'+ay=b$（其中 a,b 均为常数）的通解是_____.

(2) 曲线族 $y=C_1e^x+C_2e^{-2x}$ 中满足条件 $y(0)=1$，$y'(0)=-2$ 的曲线方程为_____.

(3) 差分方程 $2y_{n+1}+10y_n-5n=0$ 的通解为_____.

(4) 设二阶线性微分方程 $y''+p(x)y'+q(x)y=f(x)$ 有三个特解 $y_1=e^x$，$y_2=e^x+e^{\frac{x}{2}}$，$y_3=e^x+e^{-x}$，则该方程为_____.

(5) 某公司每年的工资总额在比上一年增加 20% 的基础上再追加 200 万元．若以 y_i 表示第 i 年的工资总额（单位为万元），则 y_i 满足的差分方程是_____.

2. 选择题：

(1) 微分方程 $5y^4y'+xy''-2(y'')^3=0$ 的阶数是（   ）.

A. 1;   B. 2;   C. 3;   D. 4.

(2) 微分方程 $\dfrac{dy}{dx}=\dfrac{1}{x-y^2}$ 满足条件 $y(2)=0$ 的特解是（   ）.

A. $x=e^y+y^2+2y+2$;
B. $x=e^y+y^2+2y$;
C. $x=y^2+2y+2$;
D. $x=e^y+1$.

(3) 当 $y_0=$（   ）时，差分方程 $3y_{n+1}-9y_n-2=0$ 的解为 $y_n=-\dfrac{1}{3}$.

A. $-\dfrac{2}{3}$;   B. $-\dfrac{1}{3}$;   C. $\dfrac{1}{3}$;   D. $\dfrac{2}{3}$.

(4) 设 y_1，y_2 是方程 $y''+ay'+by=f(x)$ 的两个特解，则下列结论正确的是（   ）.

A. y_1+y_2 是 $y''+ay'+by=f(x)$ 的解；
B. y_1+y_2 是方程 $y''+ay'+by=0$ 的解；
C. y_1-y_2 是 $y''+ay'+by=f(x)$ 的解；
D. y_1-y_2 是方程 $y''+ay'+by=0$ 的解.

(5) 设函数 $f(x)$ 满足方程 $f''(x)+f'(x)=x$，且 $f'(0)=0$，则（   ）.

A. $f(0)$ 是 $f(x)$ 极大值；

B. $f(0)$ 是 $f(x)$ 极小值；

C. 点 $(0, f(0))$ 是曲线 $y=f(x)$ 的拐点；

D. $f(0)$ 不是 $f(x)$ 极值，点 $(0, f(0))$ 不是曲线 $y=f(x)$ 的拐点．

3. 设函数 $f(x)$ 在 $(0, +\infty)$ 内连续，$f(1)=\dfrac{5}{2}$，且对一切的 $x, t \in (0, +\infty)$ 满足条件：
$$\int_1^{xt} f(u)\mathrm{d}u = t\int_1^x f(u)\mathrm{d}u + x\int_1^t f(u)\mathrm{d}u,$$
求函数 $f(x)$ 的表达式．

第十章

无穷级数

无穷级数是数与函数的一种重要表达形式,本质上它是一种特殊数列的极限.无穷级数在表达函数、研究函数的性质、计算函数值以及求解微分方程等方面有着重要的应用.本章先介绍常数项级数的一些基本内容,然后介绍幂级数及其应用的问题.

第一节 常数项无穷级数的概念与性质

一、常数项无穷级数的概念

我国魏晋时期的数学家刘徽曾利用圆的内接正多边形来计算圆的面积.具体做法如下:作圆的内接正六边形,算出这六边形的面积 a_1,它是圆面积 A 的一个粗糙的近似值.我们以这个正六边形的每一边为底分别作一个顶点在圆周上的等腰三角形(图 10-1),算出这六个等腰三角形的面积之和 a_2,那么 a_1+a_2(即内接正十二边形的面积)与 a_1 相比就是 A 的一个较好的近似值.同样在这正十二边形的每一边上分别作一个顶点在圆周上的等腰三角形,算出这十二个等腰三角形的面积之和 a_3,那么 $a_1+a_2+a_3$(即内接正二十四边形的面积)与 a_1+a_2 相比是 A 的一个更好的近似值,如此继续下去,内接正 3×2^n 边形的面积是

$$a_1+a_2+\cdots+a_n.$$

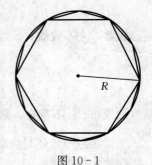

图 10-1

从图 10-1 中可直观看出,如果内接正多边形的边数无限增多,即 n 无限增大,则和式 $a_1+a_2+\cdots+a_n$ 的极限就是所要求的圆面积 A.我们把这个和式称为无穷级数,简称级数.这个和式极限 A 称为无穷级数的和.

一般地,可以推广得到如下有关定义:

定义 1 设给定一个数列 u_1,u_2,$\cdots$,u_n,$\cdots$,则由这数列构成的表达式

$$u_1+u_2+\cdots+u_n+\cdots \tag{1}$$

称为(常数项)无穷级数,简称(常数项)级数,记为 $\sum\limits_{n=1}^{\infty} u_n$,即

$$\sum_{n=1}^{\infty} u_n = u_1+u_2+\cdots+u_n+\cdots,$$

其中 u_n 称为级数的一般项(或通项).

例如,

$$\frac{1}{2}+\frac{1}{4}+\frac{1}{8}+\cdots+\frac{1}{2^n}+\cdots,$$

$$1-1+1-1+\cdots+(-1)^{n-1}+\cdots,$$

$$1+\frac{1}{2}+\frac{1}{3}+\cdots+\frac{1}{n}+\cdots.$$

如果对于无穷级数按通常的加法运算下去，那么，结果可能有多种，如：越来越大趋于无穷，或者趋于某个固定常数等．具体讨论这个问题，我们采用如下方式：

（常数项）级数(1)的前 n 项的和称为级数(1)前 n 项的部分和，记作 S_n，即

$$S_n = u_1 + u_2 + \cdots + u_n,$$

依次作有限项的和：

$$S_1 = u_1,$$
$$S_2 = u_1 + u_2,$$
$$\cdots\cdots$$
$$S_n = u_1 + u_2 + \cdots + u_n,$$
$$\cdots\cdots$$

它们都是级数(1)的部分和．

定义 2 若级数 $\sum_{n=1}^{\infty} u_n$ 的部分和数列 $\{S_n\}$ 的极限存在，即

$$\lim_{n \to \infty} S_n = S,$$

则称级数 $\sum_{n=1}^{\infty} u_n$ 收敛，S 为级数 $\sum_{n=1}^{\infty} u_n$ 的和，记为

$$\sum_{n=1}^{\infty} u_n = u_1 + u_2 + \cdots + u_n + \cdots = S.$$

如果 $\lim_{n \to \infty} S_n$ 不存在，则称级数 $\sum_{n=1}^{\infty} u_n$ 发散．

一个级数收敛还是发散是考察该级数的重要问题，它与部分和数列是否收敛是等价的．

例如，级数

$$1+1+1+\cdots+1+\cdots$$

就是一个发散级数．因为它的前 n 项和 $S_n = n$，当 $n \to \infty$ 时，$S_n \to \infty$，即 S_n 的极限不存在，所以它是发散的．

当级数 $\sum_{n=1}^{\infty} u_n$ 收敛时，其部分和 S_n 是级数的和 S 的近似值，它们之间的差值

$$r_n = S - S_n = u_{n+1} + u_{n+2} + \cdots = \sum_{k=n+1}^{\infty} u_k$$

称为级数 $\sum_{n=1}^{\infty} u_n$ 的余项．用近似值 S_n 代替 S 所产生的误差是这个余项的绝对值，即误差是 $|r_n|$．

例 1 讨论级数 $1+2+3+\cdots+n+\cdots$ 的敛散性．

证 该级数的前 n 项部分和为

$$S_n = \frac{n(1+n)}{2}.$$

显然，$\lim\limits_{n\to\infty}S_n=\lim\limits_{n\to\infty}\dfrac{n(1+n)}{2}=+\infty$，因此所给级数是发散的.

例 2 讨论级数 $\dfrac{1}{1\cdot 2}+\dfrac{1}{2\cdot 3}+\cdots+\dfrac{1}{n(n+1)}+\cdots$ 的敛散性.

解 该级数的前 n 项部分和为

$$S_n=\dfrac{1}{1\cdot 2}+\dfrac{1}{2\cdot 3}+\cdots+\dfrac{1}{n(n+1)}$$

$$=\left(1-\dfrac{1}{2}\right)+\left(\dfrac{1}{2}-\dfrac{1}{3}\right)+\cdots+\left(\dfrac{1}{n}-\dfrac{1}{n+1}\right)$$

$$=1-\dfrac{1}{n+1}.$$

由于

$$\lim_{n\to\infty}S_n=\lim_{n\to\infty}\left(1-\dfrac{1}{n+1}\right)=1,$$

所以该级数收敛，且其和为 1.

例 3 讨论公比为 q 的几何级数（等比级数）

$$\sum_{n=1}^{\infty}aq^{n-1}=a+aq+\cdots+aq^{n-1}+\cdots \tag{2}$$

的敛散性，其中常数 $a\neq 0$.

解 先求几何级数的前 n 项部分和

$$S_n=a+aq+\cdots+aq^{n-1}=\dfrac{a-aq^n}{1-q}=\dfrac{a}{1-q}-\dfrac{aq^n}{1-q}(q\neq 1).$$

当 $|q|<1$ 时，由于 $\lim\limits_{n\to\infty}S_n=\dfrac{a}{1-q}$，因此这时级数(2)收敛，其和为 $\dfrac{a}{1-q}$；

当 $|q|>1$ 时，由于 $\lim\limits_{n\to\infty}q^n=\infty$，从而 $\lim\limits_{n\to\infty}S_n=\infty$，这时级数(2)发散；

当 $q=1$ 时，几何级数为

$$a+a+\cdots+a+\cdots,$$

前 n 项和 $S_n=na$，极限不存在，级数发散；

当 $q=-1$ 时，由于 $S_n=a\dfrac{1-(-1)^n}{2}=\begin{cases}0, & n\text{ 为偶数,}\\ a, & n\text{ 为奇数,}\end{cases}$ 故级数(2)发散.

综合上述结果，当 $|q|<1$ 时，几何级数收敛；当 $|q|\geqslant 1$ 时，几何级数发散.

例 4 讨论调和级数 $\sum\limits_{n=1}^{\infty}\dfrac{1}{n}=1+\dfrac{1}{2}+\dfrac{1}{3}+\cdots+\dfrac{1}{n}+\cdots$ 的敛散性.

解 因为 $x>\ln(1+x)(x>0)$，所以

$$S_n>\ln(1+1)+\ln\left(1+\dfrac{1}{2}\right)+\cdots+\ln\left(1+\dfrac{1}{n}\right)$$

$$=\ln 2+\ln 3-\ln 2+\cdots+\ln(n+1)-\ln n$$

$$=\ln(n+1).$$

由于 $\lim\limits_{n\to\infty}\ln(n+1)=\infty$，从而 $\lim\limits_{n\to\infty}S_n=\infty$，即调和级数是发散的.

上述几何级数、调和级数都是常用的级数，要记住相应的结论.

例 5 求级数 $\sum\limits_{n=1}^{\infty}\left(\dfrac{\ln^n 3}{2^n}+\dfrac{1}{n(n+1)}\right)$ 的和.

解 因为 $\sum_{k=1}^{n}\dfrac{\ln^k 3}{2^k}=\dfrac{\ln 3}{2}\dfrac{1-\dfrac{\ln^n 3}{2^n}}{1-\dfrac{\ln 3}{2}}$，$\sum_{k=1}^{n}\dfrac{1}{k(k+1)}=1-\dfrac{1}{n+1}$，所以

$$\sum_{n=1}^{\infty}\left(\dfrac{\ln^n 3}{2^n}+\dfrac{1}{n(n+1)}\right)=\lim_{n\to\infty}\sum_{k=1}^{n}\left[\dfrac{\ln^k 3}{2^k}+\dfrac{1}{k(k+1)}\right]$$

$$=\lim_{n\to\infty}\left[\dfrac{\ln 3}{2}\dfrac{1-\dfrac{\ln^n 3}{2^n}}{1-\dfrac{\ln 3}{2}}+1-\dfrac{1}{n+1}\right]$$

$$=\dfrac{\ln 3}{2-\ln 3}+1=\dfrac{2}{2-\ln 3}.$$

二、收敛级数的基本性质

根据级数的收敛和发散的定义，以及数列极限的运算法则，可以得出级数的下列基本性质．

性质 1 如果级数 $\sum_{n=1}^{\infty}u_n$ 收敛于和 S，则它的各项同乘以一个常数 k 所得的级数 $\sum_{n=1}^{\infty}ku_n$ 也收敛，且级数 $\sum_{n=1}^{\infty}ku_n$ 收敛于 kS．

性质 2 如果级数 $\sum_{n=1}^{\infty}u_n$、$\sum_{n=1}^{\infty}v_n$ 分别收敛于和 S_1，S_2，则级数 $\sum_{n=1}^{\infty}(u_n\pm v_n)$ 也收敛，且级数 $\sum_{n=1}^{\infty}(u_n\pm v_n)$ 收敛于 $S_1\pm S_2$．

性质 3 在级数 $\sum_{n=1}^{\infty}u_n$ 中任意去掉、增加或改变有限项后，级数的敛散性不会改变，但对于收敛级数，其和将受到影响．

性质 4 如果级数 $\sum_{n=1}^{\infty}u_n$ 收敛，则任意加括号后所得到的级数

$$(u_1+\cdots+u_{n_1})+(u_{n_1+1}+\cdots+u_{n_2})+\cdots+(u_{n_{k-1}+1}+\cdots+u_{n_k})+\cdots$$

仍收敛，且其和不变．

注意：如果加括号后所得的级数收敛，则不能断定去括号后原来的级数也收敛．例如，级数 $(1-1)+(1-1)+\cdots$ 收敛于零，但级数 $1-1+1-1+\cdots$ 却是发散的．

根据性质 4 可以得如下推论：

推论 如果加括号后所得的级数发散，则原来级数也发散．

事实上，倘若原来级数收敛，则加括号后的级数仍收敛．

以上性质的证明留给读者练习．

定理（级数收敛的必要条件） 若级数 $\sum_{n=1}^{\infty}u_n$ 收敛，则它的一般项 u_n 趋于零，即 $\lim_{n\to\infty}u_n=0$．

证 设级数 $\sum_{n=1}^{\infty}u_n$ 的部分和为 S_n，且 $S_n\to S(n\to\infty)$，则

$$\lim_{n\to\infty}u_n=\lim_{n\to\infty}(S_n-S_{n-1})=\lim_{n\to\infty}S_n-\lim_{n\to\infty}S_{n-1}=S-S=0.$$

需要注意的是，这个定理的逆命题是不成立的. 即从 $\lim\limits_{n\to\infty}u_n=0$ 不能得出 $\sum\limits_{n=1}^{\infty}u_n$ 收敛，如调和级数. 因此，$\lim\limits_{n\to\infty}u_n=0$ 只是级数 $\sum\limits_{n=1}^{\infty}u_n$ 收敛的必要条件，而不是充分条件.

根据这个定理，可以得出下面的推论.

推论 如果 $\lim\limits_{n\to\infty}u_n\neq 0$（包括极限不存在），则级数 $\sum\limits_{n=1}^{\infty}u_n$ 必发散.

利用这个推论，可以很快判断某些级数是发散的. 例如，级数

$$\frac{1}{2}-\frac{2}{3}+\frac{3}{4}-\cdots+(-1)^{n-1}\frac{n}{n+1}+\cdots,$$

它的一般项 $u_n=(-1)^{n-1}\dfrac{n}{n+1}$，当 $n\to\infty$ 时不趋于零，因此该级数是发散的.

习 题 10-1

1. 写出下列级数的一般项：

(1) $1-\dfrac{1}{3}+\dfrac{1}{5}-\dfrac{1}{7}+\cdots$；

(2) $\dfrac{\sqrt{x}}{1\cdot 3}+\dfrac{x}{3\cdot 5}+\dfrac{x\sqrt{x}}{5\cdot 7}+\dfrac{x^2}{7\cdot 9}+\cdots.$

2. 根据级数收敛与发散的定义判别下列级数的敛散性：

(1) $\sum\limits_{n=1}^{\infty}\dfrac{1}{(3n-2)(3n+1)}$；

(2) $\sum\limits_{n=1}^{\infty}\ln\dfrac{n}{n+1}.$

3. 根据级数收敛的必要条件判别下列级数的敛散性：

(1) $\dfrac{1}{\sqrt{3}}+\dfrac{1}{\sqrt[3]{3}}+\dfrac{1}{\sqrt[4]{3}}+\cdots+\dfrac{1}{\sqrt[n]{3}}+\cdots$；

(2) $\dfrac{1}{100}+\dfrac{2}{201}+\dfrac{3}{301}+\dfrac{4}{401}+\cdots.$

4. 判别下列级数的敛散性：

(1) $\dfrac{5}{8}-\dfrac{5^2}{8^2}+\dfrac{5^3}{8^3}-\cdots+(-1)^{n-1}\dfrac{5^n}{8^n}+\cdots$；

(2) $\dfrac{1}{2}+\dfrac{1}{4}+\dfrac{1}{6}+\cdots+\dfrac{1}{2n}+\cdots$；

(3) $\sqrt{2}+\sqrt{\dfrac{3}{2}}+\sqrt{\dfrac{4}{3}}+\cdots+\sqrt{\dfrac{n+1}{n}}+\cdots$；

(4) $\left(\dfrac{1}{2}+\dfrac{1}{3}\right)+\left(\dfrac{1}{2^2}+\dfrac{1}{3^2}\right)+\cdots+\left(\dfrac{1}{2^n}+\dfrac{1}{3^n}\right)+\cdots$；

(5) $\sum\limits_{n=1}^{\infty}\dfrac{2n+1}{3n-2}$；

(6) $\dfrac{1}{1\cdot 6}+\dfrac{1}{6\cdot 11}+\cdots+\dfrac{1}{(5n-4)(5n+1)}+\cdots.$

*5. 求级数 $\sum\limits_{n=1}^{\infty}\dfrac{1}{n(n+1)(n+2)}$ 的和.

*6. 已知级数 $\sum\limits_{n=1}^{\infty}(-1)^{n-1}u_n=2$，$\sum\limits_{n=1}^{\infty}u_{2n-1}=5$，求级数 $\sum\limits_{n=1}^{\infty}u_n$ 的和.

第二节 常数项级数的审敛法

常数项级数的形式多种多样,其敛散性判断具有一定的复杂性.由于利用无穷级数的定义和性质来判断级数是否收敛有时难度很大,因而我们希望找到一些简单可行的判断级数敛散性的方法,下面着重解决这类问题.

一、正项级数及其审敛法

定义 1 如果级数

$$\sum_{n=1}^{\infty} u_n = u_1 + u_2 + \cdots + u_n + \cdots \tag{1}$$

的每一项都是非负数,即 $u_n \geq 0 (n=1, 2, \cdots)$,则称级数(1)为正项级数.

关于正项级数的审敛法,有如下定理:

定理 1 正项级数 $\sum_{n=1}^{\infty} u_n$ 收敛的充分必要条件是:它的部分和数列 $\{S_n\}$ 有界.

证 必要性 设正项级数 $\sum_{n=1}^{\infty} u_n$ 收敛于 S,即 $\sum_{n=1}^{\infty} u_n = S$.由级数收敛的定义可知,部分和数列 $\{S_n\}$ 的极限存在,即 $\lim_{n \to \infty} S_n = S$,因此,部分和数列有界.

充分性 设正项级数 $\sum_{n=1}^{\infty} u_n$ 的部分和数列有界.存在某正数 M,有 $S_n \leq M$,又 $u_n \geq 0$,所以 $S_n \leq S_{n+1} (n=1, 2, \cdots)$,即 $\{S_n\}$ 单调增加.根据单调有界定理,可知部分和数列 $\{S_n\}$ 必有极限:$\lim_{n \to \infty} S_n = S$,因此,正项级数 $\sum_{n=1}^{\infty} u_n$ 收敛.

由定理 1 可知,如果正项级数 $\sum_{n=1}^{\infty} u_n$ 发散,则它的部分和数列 $S_n \to +\infty (n \to +\infty)$,即 $\sum_{n=1}^{\infty} u_n = +\infty$.

定理 1 是关于正项级数的一个基本的审敛法.根据这个定理要判定正项级数是否收敛,只需考察部分和数列 $\{S_n\}$ 是否有上界就可以了,但是部分和的计算往往是不容易的.下面就以其为基础介绍比较审敛法、比值审敛法和根值审敛法.

定理 2(比较审敛法) 设级数 $\sum_{n=1}^{\infty} u_n$ 和 $\sum_{n=1}^{\infty} v_n$ 都是正项级数,且 $u_n \leq v_n (n=1, 2, \cdots)$. 若级数 $\sum_{n=1}^{\infty} v_n$ 收敛,则级数 $\sum_{n=1}^{\infty} u_n$ 收敛;反之,若级数 $\sum_{n=1}^{\infty} u_n$ 发散,则级数 $\sum_{n=1}^{\infty} v_n$ 发散.

证 设级数 $\sum_{n=1}^{\infty} v_n$ 收敛于和 σ,则级数 $\sum_{n=1}^{\infty} u_n$ 的部分和

$$S_n = u_1 + u_2 + \cdots + u_n \leq v_1 + v_2 + \cdots + v_n \leq \sigma (n=1, 2, \cdots),$$

即部分和数列 $\{S_n\}$ 有界,由定理 1 知级数 $\sum_{n=1}^{\infty} u_n$ 收敛.

反之,设级数 $\sum_{n=1}^{\infty} u_n$ 发散,则级数 $\sum_{n=1}^{\infty} v_n$ 必发散.因为若级数 $\sum_{n=1}^{\infty} v_n$ 收敛,由上面已证

明的结论,将有级数 $\sum_{n=1}^{\infty}u_n$ 也收敛,与假设矛盾.

由级数的性质可知,如果级数的每一项同乘以不为零的常数 k,以及去掉级数前面部分的有限项都不会影响级数的敛散性,于是可得如下推论:

推论 1 设级数 $\sum_{n=1}^{\infty}u_n$ 和 $\sum_{n=1}^{\infty}v_n$ 都是正项级数,如果级数 $\sum_{n=1}^{\infty}v_n$ 收敛,且存在自然数 N,使当 $n \geqslant N$ 时,有 $u_n \leqslant kv_n(k>0)$ 成立,则级数 $\sum_{n=1}^{\infty}u_n$ 收敛;若级数 $\sum_{n=1}^{\infty}v_n$ 发散,且当 $n \geqslant N$ 时,有 $u_n \geqslant kv_n(k>0)$ 成立,则级数 $\sum_{n=1}^{\infty}u_n$ 发散.

例 1 证明级数 $\sum_{n=1}^{\infty}\dfrac{1+n}{1+n^2}$ 是发散的.

证明 因为 $1+n^2 \leqslant n+n^2$,所以 $\dfrac{1+n}{1+n^2} \geqslant \dfrac{1+n}{n+n^2} = \dfrac{1}{n}$,而级数 $\sum_{n=1}^{\infty}\dfrac{1}{n}$ 是发散的,故由比较审敛法知级数 $\sum_{n=1}^{\infty}\dfrac{1+n}{1+n^2}$ 也是发散的.

例 2 讨论 p-级数 $\sum_{n=1}^{\infty}\dfrac{1}{n^p} = 1 + \dfrac{1}{2^p} + \dfrac{1}{3^p} + \dfrac{1}{4^p} + \cdots + \dfrac{1}{n^p} + \cdots$ 的敛散性,其中常数 $p>0$.

解 设 $p \leqslant 1$,这时级数的各项不小于调和级数的对应项:$\dfrac{1}{n^p} \geqslant \dfrac{1}{n}$,因为调和级数发散,根据比较审敛法可知,当 $p \leqslant 1$ 时,p-级数发散.

设 $p>1$,因为当 $n-1 \leqslant x \leqslant n$ 时,有 $\dfrac{1}{n^p} \leqslant \dfrac{1}{x^p}$,所以

$$\dfrac{1}{n^p} = \int_{n-1}^{n} \dfrac{1}{n^p} \mathrm{d}x \leqslant \int_{n-1}^{n} \dfrac{1}{x^p} \mathrm{d}x = \dfrac{1}{p-1}\left(\dfrac{1}{(n-1)^{p-1}} - \dfrac{1}{n^{p-1}}\right)(n=2,\ 3,\ \cdots),$$

考虑级数

$$\sum_{n=2}^{\infty}\left(\dfrac{1}{(n-1)^{p-1}} - \dfrac{1}{n^{p-1}}\right), \tag{2}$$

级数(2)的部分和

$$\begin{aligned} S_n &= \left(1 - \dfrac{1}{2^{p-1}}\right) + \left(\dfrac{1}{2^{p-1}} - \dfrac{1}{3^{p-1}}\right) + \cdots + \left(\dfrac{1}{n^{p-1}} - \dfrac{1}{(n+1)^{p-1}}\right) \\ &= 1 - \dfrac{1}{(n+1)^{p-1}}. \end{aligned}$$

因为 $$\lim_{n \to \infty} S_n = \lim_{n \to \infty}\left(1 - \dfrac{1}{(n+1)^{p-1}}\right) = 1,$$

故级数(2)收敛.从而,根据比较审敛法的推论 1 可知,当 $p>1$ 时,p-级数收敛.

综合上述结果,得到 p-级数当 $p>1$ 时收敛,当 $p \leqslant 1$ 时发散.为考察正项级数的敛散性,常将它与 p-级数作比较,因此,根据比较审敛法有:

推论 2 设级数 $\sum_{n=1}^{\infty}u_n$ 为正项级数,如果有 $p>1$,使 $u_n \leqslant \dfrac{1}{n^p}(n=1,\ 2,\ \cdots)$,则级数 $\sum_{n=1}^{\infty}u_n$ 收敛;如果 $u_n \geqslant \dfrac{1}{n}(n=1,\ 2,\ \cdots)$,则级数 $\sum_{n=1}^{\infty}u_n$ 发散.

例 3 讨论级数 $\sum_{n=1}^{\infty} \dfrac{1}{n^2-n+1}$ 的敛散性.

解 因为当 $n \geqslant 2$ 时,有
$$\frac{1}{n^2-n+1} < \frac{1}{n^2-n} = \frac{1}{n(n-1)} < \frac{1}{(n-1)^2},$$

而级数 $\sum_{n=2}^{\infty} \dfrac{1}{(n-1)^2}$ 收敛,根据推论 2 知级数 $\sum_{n=1}^{\infty} \dfrac{1}{n^2-n+1}$ 收敛.

定理 3(比较审敛法的极限形式) 设级数 $\sum_{n=1}^{\infty} u_n$ 和 $\sum_{n=1}^{\infty} v_n$ 都是正项级数,如果
$$\lim_{n \to \infty} \frac{u_n}{v_n} = l,$$

则 (1) 当 $0 < l < +\infty$ 时,级数 $\sum_{n=1}^{\infty} u_n$ 和 $\sum_{n=1}^{\infty} v_n$ 有相同的敛散性;

(2) 当 $l=0$ 且级数 $\sum_{n=1}^{\infty} v_n$ 收敛时,级数 $\sum_{n=1}^{\infty} u_n$ 也收敛;

(3) 当 $l=+\infty$ 且级数 $\sum_{n=1}^{\infty} v_n$ 发散时,级数 $\sum_{n=1}^{\infty} u_n$ 也发散.

由定理 3 可知,在使用比较审敛法时,要记住一些常用级数作为参照级数,如几何级数、调和级数和 p -级数等.

例 4 判别级数 $\sum_{n=1}^{\infty} \dfrac{1}{2^n-n}$ 的敛散性.

解 因为
$$\lim_{n \to \infty} \frac{\dfrac{1}{2^n-n}}{\dfrac{1}{2^n}} = \lim_{n \to \infty} \frac{2^n}{2^n-n} = \lim_{n \to \infty} \frac{1}{1-\dfrac{n}{2^n}} = 1,$$

而级数 $\sum_{n=1}^{\infty} \dfrac{1}{2^n}$ 收敛,根据定理 3 知级数 $\sum_{n=1}^{\infty} \dfrac{1}{2^n-n}$ 收敛.

例 5 判别级数 $\sum_{n=1}^{\infty} \ln\left(1+\dfrac{1}{n^6}\right)$ 的敛散性.

解 考察 $\lim\limits_{n \to \infty} \dfrac{\ln\left(1+\dfrac{1}{n^6}\right)}{\dfrac{1}{n^6}}$,用实变量 x 代替 n,并用洛必达法则,有

$$\lim_{x \to \infty} \frac{\ln\left(1+\dfrac{1}{x^6}\right)}{\dfrac{1}{x^6}} \xrightarrow{令 t=\frac{1}{x^6}} \lim_{t \to 0} \frac{\ln(1+t)}{t} = \lim_{t \to 0} \frac{1}{1+t} = 1,$$

因此
$$\lim_{n \to \infty} \frac{\ln\left(1+\dfrac{1}{n^6}\right)}{\dfrac{1}{n^6}} = 1.$$

根据定理 3 知级数 $\sum_{n=1}^{\infty} \ln\left(1+\dfrac{1}{n^6}\right)$ 收敛.

例 6 判别级数 $\sum_{n=1}^{\infty}\left(1-\cos\dfrac{\pi}{n}\right)$ 的敛散性.

解 因为 $\lim\limits_{n\to\infty}\dfrac{1-\cos\dfrac{\pi}{n}}{\dfrac{1}{n^2}}=\lim\limits_{n\to\infty}\dfrac{\dfrac{1}{2}\left(\dfrac{\pi}{n}\right)^2}{\dfrac{1}{n^2}}=\dfrac{1}{2}\pi^2$,而级数 $\sum_{n=1}^{\infty}\dfrac{1}{n^2}$ 收敛,根据定理 3 知级数 $\sum_{n=1}^{\infty}\left(1-\cos\dfrac{\pi}{n}\right)$ 收敛.

例 7 判别级数 $\sum_{n=1}^{\infty}\int_0^{\frac{1}{n}}\dfrac{\sqrt{x}}{1+x^2}\mathrm{d}x$ 的敛散性.

解 因为 $0<\int_0^{\frac{1}{n}}\dfrac{\sqrt{x}}{1+x^2}\mathrm{d}x\leqslant\int_0^{\frac{1}{n}}\sqrt{x}\,\mathrm{d}x=\dfrac{2}{3}\cdot\dfrac{1}{n^{\frac{3}{2}}}$,而级数 $\sum_{n=1}^{\infty}\dfrac{1}{n^{\frac{3}{2}}}$ 收敛,根据定理 3 知级数 $\sum_{n=1}^{\infty}\int_0^{\frac{1}{n}}\dfrac{\sqrt{x}}{1+x^2}\mathrm{d}x$ 也收敛.

将所给正项级数与等比级数比较,能得到在实用上很方便的比值审敛法和根值审敛法.

定理 4(比值审敛法,达朗贝尔(D'Alembert)判别法) 若正项级数 $\sum_{n=1}^{\infty}u_n$ 的后项与前项的比的极限等于 ρ,即

$$\lim_{n\to\infty}\dfrac{u_{n+1}}{u_n}=\rho,$$

则当 $\rho<1$ 时级数收敛;当 $\rho>1$(或 $\lim\limits_{n\to\infty}\dfrac{u_{n+1}}{u_n}=\infty$)时级数发散;当 $\rho=1$ 时级数可能收敛也可能发散,要用其他方法判定.

例 8 证明级数 $\dfrac{1}{1\cdot 2}+\dfrac{2}{1\cdot 2\cdot 3}+\dfrac{3}{1\cdot 2\cdot 3\cdot 4}+\cdots+\dfrac{n}{1\cdot 2\cdot 3\cdots(n+1)}+\cdots$ 是收敛的.

证 因为

$$\dfrac{u_{n+1}}{u_n}=\dfrac{\dfrac{n+1}{1\cdot 2\cdot 3\cdots(n+2)}}{\dfrac{n}{1\cdot 2\cdot 3\cdots(n+1)}}=\dfrac{n+1}{n(n+2)},$$

$$\rho=\lim_{n\to\infty}\dfrac{u_{n+1}}{u_n}=\lim_{n\to\infty}\dfrac{n+1}{n(n+2)}=0<1,$$

根据比值审敛法可知所给级数收敛.

例 9 判别级数 $\sum_{n=1}^{\infty}\dfrac{(n!)^2}{2^{n^2}}$ 的敛散性.

解 因为

$$\dfrac{u_{n+1}}{u_n}=\dfrac{\dfrac{[(n+1)!]^2}{2(n+1)^2}}{\dfrac{(n!)^2}{2^{n^2}}}=n^2,$$

$$\rho=\lim_{n\to\infty}\dfrac{u_{n+1}}{u_n}=\lim_{n\to\infty}n^2=\infty,$$

根据比值审敛法可知所给级数发散.

例 10 判别级数 $\sum_{n=1}^{\infty} \frac{1}{(2n-1) \cdot 2n}$ 的敛散性.

解 由于

$$\rho = \lim_{n\to\infty} \frac{u_{n+1}}{u_n} = \lim_{n\to\infty} \frac{(2n-1) \cdot 2n}{(2n+1)(2n+2)} = 1,$$

这时 $\rho=1$，比值审敛法失效，必须用其他方法来判别该级数的敛散性.

因为 $2n > 2n-1 \geqslant n$，所以 $\frac{1}{(2n-1) \cdot 2n} < \frac{1}{n^2}$，而级数 $\sum_{n=1}^{\infty} \frac{1}{n^2}$ 收敛，因此由比较审敛法可知所给级数收敛.

例 11 判别级数 $\sum_{n=1}^{\infty} \frac{a^n n!}{n^n} (a>0)$ 的敛散性.

解 $\lim_{n\to\infty} \frac{u_{n+1}}{u_n} = \lim_{n\to\infty} \frac{a^{n+1}(n+1)!}{(n+1)^{n+1}} \cdot \frac{n^n}{a^n n!} = \lim_{n\to\infty} \frac{a}{\left(1+\frac{1}{n}\right)^n} = \frac{a}{e},$

根据比值审敛法可知，当 $a<e$ 时级数收敛，当 $a>e$ 时级数发散.

当 $a=e$ 时，因为 $\lim_{n\to\infty} \frac{u_{n+1}}{u_n} = 1$，所以比值审敛法失效，但 $\left(1+\frac{1}{n}\right)^n$ 是单调递增趋于 e 的，则 $\frac{u_{n+1}}{u_n} = \frac{e}{\left(1+\frac{1}{n}\right)^n} > 1$，即 u_n 单调递增，又 $u_n > 0$，则 $\lim_{n\to\infty} u_n \neq 0$，所以原级数发散.

定理 5（根值审敛法） 设级数 $\sum_{n=1}^{\infty} u_n$ 为正项级数，如果它的一般项 u_n 的 n 次根的极限等于 ρ，即

$$\lim_{n\to\infty} \sqrt[n]{u_n} = \rho,$$

则当 $\rho<1$ 时级数收敛；当 $\rho>1$（或 $\lim_{n\to\infty} \sqrt[n]{u_n} = +\infty$）时级数发散；当 $\rho=1$ 时级数可能收敛也可能发散.

例 12 判别级数 $\sum_{n=1}^{\infty} \frac{1}{n^n}$ 的敛散性.

解 因为

$$\rho = \lim_{n\to\infty} \sqrt[n]{u_n} = \lim_{n\to\infty} \frac{1}{n} = 0 < 1,$$

根据根值审敛法可知所给级数收敛.

例 13 判别级数 $\sum_{n=1}^{\infty} \frac{n\cos^2 \frac{n\pi}{3}}{2^n}$ 的敛散性.

解 由于 $0 \leqslant \frac{n\cos^2 \frac{n\pi}{3}}{2^n} \leqslant \frac{n}{2^n}$，而 $\lim_{n\to\infty} \sqrt[n]{\frac{n}{2^n}} = \frac{1}{2}$，根据根值审敛法可知级数 $\sum_{n=1}^{\infty} \frac{n}{2^n}$ 收敛，又由比较审敛法可知级数 $\sum_{n=1}^{\infty} \frac{n\cos^2 \frac{n\pi}{3}}{2^n}$ 也收敛.

二、交错级数及其审敛法

前面讨论的级数是每项都是非负数的正项级数,下面讨论每项是正负相间的级数.

定义 2 如果各项是正负交错的级数,可以写成下面的形式:

$$-u_1+u_2-u_3+u_4-\cdots,$$

或

$$u_1-u_2+u_3-u_4+\cdots,$$

其中 u_1,u_2,$\cdots$ 都是正数,则称此级数为交错级数.

下面我们来介绍关于交错级数的一个审敛法.

定理 6(莱布尼茨定理) 如果交错级数 $\sum\limits_{n=1}^{\infty}(-1)^{n-1}u_n$ 满足条件:

(1) $u_n \geqslant u_{n+1}(n=1,2,\cdots)$;

(2) $\lim\limits_{n\to\infty}u_n=0$,

则级数收敛,且其和 $S \leqslant u_1$,其余项 r_n 的绝对值 $|r_n| \leqslant u_{n+1}$.

这个定理表明,如果交错级数收敛,其和是可以估计的:$S \leqslant u_1$,即不超过首项;如果用部分和 S_n 来作为 S 的近似值,这样产生的误差 $|r_n| \leqslant u_{n+1}$,即不超过第 $n+1$ 项.

例 14 试证级数 $1-\dfrac{1}{2^2}+\dfrac{1}{3^2}-\dfrac{1}{4^2}+\cdots+(-1)^{n-1}\dfrac{1}{n^2}+\cdots$ 是收敛的,并估计以 S_n 近似代替 S 所产生的误差.

证明 该级数是交错级数,且满足条件

(1) $u_n = \dfrac{1}{n^2} > \dfrac{1}{(n+1)^2} = u_{n+1}(n=1,2,\cdots)$;

(2) $\lim\limits_{n\to\infty}u_n = \lim\limits_{n\to\infty}\dfrac{1}{n^2} = 0$.

由定理 6 知该级数收敛,且其和 $S<1$. 如果取前 n 项的部分和

$$S_n = 1-\frac{1}{2^2}+\frac{1}{3^2}-\frac{1}{4^2}+\cdots+(-1)^{n-1}\frac{1}{n^2}$$

作为 S 的近似值,所产生的误差 $|r_n| \leqslant \dfrac{1}{(n+1)^2}(=u_{n+1})$.

三、绝对收敛与条件收敛

现在,我们来讨论一般的级数 $\sum\limits_{n=1}^{\infty}u_n$,它的各项为任意实数.

定义 3 如果级数 $\sum\limits_{n=1}^{\infty}u_n$ 各项的绝对值所构成的正项级数 $\sum\limits_{n=1}^{\infty}|u_n|$ 收敛,则称级数 $\sum\limits_{n=1}^{\infty}u_n$ 绝对收敛;如果级数 $\sum\limits_{n=1}^{\infty}u_n$ 收敛,而级数 $\sum\limits_{n=1}^{\infty}|u_n|$ 发散,则称级数 $\sum\limits_{n=1}^{\infty}u_n$ 为条件收敛.

易知,级数 $\sum\limits_{n=1}^{\infty}(-1)^{n-1}\dfrac{1}{n^2}$ 是绝对收敛级数.

关于级数绝对收敛与级数收敛有以下重要定理:

定理 7 如果级数 $\sum\limits_{n=1}^{\infty}u_n$ 绝对收敛,则级数 $\sum\limits_{n=1}^{\infty}u_n$ 一定收敛.

证 设级数 $\sum\limits_{n=1}^{\infty}|u_n|$ 收敛，令 $v_n=\dfrac{1}{2}(u_n+|u_n|)(n=1,2,\cdots)$.

显然 $v_n\geq 0$，且 $v_n\leq |u_n|(n=1,2,\cdots)$. 由比较审敛法知道，级数 $\sum\limits_{n=1}^{\infty}v_n$ 收敛，从而级数 $\sum\limits_{n=1}^{\infty}2v_n$ 也收敛. 而 $u_n=2v_n-|u_n|$，由级数收敛的基本性质可知

$$\sum_{n=1}^{\infty}u_n=\sum_{n=1}^{\infty}2v_n-\sum_{n=1}^{\infty}|u_n|,$$

所以级数 $\sum\limits_{n=1}^{\infty}u_n$ 收敛.

注意：上述定理的逆定理不成立.

定理 7 说明，对于一般的级数 $\sum\limits_{n=1}^{\infty}u_n$，如果我们用正项级数的审敛法判定级数 $\sum\limits_{n=1}^{\infty}|u_n|$ 收敛，则此级数收敛. 这就使得一大类级数的敛散性问题转化为正项级数的敛散性问题.

例 15 判定级数 $\sum\limits_{n=1}^{\infty}\dfrac{\sin na}{n^2}$ 的敛散性.

解 因为
$$\left|\dfrac{\sin na}{n^2}\right|\leq \dfrac{1}{n^2},$$

而级数 $\sum\limits_{n=1}^{\infty}\dfrac{1}{n^2}$ 收敛，由比较判别法知，级数 $\sum\limits_{n=1}^{\infty}\left|\dfrac{\sin na}{n^2}\right|$ 也收敛. 由定理 7 知，级数 $\sum\limits_{n=1}^{\infty}\dfrac{\sin na}{n^2}$ 收敛.

例 16 判定级数 $\sum\limits_{n=1}^{\infty}(-1)^{n-1}\dfrac{1}{2n-1}$ 的敛散性，若收敛，指明是条件收敛，还是绝对收敛？

解 因为 $\left|(-1)^{n-1}\dfrac{1}{2n-1}\right|=\dfrac{1}{2n-1}>\dfrac{1}{2n}$，而级数 $\sum\limits_{n=1}^{\infty}\dfrac{1}{2n}$ 发散，根据比较审敛法知级数 $\sum\limits_{n=1}^{\infty}\dfrac{1}{2n-1}$ 发散，所以级数 $\sum\limits_{n=1}^{\infty}(-1)^{n-1}\dfrac{1}{2n-1}$ 不绝对收敛. 又因为

$$\lim_{n\to\infty}u_n=\lim_{n\to\infty}\dfrac{1}{2n-1}=0,\quad u_n=\dfrac{1}{2n-1}>\dfrac{1}{2n+1}=u_{n+1}(n=1,2,\cdots),$$

所以由莱布尼茨定理知级数 $\sum\limits_{n=1}^{\infty}(-1)^{n-1}\dfrac{1}{2n-1}$ 收敛，因此，级数 $\sum\limits_{n=1}^{\infty}(-1)^{n-1}\dfrac{1}{2n-1}$ 是条件收敛.

例 17 判别级数 $\sum\limits_{n=1}^{\infty}(-1)^n\dfrac{\cos n\pi}{\sqrt{n\pi}}$ 的敛散性.

解 该级数虽为交错级数，但由 $\cos n\pi=(-1)^n$ 可知

$$\sum_{n=1}^{\infty}(-1)^n\dfrac{\cos n\pi}{\sqrt{n\pi}}=\sum_{n=1}^{\infty}(-1)^n(-1)^n\dfrac{1}{\sqrt{n\pi}}=\sum_{n=1}^{\infty}\dfrac{1}{\sqrt{n\pi}}=\dfrac{1}{\sqrt{\pi}}\sum_{n=1}^{\infty}\dfrac{1}{\sqrt{n}},$$

因为 $\sum\limits_{n=1}^{\infty}\dfrac{1}{\sqrt{n}}$ 发散，所以 $\sum\limits_{n=1}^{\infty}(-1)^n\dfrac{\cos n\pi}{\sqrt{n\pi}}$ 也发散.

习 题 10-2

1. 用比较审敛法判别下列级数的敛散性：

(1) $\sum_{n=1}^{\infty} \frac{\cos^2 n}{4^n}$；

(2) $\sum_{n=1}^{\infty} \frac{1}{\ln(1+n)}$；

(3) $\sum_{n=1}^{\infty} \frac{1}{n} \sin \frac{1}{n}$；

(4) $\sum_{n=1}^{\infty} \frac{1}{1+2^n}$；

(5) $\sum_{n=1}^{\infty} \frac{\sin^2 n}{n^2}$；

(6) $\sum_{n=1}^{\infty} \frac{n}{(2n-1)(n+1)}$；

(7) $\sum_{n=1}^{\infty} \frac{1}{3^n - n}$；

(8) $\sum_{n=1}^{\infty} \frac{1}{\sqrt{n(n+1)}}$；

*(9) $\sum_{n=1}^{\infty} \frac{1}{1+a^n} \ (a>0)$；

*(10) $\sum_{n=2}^{\infty} \frac{1}{\ln^{10} n}$；

*(11) $\sum_{n=1}^{\infty} \frac{a^n}{1+a^{2n}} (a>0)$；

*(12) $\sum_{n=1}^{\infty} 2^n \sin \frac{\pi}{3^n}$.

2. 用比值审敛法判别下列级数的敛散性：

(1) $\sum_{n=1}^{\infty} \frac{n+3}{2^n}$；

(2) $\sum_{n=1}^{\infty} \frac{2^n}{n^2}$；

(3) $\sum_{n=1}^{\infty} \left(\frac{1}{2}\right)^n n^2 \ln n$；

(4) $\sum_{n=1}^{\infty} n \tan \frac{\pi}{2^{n+1}}$；

(5) $\sum_{n=1}^{\infty} \frac{3^n}{n \cdot 2^n}$；

(6) $\sum_{n=1}^{\infty} \frac{(n!)^2}{2^{n^2}}$；

*(7) $\sum_{n=1}^{\infty} \frac{4^n}{5^n - 3^n}$；

*(8) $\sum_{n=1}^{\infty} \frac{a^n}{n^s} \ (a>0, \ s>0)$；

*(9) $\sum_{n=1}^{\infty} \frac{n^2}{\left(2+\frac{1}{n}\right)^n}$；

*(10) $\sum_{n=1}^{\infty} \frac{\sqrt[3]{n}}{(n+1)\sqrt{n}} \ (a>0)$.

3. 用根值审敛法判别下列级数的敛散性：

(1) $\sum_{n=1}^{\infty} \left(\frac{n}{2n+1}\right)^n$；

(2) $\sum_{n=1}^{\infty} \left(1-\frac{1}{n}\right)^{n^2}$；

(3) $\sum_{n=1}^{\infty} \frac{5^n}{1+e^n}$；

(4) $\sum_{n=1}^{\infty} \left(\frac{b}{a_n}\right)^n$，其中 $\lim_{n\to\infty} a_n = a$，且 a_n, b, a 均为正数；

*(5) $\sum_{n=1}^{\infty} \frac{1}{2^n + 1}$；

*(6) $\sum_{n=1}^{\infty} 2^{-n-(-1)^n}$.

4. 判别下列级数是否收敛？如果收敛，是绝对收敛还是条件收敛？

(1) $\sum_{n=1}^{\infty} (-1)^{n+1} \frac{1}{3} \cdot \frac{1}{2^n}$；

(2) $\sum_{n=1}^{\infty} (-1)^n \frac{n^2}{e^n}$；

(3) $\sum_{n=1}^{\infty} (-1)^{n+1} \frac{1}{n!}$；

(4) $\sum_{n=1}^{\infty} (-1)^n \frac{(n+1)!}{n^{n+1}}$；

(5) $\sum_{n=1}^{\infty} (-1)^{n-1} \frac{1}{\ln(n+1)}$;

(6) $\sum_{n=1}^{\infty} \frac{(-1)^n \sqrt{n}}{\sqrt{n+1}+1}$;

(7) $\sum_{n=1}^{\infty} (-1)^n (\sqrt{n+1} - \sqrt{n})$;

(8) $\sum_{n=1}^{\infty} \frac{(-1)^{n-1}}{n^p} (p>0)$;

*(9) $\sum_{n=2}^{\infty} \frac{(-1)^n \sqrt{n}}{n-1}$;

*(10) $\sum_{n=1}^{\infty} \frac{(-1)^{n-1} \ln n}{n}$;

*(11) $\sum_{n=1}^{\infty} n^2 \tan \frac{\pi}{2^n} \sin(n!)$;

*(12) $\sum_{n=1}^{\infty} \frac{(-1)^n}{n - \ln n}$.

*5. 设正项数列 $\{a_n\}$ 单调递减,且 $\sum_{n=1}^{\infty} (-1)^n a_n$ 发散,试问级数 $\sum_{n=1}^{\infty} \left(\frac{1}{a_n + 1} \right)^n$ 是否收敛? 为什么?

第三节 幂 级 数

在上一节中,我们讨论了常数项级数的一些初步理论,在本节我们将讨论应用更为广泛的函数项级数.

一、函数项级数

定义1 如果给定一个定义在区间 I 上的函数列

$$u_1(x), u_2(x), \cdots, u_n(x), \cdots,$$

则称由这个函数列构成的表达式

$$\sum_{n=1}^{\infty} u_n(x) = u_1(x) + u_2(x) + \cdots + u_n(x) + \cdots \tag{1}$$

为定义在区间 I 上的函数项无穷级数,简称**函数项级数**.

对于函数项级数的每一个确定的点 $x_0 \in I$,函数项级数(1)就成为常数项级数 $\sum_{n=1}^{\infty} u_n(x_0)$,即

$$\sum_{n=1}^{\infty} u_n(x_0) = u_1(x_0) + u_2(x_0) + \cdots + u_n(x_0) + \cdots. \tag{2}$$

如果级数(2)收敛,称点 x_0 是函数项级数(1)的**收敛点**;如果级数(2)发散,称点 x_0 是函数项级数(1)的**发散点**.函数项级数(1)的所有收敛点的全体称为它的**收敛域**,所有发散点的全体称为**发散域**.

对于收敛域内的每一个数 x,函数项级数成为一个收敛的常数项级数,因而有一确定的和 S,这样,在收敛域上,函数项级数的和是 x 的函数 $S(x)$,通常称 $S(x)$ 为函数项级数的**和函数**,这函数的定义域就是级数的**收敛域**,并写成

$$S(x) = u_1(x) + u_2(x) + \cdots + u_n(x) + \cdots.$$

把函数项级数(1)的前 n 项的部分和记作 $S_n(x)$,则在收敛域上有

$$\lim_{n \to \infty} S_n(x) = S(x).$$

由此,函数项级数的敛散性问题,完全归结为讨论它的部分和序列 $\{S_n(x)\}$ 的敛散性问题.

仍把 $r_n(x)=S_n(x)-S(x)$ 叫作函数项级数的**余项**，于是有
$$\lim_{n\to\infty}r_n(x)=0.$$

二、幂级数及其敛散性

幂级数是函数项级数中常见、简单的一类级数，就是各项都是幂函数的函数项级数．它在实际应用中非常广泛．下面介绍幂级数的定义和敛散性问题．

定义 2 形如
$$a_0+a_1x+a_2x^2+\cdots+a_nx^n+\cdots \tag{3}$$
的级数，称为**幂级数**，记作 $\sum\limits_{n=0}^{\infty}a_nx^n$，其中 $a_0,a_1,a_2,\cdots,a_n,\cdots$ 都是常数，称为幂级数(3)的**系数**．

例如，
$$1+x+x^2+\cdots+x^n+\cdots,$$
$$1+x+\frac{1}{2!}x^2+\cdots+\frac{1}{n!}x^n+\cdots$$
都是幂级数．

关于幂级数的敛散性问题，有如下定理：

定理 1（阿贝尔（Abel）定理） 如果幂级数 $\sum\limits_{n=1}^{\infty}a_nx^n$ 当 $x=x_0(x_0\neq 0)$ 时收敛，则适合不等式 $|x|<|x_0|$ 的一切 x 使此幂级数绝对收敛．反之，如果级数 $\sum\limits_{n=0}^{\infty}a_nx^n$ 当 $x=x_0$ 时发散，则适合不等式 $|x|>|x_0|$ 的一切 x 使此幂级数发散．

证 先设 x_0 是幂级数(3)的收敛点，即级数
$$a_0+a_1x_0^2+a_2x_0^2+\cdots+a_nx_0^n+\cdots$$
收敛．根据级数收敛的必要条件，这时有 $\lim\limits_{n\to\infty}a_nx_0^n=0$，于是存在一个常数 M，使得 $|a_nx_0^n|\leqslant M(n=0,1,2,\cdots)$，于是
$$|a_nx^n|=\left|a_nx_0^n\cdot\frac{x^n}{x_0^n}\right|=|a_nx_0^n|\cdot\left|\frac{x}{x_0}\right|^n\leqslant M\left|\frac{x}{x_0}\right|^n,$$
因为当 $|x|<|x_0|$ 时，等比级数 $\sum\limits_{n=0}^{\infty}M\left|\frac{x}{x_0}\right|^n$ 收敛（公比 $\left|\frac{x}{x_0}\right|<1$），所以级数 $\sum\limits_{n=0}^{\infty}|a_nx^n|$ 收敛，也就是级数 $\sum\limits_{n=0}^{\infty}a_nx^n$ 绝对收敛．

定理的第二部分可用反证法证明．假设幂级数当 $x=x_0$ 时发散，而有一点 x_1 适合 $|x|>|x_0|$ 使级数收敛，则根据本定理的第一部分，级数当 $x=x_0$ 时应收敛，这与所设矛盾，定理得证．

定理 1 告诉我们，如果幂级数在 $x=x_0$ 处收敛，则对于开区间 $(-|x_0|,|x_0|)$ 内的任何 x，幂级数都收敛；如果幂级数在 $x=x_0$ 处发散，则对于闭区间 $[-|x_0|,|x_0|]$ 外的任何 x，幂级数都发散．于是，有如下推论：

推论 如果幂级数 $\sum\limits_{n=0}^{\infty}a_nx^n$ 不是仅在 $x=0$ 一点收敛，也不是在整个数轴上都收敛，则

必有一个完全确定的正数 R 存在，使得

当 $|x|<R$ 时，幂级数绝对收敛；

当 $|x|>R$ 时，幂级数发散；

当 $x=R$ 与 $x=-R$ 时，幂级数可能收敛也可能发散．

这个正数 R 称为幂级数(3)的**收敛半径**，开区间 $(-R, R)$ 称为幂级数的**收敛区间**，由幂级数在 $x=\pm R$ 处的敛散性就可以决定它在四个区间 $(-R, R)$、$(-R, R]$、$[-R, R)$、$[-R, R]$ 中哪一个区间收敛，这区间称为幂级数(3)的**收敛域**．

特殊地，如果幂级数(3)只在 $x=0$ 处收敛，这时收敛域只有一点 $x=0$，但为方便起见，规定这时收敛半径 $R=0$，并说收敛域只有一点 $x=0$；如果幂级数(3)对一切 x 都收敛，则规定收敛半径 $R=+\infty$，这时收敛域是 $(-\infty, +\infty)$．

由于知道了幂级数(3)的收敛半径 R，就知道了幂级数的收敛区间，这使得对它的研究大大简化了，因此，求幂级数(3)的收敛半径是一个十分重要的问题．下面给出求幂级数的收敛半径的定理．

定理 2 设幂级数 $\sum_{n=0}^{\infty} a_n x^n$，如果

$$\lim_{n\to\infty}\left|\frac{a_{n+1}}{a_n}\right|=\rho,$$

则此幂级数 $\sum_{n=0}^{\infty} a_n x^n$ 的收敛半径为

$$R=\begin{cases}\dfrac{1}{\rho}, & \rho\neq 0,\\ +\infty, & \rho=0,\\ 0, & \rho=+\infty,\end{cases}$$

其中 a_n，a_{n+1} 是幂级数 $\sum_{n=0}^{\infty} a_n x^n$ 的相邻两项的系数．

证 考察级数(3)的各项绝对值所得的级数

$$|a_0|+|a_1 x|+|a_2 x^2|+\cdots+|a_n x^n|+\cdots, \tag{4}$$

这个级数相邻两项之比为 $\dfrac{|a_{n+1}x^{n+1}|}{|a_n x^n|}=\left|\dfrac{a_{n+1}}{a_n}\right||x|$．

1. 如果 $\lim\limits_{n\to\infty}\left|\dfrac{a_{n+1}}{a_n}\right|=\rho(\rho\neq 0)$ 存在，根据比值审敛法，则

当 $\rho|x|<1$，即 $|x|<\dfrac{1}{\rho}$ 时，级数(4)收敛，从而级数(3)绝对收敛；

当 $\rho|x|>1$，即 $|x|>\dfrac{1}{\rho}$ 时，级数(4)发散，并且从某一个 n 开始

$$|a_{n+1}x^{n+1}|>|a_n x^n|,$$

因此一般项 $|a_n x^n|$ 不能趋于零，所以 $a_n x^n$ 也不趋于零，从而级数(3)发散．于是收敛半径 $R=\dfrac{1}{\rho}$．

2. 如果 $\rho=0$，则对任何 $x\neq 0$，有 $\dfrac{|a_{n+1}x^{n+1}|}{|a_n x^n|}\to 0(n\to\infty)$，所以级数(4)收敛，从而级

数(3)绝对收敛. 于是 $R=+\infty$.

3. 如果 $\rho=+\infty$, 则对于除 $x=0$ 外的其他一切 x 值, 级数(3)必发散, 否则由定理 1 知道将有点 $x\neq 0$, 使级数(4)收敛. 于是 $R=0$.

例 1 求幂级数 $1+x+x^2+\cdots+x^n+\cdots$ 的收敛半径、收敛区间和收敛域.

解 因为
$$\rho=\lim_{n\to\infty}\left|\frac{a_{n+1}}{a_n}\right|=1,$$
所以收敛半径 $R=\frac{1}{\rho}=1$, 收敛区间为 $(-1, 1)$.

对于端点 $x=1$, 级数成为
$$1+1+1+\cdots+1+\cdots,$$
此级数发散;

对于端点 $x=-1$, 级数成为
$$1-1+1-\cdots+(-1)^n+\cdots,$$
此级数也发散.

因此收敛域是 $(-1, 1)$.

例 2 求幂级数 $1+x+\frac{1}{2!}x^2+\cdots+\frac{1}{n!}x^n+\cdots$ 的收敛域.

解 因为
$$\rho=\lim_{n\to\infty}\left|\frac{a_{n+1}}{a_n}\right|=\lim_{n\to\infty}\frac{\frac{1}{(n+1)!}}{\frac{1}{n!}}=\lim_{n\to\infty}\frac{1}{n+1}=0,$$
所以收敛半径 $R=+\infty$, 从而收敛域是 $(-\infty, +\infty)$.

例 3 求幂级数 $\sum_{n=0}^{\infty}\frac{(-1)^n}{(n+1)3^n}x^n$ 的收敛半径、收敛区间和收敛域.

解 因为
$$\rho=\lim_{n\to\infty}\left|\frac{a_{n+1}}{a_n}\right|=\lim_{n\to\infty}\left|\frac{(-1)^{n+1}}{(n+2)3^{n+1}}\bigg/\frac{(-1)^n}{(n+1)3^n}\right|=\frac{1}{3},$$
所以收敛半径 $R=3$, 收敛区间为 $(-3, 3)$.

对于端点 $x=3$, 级数 $\sum_{n=0}^{\infty}\frac{(-1)^n}{(n+1)3^n}x^n=\sum_{n=0}^{\infty}\frac{(-1)^n}{n+1}$ 是收敛的交错级数;

对于端点 $x=-3$, 级数 $\sum_{n=0}^{\infty}\frac{(-1)^n}{(n+1)3^n}x^n=\sum_{n=0}^{\infty}\frac{1}{n+1}$ 发散.

因此该级数的收敛域为 $(-3, 3]$.

例 4 求幂级数 $\sum_{n=0}^{\infty}\frac{x^{2n-1}}{2^n}$ 的收敛半径.

解 该级数缺少偶次幂的项, 不能直接应用定理 2. 根据比值审敛法来求收敛半径:
$$\lim_{n\to\infty}\left|\frac{\frac{x^{2n+1}}{2^{n+1}}}{\frac{x^{2n-1}}{2^n}}\right|=\frac{1}{2}|x|^2.$$

当 $\frac{1}{2}|x|^2<1$，即 $|x|<\sqrt{2}$ 时级数收敛；当 $\frac{1}{2}|x|^2>1$，即 $|x|>\sqrt{2}$ 时级数发散. 所以收敛半径 $R=\sqrt{2}$.

例 5 求幂级数 $\sum\limits_{n=1}^{\infty}(-1)^n \cdot \dfrac{2^n}{\sqrt{n}}\left(x-\dfrac{1}{2}\right)^n$ 的收敛域.

解 令 $t=x-\dfrac{1}{2}$，上述级数变为

$$\sum_{n=1}^{\infty}(-1)^n \cdot \frac{2^n}{\sqrt{n}}t^n.$$

因为
$$\rho=\lim_{n\to\infty}\left|\frac{a_{n+1}}{a_n}\right|=\lim_{n\to\infty}\frac{2^{n+1}\cdot\sqrt{n}}{2^n\cdot\sqrt{n+1}}=2,$$

所以收敛半径 $R=\dfrac{1}{2}$.

当 $t=\dfrac{1}{2}$ 时，级数为 $\sum\limits_{n=1}^{\infty}\dfrac{(-1)^n}{\sqrt{n}}$，该级数收敛；当 $t=-\dfrac{1}{2}$ 时，级数为 $\sum\limits_{n=1}^{\infty}\dfrac{1}{\sqrt{n}}$，该级数发散. 因此收敛域为 $-\dfrac{1}{2}<t\leqslant\dfrac{1}{2}$，即 $0<x\leqslant1$，所以原级数的收敛域为 $(0,1]$.

例 6 求幂级数 $\sum\limits_{n=1}^{\infty}(-nx)^n$ 的收敛半径.

解 因为
$$\rho=\lim_{n\to\infty}\sqrt[n]{|a_n|}=\lim_{n\to\infty}n=+\infty,$$

所以收敛半径 $R=0$，即级数仅在点 $x=0$ 处收敛.

例 7 设幂级数 $\sum\limits_{n=1}^{\infty}a_n(x-1)^n$ 在 $x=0$ 收敛，在 $x=2$ 发散，求该幂级数的收敛域.

解 由于幂级数 $\sum\limits_{n=1}^{\infty}a_n(x-1)^n$ 在 $x=0$ 处收敛，在 $x=2$ 处发散，由阿贝尔定理知

当 $|x-1|<|0-1|$ 时，即 $|x-1|<1$，原幂级数收敛.

当 $|x-1|>|2-1|$ 时，即 $|x-1|>1$，原幂级数发散.

则该幂级数收敛域为 $[0,2)$.

三、幂级数的基本性质

我们知道，幂级数 $\sum\limits_{n=0}^{\infty}a_n x^n$ 在其收敛域上表示一个和函数，关于幂级数的和函数有下列重要性质：

性质 1 幂级数 $\sum\limits_{n=0}^{\infty}a_n x^n$ 的和函数 $S(x)$ 在其收敛域 I 上连续.

性质 2 幂级数 $\sum\limits_{n=0}^{\infty}a_n x^n$ 的和函数 $S(x)$ 在其收敛域 I 上可积，并有逐项积分公式

$$\int_0^x S(x)\mathrm{d}x=\int_0^x\left(\sum_{n=0}^{\infty}a_n x^n\right)\mathrm{d}x=\sum_{n=0}^{\infty}\int_0^x a_n x^n\mathrm{d}x=\sum_{n=0}^{\infty}\frac{a_n}{n+1}x^{n+1}\ (x\in I),$$

逐项积分后所得到的幂级数和原级数有相同的收敛半径.

性质3 幂级数 $\sum\limits_{n=0}^{\infty}a_n x^n$ 的和函数 $S(x)$ 在其收敛区间 $(-R,R)$ 内可导,并有逐项求导公式

$$S'(x) = \Big(\sum_{n=0}^{\infty}a_n x^n\Big)' = \sum_{n=0}^{\infty}(a_n x^n)' = \sum_{n=1}^{\infty}na_n x^{n-1} (|x|<R),$$

逐项求导后所得到的幂级数和原级数有相同的收敛半径.

注意:幂级数经过逐项求导和逐项积分后得到的幂级数的收敛区间没有改变,但是收敛区间 $(-R,R)$ 端点处的敛散性可能改变.

例8 求幂级数 $\sum\limits_{n=0}^{\infty}(n+1)x^n (|x|<1)$ 的和函数.

解 设和函数为 $S(x)$,则

$$S(x) = \sum_{n=0}^{\infty}(n+1)x^n,$$

对上式从 0 到 x 积分,得

$$\int_0^x S(x)\mathrm{d}x = \int_0^x \Big(\sum_{n=0}^{\infty}(n+1)x^n\Big)\mathrm{d}x = \sum_{n=0}^{\infty}\Big(\int_0^x (n+1)x^n \mathrm{d}x\Big)$$

$$= \sum_{n=0}^{\infty}x^{n+1} = \frac{x}{1-x}.$$

两边对 x 求导,得

$$S(x) = \Big(\frac{x}{1-x}\Big)' = \frac{1}{(1-x)^2},$$

故所求幂级数的和函数为

$$\sum_{n=0}^{\infty}(n+1)x^n = \frac{1}{(1-x)^2} (|x|<1).$$

例9 求幂级数 $\sum\limits_{n=0}^{\infty}\dfrac{x^n}{n+1}$ 的和函数.

解 先求收敛域.由

$$\rho = \lim_{n\to\infty}\Big|\frac{a_{n+1}}{a_n}\Big| = \lim_{n\to\infty}\frac{n+1}{n+2} = 1,$$

得收敛半径 $R=1$.

在端点 $x=-1$ 处,幂级数成为 $\sum\limits_{n=0}^{\infty}\dfrac{(-1)^n}{n+1}$,是收敛的交错级数;在端点 $x=1$ 处,幂级数成为 $\sum\limits_{n=0}^{\infty}\dfrac{1}{n+1}$,是发散的.因此收敛域为 $[-1,1)$.

设和函数为 $S(x)$,即

$$S(x) = \sum_{n=0}^{\infty}\frac{x^n}{n+1}, \quad x\in[-1,1).$$

于是

$$xS(x) = \sum_{n=0}^{\infty}\frac{x^{n+1}}{n+1}.$$

在区间 $(-1,1)$ 内逐项求导,得

$$[xS(x)]' = \sum_{n=0}^{\infty} \left(\frac{x^{n+1}}{n+1}\right)' = \sum_{n=0}^{\infty} x^n = \frac{1}{1-x} (|x|<1).$$

对上式从 0 到 x 积分,得

$$xS(x) = \int_0^x \frac{1}{1-t} dt = -\ln(1-x), \quad x \in [-1, 1).$$

于是,当 $x \neq 0$ 时,有

$$S(x) = -\frac{1}{x} \ln(1-x).$$

而 $s(0)$ 可由 $s(0) = a_0 = 1$ 得出,从而

$$S(x) = \begin{cases} -\dfrac{1}{x} \ln(1-x), & x \in [-1, 0) \cup (0, 1), \\ 1, & x = 0. \end{cases}$$

例 10 求幂级数 $\sum_{n=1}^{\infty} (-1)^{n+1} n(n+1) x^n$ 在收敛区间 $(-1, 1)$ 内的和函数 $S(x)$,并求数项级数 $\sum_{n=1}^{\infty} (-1)^{n+1} \dfrac{n(n+1)}{2^n}$ 的和.

解 利用幂级数的逐项积分和逐项求导公式,得

$$\int_0^x S(x) dx = \sum_{n=1}^{\infty} \left(\int_0^x (-1)^{n+1} n(n+1) x^n dx \right) \quad (|x|<1)$$

$$= \sum_{n=1}^{\infty} (-1)^{n+1} n x^{n+1} = \sum_{n=1}^{\infty} (-1)^{n+1} (x^n)' x^2$$

$$= x^2 \left(\sum_{n=1}^{\infty} (-1)^{n+1} x^n \right)'$$

$$= x^2 \left(\frac{x}{1+x} \right)' = \frac{x^2}{(1+x)^2}.$$

两边对 x 求导,得

$$S(x) = \frac{2x}{(1+x)^3} (|x|<1).$$

令 $x = \dfrac{1}{2}$,得

$$\sum_{n=1}^{\infty} (-1)^{n+1} \frac{n(n+1)}{2^n} = S\left(\frac{1}{2}\right) = \frac{8}{27}.$$

习 题 10-3

1. 求下列幂级数的收敛半径和收敛域:

(1) $\sum_{n=1}^{\infty} \dfrac{3^n}{1+n} x^n$;

(2) $\sum_{n=0}^{\infty} (n+1) x^n$;

(3) $\sum_{n=1}^{\infty} \dfrac{x^n}{n^2}$;

(4) $\sum_{n=1}^{\infty} \dfrac{2^n}{n^2+1} x^n$;

(5) $\sum_{n=1}^{\infty} (-1)^n \dfrac{5^n}{\sqrt{n}} x^n$;

(6) $\sum_{n=1}^{\infty} \dfrac{(x+2)^n}{\sqrt{n}}$;

*(7) $\sum_{n=1}^{\infty} \frac{n}{2^n} x^{2n}$;

*(8) $\sum_{n=1}^{\infty} \frac{3^n+(-2)^n}{n}(x+1)^n$;

*(9) $\sum_{n=1}^{\infty}\left(1+\frac{1}{n}\right)^{n^2} x^n$;

*(10) $\sum_{n=1}^{\infty}(\sqrt{n+1}-\sqrt{n})(x-2)^n$.

2. 利用逐项求导或逐项积分，求下列级数的和函数：

(1) $\sum_{n=1}^{\infty} n x^{n-1}$;

(2) $\sum_{n=1}^{\infty} \frac{x^{2n+1}}{2n+1}$;

(3) $\sum_{n=0}^{\infty} \frac{x^{n+1}}{n+2}$;

(4) $\sum_{n=1}^{\infty} \frac{x^{n+1}}{n}$;

(5) $\sum_{n=1}^{\infty}(-1)^{n-1} \frac{x^n}{n}$;

(6) $\sum_{n=1}^{\infty} n x^n$;

*(7) $\sum_{n=1}^{\infty} n^2 x^{n-1}$;

*(8) $\sum_{n=0}^{\infty}(n+1)(x-1)^n$;

*(9) $\sum_{n=1}^{\infty} \frac{1}{n \cdot 2^n} x^{n-1}$;

*(10) $\sum_{n=1}^{\infty} \frac{x^n}{n(n+1)}$.

3. 若幂级数 $\sum_{n=1}^{\infty} a_n x^n$ 在 $x=-3$ 处条件收敛，求幂级数 $\sum_{n=1}^{\infty} a_n (x-1)^n$ 的收敛半径．

4. 求数项级数 $\sum_{n=1}^{\infty} \frac{(-1)^{n-1}}{(2n-1) 4^n}$ 的和．

第四节　函数的幂级数展开

从上一节可以知道，幂级数在其收敛域上可以表示为一个函数（和函数），即

$$\sum_{n=0}^{\infty} a_n x^n = S(x).$$

由于幂级数的形式简单，便于讨论和计算，这就使人们想到与此相反的问题，即对已知函数 $f(x)$，是否能确定一个幂级数，在其收敛域内以 $f(x)$ 为和函数．下面通过介绍泰勒级数来给出将函数展开成幂级数的方法．

一、泰勒级数的概念

在第三章中我们已知，若函数 $f(x)$ 在点 x_0 的某一邻域内具有直到 $n+1$ 阶的导数，则在该邻域内 $f(x)$ 的 n 阶泰勒公式为

$$f(x) = f(x_0) + f'(x_0)(x-x_0) + \frac{f''(x_0)}{2!}(x-x_0)^2 + \cdots + \frac{f^{(n)}(x_0)}{n!}(x-x_0)^n + R_n(x), \tag{1}$$

上式中 $R_n(x) = \frac{f^{(n+1)}(\xi)}{(n+1)!}(x-x_0)^{n+1}$ 为拉格朗日型余项，其中 ξ 是介于 x 与 x_0 之间的某个值．

这时，在该邻域内 $f(x)$ 可以用 n 次多项式

$$p_n(x) = f(x_0) + f'(x_0)(x-x_0) + \frac{f''(x_0)}{2!}(x-x_0)^2 + \cdots +$$

$$\frac{f^{(n)}(x_0)}{n!}(x-x_0)^n \tag{2}$$

来近似表达，并且误差等于余项的绝对值$|R_n(x)|$. 显然，如果$f(x)$在点x_0的某邻域内具有任意阶导数，由泰勒公式，当$n\to\infty$时，若$R(x)\to 0$，则$f(x)$将展成幂级数

$$f(x_0)+f'(x_0)(x-x_0)+\frac{f''(x_0)}{2!}(x-x_0)^2+\cdots+\frac{f^{(n)}(x_0)}{n!}(x-x_0)^n+\cdots, \tag{3}$$

称幂级数(3)为函数$f(x)$在点x_0处的泰勒级数，其系数称为$f(x)$在点x_0处的泰勒系数.

综上讨论，有以下定理：

定理 设函数$f(x)$在点x_0的某一邻域$U(x_0)$内具有任意阶导数，则$f(x)$在该邻域内能展开成泰勒级数的充分必要条件是$f(x)$的泰勒公式中的余项$R_n(x)$当$n\to\infty$时的极限为零，即

$$\lim_{n\to\infty}R_n(x)=0 (x\in U(x_0)).$$

证明略.

如果在泰勒级数(3)式中取$x_0=0$，则得级数

$$f(0)+f'(0)x+\frac{f''(0)}{2!}x^2+\cdots+\frac{f^{(n)}(0)}{n!}x^n+\cdots, \tag{4}$$

称为函数$f(x)$的麦克劳林级数.

由函数$f(x)$的麦克劳林级数的定义可知，$f(x)$的麦克劳林级数就是x的幂级数，且可以证明，如果$f(x)$能展开成x的幂级数，那么这种展开式是唯一的，它一定与$f(x)$的麦克劳林级数(4)一致. 于是，我们可以通过求出$f(x)$的麦克劳林级数来将函数$f(x)$展开成幂级数.

下面将具体讨论把函数$f(x)$展开为x的幂级数的方法.

二、函数展开成幂级数

1. 直接展开法

通过函数的幂级数展开，使函数在多项式逼近、近似计算以及一些积分计算、微分方程求解等问题上，都可以通过这个途径解决. 因此，将函数展成幂级数的形式在理论和应用中都是非常重要的. 下面介绍把函数$f(x)$直接展开成x的幂级数的一般步骤(也称为直接展开法)：

(1) 求出$f(x)$的各阶导数$f'(x)$，$f''(x)$，$\cdots$，$f^{(n)}(x)$，$\cdots$，如果在$x=0$处某阶导数不存在，就停止进行. 例如，在$x=0$处，$f(x)=x^{7/3}$的三阶导数不存在，它就不能展开为x的幂级数.

(2) 求函数及其各阶导数在$x=0$处的值

$$f(0), \ f'(0), \ f''(0), \ \cdots, \ f^{(n)}(0), \ \cdots.$$

(3) 写出幂级数

$$f(0)+f'(0)x+\frac{f''(0)}{2!}x^2+\cdots+\frac{f^{(n)}(0)}{n!}x^n+\cdots,$$

并求出收敛半径R.

(4) 考察当x在区间$(-R, R)$内时余项$R_n(x)$的极限

$$\lim_{n\to\infty}R_n(x)=\lim_{n\to\infty}\frac{f^{n+1}(\xi)}{(n+1)!}x^{n+1}(\xi\text{介于}0\text{与}x\text{之间})$$

是否为零. 如果为零,则函数 $f(x)$ 在区间 $(-R,R)$ 内的幂级数展开式为

$$f(x)=f(0)+f'(0)x+\frac{f''(0)}{2!}x^2+\cdots+\frac{f^{(n)}(0)}{n!}x^n+\cdots(-R<x<R).$$

例 1 将函数 $f(x)=e^x$ 展开成 x 的幂级数.

解 该函数的各阶导数为

$$f^{(n)}(x)=e^x(n=1,2,\cdots),$$

因此

$$f^{(n)}(0)=1(n=0,1,2,\cdots),$$

于是得级数

$$1+x+\frac{x^2}{2!}+\cdots+\frac{x^n}{n!}+\cdots,$$

其收敛半径 $R=+\infty$.

对于任何有限的数 x, ξ(ξ 介于 0 与 x 之间),余项的绝对值为

$$|R_n(x)|=\left|\frac{e^\xi}{(n+1)!}x^{n+1}\right|<e^{|x|}\cdot\frac{|x|^{n+1}}{(n+1)!}.$$

因为 $e^{|x|}$ 有限,而 $\frac{|x|^{n+1}}{(n+1)!}$ 是收敛级数 $\sum_{n=0}^{\infty}\frac{|x|^{n+1}}{(n+1)!}$ 的一般项,所以当 $n\to\infty$ 时,$e^{|x|}\cdot\frac{|x|^{n+1}}{(n+1)!}\to 0$,故当 $n\to\infty$ 时,有 $|R_n(x)|\to 0$. 于是得 e^x 的幂级数展开式为

$$e^x=1+x+\frac{x^2}{2!}+\cdots+\frac{x^n}{n!}+\cdots(-\infty<x<+\infty).$$

如果在 $x=0$ 附近,用级数的部分和(即多项式)来近似代替 e^x,那么随着项数的增加,它们就越来越接近于 e^x,如图 10-2 所示.

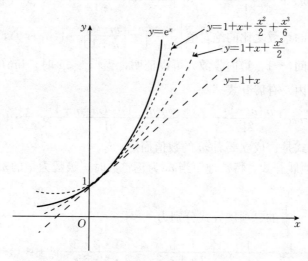

图 10-2

例 2 将函数 $f(x)=\sin x$ 展开成 x 的幂级数.

解 所给函数的各阶导数为 $f^{(n)}(x)=\sin\left(x+\frac{\pi}{2}n\right)(n=1,2,\cdots)$,因此 $f^{(n)}(0)$ 顺序循

环地取 1，0，−1，0，⋯，于是得级数

$$x - \frac{x^3}{3!} + \frac{x^5}{5!} - \cdots + (-1)^{n-1} \frac{x^{2n-1}}{(2n-1)!} + \cdots,$$

其收敛半径 $R = +\infty$.

对于任何有限的数 x，ξ（x 介于 0 与 ξ 之间），余项的绝对值当 $n \to \infty$ 时的极限为零，

$$|R_n(x)| = \left| \frac{\sin\left[\xi + \frac{(n+1)\pi}{2}\right]}{(n+1)!} x^{n+1} \right| \leqslant \frac{|x|^{n+1}}{(n+1)!} \to 0 \, (n \to \infty),$$

于是得 $\sin x$ 的幂级数展开式为

$$\sin x = x - \frac{x^3}{3!} + \frac{x^5}{5!} - \cdots + (-1)^{n-1} \frac{x^{2n-1}}{(2n-1)!} + \cdots \quad (-\infty < x < +\infty).$$

下面给出的例子，其结果可作为公式使用．

例 3 将函数 $f(x) = (1+x)^m$ 展开成 x 的幂级数，其中 m 为任意常数．

解 $f(x)$ 的各阶导数为

$$f'(x) = m(1+x)^{m-1},$$
$$f''(x) = m(m-1)(1+x)^{m-2},$$
$$\cdots\cdots$$
$$f^{(n)}(x) = m(m-1)(m-2)\cdots(m-n+1)(1+x)^{m-n},$$
$$\cdots\cdots$$

所以
$$f(0) = 1, \ f'(0) = m, \ f''(0) = m(m-1), \cdots,$$
$$f^{(n)}(0) = m(m-1)\cdots(m-n+1),$$
$$\cdots\cdots$$

于是得级数

$$1 + mx + \frac{m(m-1)}{2!} x^2 + \cdots + \frac{m(m-1)\cdots(m-n+1)}{n!} x^n + \cdots.$$

该级数相邻两项的系数之比的绝对值 $\left|\dfrac{a_{n+1}}{a_n}\right| = \left|\dfrac{m-n}{n+1}\right| \to 1 \, (n \to \infty)$，因此，对于任意常数 m，此级数在开区间 $(-1, 1)$ 内收敛．可以证明，当 $|x| < 1$ 时，$\lim\limits_{n \to \infty} R_n(x) = 0$（证明略）．所以在区间 $(-1, 1)$ 内，有展开式

$$(1+x)^m = 1 + mx + \frac{m(m-1)}{2!} x^2 + \cdots + \frac{m(m-1)\cdots(m-n+1)}{n!} x^n + \cdots \quad (-1 < x < 1), \quad (5)$$

在区间的端点，展开式是否成立要看 m 的数值而定．

公式 (5) 叫作二项展开式．特殊地，当 m 为正整数时，级数为 x 的 m 次多项式，这就是代数中的二项式定理．

对应于 $m = \dfrac{1}{2}$，$-\dfrac{1}{2}$ 的二项展开式分别为

$$\sqrt{1+x} = 1 + \frac{1}{2} x - \frac{1}{2 \cdot 4} x^2 + \frac{1 \cdot 3}{2 \cdot 4 \cdot 6} x^3 - \frac{1 \cdot 3 \cdot 5}{2 \cdot 4 \cdot 6 \cdot 8} x^4 + \cdots \quad (-1 \leqslant x \leqslant 1),$$

$$\frac{1}{\sqrt{1+x}} = 1 - \frac{1}{2} x + \frac{1 \cdot 3}{2 \cdot 4} x^2 - \frac{1 \cdot 3 \cdot 5}{2 \cdot 4 \cdot 6} x^3 + \frac{1 \cdot 3 \cdot 5 \cdot 7}{2 \cdot 4 \cdot 6 \cdot 8} x^4 - \cdots \quad (-1 < x \leqslant 1).$$

以上将函数展开成幂级数的方法，是直接按公式 $a_n = \dfrac{f^{(n)}(0)}{n!}$ 计算幂级数的系数，最后

考察余项 $R_n(x)$ 是否趋于零的方法, 称该方法为**直接展开法**. 这种直接展开的方法计算量较大, 而且研究余项时, 即使在初等函数中也不是一件容易的事.

2. 间接展开法

下面我们利用一些已知的函数展开式、幂级数的运算(如四则运算、逐项求导、逐项积分)以及变量替换等知识, 将所给函数展开成幂级数, 这种方法称为**间接展开法**. 这种方法不但计算简单, 而且可以避免研究余项.

常用的函数展开式有:

$$\frac{1}{1-x}=1+x+x^2+\cdots+x^n+\cdots(-1<x<1),$$

$$e^x=1+x+\frac{x^2}{2!}+\cdots+\frac{x^n}{n!}+\cdots(-\infty<x<+\infty),$$

$$\sin x=x-\frac{x^3}{3!}+\frac{x^5}{5!}-\cdots+(-1)^{n-1}\frac{x^{2n-1}}{(2n-1)!}+\cdots(-\infty<x<+\infty),$$

$$\ln(1+x)=x-\frac{x^2}{2}+\frac{x^3}{3}-\cdots+(-1)^n\frac{x^{n+1}}{n+1}+\cdots(-1<x\leqslant 1),$$

$$\arctan x=x-\frac{x^3}{3}+\frac{x^5}{5}-\cdots+(-1)^{n-1}\frac{x^{2n-1}}{2n-1}+\cdots(-1\leqslant x\leqslant 1).$$

例4 将函数 $\cos x$ 展开成 x 的幂级数.

解 本例与例2相仿, 可以应用直接方法, 但如果应用间接展开法, 则比较简便. 事实上, 对正弦函数 $\sin x$ 的展开式逐项求导就得

$$\cos x=(\sin x)'=1-\frac{x^2}{2!}+\frac{x^4}{4!}-\cdots+(-1)^n\frac{x^{2n}}{(2n)!}+\cdots(-\infty<x<+\infty).$$

例5 将函数 $f(x)=\arctan x$ 展开成 x 的幂级数.

解 因为

$$f'(x)=\frac{1}{1+x^2},$$

而 $\frac{1}{1+x^2}$ 是收敛的等比级数 $\sum_{n=0}^{\infty}(-1)^n x^{2n}(-1<x<1)$ 的和函数, 即

$$\frac{1}{1+x^2}=1-x^2+x^4-\cdots+(-1)^n x^{2n}+\cdots(-1<x<1),$$

所以将上式从0到 x 逐项积分, 得

$$\arctan x=x-\frac{x^3}{3}+\frac{x^5}{5}-\cdots+(-1)^n\frac{x^{2n+1}}{2n+1}+\cdots(-1\leqslant x\leqslant 1).$$

上述展开式对 $x=\pm 1$ 也成立, 这是因为上式右端的幂级数当 $x=\pm 1$ 收敛, 而 $\arctan x$ 在 $x=\pm 1$ 处有定义且连续.

注意: 假定函数 $f(x)$ 在开区间 $(-R, R)$ 内的展开式

$$f(x)=\sum_{n=0}^{\infty}a_n x^n(-R<x<R)$$

已经得到, 如果上式的幂级数在该区间的端点 $x=R$(或 $x=-R$)仍收敛, 而函数 $f(x)$ 在 $x=R$(或 $x=-R$)处有定义且连续, 那么根据幂级数的和函数的连续性, 该展开式对 $x=R$ (或 $x=-R$)也成立.

例 6 将函数 $f(x)=e^{-x^2}$ 展开成 x 的幂级数.

解 因为

$$e^x = 1 + x + \frac{x^2}{2!} + \cdots + \frac{x^n}{n!} + \cdots \quad (-\infty < x < +\infty),$$

把 x 换成 $-x^2$ 得

$$e^{-x^2} = 1 - x^2 + \frac{x^4}{2!} - \cdots + (-1)^n \frac{x^{2n}}{n!} + \cdots \quad (-\infty < x < +\infty).$$

例 7 将函数 $\sin x$ 展开成 $\left(x - \frac{\pi}{4}\right)$ 的幂级数.

解 因为

$$\sin x = \sin\left[\frac{\pi}{4} + \left(x - \frac{\pi}{4}\right)\right]$$

$$= \sin\frac{\pi}{4}\cos\left(x - \frac{\pi}{4}\right) + \cos\frac{\pi}{4}\sin\left(x - \frac{\pi}{4}\right)$$

$$= \frac{1}{\sqrt{2}}\left[\cos\left(x - \frac{\pi}{4}\right) + \sin\left(x - \frac{\pi}{4}\right)\right],$$

又已知

$$\cos\left(x - \frac{\pi}{4}\right) = 1 - \frac{\left(x - \frac{\pi}{4}\right)^2}{2!} + \frac{\left(x - \frac{\pi}{4}\right)^4}{4!} - \cdots \quad (-\infty < x < +\infty),$$

$$\sin\left(x - \frac{\pi}{4}\right) = \left(x - \frac{\pi}{4}\right) - \frac{\left(x - \frac{\pi}{4}\right)^3}{3!} + \frac{\left(x - \frac{\pi}{4}\right)^5}{5!} - \cdots \quad (-\infty < x < +\infty),$$

所以

$$\sin x = \frac{1}{\sqrt{2}}\left[1 + \left(x - \frac{\pi}{4}\right) - \frac{\left(x - \frac{\pi}{4}\right)^2}{2!} - \frac{\left(x - \frac{\pi}{4}\right)^3}{3!} + \cdots\right] \quad (-\infty < x < +\infty).$$

例 8 将函数 $f(x) = \frac{x-1}{4-x}$ 展开成 $(x-1)$ 的幂级数.

解 因为

$$\frac{1}{4-x} = \frac{1}{3-(x-1)} = \frac{1}{3\left(1 - \frac{x-1}{3}\right)}$$

$$= \frac{1}{3}\left[1 + \frac{x-1}{3} + \left(\frac{x-1}{3}\right)^2 + \cdots + \left(\frac{x-1}{3}\right)^n + \cdots\right] \quad \left(-1 < \frac{x-1}{3} < 1\right),$$

所以

$$f(x) = \frac{x-1}{4-x} = (x-1) \cdot \frac{1}{4-x}$$

$$= \frac{1}{3}(x-1) + \frac{(x-1)^2}{3^2} + \frac{(x-1)^3}{3^3} + \cdots + \frac{1}{3^n}(x-1)^n + \cdots \quad (-2 < x < 4).$$

例 9 将函数 $f(x) = \frac{x}{2+x-x^2}$ 展开成 x 的幂级数.

解 因为

$$f(x) = \frac{x}{2+x-x^2} = \frac{1}{3}\left(\frac{2}{2-x} - \frac{1}{1+x}\right),$$

而
$$\frac{2}{2-x} = \frac{1}{1-\frac{x}{2}} = \sum_{n=0}^{\infty} \frac{x^n}{2^n} (-2 < x < 2),$$

$$\frac{1}{1+x} = \sum_{n=0}^{\infty} (-1)^n x^n (-1 < x < 1),$$

所以 $f(x) = \dfrac{x}{2+x-x^2} = \dfrac{1}{3}\left(\dfrac{2}{2-x} - \dfrac{1}{1+x}\right) = \dfrac{1}{3}\sum_{n=0}^{\infty}\left[\dfrac{1}{2^n} - (-1)^n\right]x^n (-1 < x < 1).$

习 题 10-4

1. 将下列函数展开成 x 的幂级数，并求展开式成立的区间：

(1) $f(x) = \dfrac{1}{1+x^2}$；

(2) $f(x) = \dfrac{1}{3-x}$；

(3) $f(x) = xe^{x^2}$；

(4) $f(x) = \dfrac{e^x}{1-x}$；

(5) $f(x) = \ln(3+x)$；

(6) $f(x) = \arctan\dfrac{2x}{1-x^2}$；

*(7) $f(x) = \int_0^x \sin t^2 \, dt$；

*(8) $f(x) = \cos^2 x$；

*(9) $f(x) = \dfrac{1}{x^2+3x+2}$；

*(10) $f(x) = (1+x)\ln(1+x)$.

2. 将下列函数展开成 $(x-1)$ 的幂级数：

(1) $f(x) = \dfrac{1}{x+1}$；

(2) $f(x) = \ln(x^2+3x+2)$；

*(3) $f(x) = \dfrac{1}{x^2+4x+3}$；

*(4) $f(x) = \sqrt{x^3}$.

第五节 函数的幂级数展开式的应用

一、近似计算

有了函数的幂级数的展开式，就可用它来方便地解决函数的多项式逼近和函数的近似计算等问题．另外，通过函数作幂级数展开，也可以解决一些较困难的积分计算和微分方程求解等问题．下面分别介绍幂级数展开式在近似计算、积分计算和微分方程求解等方面的应用．

例 1 计算 e 的近似值，要求误差不超过 0.0001.

解 因为
$$e^x = 1 + x + \frac{x^2}{2!} + \cdots + \frac{x^n}{n!} + \cdots,$$

所以 $x=1$ 时，有
$$e = 1 + 1 + \frac{1}{2!} + \cdots + \frac{1}{n!} + \cdots.$$

若取前 $n+1$ 项近似计算 e，其误差为
$$|r_n| = \left|\frac{1}{(n+1)!} + \frac{1}{(n+2)!} + \cdots\right| < \frac{1}{(n+1)!}\left[1 + \frac{1}{n+1} + \frac{1}{(n+1)^2} + \cdots\right]$$

$$= \frac{1}{(n+1)!} \cdot \frac{1}{1-\frac{1}{n+1}} = \frac{1}{n! \cdot n},$$

要使 $\frac{1}{n! \cdot n} < 0.0001$,只需 $n=7$. 于是

$$e \approx 2 + \frac{1}{2!} + \cdots + \frac{1}{7!} = \frac{1370}{504} \approx 2.7183.$$

例2 计算 ln2 的近似值,要求误差不超过 0.0001.

解 因为

$$\ln(1+x) = x - \frac{x^2}{2} + \frac{x^3}{3} - \cdots + (-1)^n \frac{x^{n+1}}{n+1} + \cdots \quad (-1 < x \leqslant 1),$$

所以 $x=1$ 时,有

$$\ln 2 = 1 - \frac{1}{2} + \frac{1}{3} - \cdots + (-1)^{n-1} \frac{1}{n} + \cdots.$$

如果取这个级数前 n 项的和作为 ln2 的近似值,其误差为

$$|r_n| \leqslant \frac{1}{n+1},$$

为了保证误差不超过 10^{-4},就需要取级数的前 10000 项进行计算.这样做计算量太大,所以必须用收敛较快的级数来代替它.

把展开式

$$\ln(1+x) = x - \frac{x^2}{2} + \frac{x^3}{3} - \frac{x^4}{4} + \cdots \quad (-1 < x \leqslant 1)$$

中的 x 换成 $-x$,得

$$\ln(1-x) = -x - \frac{x^2}{2} - \frac{x^3}{3} - \frac{x^4}{4} - \cdots \quad (-1 \leqslant x < 1).$$

两式相减,得到不含偶次幂的展开式:

$$\ln \frac{1+x}{1-x} = \ln(1+x) - \ln(1-x) = 2\left(x + \frac{1}{3}x^3 + \frac{1}{5}x^5 + \cdots\right) \quad (-1 < x < 1).$$

令 $\frac{1+x}{1-x} = 2$,解出 $x = \frac{1}{3}$,以 $x = \frac{1}{3}$ 代入最后一个展开式,得

$$\ln 2 = 2\left(\frac{1}{3} + \frac{1}{3} \cdot \frac{1}{3^3} + \frac{1}{5} \cdot \frac{1}{3^5} + \frac{1}{7} \cdot \frac{1}{3^7} + \cdots\right).$$

如果取前四项作为 ln2 的近似值,则误差为

$$|r_4| = 2\left(\frac{1}{9} \cdot \frac{1}{3^9} + \frac{1}{11} \cdot \frac{1}{3^{11}} + \frac{1}{13} \cdot \frac{1}{3^{13}} + \cdots\right) < \frac{2}{3^{11}}\left[1 + \frac{1}{9} + \left(\frac{1}{9}\right)^2 + \cdots\right]$$

$$= \frac{2}{3^{11}} \cdot \frac{1}{1-\frac{1}{9}} = \frac{1}{4 \cdot 3^9} < \frac{1}{70000}.$$

于是取 $\ln 2 = 2\left(\frac{1}{3} + \frac{1}{3} \cdot \frac{1}{3^3} + \frac{1}{5} \cdot \frac{1}{3^5} + \frac{1}{7} \cdot \frac{1}{3^7}\right)$,同样地,考虑到舍入误差,计算时应取五位小数:

$$\frac{1}{3} \approx 0.33333, \quad \frac{1}{3} \cdot \frac{1}{3^3} \approx 0.01235,$$

$$\frac{1}{5} \cdot \frac{1}{3^5} \approx 0.00082, \quad \frac{1}{7} \cdot \frac{1}{3^7} \approx 0.00007,$$

因此得
$$\ln 2 \approx 0.6931.$$

例 3 计算积分 $\int_0^1 e^{-x^2} dx$ 的近似值，要求误差不超过 0.0001.

解 将 e^x 的幂级数展开式中的 x 换成 $-x^2$，就得到被积函数的幂级数展开式

$$e^{-x^2} = 1 - x^2 + \frac{x^4}{2!} - \cdots + (-1)^n \frac{x^{2n}}{n!} + \cdots = \sum_{n=0}^{\infty} (-1)^n \frac{x^{2n}}{n!} \quad (-\infty < x < +\infty),$$

于是，根据幂级数在收敛区间内逐项可积，得

$$\int_0^1 e^{-x^2} dx = \int_0^1 \Big[\sum_{n=0}^{\infty} (-1)^n \frac{x^{2n}}{n!}\Big] dx = \sum_{n=0}^{\infty} \frac{(-1)^n}{n!} \int_0^1 x^{2n} dx$$

$$= 1 - \frac{1}{3 \cdot 1!} + \frac{1}{5 \cdot 2!} - \frac{1}{7 \cdot 3!} + \cdots + (-1)^n \frac{1}{(2n+1) \cdot n!} + \cdots.$$

取前七项的和作为近似值，其误差为

$$|r_7| \leqslant \frac{1}{15 \cdot 7!} = \frac{1}{75600} < 10^{-4},$$

所以
$$\int_0^1 e^{-x^2} dx \approx 1 - \frac{1}{3 \cdot 1!} + \frac{1}{5 \cdot 1!} - \frac{1}{7 \cdot 3!} + \frac{1}{9 \cdot 4!} - \frac{1}{11 \cdot 5!} + \frac{1}{13 \cdot 6!},$$

算得
$$\int_0^1 e^{-x^2} dx \approx 0.7468.$$

例 4 利用幂级数求微分方程 $y' = x + y^2$ 满足 $y|_{x=0} = 0$ 的特解.

解 由初始条件 $x_0 = 0$, $y_0 = 0$，故设所求方程的解为

$$y = a_1 x + a_2 x^2 + a_3 x^3 + \cdots,$$

把 y 及 y' 的幂函数展开式代入原方程，得

$$a_1 + 2a_2 x + 3a_3 x^2 + \cdots = x + (a_1 x + a_2 x^2 + a_3 x^3 + \cdots)^2$$
$$= x + a_1^2 x^2 + 2a_1 a_2 x^3 + (a_2^2 + 2a_1 a_3) x^4 + \cdots,$$

由此，比较恒等式两端 x 的同次幂的系数，得

$$a_1 = 0, \ a_2 = \frac{1}{2}, \ a_3 = 0, \ a_4 = 0, \ a_5 = \frac{1}{20}, \cdots,$$

于是，所求微分方程特解的开始几项为

$$y = \frac{1}{2} x^2 + \frac{1}{20} x^5 + \cdots.$$

例 5 利用幂级数展开式求极限 $\lim\limits_{x \to \infty} \Big[x - x^2 \ln\Big(1 + \frac{1}{x}\Big)\Big]$.

解 利用 $\ln(1+x) = x - \frac{x^2}{2} + \frac{x^3}{3} - \frac{x^4}{4} + \cdots + (-1)^n \frac{x^{n+1}}{n+1} + \cdots$，可得到

$$\ln\Big(1 + \frac{1}{x}\Big) = \frac{1}{x} - \frac{1}{2x^2} + \frac{1}{3x^3} - \frac{1}{4x^4} + \cdots + (-1)^n \frac{1}{(n+1)x^{n+1}} + \cdots,$$

于是
$$\lim_{x \to \infty} \Big[x - x^2 \ln\Big(1 + \frac{1}{x}\Big)\Big] = \lim_{x \to \infty} \Big[x - x^2 \Big(\frac{1}{x} - \frac{1}{2x^2} + \frac{1}{3x^3} - \frac{1}{4x^4} + \cdots\Big)\Big]$$
$$= \lim_{x \to \infty} \Big(\frac{1}{2} - \frac{1}{3x} + \frac{1}{4x^2} - \cdots\Big) = \frac{1}{2}.$$

二、欧拉公式

当 x 是实数时，有

$$e^x \approx 1 + x + \frac{x^2}{2!} + \frac{x^3}{3!} + \frac{x^4}{4!} + \cdots (|x| < +\infty),$$

我们将它推广到纯虚数的情况，规定 e^{ix} 的意义如下：

$$e^{ix} = 1 + ix + \frac{(ix)^2}{2!} + \frac{(ix)^3}{3!} + \frac{(ix)^4}{4!} + \cdots (|x| < +\infty).$$

注意到，$i^2 = -1$，$i^3 = -i$，$i^4 = 1$，…，得到

$$e^{ix} = \left(1 - \frac{x^2}{2!} + \frac{x^4}{4!} - \cdots\right) + i\left(x - \frac{x^3}{3!} + \frac{x^5}{5!} - \cdots\right)(|x| < +\infty),$$

因而得到关系式：

$$e^{ix} = \cos x + i\sin x. \tag{1}$$

在上式中以 $-x$ 替换 x，即有

$$e^{-ix} = \cos x - i\sin x. \tag{2}$$

用(1)式减去(2)式得

$$e^{ix} - e^{-ix} = 2i\sin x,$$

即有

$$\sin x = \frac{e^{ix} - e^{-ix}}{2i}. \tag{3}$$

用(2)式加上式(1)式得

$$\cos x = \frac{e^{ix} + e^{-ix}}{2}. \tag{4}$$

(1)～(4)四个式子统称为欧拉(Euler)公式．

习 题 10-5

1. 利用函数的幂级数展开式求下列各数的近似值：

(1) $\ln 3$（误差不超过 0.0001）；　　(2) $\int_0^{0.5} \frac{\arctan x}{x} dx$（误差不超过 0.001）；

(3) $\sqrt[5]{240}$（误差不超过 0.0001）；　　(4) $\cos 2°$（误差不超过 0.0001）；

(5) $\frac{2}{\sqrt{\pi}} \int_0^{\frac{1}{2}} e^{-x^2} dx$（误差不超过 0.0001）．

2. 利用幂级数求下列微分方程满足所给初始条件的特解：

(1) $y' = y^2 + x^3$，$y|_{x=0} = \frac{1}{2}$；　　(2) $y'' - xy = 0$，$y|_{x=0} = 0$，$y'|_{x=0} = 1$.

第六节　无穷级数在经济学中的应用

一、银行复利问题

1. 复利终值

复利终值适用于计算未来生活所需，或资金运用的成果．

例1　某甲打算 20 年后退休，现在每月生活费用是 3 万元，假定每年平均通货膨胀率

从宽估算为 6%，那么 20 年后每月需要多少钱呢？

解 由于复利终值＝现值×(1＋通货膨胀率)^期数，设复利终值为 y 万元，则
$$y=3(1+6\%)^{20}=9.6214(万元).$$

2. 复利现值

复利现值主要是针对未来某确定数额的钱，算出现在该准备多少钱．

例 2 某丙希望 8 年后有 100 万元，想找一个年获利率 10% 的基金投资，那么现在该准备多少钱呢？

解 由于复利现值×(1＋获利率)^期数＝复利终值，设复利现值为 x 万元，则
$$x(1+10\%)^8=100,$$
得 $x=46.6507(万元).$

3. 年金终值

年金终值通常用于每年定期投资，计算若干年后可拥有多少资金．

例 3 某丁每年投资 10 万元，选定的基金过去年平均获利率是 12%，问 15 年后可以积累多少钱？

解 由于年金终值＝每年投资金×$\dfrac{(1+年平均报酬率)^{期数}-1}{年平均报酬率}$，设年金终值为 y 万元，则
$$y=10\times\frac{(1+12\%)^{15}-1}{12\%}=372.7971(万元).$$

4. 年金现值

年金现值通常用于对未来某特定时点要拥有多少资金，计算出现在开始每期(年)该投资多少钱．

例 4 某人希望 20 年后有 800 万退休金，某基金年平均获利有 15%，那么每年该投资多少钱？

解 由于年金终值＝每期年金现值×$\dfrac{(1+年平均报酬率)^{期数}-1}{年平均报酬率}$，设每年投资 x 万元，则
$$x\frac{(1+15\%)^{20}-1}{15\%}=800,$$
得 $x=7.8092(万元).$

二、银行通过存款和放款"创造"货币问题

商业银行吸收存款后，必须按照法定的比率保留规定数额的法定准备金，其余部分才能用作放款．得到一笔贷款的企业把它作为活期存款，存入另一家银行，这银行也按比率保留法定准备金，其余部分作为放款．如此继续下去，这就是银行通过存款和放款"创造"货币．

设 R 表示最初存款，D 表示存款总额(即最初存款"创造"的货币总额)，r 表示法定准备金占存款的比例，且 $r<1$. 当存款与放款一直进行下去时，则有
$$D=R+R(1-r)+R(1-r)^2+\cdots+R(1-r)^n+\cdots$$
$$=R\frac{1}{1-(1-r)}=\frac{R}{r},$$

记 $K_m=\dfrac{1}{r}$，它称为货币创造乘数．

显然，若最初存款是既定的，法定准备率 r 越低，银行存款和放款的总额越大．这是一个等比级数问题．

例 5 设最初存款为 1000 万元，法定准备金率为 20%，求银行存款总额和贷款总额．

解 根据题意 $R=1000$，$r=0.2$，存款总额 D_1 由级数
$$1000+1000(1-0.2)+1000(1-0.2)^2+\cdots$$
决定，其和为
$$D_1=\frac{1000}{1-(1-0.2)}=\frac{1000}{0.2}=5000(万元),$$
贷款总额 D_2 由级数
$$1000(1-0.2)+1000(1-0.2)^2+\cdots$$
决定，其和为
$$D_1=\frac{1000(1-0.2)}{1-(1-0.2)}=\frac{800}{0.2}=4000(万元).$$

三、投资费用问题

投资费用是指每隔一定时期重复一次的一系列服务或购进设备所需费用的现在值．将各次费用化为现值，用以比较间隔时间不同的服务项目或具有不同使用寿命的设备．

设初期投资为 p，年利率为 r，t 年重复一次投资．这样第一次更新费用的现值为 pe^{-rt}，第二次更新费用的现值为 pe^{-2rt}，依此类推，投资费用 D 为下列等比级数之和：
$$D=p+pe^{-rt}+pe^{-2rt}+\cdots+pe^{-nrt}+\cdots$$
$$=\frac{p}{1-e^{-rt}}=\frac{pe^{rt}}{e^{rt}-1}.$$

例 6 建造一座钢桥的费用为 380000 元，每隔 10 年需要油漆一次，每次费用为 40000 元，桥的期望寿命为 40 年；建造一座木桥的费用为 200000 元，每隔 2 年需油漆一次，每次费用为 20000 元，其期望寿命为 15 年，若年利率为 10%，问建造哪一种桥较为经济？

解 根据题意，建桥的总费用包括建桥费用和油漆费用两部分．

对建钢桥，$p=380000$，$r=0.1$，$t=40$，因 $r\times t=0.1\times 40=4$，则建桥费用为
$$D_1=p+pe^{-4}+pe^{-2\times 4}+\cdots=p\frac{1}{1-e^{-4}}=\frac{pe^4}{e^4-1},$$
查表知 $e^4=54.598$，于是
$$D_1=\frac{380000\times 54.598}{54.598-1}=387090.8(元),$$
油漆钢桥费用为
$$D_2=\frac{40000\times e^{0.1\times 10}}{e^{0.1\times 10}-1}=\frac{40000\times 2.7183}{2.7183-1}=63278.8(元),$$
故建钢桥总费用的现值为
$$D=D_1+D_2=450369.6(元).$$
类似地，建木桥费用为
$$D_3=\frac{200000\times e^{0.1\times 15}}{e^{0.1\times 15}-1}=\frac{200000\times 4.482}{4.482-1}=257438(元),$$
油漆木桥费用为

$$D_4 = \frac{20000 \times e^{0.1 \times 2}}{e^{0.1 \times 2} - 1} = \frac{20000 \times 1.2214}{1.2214 - 1} = 110334.2(元),$$

故建木桥总费用的现值为

$$D_5 = D_3 + D_4 = 367772.2(元).$$

显然，建木桥较为经济.

现假设价格每年以百分率 i 涨价，年利率为 r，若某种服务或项目的现在费用为 p_0 时，则 t 年后的费用为 $A_t = p_0 e^{it}$，其现值为 $p_t = A_t e^{-rt} = p_0 e^{-(r-i)t}$.

这表明，在通货膨胀情况下，计算总费用 D 的等比级数是

$$D = p + p e^{-(r-i)t} + p e^{-2(r-i)t} + \cdots + p e^{-n(r-i)t} + \cdots$$

$$= p \frac{1}{1 - e^{-(r-i)t}} = \frac{p e^{(r-i)t}}{e^{(r-i)t} - 1}.$$

例如，在上述建桥问题中，若每年物价上涨 7%，试重新考虑建木桥还是建钢桥经济？这里，$r = 0.1$，$i = 0.07$，$r - i = 0.03$，此时，对钢桥，建桥费用和油漆费用分别为 $D_1 = 543780$，$D_2 = 154320$，建钢桥总费用的现在值为 $D = D_1 + D_2 = 698100(元)$.

对木桥，建桥费用和油漆费用分别为 $D_3 = 551926$，$D_4 = 343624$，建木桥总费用的现在值为 $D = D_3 + D_4 = 895550(元)$.

根据以上计算可知，在每年通货膨胀 7% 的情况下，建钢桥经济.

四、乘数效应问题

例 7 A 国地方政府为了刺激经济发展，减免税收 100 万元. 假定居民中收入的安排为：国民收入的 90% 用于消费，10% 用于储蓄. 经济学家把这个 90% 称之为边际消费倾向（MPC），10% 称为边际储蓄倾向. 在这种情况下，政府想知道由于减免税收会产生多大的消费？

解 将 100 万元返还纳税人，那么将有 $0.9 \times 100 = 90$（万元）用于消费，这个 90 万元又成为其他人的收入，又将有 $0.9 \times 90 = 81$（万元）用于消费，如此类推下去，那么由于减免税收所产生的消费支出之和为

$$100 \times 0.9 + 100 \times 0.9^2 + 100 \times 0.9^3 + \cdots$$

$$= 0.9 \times 100 \times \frac{1}{1 - 0.9}$$

$$= 900(万元).$$

由此可见，100 万元的减免税收可以产生 900 万元的消费支出. 这种由于消费而产生更多消费的经济现象，称之为乘数效应，在现代西方经济学中，乘数是被用来分析经济中某一变量的增减所产生连锁反应的大小的. 而且，在国民收入中，用于消费的比例越大，所引起的连锁反应就越大.

由上面分析可知，减免税收 100 万元所产生的乘数效应为

$$0.9 \times 100 \times \frac{1}{1 - 0.9} = 100 \times \frac{0.9}{1 - 0.9} = (减免税收量) \cdot \frac{MPC}{1 - MPC},$$

而 $\frac{MPC}{1 - MPC}$ 称为乘数，记为 λ，即

$$\lambda = \frac{MPC}{1 - MPC}.$$

习 题 10-6

1. 某合同规定,从签约之日起,由甲方永不停止地每年支付给乙方 300 万元人民币,设利率为每年 5%,分别以(1)年复利计算利息;(2)连续复利计算利息,则该合同的现值是多少?

2. 设某地区国民收入中,80% 用于消费,20% 用于储蓄. 为了刺激经济的发展,地区减免税收 150 万元,试估计这种减免税收会产生多大的消费?

3. 某演艺公司与某位演员签订一份合同,合同规定演艺公司在第 n 年末必须支付该演员或其后代 n 万元($n=1,2,\cdots$),假定银行存款按 4% 的年复利计算利息,问演艺公司需要在签约当天存入银行的资金为多少?

总复习题 10

(A)

1. 填空题:

(1) 若 $\sum_{n=1}^{\infty}(1-u_n)$ 收敛,则 $\lim\limits_{n\to\infty}u_n=$ _____ .

(2) 级数 $\sum_{n=1}^{\infty}(\sqrt{n+1}-\sqrt{n})$ 的部分和 $S_n=$ _____ ,则该级数的敛散性为 _____ .

(3) 函数 $\sum_{n=1}^{\infty}\dfrac{(-1)^n n^2+\sqrt{n}}{n^2\sqrt{n}}$ 的敛散性为 _____ .

(4) $\sum_{n=1}^{\infty}\ln\left(1+\dfrac{1}{n}\right)x^{n+1}$ 的收敛域是 _____ .

2. 选择题:

(1) 下列级数中,收敛的级数是( ).

  A. $\sum_{n=1}^{\infty}\dfrac{1}{\sqrt{2n+1}}$; B. $\sum_{n=1}^{\infty}\dfrac{n}{3n+1}$;

  C. $\sum_{n=1}^{\infty}\dfrac{100}{q^n}(|q|<1)$; D. $\sum_{n=1}^{\infty}\dfrac{2^{n-1}}{3^n}$.

(2) 下列级数中,条件收敛的级数是( ).

  A. $\sum_{n=1}^{\infty}(-1)^n\dfrac{n}{2n+10}$; B. $\sum_{n=1}^{\infty}(-1)^n\dfrac{1}{\sqrt{n^3}}$;

  C. $\sum_{n=1}^{\infty}(-1)^n\left(\dfrac{1}{2}\right)^n$; D. $\sum_{n=1}^{\infty}(-1)^n\dfrac{1}{\sqrt{n}}$.

(3) 幂级数 $\sum_{n=1}^{\infty}(-1)^{n-1}\dfrac{x^n}{n}$ 的收敛域为( ).

  A. $(-1,1)$; B. $[-1,1]$; C. $(-1,1]$; D. $[-1,1)$.

(4) 幂级数 $1-\dfrac{2}{2!}x^2+\dfrac{2^3}{4!}x^4-\cdots+(-1)^n\dfrac{2^{2n-1}}{(2n)!}x^{2n}+\cdots(|x|<+\infty)$ 是下列哪个函数的幂级数展开式( ).

A. $\sin^2 x$；　　　B. $\cos^2 x$；　　　C. e^{-x}；　　　D. $\sin \dfrac{x}{2}$.

3. 用适当的方法判定下列级数的敛散性.

(1) $\sin \dfrac{\pi}{2} + \sin \dfrac{\pi}{2^2} + \sin \dfrac{\pi}{2^3} + \cdots + \sin \dfrac{\pi}{2^n} + \cdots$；　　(2) $\displaystyle\sum_{n=1}^{\infty} \dfrac{3^n n!}{n^n}$.

4. 求幂级数 $\displaystyle\sum_{n=1}^{\infty} \dfrac{2n+1}{n!} x^{2n}$ 的和函数.

5. 将函数 $f(x) = \ln x$ 展开成 $(x-2)$ 的幂级数，并指出其收敛域.

(B)

1. 填空题：

(1) $\displaystyle\sum_{n=1}^{\infty} n \left(\dfrac{1}{2}\right)^{n-1} =$ _____ .

(2) 若 $\displaystyle\sum_{n=1}^{\infty} a_n (x-1)^n$ 在 $x=-1$ 处收敛，则此级数在 $x=2$ 处 _____ 收敛.

2. 设有级数 $\displaystyle\sum_{n=1}^{\infty} \dfrac{n}{n!} x^{n+1}$，试求级数 $\displaystyle\sum_{n=1}^{\infty} \dfrac{n-1}{n!} 2^n$ 的和.

3. 利用幂级数展开式求极限 $\displaystyle\lim_{x \to 0} \dfrac{x - \arcsin x}{\sin^3 x}$.

4. 将函数 $f(x) = \dfrac{1}{(x+2)^2}$ 展开成 $(x+1)$ 的幂级数.

习题答案与提示

第 一 章

习题 1-1

1. (1) $[-2, -1) \cup (-1, 1) \cup (1, +\infty)$；(2) $[1, 5]$；(3) $(-1, +\infty)$；(4) $(2, 3)$.

2. (1) 不相同；(2) 相同；(3) 相同；(4) 相同.

3. (1) 0；-4；2；$\dfrac{|a-2|}{a+1}$；$\dfrac{|a+b-2|}{a+b+1}$；(2) 2；π^3.

4. $(1, +\infty)$.

5. $f[g(x)] = \dfrac{1}{x^2}$；$g[f(x)] = \dfrac{x^2-2x}{(1-x)^2}$.

6. (1) 偶函数；(2) 既非奇函数又非偶函数；(3) 偶函数；(4) 奇函数；(5) 既非奇函数又非偶函数；(6) 偶函数.

7. (1) 减函数；(2) 增函数；(3) 增函数.

8. (1) $y = x^3 - 1$；(2) $y = \dfrac{1}{4}\arccos x$；(3) $y = \log_2\left(\dfrac{x}{1-x}\right)$.

9. (1) $y = u^4$，$u = 1-x$，u 为中间变量；(2) $y = 2^u$，$u = \tan x$，u 为中间变量；
(3) $y = e^u$，$u = x^2$，u 为中间变量；(4) $y = \lg u$，$u = \tan x$，u 为中间变量；
(5) $y = \cos u$，$u = \sqrt{v}$，$v = 1+e^{2x}$，u, v 为中间变量；
(6) $y = u^3$，$u = \sin v$，$v = 1+2x$，u, v 为中间变量.

10. 略.

11. $L(x) = (p-k)x - a$，$x \in (0, m]$.

12. (1) $C(Q) = 2 + Q$；(2) $R(Q) = -\dfrac{1}{4}Q^2 + 5Q$；(3) $L(Q) = -\dfrac{1}{4}Q^2 + 4Q - 2$.

13. $y = \begin{cases} 0.15x, & x \leqslant 50, \\ 7.5 + 0.25(x-50), & x > 50. \end{cases}$

习题 1-2

1. (1) 单调增加但不收敛；(2) 有界且收敛于 0；
(3) 单调增加，有界且收敛于 1；(4) 单调递减数列，有界且收敛于 5.

2~3. 略. 4. 极限不存在.

5. $\lim\limits_{x \to 1+0} = -1$，$\lim\limits_{x \to 1-0} = 2$，所以当 $x \to 1$ 时，极限不存在. 作图略.

6~8. 略.

9. $\delta = 0.0002$. 提示：因为 $x \to 2$，所以不妨设 $1 < x < 3$.

10. 略.

习题 1-3

1. (1) 2； (2) 2； (3) 0； (4) 0.
2. (1) $+\infty$； (2) $+\infty$； (3) ∞.
3. 无界，但不是无穷大． 4～5. 略．

习题 1-4

1. (1) 0；(2) 3；(3) 0；(4) $\frac{3}{5}$；(5) $2x$；(6) 1；(7) 1；(8) 0；(9) 2；(10) $\frac{2}{3}$；(11) 1；(12) 2.

2. (1) 2；(2) $\frac{3}{4}$；(3) $\frac{1}{8}$；(4) 0.

3. $a=1, b=-1$． 4. 2.

5. (1) 29200 元；(2) 不存在$(+\infty)$；(3) 不能．

习题 1-5

1. (1) $\frac{2}{3}$；(2) $(-1)^{m-n}\frac{m}{n}$；(3) 1；(4) $\frac{1}{4}$；(5) $\frac{2}{3}$；(6) $\sec^2 a$.

2. (1) $\frac{1}{e}$；(2) $\frac{1}{e^2}$；(3) e^{-10}；(4) e^4；(5) e；(6) e.

3. $c=-\ln\sqrt{2}$． 4. $a=1, b=6$． 5. (1) ∞；(2) 1.

6. $f(0^+)=1, f(0^-)=-1, \lim\limits_{x\to 0}f(x)$ 不存在；$g(0^+)=1, g(0^-)=-1, \lim\limits_{x\to 0}g(x)$ 不存在．

习题 1-6

1. (1) x 是比 $x^2\sin x$ 低阶的无穷小；(2) x 是比 $\sqrt{x}$ 高阶的无穷小．

2. (1) 同阶，不等价；(2) 等价．

3. 略．

4. (1) $\frac{3}{4}$；(2) $0(m<n$ 时$)$，$1(m=n$ 时$)$，$\infty(m>n$ 时$)$；(3) $\frac{m^2}{2}$；(4) $\frac{3}{2}$.

5. 略． 6. (1) 1；(2) 1；(3) $\frac{1}{2}$；(4) $\frac{1}{2}$． 7. 略．

习题 1-7

1. 略．

2. (1) $x=1$ 为可去间断点，$x=2$ 为第二类间断点；

(2) $x=1$ 为第二类间断点；

(3) $x=0$ 为可去间断点，$x=1$ 为无穷间断点；

(4) $x=0$ 和 $x=k\pi+\frac{\pi}{2}(k=0, \pm 1, \pm 2, \cdots)$ 为可去间断点，$x=k\pi(k=0, \pm 1, \pm 2, \cdots)$

为第二类间断点．

(5) $x=1$ 为跳跃间断点；

(6) $x=1$ 为可去间断点．

3. $a=1$． 4. $a=2$, $b=2$．

5.(1) 0；(2) $\dfrac{2}{3}$．

6.(1) $x=0$ 是第一类跳跃间断点，$x=1$ 是第二类间断点；

(2) $x=0$ 是第二类间断点，$x=1$ 是第一类跳跃间断点．

7. $f(x)=\begin{cases} 1, & |x|<1, \\ 0, & |x|=1, \\ -1, & |x|>1, \end{cases}$ $x=1$ 和 $x=-1$ 为第一类间断点．

习题 1-8

1. $x=1$，$x=-2$ 为函数的间断点，连续区间为 $(-\infty, -2) \cup (-2, 1) \cup (1, +\infty)$，$\lim\limits_{x \to 0} f(x) = \dfrac{1}{2}$，$\lim\limits_{x \to -1} f(x) = 0$，$\lim\limits_{x \to -2} f(x) = \infty$．

2.(1) 3；(2) 0；(3) $\dfrac{1}{3}$；(4) $\dfrac{e}{2}$；(5) $\dfrac{1}{2}$；(6) $\ln\pi$；(7) 0；(8) $\sqrt{e}$．

3～4. 略． 5.(1) 448 元；(2) 连续；(3) 略． 6～7. 略．

总复习题 1

(A)

1.(1) $[-1, 1]$；(2) 3；(3) 0；(4) $\ln 2$；(5) 1．

2.(1) C；(2) A；(3) D；(4) B；(5) B．

3.(1) $x=2k$，$k=0, \pm 1, \cdots$；(2) $x=1$；(3) $a=1$，$b=-1$；(4) 1；(5) $\dfrac{3}{4}$．

4. 略．

(B)

1. $\varphi(x) = \sqrt{\ln(1-x)}$，$x \leqslant 0$．提示：$f[\varphi(x)] = e^{\varphi^2(x)} = 1-x$，故 $\varphi(x) = \sqrt{\ln(1-x)}$，再由 $\ln(1-x) \geqslant 0$，得：$1-x \geqslant 1$，即 $x \leqslant 0$．

2.(1) 0，提示：用拉格朗日中值定理；(2) 0，提示：分子有理化；(3) $\dfrac{6}{5}$；(4) $a=\ln 3$．

3. 略．

第 二 章

习题 2-1

1. -6．

2. 略．

3.(1) 切线方程：$\dfrac{\sqrt{3}}{2}x + y - \dfrac{\sqrt{3}}{6}\pi - \dfrac{1}{2} = 0$，法线方程：$\dfrac{2\sqrt{3}}{3}x - y - \dfrac{2\sqrt{3}}{9}\pi + \dfrac{1}{2} = 0$；

(2) $y=e^3(x-3)+e^3$.

4.(1) $A=-\dfrac{1}{2}f'(x_0)$; (2) $A=f'(0)$; (3) $A=-\dfrac{1}{f'(x_0)}$.

5.(1) $y'=\dfrac{1}{2\sqrt{x}}$; (2) $y'=-\sin x$; (3) $y'=\dfrac{1}{x\ln 3}$;

(4) $y'=\dfrac{1}{6\sqrt[6]{x^5}}$; (5) $y'=-\dfrac{2}{x^3}$; (6) $y'=a^x e^x(\ln a+1)$.

6. 2. 7~8. 略. 9. (2, 4).

10.(1) 连续，但不可导；(2) 连续且可导.

11. $a=2, b=-1$.

12. $f'_+(0)=1$, $f'_-(0)=0$, $f'(0)$不存在.

习题 2-2

1.(1) $12x^2+6x^{-3}$; (2) $2e^x+\dfrac{3}{x}$;

(3) $15x^2-2^x\ln 2+3e^x$; (4) $\tan x+x\sec^2 x+\csc^2 x$;

(5) $\dfrac{1}{x}-\dfrac{2}{x\ln 10}+\dfrac{3}{x\ln 2}$; (6) $xe^x(3x+5)$;

(7) $\dfrac{3x^2-1}{2x^{\frac{3}{2}}}$; (8) $3e^x(\cos x-\sin x)$;

(9) $\dfrac{-2\csc x[\cot x(1+x^2)+2x]}{(1+x^2)^2}$; (10) $\dfrac{x\cos x-\sin x}{x^2}$;

(11) $\dfrac{1-\ln x}{x^2}$; (12) $\dfrac{e^x(x-2)}{x^3}$;

(13) $\dfrac{-1-2x}{(1+x+x^2)^2}$; (14) $x(2\sin x\ln x+x\cos x\ln x+\sin x)$.

2.(1) $\dfrac{\sqrt{2}}{2}\left(-\dfrac{\pi^2}{16}+\dfrac{\pi}{2}+1\right)$; (2) 5; (3) 0.

3.(1) $v(t)=v_0-gt$; (2) $t=\dfrac{v_0}{g}$.

4. $(0, -1)$. 5. $y=x-3e^{-2}$. 6. 略.

习题 2-3

1.(1) $6(2x+5)^2$; (2) $4\cos(4x+3)$; (3) $-6xe^{1-3x^2}$;

(4) $\dfrac{2x}{1+x^2}$; (5) $-\sin 2x$; (6) $-2x\sin(x^2)$;

(7) $-x(1-x^2)^{-\frac{1}{2}}$; (8) $2x\sec^2 x^2$; (9) $\dfrac{2}{1+4x^2}$;

(10) $\dfrac{-2\arccos x}{\sqrt{1-x^2}}$; (11) $\dfrac{2x+2}{(x^2+2x+3)\ln a}$; (12) $-\tan x$;

(13) $\dfrac{\cos x}{2\sqrt{\sin x}\cdot\sqrt{1-\sin x}}$; (14) $\dfrac{1}{1+x^2}$;

(15) $-e^{-\frac{x}{2}}\left(\frac{1}{2}\cos 3x+3\sin 3x\right)$; (16) $\frac{1}{x\sqrt{x^2-1}}$;

(17) $\frac{1}{(1-x)\sqrt{(1+x)(1-x)}}$; (18) $-\frac{x}{(1+x^2)^{\frac{3}{2}}}$;

(19) $-\frac{2}{x(1+\ln x)^2}$; (20) $\sec x$; (21) $\frac{2\arcsin\frac{x}{2}}{\sqrt{4-x^2}}$;

(22) $e^{\arctan\sqrt{x}}\frac{1}{2\sqrt{x}(1+x)}$; (23) $\csc x$; (24) $\frac{1}{x\ln x\ln(\ln x)}$.

2. (1) $2xf'(x^2)$; (2) $\sin 2x(f'(\sin^2 x)-f'(\cos^2 x))$;

(3) $\frac{1}{2\sqrt{x}}f'(\sqrt{x}+1)$; (4) $2e^x f(e^x)f'(e^x)$.

3. (1) $-e^{-x}(x^2-4x+5)$; (2) $\sin 2x\sin(x^2)+2x\sin^2 x\cos(x^2)$;

(3) $6\left(\arctan\frac{x}{2}\right)^2\frac{1}{4+x^2}$; (4) $\frac{nx\ln^{n-1}x-2\ln^n x}{x^3}$;

(5) $\frac{4}{(e^t+e^{-t})^2}$; (6) $\frac{1}{x^2}\tan\frac{1}{x}$;

(7) $\frac{1}{x^2}e^{-\sin^2\frac{1}{x}}\sin\frac{2}{x}$; (8) $\frac{1}{2\sqrt{x+\sqrt{x}}}\left(1+\frac{1}{2\sqrt{x}}\right)$;

(9) $\arcsin\frac{x}{2}$; (10) $y'=\begin{cases}\dfrac{2}{1+t^2}, & t^2<1, \\ -\dfrac{2}{1+t^2}, & t^2>1.\end{cases}$

习题 2-4

1. (1) $\frac{ay-x^2}{y^2-ax}$; (2) $-\frac{1+y\sin(xy)}{2+x\sin(xy)}$; (3) $\frac{y(x-1)}{x(1-y)}$;

(4) $\frac{e^y}{1-xe^y}$; (5) $1+\frac{1}{y^2}$; (6) $\frac{\cos(x+y)}{1-\cos(x+y)}$.

2. $\ln 2-1$.

3. (1) $\left(\frac{x}{1+x}\right)^x\left(\ln\frac{x}{1+x}+\frac{1}{x+1}\right)$; (2) $\frac{y(x\ln y-y)}{x(y\ln x-x)}$;

(3) $\sqrt{\frac{1-x}{1+x^2}}\cdot\frac{-x^3-3x+2}{2(1-x)(1+x^2)}$; (4) $\frac{1}{2}\sqrt{x\sin x\sqrt{1-e^x}}\left[\frac{1}{x}+\cot x-\frac{e^x}{2(1-e^x)}\right]$.

4. (1) 切线方程: $y=-\frac{1}{2}x+2$; 法线方程: $y=2x+2$.

(2) 切线方程: $y-\frac{\sqrt{2}}{8}\pi=\frac{\frac{\sqrt{2}}{2}\left(1-\frac{\pi}{4}\right)}{1-\frac{\sqrt{2}}{2}\left(1+\frac{\pi}{4}\right)}\left[x-\frac{\pi}{4}\left(1-\frac{\sqrt{2}}{2}\right)\right]$;

法线方程：$y - \dfrac{\sqrt{2}}{8}\pi = \dfrac{\sqrt{2}-1-\frac{\pi}{4}}{\frac{\pi}{4}-1}\left[x - \dfrac{\pi}{4}\left(1-\dfrac{\sqrt{2}}{2}\right)\right]$.

5. 0.

6. (1) $\dfrac{\tan t}{2}\mathrm{e}^{-\cos t - \sin t}$; (2) $\dfrac{2t}{1-t^2}$.

习题 2-5

1. (1) $4 - \dfrac{1}{x^2}$; (2) $-\dfrac{1+x^2}{(1-x^2)^2}$; (3) $(9x^2+12x+2)\mathrm{e}^{3x}$;

(4) $-2\mathrm{e}^{-x}\cos x$; (5) $\dfrac{-a^2}{(a^2-x^2)^{\frac{3}{2}}}$; (6) $-\dfrac{x}{(1+x^2)^{\frac{3}{2}}}$;

(7) $\dfrac{1}{2}\sec^2\dfrac{x}{2}\tan\dfrac{x}{2}$; (8) $\dfrac{12x^4-6x}{(x^3+1)^3}$; (9) $\dfrac{6\ln x - 5}{x^4}$;

(10) $\dfrac{\mathrm{e}^x(x^2-2x+2)}{x^3}$; (11) $2\csc^2 x\cot x$; (12) $-2\lambda^2\cos(2\lambda x)$.

2. (1) $-\dfrac{1}{y^3}$; (2) $-\dfrac{b^4}{a^2 y^3}$; (3) $-2\csc^2(x+y)\cot^3(x+y)$; (4) $\dfrac{2\mathrm{e}^{2y}-x\mathrm{e}^{3y}}{(1-x\mathrm{e}^y)^3}$.

3. (1) $2\{[f'(x)]^2 + f(x)f''(x)\}$; (2) $\dfrac{f''(x)f(x)-[f'(x)]^2}{[f(x)]^2}$.

4. (1) $\dfrac{1}{t^3}$; (2) $-\dfrac{b\csc^3 t}{a^2}$; (3) $\dfrac{1+t^2}{4t}$.

5. $v = \dfrac{8}{9}$, $a = \dfrac{2}{27}$.

6. (1) $n!$; (2) $2\times 4^{n-1}\sin\left(\dfrac{\pi}{2}(n-1)-4x\right)$; (3) $(-1)^n\dfrac{(n-2)!}{x^{n-1}}$ $(n\geqslant 2)$;

(4) $[x^2 + (4+2^{n-1})x + (4n+1+2^{n-2}(n+1))]\mathrm{e}^x$.

习题 2-6

1. $\Delta y = -1.141$, $\mathrm{d}y = -1.2$; $\Delta y = 0.1206$, $\mathrm{d}y = 0.12$.

2. (1) $\mathrm{d}y = \left(-\dfrac{1}{x^2}+4x\right)\mathrm{d}x$; (2) $\mathrm{d}y = (3x^2\sin 5x + 5x^3\cos 5x)\mathrm{d}x$;

(3) $\mathrm{d}y = \dfrac{4x}{1+2x^2}\mathrm{d}x$; (4) $\mathrm{d}y = (2x\cdot 3^x + x^2\cdot 3^x\cdot \ln 3)\mathrm{d}x$;

(5) $\mathrm{d}y = -\mathrm{e}^{-x}[\sin(3-x)+\cos(3-x)]\mathrm{d}x$; (6) $\mathrm{d}y = \begin{cases} -\dfrac{1}{\sqrt{1-x^2}}\mathrm{d}x, & -1<x<0, \\ \dfrac{1}{\sqrt{1-x^2}}\mathrm{d}x, & 0<x<1; \end{cases}$

(7) $\mathrm{d}y = 8x\tan(1+2x^2)\sec^2(1+2x^2)\mathrm{d}x$; (8) $\mathrm{d}y = -\dfrac{2x}{x^4+1}\mathrm{d}x$.

3. (1) $ax + C$; (2) $x^3 + C$; (3) $\ln|x| + C$; (4) $\dfrac{\sin\omega x}{\omega} + C$;

(5) $-\dfrac{1}{1+x}+C$; (6) $-\dfrac{1}{2}e^{-2x}+C$; (7) $2x^{\frac{1}{2}}+C$; (8) $\dfrac{1}{3}\tan 3x+C$.

4. $0.03355g$.

5. (1) 0.4849; (2) -0.96509; (3) 0.02; (4) $60°2'$; (5) 0.9997; (6) 2.0052.

6. 略.

习题 2-7

1. (1) $e^{-x}(2x-x^2)$, $2-x$; (2) $x^{a-1}e^{-b(x+c)}(a-bx)$, $a-bx$.

2. (1) 9.5 元; (2) 22 元.

3. (1) $10Q-\dfrac{Q^2}{5}$, $10-\dfrac{Q}{5}$, $10-\dfrac{2Q}{5}$; (2) 120, 6, 2.

4. $L(Q)=-Q^2+28Q-100$, $Q=14$(百件).

5. (1) $C'(Q)=3+Q$, $R'(Q)=50Q^{-\frac{1}{2}}$, $L'(Q)=50Q^{-\frac{1}{2}}-Q-3$; (2) $\dfrac{ER}{EP}=-1$.

6. (1) $\dfrac{P}{24-P}$; (2) $\dfrac{1}{3}$; (3) 增加 0.67%.

7. (1) $\dfrac{5P}{4+5P}$; (2) $\dfrac{5}{7}$.

总复习题 2

(A)

1. $-f'(a)$. 2. $e^{2t}(1+2t)$. 3. $a^n f^{(n)}(ax+b)$.

4. $y=x+1$. 5. $4a^6$.

6. B. 7. C. 8. B. 9. D. 10. C.

11. $a=0$, $b=1$.

12. $dy=-\dfrac{ye^{-xy}+\cos(x+y)}{xe^{-xy}+\cos(x+y)}dx$; 法线方程为 $y-x=0$.

13. 略.

14. (1) 提示: $R(P)=PQ(P)$; (2) $\left.\dfrac{ER}{EP}\right|_{P=6}=\dfrac{7}{13}$.

(B)

1. $\lambda>2$. 2. $y=x-1$. 3. $n!$. 4. -2. 5. $2\sqrt{2}v_0$. 6. $2x+y-1=0$.

7. B. 8. D. 9. D. 10. C. 11. A.

12. $a=g'(0)$, $f'(x)=\begin{cases} \dfrac{x[g'(x)+\sin x]-[g(x)-\cos x]}{x^2}, & x\neq 0, \\ \dfrac{1}{2}(g''(0)+1), & x=0. \end{cases}$

13. 提示: 先求 y', y'', 得关系式: $(1-x^2)y''=2+xy'$, 再两边求 $(n-1)$ 阶导数, 利用莱布尼茨公式.

14. $P_0=\dfrac{a\eta}{\eta-1}$, $Q_0=\dfrac{c}{1-\eta}$.

第 三 章

习题 3-1

1. 求得 $\xi = \dfrac{\pi}{2} \in \left(\dfrac{\pi}{3}, \dfrac{2\pi}{3}\right)$.

2. 求得两点 $\xi_1 = \dfrac{5+\sqrt{13}}{12} \in (0, 1)$，$\xi_2 = \dfrac{5-\sqrt{13}}{12} \in (0, 1)$.

3. 求得 $\xi = 2\left[\dfrac{\pi}{4} - \arctan\left(\dfrac{\pi}{2}-1\right)\right] \in \left(0, \dfrac{\pi}{2}\right)$.

4. 两个实根，分别位于区间 $(0, 1)$ 和 $(1, 2)$ 内.

5. 提示：设 $f(x) = x^5 + 5x + 1$ 在区间 $[0, 1]$ 上应用零点定理证明根的存在性. 可假设存在另一根，应用罗尔定理，采用反证法证明根的唯一性.

6. 提示：(1) 设函数 $f(x) = \sin x$，在 $[x_1, x_2]$ 上应用拉格朗日中值定理；(2) 设函数 $f(x) = e^x$，在 $[1, x]$ 上应用拉格朗日中值定理.

7. 提示：应用拉格朗日中值定理的推论1证明.

8. 提示：连续两次应用罗尔定理.

*9. 提示：设 $F(x) = f(x) - x$，在 $\left[0, \dfrac{1}{2}\right]$ 上应用零点定理得零点 η，再在 $[0, \eta]$ 上应用罗尔定理证明.

*10. 提示：设 $F(x) = e^{-x} f(x)$，应用拉格朗日中值定理的推论.

*11. 提示：应用罗尔定理，最关键的是在区间 $[1, 4]$ 上，找到两点函数值相等.

习题 3-2

1. (1) 2；(2) -1；(3) $\dfrac{a}{b}$；(4) 1；(5) 1；(6) 0.

2. (1) 2；(2) $\dfrac{1}{2}$；(3) 3；(4) $\dfrac{1}{3}$；(5) $\dfrac{1}{6}$；(6) ∞；(7) 1；(8) 1.

3. 提示：利用洛必达法则成立的充分条件.

*4. (1) e^2；(2) $\dfrac{1}{2}$；(3) $\dfrac{1}{6}$.

习题 3-3

1. $f(x) = 3 + (x-1) + 2(x-1)^2 + (x-1)^3$.

2. $\tan x = x + \dfrac{1 + 2\sin^2(\theta x)}{3\cos^4(\theta x)} x^3 \ (0 < \theta < 1)$.

3. $xe^x = x + x^2 + \dfrac{x^3}{2!} x^3 + \cdots + \dfrac{x^n}{(n-1)!} + \dfrac{(n+1+\theta x)e^{\theta x}}{(n+1)!} x^{n+1} \ (0 < \theta < 1)$.

*4. $\sqrt{x} = 2 + \dfrac{1}{4}(x-4) + \dfrac{1}{2!}\left(-\dfrac{1}{32}\right)(x-4)^2 + \dfrac{1}{3!}\left(\dfrac{3}{256}\right)(x-4)^3 + \dfrac{1}{4!}\left(-\dfrac{15}{16}\right)\xi^{-\frac{7}{2}}(x-4)^4$，

$\sqrt{4.02} \approx 2.0049375$.

*5. $\dfrac{1}{3}$.

习题 3-4

1. (1) 增 $\left[\dfrac{3}{2}, +\infty\right)$, 减 $\left(-\infty, \dfrac{3}{2}\right]$; 凸 $[0, 1]$, 凹 $(-\infty, 0]$, $[1, +\infty)$;

(2) 增 $\left[\dfrac{1}{2}, +\infty\right)$, 减 $\left(-\infty, \dfrac{1}{2}\right]$; 凸 $[-1, 0]$, 凹 $(-\infty, -1]$, $[0, +\infty)$;

(3) 增 $(-1, 1]$, 减 $(-\infty, -1)$, $[1, +\infty)$; 凸 $(-\infty, -1)$, $(-1, 2]$, 凹 $[2, +\infty)$;

(4) 增 $\left[\dfrac{\pi}{3}, \dfrac{5\pi}{3}\right]$, 减 $\left[0, \dfrac{\pi}{3}\right]$, $\left[\dfrac{5\pi}{3}, 2\pi\right]$; 凸 $[\pi, 2\pi]$, 凹 $[0, \pi]$;

(5) 增 $(-\infty, 0)$, $[2, +\infty)$, 减 $(0, 2]$; 凹 $(-\infty, 0)$, $(0, +\infty)$;

(6) 增 $(-\infty, 1]$, 减 $[1, +\infty)$; 凸 $[0, 2]$, 凹 $(-\infty, 0]$, $[2, +\infty)$.

2. $a = -\dfrac{3}{2}$, $b = \dfrac{9}{2}$.

3. $q \geqslant 2$.

4. 提示：利用零点定理及函数的单调性证明.

5. 提示：利用零点定理及函数的单调性证明.

6. 提示：利用函数单调性证明不等式.

*7. 提示：利用函数单调性，并设 $F(x) = xf'(x) - f(x)$.

*8. $a = 1$, $b = -3$, $c = -24$, $d = 16$.

习题 3-5

1. 极大值 $f(-1) = 17$, 极小值 $f(3) = -47$.

2. 极小值 $f\left(-\dfrac{\sqrt{2}}{2}\right) = -\sqrt{2}$.

3. (1) 最大值 $f(4) = 142$, 最小值 $f(1) = 7$;

(2) 最大值 $f(0) = 2$, 最小值 $f(-1) = 0$;

(3) 最大值 $f(4) = \dfrac{5}{4}$;

(4) 最大值 $f(1) = -29$.

4. $a = 2$, 极大值, $f\left(\dfrac{\pi}{3}\right) = \sqrt{3}$.

5. 长 10m, 宽 5m 时, 面积最大 50m².

6. 有盖：$r = \sqrt[3]{\dfrac{V}{\pi}}$, $h = \sqrt[3]{\dfrac{V}{\pi}} = r$, $r : h = 1 : 1$; 无盖：$r = \sqrt[3]{\dfrac{V}{2\pi}}$, $h = 2\sqrt[3]{\dfrac{V}{2\pi}} = 2r$, $r : h = 1 : 2$.

7. $x = 27$ 台, $p = 16$ 元.

8. $d : h : b = \sqrt{3} : \sqrt{2} : 1$ 时抗弯截面模量最大.

*9. $x = \dfrac{1}{n}\sum\limits_{i=1}^{n} a_i$. *10. $a = 1$. *11. $\varphi = \dfrac{2\sqrt{6}}{3}\pi$.

*12. (1) $S=-2r^2-\dfrac{\pi}{2}r^2+10r$；(2) 当 $r=\dfrac{10}{\pi+4}$ 时，窗子面积最大 $S_{\max}=\dfrac{50}{\pi+4}$.

习题 3-6

1. 作图略．

2. (1) $y=0$，$x=0$；(2) $y=x-2$，$x=-3$，$x=1$；(3) $y=\dfrac{\pi}{2}$，$y=-\dfrac{\pi}{2}$.

*3. $y=x+5$，$x=1$ 和 $y=1$，$x=0$.

*4. 水平渐近线：$y=1$；垂直渐近线：$x=1$，$x=-1$；斜渐近线：$y=x+\ln 3$.

总复习题 3

(A)

1. (1) ×；(2) ×；(3) √．

2. (1) $\dfrac{\pi}{4}$，$\dfrac{5\pi}{4}$；(2) 0，C．

3. (1) D；(2) C．

4. 提示：令 $f(x)=\sin x-x+\dfrac{x^3}{6}$，利用函数的单调性证明．

5. (1) $\dfrac{1}{3}$；(2) 1；(3) 15．

6. 单调区间：增 $(-\infty,-1)$，$[1,+\infty)$，减 $(-1,1)$；凹凸区间：凸 $(-\infty,-1)$，$(-1,2]$，凹 $[2,+\infty)$；极大值 $f(1)=3$，无极小值；拐点 $\left(2,\dfrac{8}{3}\right)$.

(B)

1. (1) √；(2) √．

2. (1) $\dfrac{1}{6}$，3；(2) $f'(1)>f(1)-f(0)>f'(0)$；(3) $\sqrt[3]{3}$.

3. (1) C；(2) A．

4. 提示：利用拉格朗日中值定理与罗尔定理证明．

5. 一阶：$f(x)=5-13(x+1)+(5-6\xi)(x+1)^2$，$\xi$ 在 -1 与 x 之间；
二阶：$f(x)=5-13(x+1)+11(x+1)^2-2(x+1)^3$，$\xi$ 在 -1 与 x 之间；
三阶：$f(x)=5-13(x+1)+11(x+1)^2-2(x+1)^3$，$\xi$ 在 -1 与 x 之间．

第 四 章

习题 4-1

1. (1) $2x^5-x-2\tan x+C$；　　　(2) $\dfrac{1}{4}x^2-\ln|x|-\dfrac{5}{3x^3}+C$；

(3) $\dfrac{2}{7}x^{\frac{7}{2}}-\dfrac{2}{3}x^{\frac{3}{2}}+C$；　　　(4) $\dfrac{a^x}{\ln a}+\dfrac{x^3}{3}+C$；

(5) $\dfrac{1}{3}x^3+\arctan x+C$；　　　(6) $e^x+\cos x+C$；

(7) $\dfrac{1}{2}\tan x+C$;

(8) $3\arcsin x-2\arctan x+C$;

(9) $-(\cot x+\tan x)+C$;

(10) $\dfrac{1}{2}(x+\sin x)+C$.

2. (1) $\dfrac{8}{15}x^{\frac{15}{8}}+C$;

(2) $-\dfrac{1}{x}-\arctan x+C$;

(3) $\dfrac{1}{3}x^3-x+\arctan x+C$;

(4) $x-\dfrac{24}{5}x^{\frac{5}{6}}+6x^{\frac{2}{3}}+C$;

(5) $-\cot x+\csc x+C$;

(6) $\dfrac{4^x}{\ln 4}+\dfrac{9^x}{\ln 9}+2\dfrac{6^x}{\ln 6}+C$;

(7) $\dfrac{1}{2}(\tan x-x)+C$;

(8) $e^x-\arcsin x+C$;

(9) $\dfrac{e^x}{2^{x-1}(1-\ln 2)}+\dfrac{9^x}{2^{x-1}(2\ln 3-\ln 2)}+C$;

(10) $\dfrac{1}{2}(\tan x+x)+C$;

(11) $\dfrac{x^2}{2}-\dfrac{1}{2x^2}+C$;

(12) $\dfrac{1}{2}(x-\sin x-\cos x)+C$.

3. $f(x)=\dfrac{1}{x\sqrt{1-x^2}}$.

4. $f(x)=\begin{cases} x, & x\leqslant 0, \\ e^x-1, & x>0. \end{cases}$

习题 4-2

1. (1) $4x+C$;　　(2) $\dfrac{1}{3}x^3+C$;　　(3) $\dfrac{1}{6}$;　　(4) -2;　　(5) $\dfrac{1}{2\sqrt{x}}$;

(6) $\dfrac{1}{2}$;　　　　　(7) -1;　　　　(8) $\dfrac{1}{2}$;　　(9) -1;　　(10) $\dfrac{1}{3}$.

2. (1) $\dfrac{1}{6}(2x^2-5)^{\frac{3}{2}}+C$;

(2) $-\dfrac{2}{7}(2-x)^{\frac{7}{2}}+C$;

(3) $-\ln|1-x|+C$;

(4) $-e^{\frac{1}{x}}+C$;

(5) $\dfrac{(x^2-6x+5)^{\frac{3}{2}}}{3}+C$;

(6) $-\dfrac{1}{776}(2x-1)^{-97}-\dfrac{1}{392}(2x-1)^{-98}-\dfrac{1}{792}(2x-1)^{-99}+C$;

(7) $-\dfrac{1}{5}\ln|1-x^5|+C$;

(8) $\dfrac{1}{3}\arcsin 3x$;

(9) $\dfrac{1}{3}\arctan(3x-1)+C$;

(10) $-2\cos\sqrt{x}+C$;

(11) $\dfrac{1}{2}\ln|1+2\ln x|+C$;

(12) $\ln|\ln(\ln x)|+C$;

(13) $-\dfrac{a}{4}\sqrt{1-4x^2}+\dfrac{b}{2}\arcsin 2x+C$;

(14) $-\dfrac{1}{\arctan x}+C$;

(15) $\dfrac{1}{10}\sin(5x+6)+\dfrac{1}{2}\sin(x+2)+C$;

(16) $-\dfrac{1}{2\sin^2 x}-\ln|\sin x|+C$;

(17) $-\dfrac{4}{5}\cos^{\frac{5}{4}}x+\dfrac{4}{13}\cos^{\frac{13}{4}}x+C$;

(18) $\dfrac{1}{3}\sec^3 x-\sec x+C$;

(19) $2\sqrt{\tan x}+C$;   (20) $\frac{1}{2}\ln^2(\tan x)+C$;

(21) $\frac{4}{3}(\sin x-2\cos x+4)^{\frac{3}{4}}+C$;   (22) $\arctan e^x+C$.

3. (1) $2\sqrt{x}-2\ln(1+\sqrt{x})+C$;   (2) $\frac{3}{2}(x+2)^{\frac{2}{3}}-3(x+2)^{\frac{1}{3}}+3\ln|1+(x+2)^{\frac{1}{3}}|+C$;

(3) $\frac{x}{9\sqrt{4x^2+9}}+C$;   (4) $\frac{1}{2}\arccos\frac{2}{x}+C$;   (5) $\frac{a^2}{2}\arcsin\frac{x}{a}-\frac{x\sqrt{a^2-x^2}}{2}+C$;

(6) $\sqrt{x^2-9}-3\arccos\frac{3}{|x|}+C$;   (7) $\sqrt{x^2+6x+5}-2\arccos\frac{2}{x+3}+C$;

(8) $\frac{2}{3}(e^x+1)^{\frac{3}{2}}-2(e^x+1)^{\frac{1}{2}}+C$;   (9) $-\frac{1}{4}\ln\left(\frac{1}{x^4}+1\right)+C$;

(10) $x-2\sqrt{x+1}+2\ln(1+\sqrt{x+1})+C$.

4. (1) $\frac{1}{3}\ln^3(x+\sqrt{1+x^2})+C$;   (2) $\frac{x}{16}-\frac{1}{64}\sin 4x+\frac{1}{48}\sin^3 2x+C$;

(3) $\tan x-\sec x+C$;   (4) $f[f(x)+1]+f(x)+C$;

(5) $\frac{1}{3}\ln[f^3(x)+\sqrt{1+f^6(x)}]+C$;   (6) $\ln\left|\frac{1-\sqrt{1-x^2}}{x}\right|-\frac{2\sqrt{1-x^2}}{x}+C$;

(7) $\ln|x|-\frac{2}{7}\ln|1+x^7|+C$;   (8) $\frac{2}{5}x^{\frac{5}{2}}+\frac{2}{3}x^{\frac{3}{2}}-\frac{2}{5}(x+1)^{\frac{5}{2}}+\frac{2}{3}(x+1)^{\frac{3}{2}}+C$.

习题 4-3

1. (1) $-e^{-x}(x+1)+C$;   (2) $\frac{1}{3}x^3\arcsin x+\frac{1}{3}(1-x^2)^{\frac{1}{2}}-\frac{1}{9}(1-x^2)^{\frac{3}{2}}+C$;

(3) $x\arcsin x+\sqrt{1-x^2}+C$;   (4) $x\ln^2 x-2x\ln x+2x+C$;

(5) $\frac{1}{2}(x\sec^2 x-\tan x)+C$;   (6) $\frac{1}{3}x^3\arctan x-\frac{1}{6}x^2+\frac{1}{6}\ln(1+x^2)$;

(7) $\frac{1}{2}x\sin 2x+\frac{1}{4}\cos 2x+C$;   (8) $\frac{1}{6}x^3+\frac{1}{2}x^2\sin x+x\cos x-\sin x+C$;

(9) $2(x\tan x+\ln|\cos x|)+C$;   (10) $\frac{1}{8}\sin 2x-\frac{1}{4}x\cos 2x+C$;

(11) $\frac{x}{2}[\sin(\ln x)-\cos(\ln x)]+C$;   (12) $\frac{x}{2}[\sin(\ln x)+\cos(\ln x)]+C$;

(13) $(\ln\ln x-1)\ln x+C$;   (14) $-\frac{\ln x+1}{x}+C$;

(15) $\frac{1}{8}x^4\left(2\ln^2 x-\ln x+\frac{1}{4}\right)+C$;   (16) $3(\sqrt[3]{x^2}-2\sqrt[3]{x}+2)e^{\sqrt[3]{x}}+C$;

(17) $e^x\left(\frac{1}{2}-\frac{1}{5}\sin 2x-\frac{1}{10}\cos 2x\right)+C$;   (18) $\frac{1}{2}(\sec x\tan x+\ln|\sec x+\tan x|)+C$.

2. (1) $-\frac{1}{n}\sin^{n-1}x\cos x+\frac{n-1}{n}I_{n-2}$;   (2) $\frac{1}{2(n-1)a^2}\left[\frac{x}{(x^2+a^2)^{n-1}}+(2n-3)I_{n-1}\right]$.

3. $\frac{x\cos x-2\sin x}{x}+C$.

4. $-e^{-x^2}(2x^2+1)+C$.

5. (1) $\dfrac{e^{\arctan x}(1+x)}{2\sqrt{1+x^2}}+C$; (2) $2(x-2)\sqrt{e^x-1}+4\arctan\sqrt{e^x-1}+C$;

(3) $\dfrac{\ln x}{1-x}+\ln\left|\dfrac{x-1}{x}\right|+C$; (4) $2(x-2\sqrt{x}+2)e^{\sqrt{x}}+C$;

(5) $-\dfrac{\arctan x}{x}+\dfrac{1}{2}\ln\dfrac{x^2}{1+x^2}+C$; (6) $-\dfrac{\arcsin e^x}{e^x}-\ln\left|e^{-x}+\sqrt{e^{-2x}-1}\right|+C$.

习题 4−4

1. (1) $-\dfrac{x}{(x-1)^2}+C$; (2) $\dfrac{1}{7}\ln\left|\dfrac{x-5}{x+2}\right|+C$;

(3) $\dfrac{1}{2}\ln|x-1|-\dfrac{1}{4}\ln(x^2+1)+\dfrac{1}{2}\arctan x+C$;

(4) $\dfrac{x^3}{3}-\dfrac{3}{2}x^2+9x-27\ln|x+3|+C$; (5) $\ln|x-5|-\dfrac{1}{x-1}+C$;

(6) $\dfrac{x^3}{3}-2x^2+13x+\dfrac{1}{2}\ln|x+1|-\dfrac{81}{2}\ln|x+3|+C$;

(7) $x+4\ln|x-1|-\dfrac{2}{x-1}+C$; (8) $x+\dfrac{1}{x}+\ln|x-1|+C$.

2. (1) $\dfrac{1}{2}\ln\left|\tan\dfrac{x}{2}\right|-\dfrac{1}{4}\tan^2\dfrac{x}{2}+C$; (2) $\dfrac{1}{4}\ln\left|\dfrac{2+\tan\dfrac{x}{2}}{2-\tan\dfrac{x}{2}}\right|+C$;

(3) $-\cos x+\sqrt{5}\arctan\left(\dfrac{\cos x}{\sqrt{5}}\right)+C$; (4) $\dfrac{1}{4}\tan^2\dfrac{x}{2}+\tan\dfrac{x}{2}+\dfrac{1}{2}\ln\left|\tan\dfrac{x}{2}\right|+C$.

3. (1) $2\sqrt{x}-2\ln(1+\sqrt{x})+C$; (2) $2\sqrt{x}-4\sqrt[4]{x}+4\ln(\sqrt[4]{x}+1)+C$;

(3) $-\dfrac{3}{2}\sqrt[3]{\dfrac{x+1}{x-1}}+C$; (4) $\dfrac{2}{3}\left[(x+1)^{\frac{3}{2}}-x^{\frac{3}{2}}\right]+C$.

总复习题 4

(A)

1. (1) $x+e^x+C$; (2) $-\dfrac{1}{3}\sqrt{(1-x^2)^3}+C$;

(3) $-x-\ln(1-x)+C$, $0<x<1$.

2. (1) C; (2) A; (3) A.

3. $f(x)=\dfrac{x}{2}[(a+b)\sin(\ln x)+(b-a)\cos(\ln x)]+C$.

4. $-2\sqrt{1-x}\arcsin\sqrt{x}+2\sqrt{x}+C$.

5. (1) $2(\tan x-1)^{\frac{1}{2}}+C$; (2) $\sqrt{\dfrac{2x}{a}}+C$;

(3) $\dfrac{1}{2}e^{2x}-e^x+x+C$; (4) $2(\sin\sqrt{x}-\sqrt{x}\cos\sqrt{x})+C$;

(5) $-\dfrac{1}{2}\cos(2x)+\dfrac{1}{6}\cos^3(2x)+C$;   (6) $-\dfrac{\ln x}{x}+C$;

(7) $-\dfrac{\ln x}{\sqrt{x^2-1}}+\arccos\dfrac{1}{x}+C$;   (8) $-\cot x\ln\sin x-\cot x-x+C$;

(9) $-x-\ln(1-\sqrt{1-e^{2x}})+C$;   (10) $\dfrac{6}{7}x^{\frac{7}{6}}-\dfrac{4}{3}x^{\frac{3}{4}}+C$.

(B)

1. (1) $-F(e^{-x})+C$;   (2) $\dfrac{1}{4}\sin(8x^2-4)+C$;

(3) $\dfrac{1}{6}\sqrt{(2x-1)^3}+\dfrac{3}{2}\sqrt{2x-1}+C$;   (4) $\arctan[\arctan(\sin x)]+C$.

2. (1) D; (2) B; (3) A; (4) B.

3. (1) $\dfrac{1}{ab}\arctan\left(\dfrac{b}{a}\tan x\right)+C$;   (2) $\dfrac{1}{2}\sin[\ln(x^2+1)]+C$;

(3) $\dfrac{x\sin x}{1+\cos x}+C$;   (4) $-\dfrac{1}{45}\left(\dfrac{\sqrt{9-x^2}}{x}\right)^5+C$;

(5) $-\dfrac{1}{3}\left(\dfrac{\sqrt{1+x^2}}{x}\right)^3+\dfrac{\sqrt{1+x^2}}{x}+C$;   (6) $\dfrac{1}{3}\ln|x^3+3x^2+4|+C$;

(7) $x+\sec x-\tan x+C$;   (8) $\dfrac{2}{3}\sqrt{\tan^3 x}-2\sqrt{\cot x}+C$;

(9) $\ln|\cos x+\sin x|+C$;   (10) $(1+x)\arcsin\sqrt{\dfrac{x}{1+x}}-\sqrt{x}+C$;

(11) $e^x\tan\dfrac{x}{2}+C$;   (12) $\dfrac{e^x}{x+2}+C$.

4. 略.

第 五 章

习题 5-1

1. $\dfrac{10}{3}$.   2. $x^2-\dfrac{4}{3}x+\dfrac{2}{3}$.   3. (1) 负; (2) 负.   4. 略.

5. (1) $\int_0^1 x^2\mathrm{d}x\geqslant\int_0^1 x^3\mathrm{d}x$; (2) $\int_1^3 x^2\mathrm{d}x\leqslant\int_1^3 x^3\mathrm{d}x$;

(3) $\int_1^2\ln x\mathrm{d}x\geqslant\int_1^2(\ln x)^2\mathrm{d}x$; (4) $\int_0^{\frac{\pi}{2}}\sin x\mathrm{d}x\leqslant\int_0^{\frac{\pi}{2}}x\mathrm{d}x$;

(5) $\int_0^1 x\mathrm{d}x\geqslant\int_0^1\ln(1+x)\mathrm{d}x$; (6) $\int_0^1 e^x\mathrm{d}x\geqslant\int_0^1(1+x)\mathrm{d}x$.

6. (1) $-1\leqslant\int_{-1}^0 e^{-x^2}\mathrm{d}x\leqslant-e^{-1}$; (2) $\dfrac{\sqrt{3}\pi}{9}\leqslant\int_{\frac{1}{\sqrt{3}}}^{\sqrt{3}}\arctan x\mathrm{d}x\leqslant\dfrac{2\sqrt{3}\pi}{9}$.

7. 由于 $-|f(x)|\leqslant f(x)\leqslant|f(x)|$,从而由定积分性质 5 的推论有

$$-\int_a^b|f(x)|\mathrm{d}x\leqslant\int_a^b f(x)\mathrm{d}x\leqslant\int_a^b|f(x)|\mathrm{d}x.$$

习题 5-2

1. (1) 1;　　(2) $\dfrac{58}{3}$;　　(3) $\dfrac{1}{4}$;　　(4) $\sqrt{3}-1-\dfrac{\pi}{12}$;　　(5) 4;

　(6) $\dfrac{\pi}{3a}$;　　(7) $\dfrac{\pi}{3}$;　　(8) 2;　　(9) $\dfrac{1}{2}\left(e^2-\dfrac{5}{3}\right)$;　　(10) $\dfrac{\pi}{2}$.

2. (1) $3x^2 e^{-x^6}$;　　(2) $2x^5\sin x^2 - \dfrac{1}{2}\sqrt{x}\sin\sqrt{x}$;　　(3) $\dfrac{1}{2}$;　　(4) $\dfrac{1}{2e}$;

　(5) 1;　　(6) 2.

3. $f(x) = 1 - e^{x-1}$, $a = 1$.

4. (1) $\dfrac{2}{3}\sqrt{3} - \dfrac{\pi}{6}$;　　(2) $\dfrac{5}{6}$.

5. $x=0$ 取极小值.

6. $\Phi(x) = \begin{cases} x^2, & 0 \leqslant x \leqslant 1, \\ \dfrac{1}{2}x^2 + 2x - \dfrac{3}{2}, & 1 < x \leqslant 2. \end{cases}$

习题 5-3

1. (1) 0;　　(2) $\dfrac{\pi}{6} + \dfrac{\sqrt{3}}{8}$;　　(3) $2(\sqrt{3}-1)$;　　(4) $\dfrac{2}{3}$;

　(5) $1 - e^{-\frac{1}{2}}$;　　(6) $\dfrac{\pi}{2}$;　　(7) $2\ln 2 - 1$;　　(8) 1;

　(9) $\dfrac{1}{6}$;　　(10) $\dfrac{51}{512}$;　　(11) $2\sqrt{2}$;　　(12) $1 - \dfrac{\pi}{4}$;

　(13) $\sqrt{2} - \dfrac{2}{3}\sqrt{3}$;　　(14) $(\sqrt{3}-1)a$;　　(15) $\dfrac{\pi}{12}$;　　(16) $\dfrac{\sqrt{2}}{2}\pi$.

2. (1) $2\sqrt{2}\pi$;　　(2) 0;　　(3) $\dfrac{\pi^3}{324}$;　　(4) 0.

3. 提示：(1) 令 $t = 1-x$；(2) 令 $t = a+b-x$.

4. 记 $F(a) = \displaystyle\int_a^{a+T} f(x)\,dx$，则 $F'(a) = f(a+T) - f(a) = 0$，知 $F(a)$ 与 a 无关，因此 $F(a) = F(0)$.

5. (1) $1 - 2e^{-1}$;　　(2) $4(2\ln 2 - 1)$;　　(3) $\dfrac{1}{4}(e^2+5)$;　　(4) $\dfrac{\pi}{4} - \dfrac{1}{2}$;

　(5) $\dfrac{1}{2}\sin(4\pi^2)$;　　(6) $e - 2$;　　(7) $\dfrac{\pi^3}{6} - \dfrac{\pi}{4}$;

　(8) $\dfrac{1}{2}(e\sin 1 - e\cos 1 + 1)$;　　(9) $\dfrac{4}{3}$;　　(10) $2\ln 2 - 1$;

　(11) $\dfrac{1}{5}(e^\pi - 2)$;　　(12) $\dfrac{1}{8}(\pi - 2\ln 2)$;　　(13) $\dfrac{2}{15}$;　　(14) $\dfrac{\pi}{2} - 1$.

习题 5-4

1. (1) 0.7188;　　　　　　　　　　　　　　　　(2) 0.6938.

2. (1) 0.7828; (2) 3.1312.

习题 5-5

1. (1) $\dfrac{1}{6}$; (2) 1; (3) $\dfrac{32}{3}$; (4) $\dfrac{32}{3}$.

2. (1) 18; (2) $\dfrac{4}{3}$; (3) $\dfrac{7}{6}$; (4) $e+e^{-1}-2$;

(5) $b-a$.

3. $\dfrac{3\pi a^2}{8}$. 4. $3\pi a^2$. 5. $\dfrac{e}{2}$. 6. πa^2.

7. $1+\dfrac{1}{2}\ln\dfrac{3}{2}$. 8. $\dfrac{2}{3}R^3\tan\alpha$. 9. $2\pi ab^2$.

10. $\dfrac{128}{7}\pi$; $\dfrac{64}{5}\pi$. 11. $\dfrac{16}{3}\pi$.

12. (1) 900 件；(2) 利润会减少 16 元.

13. $t=8$ 时利润 1840 万元.

14. 1451.6 万元.

习题 5-6

1. (1) $\dfrac{1}{2}$；(2) 发散；(3) 发散；(4) $\dfrac{1}{2}$；(5) -1；(6) $\ln 2$.

2. (1) $x=1$ 是瑕点，原式 $=\lim\limits_{\varepsilon\to 0+0}\int_0^{1-\varepsilon}\dfrac{dx}{\sqrt{1-x}}=\lim\limits_{\varepsilon\to 0+0}\left(-2\sqrt{1-x}\Big|_0^{1-\varepsilon}\right)=2$;

(2) $\dfrac{\pi}{2}$；(3) 2；(4) 发散.

3. 当 $k>1$ 时，收敛于 $\dfrac{1}{(k-1)(\ln 2)^{k-1}}$；当 $k\leqslant 1$ 时，发散.

总复习题 5

(A)

1. (1) √；(2) ×；(3) √；(4) √.

2. (1) $\dfrac{x}{1+\cos x}$；(2) 1；(3) $\sin x+x\cos x$；(4) $f(x)-f(0)$；(5) $\dfrac{8}{3}$.

3. (1) D；(2) B；(3) B；(4) B；(5) D.

4. 略.

5. (1) $S(t)=1-2te^{-2t}$ $(t>0)$，用广义积分计算 S 的值后即可写出 $S(t)$ 的表达式；

(2) $S(0.5)=1-e^{-1}$，根据 $S(t)$ 的表达式，用导数方法计算 $S(t)$ 的最小值.

6. 略.

(B)

1. (1) ×；(2) √；(3) √；(4) √.

2. (1) 因为 $\displaystyle\int\dfrac{dx}{e^x+e^{2-x}}=\int\dfrac{e^x dx}{e^{2x}+e^2}=\dfrac{1}{e}\int\dfrac{de^{x-1}}{1+e^{2(x-1)}}=\dfrac{1}{e}\arctan e^{x-1}+C$，所以

$$\int_1^{+\infty} \frac{\mathrm{d}x}{\mathrm{e}^x + \mathrm{e}^{2-x}} = \frac{1}{\mathrm{e}} \arctan \mathrm{e}^{x-1} \Big|_1^{+\infty} = \frac{\pi}{4\mathrm{e}}.$$

(2) $\dfrac{\pi}{4\mathrm{e}^2}$.

(3) $2-\dfrac{4}{\mathrm{e}}$，利用对称区间上奇偶函数的定积分性质化简后再行计算．

(4) $\dfrac{1}{2}\ln 3$，分析：先利用函数的表示法与用任何字母表示无关的特性求出 $f(x)$ 的表达式，然后求定积分．

(5) $-\dfrac{1}{2}$，分析：先作变量代换 $t=x-1$，然后计算定积分．

3.（1）D．（2）B，利用间断点的定义判断即可．

(3) A，$\int_1^x \dfrac{\sin t}{t}\mathrm{d}t > \ln x$ 可转化为 $\int_0^a g(x)f'(x)\mathrm{d}x + \int_0^1 f(x)g'(x)\mathrm{d}x - f(a)g(1)$，然后利用定积分的比较定理的推论进行判断．

(4) D，利用定积分性质即可．

(5) D，只要根据定义判定广义积分 $\int_1^{+\infty}\dfrac{\mathrm{d}x}{x(x+1)}$ 和 $\int_0^1 \dfrac{\mathrm{d}x}{x(x+1)}$ 的收敛性质即可．

(6) B，算出 $\int_0^x f(t)\mathrm{d}t$，即可讨论 $F(x)$ 的连续性和可导性．

4.提示：证明 $\int_a^b x[f(x)-g(x)]\mathrm{d}x \leqslant 0$，为此引入辅助函数 $\psi(x) = \int_a^x [f(t)-g(t)]\mathrm{d}t$．

5.略．

6.略．

7.由于所给定积分中的被积函数很复杂，将它记为 $F(x) = \mathrm{e}^{1-x^2}f(x)$，再由积分中值定理和罗尔定理证明．

第 六 章

习题 6-1

1.略．

2.$5a-11b+7c$．

习题 6-2

1.Ⅳ，Ⅴ，Ⅷ，Ⅱ．

2.xOy 面上，yOz 面上，x 轴上，z 轴上．

3.$(-4, 1, -3)$，$\sqrt{26}$．

4.到 x 轴距离为 $2\sqrt{5}$，到 y 轴的距离为 5，到 z 轴的距离为 $\sqrt{13}$．

5.$(\pm\sqrt{7}, 0, 0)$．

6.到原点的距离为 $\sqrt{21}$，到 x 轴、y 轴、z 轴的距离分别为 $\sqrt{17}$，$2\sqrt{5}$，$\sqrt{5}$，到 xOy 面、yOz 面、xOz 面的距离分别为 4，2，1．

7. (1) $-5\boldsymbol{i}+5\boldsymbol{j}-8\boldsymbol{k}$; (2) $9\boldsymbol{i}-2\boldsymbol{j}+13\boldsymbol{k}$; (3) $-4\boldsymbol{i}+7\boldsymbol{j}-7\boldsymbol{k}$. 8. 略.

9. $(-1, 0, 0)$. 10. $\pm\left(\dfrac{6}{11}, -\dfrac{7}{11}, \dfrac{6}{11}\right)$. 11. $(5, -1, -3)$.

习题 6-3

1. (1) 3, $5\boldsymbol{i}+\boldsymbol{j}+7\boldsymbol{k}$; (2) -18, $6(5\boldsymbol{i}+\boldsymbol{j}+7\boldsymbol{k})$; (3) $\dfrac{\sqrt{21}}{14}$.

2. $-\dfrac{3}{2}$. 3. 2. 4. $\pm\dfrac{1}{3}(1, -2, 2)$.

5. 略. 6. $\dfrac{5\sqrt{2}}{2}$. 7. 3.

习题 6-4

1. $3x-7y+5z-4=0$. 2. $2x+9y-6z-121=0$.

3. (1) xOz 面; (2) 平行于 yOz 面的平面; (3) 平行于 xOy 面的平面;
(4) 垂直于 xOy 面的平面; (5) 垂直于 yOz 面的平面; (6) 过原点;
(7) 通过 z 轴的平面; (8) 通过 x 轴的平面.

4. (1) $x-z=0$; (2) $-9y+z+2=0$;
(3) $x-z+2=0$; (4) $2x-y+2z-7=0$.

习题 6-5

1. $\dfrac{x-4}{2}=\dfrac{y+1}{1}=\dfrac{z-3}{5}$. 2. $\dfrac{x-x_1}{x_2-x_1}=\dfrac{y-y_1}{y_2-y_1}=\dfrac{z-z_1}{z_2-z_1}$. 3. $\dfrac{x-1}{5}=\dfrac{y+1}{7}=\dfrac{z}{11}$.

4. $x-y+z+1=0$. 5. $\dfrac{\sqrt{39}}{78}$. 6. 0.

7. $7x+4y+3z-4=0$. 8. $\begin{cases} y-z=0, \\ x+z-1=0. \end{cases}$ 9. $\dfrac{\sqrt{6}}{2}$.

10. $\begin{cases} y-z-1=0, \\ x+y+z=0. \end{cases}$ 11. $\left(-\dfrac{5}{3}, \dfrac{2}{3}, \dfrac{2}{3}\right)$.

习题 6-6

1. $(x-2)^2+(y-3)^2+(z-4)^2=9$. 2. 略.

3. (1) 圆, 圆柱; (2) 双曲线, 双曲柱面; (3) 抛物线, 抛物柱面. 4. 略.

5. $\begin{cases} x^2+9y^2=10z, \\ x=0. \end{cases}$ 6. $\begin{cases} 2x^2+y^2-2x=0, \\ z=0. \end{cases}$ 7. $\begin{cases} 14x-7y+35=0, \\ z=0. \end{cases}$

8~9. 略.

总复习题 6

(A)

1. $\dfrac{\boldsymbol{a}+\boldsymbol{b}}{2}, \dfrac{\boldsymbol{a}+\boldsymbol{b}}{2}, \dfrac{\boldsymbol{a}-\boldsymbol{b}}{2}, \dfrac{\boldsymbol{a}-\boldsymbol{b}}{2}$. 2. $3\boldsymbol{a}-\boldsymbol{b}-4\boldsymbol{c}$.

3. $(0, 0, 2)$, $(0, 1, 0)$, $(3, 0, 0)$, $(3, 1, \sqrt{10})$, $(3, \sqrt{13}, 2)$, $(\sqrt{5}, 1, 2)$.

4. 略. 5. $(1, -2, -2)$, $(-3, 6, 6)$. 6. 略.

7. $\pm \left(\dfrac{1}{3\sqrt{10}}, \dfrac{8}{3\sqrt{10}}, \dfrac{5}{3\sqrt{10}} \right)$. 8. $\dfrac{2\pi}{3}$.

9. (1) 30; (2) $35\boldsymbol{i} + 45\boldsymbol{j} + 20\boldsymbol{k}$.

10. (1) $(0, 0, 3)$, $R = 4$; (2) $(1, -2, 2)$, $R = 4$.

11. $\left(x + \dfrac{2}{3} \right)^2 + (y+1)^2 + \left(z + \dfrac{4}{3} \right)^2 = \left(\dfrac{2}{3}\sqrt{29} \right)^2$.

12. 平面直角坐标系中，(1) 圆；(2) 抛物线；(3) 抛物线；(4) 双曲线；(5) 直线；(6) 直线.

空间直角坐标系中，(1) 圆柱面；(2) 抛物柱面；(3) 抛物柱面；(4) 双曲柱面；(5) 平面；(6) 平面.

13. (1) $\dfrac{x^2+y^2}{4} + \dfrac{z^2}{9} = 1$; (2) $y^2 + z^2 = x$;

(3) $\dfrac{x^2+y^2}{4} - z^2 = 1$; (4) $x^2 + z^2 = 4y^2$.

14. (1) 球面；(2) 圆锥面；(3) 椭圆柱面；(4) 抛物面；(5) 下半锥面；(6) 椭圆抛物面.

15. (1) $4x + 2y + z - 9 = 0$; (2) $2x + y - 5z - 2 = 0$; (3) $x + 2z = 0$.

16. $\begin{cases} x = 1 + \cos t, \\ y = \sin t, \\ z = 2\sin \dfrac{t}{2} \end{cases}$ $(0 \leqslant t \leqslant 2\pi)$.

17. $\begin{cases} x^2 + y^2 \leqslant 4, \\ z = 0; \end{cases}$ $\begin{cases} y^2 \leqslant z \leqslant 4, \\ x = 0; \end{cases}$ $\begin{cases} x^2 \leqslant z \leqslant 4, \\ y = 0. \end{cases}$

18. $\dfrac{x-1}{5} = \dfrac{y+1}{7} = \dfrac{z}{11}$; $\begin{cases} x = 1 + 5t, \\ y = -1 + 7t, \\ z = 11t. \end{cases}$

19. (1) $\dfrac{x-1}{1} = \dfrac{y-2}{5} = \dfrac{z+2}{-3}$; (2) $\dfrac{x-3}{1} = \dfrac{y+2}{-1} = \dfrac{z+2}{-4}$;

(3) $\dfrac{x-1}{1} = \dfrac{y+1}{1} = \dfrac{z-2}{2}$; (4) $\begin{cases} 17x + 31y - 37z - 117 = 0, \\ 4x - y + z - 1 = 0; \end{cases}$

(5) $\dfrac{x}{-3} = \dfrac{y-1}{1} = \dfrac{z-2}{2}$.

20. $x + 2y + 3z = 0$. 21. $8x - 9y - 22z - 59 = 0$. 22. $x + 38y - 19z = 57$.

(B)

1. $-\dfrac{3}{2}$. 2. (1) $\pm \dfrac{1}{25}(15, 12, 16)$; (2) $\dfrac{25}{2}$; (3) 5.

3. 36. 4. $\sqrt{318}$. 5. 30. 6. $x + 2y + 1 = 0$.

7. $\begin{cases}(x-1)^2+y^2\leqslant 1,\\ z=0\end{cases}(x\geqslant 0);$ $\begin{cases}\left(\dfrac{z^2}{2}-1\right)+y^2\leqslant 1,\\ x=0;\end{cases}$ $\begin{cases}x\leqslant z\leqslant \sqrt{2x},\\ y=0.\end{cases}$

8. $\dfrac{x+1}{48}=\dfrac{y}{37}=\dfrac{z-4}{4}.$

9. $\begin{cases}y+(4-\sqrt{5})x=0,\\ z=0;\end{cases}$ $\begin{cases}y+(4+\sqrt{5})x=0,\\ z=0.\end{cases}$

10. $\begin{cases}4x-29y=33,\\ z=0;\end{cases}$ $\begin{cases}7y+4z=-3,\\ x=0;\end{cases}$ $\begin{cases}7x+29z=36,\\ y=0.\end{cases}$

11. $2x+y-z-1=0.$ 12. $\begin{cases}3x-y+z=1,\\ x+2y-z=0,\end{cases}$ $16x^2-y^2-z^2-8x+1=0.$

第 七 章

习题 7-1

1. (1) $t^2 f(x,y);$ (2) $\dfrac{x^2+y^2}{xy}.$

2. (1) $\{(x,y)\mid x\leqslant x^2+y^2<2x\};$ (2) $\{(x,y)\mid 0<x^2+y^2<1\text{且}y^2\leqslant 4x\};$
(3) $\{(x,y)\mid 1\leqslant x^2+y^2\leqslant 4\};$ (4) $\{(x,y)\mid a^2\leqslant x^2+y^2\leqslant 2a^2\}.$

3. (1) 6;   (2) 0;   (3) ln2;   (4) 0.

4. (1) $\{(x,y)\mid y^2-2x=0\};$ (2) $\{(x,y)\mid x=k\pi \text{ 或 } y=k\pi, k\in \mathbf{Z}\}.$

习题 7-2

1. (1) $\dfrac{\partial z}{\partial x}=3x^2-y,\ \dfrac{\partial z}{\partial y}=3y^2-x;$ (2) $\dfrac{\partial z}{\partial x}=\dfrac{-y^2}{(x-y)^2},\ \dfrac{\partial z}{\partial y}=\dfrac{x^2}{(x-y)^2};$

(3) $\dfrac{\partial z}{\partial x}=e^{\sin x}\cos x\sin y,\ \dfrac{\partial z}{\partial y}=e^{\sin x}\cos y;$ (4) $\dfrac{\partial z}{\partial x}=e^{\frac{y}{x}}\left(1-\dfrac{y}{x}\right),\ \dfrac{\partial z}{\partial y}=e^{\frac{y}{x}};$

(5) $\dfrac{\partial z}{\partial x}=\dfrac{1}{x-2y},\ \dfrac{\partial z}{\partial y}=\dfrac{-2}{x-2y};$

(6) $\dfrac{\partial u}{\partial x}=\dfrac{z(x-y)^{z-1}}{1+(x-y)^{2z}},\ \dfrac{\partial u}{\partial y}=\dfrac{-z(x-y)^{z-1}}{1+(x-y)^{2z}},\ \dfrac{\partial u}{\partial z}=\dfrac{(x-y)^z\ln(x-y)}{1+(x-y)^{2z}}.$

2. 3. 3. $\dfrac{1}{2}.$ 4. 0.

5. 1, $\dfrac{1}{2},\ \dfrac{1}{2}.$

6. (1) $\dfrac{\partial^2 z}{\partial x^2}=\dfrac{1}{x},\ \dfrac{\partial^2 z}{\partial y^2}=-\dfrac{x}{y^2},\ \dfrac{\partial^2 z}{\partial x\partial y}=\dfrac{\partial^2 z}{\partial y\partial x}=\dfrac{1}{y};$

(2) $\dfrac{\partial^2 z}{\partial x^2}=-2\cos 2(x+2y),\ \dfrac{\partial^2 z}{\partial y^2}=-8\cos 2(x+2y),\ \dfrac{\partial^2 z}{\partial x\partial y}=\dfrac{\partial^2 z}{\partial y\partial x}=-4\cos 2(x+2y).$

习题 7-3

1. (1) $\dfrac{(1-y^2)\mathrm{d}x+(x^2-1)\mathrm{d}y}{(1-xy)^2+(x-y)^2};$ (2) $\dfrac{x\mathrm{d}x+y\mathrm{d}y}{x^2+y^2};$

(3) $e^{xy}(ydx+xdy)$； (4) $\cos(xy)(ydx+xdy)$；

(5) $y^{\sin x}\left(\cos x\ln y dx+\dfrac{\sin x}{y}dy\right)$.

2. $\dfrac{1}{2}dx+\dfrac{1}{2e}dy$.   3. $dx+edy+edz$.   4. $\dfrac{1}{12}$.   5. 1.08.

习题 7-4

1.(1) $4x^3+36x+30$；(2) $\dfrac{1}{1+x^2}$；(3) $x(\ln x)^{x^2}\left(\dfrac{1}{\ln x}+2\ln\ln x\right)$.

2.(1) $\dfrac{\partial z}{\partial x}=3x^2\sin y\cos y(\cos y-\sin y)$，

$\dfrac{\partial z}{\partial y}=-2x^3\sin y\cos y(\sin y+\cos y)+x^3(\sin^3 y+\cos^3 y)$；

(2) $\dfrac{\partial z}{\partial x}=2xe^{x^2-y^2}(1+x^2+y^2)$, $\dfrac{\partial z}{\partial y}=2ye^{x^2-y^2}(1-x^2-y^2)$；

(3) $\dfrac{\partial z}{\partial x}=e^{xy}[y\sin(x+y)+\cos(x+y)]$, $\dfrac{\partial z}{\partial y}=e^{xy}[x\sin(x+y)+\cos(x+y)]$；

(4) $\dfrac{\partial z}{\partial s}=\dfrac{s}{t^2}\left[2\ln(3x-2t)+\dfrac{3s}{3s-2t}\right]$, $\dfrac{\partial z}{\partial t}=-\dfrac{2s^2}{t^2}\left[\dfrac{\ln(3s-2t)}{t}+\dfrac{1}{3s-2t}\right]$；

(5) $\dfrac{\partial u}{\partial x}=ye^{x^2+3\arctan(xy)}\left(1+2x^2+\dfrac{3xy}{1+x^2y^2}\right)$, $\dfrac{\partial u}{\partial y}=xe^{x^2+3\arctan(xy)}\left(1+\dfrac{3xy}{1+x^2y^2}\right)$.

3.(1) $\dfrac{\partial z}{\partial x}=2xf'_1+ye^{xy}f'_2$, $\dfrac{\partial z}{\partial y}=-2yf'_1+xe^{xy}f'_2$；

(2) $\dfrac{\partial z}{\partial x}=yf'_1$, $\dfrac{\partial z}{\partial y}=xf'_1+f'_2$；   (3) $\dfrac{\partial z}{\partial x}=\dfrac{-2xyf'}{f^2}$, $\dfrac{\partial z}{\partial y}=\dfrac{f+2y^2f'}{f^2}$.

习题 7-5

1.(1) $\dfrac{2x+y}{e^y-x}$；   (2) $\dfrac{y^2-e^x}{\cos y-2xy}$；   (3) $\dfrac{x+y}{x-y}$.

2.(1) $\dfrac{\partial z}{\partial x}=\dfrac{2z}{3z^2-2x}$, $\dfrac{\partial z}{\partial y}=\dfrac{-1}{3z^2-2x}$；   (2) $\dfrac{\partial z}{\partial x}=-1$, $\dfrac{\partial z}{\partial y}=-2$；

(3) $\dfrac{\partial z}{\partial x}=\dfrac{yz-\sqrt{xyz}}{\sqrt{xyz}-xy}$, $\dfrac{\partial z}{\partial y}=\dfrac{xz-2\sqrt{xyz}}{\sqrt{xyz}-xy}$.

3. 略.

4. $\dfrac{\partial^2 z}{\partial x^2}=\dfrac{z(2z-2-z^2)}{x^2(z-1)^3}$(提示：$e^z=xyz$).

习题 7-6

1.(1) 极小值 $f(1,1)=-1$；   (2) 无极值；   (3) 极小值 $f(1,1)=2$.

2.(1) 极大值 $f(1,1)=1$；   (2) 极大值 $f\left(\dfrac{1}{2},\dfrac{1}{2}\right)=\dfrac{1}{4}$.

3. 最大值 $f(\pm 2,0)=4$；最小值 $f(0,0)=0$.

4. 周长最大的是等腰直角三角形，最大周长是$(\sqrt{2}+1)l$.

5. 长为 $2\sqrt{10}$ m、宽为 $3\sqrt{10}$ m 时，所用材料费最少.

习题 7-7

1. (1) $4Q_1+Q_2$，Q_1+10Q_2；(2) 18，63.

2. $E_{11}=-\alpha$，$E_{22}=-\beta$，$E_{12}=\beta$，$E_{21}=\alpha$，$E_{1Y}=r$，$E_{2Y}=1-r$.

3. $Q_1=\dfrac{29}{5}$，$Q_2=\dfrac{7}{5}$，最大利润 $\dfrac{422}{5}$.

4. $K=8$，$L=6$，$Q=200\sqrt[3]{6}$.

5. 10，15.

总复习题 7

(A)

1. (1) B；(2) D；(3) C；(4) C；(5) A.

2. (1) 2； (2) $e^{\frac{y}{x}}\dfrac{x-y}{x^2}$； (3) $2y\sin(x^2-y^2)$；

(4) 0； (5) $6xy^5+2y$； (6) $15x^2y^4+2x$.

3. (1) e^{-2}；(2) 3；(3) 1；(4) 2.

4. 略.

5. (1) 0，0；(2) $-\dfrac{1}{2}$，$-\dfrac{1}{2}$.

6. $ye^{xy}+2xy$，$xe^{xy}+x^2$.

7. $6x(4x+2y)(3x^2+y^2)^{4x+2y-1}+4(3x^2+y^2)^{4x+2y}\ln(3x^2+y^2)$，

$2y(4x+2y)(3x^2+y^2)^{4x+2y-1}+2(3x^2+y^2)^{4x+2y}\ln(3x^2+y^2)$.

8. $\dfrac{x^2y+y^3-2x}{(x^2+y^2)^2}e^{xy}$，$\dfrac{x^3+xy^2-2y}{(x^2+y^2)^2}e^{xy}$.

9. $\dfrac{1}{x+y^2}dx+\dfrac{2y}{x+y^2}dy$.

10. $\dfrac{x+2y}{(x+y)^2}$，$\dfrac{y}{(x+y)^2}$.

11. (1) $\dfrac{2y^2}{x^3}\left[\dfrac{x^2}{x^2+y^2}-\ln(x^2+y^2)\right]$，$\dfrac{2y}{x^2}\left[\dfrac{y^2}{x^2+y^2}+\ln(x^2+y^2)\right]$；

(2) $\dfrac{vx-uy}{x^2+y^2}e^{uv}$，$\dfrac{ux+vy}{x^2+y^2}e^{uv}$.

12. (1) $-\dfrac{y}{x}$； (2) $-\dfrac{x}{2y}$； (3) $\dfrac{\dfrac{y}{x}-\ln y}{\dfrac{x}{y}-\ln x}$；

(4) $\dfrac{y\cos(xy)-2xy^2-1}{-x\cos(xy)+2x^2y+1}$.

13. $\dfrac{-2xyz}{ze^z+1}dx+\dfrac{-x^2z}{ze^z+1}dy$.

14. (1) 极小值 $z(1, 1)=-1$；(2) 极小值 $z(1, 1)=2$；(3) 极小值 $z(-2, 0)=-\dfrac{2}{e}$.

15. (1) 极大值 $z(1, 1)=1$；(2) 极小值 $z(2, 2)=3$；(3) 极小值 $z(2, 2)=4$.

16. 最大值为 $z_{\max}\left(-\dfrac{1}{\sqrt{2}}, -\dfrac{1}{\sqrt{2}}\right)=1+\sqrt{2}$，最小值为 $z_{\min}\left(\dfrac{1}{2}, \dfrac{1}{2}\right)=-\dfrac{1}{2}$.

(B)

1. (1) $\{(x, y) \mid xy \geqslant 0 \text{ 且 } x>y\}$；

(2) $\lim\limits_{\Delta y\to 0}\dfrac{f(1, 2+\Delta y)-f(1, 2)}{\Delta y}$ 或 $\lim\limits_{y\to 2}\dfrac{f(1, y)-f(1, 2)}{y-2}$；

(3) $\dfrac{2x^2-y}{2x^3+xy}$，$dx+\dfrac{1}{2}dy$；   (4) $\dfrac{y(e^{xy}+z)(1+z^2)}{1-xy(1+z^2)}$；

(5) $-2xf''_{11}+(2x\cos x+y\sin x)f''_{12}-y\sin x\cos x f''_{22}-\sin x f'_2$；

(6) $dx-\sqrt{2}dy$.

2. (1) D；(2) D；(3) B；(4) A；(5) C；(6) C.

3. (1) $dz=(f+xyf'_1)dx+(x^2f'_1+xe^y f'_2)dy$；

(2) $\dfrac{\partial z}{\partial x}=y^2 f'_1+2xy f'_2$，$\dfrac{\partial z}{\partial y}=2xy f'_1+x^2 f'_2$，

$\dfrac{\partial^2 z}{\partial x \partial y}=2y f'_1+2x f'_2+2xy^3 f''_{11}+5x^2 y^2 f''_{12}+2x^3 y f''_{22}$；

(3) 0；   (4) 0；   (5) e；   (6) 不连续、可偏导、全微分不存在.

4. 所求点为 $\left(\dfrac{8}{\sqrt{26}}, \dfrac{4}{\sqrt{26}}, \dfrac{2}{\sqrt{26}}\right)$.

第 八 章

习题 8-1

1. 略.

2. (1) $I_1 \geqslant I_2$；   (2) $I_1 \leqslant I_2$；   (3) $I_1 \leqslant I_2$.

3. (1) $0 \leqslant I \leqslant 12$；   (2) $0 \leqslant I \leqslant \pi^2$；   (3) $0 \leqslant I \leqslant 3$；

(4) $4\pi \leqslant I \leqslant 36\pi$.

习题 8-2

1. (1) $\dfrac{92}{3}$；   (2) $\dfrac{\pi^2}{4}$；   (3) $\dfrac{4}{3}$；

(4) 14；   (5) $\dfrac{1}{2}(1-\cos 2)$；   (6) $e-\dfrac{1}{e}$.

2. (1) $\int_0^1 dx \int_{x^2}^x f(x, y)dy$；   (2) $\int_0^1 dy \int_y^{2y} f(x, y)dx+\int_1^2 dy \int_y^2 f(x, y)dx$；

(3) $\int_0^1 dy \int_{2-y}^{1+\sqrt{1-y^2}} f(x, y)dx$；   (4) $\int_0^1 dx \int_0^{x^2} f(x, y)dy$；

(5) $\int_0^1 dy \int_{e^y}^e f(x, y)dx$；   (6) $\int_0^1 dy \int_{\frac{y}{2}}^{1-\sqrt{2y-y^2}} f(x, y)dx$.

3. 略.

4. (1) $\int_{\frac{\pi}{4}}^{\frac{\pi}{3}} d\theta \int_{\sec\theta}^{2\sec\theta} f(r\cos\theta, r\sin\theta) r dr$; (2) $\int_{0}^{\frac{\pi}{2}} d\theta \int_{0}^{2a\cos\theta} f(r\cos\theta, r\sin\theta) r dr$;

(3) $\int_{0}^{\frac{\pi}{4}} d\theta \int_{0}^{2\sin\theta} f(r\cos\theta, r\sin\theta) r dr + \int_{\frac{\pi}{4}}^{\frac{\pi}{2}} d\theta \int_{0}^{2\cos\theta} f(r\cos\theta, r\sin\theta) r dr$;

(4) $\int_{0}^{\frac{\pi}{4}} d\theta \int_{0}^{\tan\sec\theta} r^{-1} dr$.

5. (1) $\pi(e-1)$; (2) $-6\pi^2$; (3) $\sqrt{2}-1$; (4) $4-\frac{\pi}{4}$.

6. (1) $\frac{9}{4}$; (2) πR^3; (3) 5π.

习题 8-3

1. $\frac{3}{32}\pi a^4$. 2. 16π. 3. $\sqrt{2}\pi$. 4. $2a^2(\pi-2)$.

5. (1) $\bar{x}=\frac{3}{5}$, $\bar{y}=\frac{3}{8}$; (2) $\bar{x}=\frac{a^2+ab+b^2}{8(a+b)}$, $\bar{y}=0$.

总复习题 8

(A)

1. (1) $\frac{1}{3}$; (2) $\frac{1}{2}\left(1-\frac{1}{e}\right)$;

(3) $\int_{0}^{1} dx \int_{0}^{x} f(x, y) dy + \int_{1}^{\sqrt{2}} dx \int_{0}^{\sqrt{2-x^2}} f(x, y) dy$;

(4) $\int_{0}^{\frac{\pi}{3}} d\theta \int_{0}^{2} f(r\cos\theta, r\sin\theta) r dr$; (5) $\pi \sin\frac{\pi^2}{4}$.

2. (1) C; (2) B; (3) D; (4) A; (5) A.

3. (1) $-\frac{9}{4}$; (2) 4; (3) $\frac{A^2}{2}$; (4) $\frac{a^4}{2}$.

4. 略. 5. $\frac{\pi}{2}$. 6. $\frac{7}{2}$.

(B)

1. (1) π; (2) $\frac{8}{15}$; (3) $\frac{4}{3}$; (4) π; (5) $\frac{\pi}{4}R^4\left(\frac{1}{a^2}+\frac{1}{b^2}\right)$.

2. (1) C; (2) D; (3) B; (4) C; (5) A.

3. $-\frac{2}{5}$.

4. $F(t)=\begin{cases} 0, & t\leq 0, \\ t^2, & 0<t\leq 1, \\ -t^2+4t-2, & 1<t\leq 2, \\ 2, & t>2. \end{cases}$

5. $r = \frac{4}{3}R$, $S = \frac{32}{27}\pi R^2$.   6. $\frac{1}{2}$.

第 九 章

习题 9-1

1. (1) 是，一阶；(2) 不是；(3) 是，三阶；(4) 是，二阶．
2. (1) 不是；(2) 是；(3) 不是；(4) 是．
3. (1) $x^2 - y^2 = -16$；(2) $y = 2xe^{2x}$；(3) $y = -\cos x$.
4. (1) $\frac{dy}{dx} = x^2$. (2) $\frac{dx(t)}{dt} = kx(t)(a - x(t))$，其中 k 为比例系数．
5. (1) 是；(2) 是．
6. $x(p) + p \cdot x'(p) = 0$，$\frac{Ex}{Ep} = \frac{p}{x}\frac{dx}{dp} = -1$.

习题 9-2

1. (1) $10^{-y} + 10^x = C$；
(2) $\sin y + \ln|\cos x| = C$；
(3) $\arcsin y = \arcsin x + C$；
(4) $y = e^{Cx}$；
(5) $y + x + e^{-y} - e^{-x} = C$；
(6) $(x-4)y^4 = Cx$.
2. (1) $e^y = \frac{1}{2}(e^{2x} + 1)$；
(2) $(y+1)e^{-y} = \frac{1}{2}(x^2 + 1)$；
(3) $\frac{1}{2}(y^2 + x^2) + \ln|x| = 1$；
(4) $\ln y = \tan\frac{x}{2}$.
3. $t = 20$.
4. $\sqrt{1-x^2} + \sqrt{1-y^2} = C$.
5. B. 6. $xy = 6$.

习题 9-3

1. (1) $\ln\frac{y}{x} = Cx + 1$；
(2) $y^2 = x^2 - Cx$；
(3) $y + \sqrt{y^2 - x^2} = Cx^2$；
(4) $y = 2x\arctan Cx$.
2. (1) $y^3 = y^2 - x^2$；
(2) $y = -x\ln(1 - \ln|x|)$；
(3) $y = 2x\tan\left(\ln x^2 + \frac{\pi}{4}\right)$.
3. (1) $\sin\frac{y}{x} = -\ln|x| + C$；
(2) $x = \frac{3x-y}{4} - \frac{1}{16}\ln|3 - 12x + 4y| + C$；
(3) $y + 2 = Ce^{-2\arctan\frac{y+2}{x-3}}$；
(4) $y = \tan(x + C) - x$.

习题 9-4

1. (1) $y = x^2\left(\frac{2}{3}x^{\frac{3}{2}} + C\right)$；
(2) $y = Ce^{-x} + \frac{1}{2}(\sin x + \cos x)$；

(3) $y=(x+C)e^{-\sin x}$;

(4) $y=\dfrac{C}{x}+\dfrac{1}{4}x^3$.

2. (1) $y=-\dfrac{1}{x}(x+1)e^{-x}+\dfrac{2}{xe}$;

(2) $y=2\ln x-x+2$;

(3) $y=\dfrac{2}{3}(4-e^{-3x})$;

(4) $y=\dfrac{x}{\cos x}$.

3. $y=2(e^x-x-1)$.

4. $L=200-100e^{-0.2x}$.

5. (1) $2x\ln y=\ln^2 y+C$;

(2) $y=x^n(C+e^x)$;

(3) $x=\dfrac{1}{2}y^2+Cy^3$.

6. (1) $\dfrac{1}{y^4}=-x+\dfrac{1}{4}+Ce^{-4x}$, $y=0$;

(2) $\dfrac{x^6}{y}-\dfrac{x^8}{8}=C$, $y=0$.

习题 9-5

1. (1) $y=\dfrac{1}{2}x^2\ln x-\dfrac{3}{4}x^2+C_1 x+C_2$;

(2) $y=(x-2)e^x+C_1 x+C_2$;

(3) $y=C_2 e^{C_1 x}$;

(4) $y=C_1 e^x-\dfrac{1}{2}x^2-x+C_2$;

(5) $y=C_1 x^2+C_2+\dfrac{1}{3}x^3$;

(6) $C_1 y^2-1=(C_1 x+C_2)^2$;

(7) $(y+1)e^{-y}=C_1 x+C_2$;

(8) $x+C_2=\pm\left[\dfrac{2}{3}(\sqrt{y}+C_1)^{\frac{3}{2}}-2C_1\sqrt{\sqrt{y}+C_1}\right]$.

2. (1) $y=\dfrac{1}{4}e^{2x}-\dfrac{1}{2}x-\dfrac{1}{4}$; (2) $y=x^3+3x+1$; (3) $y=\left(\dfrac{1}{3}x+1\right)^3$.

3. $y=\dfrac{x^3}{6}+\dfrac{x}{2}+1$.

习题 9-6

1. (1) $y=C_1 e^{-x}+C_2 e^{-2x}$;

(2) $y=e^{2x}(C_1\cos 2x+C_2\sin 2x)$;

(3) $y=(C_1+C_2 x)e^{-\frac{x}{3}}$;

(4) $y=C_1 e^x+C_2 e^{-x}+C_3\cos x+C_4\sin x$.

2. (1) $y=e^{-x}-e^{4x}$;

(2) $y=(2+x)e^{-\frac{x}{2}}$;

(3) $y=2\cos 5x+\sin 5x$.

3. $\varphi(x)=\dfrac{1}{2}(\cos x+\sin x+e^x)$.

4. (1) $y=C_1+C_2 e^{-9x}+x\left(\dfrac{1}{18}x-\dfrac{37}{81}\right)$;

(2) $y=C_1+C_2 e^{-\frac{5}{2}x}+\dfrac{1}{3}x^3-\dfrac{3}{5}x^2+\dfrac{7}{25}x$;

(3) $y=C_1 e^{2x}+C_2 e^{3x}-x\left(\dfrac{1}{2}x+1\right)e^{2x}$;

(4) $y=(C_1+C_2 x)e^{2x}+2x^2+4x+3+4x^2 e^{2x}$;

(5) $y=C_1\cos 2x+C_2\sin 2x+\dfrac{1}{3}x\cos x+\dfrac{2}{9}\sin x$;

(6) $y=C_1e^{-x}+C_2e^x+\dfrac{1}{5}\cos 2x-1$.

5. (1) $y=-5e^x+\dfrac{7}{2}e^{2x}+\dfrac{5}{2}$; (2) $y=e^{3x}+e^x+e^{5x}$;

(3) $y=\dfrac{1}{6}x^3e^{-x}$; (4) $y=-\cos x-\dfrac{1}{3}\sin x+\dfrac{1}{3}\sin 2x$.

6. $y=\cos 3x-\dfrac{1}{3}\sin 3x$.

习题 9-7

1. (1) 0; (2) $6n^2+4n+1$; (3) $9\cdot 4^n$; (4) $\ln\dfrac{(n+1)(n+3)}{(n+2)^2}$.

2. (1) 4 阶; (2) 2 阶; (3) 2 阶; (4) 2 阶.

3. 略.

4. $a=2$ 或 1.

习题 9-8

1. (1) $y_n=C\cdot 7^n$; (2) $y_n=C(-9)^n$;

(3) $y_n=C+n^3-\dfrac{3}{2}n^2+\dfrac{1}{2}n$; (4) $y_n=C\left(-\dfrac{1}{3}\right)^n+1$;

(5) $y_n=C\left(-\dfrac{1}{2}\right)^n+\dfrac{7}{9}+\dfrac{1}{3}n$; (6) $y_n=C\cdot 2^n+\dfrac{1}{2}n2^n$.

2. (1) $y_n=C5^n-1$, $y_n=\dfrac{7}{3}\cdot 5^n-1$;

(2) $y_n=\dfrac{1}{2}\left(\dfrac{5}{2}\right)^n+C\left(\dfrac{1}{2}\right)^n$, $y_n=\dfrac{1}{2}\left(\dfrac{5}{2}\right)^n-\dfrac{3}{2}\left(\dfrac{1}{2}\right)^n$;

(3) $y_n=C\cdot 5^n+5^n\left(-\dfrac{1}{10}n+\dfrac{1}{10}n^2\right)$, $y_n=2\cdot 5^n+5^n\left(-\dfrac{1}{10}n+\dfrac{1}{10}n^2\right)$;

(4) $y_n=C(-2)^n+\dfrac{3}{4}2^n$, $y_n=\dfrac{13}{4}(-2)^n+\dfrac{3}{4}2^n$.

习题 9-9

1. (1) $y_n=C_1(-1)^n+C_24^n$; (2) $y_n=C_1\left(\dfrac{1}{2}\right)^n+C_2\left(-\dfrac{7}{2}\right)^n$;

(3) $y_n=C_13^n+C_24^n$; (4) $y_n=(C_1+C_2n)3^n$;

(5) $y_n=C_1\cos\dfrac{\pi}{3}n+C_2\sin\dfrac{\pi}{3}n$; (6) $y_n=(C_1+C_2n)(-2)^n$.

2. (1) $y_n=(C_1+C_2n)2^n+\dfrac{1}{8}n^22^n$; (2) $y_n=C_1\left(-\dfrac{1}{3}\right)^n+C_2\left(\dfrac{1}{3}\right)^n+\dfrac{9}{8}$;

(3) $y_n=C_1(-1)^n+C_24^n$, $y_n=(-1)^n\dfrac{14}{5}+\dfrac{1}{5}\cdot 4^n$;

(4) $y_n=4+C_1\left(\dfrac{1}{2}\right)^n+C_2\left(-\dfrac{7}{2}\right)^n$, $y_n=4+\dfrac{3}{2}\left(\dfrac{1}{2}\right)^n+\dfrac{1}{2}\left(-\dfrac{7}{2}\right)^n$.

习题 9-10

1. (1) $Q=p^{-p}$; (2) $\lim\limits_{p\to+\infty}Q=0$.

2. $\dfrac{dB}{dt}=0.05B-12000$；当 $B_0=240000-240000\times e^{-1}$ 时，20 年后银行的余额为零.

3. $y(t)=\dfrac{1000\cdot 3^{\frac{t}{3}}}{9+3^{\frac{t}{3}}}$（尾），$y(6)=500$（尾）.

4. $y=\dfrac{27}{x}+\dfrac{1}{2}x^2$，当 $x=3$ 时，y 有最小值.

5. $y_{n+1}=1.04y_n+100$，第一年 1000 元，一年后 1140 元，两年后 1285.6 元，三年后 1437.0 元.

6. $a_{n+1}=1.01a_n-p$，且 $a_0=25000$，$a_{12}=0$，$a_n=C\cdot 1.01^n+100p$，$p=2221.22$.

总复习题 9

(A)

1. (1) 二；(2) $\dfrac{1}{4}x^4-\dfrac{1}{2}y^2=C$；(3) $y=(x^2+e)e^{-x^2}$；

(4) $y'=p$，$\dfrac{dp}{dy}=\dfrac{\sin y}{p}$；(5) $y^*=\dfrac{n}{2}\cdot 3^{n-1}$.

2. (1) B；(2) C；(3) A；(4) D；(5) C.

3. (1) $y=\dfrac{x^3}{5}+\sqrt{x}$； (2) $y=C_1+\dfrac{C_2}{x^2}$；

(3) $y=C_1e^{3x}+C_2e^x-2e^{2x}$；

(4) $y_n=C_1 3^n+C_2(-2)^n+\left(-\dfrac{2}{25}+\dfrac{1}{15}n\right)n\cdot 3^n$.

(B)

1. (1) $y=\dfrac{b}{a}+Ce^{-ax}$； (2) $y=e^{-2x}$；

(3) $y_n=C(-5)^n+\dfrac{5}{12}\left(n-\dfrac{1}{6}\right)$； (4) $y''+\dfrac{1}{2}y'-\dfrac{1}{2}y=e^x$；

(5) $y_i=1.2y_{i-1}+200$.

2. (1) B；(2) C；(3) B；(4) D；(5) C.

3. $f(x)=\dfrac{5}{2}(\ln x+1)$.

第 十 章

习题 10-1

1. (1) $u_n=(-1)^{n-1}\dfrac{1}{2n-1}$； (2) $u_n=\dfrac{x^{\frac{n}{2}}}{(2n-1)(2n+1)}$.

2. (1) 收敛；(2) 发散.

3.(1) 发散；(2) 发散.
4.(1) 收敛；(2) 发散；(3) 发散；(4) 收敛；(5) 发散；(6) 收敛.
5. $\dfrac{1}{4}$.　6. 8.

习题 10−2

1.(1) 收敛；(2) 发散；(3) 收敛；(4) 收敛；(5) 收敛；(6) 发散；
(7) 收敛；(8) 发散；(9) $a>1$ 时收敛，$0<a\leqslant 1$ 时发散；(10) 发散；
(11) $a>1$ 时收敛，$0<a<1$ 时收敛，$a=1$ 时发散；(12) 收敛.
2.(1) 收敛；(2) 发散；(3) 收敛；(4) 发散；(5) 发散；(6) 发散；
(7) 收敛；(8) $a<1$ 时收敛，$a>1$ 时发散，$a=1$ 时，当 $s>1$ 时收敛，$s\leqslant 1$ 时发散；
(9) 收敛；(10) 收敛.
3.(1) 收敛；(2) 收敛；(3) 发散；
(4) $0<b<a$，收敛；$0<a<b$，发散；$b=a$，不确定；
(5) 收敛；(6) 收敛.
4.(1) 绝对收敛；(2) 绝对收敛；(3) 绝对收敛；(4) 绝对收敛；(5) 条件收敛；
(6) 发散；(7) 条件收敛；(8) $0<p\leqslant 1$ 时条件收敛，$p>1$ 时绝对收敛；
(9) 条件收敛；(10) 条件收敛；(11) 绝对收敛；(12) 条件收敛.
5. 收敛.

习题 10−3

1.(1) $R=\dfrac{1}{3}$, $\left[-\dfrac{1}{3},\dfrac{1}{3}\right)$;　(2) $R=1$, $(-1, 1)$;　(3) $R=1$, $[-1, 1]$;
(4) $R=\dfrac{1}{2}$, $\left[-\dfrac{1}{2},\dfrac{1}{2}\right]$;　(5) $R=\dfrac{1}{5}$, $\left(-\dfrac{1}{5},\dfrac{1}{5}\right]$;　(6) $R=1$, $[-3, -1)$;
(7) $R=\sqrt{2}$, $(-\sqrt{2},\sqrt{2})$;　(8) $R=\dfrac{1}{3}$, $\left[-\dfrac{4}{3},-\dfrac{2}{3}\right)$;　(9) $R=\dfrac{1}{\mathrm{e}}$, $\left(-\dfrac{1}{\mathrm{e}},\dfrac{1}{\mathrm{e}}\right)$;
(10) $R=1$, $[1, 3)$.
2.(1) $\dfrac{1}{(1-x)^2}(-1<x<1)$;　(2) $-x+\dfrac{1}{2}\ln\dfrac{1+x}{1-x}(-1<x<1)$;
(3) $S(x)=\begin{cases}-\dfrac{1}{x}\ln(1-x)-1, & x\in[-1, 0)\cup(0, 1),\\ 0, & x=0;\end{cases}$
(4) $-x\ln(1-x)(-1\leqslant x<1)$;　(5) $\ln(1+x)(-1<x\leqslant 1)$;
(6) $\dfrac{x}{(1-x)^2}(-1<x<1)$;　(7) $\dfrac{1+x}{(1-x)^3}(-1<x<1)$;
(8) $\dfrac{1}{(2-x)^2}(0<x<2)$;
(9) $S(x)=\begin{cases}-\dfrac{1}{x}\ln\left(1-\dfrac{x}{2}\right), & x\in[-2, 0)\cup(0, 2),\\ \dfrac{1}{2}, & x=0;\end{cases}$

(10) $S(x)=\begin{cases}1+\left(\dfrac{1}{x}-1\right)\ln(1-x), & x\in[-1,0)\cup(0,1], \\ 0, & x=0.\end{cases}$

3. $R=3$.   4. $\dfrac{1}{2}\arctan\dfrac{1}{2}$.

习题 10 - 4

1. (1) $\dfrac{1}{1+x^2}=\sum\limits_{n=0}^{\infty}(-1)^n x^{2n}\;(-1<x<1)$;

(2) $\dfrac{1}{3-x}=\dfrac{1}{3}\sum\limits_{n=1}^{\infty}\left(\dfrac{x}{3}\right)^{n-1}\;(-3<x<3)$;

(3) $xe^{x^2}=\sum\limits_{n=0}^{\infty}\dfrac{x^{2n+1}}{n!}\;(-\infty<x<+\infty)$;

(4) $\dfrac{e^x}{1-x}=\sum\limits_{n=0}^{\infty}\left(\sum\limits_{k=0}^{n}\dfrac{1}{k!}\right)x^n\;(-1<x<1)$;

(5) $\ln(3+x)=\ln 3+\sum\limits_{n=1}^{\infty}(-1)^{n-1}\dfrac{1}{n}\left(\dfrac{x}{3}\right)^n\;(-3<x\leqslant 3)$;

(6) $\arctan\dfrac{2x}{1-x^2}=2\sum\limits_{n=0}^{\infty}\dfrac{(-1)^n}{2n+1}x^{2n+1}\;(-1<x<1)$;

(7) $\displaystyle\int_0^x \sin t^2\,dt=\sum\limits_{n=0}^{\infty}(-1)^n\dfrac{x^{4n+3}}{(2n+1)!(4n+3)}\;(-\infty<x<+\infty)$;

(8) $\cos^2 x=\dfrac{1}{2}+\sum\limits_{n=0}^{\infty}(-1)^n\dfrac{2^{2n-1}}{(2n)!}x^{2n}\;(-\infty<x<+\infty)$;

(9) $\dfrac{1}{x^2+3x+2}=\sum\limits_{n=0}^{\infty}(-1)^n\left(1-\dfrac{1}{2^{n+1}}\right)x^n\;(-1<x<1)$;

(10) $(1+x)\ln(1+x)=x+\sum\limits_{n=2}^{\infty}\dfrac{(-1)^n x^n}{n(n-1)}\;(-1<x\leqslant 1)$.

2. (1) $\dfrac{1}{x+1}=\sum\limits_{n=0}^{\infty}(-1)^n\dfrac{1}{2^{n+1}}(x-1)^n\;(-1<x<3)$;

(2) $\ln(x^2+3x+2)=\ln 6+\sum\limits_{n=0}^{\infty}(-1)^n\dfrac{1}{n+1}\left(\dfrac{1}{2^{n+1}}+\dfrac{1}{3^{n+1}}\right)(x-1)^{n+1}\;(-1<x\leqslant 3)$;

(3) $\dfrac{1}{x^2+4x+3}=\sum\limits_{n=0}^{\infty}(-1)^n\left(\dfrac{1}{2^{n+2}}-\dfrac{1}{2^{2n+3}}\right)(x-1)^n\;(-1<x<3)$;

(4) $\sqrt{x^3}=1+\dfrac{3}{2}(x-1)+\sum\limits_{n=0}^{\infty}(-1)^n\dfrac{(2n)!}{(n!)^2}\cdot\dfrac{3}{(n+1)(n+2)2^n}\left(\dfrac{x-1}{2}\right)^{n+2}\;(0\leqslant x\leqslant 2)$.

习题 10 - 5

1. (1) 1.098 6; (2) 0.487; (3) 2.992 6; (4) 0.999 4; (5) 0.520 5.

2. (1) $y=\dfrac{1}{2}+\dfrac{1}{4}x+\dfrac{1}{8}x^2+\dfrac{1}{16}x^3+\cdots$;

(2) $y = x + \dfrac{x^4}{4 \cdot 3} + \dfrac{x^7}{7 \cdot 6 \cdot 4 \cdot 3} + \dfrac{x^{10}}{10 \cdot 9 \cdot 7 \cdot 6 \cdot 4 \cdot 3} + \cdots +$
$\dfrac{x^{3n+1}}{(3n+1) \cdot 3n \cdot \cdots \cdot 10 \cdot 9 \cdot 7 \cdot 6 \cdot 4 \cdot 3} + \cdots.$

习题 10 - 6

1. (1) 63 百万元；   (2) 61.5 百万元．
2. 600 万元．   3. 650 万元．

总复习题 10

(A)

1. (1) 1；(2) $\sqrt{n+1} - 1$，发散；(3) 收敛；(4) $[-1, 1)$．
2. (1) D；(2) D；(3) C；(4) B．
3. (1) 收敛；(2) 发散．
4. $e^{x^2}(2x^2 + 1)(-\infty < x < +\infty)$．
5. $\ln x = \ln 2 + \sum\limits_{n=1}^{\infty} (-1)^{n-1} \cdot \dfrac{1}{n} \cdot \left(\dfrac{x-2}{2}\right)^n (0 < x \leqslant 4)$．

(B)

1. (1) 4；(2) 绝对．   2. $e^2 + 1$．   3. $-\dfrac{1}{6}$．
4. $\dfrac{1}{(x+2)^2} = -\sum\limits_{n=1}^{\infty} (-1)^n n(x+1)^{n-1} (-2 < x < 0)$．

参 考 文 献

白银风,罗蕴玲,2003. 微积分及其应用 [M]. 北京:高等教育出版社.
梁保松,陈涛,2002. 高等数学 [M]. 北京:中国农业出版社.
刘振忠,于晓秋,2007. 高等数学 [M]. 北京:中国农业出版社.
沈继红,施九玉,2002. 数学建模 [M]. 哈尔滨:哈尔滨工程出版社.
同济大学数学教研室,2004. 高等数学 [M].4 版. 北京:高等教育出版社.
王凯杰,2003. 高等数学 [M]. 北京:高等教育出版社.
王迺信,2004. 微积分 [M]. 北京:高等教育出版社.
吴传生,2004. 经济数学微积分 [M]. 北京:高等教育出版社.
吴赣昌,2006. 微积分 [M]. 北京:中国人民大学.
吴赣昌,2009. 高等数学 [M]. 北京:中国人民大学.
谢季坚,李启文,2004. 大学数学 [M]. 北京:高等教育出版社.
殷锡鸣,许树声,李红英,等,2004. 高等数学 [M]. 上海:华东理工大学出版社.

图书在版编目（CIP）数据

高等数学／董继学，朱桂英主编．—北京：中国农业出版社，2017.8（2024.8重印）
全国高等农林院校"十三五"规划教材
ISBN 978-7-109-22113-0

Ⅰ.①高…　Ⅱ.①董…②朱…　Ⅲ.①高等数学-高等学校-教材　Ⅳ.①O13

中国版本图书馆 CIP 数据核字（2016）第 220088 号

中国农业出版社出版
（北京市朝阳区麦子店街 18 号楼）
（邮政编码 100125）
责任编辑　魏明龙

中农印务有限公司印刷　新华书店北京发行所发行
2017 年 8 月第 1 版　2024 年 8 月北京第 3 次印刷

开本：787mm×1092mm　1/16　印张：24.75
字数：592 千字
定价：46.10 元

（凡本版图书出现印刷、装订错误，请向出版社发行部调换）